CITY BY CITY

HISTORY
THEORY
AND
DESIGN
PRACTICE

CITY BY CITY

한국의 도시 변화에 대한 세가지 시선 _ 시간, 성장, 상대적 가치

서울이 아니면 생각할 수 없는 것, 한국의 도시가 아니면 도저히 상상할 수 없는 것이 있다면 무엇일까?

한국의 도시는 좀 더 빨리 가는 시계를 갖고 있다.
도시에 대한 기억과 흔적, 몇몇 소중히 간직된 것도 있으나 어떤 것들은 그저 살기에 바빠서 잊혀지기도 했다. 엄청난 인구가 도시로 몰려들던 시절, 고층 아파트의 대량 건설은 사람들에게 양질의 주거 환경을 제공하였다. 대량 생산을 위해서는 최대한 기능적이고 단순한 주택을 설계하고 신속히 공급해야 했다. 도시민들은 하루라도 빨리 편안하고 안전하게 '살 집'이 필요했고, 그것은 우리 도시의 미워할 수 없는 현실이었다. 우리 도시는 산업과 사회의 변화, 그리고 가치관의 변화에 대해 숙고할 여유 없이 즉각적으로 반응해왔다.

도시는 상대적인 가치로 표현된다. 베이징-서울-도쿄… 서울과 도쿄, 또 서울과 베이징이 어떻게 서로 다른가에 의해 도시의 아이덴티티**identity**를 말하게 된다. 경제성장률, 국내총생산, 환율, 노동생산성, 글로벌기업의 유무, 실업률 등 무수한 지표들을 놓고 서로를 비교하여 도시의 경쟁력과 가치가 논의된다. 언제나 비교할 다른 도시가 있기에 우리는 우리의 도시를 말한다

그래서 도시의 본질적인 가치를 로컬리즘**Localism**에서 찾기도 한다. 선진국의 어떤 것을 우리 도시에 이식하려면 토착화의 과정을 거쳐야 한다. 지구촌의 모든 도시는 이런 식으로 서로 모방하고 경쟁한다. 기존 도시가 거대 도시로 확장되기도 하고 또 다른 도시가 생겨나기도 한다. 확대, 재생산, 복제를 반복하면서 도시는 성장한다. 우리 도시는 양적 성장에서 질적 성장, 이제는 지속가능한 성장을 과제로 안고 있다. 그렇게 되기까지의 다이나미즘**dynamism**을 되돌아보고 미래를 생각해보려고 한다.

City By KUNWON

1970년대 후반부터 대량건설의 시대로 접어든 이래, 아파트는 우리 도시의 경관과 생활공간을 지배하게 되었다. 1984년에 설립된 건원건축은 1985년 잠실 올림픽선수촌 아파트 프로젝트에 참여하면서 본격적으로 공동주택 설계의 길에 뛰어들었다.

한국 공동주택의 역사**History**는 건원의 이야기**Story**이기도 하다.

현 시점에서 건원이 도시를 바라보는 핵심 가치를 짚어보면서 50년 공동주택과 함께 한 우리 도시에서 25살 청년 건원은 어떤 의미를 갖는지를 생각해본다. 실무자들의 감각에서 쓴 이 글들이 우리나라의 도시 · 건축 문화의 진일보와 도시 디자인의 실무에 작은 보탬이 되기를 바란다.

이 책의 내용은 크게 두 가지이다.

[Part1] City by City in Five Stories는 한국 사회의 변화와 도시 · 건축의 담론을 다섯 가지 도시 이야기로 구성하였다. 첫 번째 도시 이야기에서는 고층아파트의 확산이 주도한 공동주택 50년을 돌아보고 건축적 과제에 대해 살펴보았다. 두 번째 도시 이야기는 관(官) 주도의 도시개발로부터 오늘날 주민 참여가 강조되기까지 신도시와 뉴타운 개발에 관해 썼다. 세 번째는 지속 가능한 도시개념을 적용한 마을 만들기에 관한 것이다. 네 번째는 타운하우스의 출현을 디자인 마케팅의 관점에서 살펴 본 것이다. 마지막 다섯 번째 도시 이야기에서는 복합개발의 흐름을 짚어보면서 실제 사업 전선에서 뛰고 있는 복합개발 실무진들의 생생한 경험담과 전망을 담았다.

[Part2] City by City in 50 Design Projects는 앞서의 다섯 도시 이야기들에 담겨 있는, 거주성에 대한 요구와 자본의 논리의 갈등적 관계 속에서 사람들의 삶을 담아내기 위해 건원이 고민하고 해법을 모색했던 50개의 프로젝트에 대한 이야기이다. 도시 · 건축 프로젝트에서 두 마리 토끼를 잡으려는 디자이너의 고민에서 시작하여, 도시와 건축, 도시와 자연, 도시와 인간, 건축과 인간, 인간과 인간의 다섯 가지 차원의 관계들이 디자인으로 구현됨에 있어서 밀도**density**에 따라 크게 작용하였음을 보여준다. 관계와 밀도, 이 둘의 매트릭스**matrix**를 구성하여 디자인 키워드를 도출하였다. 그 가운데 프로젝트의 유형별로 어떤 핵심가치들이 있었고, 무엇이 이슈였는지를 키워드로 정리하였다.

마지막으로 **[Appendix] City by City in KUNWON**에서는 '숫자로 보는 건원'을 살펴보았는데, 수행했던 프로젝트들의 대지면적과 연면적의 총계 등 양적인 데이터를 여러 가지 방식으로 표현해 보았다. 건원의 25주년을 기념하면서 쓴 이 책을 통해 세상과 소통하고 시대를 앞서가는 새로운 창조기업으로 거듭나기를 다짐한다.

2009년 6월

TH?NK@KUNWON

PART1
City by City in Five Stories

PART1
City by City in Five Stories

CITY BY CITY

IN FIVE STORIES

PART1
City by City in Five Stories

공동주택 50년

신도시와 뉴타운

도시형 마을 만들기

제3의 공동주택, 타운하우스

복합개발

공동주택 50년

고층아파트단지의 확산과 과제

I >>> 주거수준의 변화와 고층아파트

WRITER **임서환**
건원건축 고문
서울대학교 건축학과
서울대학교 환경대학원 도시계획 석사
영국 런던대 (University College London) 도시계획 석사 및 박사
1975. 2 - 2008.12: 대한주택공사
- 주택도시연구원 선임연구위원
- 국토해양부 R&D과제 "도시재생" 사업단장
〈저서〉「주택정책반세기, 정치경제 변화와 주택정책의 전개과정」, 기문당, 2005
〈박사학위논문〉 Landowners, Developers and Rising Land Cost for Housing, the Case of Seoul, 1970-1990, Ph. D. Thesis, University of London. 1994

1960년 우리나라 인구는 약 2,500만 명, 가구는 약 438만 가구, 주택은 모두 346만 호로 주택부족률은 전국적으로 약 21%, 도시지역은 38%였다. 당시 전국적으로 연간 6~7만 호의 주택이 건설되었는데 빠른 속도의 인구증가, 핵가족화, 농촌인구의 도시이주로 도시의 주택부족은 점차 심화되었다. 당시 사람이 살고 있던 거처는 모두 447만 호였는데, 약 10%는 노후주택, 무허가 판잣집, 움막집 등과 같이 주택으로 보기 어려운 것들이었고, 약 29%는 보수가 필요한 불량주택이었다. 전국적으로 한 방에 평균 2.8명, 서울과 부산은 평균 3명을 넘는 식구가 살았다.

서울, 부산 등 대도시에서는 전체 가구의 반 이상이 단칸방에 거주하고 있었다. 상수도가 보급된 주택은 14%에 그쳤고 수세식 화장실을 갖춘 주택은 2%에 불과하였다. 주택은 대부분 화목이나 연탄을 사용하여 취사와 난방을 했다. 주택건설은 아직 소상품생산 내지 자영건설이 주를 이루었다. 집주인이 기능공을 고용해서 짓거나, 대개 도목수인 십장이 몇 사람의 기능공과 인부들을 거느리고 지어 파는, 대지 30~40평에 건평 20~50평 규모의 1~2층짜리 단독주택이 대부분이었다.[1)]

표1. 주택수준의 변화 (1960-2005)

	1970	1975	1980	1985	1990	1995	2000	2005
1000인당 주택수(호)	139	136	146	156	169	215	249	280
주택보급률(%)			71.2	69.8	72.4	83.5	96.2	105.9
평균주택면적(㎡)	47.7	58.2	68.4	72.6	80.8	80.7	81.7	83.7
주택당 보유방수(개)		3.1	3.3	3.5	4.0	4.6	4.8	4.8
가구당 평균주거면적(㎡)	35.9	41.4	45.8	46.4	51.0	58.6	63.1	66.0
1인당 주거면적(㎡)	6.8	8.2	10.1	11.3	13.8	17.2	20.2	22.9
방당 거주인구(인)		2.3	2.1	1.9	1.5	1.1	0.9	0.8
목욕탕 온수비율(%)			1.0	20.0	34.1	74.8	87.4	95.8
수세식화장실비율(%)			18.4	33.1	51.3	75.1	86.9	94.0
입식부엌비율(%)			18.2	35.1	52.4	84.1	93.9	97.9

출처: 대한주택공사, 주택통계편람(1995, 2008)에서 작성

이렇던 것이 2005년 전국의 주택재고는 1,322만 호로 3.8배가 늘었고, 1985년 70% 미만으로 떨어졌던 주택보급률은 105%로 늘었다. 주택생산은 기업에 의한 대량생산체제로 전환되어 연간 60만 호 이상을 건설하는 규모로 커졌다. 거의 모든 주택이 수세식 화장실과 온수공급시설을 갖추었다.

이 과정에서 공동주택, 특히 아파트가 크게 늘어났다. 1964년 마포아파트가 건축되기 전까지 아파트 형식의 공동주택은 500호를 약간 넘는 수준이었다. 그러던 것이 2005년 현재 약 696만 호로 전국 주택재고의 53%를 차지하고 있고, 연립주택과 다세대 주택까지 합친 공동주택은 875만 호, 전체 재고의 66%에 이른다. 아파트 비율은 대도시에서는 더욱 높아서 광주 등 몇몇 광역시는 60%를 넘고 있다.

〈그림 3.1, 3.2〉에서 보듯이 연간 주택건설량 중 아파트가 차지하는 비율이 점점 더 늘고 있어 아파트 점유비는 앞으로도 더 늘어날 것으로 보인다. 동시에 아파트는 점점 더 고층화, 고밀화되고 또 점점 더 큰 단지로 건설되었다.

그간의 급속한 인구증가와 도시의 인구집중에 대해 이처럼 빠르게 양질의 주택을 공급할 수 있었던 것은 '고층 아파트'라는 고밀도의 공동주택이 있었기에 가능하지 않았을까 생각된다. 위의 표에서는 나타나지 않았지만 주거지의 어린이 놀이터, 휴게공간, 주차장, 학교

1 대한주택공사(2002), 주택정책반세기

부지, 공공시설부지 등은 그 동안 아파트 단지 개발을 통해 확보하지 않았더라면 오늘날 다수의 국민들이 누리기 어려운 편익시설**amenities**들이다. 반면에 주거지가 점점 더 고층아파트 단지로 채워지는 현상에 대한 우려와 비판의 소리도 계속되어왔다.

옛날에는 집이라면 '밝은 달 바라보고, 머리 숙여 고향 생각 (擧頭望明月 低頭思故鄕)'[2] 같은 시구에 나오는 '고향의 집' 같은 것이었다. 프랑스의 과학철학자 가스통 바슐라르[3]는 집을 자연의 母胎에 비유하고, '실재론적**realist, Cartesian** 인식의 한계를 넘어서 기억과 상상력이 결합된 몽상**daydream**의 세계에 의지해서만 그 본질을 볼 수 있다'고 했다.

아파트가 보편화되면서 이러한 집의 이미지는 완전히 사라지고 '평수로만 기억되는 주택', '유목민 주거'[4]가 '옛 고향집'을 대체했다. 신도시와 신시가지는 말할 것도 없고, 오래된 시가지도 우리의 집단적인 기억과 숱한 설화가 담긴 옛 골목길과 추억의 장소들이 모든 것을 동질화하고 획일화하는 아파트 단지들로 인해 사라지고 있다.

그저 편리하기만 하고, 재테크의 도구가 되어버린 천민자본주의의 주거, 상상력이 없이 계획되고 지어진, '삭막하고 무미건조한 콘크리트 단지', '콘크리트 도시' 등, 흔히 듣는 자조적 표현은 역사와 문화가 없는 오늘날의 집에 대한 경멸까지 담고 있다.

그림1.1 유형별 주택재고 (천호, 전국)

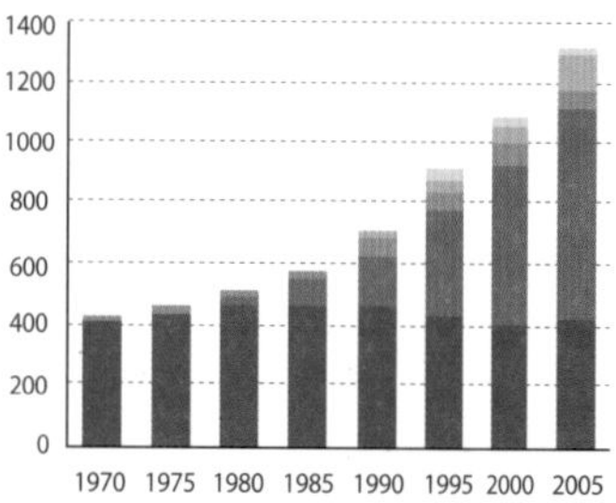

그림1.2 유형별 주택재고 비율 (전국)

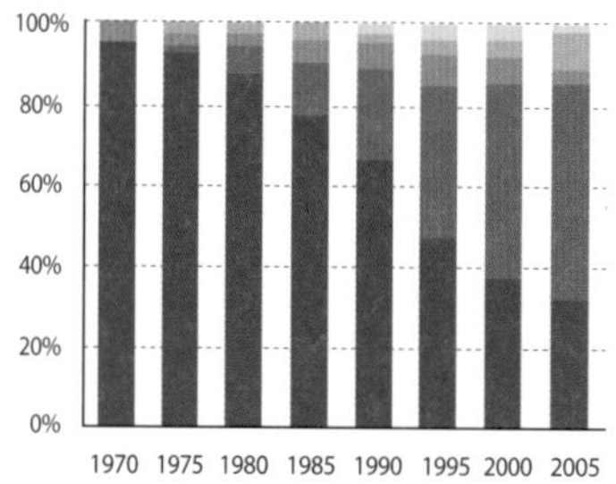

■단독주택 ■아파트 ■연립주택 ■다세대주택 ■기타

출처 : 대한주택공사, **주택통계편람**(1995, 2007, 2008)표에서 작성

그림2. 주요도시 아파트와 단독주택 비율

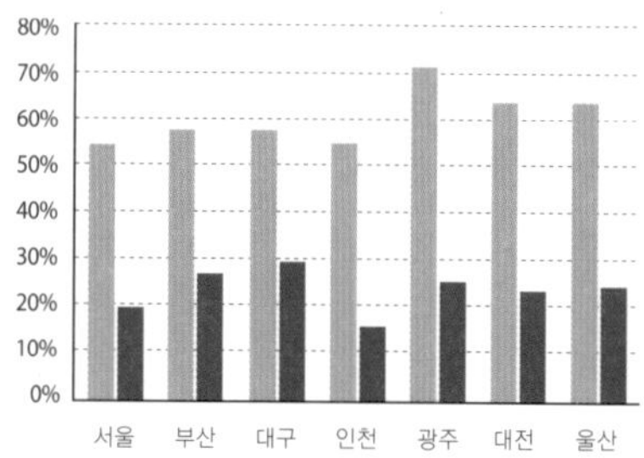

■아파트 ■단독주택

출처 : 대한주택공사, **주택통계편람**(2008)에서 작성

그림3.1 유형별 주택건설실적 (전국, 1974~2007, 단위 : 호)

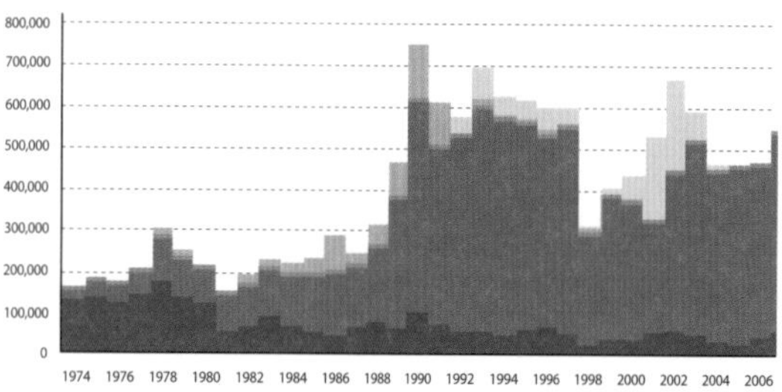

그림3.2 유형별 주택건설실적 (서울, 1975~2007, 단위 : 호)

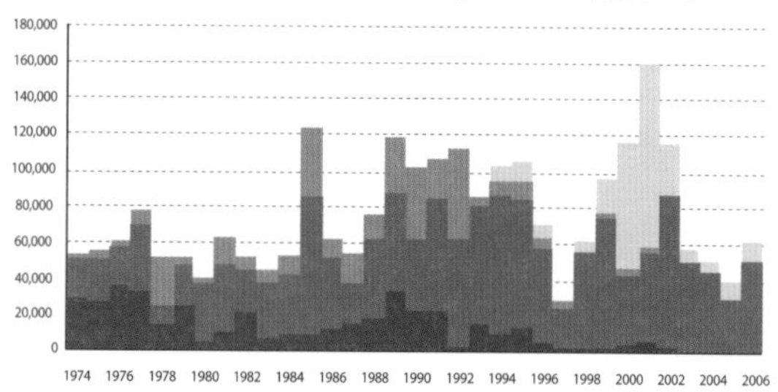

■단독주택 ■아파트 ■연립주택 ■다세대주택 ■기타

출처: 대한주택공사, **주택통계편람**(1995, 2008), 대한주택공사 **주택핸드북**(1992: 1974-76 데이터) 및 서울시정개발연구원, **지표로 본 서울 변천, 주요 통계와 동향**(서울 1987-1994 데이터)에서 작성

'좋은 주거는 인간과 사물간의 영적 합일을 통해 삶에 대한 만족과 개인의 행복을 느끼게 해주는 수용체capacity이기에…… 집 없음homelessness의 문제는 물리적 거처의 마련으로 해결 될 수 있는 것이 아니다. 집 없음의 더 큰 심각성은 많은 사람들이 뿌리내릴 고향 땅을 잃고 정신적 자양분의 모든 원천으로부터 단절됨을 발견하게 되는 것이다…. 이제 사람의 사람다움과 주거의 주거다움은 타산적 시장 속에 용해되고 모든 존재all being하는 것들을 계산적 거래에 예속시킨 나머지 우리는 거주할 능력our capacity to dwell을 잃었다'[5)] 고 하는 하이데거의 말을 단순한 회향병적 푸념으로 흘려 들을 수만 없게 되었다.

최근 국가건축정책위원회의 새로운 뉴하우징 운동2009.2에서 우리나라는 '그 동안 급속한 경제성장과 도시화 과정에서 경제성 위주의 주택공급으로 주거환경의 본질적 가치를 상실' 했다고 규정한다. 정서적으로 많은 사람들이 공감할 수 있는 지적이라 생각된다.

서양에서도 근대주택단지 계획은 근대적 도시생활의 수용에 대한 요구와 산업화 이전시대의 전원적 주거환경에 대한 뿌리깊은 향수 간의 긴장이 늘 있었다. 지금까지도 비판과 논란을 야기하면서도 주택단지설계에서 주요 개념으로 적용되고 있는, '전원적 오픈 스페이스 속의 수직적 근린구성'을 주장한 르 꼬르뷔제의 고층 아파트 아이디어, '친밀한 대면적 커뮤니티와 게마인샤프트'를 추구한 페리의 근린주구 개념 등은 기본적으로 근대적 생활공간 속에서 옛날의 전원적 주거환경을 구현하려는 의도가 있었다.

이 글은 첫째 우리나라에서 다른 형식의 공동주택보다 고층 아파트가 지배적 주거유형이 된 과정을 서울의 경우를 중심으로 주택정책과 주택시장의 동향과 관련하여 살펴 보고, 주거건축적 쟁점과 앞으로의 과제에 대해 생각해보고자 한다.

2 이태백, 정야사(靜夜思) 참조
3 Bachelard, G.(1994), The Poetics of Space, the Classical Look at How We Experience Intimate Places, Beacon Press, Boston 참조
4 건축의 미래를 준비하는 모임(1994.12), 공동주택백서,
5 Heidegger, M. (1971), Poetry, Language, and Thought, Harper & Row

II >>> 고층아파트단지 확산의 시대적 배경과 전개과정 [6)]

근대화 이념과 아파트

도시의 주택부족이 문제가 되기 시작한 것은 1930년대 후반 일제 하의 공업화가 시작되면서 도시인구가 늘어나던 때였다. 1925년 5.5%였던 주택부족률이 1944년에는 40%에 이르렀다. 이때는 주거의 질적 수준도 매우 열악했다. 1941년의 한 조사에 따르면 서울시내에 7,426호의 토막집이 있었는데 이 중 4,600호에는 당시로서는 중류층에 속하는 사람들이 살았다고 한다.

이 시기 주택공급은 자조, 자영건설이 대부분이었다. 조선주택영단이 있긴 했으나 1941년부터 1945년 8월까지 산업체 근로자를 위한 주택 12,000여 호를 건설했을 뿐이었다. 1930년대 서울에서는 기존의 낡은 초가집을 새로운 한식 주택으로 개축하는 사업을 하는 이들이 있었는데 이것이 주택개발업의 시작이라고 한다. 이후 1940년대에 도목수가 몇 사람의 일꾼들을 데리고 집을 지어서 파는 주택사업이 늘기 시작했지만, 주택은 대부분 자조건설 내지 자영건설로 공급되었다. 신축주택의 면적도 12~14평 수준이었다.

재건주택(1959 서울 변두리 지역)*

후생주택(1959, 미아리)*

출처 표기 범례(이하 동일)
* : 대한주택공사(2002) 주택정책반세기
** : 대한주택공사(2002) 주택도시 40년

1945년 해방과 더불어 일본, 만주, 중국 등지의 동포들이 귀환하면서 주택난이 가중되었다. 이에 대해 미군정은 일본인들로부터 몰수한 가옥을 귀환 난민들의 숙소로 배당하는 정도의 역할 밖에는 못했다. 여기에 6.25전쟁으로 주택재고의 약 1/5에 해당하는 596,000채의 주택이 파괴되었다. 정부는 전재민들을 위해 1951년부터 1956년까지 미국의 원조로 연간 총 건설량의 30~50%에 해당하는 약 100,000호의 난민주택을 매년 건설했으나, 이들은 모두 수용소, 월동용 간이주택, 난민정착용 주택 등으로 항구적 주택으로 보기 어려운 것들이었다.

미국 원조가 감소하기 시작한 1957년부터는 정부의 직접 공급은 중단되고 산업은행을 통한 융자주택 건설정책으로 전환하여 1961년까지 6만여 호의 ICA융자주택, 재건주택, 후생주택을 건설하였다. 이 시기의 민간주택건설은 소규모 주택업자들이 낡은 주택들을 구입하여 새 주택을 짓는 것이 대부분이었다. 대개 대지가 30~40평, 건평이 20~50평 되는 1~2층짜리 단독주택이었고 공동주택은 드물었다. 업자들은 300평형의 땅을 사서 5~10호 정도의 집을 짓곤 했는데 사업자금이 넉넉하지 못하여 몇 사람이 토지, 건축자재들을 공동 구입해서 나누어 사용하기도 하였다.

도시의 주택은 점점 부족해지는데, 공급은 이와같은 빈약한 상황이 지속되면서 건축가, 기

6 이 장에서 별도의 주기가 없는, 주택정책 및 주택시장 변화에 관한 기술은 대한주택공사(2002), 주택정책반세기를 참조함.

술자, 주택공사와 정부의 관련 공무원들 사이에서는 아파트와 같은 대량공급이 가능한 주택건설의 필요성이 제기되었다. 아파트는 토지비용을 줄일 수 있고 또 표준화된 건축기술을 적용하기에 매우 적합할 뿐 아니라 무엇보다 위생에 문제가 있고 주부가 집안 일을 하는데도 매우 불편한 재래식 주택을 대체할 수 있는 근대적 주거유형으로 간주되었다.
대한건축학회 회장, 주택영단이사장, 건축 · 도시 · 미술 분야 전문가와 교수, 군 공병간부, 정부와 국회 관련분야 간부와 전문위원 등이 참석한 1955년의 한 주택문제간담회의 논의 내용에 이러한 문제인식이 잘 나타나고 있는데 그 내용을 요약하면 다음과 같다.

> '6.25 전쟁으로 2차 대전 후의 유럽 국가들 보다 주택부족난이 더 심각하고, 또 재래식 주택은 위생 면에서, 생활양식 변화의 수용 면에서, 주부의 가사노동 면에서 문제점이 있으므로, 외국에서 주택문제 해결을 위해 대량 건설하고 있는 아파트와 같은 문화주택을 건설해야 한다'

1960년대 초의 주택사정은 단순히 주택의 수가 적다는 것만이 문제가 아니었다. 재래식 주택은 생활의 근대화에 장애가 될 만큼 후진적 주거문화의 표상으로 인식되었다. 마포아파트 준공식에서 행한 박정희 국가재건최고회의 의장 식사에서 이러한 정서가 잘 나타나고 있다.

> '이제까지 우리나라의 의식주 생활은 너무나도 비경제적이고 비합리적인 면이 많았(다)' …… 현대적 시설을 완전히 갖춘 마포아파트의 준공은 이러한 생활혁명을 가져오는데 한 계기가 될 수 있다 …… 즉, 우리나라의 구래의 고식적이고 봉건적 생활양식에서 탈피하여 현대적인 집단공동생활양식을 취함으로써 …국민생활과 문화의 향상을 이룩할 것이며, …… 인구의 과도한 도시집중화는 주택난과 더불어 택지가격의 앙등을 초래하는 것이 오늘의 필연적인 추세인 만큼 이의 해결을 위해선 앞으로 공간을 이용하는 이러한 고층아파트주택의 건립이 절대적으로 요청되는 바입니다' [7]

1952년 한국과 미국의 사회보건단체 및 유지들이 한국의 재건과 부흥을 위하여 설립한 비영리 사설 원조기관 한미재단[KAF]은 당장 몇 채의 주택을 공급하기 보다는 장차 보급할 한국 주택의 典型을 제시한다는 목적으로, 1956년 서울시 종로구 교북동 약 205,32㎡(6,211평)의 택지에 3층 아파트 3개 동 48호, 2층 연립주택 11개 동 52호, 단독주택 14호의 규모로 시범주택을 건설하였다.

1957년 9월에는 보건사회부의 산업부흥채권주택자금에 의한 부흥주택사업으로 아파트 건설이 있었다. 주택의 건설은 중앙산업주식회사, 남북건설자재주식회사, 한국건재주식회사,

7 대한주택공사(1979), 대한주택공사 20년사, 238쪽

대한건설주식회사 등이 하고 이를 대한주택영단이 인수하여 입주 희망자에게 분양, 관리하도록 하였다. 이 사업으로 건설된 것이 종암아파트와 개명아파트이다. 종암아파트는 4~5층 조적조의 편복도형 4개 동에 17평형 152호가 있었고, 개명아파트는 서대문구 충정로의 대지 890평에 4층의 조적조 편복도식 건물로 총 75호였다.

또 1958년부터는 대한주택영단이 대통령의 지시로 戰禍로 폐허가 되고 판자집이 무질서하게 들어선 된 남대문 지역 가로변을 정비하기 위하여 상가주택을 건설하였다. 보건사회부가 계획을 담당하고 육군 공병단이 시공을 맡았으며 자금조달과 감독은 대한주택영단이 맡았다. 남대문로와 태평로 등 여러 곳에 건설된 이 상가주택은 대부분 4층 정도로 1, 2층은 상점이나 사무실, 3, 4층은 주택이었다. 철근 콘크리트 골조에 벽체는 벽돌 또는 시멘트 블럭이었고 외벽은 미장 처리했다. 건물에는 수세식 변소 혹은 이에 준한 변소시설을 갖춰야 했으며 비상계단과 더스트 슈트 설치가 의무화되어 있었다. 지붕은 목조 트러스 위에 기와 또는 슬레이트를 덮었다. 당시에는 이러한 고층건물을 건설할 수 있는 민간건설업체들이 없었기 때문에 육군공병단의 주관 하에 민간건설업체가 참여하여 건설하였으나 기술과 자재의 부족으로 곤란을 겪었다.

이때까지의 아파트는 시험적이었고 한두 동 정도의 소규모 건설이었다. 1963년 11월의 공영주택법, 12월의 주택자금운용법에 따라 건설되는 공공주택도 주로 단독주택이었다. 민간부문 주택으로는 1960년대 소규모 업체들이 양식주택을 모방한, 속칭 '미니 2층집'이라고 불리는 단독주택을 많이 건설하였다.

마포아파트(1962)**

주택공사가 1962년부터 1964년까지 건설한 마포아파트는 최초의 '아파트 단지'였다. 처음에는 엘리베이터, 중앙난방시스템 및 수세식 화장실 등을 갖춘 10층 높이의 고층아파트로 구상했으나, 당시의 여론과 경제성을 고려하여 개별 연탄온돌난방의 6층 계단식 아파트로 건설되었다.

시민아파트(1960년대)*

이 시기 주택공사와, 서울시가 지은 아파트는 중·저소득층을 위한 주택이었다. 1969년 현재 전국적으로 아파트는 750동 34,331호가 있었다. 이 중에서 480동이 서울시가 1960대 말에 지은 것이고 68동이 주택공사가, 44동이 내무부가 지은 것이었다. 서울시는 도심의 무허가정착지의 철거민들을 수용하기 위해 1969년부터 1971년까지 32개 지구에 약 17,000호의 시민아파트를 건설했다. 서울시가 골조와 주요 설비를 공급하고 내부 마감은 입주자들이 하도록 하였다. 호당 면적은 8평이었고 창고와 화장실은 공동으로 사용하도록 되어 있었다. 주택공사가 지은 아파트는 규모 면이나 시설 면에서 이보다 약간 나았을 뿐이었다. 건축기술 면에서는 R.C조, 저층 P.C 공법이 등장하였고, 난방방식은 연탄을 열원으로 한 온돌난방이 주류를 이루었으며 수세식 변소가 처음으로 등장했다. 계단실형, 편복

힐탑아파트(1968)*

5층 계단실형 주공아파트(1960년대)*

도형, 타워형 등 여러 가지 형식이 등장했으나 그 규모는 12평 내외의 소규모 주택이 주종을 이루었다.

주택공사는 1967년 서울 한남동에 고층 중앙난방식으로 외인아파트를 건설하였다. 대일청구권자금 공여의 일환으로 수입된 건설자재를 사용하였으며 대형판 계열의 조립식 주택건설자재를 생산할 수 있는 플랜트 등의 도입은 공동주택 생산기술 발전에 크게 기여하게 된다. 1972년에는 남산외인아파트를 건설하였다. 고층아파트의 건설은 중장비가 부족하고 국내에서는 아직 엘리베이터가 생산되지 않았고 고층아파트에 대한 입주자들의 선호도가 불확실하여 1960년대에는 내국인용으로는 그다지 지어지지 않았다. 외인아파트의 건설은 당시로서는 첨단의 시설을 갖춤으로써 아파트가 고급주거가 될 수 있음을 보여주었다.

아파트 수요의 발생과 증가

1960년대는 전반적으로 주택공급이 수요를 따르지 못하여 도시의 주택부족난은 심화되었다. 1960년에서 1970년까지의 10년 사이에 인구는 2,500만 명에서 연 평균 2.36%씩 증가, 3,150만 명으로 늘었고, 가구는 438만 가구에서 586만 가구로 약 150만 가구가 늘어난 데 비해 주택은 346만호에서 444만호로 약 98만호 증가에 그쳤다. GNP 대비 주택투자율은 1962년부터 시작된 제1차 경제개발 5개년 계획 기간 중 연평균 1.7%, 제2차 5개년 계획기간 중 약 2.5%에 불과했다. 이는 선진국의 평균투자율인 3~6%선에 미달하는 수준이었고, 1970년대 이후 주택문제 전문가들이 주장해온 6%에 크게 미치지 못한 수준이었다.

그런가 하면, 경제는 연 평균 7~8%의 높은 성장률을 기록했다. 산업구조가 근대화되면서 국민소득이 증가하고 비교적 높은 수준의 안정적 임금을 받거나 수입을 갖는 이른바 신중간층new middle class이 늘어나기 시작하는데, 이 신중간층이 아파트의 주요 수요계층으로 등장한다. 신중간층이란 센서스상의 민간기업의 관리자, 정부 관리, 간부급 사무직 근로자, 학자, 교육자, 언론인, 작가, 저술가, 문필가, 예술가, 종교인 등 공공 및 민간부문의 고위 관리직, 간부직 및 자영 전문직으로 분류된 사람들을 지칭한다. 이들 사이에 아파트가 인기를 얻게 되면서 1970년대부터 아파트 건설이 늘어나기 시작한다.

인구 및 주택센서스에 의하면 서울의 경제활동 인구 중 신중간층은 1970년 10.4%에서 1975년에는 13.2%, 1980년에는 18.7%로 증가하였다. 또 전체 신중간층 중에서 서울 거주자가 1970년에 39%였던 것이 1975년에는 48.4%, 1980년에는 60%로 급속히 증가한다. 주택공사가 시행한 한 조사에 의하면 아파트는 특히 고등교육을 받은 30대의 젊은 세대

들 사이에서 인기가 있었다. 아파트는 우선 재래식 단독주택보다 살기에 훨씬 편리했다. 재래식 주택은 겨울이면 6~12시간 마다 연탄을 갈아야 하는 온돌이 대부분이었다. 연탄 가는 일은 주부들에게는 가장 성가신 일 중의 하나였다. 보안도 허술하여 가족 중 누군가는 늘 집을 지켜야 했다. 이에 비해 아파트는 중앙난방 시스템을 갖추고 있고 경비가 지키고 있어 이러한 불편함을 겪지 않아도 되었던 것이다. 온수, 수세식 화장실, 쓰레기 처리시설 등의 편리함도 단독주택에서는 누리지 못하는 것들이었다.

아파트 단지에서는 또 보행거리 내에 쇼핑센타, 학교, 경비원, 어린이 놀이터 등의 시설이 갖추어져 있었다. 전통적 가족구조가 해체되는 상황에서 공간적으로 일상생활의 사적 영역과 익명성이 더 확실하게 보장되면서도 이러한 공공시설과 생활시설의 이용이 편리한 점도 아파트에 대한 수요 증가의 한 요인이 되었을 것으로 보인다.

아파트를 선호하는 계층이 늘어나면서 여기에 투기적 수요가 가세한다. 소득증가로 일정한 저축의 여력이 생기면서 재산증식의 수단을 찾게 된 가구들에게 아파트는 좋은 투자 대상이 된 것이다. 당시 별다른 투자 기회나 사회보장제도가 거의 없었고 은행 저축 이자율은 물가상승에 미치지 못하는 등 마땅한 저축이나 투자 수단이 없던 이들의 여유자금이 수요가 급증하던 아파트 시장으로 유입되었다.

주택공사는 1960년대 말에 이미 이 새로운 수요층을 대상으로 이전의 연탄 온돌식 소형 아파트보다 더 크고 품질도 나은 아파트를 짓기 시작했다. 첫 대형 아파트 단지는 동부이촌동에 건설되었다. 1968년에 공무원 아파트단지, 1970년에 한강맨션과 한강외인아파트, 1971년에 한강아파트단지를 각각 건설하였다. 이 아파트들은 비교적 고급이었고 인기가 있었다. 70년대 초, 여의도, 반포, 영동구획정리사업지구 등 신개발지에 아파트 단지 건설 붐이 일어나면서 대규모 아파트 개발업체들이 등장한다. 대기업들이 여의도와 영동지구의 아파트 건설사업에 대대적으로 참여하게 된 데는 당시 여의도와 영동 개발사업의 추진을 위해 대규모 민간자본의 투입을 필요로 했던 정부와 서울시의 정책도 크게 작용했다.

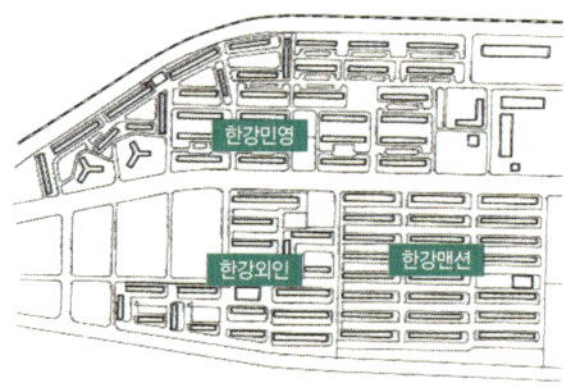

한강지구 아파트 단지**

한강아파트(1968)**

1960년대 말 서울시는 그 동안 잦은 홍수로 피해를 입던 한강변 정비사업을 하게 되는데 이전까지 비행장으로 쓰이던 여의도에도 한강 정비사업의 일환으로 둘레에 제방을 쌓고 87만 평의 택지를 조성하게 되었다. 강남의 반포와 압구정동 지역도 강변정비사업으로 새로 택지로 조성되었다. 영동지구 토지구획정리사업은 1968년부터 1980년대 초까지 진행되었는데 1, 2단계 총 782만 평의 면적으로서 그 때까지는 최대의 도시개발사업이었다. 여의도와 영동지구 개발사업은 체비지 등을 매각해서 개발비용을 충당하고 있었는데, 아무것도 없는 허허벌판에 먼저 아파트 단지가 들어서야 개발비용도 조달하고 또 주변의 개발을 유인할 수 있었기 때문에 대단위 아파트단지 건설을 우선적으로 촉진할 필요가 있었다.

여의도 시범아파트(1971)

여의도에는 서울시가 먼저 33,600여 평의 대지에 15~41평 규모의 아파트 1,584호를 건설하였다. 이 시범단지는 녹지, 주차장, 공원, 아케이드 상가, 유치원, 탁아소, 초 · 중 · 고등학교 등의 생활시설들을 구비한 최초의 고층 대단지로서 당시로서는 고급 주택단지였다.

아파트 건설은 자본이나 인력 면에서 더 큰 기업규모를 필요로 했다. 가령 여의도에서는 1978년까지 총 18개의 아파트 단지가 건설되었는데 모두 11~15층 높이로 한 단지는 평균 470호의 규모였다. 이러한 고층의 대단지를 건설하기 위해서는 상당한 규모의 자본, 현대적 기술과 장비와 조직이 필요했다. 이는 재래의 영세 주택업체들로서는 할 수 없는 일이었다.

여의도에서는 서울시가 대규모 건설업체들의 아파트단지 개발사업에 참여하도록 종용하기도 했고, 이후 영동지구에서는 다양한 유인책을 제공하였다. 예를 들면 1973년에는 특정지구개발촉진법을 제정하고 영동지구 등을 국민주택개발촉진지역으로 지정, 이 지역에서는 주택건설과 토지거래에 관련된 모든 세금을 3년 간 면제하였다.

이 시기는 또 1970년대 초의 정치경제 위기에서 정부가 주택건설 250만호 건설계획을 수립하여 주택공급의 확대를 추진하던 때였다. 주택재고는 1960년에 비해 98만 호가 늘어났지만, 인구 및 가구의 증가로 주택부족률은 전국적으로 1960년의 20.9%에서 24.2%로, 도시지역은 34%에서 46.3%로 높아졌다. 주거의 질적 수준도 여전히 열악했다. 전국 도시지역은 약 19%, 서울은 약 25%의 주택이 무허가불량주택이었다. 또 전국적으로 전체 주택의 57%에 해당하는 250여 만호가 흙 및 흙벽돌 벽으로 지어진 주택이었다. 상수도를 갖춘 주택은 53%인 436만 호, 전기가 공급되는 주택도 50%에 불과했다. 거주밀도는 주택 당 거주인 수가 전국 평균으로는 1960년 7.21명에서 1970년에는 7.08명으로 감소했으나 도시지역에서는 9.05명까지 증가했다. 도시지역의 주택 당 거주 가구 수도 1960년 1.61가구에서 1970년에는 1.86가구로 증가하였다. 방 당 거주인 수는 전국 평균 2.34, 도시지역 2.68였다.

어느 나라나 그렇듯이 주거의 불안정은 사회 불안정의 한 요소이다. 1972년 10월의 유신개혁 직후 비상국무회의는 250만 호 주택건설 10개년 계획을 발표하고, 이의 추진을 뒷받침하기 위한 주택건설촉진법을 제정했다. 이 법의 주 목적은 대기업들을 주택개발사업에 참여시켜 주택건설을 확대하는 것이었다. 앞서 말한 특정지구개발촉진법 등의 유인책에 이어 1976년에는 도시계획법에 아파트지구제도를 도입했다. 이 제도는 당시 소필지 환지방식의 토지구획정리사업지구에서 아파트를 지을 대단위 택지를 확보하기 위한 것이었다. 1976년 8월 건설부는 이 규정에 의해 서울의 여의도, 강남지역 대부분을 포함하는 총 11개 지구 372만평을 아파트 지구로 지정했다. 일단 아파트지구로 지정되면 아파트 이외의 건축행위는 금지되었다. 그래서 한 때 아파트 지구 지정이 된 곳은 토지가격이 떨어지기도 했다.

이어 지정업체들을 지원하기 위해 두 가지 조치들이 취해졌다. 첫째는 지정업체들도 아파트지구 개발을 대행할 수 있도록 하는 것이었다. 이 제도에서는 한 지역이 아파트지구로 지정되면, 아파트지구개발계획을 수립하게 되는데, 이 계획이 공표되면 토지소유자들은 일 년 내에 개발사업시행 신청을 해야 하고, 사업계획 승인 후 6개월 이내 개발에 착수하도록 되어있었다. 정해진 기간 내에 사업을 하지 못하는 경우에는 대한주택공사나 지방자치단체와 함께 지정업체들도 토지소유자들을 대신해서 그 아파트지구의 개발사업을 할 수 있도록 한 것이다. 대부분 영세한 토지소유자들은 자금과 노하우의 부족으로 사실상 아파트지구 개발사업을 하는 것이 불가능했기 때문에 이러한 조치는 개발업체에게는 커다란 혜택이었다.

둘째는 지정업체들도 제한된 범위에서 토지를 수용할 수 있게 했다. 1977년 12월 주택개발업체 등록제도를 도입했다. 자본, 기술, 연간 건설량 등에 있어서 상위에 있는 업체들은 지정업체로 지정했다. 일정 자격을 갖춘 지정업체들에게는 위의 아파트 지구 개발시 토지수용법에 의한 수용을 할 수 있도록 했다. 즉 지정업체가 아파트지구 내에서 사업을 할 경우 사업에 필요한 토지의 2/3 이상을 매수하면, 그 나머지 토지에 대해서는 수용을 할 수 있도록 했다. 이 역시 대단위 아파트 개발업체에 유리한 조건이었고, 1980년대 초까지 강남지역의 많은 아파트 단지들이 아파트 지구에 건설되었다.

또 이들에게는 세제와 금융 면에서도 인센티브를 주게 되는데, 대신에 건설하는 주택의 일정부분을 임대주택 또는 소형주택으로 짓도록 의무화하는 등 일정한 정부 정책목표를 따르도록 했다. 1978년 5월 최초로 46개의 업체가 지정업체로 지정되었다. 이후부터 주택 정책 및 제도는 지정업체들의 실적에 크게 좌우되게 된다.

이와 같은 서울의 도시개발 상황과 정부의 유인책에 힘입어 1973년까지 많은 대기업들이 아파트 개발에 뛰어 들었다. 여의도에서는 서울시에 이어 삼익주택, 한양주택 등이 1973년부터 고층아파트를 건설하기 시작했다. 1975년에는 라이프 주택이 아파트 단지를 건설하기 시작했고 유명한 건설회사인 삼부토건도 뒤이어 아파트단지를 건설했다. 여의도에 초기에 지어진 대부분의 아파트 단지는 이 기업들이 지은 것이다. 1975년부터는 한신공영, 대림건설, 롯데건설, 경남기업 등의 건설회사들이 반포지역의 아파트 건설에 참여하였다. 인근 남쪽 서초지역에는 삼호주택, 경남기업, 삼익주택 등이 대규모의 아파트 단지들을 건설했다.

〈그림 3.1〉에서 보듯이 전체 주택건설을 보면 여전히 단독주택이 주된 유형이었고, 주택공사가 짓는 공공주택도 단독주택이 많았지만 1970년대 중반부터는 아파트가 중산층의 주거유형으로 보편화되기 시작한다. 더욱이 1970년대 중반을 지나면서 경기는 호황 국면으로 접어들고 주택건설이 크게 늘어나기 시작한다

대량건설의 시대

1974년과 1975년에 세계적 유류 파동으로 침체했던 경제가 1976년부터 회복의 조짐을 보이기 시작했다. 1977년에는 중동지역 건설사업에 의한 수입 급증, 중화학공업 추진에 따른 통화 팽창 등으로 유동성이 증가하고 인플레 압력이 커지면서 토지와 주택가격이 급격히 오르기 시작했다. 아파트 시장도 과열의 양상을 띠기 시작했다.

1977년 서울의 아파트 분양에서는 경쟁률이 40 대 1, 70 대 1까지 높아졌다. 또 1978년, 1월에서 3월까지 3개월 사이에 아파트 가격은 40%, 단독주택은 30%, 토지는 20%씩 가격이 급등했다. 아파트 투기가 성행하고 부동산 가격이 이처럼 급등하자 정부는 1978년 8월 강력한 부동산투기 억제책을 시행한다. 이른바 8.8조치로 불리는 이 부동산 투기억제조치와 함께 부동산 시장이 거의 붕괴되다시피 하지만 1970년대는 대체로 주택시장이 붐을 이루면서 아파트 건설이 급증하기 시작하고 대형 아파트 개발업체들이 급성장한 시기였다.

아파트 건설이 이렇게 크게 늘어날 수 있었던 것은 공업화의 진전에 따른, 시멘트와 같은 주요 건설재료의 생산을 포함한 전반적 산업 생산력의 급속한 발전에 힘입은 바가 크다고 할 수 있다. 시멘트의 연간생산량은 1955년 5만 5천 톤에서 1966년 188만 톤, 1971년 687만 톤으로, 철강은 각각 만 5천 톤에서, 33만 톤, 150만톤으로 크게 늘어나고 있었다.

아파트 건설의 모습도 크게 달라졌다. 1960년대의 아파트가 몇 동씩 기존의 시가지**urban fabric** 내에 삽입**infill**되는 형태로 건설된 데 비해, 60년대 말의 이촌동 단지 이후 여의도, 반포, 압구정 등 강남지역부터는 큰 규모의 단지 형태로 건설되기 시작했다. 아파트 단지 개발은 자족적 생활여건시설을 갖춘 타운을 조성하는 일이 되었다.

주택공사가 건설한 마포아파트단지와 이후의 화곡동 등지의 대단위 주택단지 계획에서는 생활권 개념이 적용되었다. 1960년대 말과 1970년대 초에 건설된 한강변 아파트단지들부터는 보다 뚜렷하게 근린주구개념이 적용된다. 이후 아파트단지들이 집적되면서 위계 별로 생활권을 설정하여 각 생활권별로 중심지를 설치하게 되는데 페리의 근린주구 개념과 페더의 단계구성론에 근거한 것이라고 한다[8]. 1979년 아파트지구제도가 주택건설촉진법에 편입되고 아파트 지구계획수립에 관한 규정은 아파트 지구의 공간 위계를 근린분구, 근린주구, 근린지구로 나누어 각 중심에 일정한 시설을 배치하도록 했는데, 매우 경직되게 운용된 경우가 많았다. 자족적 근린 단위 계획과 도시적 활력**urbanity** 간의 균형 문제가 제기되기 시작한 것이 이 시기이고 근린주구 개념에 대한 찬반의 논의가 제기된 것도 이 때였다.

8 공동주택연구회(1999), 한국 공동주택계획의 역사, 세진사
9 공동주택연구회, 한국 공동주택계획의 역사 참조
10 공동주택연구회, 한국 공동주택계획의 역사 52쪽

1970년대 초에 건설된 한강변 아파트단지와 반포와 압구정동의 일부 아파트 단지들은 도시계획도로를 포함한 주변 지역의 개발이 동시에 진행이 되었기 때문에 가로변에 상가아파트를 배치하여 가로가 생활의 중심지 역할을 하였다. 그러나 70년대 중반 건설된 잠실단지와 이후 아파트지구에 건설된 아파트단지들은 대개가 단지 내부의 중앙에 생활시설이나 커뮤니티 시설들을 배치하고 외곽의 간선가로변은 담을 두르는 식으로 폐쇄적이고 외부에 배타적 형태로 건설된다. 잠실단지가 대표적 예로 자주 거론되는데, 각 단지가 중앙의 학교와 근린상가를 중심으로 자체 완결적인 단지로 계획되었다. 5개의 큰 단지가 서로간에는 아무런 연계도 없이 단순히 주거단지들의 모음으로 잠실이라는 타운이 조성되었다. 잠실 구획정리사업지구의 CBD가 계획되어 있었으나 아파트 단지계획은 이와는 상관없이, 외곽의 가로변을 담으로 둘러싸 가로의 풍경이 삭막하게 되는 결과를 빚었다. 도시성urbanity 결여의 문제가 제기된 것이 이 잠실에서라 할 수 있다.

또 아파트지구 자체가 가령 영동의 토지구획정리사업지구에서처럼 단독주택필지 위주의 구획정리계획이 수립된 후에 지정되었기 때문에 단독필지 중심의 주거지 속에 아파트단지들이 산재하는 결과를 가져왔다. 그래서 한동안 그 사이에 중 · 저층의 아파트나 연립주택이 없이 저층의 단독주택과 12~15층의 아파트 단지가 맞닿아 있는 광경을 흔히 볼 수 있었다. 아파트 단지들이 주변의 도시상황과는 관계없이 건설되기 때문이었다.[9]

아파트 건물은 거의 일자형으로 일률적 남향 배치가 대부분이었다. 성냥갑 아파트, 군대 병영 같은 단지라는 비판을 받기 시작한 것도 이 시기였다. 주택공사는 1970년대 초까지 5층의 계단실형 아파트를 주로 건설했지만 다른 한편에서는 획일적 배치 패턴을 벗어나려는 다양한 실험적 시도를 하기도 했다. 반포 단지의 일자형 아파트 배치에 의한 경관의 단조로움, 옥외공간의 빈곤 등에 대한 비판을 의식하여 잠실단지에서는 아파트 건물의 격자 배치를 시도하였다. 70년대 말의 한남 외인단지, 둔촌단지1979, 과천신도시 등에서는 고층, 중층의 혼합배치에 의한 이른바 스카이 라인의 변화, 자연지형과 기존 수목의 보존과 활용, 주거 동 사이의 녹지공간 확보, 보행자전용도로 설치 등으로 그 동안 비판의 대상이 되었던 아파트단지의 경관상의 단조로움, 환경의 삭막함을 탈피하기 위한 설계적 노력이 있었다. 화곡구릉지 시범단지에서는 접지형 2층 연립주택 등 주거형의 다양화도 추구했다.

반포 아파트단지(1972)**

반포 가로상가**

잠실 아파트단지(1975~1976)**

반포, 잠실 등 주택공사의 아파트들은 아직 5층 아파트가 주류를 이룬 반면, 민간 아파트 단지들은 거의 다 '12~15층의 고층 아파트 건물의 기계적 배열'[10], 즉 일자형 아파트의 남향 배치를 반복하고 있었다.

이렇게 일자형 아파트의 남향 일변도 배치가 계속된 것은 우선 수요자들의 남향 선호가 매우 컸기 때문일 것이다. 좋은 전망이나 옥외공간 등 수요자들이 향을 희생하는 대가로 얻을 만한 계획요소들이 없기도 했고 또 당시에는 사람들이 전망이나 옥외공간을 즐길 만한 생활상의 여유가 없어서 전망이나 옥외공간의 질보다 주택의 평수와 난방방식 등 개별 주호의 질적 성능이 거주자들의 관심을 끌었던 것 같다. 건설업체의 입장에서는 이러한 단순한 배치패턴이 각 단위주택의 조건을 균등하게 하고, 특히 건설 능률성 면에서 매우 유리한 방식이었다.

공급에 비해 수요가 훨씬 더 크고, 아파트도 표준화된 상품으로 대량 건설되고 거래되는 상황에서 단지계획도 먼저 표준적인 단위평면을 계획하고 이를 조합하여 동 건물을 구성하고, 특히 공공주택단지에서는 이 동 평면을 지역에 관계 없이 어떤 비평가의 표현대로 '도장 찍듯이 찍어내는 식으로' 계획을 작성했다. 이러한 계획의 관행은 아직도 완전히 벗어나지 못하고 있다.

그렇지만 민간 아파트 단지는 거의 모두 엘리베이터를 갖춘 12~15층의 남향 아파트로 구성되었고 주택의 주택규모도 컸고 중앙난방식이어서 고소득층이 선호하였다. 중앙난방식 단지에 사느냐, 연탄온돌 아파트단지에 사느냐로 거주자의 사회적 경제적 지위를 구분하게 되었다.

택지개발과 아파트 도시

1980년대는 유신정부의 붕괴, 시민사회의 민주화 요구, 노사분쟁, 경제성장의 둔화 등 정치경제적 위기로 시작한다. 이때 주택문제도 다시 주요 정책의제로 제기된다. 1970년대 후반의 주택건설 붐에도 불구하고 주택부족난은 계속 심화되어 1980년의 인구주택센서스에 의하면 주택부족률은 전국 27%, 서울은 44%에 이르렀고, 전국적으로 24%의 가구가 전세, 16%가 월세를 살고 있었다. 도시지역에서는 36%가 전세, 20%가 월세를 살고 있었다. 이 전세 월세는 거의 전부 임차권이 제대로 보호되지 않는 사적 계약에 의한 것으로 사회적 주거불안의 원천이었다. 1980년 8월, 국가보위비상대책위원회 입법회의는 1981년부터 1991년까지 주택 5백 만호를 건설하여 당시의 주택보급률 77%를 90%까지 끌어올린다는 계획을 발표한다.

500만호의 주택건설을 위해서는 우선 택지를 용이하게 확보할 수 있는 방안이 필요했다. 1980년대 초에는 대기업들이 비교적 쉽게 사업을 할 수 있었던 아파트 지구도 거의 소진되었고, 기존의 토지구획정리사업으로는 500만호 건설에 필요한 막대한 토지를 확보하기가 어려웠다.

택지확보문제는 그 이전부터 있었다. 1970년대 후반에는 전국적으로 아파트 건설이 늘어나면서 용지 확보가 어려워지자 1978년 2월 건설부는 토지구획정리사업지구의 체비지 중 공공용지를 제외한 모든 토지를 아파트 건설 부지로 활용하도록 하는 등 아파트 용지 확보책을 강구했지만, 토지구획정리사업은 기본적으로 개발 후 주로 적은 필지로 원소유자들에게 환지를 해야 했기 때문에 대단위의 토지 확보가 어려웠다. 현대, 삼익, 한양, 우성, 한신 등과 같은 대기업들은 강남지역의 아파트지구에 이전에 확보해두었던 토지에 아파트를 지을 수 있었지만 그 외 지역에서는 택지를 취득하기가 어렵게 되었다.

5백만 호 계획의 추진을 위해서는 '혁명적' 택지개발방법이 필요했다. 이에 따라 1980년 12월 택지개발촉진법이 입안되었다. 정부가 일정 지역을 택지개발예정지구로 지정하면, 가령 녹지나 농지도 대거 택지로 용도 전환되도록 하고, 또 개발 이전의 토지용도를 기준으로 한 감정가격으로 강제 매수할 수 있도록 하였다.

이때부터 신도시 및 대규모 아파트 단지개발은 택지개발촉진법에 의한 택지개발사업으로 이루어지게 된다. 도시건설과 주택단지 개발을 동시에 할 수 있게 되고, 이전까지 비판의 대상이었던, 아파트 단지들의 집적지가 결여하고 있던 도시적 생활여건을 갖출 수 있게 되었다. 공간적으로도 주거유형을 다양하게 배치할 수 있는 여지가 더 많아진 것으로 생각되었다. 그러나 대부분의 택지개발지구는 고층아파트단지로 채워지고 도시적 활성화에는 그다지 성공하지 못했다. 신도시의 경우, 대부분 처음부터 주거도시로 계획되었는데, 우선 당장 수요가 있는 아파트 분양으로 개발비용을 확보해야 하는 개발주체의 입장에서는 아파트 단지나 상가와 같은 단기 수익성 시설 외의 도시적 기능을 충실히 하는데 애쓸 이유가 별로 없었다.

도시인프라를 포함한 모든 개발비용은 거의 아파트 분양가로 전가되어 택지비용이 크게 높아졌다. 더욱이 가격상한제가 실시되면서 높은 택지비용을 감당할 수 있는 주거유형은 고층 아파트 외에는 없게 되었다. 단독주택필지가 계획되기는 하지만 주로 원 토지소유자나 거주자들에 대한 보상차원에서 이루어지고 연립주택 등은 구색을 갖추는 정도에 그치는 것이 현실이었다.

경기침체와 더불어 대단위 아파트단지 건설이 어렵게 된 1980년대 초 서울은 아파트지구도 거의 소진되고 대단위 개발을 할 수 있는 토지가 크게 줄어들었다. 이때 대기업들도 소규모 택지를 이용한 연립주택 개발에 적극 나서기도 했으나 분양가 상한제 등의 제약으로 활성화되지 못했다. 이에 대해서는 뒤에서 별도로 고찰하기로 한다.

500만 호의 주택건설계획은 시작했지만 1980년대 초는 물가안정이 최대과제였고 긴축재정을 운영하던 때였다. 1980년은 1960년대 이래 처음으로 경제가 負의 成長을 기록하면서 전반적으로 경기가 침체했다. 부동산시장은 1978년의 8.8 부동산 투기억제 조치 이후 1986년까지 대체로 침체를 벗어나지 못했다. 우선 연간 주택착공 수가 격감한다. 1978년의 연 30만 호에서 1981년에는 1974년 이래 최저수준인 15만 호로 감소한 후 1987년에 이르러서야 1978년 수준을 회복하게 된다. 1980년과 1982년 사이 토지가격과 주택가격은 실질가격으로 각각 16%, 33%씩 하락했다.

개발업체들은 미분양으로 어려움을 겪었다. 1970년대 후반 서울의 아파트 건설이 호황을 누리면서 많은 개발업체들이 지방도시에서도 아파트 건설사업을 확대했는데 8.8 조치와 함께 지방의 주택시장이 커다란 타격을 입은 것이다. 1979년 전국적으로 미분양 아파트는 7,000호에 이르렀다. 1980년의 긴축경제 정책은 사태를 더욱 악화시켰다. 1980년 1월 통화긴축 운영을 위한 금리 인상 조치로 개발업체들의 자금사정은 더욱 어렵게 되었다. 이후 1983년의 부동산 붐 기간을 제외하고 지정업체와 같은 대기업들은 연간 6,000내지 7,000호의 미분양 아파트를 안게 되고 이러한 침체 상태는 1987년까지 계속된다.

이처럼 80년대 전반기는 주택시장의 침체로 주택공급이 저조했다. 연간 주택건설은 1978년 30만호를 기록한 이후 감소하기 시작, 1981년에는 15만호에도 미치지 못하는 수준까지 급감했다가 이후 늘어나기 시작했으나 1987년까지 1978년의 수준을 회복하지 못했다.

과천신도시**

고덕지구(1984)**

서울개포지구(1981)**

그 결과 1980년에서 1987년 사이에 가구는 총 185만 가구가 증가하였으나 주택재고는 100만 호 증가하는데 그쳤다. 주택부족은 심화되어 1985년 주택보급률은 전국적으로 69.2%, 서울은 이보다 훨씬 더 낮은 50.6%로 최저수준을 기록했다.

이 침체기에 대한주택공사와 서울시를 중심으로 1970년대 아파트 단지의 건축적 획일성, 경관상의 단조로움, 공공공간의 빈약 등을 벗어나려는 노력들이 시도된다. 오픈스페이스, 보행자도로, 보차 분리, 주택 클러스터 그리고 건축법에 막 규정이 생긴 도시설계 개념에 대한 논의가 활발하게 있었다. 근린주구 개념의 내향적 계획과 단지 간 가로를 중심지로 하는 도시적 생활권 계획, 일조와 전망, 판상형 대 타워형 등 서로 상충하거나 대조되는 계획이념 또는 목표 간의 조화도 이 시기 계획과정에서의 쟁점이었다. 소득계층의 혼합 **social mix** 문제도 이른바 5공화국 초기의 사회불안을 반영한, 정책적 요구사항이었다.

택지가격의 상승으로 용적률 제고의 압력이 커지는 속에서 일조를 고려한 최소한의 인동간격 확보와 단위주택의 합리적 평면 구성에 필요한 전면 폭의 확보를 주장한 단지계획 담당자들과 용적률을 높여 택지비 부담을 줄여야 한다는 사업기획 담당자들과의 마찰이 첨예해지기 시작한 것도 이 시기였다.

1979년 정부종합청사의 배후도시로 개발을 시작한 과천은 주거중심 도시로서는 최초의 신도시라 할 수 있다. 수사적 수준이었을지라도 영국의 전원도시를 모델로 건설하고자 한 과천신도시는 도시공간 전체를 하나의 큰 생활권으로 보고 도시중앙에 CBD와 공원을 배치하고 보행자 전용도로로 각 주거단지와 주변의 자연녹지, 그리고 근린주구 간의 공간적 연결을 꾀했다. 나중에 각 단지별 계획이 전체 도시차원의 구상을 충분히 반영하지 못해 도시차원의 녹도체계나 보행로가 단절되는 등은 문제점으로 남았다. 가구별 단지계획과 전체 도시의 공간체계간의 부정합, 가령 전체지구의 녹도체계가 각 가구의 계획에서 단절되거나 왜곡되는 사태 등은 이 후에도 문제가 되고, 지구상세계획제도를 만들게 되는 배경이 된다.[11]

그러나 500만호 건설계획의 추진에 따라 공공개발 지구에서는 사업의 조기 시행을 위해 계획을 위한 시간 없이 준비된 아파트 표준형을 진열하는 수준의 배치로 단지가 형성된 곳도 적지 않았다. 개포지구는 공간의 위계별로 지역중심, 지구중심, 주구중심, 분구중심의 4단계로 1979년의 아파트지구계획수립에 관한 규정을 충실히 따랐을 뿐 아파트 단지들의 단순한 집적지 수준을 넘지 못했다. 건물도 표준형으로 설계된 일자형 아파트 동을 주로 남향으로 배치하였다. 고덕, 철산 등 이 시기 택지개발사업으로 조성된 많은 신개발지구가 이러한 표준타입의 기계적 배열로 이루어진 단지들의 단순한 모음으로 조성되었다.

상계지구도시설계(건원건축,1986)

주택재개발: 기존 시가지의 고층, 고밀화

상계신시가지(1986)**

상계신시가지 가로상가**

부산망미 아파트(1986)**

목동과 상계 신시가지에서는 이러한 관행을 벗어나는 계획을 했다. 목동 시가지는 도시중심가로를 전체 생활권의 중심공간으로 계획하고 이를 중심으로 각 단지가 보행자도로로 연결되도록 하여 주거단지들이 하나의 도시적 생활권을 형성하도록 했다. 보차 분리, 보행자전용도로 설치, 보행동선이 지나는 아파트 1층의 필로티 설치 등은 이후의 주택단지 계획에 많은 영향을 미치게 된다. 상계신시가지도 동일로변에 노선상가를 배치하여 가로가 도시적 생활의 중심지가 되도록 했다.

이외 1986년의 아시아 선수촌, 1988년 올림픽선수촌 등은 전체적 경관, 보행자 및 차량동선, 외부공간 조성 등을 종합적으로 고려한 계획의 좋은 사례가 되었다. 부산의 망미단지도 평균 30%의 급경사지를 이용한 테라스 하우스, 자연수목 및 연못의 보전 등 자연지형과 환경을 살리는 계획의 표본이 되었다. 이 시기 민간 아파트 단지들은 아직 1970년대의

11 한국주택은행, 한국주택건설총람, 1975.
12 공동주택연구회, 한국 공동주택계획의 역사, 세진사

서울 민간 아파트(잠실)

패턴을 벗어나지 못하고 있었다. 더욱이 택지비의 상승으로 개발의 밀도가 높아지고 건물도 더 고층화하게 된다.

신개발지가 점점 고밀 고층화하는 것과 동시에 기존시가지도 재개발 과정을 거치면서 점차 고층아파트 단지로 탈바꿈하게 된다.

재개발아파트(1997, 서울 동소문)

서울은 1970년 말 인구가 약 550만, 가구수가 110만이었다. 주택은 총 60만 호였는데 이중 29%인 17만 4천호가 무허가주택이었다[12]. 1960년대 도심부의 무허가 정착지에 대한 철거 이주 정책이 1971년 광주(현 성남시) 도시빈민소요사태를 정점으로 사회적 물의를 빚게 됨에 따라 서울시는 무허가정착지를 양성화하여 자조적 개량을 유도하는 방안으로 전환했다. 시가 토지를 주민들에게 저렴한 가격으로 불하하여 토지점유권을 갖도록 하여 현재의 주거를 합법화하고 건축규제를 완화하여 주민들이 자력으로 주택을 개량하도록 한 것이다.

올림픽선수촌 아파트(1988)

그러나 주민들은 각기 자기 주택의 개량에만 치중하고, 공공공간이나 공동시설은 정비가 되지 않았다. 진입도로와 소방도로가 미비하여 각 주택들도 건축법규가 정하는 건축허가 기준을 충족할 수 없었다. 이에 따라 주민들이 자력으로 각자 주택을 개량하되, 시가 도로, 배수, 하구 처리시설 설치를 지원하는 현지개량방식을 채택했다. 그러나 주민들이 대부분 소득이 워낙 낮은 데다 불안정하였고 또 주택 건축이나 수리에 경험이 없었다. 그래서 많은 주민들이 정부로부터 싸게 불하 받은 토지를 되팔고 다른 저소득층 주거지로 옮겨가기도 했다. 때로는 불량자재로 주택을 지어 대부분이 곧 다시 재개발 대상이 되었다.

올림픽선수촌 아파트 계획안(건원건축,1986)

현지개량방식이 주민들의 자금력, 기술, 경험 부족으로 한계가 있다고 보고 기술과 자금력이 있는 민간건설업체를 참여시키는 위탁재개발 방식이 채택되었다. 시가 먼저 기본적 기반시설을 설치한 다음 토지를 주민들에게 불하하면, 주민들은 주택의 재건축을 전문적 건설업체에게 맡겼다. 주민들로 구성된 재개발 추진위원회가 사업주체가 되지만 전문적 기술과 경험과 자금을 필요로 하는 사업계획의 수립과 시행은 전문건설업체가 맡아 하였다. 이 사업은 효과적이었지만 1970년대 말과 1980년대 초 부동산 시장이 침체되면서 활성화되지는 못했다.

올림픽선수촌 아파트(건원건축,1986)

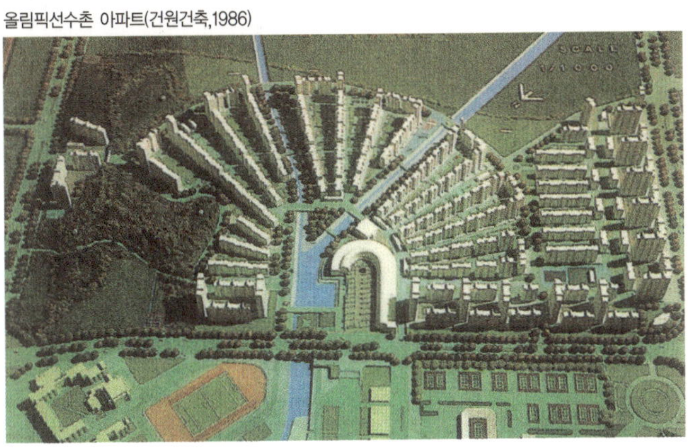

1980년대 초 도시재개발법의 개정으로 이른바 합동재개발 방식이 도입되었다. 합동재개발사업에서는 주민들이 구성한 재개발조합이 사업주체가 되는데, 여기에 민간개발업체가 참여조합원으로 참여할 수

있게 한 것이다. 건설회사는 이주대책비의 조달에서부터 공사비, 철거재산 보상 등 재개발에 소요되는 비용을 일체 조달한다. 시는 주민들에게 토지를 보통 시중가격의 반 값 정도의 싼 가격으로 매각한다. 이어 기존 주택을 철거하고 대개 고층아파트를 짓는데, 새로 건설되는 주택의 수는 보통 기존 주택 수의 1.5~2배로 늘어난다. 각 가구는 새집을 한 채씩 분양을 받게 되고 여분의 주택은 일반 분양을 하고 그 수익으로 개발비용을 충당한다. 남는 수익은 주민들에게 배당하도록 되어 있다. 조합원들은 보통 추가 비용부담 없이 새 주택을 얻을 수 있었다. 이 과정에서 많은 저소득층 가구들이 분양 받은 새 주택을 시중가격으로 팔고 다른 지역으로 이주했다. 민간개발업체는 단순히 건설사업의 이윤만이 아니라 투자지분만큼 개발이익을 나누어가질 수 있었다.

문정지구훼밀리아파트(건원건축,1986)

1980년대와 90년대 서울에서는 합동재개발이 주요 주택개발 수단이 된다. 우선 서울에서는 주택수요가 계속 늘어나는데 비해 새로 개발할 택지가 많이 없었다. 이 때 무허가 정착지들이 개발택지의 주요 공급원으로 등장한다. 1960년대 도심철거민들의 이주정착지로 조성되었던 변두리의 많은 무허가 불량주택지들이 시가구역이 확장되면서 이제 도시 내의 주거 적격지가 된 것이다. 정부로서도 당시 심화되는 주택부족을 해소하기 위해 주택건설을 늘여야 했기 때문에 용적률 등 건축기준을 대폭 완화했다. 1980년대 초까지 서울에서는 아파트는 15층까지 또 용적률은 180%를 넘을 수 없었다. 그러던 것이 높이는 20층 이상까지, 용적률은 300%까지 지을 수 있게 되었다.

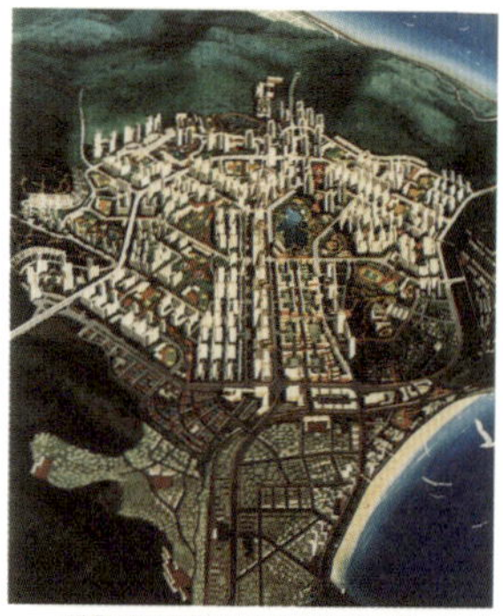
해운대지구현상설계안(건원건축,1989)

이 합동재개발은 아파트 건설업체들에게는 좋은 수익사업이 되었고, 그래서 가장 역동적 재개발 방식이 되었다. 저층의 고밀주거지였던 많은 무허가 정착지들이 고층아파트 단지들로 바뀌었다. 서울에서는 1999년까지 이 합동재개발에 의해 약 115,000호의 불량주택이 철거되고 그 자리에 약 260,000호의 아파트가 건설되었다. 최근에는 서울의 전 주거지가 고층 아파트단지들로 채워지리라는 우려까지 하게 되었다. 1980년대의 경제상황은 합동재개발의 붐을 일으켰을 뿐 아니라 수도권 5개 신도시의 개발과 주변의 난 개발로 이어지고, 아파트 단지 개발도 새로운 전기를 맞는다.

대치지구아파트현상설계안(건원건축,1989)

수서4지구아파트(건원건축,1990)

신도시 개발과 초고층 아파트의 보편화

1980년대 중반부터 경기가 활황국면을 맞는다. 1986년부터 1988년까지 3년 동안 경제성장률은 연 12%를 웃돌았다. 저유가, 저가의 국제원자재, 저평가된 원화 등 이른바 3저에 힘입은 수출의 증가, 1988년의 100억불을 상회하는 무역수지 흑자 등으로 통화가 팽창하고 유례없는 건설 붐이 일어난다. 1980년에서 1987년 사이 연평균 10.5%였던 지가상승률은 1987년부터 1989년까지 3년 동안에 전국의 땅 값이 꼭 2배 수준으로 올랐다.

부산당감지구아파트(건원건축,1994)

중계지구 시영아파트(건원건축,1990)

가양도시개발공사아파트(건원건축,1991)

상계2지구아파트(건원건축,1993)

주택가격은 1981년을 기준으로 할 때 서울이 1983년까지 41%가 오른 후 1987년까지는 정체 상태에 있었고, 5개 직할시는 1983년까지 8%가 오른 후 완만하게 상승, 1987년에는 25%까지 오르고 있었다. 지방도시는 사실상 주택가격이 하향 안정세에 있었다. 전세가격은 전국적으로 급등하였다. 역시 1981년을 기준으로 서울이 1983년까지 27%, 1985년까지 70%, 1987년까지 108%, 즉 1981년의 배로 급속히 오르고 있었다. 5개 직할시는 이보다 상승률이 높아 1987년까지 122%까지 올랐다.

6.29선언 이후 1987년 후반기는 정치적 혼란기였고 또다시 주택부족문제가 주요 정책의제가 되어, 6공화국 정부가 수립된 후에는 200만 호의 주택건설계획을 발표한다. 1988년부터 1992년까지 노태우 대통령 재임기간 중 200만 호의 주택을 건설하겠다는 것이었다.

과거 1970년대 초의 250만 호의 주택건설계획, 1980년대의 500만 호 건설계획이 모두 목표를 달성하지 못한 전례를 들어 이 200만 호 주택공급계획에 대해서도 목표 달성의 가능성을 놓고 논란이 있었다. 이에 따라 늘 그랬듯이 한편으로는 주택건설을 촉진하기 위한 조치를 해야 했고, 또 다른 한편에서는 주택과 토지에 대한 투기억제대책을 마련해야 했다. 민간자금에 의존한 주택공급체제에서 이 둘은 상충하는 정책목표였다. 그 결과가 투기를 억제하기 위한 시장규제를 하는 대신 건축규제를 완화함으로써 개발이익을 보장하는 정책이었다.

예를 들면 1990년 4월 경제활성화 종합대책에서는 민영주택도 무주택자에게 분양 우선권을 부여하도록 하는 등 가수요 억제 조치를 시행하는 한편, 용적율 및 건폐율 기준, 상업지역 내 공동주택의 일조권 규제 등 건축규제를 완화하고 다세대 다가구 다중주택의 건설과 대도시 주변 택지개발을 촉진하는 정책을 시행한다. 이 시기, 즉 1980년대 말과 1990년대 초부터 건축규제가 크게 완화되면서 아파트가 급격히 고밀화되고 고층화되었다. 여기서 그간의 주택건물의 높이와 용적률에 대한 규제와 실제가 어떻게 변해왔는지를 살펴보자[13].

1960년대 주택공사와 서울시의 아파트는 대체로 5층 정도였고 고층 아파트는 13층의 세운상가 아파트**1967**와 15층의 낙원상가아파트**1968**가 있었고 기타 힐탑 아파트**1968**외 일부 민간아파트들이 11~12층 높이였다. 이들은 한 두 동의 단일건물이었고 아파트 단지로서는 여의도 시범아파트단지**1971**가 최초의 고층 아파트로서 높이 12~13층이었다. 인동간격을 건물 높이의 1.5배로 하였고 용적률은 140%정도로 고층 아파트단지로서는 낮은 편이었다. 이후 16~17층의 남산 외인 아파트와 일부 18층의 민간 아파트도 있었으나 1970년대 여의도, 강남, 잠실 등의 고층 아파트는 12층이나 15층이 대부분이었고 용적률은 180%를 넘지 않았다.

13 공동주택연구회, 한국 공동주택계획의 역사, 세진사

1980년대에는 예외적으로 안산의 예술인 아파트에 20층 높이 한 동이 건립되었고, 목동 아파트 단지에서도 스카이라인을 고려하여 19층 1개 동과 20층 아파트 18개 동이 건설되었다. 상계신시가지에서도 25층 1개 동이 시범적으로 건설되었다. 또 올림픽 선수촌 아파트단지에는 6층에서 24층까지 다양한 높이의 아파트가 건설되었다. 그러나 이때까지는 20층 이상 아파트는 단지 전체의 경관계획이나 공간구성의 차원에서 높이의 다양성과 변화를 추구하기 위한 것이었다. 그러던 것이 수도권 5개 신도시에서는 20층 이상 아파트가 보편적인 유형이 되었다. 분당시범단지에는 28~30층까지 건설되었다.

용적률도 점점 더 높아졌다. 1962년의 마포단지가 67%였다. 주택공사가 지은 아파트단지는 1970년대까지 100%를 넘지 않았다. 반포 1단지[1972]가 77%, 잠실 1~4단지[1975]가 63~83%, 중고층 아파트가 혼재된 둔촌단지[1979]가 90%, 중층과 고층이 혼합된 개포 아파트단지[1981-1984]가 95%, 고덕 아파트단지[1982-1984]가 69% 수준이었고 고층 아파트단지인 잠실5단지가 121%였다. 이후 1986년부터 1990년까지 주공 아파트는 130~160%, 1992년 이후는 200% 이상으로 높아졌다. 서울의 재건축 아파트단지는 1992년부터 1997년 10월까지 평균 340%, 일부 400%가까이 되는 단지도 있다.

유럽과 미국의 고층 아파트는 주택을 수직으로 올리는 대신 지상에 넓은 옥외공간을 두어 풍부한 빛과 바람을 확보하기 위한 목적으로 지어졌지만, 우리나라는 개발의 밀도를 높여 토지비용을 줄이기 위한 수단이 되었다. 그 결과 연면적당 외부공간의 비율이 1979년 이전에 82% 수준이던 것이 1980~85년에 71%, 1986~89년에 52%, 1990~94년에 43%로 줄어들었다.

정부는 부동산 가격 급등의 진원지가 되어온 서울의 주택가격을 안정시키기 위해서 수도권의 주택공급을 획기적으로 늘리는 대책을 마련했다. 그 일환으로 두 신도시의 개발계획이 발표되었다. 1989년 4월, 경기도 성남의 분당지역 540만평과 고양군 일산읍의 460만평에 각각 105,000호(42만 명 수용)와 75,000호(30만 명 수용)를 건설한다는 것이었다. 대통령은 '신도시로도 부동산 투기가 근절되지 않으면 긴급명령권을 발동해서라도 투기를 잡겠다' 고 부동산 가격 안정화를 위한 의지를 피력했다.

1980년에서 1987년 까지 연평균 22만 호에 불과하던 주택건설사업 승인이 1988년 32만호, 1989년 46만호로 급증하였고, 1990년에는 사상 최대인 75만호를 기록하게 된다. 결과적으로 1년 앞당긴 1991년 8월말까지 200만 호가 건설되었다. 이는 1987년의 우리나라 주택재고 645만 호의 40%에 달하는 양이었다. 이 시기의 주택건설량은 인력, 시멘트, 철근 등 국내의 주요 건설자원이 감당할 수 있는 최대 수준이었다고 할 수 있다. 이후 1991년에서 1995년까지 연 60~70만호의 건설이 계속되었다. 1988년부터

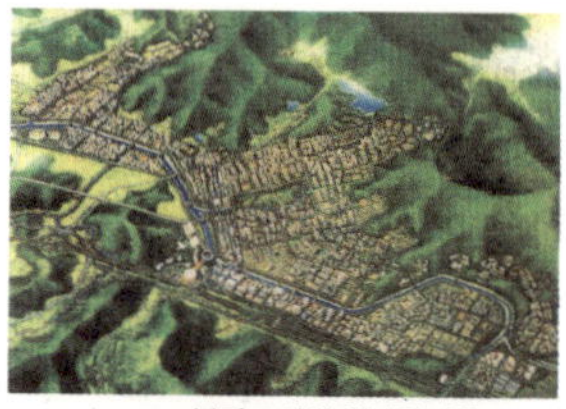
분당도시설계(건원건축,1991)

분당시범단지(건원건축,1991)

분당3-19파크타운(건원건축,1993)

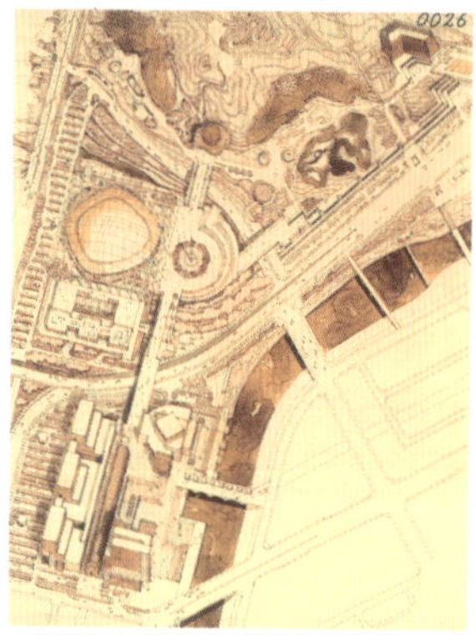
분당레저단지마스터플랜(계획안,건원건축,1990)

일산삼익아파트(건원건축,1994)

1992년까지 총 272만호의 주택을 건설, 200만호 건설 목표를 초과하였고 주택보급률도 크게 개선되었다. 1985년 69.8%로 최저치를 기록했던 주택보급률이 1995년에는 85.1%, 1997년에는 92%로 높아졌다. 주택가격도 2000년대 초까지 하향 안정세가 계속된다. 주택의 재고증가폭도 이 때가 제일 컸다. 시대별로 주택재고의 증가를 보면, 1970년대는 96만 호, 80년대는 184만 호, 90년대는 370만 호로서, 주택재고 증가에 80년대 후반과 90년대 초반의 주택건설이 크게 기여했음을 알 수 있다.

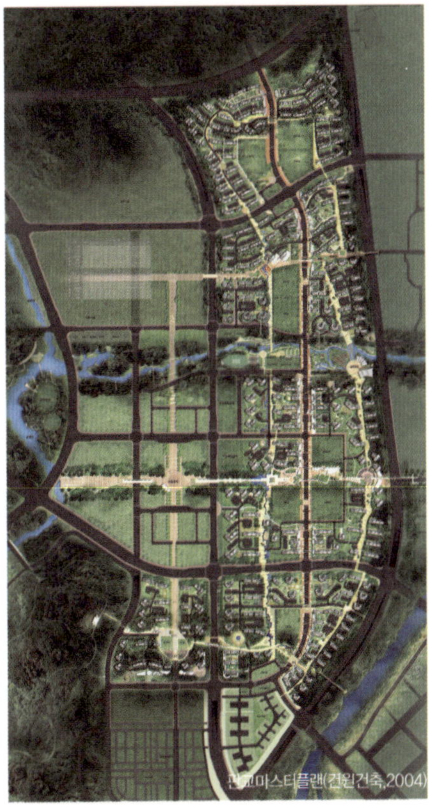

판교마스터플랜(건원건축,2004)

분당과 일산신도시를 계기로 그 동안의 대단지 개발의 문제점이 다시 거론되었는데, 특히 단순한 베드타운이 되어서는 안 되고 어느 정도 자족성을 가질 수 있도록 도시적 기능을 갖추도록 해야 한다는 것이었다. 그러나 단기적 주택공급대책의 일환으로 건설되었기 때문에 생산기능과 같은 도시기능은 제대로 확보하지 못했다. 또 이전까지 문제가 되었던 도시계획과 주택단지계획 간의 괴리도 해소할 수 있는 기회였으나 만족할 만한 수준으로 실현되지는 못했다.

예를 들어 지금까지의 아파트단지 계획의 큰 쟁점은 택지개발촉진법에 의한 택지개발이 확대되면서 아파트단지의 단위 규모가 커지고 따라서 단지들로 이루어지는 도시 조직이 커졌음에도 불구하고 도시 공공공간과 아파트단지 공간이 별개로 계획되어 도시를 만들기 보다 아파트단지들의 단순 집적지가 되어버리는 문제였다. 아파트단지들은 여전히 완결적 생활권으로 인식되는데다가 보통 도시의 공공영역이 개발되기 전에 아파트단지가 먼저 개발되기 때문에 도시공간과 단지공간이 분리되는 것이 문제였다.

신도시는 이러한 문제를 해소하고 주거단지계획의 질과 계획기법 발전을 위한 좋은 기회였으나 이를 충분히 살리지 못했다. 가령 분당과 일산 신도시의 경우 도시의 설계에서는 도시의 간선가로에 생활시설들을 배치하고 각 가구와 녹도로 연결되도록 계획하여 도시의 일상생활공간과 주택단지 내 공공공간이 원활하게 연결되도록 했지만, 실제 단지별 계획에서 이를 제대로 수용하지 못한 것이다.[14)]

14 공동주택연구회, 한국 공동주택계획의 역사 참조

건축규제의 완화와 난 개발과 상품 경쟁

나홀로아파트

1990년대 중반은 전반적으로 다시 주택경기가 침체기를 맞는다. 1988년, 1989년 연 13.2%, 14.6%씩 상승하던 주택가격이 1990년에는 21% 상승한 후 1991년부터는 하락세로 돌아서 1995년까지 완만하게 하락했다. 서울의 아파트는 1987년과 1988년에 각각 18.5%와 18.8%의 상승률을 기록한 후 1990년에는 37.6%가 상승하였다 이후 1991년부터 1993년까지는 가격이 연 4%씩 하락했다. 전세가격은 1989년과 1990년 전 도시가 각각 17.5%, 16.8%, 서울이 23.7%, 16.2% 상승하였고 같은 기간 중 아파트는 전 도시가 22.3%, 20.9%, 서울이 29.6%, 23.7% 상승하였다. 그러던 것이 1991년은 상승률이 약 2-5%로 둔화되고 이후 경제위기를 맞는 1997년까지 실질적으로 하향 안정세를 유지하였다.

1990년대 중반, 아파트 건설업체들이 다시 어려움에 처한다. 부동산 경기가 1990년부터 침체하기 시작한데다 금융실명제 실시 등의 여파로 1993년 들어 1,900여 주택건설업체가 부도를 내거나 문을 닫았다. 전국의 미분양 아파트가 5만 호를 넘어서는 등 주택분양이 부진한데다 제2단계 금리자유화 실시로 자금사정은 더욱 악화될 전망이었다. 중소주택건설업체는 1992년 말 8,072개사에 달했던 등록업체 수가 9월말에 6,155개사로 줄어 1993년 들어 1,917개사가 부도를 내거나 문을 닫았다. 80년대 후반 경영정상화 대상인 산업합리화업체로 지정되었던, 벽산개발, 한국국토개발, 삼익주택, 삼익건설, 성창기업, 태평양건설, 고려개발, 라이프주택개발, 한신공영 등 한 때 주택건설업체로서 명성이 높았던 많은 건설업체들이 다시 경영난을 겪게 된다. 이런 배경에서 정부는 분양가 규제의 완화 내지 철폐, 준농림지 개발 허용 등 주택건설을 촉진하기 위한 조치들을 취하는데, 이러한 조치들은 다시 아파트단지의 형태에 영향을 미친다.

200만 호 주택건설계획과 관련하여 수도권의 신도시개발이 시작되던 1989년, 민간기업들이 1981년 설정된 평당 134만 원의 분양가 상한선 내에서는 신도시 개발에 참여하기 어렵게 되자 가격상한제를 원가연동제로 변경하였다. 원가연동제에서는 주택의 분양가를 정부가 토지비용과 표준건축비를 토대로 이를 평가하고 승인을 하였다. 토지비용은 분양시마다 평가하고 표준건축비는 매년 정부가 공시하였다. 토지비용의 평가와 표준건축비 산정을 둘러싸고 개발업체와 정부간에 계속 마찰이 있었지만 이 제도는 1995년까지 그대로 유지되었다.

그러나 앞에서 본 바와 같이 주택시장이 침체하고 아파트 건설업체들이 다수 도산에 이르자 분양가 규제를 완화하게 된 것이다. 1995년부터는 주택보급률이 90% 이상이고 미분양 주택이 많은 일부 지역의 분양가 규제를 철폐했다. 1996년 6월에는 단독주택, 연립주택 및 85㎡ 초과 철골아파트의 분양가 규제를 폐지하고, 수도권과 일부 대도시를 제외한 지역의

85㎡ 초과 주택도 분양가를 자율화 했다. 1997년 5월, 수도권 외 대부분 지역의 분양가 규제를 폐지하고, 수도권 지역에서도 공공택지 및 공공자금 지원 없이 공정 80% 이후 분양하는 주택의 분양가를 자율화하였다. 이 밖에도 중소형 주택 의무건축비율의 축소, 전용면적 약 60~85㎡(18~25.7평)의 미분양 아파트 융자 지원, 회사채 발행 기준 완화, 비업무용 토지 보유기간 5년 연장 등의 규제 완화 및 지원책을 시행하였다.

1997년 12월의 경제위기 이후 주택건설업계가 더욱 극심한 자금난을 겪게 되면서 분양가 규제는 더 완화된다. 1998년 1월 민간사업자가 자체 확보한 땅에 자기자금으로 건설하는 아파트 분양가는 모두 자율화하고, 9월에는 수도권 내 공공택지에 건설되는 주택이라도 85㎡초과 주택은 분양가를 자율화하였다. 1999년에는 국민주택기금의 지원을 받는 60㎡ 이하의 소형주택만 분양가 규제를 받도록 하고 나머지는 전면 자율화하였다.

분양가 규제 완화에 이어 민간업체에 의한 준농림지역 택지개발이 허용되었다. 1993년 8월 국토이용관리법에 의한 국토이용계획 제도를 전면 개편하면서 준농림지역을 설정하여 농어촌에서 지역주민이나 기업인들이 쉽게 토지를 이용할 수 있도록 규제를 대폭 완화하였다. 즉 준농림지역에서 3만㎡ 미만의 개발을 허용하고, 개발 용적률 상한선을 도시지역 주거지역과 마찬가지로 400%로 설정하였다.

1994년부터 1996년까지 전국에서 총 209 ㎢의 준농림지역이 주거, 공업, 음식 · 숙박, 농촌편익시설 등의 용도로 개발되었다. 또 238.3㎢의 준농림지역이 타 용도로 변경되었는데, 그 중 67.6%가 도시지역으로, 26.4%가 준도시지역으로 전환되었다. 이들은 대부분 기반시설도 제대로 갖추지 않은 채 개발되었다.

산본1단계지구아파트기본설계(건원건축,1990)

대전엑스포현상설계(건원건축,1991)

난개발이 문제가 되자, 정부는 1994년 6월 준농림지역 개발규제를 강화하기 위한 방침을 각 시 · 도에 시달했다. 취락지구에 짓는 공동주택은 원칙적으로 용적률 150%, 높이 15층 이하로 제한한다는 것과, 50호 이상의 집단 개발이 필요한 도시 인근지역은 미리 취락지구와 택지개발 예정지구로 지정, 계획적으로 개발하도록 하였다. 또 1995년 10월과 1997년 9월 두 차례에 걸쳐 국토이용관리법 시행령을 개정하여 준농림지역에서의 음식점 및 숙박시설 건축에 대한 규제를 강화하고 공동주택 건설시의 용적율 및 세대 수를 제한하는 등 규제조치를 취했다. 2000년 5월에는 다시 '국토난개발 방지를 위한 종합대책'을 마련하고, 2002년에는 준농림지도 지구단위계획을 수립하여 계획적으로 개발되도록 하였다. 그러나 수도권 외곽의 아파트단지가 난개발되고 속칭 논두렁 아파트, 나홀로 아파트가 등장하고 지방의 소도읍까지 고층아파트단지가 확산되었다. 전국토가 고층아파트단지로 뒤덮이는 것은 아닌가 우려할 정도였다.

1997년 말의 경제위기로 실업 급증, 금리 급등 등 국가경제여건이 악화되면서 주택수요가 급격히 위축된다. 1998년 2월까지 부동산경기가 전반적으로 침체되는 가운데, 주택공급도 급감했다. 1980년대 연간 25만 호 안팎이던 주택건설이 1990년의 75만 호를 정점으로 1997년까지 약 60만 호를 유지하다가 외환위기 직후인 1998년에는 31만 호로 급락하였고 이후 1999년에서야 40만 호 수준으로 회복하기 시작하였다.

한남동조합 아파트(건원건축,1994)

주택경기 침체로 주택건설업체들은 이미 전반적으로 어려움을 겪고 있었던 데다 경제위기로 부동산 시장이 일시 거의 붕괴되다시피 하면서 건설업은 더욱 위축되었다. 미분양주택 수는 1995년 약 16만 호로 정점을 이루었다가 1995년 11월 이후 감소추세에 있었으나 외환위기 이후 다시 늘어나 1998년 7월에는 116천호로서 4~5조원의 자금이 묶여 주택업계의 자금난이 가중되었고 준공 후 미분양도 11,684호로 늘어났다. 부도건설업체가 11월까지 2,028개사로서 전년 동기 대비 2배나 늘어나고 건설인력의 실업이 증가하였다.

김포장기리 기산타운(건원건축,1996)

경제위기 직후인 1998년은 주택경기를 부양하기 위해 주택시장 활성화 및 수요확대를 위한 경기활성화 대책과 규제 완화대책을 연이어 발표하게 된다. 1998년 5월, 6월, 9월, 12월 주택경기 활성화를 위한 자금지원 방안, 주공의 미분양 아파트 매입, 수도권 공공택지에 건설되는 85㎡이하 민영주택의 분양가 자율화, 준농림지의 개발절차 간소화, 토지이용 규제 완화 및 개발가능 기준 면적 확대, 재개발 · 재건축 규제 완화 등 민간건설업을 지원하기 위한 일단의 조치들이 시행된다.

기흥상갈 공동주택(건원건축,1996)

참여정부가 들어선 후 2003년경을 전후로 서울 강남지역을 중심으로 아파트 가격이 상승하기 시작하여 유례없는 급등세를 보이자 정부는 다주택 보유자에 대한 세금의 중과, 양도세의 강화 등 투기적 수요를 억제하기 위한 조치를 취하는 한편, 판교 등 이른바 수도권 2기 신도시 건설을 추진하였다. 지방의 주택시장은 그 이전부터 침체한 상황에서 서울과 수도권도 참여정부의 강력한 투기억제 조치와 함께 수요가 위축되기 시작했다. 현재는 2008년의 세계적 금융 위기와 더불어 다시 긴 침체기에 접어들고 있다.

잠실2단지 아파트(건원건축,1998)

잠실3단지 아파트(건원건축,1998)

1990년대 중반 이후의 주택시장 침체기는 아파트단지의 설계와 건축에도 많은 변화가 있었던 시기였다. 우선 주택시장이 이른바 수요자 시장으로 바뀌면서 민간업체들 간에는 아파트의 상품가치를 높이기 위한 경쟁이 심화되었다. 한 때 용적률을 높이기 위해 좁혔던 단위평면의 전면 폭의 확대, 발코니 확장, 한옥의 분위기 도입 등과 함께 옥외 공간에서는 보차 분리, 데크를 이용한 보행공간 확보, 분수, 실개천, 운동시설, 테마공원과 놀이터의 설치 등으로 과거 획일적이고 단조로웠던 경관과 빈약하고 삭막했던 단지 내 옥외공간들의 모습이 바뀌고 주거와 생활환경의 질이 좋아졌다.

더욱이 분양가가 자율화되면서 민간 아파트의 고급화가 가열되고 언론매체의 표현대로 '브랜드를 가지고 장사하는 명품 아파트 시대'를 맞이하게 된다. 개발업체들은 인테리어와 마감재를 고급화하여 주택의 가격을 높이고, 건강지압보도, 골프연습장, 헬스장, 생태공원, 정자공원 등을 주제로 이른바 웰빙 아파트, 건강아파트를 마케팅하고 있다. 명품 아파트 브랜드와 높은 주택가격은 주민들로 하여금 다른 지역의 사람들보다는 더 고급한 문화적 정체성을 갖는 느끼도록 만드는 지표가 되고 폐쇄적 배타적 생활문화와 공간구성을 만들어내고 있다.

주거동의 형태도 크게 변했다. 경관지구제도가 도입되고 입면적 규제 등 경관의 질을 높이기 위한 기준이 도입되고, 또 현상설계, 턴키설계 등이 늘어나면서 아파트 건물도 일자형은 점점 없어지고 타워에 가까운 형태가 늘어나고 개방감을 주는 광장의 설치 등 아파트단지의 경관과 옥외공간의 질도 나아졌다. 또한 상업 및 공공시설들을 가로를 중심으로 배치, 생활가로의 개념이 보편화되었다. 주거유형도 다양하게 시도되었다. 과천 이후 일산, 분당 및 용인 동백지구 등, 90년대 후반 이후의 외곽 택지개발지구와 동탄신도시, 운정신도시 등, 2기 신도시를 거치면서 단독주택, 연립주택, 블록형 주택(타운하우스) 등 다양한 주거유형이 나타나고 있다.

그러나 여전히 고층아파트가 단지와 도시의 경관을 지배하고 있고, 또 프랑스의 연구자 발레리 줄레조[15]의 말처럼 '유행상품'처럼 되어가고 있는 최근의 아파트 단지들, 특히 이른바 명품 아파트단지들은 공간을 사역화territorial privatization하고 디자인이 기교에 치우치고 상업에 영합한다는 비판을 받는 서양의 포스트모던 주택단지와 주거건축을 닮아가는 것은 아닌지 점검이 필요하다. 이에 대한 논의에 앞서 우선 지금까지의 개관을 토대로 고층아파트단지가 우리의 도시와 단지의 경관을 지배하게 된 경위를 좀더 좁혀서 정리해보고자 한다.

고층 고밀화의 경위

공동주택의 형식이 다양화하지 못하고 고층아파트 일변도로 된 데는 현실적으로 다음과 같은 요인들이 작용했다.

첫째는 민간자금에 의존한 대단위의 주택지개발 정책을 들 수 있다. 주택개발에는 우선 도로, 급배수, 전기 등의 간선시설이 공급되어야 한다. 동시에 공원, 학교, 운동장, 쇼핑시설, 스포츠시설 등 공공 및 생활여건시설이 구비되어야 한다. 그리고 이웃이나 커뮤니티 같은 사회적 환경, 또 건강과 정서적 안락함, 가족 유대, 사람들과의 친교, 여가 및 레크리

15 발레리 줄레조, 길혜연 옮김(2007), 아파트 공화국, 프랑스 지리학자가 본 한국의 아파트, 후마니타스.

에이션 활동을 조장할 수 있는 적절한 수준의 자연환경과 사회적 시설이 필요하다. 즉 주거건물 외에 생활에 필요한 여러 시설이나 물리적 조건들이 갖추어져야 한다.

대치 동부센트레빌(건원건축,2005년 준공)

서초 현대슈퍼빌(건원건축,2004년 준공)

마포 아파트 단지 건설이래 주택공사는 1960년대 중반까지는 교통시설, 생활여건시설들을 갖추고 있어 조성비가 적게 드는 시가구역 내에서 만평 내외 규모로 개발하였으나 개발지가 도시외곽으로 옮겨가면서 소규모로 해서는 생활여건을 갖추기 어렵고 특히 개발의 영향으로 인접 토지의 가격이 상승하여 계속 사업이 어려워지기 때문에 대단위 개발을 시작하였다.

이러한 생활여건 시설이나 환경이 이미 갖추어져 있는 곳에서는 주택만 지으면 되겠지만 1970년대 초 이후부터 건설된 아파트단지와 같은 신개발지에서는 기반시설이나 공공시설을 국가가 공공투자를 통해 공급하는 것이 선진자본주의 국가들의 예이다. 그러나 우리나라는 주택에 필요한 기반시설과 공공시설을 모두 민간투자에 의존해왔다. 대규모 민간기업들이 주택건설사업을 하도록 유인한 것도 대단위 주택단지 건설을 통해 공공공간과 시설을 확보하려는 정책이었다고 할 수 있다. 주택건설촉진법을 제정하여 일정 규모 이상의 주택을 지을 때는 초·중고등학교, 어린이 놀이터, 공원, 파출소·우체국·동사무소, 유치원 등 일정한 생활여건시설을 갖추도록 했다. 나중에는 지자체들이 규정된 범위 이상의 진입도로, 공원 등의 설치를 요구하기도 했다.

공공주택을 공공투자로 건설하여 주택의 시급성을 토대로 정한 대기순서에 따라 공급하는 서구와 달리, 공급대상계층을 예컨대 '무주택자' 등으로 범주화하기는 하지만 일정한 하위시장**sub-market** 내의 불특정 다수를 대상으로 추첨이나 채권입찰제 등으로 공급하는, 기본적으로 민간자금에 의존하는 투기적 개발**speculative development**로 공급을 해왔다. 공공주택단지나 민간주택단지를 막론하고 생활여건시설 비용은 분양가에 전가되는데 이 분양가에 대한 부담을 줄이기 위해서는 단지의 규모도 커야 하지만 단위면적당의 건축 밀도를 높여야 했다. 따라서 단독주택이나 다른 저밀도의 공동주택은 점점 설 자리가 없어지게 된 것이다. 대단위 주거지로 개발되지 못한 곳, 특히 단독주택지나 소규모 연립주택지에서는 국가나 공공당국이 이러한 공공공간이나 시설들을 제대로 공급하지 못했기 때문에 수요자들도 이러한 생활여건시설들을 갖춘 대규모 아파트 단지를 선호하게 되었다. 이것이 소규모 개발을 어렵게 만든 한 원인이다.

여기에 가격상한제가 겹쳐지면서 소단위의 주거지, 저층, 저밀도의 주택 개발은 더욱 어렵게 된다. 택지가격의 상승 때문에 고층 고밀도 개발이 불가피하다고 생각하기 쉽다. 그러나 택지가격은 분명 주택가격에 영향을 미치지만 동시에 주택가격의 영향을 받는다. 지대론**Marxist theory of ground rent**의 관점에서 보면 고층·고밀화는 토지 단위 면적 당의 자본 투

하량을 늘려 개발이익을 증가시키기 위한 방법인데, 이 증가된 개발이익이 다시 지대로 전화**differential rent II**하여 택지가격을 높이고 이것이 다시 주택가격에 부담을 주는 식으로 택지가격과 주택가격은 서로 상승 작용하는 관계에 있다. 그리고 개발이익의 일부분이 地代의 형태로 택지가격에 전가되는 과정은 질서정연하게 이루어지지 않는다. 토지매점, 투기적 거래 등 통제하기 어려운 여러 방식으로 이루어진다.

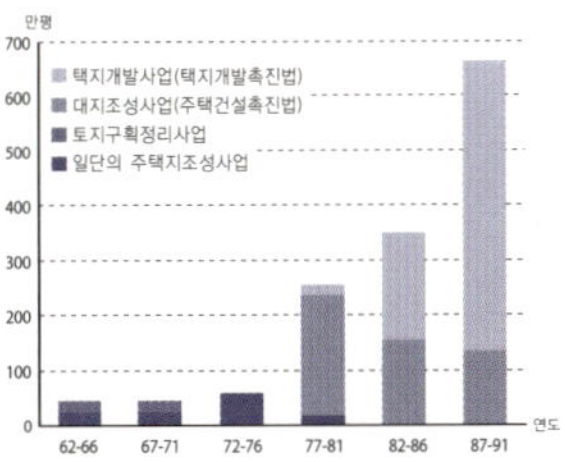

그림 4 대한주택공사의 유형별 택지개발 추이*

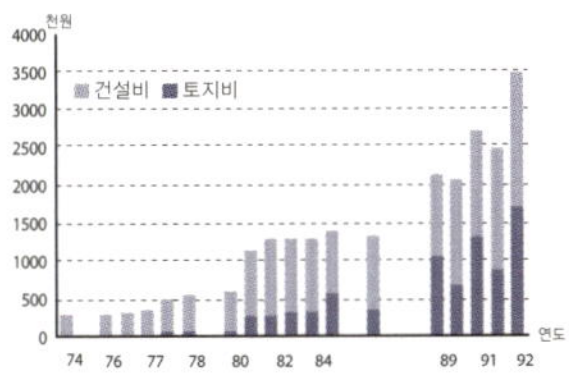

그림 5. 서울 강남 아파트가격 중 토지비 비중 (1974~1992)*

〈그림 5〉는 1980년대 후기에 오면서는 공영개발에 의한 택지공급이 확대되었음에도 불구하고 토지비의 비중이 점점 더 늘어났음을 보여주고 있는데 이는 바로 개발이익의 점점 더 많은 부분을 토지가격으로 轉化시키는, 이러한 토지소유자와 개발자 간의 상호작용에 의한 것이다.

이 과정에서 택지가격은 가장 생산성이 높은 개발방식에 의해 정해진다. 따라서 이 가격을 감당할 수 없는 연립주택 등의 중 · 저밀도의 개발방식은 설 자리가 없어진다. 물론 중 · 저밀도로 보다 쾌적한 주택을 건설하여 고층 · 고밀 아파트보다 훨씬 비싸게 분양할 수 있으면 가능하지만 가격상한제 하에서는 이것이 불가능하다.

건축법은 3층까지의 공동주택을 연립주택으로, 4층 이상 공동주택은 아파트로 분류한다. 1980년대 초 이 연립주택에 대해서도 가격규제가 강화되면서 중 · 저밀도의 공동주택단지 건설은 보편화되지 못했다. 연립주택도 입지 조건이 아주 나쁘거나 생활여건이 제대로 갖추어지지 않은 곳의 저소득층 연립주택이나 조건이 아주 좋은 곳의 고급연립주택 등 산발적으로 또 소규모로 건설되었을 뿐이다.

연립주택은 원래 소규모 업체들이 건설해왔다. 아파트는 주로 큰 단지에 5층에서 16층까지 지어지고 단지 내에는 쇼핑센타, 학교, 운동장, 공원 등 커뮤니티 시설들이 갖추어진다. 연립주택은 이에 비해 작은 부지에 소량으로 지어지는데 보통 과밀하게 커뮤니티 시설도 없이 지어지는 것이 보통이었다. 1980년대 초까지는 주택가격도 아파트의 60~70%에 불과했다. 1980년 새 아파트 가격이 3.3㎡(평)당 100만원을 넘을 때 연립주택가격은 60만원 내지 70만원 정도였다.

논현동일대

연립주택은 대개 자금력이나 기술력이 약한 영세업체들이 지었기 때문에 시공 질도 낮아 날림 주택이라는 이미지를 가지고 있었다. 건설 후의 보증수리 등에도 문제가 많았다. 신축 연립주택의 경우에도 선분양이 보편적이었는데, 건설업자가 착공과 함께 선불만 받고 사라지거나 또 어떤 경우에는 한 주택을 고의로 여러 사람에게 분양하는 등의 사기행위도 있었다. 1979년부터 서울에서 이러한 문제가 생기자 정부는 연립주택개발에 대해서도 규제를 하게 되었다. 1981년 6월, 주택건설촉진법을 개정, 연립주택건설에 대한 규제를 강화했다. 1980년까지는 50호 이상의 주택을 짓는 경우에만 주택건설촉진법에 의한 승인을 받도록 되어 있었으나 20호 이상의 주택을 짓는 경우로 승인 대상을 확대했다. 승인과정에서는 주택의 설계와 시공과정에 관한 것과 함께 주택의 분양, 분양가격, 하자보수까지에 대해서도 규정했다.

1980년대 초 서울에서는 연립주택 건설붐이 있었다. 주택시장 침체, 또 토지확보가 비교적 용이했던 아파트지구의 격감으로 대기업들이 이 연립주택 시장에 뛰어들기 시작했다. 1970년대, 아파트 건설이 붐을 이루던 시기에는 한 단지가 수천 세대 규모였다. 1978년 8.8 부동산 조치 이후 주택시장 전망이 불투명하게 되자 대기업들은 개발규모를 줄이기 시작했고, 연립주택은 이러한, 개발규모를 줄일 필요가 있었던 대기업에게 적합한 주택형이었다. 대기업들은 연립주택의 싸구려 이미지를 바꾸면서 고급 연립주택을 짓기 시작했다. 종전의 연립주택은 연탄온돌이나 연탄보일러를 사용하는 개별 난방방식이 대부분이었고 주택면적도 66㎡~30㎡ (20~30)평 정도가 대부분이었다. 대기업들은 중앙난방식 단지를 건설했고 자재도 고급자재를 사용했다. 1983년과 1984년에 이르면 대기업들이 짓는 연립주택은 231㎡~264㎡ (70~80)평 규모도 보통이었다.

민간업체들이 짓는 아파트의 분양가에 대해서는 1970년대 후반부터 서울시가 행정지도를 통해 통제해 왔으나 1981년 아파트 분양가가 급등하고 주택개발업자들이 '폭리'를 취한다는 여론이 비등하자 민간건설 아파트의 분양가격 상한선을 134만원으로 정했다. 이 기준은 1987년 200만 호 건설계획 추진과 더불어 분양가 규제가 원가연동제로 바뀔 때까지 유지된다.

주택가격 상한제가 실시되면서 연립주택 건설은 매력 있는 사업분야가 되었다. 분양가 상한제가 개발이익 추구에 있어 점차 제약요소로 작용하면서 호화연립주택의 건설은 이 상한제를 피하는 수단이기도 했던 것이다. 1983년까지만 해도 연립주택은 대부분 분양가가 낮았기 때문에 엄격한 가격 통제를 받지 않았다. 이에 따라 유수한 기업들은 호화연립주택을 가격상한제에 묶인 아파트 분양가보다 훨씬 높은 가격으로 팔 수 있었다. 1983년에 아파트 분양가가 평당 134만원에 묶여 있을 때 서울의 연립주택 분양가는 평당 2백만 원 이상으로 올랐다. 앞에서 말한 바와 같이 1980년 초는 물가안정이 정부 경제정책의 최우선 목표였다. 따라서 연립주택의 가격이 급등하자 정부가 이를 방치할 수 없게 되었다.

1984년 현대건설이 강남에 231㎡(88평)짜리 고급연립주택 90호를 건설했다. 3.3㎡(1평)당 240만원에 분양할 계획이었으나 여론이 비등해지자 서울시가 분양 가격을 평당 3.3㎡(1평)180만원 이내로 규제했다. 이에 따라 1980년대 내내 개발업자들은 토지를 분할하여 20호 미만으로 나누어 사업을 하는 것이 보편화되었다. 전형적인 예가 1989년 양재동에 지은 풍림빌라이다. 231㎡~298㎡(70~90평) 규모로 평당 640만원에 분양이 되었는데 이 가격은 그 때까지의 집합주택 가격으로서는 최고를 기록한 것이었다.

결국 고급연립주택의 가격은 이처럼 통제를 받지 않고 상승했다. 1985년 강남지역의 호화연립주택 분양가는 150만 원선이었는데 이것이 1986년에는 300만원, 1988년에는 5백만 원, 1990년에는 1,000만원, 1991년에는 1,500만원까지 올랐다. 그러나 고급연립주택 건설은 크게 확대될 수는 없었다. 우선 입지조건이 좋은 택지가 한정되어 있었다. 그래서 대기업들이 짓는 고급빌라는 그 수가 매우 적었다. 1983년까지 서울에서 지정업체들이 지은 연립주택은 대부분 호화주택인데 이들이 지은 총 주택 수는 1~2%에 불과했다. 1988년에 이르러서는 이 비율이 7%까지 늘어났지만 1989년 이후에는 다시 1% 미만으로 떨어진다. 소규모 업체들, 즉 등록업체들도 이를 따라 고가의 연립주택을 지었다. 1983년부터는 대부분 연립주택에 '빌라'라는 이름을 붙이기 시작했다. 주택규모도 커지는데 1982년까지는 소규모 업체가 짓는 연립주택은 50㎡~99㎡(15~30평) 규모였다. 1986년에 이르면 이 규모는 83㎡~132㎡(25~40평)으로 늘어나고 1988년 후에는 99㎡~231㎡(30~70평)에 이르게 된다. 이렇게 해서 연립주택의 가격이 아파트 가격을 훨씬 상회하게 된다. 1982년 말까지 평당 가격은 100만원을 넘지 않았고 이는 당시 아파트 분양가 130만원선 보다는 낮은 수준이었으나 1983년 말에 이르면 대부분 연립주택의 가격이 평당 140만원에서 200만원 사이에서 정해지고 있었다.

1970년대 말과 1980년대 초 소규모 업체들이 짓는 연립주택과 대규모 업체가 짓는 고급연립주택이 전체 주택건설에서 차지하는 비중은 〈그림 3〉에서 보듯이 많이 늘어났다.

1977년까지만 해도 전체 건설량 중 연립주택이 차지하는 비율은 10%가 못 되었다. 그러던 것이 1979년에는 32%로 늘었고 1980년과 1983년 사이에는 평균 25%에 이르렀다. 이후부터 1990년까지는 총 주택의 20~25%를 연립주택이 차지했다. 특히 강남지역에서 연립주택의 건설이 많았는데 1984년과 1988년 사이에 서울의 주택건설량의 1/3이 강남에 건설되었다. 이처럼 가격규제를 피하면서 주택을 짓기 위해서는 20호 미만으로 지어야 하고, 그러다 보니 공공시설을 갖추기가 어려웠다. 따라서 주변에 생활여건이 잘 갖추어져 있는 기존 도심지의 아주 고급연립주택이 아닌 한 수요자들이 외면할 수 밖에 없었다.

셋째, 주택시장 규제에 대한 보상책으로서 건축규제를 계속 완화해온 정부의 주택정책도 한 몫을 했다. 앞서 말한 바와 같이 주택공급은 민간자금에 의존하였다. 그러면서도 사회

안정을 위해서는 저소득층의 주거불안을 해소해야 했기에 정부는 주택공급에 무관심할 수 없었다. 재정적 수단이 제한된 정부는 주택가격, 규모, 분양절차와 기준 등을 강력히 통제함으로써 주택을 저렴하게 공급하려 하였다. 그러나 민간자금에 의존하는 한, 민간기업의 주택공급을 유도하기 위한 유인책이 있어야 했다. 세제혜택, 공공개발택지의 저렴한 공급 등의 인센티브와 함께 주택의 건축과 개발에 대한 계획규제의 완화가 시장통제에 대한 보상책으로 활용되었다.

주거안정을 위해 주택공급을 확대해야 할 때나 경기진작을 위해 건설경기를 부양할 필요가 있을 때마다 정부는 계획기준과 설계기준을 완화하여 수익성을 높임으로써 주택개발을 촉진하려 하였다. 1980년대 초 500만 호 주택건설계획을 추진하기 위해 택지개발촉진법을 제정하여 도시계획의 규제를 받지 않고 택지를 대규모로 개발할 수 있도록 했고, 200만 호 건설 계획이 시작된 80년대 후반에는 주택단지의 개발밀도 기준을 대폭 완화하였고, 90년대 초에는 준농림지 개발 허용 등 전반적 토지이용규제를 또 다시 완화하였다.

1978년 아파트 개발이 붐을 이룰 때, 서울시는 일조권 확보를 위해 인동간 거리를 최소한 건물 높이의 1.25배 이상 띄우도록 했다. 용적율은 180%이하로 규제했다. 1980년대 중반은 연간 주택건설이 저조했던 시기인데, 서울시는 주택개발을 촉진하기 위한 조치로 1985년에 그전까지 15층까지만 허용하던 아파트를 16층 이상까지 지을 수 있도록 허용했다. 1987년에는 다시 건축밀도 규제를 완화하여 인동간 거리는 높이의 1.2배에서 1배로 축소하고 최대 용적률도 180%에서 250%로 높였다. 1980년대 말, 200만호 주택건설계획이 시급한 정책과제가 되자 이 기준은 더욱 완화되었다. 최대 용적률은 250%에서 300%로, 건폐율은 25%에서 30%로, 인동간 거리기준은 1에서 0.8로 각각 완화되었다.

그 결과, 도시편익 시설의 상대적 부족, 환경의 질 악화, 교통 혼잡 등에 따른 사회적 비용을 발생시키고, 환경의 질 면에서 개발지역끼리 서로 피해를 주는 식의 개발문화를 낳았다. 사람들은 한 장소에 정착하기보다는 투자가치에 따라 주거를 이동하게 되고, 주택은 가격이 끊임없이 상승하면서 사회의 한 집단이 다른 집단이나 미래세대에 그 비용을 전가하면서 재산을 늘려가는 수단이 되었다. 공동체적인 공간은 해체되고 가족중심주의 전용공간이 중시되어 호화로워지는 사적 공간과 빈약한 공적 공간간의 질적 격차도 커졌다.

III >>> 주거단지 계획의 쟁점과 과제

서양의 근대주택 및 도시건축에 대한 비판적 논의

근대적 주택계획단지에 대한 성찰적 논의는 서양에서도 오래 전부터 있었다. 우리와 마찬가지로 한편에서는 전원적 주거환경에 대한 감성적 욕구와 기능적 편리성과 생산의 능률성에 대한 요구 간의 긴장이, 다른 한편에서는 어느 정도 외부의 간섭을 받지 않는 자족적이고 작은, 사적 자유의 근린공간에 대한 요구와 도시조직의 한 부분으로서의 통합성과 개방성에 대한 요구 간의 긴장이 늘 있었던 것으로 보인다.

서양의 근대주택단지 계획의 쟁점과 논의는 다양한 차원에서 전개된다. 우리나라의 고층 아파트 단지의 정황이 서양의 그것과는 많이 다르지만 우리가 직면한 문제의 위치와 과제를 얼마간 객관적으로 조망함에 있어서 이들의 담론을 살펴보는 것도 의미 있는 일이라 생각된다. 이 글에서는 근대주택단지의 건축적 과제에 대한 뉴욕대학 로위 교수의 분석적 고찰과 근대도시건축에 대한 반동으로 일어난 포스트모던어바니즘에 대한 애리조나 주립대의 엘린 교수의 비판적 논의를 중심으로 이를 살펴보고자 한다.

로위 교수에 따르면 1920년에서 1930년 사이의 기간은 모더니티의 실증주의적 및 역사주의적 발전에 있어 도취적이면서도 실제적이었던 시기이다. 미래의 진보에 대한 확신에 차 있던 근대전위건축avant-gardism의 성과 위에서 과거와의 실질적 결별을 단행했던 시기였다. 새로운 재료, 새로운 건조기술, 새로운 사회관계, 이 모든 것이 새 시대의 새로운 형태의 가능성을 의미했다. 2차 산업혁명의 초기, 대규모 비즈니스, 시간 당 업무처리량, 기업적 경영, 기술관료주의가 중요시되던 대량생산은 생활의 모든 영역에서 경영 능률성, 조직, 표준화 등을 생각하도록 했다. 그래서 1920년대의 근대주택은 적어도 표면적으로는 새로운 시대정신을 강조했고 근대전위건축은 합리화된 대량생산 공정으로 새로운 형태의 주거건축을 만들어냈지만 아직 작고 관리하기 쉬운 커뮤니티 형태의 옛 정주지의 감수성은 버리지 않았다.

1930년대와 40년대 초 통칭 '가든 아파트먼트'로 불리면서 유행했던 미국의 공공주택단지를 예로 들어보자. 이 단지는 반쯤 둘러싸인semi-enclosed 중정과 계단실형 아파트로 구성되었다. 건물들이 근린가로를 따라 배열되면서도 출입구는 안쪽으로 나 있고 또 일부 기존 가로를 폐쇄, 슈퍼블럭을 이루었다. 중정식 계획은 가로와는 건물로 차단된 단지내부에 잔디와 나무가 있는 공간을 둠으로써 자연의 쾌적함을 끌어들이자는 것이었다. 도시적 지향성을 가지고 격자식 도로망으로 이루어지는 도시가구 패턴에 따라 건물을 도시가로와

16 미국의 공공주택단지에 대한 논의는 Franck, Karen A. and Mostoller, Michael(1995), 'From court to open space to streets: changes in the site design of U.S. public housing', Journal of Architectural and Planning Research Vol.12, No. 3 Autumn 186-220 참조

평행 배치했다. 이러한 의미에서 자연과 역사적 도시가 공존했다[16]. 로위 교수가 말하는 합리성과 감성 간의 균형이라는 관점에서 보면 양자가 균형의 범위를 크게 벗어나지 않았다고 할 수 있다. 그러나 이후 이 양자 간의 균형이 기술적 합리성 쪽으로 기운다.

1940년대부터 1960년대 초에는 빛과 공기, 풍부한 자연경관을 갖기 위한 오픈스페이스가 건물보다 중요하게 간주되어 중정식과 달리 건물이 자연을 둘러싸기 보다 자연이 건물을 둘러싸는 형태로 바뀌었다. 주택건물들은 열을 지어 있거나 가로와 직각 또는 사각으로 자유로이 배치되어 주변의 기존 도시조직과도 대조되었다. 넓은 오픈스페이스의 절대 필요성을 강조하고 건폐율이 주요 지표가 되었는데 건폐율은 기존 슬럼의 80%에서 25%로 낮아졌다. 개방성 외에는 거의 염두에 두지 않아 넓은 오픈스페이스에 잔디와 나무가 있는

용산파크타워(건원건축, 2009년 준공)

자연적 경관을 조성하는 것 외의 다른 프로그램은 없었다. 개방감을 주기 위해 긴 조망vistas, 끝과 막힘이 없는 공간, 넓은 간격, 오픈스페이스에 비해 낮은 건물 높이 등을 적용해야 했다.

여기에 경제적 능률성이 추가된 결과, 상자 같은 단일한 건물형을 똑같은 넓은 간격으로 배치하고 그 사이에 잔디를 까는 식의 단순한 패턴이 반복되었다. '향의 통일'과 '정연한 질서', 건물과 공간의 획일성은 경제적 효용, 편리함, 능률성 면에서는 유리했다.

가로는 어린이에게 위험하고 프라이버시를 침해한다는 이유로 가로교통을 최소화하려 했다. 그래서 단지 내 많은 관통가로들이 폐쇄되고 건물의 입구도 도시 가로와 무관하게 남게 되었다. 건물과 부지는 모든 사람들이 보고 들어갈 수 있어야 한다는 것이 이때의 생각이었다. 공공주택의 관료성, 쇠퇴지역의 철거, 대량건설, 비용, 능률성 등이 중요시된 1949년의 주택법 이후 이런 접근은 주택정책 면에서도 유리했다.

특히 이 대량건설에 의한 저비용, 능률성 등은 2차 대전 후 미국과 유럽의 대량건설 주택단지에서 지배적 요소가 된다. 1920년대와 30년대 초 절제되었던 근대기술중심주의가 일상생활 영역에서 공간적 특성을 말살시키게 되었다고 한다. 미국의 공공주택단지는 아무나 접근할 수 있는 개방적 접근성, 개별주호의 정체성 결핍이 비판을 받았다. 넓은 오픈스페이스는 더 이상 '개방지역'으로 불리지 않고 '아스팔트 황무지'로 불렸다. 특히 제인 제콥스 등에 의해 비판을 받았는데, 오스카 뉴맨Oscar Newman 등의 조사에서는 익명성, 공간 전이의 결여, 옥외공간 용도의 불명확 등이 문제점으로 지적되었다. 단독주택들이 단조롭게 배열된 '급조된 교외의 개발단지tract development'도 유사한 맥락에서 비판을 받았다. 유럽에서는 卽地적이고 국지적 특성들을 완전히 없애버린 아파트 단지에 대한 총체적 불만이 제기되었다. 프랑스에서는 도시를 저급하게 만든 '높은 밀도와 가혹한 기하학으로 잔인하게 건설이 강행된' "대단지들grands ensembles"에 대한 불만이 커졌다.

과거와의 단절이 문제로 인식되고 국지적 상황과 문화적 관점이 중요하게 생각되기 시작했다. 세계에 대한 인식 토대로서 철학의 확고함이 약화됨과 동시에 당대의 미학적 신조는 크게 권위가 한정되고 다른 공간적 및 표현적 질서를 찾게 되었다. 불확실성이 보편화되고 불안정성이 잠재해 있던 포스트모더니즘 (로위 교수는 이를 확고한 토대가 없는 모더니즘으로 지칭)의 시대가 되었다. 그래서 중앙집권적이고 위계적인 공간구성과 주거지는 근본적으로 비위계적인 도시활동이 산재하여 여러 곳에 중첩적으로 중심지를 이루는 형식으로 바뀌었다. 역사적 조건이 주택 논의에 다시 등장하게 되고 국지적으로 특성화된 주거가 강조되기 시작한다.

뉴욕의 주상복합

뉴욕의 고급아파트

미국에서는 근대건축과 근대사회가 야기한 혼돈과 두려움에 대응하여 도시를 인간적인 도시로 만들려고 하는 노력, 도시를 다시 한번 읽힐 수legible 있도록 만드는 노력이 전개되었다. 주민들이 다양한 용도로 적극적으로 이용할 수 있고 또 책임을 질 수 있는 공간이 중요시되었다. 그래서 교통안전과 매연 등 면에서 위험스럽게 여겨졌던 가로가 활동을 촉진하는 공간으로서 도시공간의 보안성을 높일 수 있는 자원으로 간주되었다. 특히 1970년대에는 공공영역의 재구성에 대한 관심이 되살아났다. 경관의 지각적 일관성과 '미감적 형태sensuous forms'가 중시되고 사람들이 자기들이 어디에 있는 누구인지를 알 수 있도록 해주는 領地로서의 장소 만들기와 설계의 인간화 등이 강조되었다. 미국의 공공주택단지도 가구의 개별성이 강조되어 가능한 곳에서는 각 주호마다 개별 옥외 출입구를 내고 또 서로 분리된 개인 옥외공간을 주도록 했다. 공유공간도 용도를 명백히 정하고 건물입구와 밀접한 관계를 갖도록 위치시키고 비거주자들이 쉽게 접근할 수 없도록 했다.

영국에서는 1950년대 Architectural Review의 주도로 타운스케이프 운동이 전개되었다. 영국 뉴타운의 도시성 결여를 비판하고, 합리적인 것, 일반화된 것을 혐오하고 18세기 도시의 그림 같은 아름다움, 무질서, 다양성, 개별성, 특이성 등을 추구했다. 모더니즘의 '건축 오브제' 개념에 반발하여 건물들과 이들을 둘러싼 주변과의 관계를 중시했다. 그래서 건물이 공공공간의 중심에 놓이는 대신 공공공간을 둘러싸도록 했다.[17)]

유럽의 도시재개발에서는 과거의 기숙도시 같은 주거단지dormitory cities를 도시의 일부로, 도시 내의 도시로, 도시생활의 모든 기능들을 통합한 지구들quarters로 재구조화하려는 움직임이 일어났다. 프랑스에서는 그전에 우리의 시골 도시들을 그토록 즐거운 곳으로 만들었던 그 자취들, 가로와 광장의 배열, 주택유형들(특히 뜰이 딸린 개별주택들), 조망, 건축적 구성의 원천'등을 재발견해내는 노력이 경주되었다. 향토어바니즘Provincial Urbanism은 이를 '동상으로 장식된 광장squares, 곡선형의 가로, 또 그 다음은 넓은 조망을 갖게 해주는 넓게 개방된 조경공간으로 예기치 않게 이어지는 작은 골목길들'을 소생시킴으로써 도시의 정취를 살리려 했다. 새 도시들의 지겨움을 해소하기 위한 방안으로 좁은 가로와 개방된 가로의 교호, 획일성을 깰 수 있는 파사드의 디테일들, 차에 개방적인 가로들에 주목했다. 보도를 따라 상점, 카페, 옥외 볼링장, 그리고 엄마들이 다른 일을 하면서 자녀들이 노는 것을 볼 수 있는 작은 뜰이 있는 주택들을 배치한다. 잘 정의된 다양한 공공공간들, 작은 전면 잔디와 더 큰 후정을 갖춘 연결된 주택(타운하우스), 변화 있는 파사드를 가진 '픽쳐레스크' 스타일, 그리고 그 지역의 옛 마을에서 발견되는 색채 스펙트럼이 있다. 커뮤니티 참여, 나중에 주민들이 개인 형편에 맞추어 완성토록 하는 미완성 건축 등도 시도되었다.

17 영국 및 유럽의 도시설계에 대한 논의는 아래 문헌을 참조하였음
Jarvis, Frederik D.(1993), Site Planning and Community Design, Home Builders Press, Washington D.C
Madani-Pour, Ali (1992), The Principles of urban Design in the British New Towns, Working paper No.15, Dept. of Town and Country Planning, University of Newcastle upon Tyne
Osborn, Frederic J. & Whittick, Arnold (1977), New Towns, Their Origins, Achievements and Progress, Leonard Hill, London

포스트모던 어바니즘

이러한 문제인식과 대안적 노력들은 보다 광범위한, 근대도시건축에 대한 포스트모던 운동의 맥락 속에서 그 의의와 한계를 더 심층적으로 이해할 수 있다. 엘린 교수[18]는 서양 근대도시의 물리적 황폐감을 개선하기 위해 60년대 이래 건축가들과 도시계획가들이 무언가를 하려고 노력을 포스트모던 어바니즘으로 규정한다.

의지할 수 있는 중심과, 흔들림 없는 토대에 대한 상실감, 잃어버린 세계에 대한 짙은 향수에서 친숙한 것, 토착적인 것, 국지적 맥락, 전통, 의미, 그리고 중심을 찾으려 했다. 표준화된 것과 진부하고 평범한 것을 혐오하고 상세한 것, 구체적인 것, 사실적인 것에 주의를 기울이고 지방색을 탐구하고 개인적인 것을 숭상하고 신비로운 것, 정서적인 것, 독창적인 것, 비범한 것에 탐닉하는 것이 그 특징이다. 여기에는 삶이 더 단순하고 더 건전하고 대체로 만족스러웠던 '옛날의 眞實했던 것'을 재구현하려는 신전통주의와 같은 보수적 경향에서 지금까지의 典範과 現狀에 도전하여 새로운 것을 추구하려는 급진적 시각에 이르기까지 다양한 태도들이 존재한다.

이러한 태도는 도시나 건축을 인간적 스케일의 공간으로 만들고 질 좋은 공공공간을 만들려고 하고, 기존 도시조직을 존중하고 과거와의 연속성을 추구하며 자연과의 조화를 도모하고, 근대 도시개발이 훼손한 것들을 바로 잡고 도시, 교외, 근교 사이 및 근린지역 사이의 잊혀진 공간들에 유의하며, 사회적 불평등을 초래한 전통적 중앙집권적 중심의 제거를 지지하고, 주변적인 것들에 주목하면서, 흠집 난 곳을 고친다든가 버려진 철로를 재활용한다든가 하는, 단순히 물리적 환경을 만드는 것 이상을 추구함으로써 도시설계의 잠재적 가치에 대한 사람들의 인식과 공공정책의 변화에 영향을 미친다.

그러나 포스트모더니즘의 실천에는 많은 함정들이 있다는 것이 다수 사람들의 지적이다. 첫째는 1968년 개혁운동의 실패 이후 '유토피아' 추구의 에너지가 고갈되면서 보다 나은 세계를 만들기 위한 집단적 노력에 대한 믿음이 사라지고 그 결과 내면으로 향하는 私的 自由主義privatism가 만연하게 되었다는 것이다.

미국 신전통주의에 의한 교외 중산층 주거지의 사적 영역화에서 보듯이, 가족과 개인의 사적인 것을 찾고 추구하는 경향이 두드러지고 있다. 미국의 마스터플랜에 의한 중상층 주거 커뮤니티Master Planned and Gated Communities: MPCs는 커뮤니티 의식을 고취하기 위해 인접지역에 등을 돌리고 보통은 출입문과 함께 녹지대로 둘러싼다. 보안시스템과 경비가 있는 출입문이 있고 '범죄방지형 환경설계Crime Prevention Through Environmental Design'에 의거하고, '방어적 건축defensive architecture' 개념으로 새로 건설되는 요새 같은 단지는 주변 도시

18 Ellin, Nan (1996), Postmordern Urbanism, Blackwell publishers, Oxford, 1996.

조직에서 벗어나 경비가 있는 문을 통해 출입, 주변 커뮤니티에 등을 돌리고 공용공간이 있는 안쪽으로 향하도록 되어 있다.

신전통주의 어바니즘은 이 MPC의 고립된, 대개 사용되지 않는 공공공간들 대신에 반쯤 둘러싸인, 판독할 수 있고, 사람들이 사용하는 연결된 장소로서의 공간을 제공하려 한다. 그렇게 해서 요새지 성향과 공포를 증가시키기 보다는 불안의 원인들을 감소시킬 수 있을 것으로 기대했다. 전통근린지구**Traditional neighborhood District**와 대중교통지향 개발지구**Transit-Oriented Development, TOD**로도 불리는 보행자 포켓이 이 신전통주의 어바니즘에 의한 개발형태이다.

전통근린지구는 기존의 교외주택지나 MPC와 달리 자동차보다 사람을 중시한다. '집산도로'를 따라 조합되는 주택 '클러스터', '오피스 파크', '쇼핑센타'들 대신에 TND는 분명하고 에워싸인 공공공간을 만들어 내기 위하여 건물들이 평행 배치되어 있는 가로와 대로**boulevard**의 격자를 근간으로 한다. 다양한 기능, 사회계층, 연령층을 수용한다. 보행자 포켓**Pedestrian Pocket**은 2차 대전 후의 미국의 '위생 처리된 반 도시적 세계'를 비판하면서 신개발 주택지들과 함께 기존의 교외주택지들을 개조하여 대중교통의 중심지, 이상적으로는 경전철역을 중심으로 집중되는 포켓을 만드는 것이다. 역 인접지는 저렴한 주택과 사무소를 포함한 중 · 고밀도의 복합용도 지역이 배치된다. 커뮤니티의 강조에 불가피하게 따르는 문제이지만 전통근린지구와 TOD역시 사적 자유주의의 한계, 다소간의 폐쇄성과 배타성의 문제는 벗어나지 못하고 있다.

둘째는 건축과 경관의 불안정성이다. 창조적 에너지 없이 친숙한 것을 찾기 위해 옛 것의 재생이나 새 물건을 낡게 보이게 만드는 상품화(예: 오래된 것처럼 보이도록 만든 청바지)

에 의지하거나 아니면 과거와 완전히 결별하여 공상과학 등의 형태로 미래의 모습을 표출하려 했다. 이 모두는 내면으로의 도피에 불과하고 도피하고자 한 그 문제를 더 키웠을 뿐이다. 오히려 창조적 노력으로 채워야 할 영역을 시장의 힘이나 정치적 관료적 지배 세력이 차지하게 하는 결과를 빚었다.

도곡동 우성캐릭터 계획안(건원건축,1994)

도곡동 우성캐릭터(2009)

문화표현의 형식도 독창적이기보다 파생적이 되고, 사회도 건축도 '정신분열증'의 양상을 보이게 되었다. 포스트모던 감성의 다원주의, 반권위주의, 다중심성 등은 불확실성을 악화시켰다. 이상주의와 비전적visionary 사고의 쇠퇴, 확고한 정치적 공약의 후퇴, 사적 자유주의로의 내면적 회귀, 정체성의 유동성 등 이 모든 것이 불확실성을 심화시키고 창조성을 감소시켰다. 그 결과 근본적인 것보다는 표피적인 것에 집착하고 탐닉하게 되면서 자본은 과거에 대한 향수를 자극하고 오늘의 소비를 위해 과거 이미지의 재포장을 부추김으로써 진정한 과거 찾기를 불가능하게 만들었다.

셋째는 도시의 건축과 경관이 초현실적hyper-real으로 되는 경향이다. 前산업사회로부터 영감을 얻으려는 시도도 창조성을 잃고 부적절한 과거의 차용, 새 것을 낡은 것처럼 보이도록 만드는 식의 전통의 모조 또는 위조에 의지한 많은 포스트모던 경관은 초(비)현실적이 된다. 전통의 보존이나 부활을 추구하지만 만들어진 전통invented tradition일 수밖에 없고, 전통의 발명과 과잉실재hyper reality적 환경의 조성으로 형태는 가공적인 것이 되어Form follows fiction 허위의 도시, 허위의 단지를 만들 위험을 초래했다. 미국의 마스터플랜에 의한 폐쇄적 커뮤니티MPC도, 쇼핑몰, 테마파크 등과 같이 모조품과 이미지를 통한 대리경험을 위한 것이라는, 그리고 또 외관과 화사드의 유희라는 비판을 받게 되었다.

넷째는 전후 개발된 도시의 난해성illegibility에 대한 두려움 때문에 공간을 私域化privatization하는 경향이다. 쇼핑몰과 유료 테마파크에서 보는 것과 같은 공공공간의 사공간화, 방어적 건축이란 이름의 사적 영역화는 안전감은 주지만 사회적 불신과 편집증을 키운다. 좋았던 옛 시절로 돌아가자는 도피적 성향은 형태가 두려움에 따라 좌우되는Form follows fear 결과를 낳았다.

다섯째는 모더니즘의 이상론과 의미를 추구하기 위해 양식에만 관심을 갖지 않고 건축의 상징적 의미, 그 맥락, 내용물, 본질에 관심을 기울였던 시도들에 대해 환멸을 느낀 결과 도시설계는 극단적 개인주의에 빠졌다.

여섯째, 책임성 있는 건축은 실종되고 어떤 변명과 가식도 없이 공공연히 양식을 추구하고 열정보다 하찮음과 현학적인 것이 더 많아졌다. 좌절감에서 비롯된 퇴행적, 자기도취적 narcissistic 경향이 본질보다는 표피적인 것, 진본성보다는 미학을, 그것도 내향적으로만 추구하도록 만들어 형태는 기교를 따르게Form follows finesse 되었다.

일곱째, 도시건축에 대한 대중주의적 접근도 사회구조적 한계를 고려하지 못함으로써 결국은 건축을 돈의 힘에 맡겨버리는 결과를 빚었다. 건축가와 계획가들이 사회에서 처한 자기들의 구조적 위치와 정치경제적 제약조건을 제대로 생각하지 않고 했던, 1960~70년대의 사회계획, 참여설계, 커뮤니티 건축, 변호적 계획advocacy planning 등의 대중주의적 시도들은 결국 시장의 힘에 굴복하고 오히려 모더니즘의 복지국가를 장터로 바꾸는 역할을 하게 되었다. 그래서 이미지의 추구는 시장과의 결탁이라는 예상하지 못한 결과를 초래하여 건축의 상업화가 촉진되고 도시설계는 상업에 예속되고 그 정치적 의제는 무산되었다. '형태는 돈이 좌우하게Form follows finance' 된 것이다.

결과적으로 근대주거건축이나 도시건축에 대한 대안적 노력의 두 방향, 즉 과거와의 연속성 속에서 대안을 찾아보려는 전통주의적 노력이나, 과거와 관계 없이 미래의 새로운 것을 현재에 구현해 보려는 급진적 노력은 둘 다 그다지 성공적이지 못했던 것 같다.

우선 포스트모더니즘의 복고적 성향에 대해서는 많은 이들이 비관적 견해를 보인다. '우리가 전혀 가져보지 못했던, 가상의 과거에만 있었던 행복의 형식forms들과 값싼 고풍의 형태들forms을 찾아내려 하는 것은 과거를 신비화하는 위험이 있을 뿐이며 좋았던 옛 시절로 돌아가는 길은 없다'.[19)]

전통주의는 문제를 또 다른 수준의 양식 문제로 재규정함으로써 대중의 문제 의식으로부터 제외시켰고 토착적인 것, 통속적인 것, 역사지구의 보존, 생태학적 문제의식, 참여적 건축, 익명의 건축을 존중하거나 주의를 기울이는 것 이 모든 노력들이 돈과 권력에의 미디어와 결합하게 되었다. 또 과거에 대한 향수로부터 자유로워 지려는 포스트모던 움직임은 대체로 무대장치건축stage-set architecture을 낳았다. 그리고 전통주의적인 신역사주의건 초현대적인 무대장치 건축이건 생기론적(토착적이고 평범하고 탈전문화된)인 것이건 현재의 건축운동은 도피주의적이다. 근대운동에 대한 자기비판을 계속하는 것과는 반대로 근대양식으로부터 결별, 그 전위적 형식 언어the avant-garde formal language와 경직된 기능주의적 원

19 Foucault, M.(1997) 'Space, Knowledge and Power(Interview Conducted with Paul Rainbow)' in Leach, Neil (ed), Rethinking Architecture, a reader in cultural theory, Routledge, London. 367–379

칙들의 연줄을 풀어버리려 하는 것, 그래서 형태와 기능이 다시 분리될 참이라는 것이다.[20]

우리 아파트단지의 문제

주택단지는 형태, 부지, 용도, 의미 등 서로 관련된 수많은 속성들로 구성된 복합적 사회건축의 산물이다. 시간이 지남에 따라 변하는 문화적 발명품이며 새로운 유형이 지어지고 기존의 것들이 개조됨에 따라 물리적 속성이 변할 뿐 아니라 물리적 속성이 같아도 거기에 부여되었던 의미와 가치도 극적으로 변한다. 그래서 무엇이 정말 단지설계와 건물타입의 변천을 가져오는가 하는 것은 훨씬 복잡한 문제이며 작용하는 요인들도 복합적이고 상호 관련되어 있다.[21] 우리나라의 고층 아파트단지에 대해서도 쉽게 부정적 건축담론 수준에서만 볼 수는 없다. 20세기 중반 산업구조의 변혁, 경제의 성장 그리고 도시화가 시작되면서 우리사회가 직면했던 시대적 도전들을 생각해 본다면 더욱 그렇다.

1950~60년대를 지나면서 대도시에는 새로이 교육받은 대중들이 급증하고 이에 따라 학교, 공공시설, 적절한 옥외공간, 생활시설, 상가 등이 갖추어진 새로운 생활공간에 대한 요구가 대두되었다. 시멘트와 철의 생산이 늘어나고 건축의 공법과 구조기술, 그리고 건설장비가 발달하였다. 이러한 신재료와 신기술의 발전을 수용해서 새로운 요구에 대응할 만한 주거형식과 건설방식이 필요했다. 우리 역사를 통틀어서 이전까지 해보지 않았던 규모와 밀도로 주택을 지어야 할 필요성과 가능성이 급속히 커졌다. 게다가 노동, 부동산과 건물, 그리고 사실상 모든 생활여건시설들이 자본주의적 생산체제에 흡수되고 주택건설이 가족이나 지역 전통으로부터 및 점차 사용가치로부터 독립되는 사회문화적 환경이 조성되어 갔다. 이 모든 것들이 주거건축에 대해 전적으로 새로운 도전이었고 고층아파트단지는 어떤 면에서는 우리사회가 이 시대적 도전에 대응한 상당히 효과적인 한 방식이었다.

그러나 오늘날에 와서는 서두에서 제기했던 질문, 뿌리를 내리고 살 수 있는 주거지를 만들고 있는가 하는 점에서 많은 생각을 하게 한다. 전국의 모든 도시가 비슷한 아파트단지로 채워지고 있다. 서울이나 부산이나 아파트 단지에 가면 여기가 서울인지 부산인지 알 수가 없을 정도로 같다. 다만 이게 1980년대 건설된 것인지 90년대 건설된 것인지는 구분할 수 있어도 장소의 차이는 알 수 가 없게 되었다. 시대별 유행에 따라 모든 지역이 비슷한 아파트 단지를 가지게 된 것이다. 로위 교수[22]가 지적한 바와 같이 시대의 차이만 있고 장소의 차이는 없어지는 사태이며, '장소 특정적이고 狀況處在的인 우리의 존재 existence가 압도될 지경'이라는 것이다.

20 Haberams, Jurgen(1997) 'Modern and post-modern Architecture' in Leach, Neil (ed), Rethinking Architecture, a reader in cultural theory, Routledge, London. 227-235
21, 22 Rowe Peter G.(1993), Modernity and Housing, the MIT press, Cambridge Massachusetts

새로운 장소에 친숙감을 느낄 때까지는 오랜 시간이 걸리는 법인데, 이처럼 장소의 특성은 없어지고 시대적 유행만 있게 된다면, 주거단지든 도시든 우리에게 현실이 되지 못하고 언제나 추억으로만 남아있게 되는, 아파트 공화국의 저자 발레리 줄레조가 서울을 두고 말한 '하루살이 도시'나 하루살이 단지가 될 수도 있다.

부산더샵센텀파크(건원건축,2006년 준공)

최근 이른바 명품 브랜드 아파트단지들을 중심으로 새로운 디자인 요소를 도입하려는 노력들이 전개되고 있다. 미국 도시의 경관을 분석한 버지니아 주립대의 녹스 교수가 '사람들의 물질주의와 이미지 의식과 잘 결합된', '경관적이며 장식적이며 기호적semiotic이고, 또 고가임에도 '외양' 때문에 더 잘 팔리므로 고소득 소비자에게 매력적인 건축'[23]이라고 비판한, 서양의 경박한 포스트모던 건축의 전철을 밟는 것은 아닌지에 대해서도 유의할 필요가 있다.

또 하나의 경향은 과거의 우리 것에서 새로운 설계의 단서를 찾고자 하는 것이다. 생소한 미래의 것을 추구하는 것도 자칫 문제지만, 옛 한옥이나 전통조경 등 토착적인 것의 복고나 모사local emulation는 대량건설 주택단지가 결여하기 쉬운 친숙함과 인간적 면모를 줄 수도 있으나, 저급한 복고나 모사가 계속되면 미래의 기회에 대한 의식과 새로운 미래를 추구하는 의욕을 약화시키고 건축술architecture도 침체시킨다고 한다.[24] '문제는 과거를 이용하느냐 아니냐 하는 것이 아니고 충분한 장소의식과 주거의식을 표현해내는 창조'라는 로위 교수의 말에 귀 기울일 필요가 있다.

공공영역의 회복과 주거유형의 다양화

초고층 아파트 단지로 대표되는 우리나라 주거지의 과제를 두 가지만 우선 지적한다고 하면 공공영역의 회복과 주거유형의 다양화이다.

서양에서 근대도시나 주택단지에 대한 논의에서 가장 크게 강조된 것이 가로와 공공공간의 사회적 및 상징적 기능의 부활이었다. '한 때 고독한 자, 모험꾼, 위장한 시인들이 군중들과 마음대로 섞일 수 있었고 바로 그 익명성의 이유 때문에 즐거움을 찾을 수 있었던 지난날의 위대한 도시들에서의 친숙했던 경험들, 특별한 경험들, 그리고 낯선 경험들이 소멸'된 데 대한 반성이 컸기 때문이다.

23 Knox, Paul. L.(1993a), 'The post-modern urban matrix' in Knox, P.L.(ed) The Restless Urban Landscape, Prentice Hall, Englewood Cliffs, New Jersey
24 Rowe, Peter G.(1993) Modernity and Housing, the MIT press, Cambridge Massachusetts

아파트 단지는 주거의 집합체인데도 외부 공간, 공공공간에 대한 인식은 매우 부족했다. 최근에는 외부공간에 대한 인식이 높아지고 있지만 아직도 단위주택의 평면 구조와 설비와 마감재가 주 관심사가 되고 있다. 우리나라 공동주택계획의 역사를 쓴 공동주택연구회가 제기한 주요 이슈 중의 하나도 이 공공공간의 빈약이었다. 가장 큰 원인으로는, 공공공간 및 도시기반시설에 대한 공공 투자 없이 사적 투자에 의존한 공동주택의 단지식 개발과 공공공간 확보보다는 고밀 개발의 방편으로만 이용된 고층화의 결과, 사유공간에 비해 공공공간이 매우 열악하게 되었다는 것이다. 마포단지 이래 공동주택단지를 가구단위의 자족적 계획으로 접근하는 방식이 고착화되어 아파트 단지들이 대규모로 집적하면서도 단지계획에서는 도시공간을 별개의 계획대상으로 제외시키고 거주자들의 일상생활공간을 단지내부공간으로 한정하는 것이 관행이 되었다. 여기에 개인주의와 프라이버티즘 **individualism and privatism in collectivist environment**이 작용하여 사유공간, 즉 단지 내에서도 전용공간에 비해 공용공간을 상대적으로 소홀히 취급하는 경향이 있었다. 예컨대 아파트가 고층화하면서도 옥외공간의 양은 축소되는 현상, 여기에 발코니 면적을 확대하고 전면 폭을 늘리는 등으로 전용공간의 확대를 꾀하여 옥외공간을 더욱 위축시키는 사태 등이 그 예이다. 공공기관의 회복과 활성화 문제가 진지하게 논의되어야 할 시점이다.

삼성동 아이파크(건원건축,2004년 준공)

둘째는 주거유형의 다양화이다. 최근 주거양식이 고층 아파트 일변도로 획일화되는 것은 문제라는 인식이 확대됨에 따라 아파트 중심의 개발방식에서 벗어나 블록형 단독주택과 같은 새로운 유형의 주택건설이 시도되고 있다. 또 다른 차원에서는 한옥의 보존, 계승, 확산 운동과 더불어 한스타일 주택의 연구가 진행되고 있고 국가건축위원회는 지금까지의 아파트 중심의 주거문화를 극복하려는 뉴하우징 운동을 전개하고 있다. 주거유형의 다양화는 이러한 운동들이 추구하는 일차적 목표이기도 하면서 주거문화 창달의 관점에서 보면 수단이기도 하다.

로위 교수가 지적한 바와 근대의 주거건축이 처한 딜레마의 하나는 건축적 표준화와 개별 표현의 자유 간의 조화인데, 주거유형의 다양화는 이 딜레마를 벗어나는 한 방법이 될 수 있다. 규모의 경제와 공급의 평등성을 견지하면서 건축의 무특징성과 단조로운 획일성을 피하는 하나의 방안은 하브라켄의 구조-충진structure-infill시스템과 같이 전체적 구조의 질서나 체계는 사전에 규정하되 개발주택은 거주자들이 형편에 맞게 건축하도록 하는 것이다. 동시에 주거유형의 다양화, 특히 주민들이 살면서 약간씩 덧붙이거나 개조할 수 있는 저층의 공동주택 등도 주민들의 개별적 표현의 욕구를 충족시킨다는 것 외에도 표준형으로만 고착되는 주택단지의 경직된(제도화된) 경관에 변화를 줄 수 있는 방안이 된다.

택지개발지구내의 블록형 주택지 배정은 주거유형를 다양화할 수 있는 조건이 되기는 했으나 아직 최소한의 면적에 국한되어 있고 더욱이 초고층 아파트와 2~3층의 집합주택으로 높이의 양극화는 계속될 전망이다. 공공공간의 질 제고와 주거유형의 다양화를 위해서는 앞서 고층아파트단지가 우리의 도시경관을 지배하게 된 경위에서 시사했듯이 택지개발제도, 가격규제 등의 보다 유연한 운영이 필요하다. 우리나라에서 아파트가 20층 이상으로 점점 더 고층화, 고밀화되고 중·저층의 주택 건설이 위축되는 것이 토지가격의 상승 때문이라고 말하는 것은 앞서 토지가격과 주택가격간의 관계에 대한 논의에서 보았듯이 기껏해야 절반 정도만 진실이다. 토지가격이 높아지는 것은 자연적 힘에 의한 것이 아니다. 높은 주택가격이 지가의 상승 원인이 되는 것이다. 중요한 문제는 우리사회가 주거환경을 만들어내는 과정에서 돈을 투입하는 방식, 즉 주택이나 도시개발의 자금조달구조이다. 지난 50여 년간 지속된 민간자금 의존적이고 사업지구별 독립채산식 자금조달구조 self-financing structure에 대한 재고가 필요하다.

정치경제적 제약과 건축의 여지 room for maneuver

하버마스 같은 사람은 '근본적 문제는 우리의 삶터가 모든 것을 상업화하는 자본의 힘과, 예컨대 우리나라와 같이 주택문제를 수의 문제로만 보는 정책과 관료의 힘의 작용 같은,

정치 경제적 시스템의 강압에 의해 식민화되는 것'[25]이라고 한다.

녹스 교수 같은 사람은 '결국 비전적 이상과 선의와 기술적 능력으로 도시생활의 지속적 개선을 이룰 수 있으리라는 확신은 이제 조각이 나고 경제적 정치적 제약에 속박되고 종합적 계획을 통해 변화를 추구하기보다는 안정을 지향하게 되었다. 건축의 형태는 점점 돈에 좌우되기에 이르렀다……설계자들은 그들이 점점 더 시장에 의존하게 된 것을 인정하지 않으려 하는 것일 뿐 건축과 계획은 냉소적이 되고 사실상 사회적 의제를 가지지 못하게 되었다'고 말한다.[26] 근대도시와 근대건축의 폐해와 한계를 벗어나려는 포스트모던 건축운동을 자극하고 촉진했던 후기자본주의가 새로운 형태로 도시와 건축을 자본의 식민지화 한다는 뜻으로 해석된다.

이러한 정치경제적 제약 속에서 건축가와 계획가들의 아이디어와 가치가 주택건축과 단지의 형태로 그대로 실현된다고는 할 수 없다. 건축가와 계획가들은 특정 형태의 건물과 경관을, 그 가치에 대한 설득력 있는 이론적 근거를 대면서 제시하고 이를 실현하고자 노력하지만 그 안들이 채택되고 개조되고 또 왜곡되기도 하는 구체적 상황은 건축가나 계획가의 통제 범위를 벗어난다. 그럼에도 불구하고 중요한 점은 여전히 건축가들은 그것이 건축되든 안되든 영향력 있는 설계를 만들어내면서 기존의 환경에 대해 강력히 비판하고 그것을 개조하거나 대체할 것을 제안해야 한다는 것이다. 이러한 활동들이 계획문화를 이루며 이 문화가 일반인들에게 확산되고 공감을 얻을 때 건축가와 계획가들은 자신들의 가치와 믿음을 실현하게 된다. TH?NK @ KUNWON

25 Habermas, Jurgen(1997), 'Modern and post-modern Architecture' in Leach, Neil (ed), Rethinking Architecture, a reader in cultural theory, Routledge, London. 227-235
26 Knox, Paul. L.(1993b), 'Capital, Material Culture and Socio-spatial differentiation', in Knox,(ed), The Restless Urban Landscape, Prentice Hall, Englewood Cliffs, New Jersey

송도125블럭 THE FIRST WORLD(건원건축, 2008년 준공)

신도시와 뉴타운

주민참여와 도시개발

I >>> 도시개발과 주민참여

WRITER 김태엽
건원건축 도시계획실장
성균관대 건축공학과 / 건축학 석사
도시계획 박사
- 2008, 서울시 주택재개발사업의 공공기여 과제 및 개선방향 연구(김태엽, 신중진), 대한건축학회 논문집(계획계), v.24 n.6(2008-06)
- 2007, 도시재생을 위한 일본 지방도시의 중심시가지 정비수법 연구(신중진, 김태엽), 대한건축학회 논문집(계획계), v.23 n.5(2007-05)
- 2005, 소규모 재개발에 의한 노후불량주거지의 점진적 정비수법에 관한 연구(신중진, 임희지), 대한건축학회 논문집(계획계) v.21 n.1(2005-01)

수도 서울은 해방과 함께 인구가 급속히 증가하였고, 1970년대 이후에는 도시가 강남지역으로까지 확장되었다. 지속적인 도시성장을 거듭해 온 서울은 급기야 개발가용지가 부족하여 인구증가의 능동적인 대처가 어려워졌고 이는 심각한 주택부족 문제를 초래하였다. 이후 정부는 1980년대 말 분당, 일산, 평촌, 산본, 중동의 5개 신도시를 서울 주변에 건설하게 되었으며, 1990년 초 대폭적인 건설규제 완화와 함께 도시지역과 준농림지역의 난개발이 확산되었다. 이로 인해 지난 30여 년 간 도시성장 및 발전과정에서 소외된 수도 서울의 강북지역에 대한 지역균형발전의 필요성이 제기되었고, 그동안 시민화합을 저해하는 요소였던 교통, 주택, 교육, 환경 등의 지역격차를 해소하기 위한 새로운 「기성시가지 주거환경 개발사업[1]」이 도입되기에 이른다.

현재 도시개발의 패러다임은 지난 30년 동안 우리의 국토정책을 지탱해 온 수도권의 인구집중억제로부터 탈피하여 장기적인 계획에 입각한 다극분산형태의 도시균형발전을 도모하는 방향으로 전개되고 있는데, 그 출발은 뉴타운부터라고 할 수 있다. 특히 신도시와 달리 기성시가지에서 추진되는 뉴타운은 기타 개별사업에 비해 이해관계자가 많아 그들의 적극적인 참여가 사업의 성패를 결정하게 되므로 도입초기부터 주민참여의 중요성이 매우 심도 깊게 논의되었다. 과거에는 참여하기보다는 바라만 보거나 소극적인 입장에서 의견을 개진하는 정도의 역할에 익숙해져 있던 주민들이 더 이상 공공이 제공한 것에 만족하지 않고 스스로 필요한 것을 요구하며, 그 과정에 참여하여 의견을 개진하기에 도달하였기 때문에 실질적인 주민참여의 요구를 수용할 수밖에 없는 시기이기도 하였다.

이러한 맥락에서, 주민참여가 신도시와 뉴타운에서 어떻게 접목이 되었고 발전되어 나갔는가를 통시적 관점에서 되짚어보는 것은 매우 깊은 의미가 있다. 그동안 주민참여가 갖는 의미가 개발이익과 관련한 사업시행의 측면에서 매우 요식적인 동의 수준으로만 치부되어 왔던 점을 생각하면 신도시와 뉴타운에서 주민참여는 보다 능동적, 적극적인 계획수립 및 사업시행의 필요충분조건으로서 중요하게 자리매김하는 계기가 되었다. 또한 사업방식, 계획기법 등 다양한 측면에서 이들의 평가와 분석이 이루어졌음을 감안하면 주민참여에 의한 도시개발의 가능성과 개선방향에 대한 고민이 상대적으로 미흡했음도 확인할 수 있다. 이에 본지에서는 신도시와 뉴타운의 사례를 들어 주민참여를 통해 드러난 그 가능성과 개선방향을 고민해보고자 한다.

은평뉴타운 건축 시뮬레이션

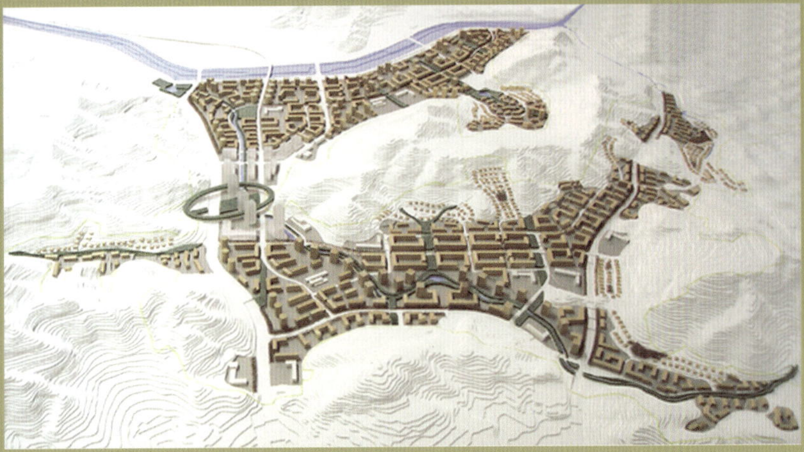

1 우리나라에서는 아직 신도시의 성격을 학문적, 제도적으로 규정하고 있지는 않지만 어원으로서 그 정의를 살펴본다면 새로운 도시, 즉 도시(都市)란 성과 시장을 의미하므로 제한된 구역 내에 경제행위가 일어나는 물리적 개체 중에서 최근에 도시계획적 의도에 의해 건설되어진 인간 정주의 집합단위를 일컫는다고 할 수 있다. 이러한 맥락에서 일단의 신도시는 이미 형성되어 있는 도시공간의 외곽에서 이루어지는 계획적 개발로서 그것을 도시라 부를 수 있을 만한 규모와 기능을 갖춘 정주공간으로, 뉴타운은 일단의 노후한 주거지들이 쾌적하게 재개발되어 신도시와 같은 자족 기능이 상당부분 충족된 정주공간으로 구별할 수 있다.

Ⅱ >>> 한국 신도시의 태동배경 및 건설방향

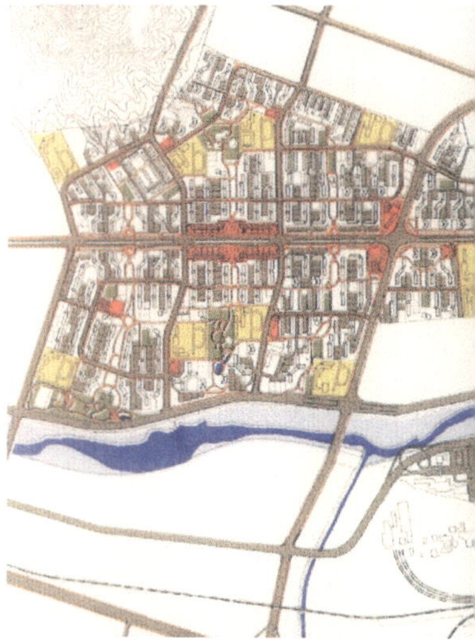

상계지구 신시가지 도시설계
(건원건축,1986)

평촌신도시
http://www.kagopa.co.kr

신도시의 태동배경 및 추진경위

현대적 의미에서 신도시는 산업혁명 이후에 급속한 도시화로 황폐화된 정주환경의 대안으로 19세기 말 영국에서 출현한 전원도시 운동에서 비롯한다. 신도시는 이후 대도시의 과밀, 혼잡의 문제 해결을 위한 효과적 수단으로서 여러 나라에 확산되었고, 나라마다 특수한 여건을 반영하면서 다양한 형태로 발전한다. 우리나라에서는 아직 신도시의 성격을 학문적으로나 제도적으로 규정하고 있지는 않지만, 통상적으로 신도시, 신행정수도, 위성도시, 주택도시, 공업단지 배후도시, 신시가지, 주택단지 등 다양한 정주형태가 가지고 있는 특성을 구별할 수 있는 용어들이 사용되고 있다.[2] 일단의 단지와 신시가지는 이미 형성되어 있는 도시공간의 한편에서 이루어지는 개발로서, 통상 단지는 규모가 작고 비교적 토지이용이 단순한 개발단위에, 시가지는 단지보다 규모가 크고 수용되는 기능도 다양한 경우로서 신도시는 그것을 도시라 부를 수 있을 만한 규모와 기능을 갖춘 정주공간이라 할 수 있다.

현재 우리나라에서 신도시들은 안양 평촌 신도시, 부천 중동 신도시, 군포 산본 신도시 등과 같이 기존 도시의 일부로 개발된다는 점에서 개념상 신시가지로 이해될 수 있겠지만, 현실에서는 신시가지보다 오히려 신도시가 적합한 표현으로 받아들여지고 있으며, 또한 과천 신도시와 같이 기반산업이 모도시에 크게 의존적이므로 엄격한 잣대에서 신도시에 부합되지 못하지만 행정적으로나 물리적으로 독립된 도시의 형태를 가지고 있으므로 신도시라고 부르고 있다. 이러한 의미에서 우리나라의 신도시는 크게 평촌, 산본, 중동신도시와 같이 기존 도시의 신시가지 형태를 띠는 '도시내 신도시'와 과천, 분당, 일산 신도시와 같이 모도시로부터 물리적, 경제적으로 고립된 환경에 건설되는 '국가정책과제와 관련해서 설정된 개발목표를 달성하기 위해 수립된 종합계획에 의하여 새롭게 건설되는 도시형 정주공간'으로 정의할 수 있다.[3]

우리나라에서 신도시의 개발은 국토정책적인 차원에서 산업기반 조성을 위한 공업단지 조성, 댐의 건설, 위성도시의 건설과 같이 다양한 형태의 국토정책개발사업의 수단 중 하나로 간주되고 있으며, 이는 1960년대 후반부터의 대대적이고 급속한 도시화 및 산업화 정책과 밀접한 관련이 있다. 본격적으로 신도시가 건설되기 시작한 것은 1960년대 후반의 두 가지 정책목표에 근거한 것으로서, 하나는 공업단지 조성에 따른 배후도시로서의 신도시 건설과 다른 하나는 수도권의 과밀문제 해결이었다.[4] 공업단지의 배후도시로서 최초로 건설된 신도시는 1962년부터 석유화학단지가 건설되기 시작한 울산이었으며, 또한 과밀해소를 목적으로 추진된 최초의 신도시는 1968년 서울시가 불법건축물의 정리방안의 일환으로서 건설한 광주주택단지(현 성남시)라 할 수 있다.[5]

2 하성규 · 김재익, 「도시관리론」, 형설출판사, 2000, pp.575.
3 박용철, 신도시개발사업 발전방안에 관한 연구, 건국대학교 부동산대학원 석사학위논문, 2006, pp.25.
4 조명현, "신도시 및 택지개발사업지구의 경제적 자족기능 강화 방안 연구", 중앙대학교 사회개발대학원 석사학위논문, 2004, pp.8.
5 장충모, "미래형 신도시 개발방안에 대한 연구", 경원대학교 대학원 석사학위논문, 2004, pp.12.

1972~1981년의 제1차 국토종합개발계획에서는 산업화의 초기단계에 걸맞은 산업기반의 조성이 국토정책의 기본목표로서, 이러한 배경 하에 1970년대부터 수도권, 대구권, 부산권, 광주권의 4대 권역에 대규모 신공업도시(안산, 구미, 창원, 여천)가 건설되었는데, 이 중 안산시(당초 반월신도시)의 경우는 서울 및 수도권 지역에 분산되어 있던 중소공장과 공해시설 그리고 해당 종업원들을 이주시키기 위한 방책으로서, 서울의 과밀해소와 공업육성이라는 정책목표를 동시에 달성하기 위함이었다.

1982~1991년의 제2차 국토종합개발계획 기간 중에는 서울을 포함한 수도권의 급격한 인구증가로 주택난이 심각해지면서, 정부는 산업기반의 조성과 함께 정주공간과 환경의 개선을 주요 정책방향으로 설정, 주로 서울시의 주택부족문제를 해소할 목적에서 목동시가지**1983**, 상계신시가지**1986**와 같은 대규모 주택단지 건설을 추진하였다. 아울러 1980년대 말에 들어서 서울시 등 대도시의 인구집중이 더욱 가속화되고 주택, 교통문제가 사회화됨에 따라 서울 및 인접도시내 가용토지의 한계를 극복하고 88올림픽 이후의 주택가격 폭등에 대처하기 위한 방편으로서 주택의 대량공급을 위한 분당, 일산 등 수도권의 5개 신도시가 대대적으로 개발되었다.

국토정책의 변천과정

	제1차 국토계획	제2차 국토계획	제3차 국토계획	제4차 국토계획	신국토 구상
계획기간	1972~1982(10년)	1982~1991(10년)	1992~2001(10년)	2000~2020(21년)	2004~2020(17년)
기본목표	고도 경제성장을 뒷받침하기 위한 생산기반 구축	안정성장과 복지향상	지역균형개발	균형국토, 녹색국토 개방국토, 통일국토 조성	Dynamic Korea
주요전략	• 대규모 공업기반 구축 • 교통, 통신, 수자원 및 에너지 공급망 정비 • 후진지역 개발을 위한 지역기능 강화	• 국토의 다핵구조 형성과 지역생활권 조성 • 서울, 부산 양대 도시의 성장억제 및 관리 • 지역기능 강화를 위한 사회간접자본 확충 • 후진지역 개발 촉진	• 지방육성, 수도권 집중 억제 • 신산업지대 조성과 산업구조의 고도화 • 국민생활과 환경부문 투자 증대 • 남북교류지역 개발 및 관리	• 개방형 통합국토축 형성 • 지역별 경쟁력 고도화 • 건강하고 쾌적한 국토환경 조성 • 고속교통, 정보망 구축 • 남북한 교류협력기반 조성	• 혁신형 국토구축 • 다핵형 국토건설 • 네트워크형 국토건설 • 지속가능형 국토관리 • 글로벌형 국토경영
관련정책	• 기업재무구조 개선추진 • 부동산 투기억제 및 지가안정화 종합정책 • 500만호 주택건설 계획	• 200만호 주택건설계획 • 토지공개념제도 도입 • 공시지가제도 도입	• 그린벨트 제도개선 추진 • 부동산 시장 개방 • 준농림지역 개발 허용 • IMF와 경제 구조조정	• 토지이용 및 관리체계 개선 • 국가정보화계획 추진 • 경제 구조조정 촉진 • 공공사업 및 국유재산 관리 효율화 • 주택보급률 제고 • 그린벨트 제도 개선 • 남북교류 활성화 촉진	• 지역특화발전특구 지정 및 육성 • 5도 2촌형 사업의 투자 • 신행정수도 건설 • 공공기관 지방이전 • 고속철도 역세권 개발 • 경제자유구역 등 개방기점 확충 • 연안 국토축 및 접경지역 관광개발 • 지역특성에 맞는 복합레저단지 및 테마파크 개발
관련제도	• 택지개발촉진법('80) • 산업기지개발촉진법('73) • 공공용지의 취득 및 손실보상에 관한 특례법('75)	• 토지공개념 관련법('89) • 산업입지 및 개발에 관한 법률('90) • 지가공시 및 토지 등의 평가에 관한 법률('89)	• 유통단지개발촉진법('95)	• 국토기본법('01) • 국토의 계획 및 이용에 관한 법률('01) • 도시개발법('00)	• 국가균형발전특별법('04) • 신행정수도 건설을 위한 특별법('04) • 지방분권특별법('04)

자료 : 국토균형발전을 위한 중장기 전략경영계획, 한국토지공사, 2004

정부는 1988년 9월에 주택 200만호 건설계획을 수립하고 1989년 4월에 신도시 건설계획을 발표하면서 분당 · 일산 · 평촌 · 중동신도시를 비롯한 전국의 택지개발사업이 대대적으로 추진되었으며, 이같은 택지개발사업에 소요되는 보상비를 충당하기 위하여 용지 보상용 채권을 발행하기 시작하는 동시에, 조성공사비의 충당과 아울러 공동주택지 선공급의 효과가 있는 합동개발방식을 도입하였다. 1989년 말에 착공한 분당신도시와 평촌신도시를 포함하여 1990년부터 1999년 사이에 77개 지구 121,621천㎡의 택지개발사업으로 주택공급의 확대 뿐 아니라 지역균형개발에도 큰 일조를 담당하였다. 이를 지역적으로 보면 수도권에서 수원 영통 등 26개 지구가 65,787천㎡, 강원권에서 원주구곡 등 10개 지구 5,367천㎡, 충청권에서 청주용암 등 10개 지구 9,066천㎡, 영남권에서 양산물금 등 19개 지구 30,647천㎡, 호남권에서 광주 풍암 등 10개 지구 8,714천㎡, 제주에서 제주일도 등 2개 지구 2,041천㎡의 개발규모로서 1980년대에 비해 지방권의 대단위 택지개발사업이 크게 증가하였다.

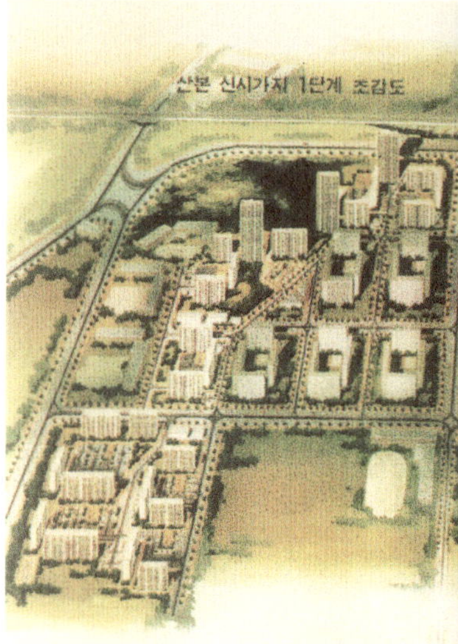

산본지구 도시설계(건원건축,1989)

2000년대에 들어와서도 1990년대와 마찬가지로 택지개발촉진법에 의한 택지개발사업이 주를 이루고 있으나 주택가격을 근본적으로 안정시키고 난개발을 방지하기 위한 택지개발사업과 제2, 3기 신도시 추진[6], 지방의 소규모 택지지구에 대한 PM방식 도입, 임대주택 공급 확대 정책에 따른 국민임대주택단지 조성, 도시개발법에 의한 도시개발사업 시행, 행정중심복합도시 건설 등 정부정책과 사업환경 변화에 대응하여 다양한 신도시 개발이 진행되고 있다. 2000년부터 2005년 7월까지 착공한 지구는 총 41개 지구 56,420천㎡으로 대전역세권 129천㎡, 청주하복2지구 118천㎡ 이외에는 모두 택지개발촉진법 지구로서 전국의 평균보다 10% 가량 낮은 수도권지역의 주택보급률 확대를 위해 수도권지역의 택지개발에 주력, 수도권에서 용인 죽전 등 16개 지구 38,461천㎡의 개발사업을 실시하였다.

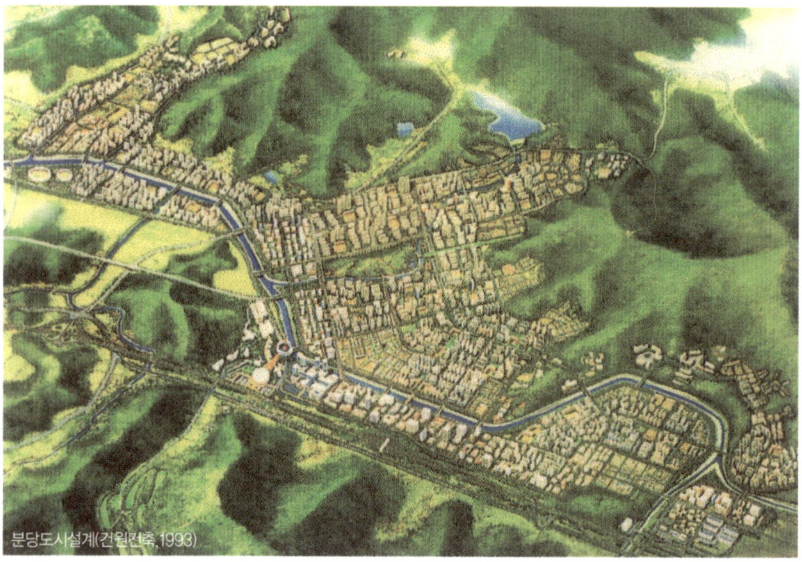
분당도시설계(건원건축,1993)

신도시택지개발

6 제2기 신도시는 참여정부에서 수도권의 주택부족문제를 해결하고자, 2012년까지 주택보급률을 시장안정 수준인 110% 수준으로 향상시킨다는 목표아래 전국의 주택 500만호 건설 중 300만 호를 수도권에 건설하는 계획으로서 수도권을 다핵구조로 개편하고 교통을 광역적으로 개선하여 자족기능을 강화하는데 초점을 두고 있다.
7 김형선, "수도권 신도시 개발의 정책 개선방안에 관한 연구 : 분당 및 일산의 사례를 중심으로", 경기대학교 대학원 박사학위논문, 2001, pp57~63.

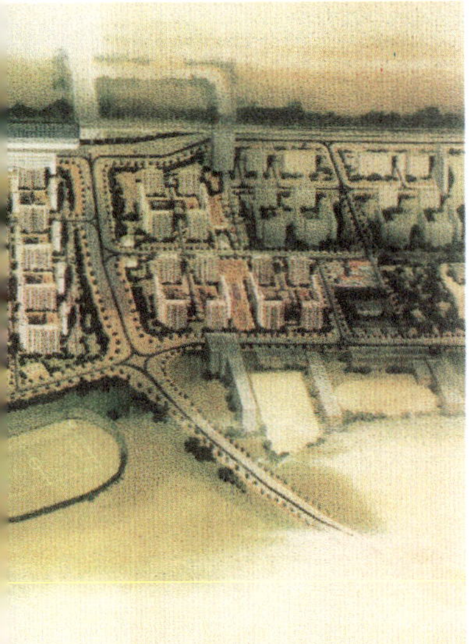

신도시의 건설방향 및 전개과정

1) 1기 신도시 : 대규모의 주택도시

1989년 4월에 분당, 일산 등 수도권 5개 신도시 사업을 착수한 시점으로부터 20년이 흘렀다. 당시는 1987년에 몰아치기 시작한 부동산 투기열풍을 잠재우기 위해 토지분야에서는 택지소유상한제, 개발이익환수제 등 토지공개념제도가 도입되었고, 주택분야에서는 주택 200만호 건설, 영구임대주택 20만호 건설과 아울러 수도권 5대 신도시 건설사업이 본격적으로 추진되던 시기다. 정부는 편의상 이 시기에 건설된 수도권 신도시를 1기 신도시, 2000년 이후 개발된 판교, 동탄, 김포 등의 신도시를 2기 신도시라고 부르고 있다.

제1기 신도시는 서울 외곽의 대규모 개발이 가능하고 1시간 이내에 출퇴근이 가능한 약 20~25㎞ 권에서, 기존 도시기반시설과 연계가 용이하며 쾌적한 환경조성이 가능하고 지가가 저렴한 지역을 중점 선정하였다. 분당과 일산신도시는 자족적인 도시형성이 가능한 규모를 가지도록 각각 서울 동남부와 서북부의 중심도시를 표방하였으며, 평촌 · 용인 · 중동 · 산본 신도시는 기존도시내 연계형 신도시로 개발되었다.[7]

표1. 신도시 개발의 변천과정

발전단계	주요내용	특징
제1기 (1960년대 이전)	- 행정기능의 배분과 정비 및 체제확립을 위한 법령, 제도 운영결과로 신도시 출현 - 전후복구시기로 비계획적 시가지 확장형태 개발 - 토지구획정리사업에 의한 환지방식 위주(진해, 의정부, 논산 등)	계획은 없었으나 자생적 신도시 출현
제2기 (1960년대)	- 근대화 정책의 산물로 출현 - 공업화 및 경제개발정책의 본격 가동과 더불어 현재적 의미의 신도시 최초 건설(공업개발전진기지, 수출전진기지)	계획은 없었으나 계획도시 출현
제3기 (1970년대)	- 제1차 국토종합개발계획에 의한 계획적 신도시 개발 시기 - 1960년대의 신도시모델, 인구분산 목적의 신도시, 지역간의 균형 성장을 위한 신도시 정책이 동시에 추진된 혼합기 (대덕, 창원여천공업도시, 구미공단배후도시, 과천, 안산 등)	계획은 있었으나 계획도시가 출현하지 못함
제4기 (1980년대)	- 제2차 국토종합개발계획에 의한 적극적 개발 시기 - 지역개발 수단으로 신도시를 개발함으로써 대도시 인구분산 시도, 3개 도시 (대구, 광주, 대전) 핵화, 12개 지역 생활중심도시를 2차 거점 도시화 - 서울시 대규모 택지개발을 통한 도시내 신도시 개발(개포, 고덕, 목동, 상계)	거점도시화 시대 돌입 국토의 축 · 광역 개발
제5기 (1990년대)	- 수도권 주택 공급확대, 부동산 투기 억제 - 서울의 인구분산을 목적으로 한 신도시개발 (분당, 일산, 부천, 평촌, 중동 : 수도권 5개 신도시 제1기) - 대규모 신도시 일시개발에 따른 비판으로 소규모 택지개발과 준농림지 개발허용으로 정책방향 선회 - 무임승차에 의한 기반시설 부족 등 심각한 난개발 초래	국토의 균형발전 및 부동산 투기 억제
제6기 (2000년대)	- 과거 신도시에 대한 부정적 이미지 전환 및 소규모 분산적 개발을 대체하는 '계획도시' 개념의 신도시 건설 - 계획적 자족도시 건설(화성동탄, 판교, 김포, 파주)	자족기능 강화

자료 : 박용철, 신도시개발사업 발전방안에 관한 연구, 건국대학교 대학원, 2007, p27

1989년 4월에 발표된 분당 · 일산 신도시의 건설계획은 수도권에 심각한 주택문제를 해소하기 위한 비상조치적 성격을 가지고 있는데, 주택공급물량부족과 부동산투기 등으로 인해 수도권의 주택가격이 서울 강남지역의 중대형 아파트를 중심으로 폭등하기 시작하자, 향후에 심각한 사회갈등의 요인이 될 것을 우려한 정부는 긴급히 신도시개발을 검토하기에 이르게 되고 그 방책으로서 서울과 상당한 거리에 있는 그린벨트 외곽의 비교적 저렴하고 가용 토지가 풍부한 지역을 선정하게 되었다. 앞서 살펴본 바와 같이 1980년대 후반의 시대적 상황에서 필연에 가까운 선택과 방책으로 도입된 신도시는 사회적 경제적 각 분야의 영향에도 불구하고 다음의 세 가지 측면에서 변화의 계기를 제공하였다.[8)]

일산 삼익아파트(건원건축,1994)

1. 도시기능을 고루 갖춘 신도시의 건설로 인하여 서울에 집중되어 있는 인구와 기능을 분산시킬 수 있는 교두보가 될 수 있다는 점에서 수도권정책을 적극적이고 체계적인 분산정책으로 전환시키는 계기가 되었다.
2. 신도시건설에 다양하고 새로운 도시계획적 원칙이나 기법들을 적용함으로써 보다 나은 도시환경의 가치인식이 폭넓게, 합리적이고 융통성 있는 방향으로 관련제도를 장착하는 계기가 되었다.
3. 신도시개발은 토지와 주택의 대량공급과 함께 토지공개념 확대와 투기억제, 분양제도의 개선 등을 통해서 정부가 보다 장기적인 안목에서 토지 및 주택정책을 실행할 수 있는 계기가 되었다.

당시 분당, 일산 등 수도권 신도시의 주택공급물량은 총 29만 4천호로서 이를 과거의 공급물량과 대조하면 1988년에서 1992년까지 수도권 전체의 약 23%에 달하는 막대한 수치이며, 이와 같은 대량의 주택공급이 수도권 지역, 특히 서울의 주택수요와 밀접한 지역에서 이루어짐에 따라 수도권 지역의 시급한 주택난 해소와 주택가격 안정기조에 일조하게 된다. 수도권 신도시는 여타 미니신도시 또는 도시 내 자투리 토지의 주택단지에 비해서 교육시설과 생활편익시설 등 생활서비스 측면에서 월등하여 서울지역 내 중산계층의 유입이 많았으므로 유출의 과정에 따른 하위 소득계층의 연쇄적인 주택마련에도 도움이 되었다.

인구과밀 등 수도권 집중에 관한 문제는 단순히 인구, 과밀도와 같은 수치 자체로서 판단될 사항에 앞서 도시의 수용능력과 대비하여 판단될 문제이다. 즉 수도권 신도시는 서울시의 인구증가에 따라 발생한 주택부족 및 주택가격 상승문제에 대한 대책일 뿐만 아니라 전철, 도시고속화도로, 기타 도로 및 상하수도, 쓰레기 소각시설, 열병합 발전소 등 기반시설의 확충을 통한 서울시의 물리적, 공간적 문제해결 수단으로서도 활용된 것이다. 따라서 수도권 신도시 특히 분당, 일산신도시는 수도권 내에서 서울시에 편중된 과밀화, 파편화 현상을 해소하는데 기여한 순기능 측면도 긍정적으로 평가되어야 한다. 신도시 건설부문 투자에 의한 유발효과로서, 전국적으로는 총생산유발 효과가 약 31조원, 부가가치유발

8 한국토지공사, "분당신도시개발사", 1997.

분당 3-19블럭 파크타운 설계
(건원건축,1993)

11조9천억원 수준이며, 수도권 내에서는 총생산 유발 23조6천억원, 부가가치 유발 9조원에 달하여 전반적으로 지역경제 활성화에 기여한바 또한 매우 크다고 하겠다.[9]

그에 반해, 사업추진의 과정은 결코 순탄치 않았는데, 1기 수도권 신도시의 단기간 건설계획으로 인한 어려움이 발생하였다. 수도권 신도시의 건설은 당초 1980년대말 주택가격 폭등으로 인한 사회적 위기를 극복하기 위해 별다른 선택의 여지없이 채택된 선심성 청사진이었기에 그 추진 또한 신속성을 요구할 수밖에 없었다. 1989년 4월 27일 정부의 신도시 건설발표와 동시에 가파르게 상승하던 주택가격이 진정세로 잠시 돌아섰으나, 신도시 건설이 장시간 소요될 것이라는 여론이 대두되고, 사업자체의 근본적 문제가 제기되자마자 주택가격은 다시 상승국면으로 반전되었다. 이는 서울의 주택수요를 흡수할 수 있는 정도의 질 높은 주거생활환경을 갖춘 신도시를 조기에 건설하지 못할 경우, 당시의 토지·주택위기를 진정시킬 방안이 없음을 스스로 방증한 것이다.

정부는 신도시에서 주택공급이 조기 실행되지 않을 경우에는 주택가격안정이 불가능하다는 판단에서 각 신도시의 일정을 최대한 단축하도록 지시하였으며, 주택공급의 효과가 가장 클 것으로 예상하였던 분당신도시에 시범단지를 조속히 개발, 계획발표 후 6개월만인 1989년 11월 말에 시범단지 아파트를 분양하였으며 약 2년 이후인 1991년 9월말 최초 입주가 이루어졌다. 이와 같은 신도시 건설은 주택공급을 조기에 가시화하기 위해 최대한 단축된 일정으로, 특히 주민입주를 앞당기기 위해 단지 조성공사, 주택건설 및 각종 기반 시설공사를 동시 다발적으로 진행하게 되었다.

이는 시장경제에 영향을 미쳐, 신도시 건설과 아파트 건립이 동시에 대규모로 진행되어 건설인력과 장비, 자재 등이 집중 투입된 1989~1991년 동안 토지공개념[10] 관련법령 시

9 박용철, 전게서, pp.46.
10 토지공개념은 토지의 이용권은 인정하되 그 이용권과 수익권 그리고 때에 따라선 처분권까지도 국가가 관리하겠다는 개념이다. 이에 관한 본격적 논의는 1980년대 후반에 전국을 강타한 부동산투기 열풍과 심각한 지가상승이 사회적 문제로 대두되면서부터 이루어졌다. 이에 정부는 1989년 정기국회에서 '택지소유에 대한 법률', '토지초과이득세법', '개발이익환수에 관한 법률' 등 토지공개념에 관한 법률을 제정하기에 이른다.

행에 따른 절세방안의 일환으로 민간 건축수요가 중첩되면서 상당한 인력난과 자재난에 직면하였다. 또한 대표적인 고급 편익서비스 시설이면서 많은 배후인구를 필요로 하는 백화점, 종합병원 등의 전문서비스업 시설들이 신도시의 입주초기에는 민간부문의 시장성 부족을 이유로 투자개발을 지연하면서 초기 입주자들은 서울에 소재한 시설을 이용하여야 했으며, 서울과 연결되는 일부 간선도로 구간이 제때에 개통되지 못해 초기 입주민들은 출퇴근 등에 많은 어려움을 겪기도 하였다.

2) 2기 신도시 : 자족성과 주민참여[11)]

2기 신도시는 2001년 이후 수도권에 건설 중인 신도시로서 서울도심에서 20~40㎞ 권에 위치하며, 서울 등 주변지역과 교통체계 구축 및 쾌적한 주거환경과 자족기능을 확보함으로써 수도권의 과밀해소와 주거안정에 기여할 목적으로 추진되고 있다. 분당과 일산으로 대표되는 1기 신도시 건설은 짧은 사업기간으로 인해 발생한 여러 문제들이 사회화되면서 신도시개발에 대한 전문가들의 견해는 찬성론과 반대론으로 극명한 대조를 이루게 된다.

특히 1기 신도시 건설이후로 사회전반의 비판적 여론이 팽배해짐에 따라 신도시건설에 관한 논의자체가 금기시되는 상황에까지 이르게 된다. 하지만 개발압력은 신도시 건설의 중단에 따른 부족한 주택공급을 위해서 준농림지의 규제를 완화하거나, 소규모 미니 신도시를 건설함으로써 신도시에 버금가는 많은 물량의 주택을 공급하였다. 다만 미니 신도시나 소규모의 산재된 공동주택단지 건설은 준농림지역의 무분별한 '난개발'과 '사회문제'를 조장하면서 다시 한 번 현실적 대안으로 신도시개발이 전면적으로 논의되기 시작하였으며, 수도권의 비대화와 과밀화에 대한 대비책으로서 '자족성'을 도입하기에 이른다.

2기 신도시는 계획수립을 완료하고, 아직 택지공급의 단계에 있거나 공사착수를 계획하고 있는 지역이 대부분이므로 계량적, 정성적인 평가가 어렵다. 단지 등장배경과 출현여건이 1기 신도시와 선명히 구별되는 사항이 있으므로 우선 동탄과 판교신도시의 특징들을 조명해봄이 필요하다. 그리고 아직 2기 신도시에 대해서 학술단체, 관련학계 등의 종합적 심층적 분석적 평가가 이루어지지 않은 점을 감안하여 사업주체인 토지공사의 자체 평가자료를 참조, 인용하였음을 미리 밝힌다.

화성동탄 토지이용계획

● 동탄 신도시 ●

경기도 화성시 동탄면 일원에 조성되는 화성동탄지구는 서울도심에서 40㎞의 거리에 위치하며, 수도권 과밀억제권역 외곽에 중핵의 역할을 하는 거점도시를 건설함으로써 서울 집중형 공간구조를 탈피하여 수도권의 균형발전과 개발압력이 높은 지역의 계획적 관리를 목적으로 추진되었다. 사업면적 9,037천㎡, 사업비 2조 8,602억원으로 2001년 12월

11 한국토지공사, "한국토지공사 30년사"

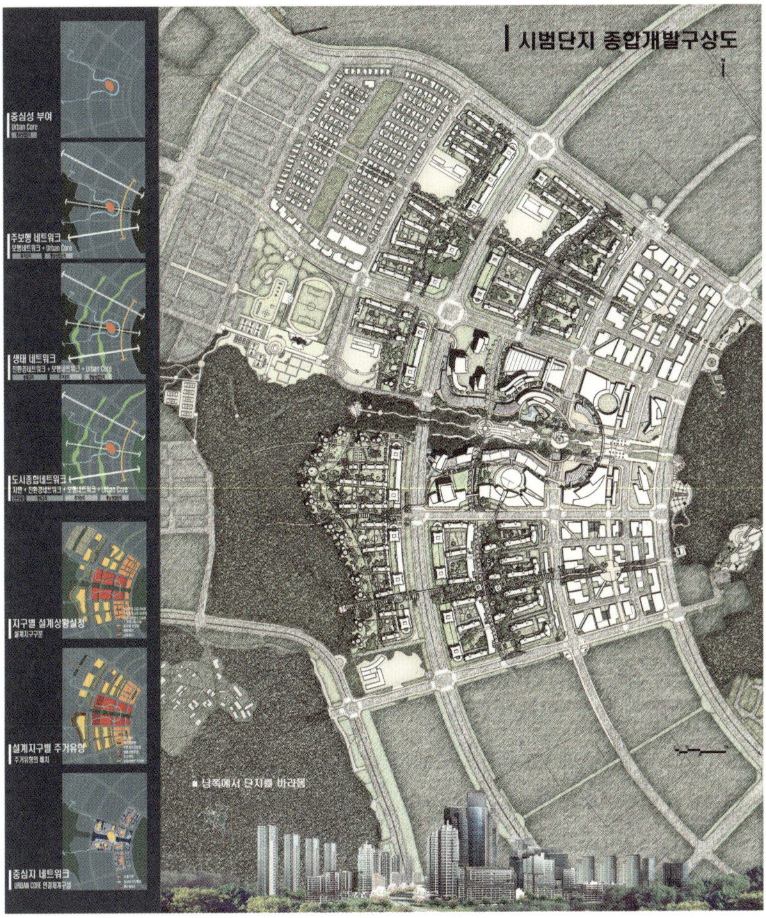

화성동탄 시범단지 마스터플랜
(참가작,건원건축,2003)

개발계획승인 및 2002년 12월 실시계획승인을 받아 2003년 3월 착공하였으며, 2008년 3월에 1단계 사업이 준공되었다.

토지이용은 주택건설용지 30%, 상업 · 업무용지 4%, 공공시설용지 49%, 대체농지 7% 외에 첨단벤처단지 등이 들어서는 도시지원시설용지 10%를 확보하여 주거 · 산업 · 연구 · 문화가 복합된 자족기능과 도농복합기능을 갖춘 도시로 계획하였다. 인구밀도는 ha당 134명으로 12만명, 4만 가구가 입주하게 되며, 아파트 · 연립 · 복합단지 · 일반단독 · 블록형 단독 · 농가주택 등 다양한 형태의 주택이 들어서게 된다.

도시골격을 형성하는 부채꼴 형태의 간선도로로 지역간 연결을 도모하여 단지공간이 중심성을 갖도록 계획하였으며, 중심부에 대규모의 근린공원과 상업시설이 입지하도록 하였다. 지구 외곽부는 단독주택지로 계획하였고 첨단산업용지도 지구외곽에서 중심부로 향하는 길목에 배치하였다. 주택건설용지 중에서 77%를 차지하는 공동주택은 탑상형과 판상형을 혼용하여 변화 있는 스카이라인을 조성하였다.

전체 면적의 25%를 차지하는 공원녹지에 대한 계획은 중앙공원을 중심으로 각 단위공간마다 다양한 주제를 도입하여 전통과 미래가 공존하는 계획개념을 적용하였다. 총 연장 2km의 화성 센트럴파크를 중심으로 자연학습을 위한 생태공원, 대단위 체육시설을 도입한 레포츠공원, 화성의 미래와 첨단산업의 이미지를 담은 신개념 멀티미디어파크 등 각각의 의미와 주제에 따라 공간계획을 차별화하여 다양한 오픈스페이스를 제공할 수 있도록 계획하였으며, 전 지역이 보행자도로와 자전거로 연결이 되도록 보행네트워크를 구축하였다.

한편 화성동탄지구는 택지개발지구 최초의 디지털 도시로서 유비쿼터스 환경을 제공하였다. 신도시 전체에 초고속 광 통신망이 2010년 상용화 예정인 광대역통합망과 연계해 구축되며, 지구 전역에서 유무선 인터넷이 가능한 정보통신서비스를 이용할 수 있다. 그리고 광역교통계획은 서울과 연결을 개선하되 지역중심도시로서 인근 도시들과의 원활한 교류에 중점을 두었다. 도시간 교통망은 12개 도로와 2개의 철도에 의해 처리되는데, 전국을 연결하는 고속도로 4개와 수원, 용인, 안산, 오산과 연결되는 국도, 국지도, 지방도 8개 노선이 주요한 역할을 수행하게 된다.

● 판교 신도시 ●

판교신도시는 1989년 4월 27일 신도시 건설계획 발표 시에 주변지역에 대한 토지이용계획을 검토하여 조치할 것임을 내부 확정하고, 이후 1990년 3월 16일 건설부로부터 이에 대한 계획수립을 요청받아 1990년 9월 분당신도시 주변지역 남단녹지에 대한 토지이용과 개발전략을 검토한 것에서 출발하였다. 개발 가능지 선정의 기준은 주변지역의 특수상황이 장래에 완화 또는 제거될 것을 전제하여 입지를 선정토록 하였으며, 이를 위해 분당신도시 주변 남단녹지 약 1,435만평을 대상으로 총 6개 지역으로 개발 가능지를 구분하고 토지이용구상(안)을 수립하였으며, 기반시설, 공법상 제한 사항 등을 감안하여 투자 우선순위를 결정하였다. 물론 판교지역 일원 또한 개발 가능지에 포함되어 향후 개발예정용지 지정의 밑그림이 되었다.

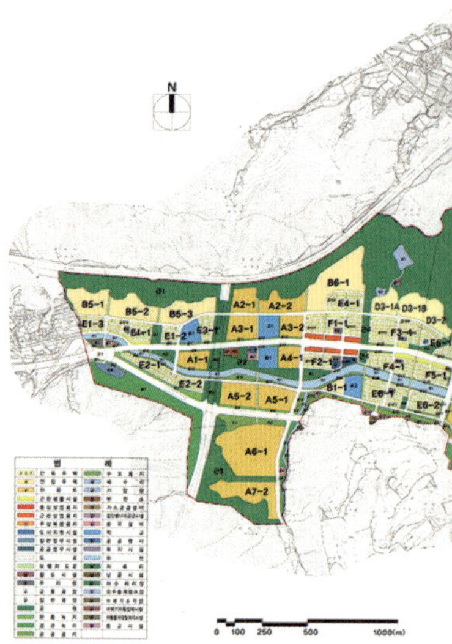
판교 토지이용계획

1998년 5월 1일에는 목표연도 2016년의 성남시 도시기본계획이 건설교통부장관으로부터 승인을 받았으며, 이 계획에서 신 주거단지 조성을 위한 판교 등 일원 녹지 629만7천m^2와 벤처 및 소프트웨어단지와 연구단지 조성을 위한 하산운동 일원 녹지 66만m^2가 개발예정용지로 지정됨으로써 판교지역의 신도시개발에 대한 방향이 상위계획으로 결정되었다.

도시기본계획 결정을 위한 중앙도시계획위원회 심의과정에서 개발예정용지에 대한 난개발 우려에 따라 안건이 부결되었으나, 난개발의 문제점을 해소하기 위하여 수도권 남부지역의 공간구조 개편방안 제시, 교통 및 기반시설 확충방안 제시, 합리적인 재원조달 및 분담방안 제시를 목표로 연구를 실시하였으며, 국책연구소 · 지자체 산하 연구소 · 민간연구소 및 업체, 관계 전문가들이 참여한 가운데 1998년 12월 용역을 완료하였다. 이러한 신도시개발을 위한 논리적 뒷받침과 아울러 공신력 있는 단체를 위시한 정기적 워크샵, 학술 토론회 등을 개최하여 다양한 이해집단간의 긍정적 공감대를 형성하는 한편, 이를 계기로 어떻게 하면 계획적인 택지개발로서 환경/교통/자족기능 등을 고려하여 신도시를 잘 만들 수 있는 가에 대해 본격적으로 논의하였다.

판교신도시 개발계획의 특징 중 하나는 미래지향적 디자인에 있다. 대규모 신도시는 사업기간이 장기간에 걸쳐 추진되고 개발계획, 실시계획, 지구단위계획과 주택건설계획 등 여러 단계의 과정을 거치는 가운데 계획의 일관성을 유지하기 어렵고 아파트 단지간의 부조화가 발생할 수 있다. 신도시 MP^Master Planner^제도[12]는 이러한 문제를 최소화하기 위해 학계 및

12 MP제도란 건설교통부에서 현재 추진 중인 신도시와 앞으로 추진할 신도시에 대하여 신도시별로 도시계획, 환경, 교통 등 3인의 전문가를 MP로 지정하고, 이들 MP가 신도시 기본구상에서부터 개발계획, 실시계획 수립 및 아파트 건설계획 등 신도시 사업의 전과정을 일관성 있게 모니터링하는 것이다.

13 자족성이란 용어가 처음으로 사용된 것은 하워드의 전원도시 개념을 적용하여 1920년 건설된 영국의 신도시 웰린의 홍보용 팸플릿에서부터였다. 계획적인 의미에서 도시의 자족성이란 도시 내에서 이루어지는 주민들의 다양한 활동들을 외부에 전적으로 의존하지 않고 일정부분 이상을 도시자체에서 충족함을 의미한다고 할 수 있다.

민간 관련 전문가를 위촉하여 택지조성과 입체적 건축행위까지 일관성 있게 지도, 관리하도록 하였다. 판교의 경우는 개발계획이 수립된 이후 MP제도가 도입되어 MP위원들의 의견을 부분적으로 반영할 수밖에 없는 한계도 있었으나 지구단위계획의 조정, 물순환체계의 도입, 하천주변 경관계획의 수립, 학교통합설계 방안 등의 성과를 거두었으며 주거단지 계획 및 디자인 등 설계프로세스의 체계적 관리와 우수한 계획의 질을 확보하게 되었다.

또다른 판교신도시의 특징은 기술혁신을 통한 새로운 주거환경 창조이다. 환경 친화적이고 지속가능한 도로체계, 대중교통체계, 녹색교통체계, 지능형 교통체계, 교통정온화, 입체적 환승센터, 주차장 등의 연계성과 통합성을 고려하여 계획되었으며 도로체계는 도로의 기능, 위계체계, 주변지역과의 연결성을 고려하였고, 시내버스 및 BRT시스템 등을 도입하여 효율적인 교통문제해결을 위한 다양한 대중교통체계가 수립되었다. 더불어 자족성[13)] 과 주민참여를 개선하기 위해서 판교지구내 도시지원시설용지는 광역적인 접근성이 유리한 위치에 분당과 연계하여 수도권 동남부의 업무거점으로 육성하는 전략과 판교신도시의 자족성 제고를 위한 육성전략을 목표로 교육연구시설과 에듀파크를 약 20만평 규모로 계획하였다. 또한 「시민참여형 신도시 개발방식」을 도입하여 사업시행자와 환경정의 등 5개 시민환경단체NGO가 모니터링 위원회를 구성하고 정기적으로 회의를 개최하여 설계단계부터 건설단계, 사후관리단계까지 시민환경단체의 의견을 사업전반에 반영하였다.

성남 판교 마스터플랜(건원건축,2005년)

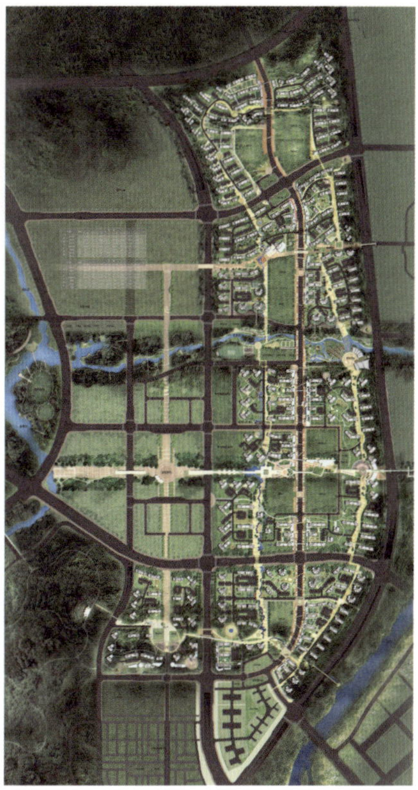

뉴타운의 도입배경과 개발취지

2000년대 들어서서야 시민들의 도시계획에 대한 인식이 새롭게 나타나게 된 계기는 난개발로 인하여 자신들의 삶의 터전이 위협받기 시작하면서 부터이다. 이때부터 환경과 개발의 갈등구조는 몇몇 전문가들의 입에서 회자되는 언어가 아니라, 당시 활성화되었던 NGO 등의 시민단체를 중심으로 일반 대중들에게 까지 자각하게 된 것이다. 그만큼 90년대 초반의 규제완화로 인한 난개발은 심각한 환경문제를 초래했으며 유발된 환경문제의 대부분은 고스란히 일반대중 또는 저소득 빈곤층에게 돌아갔다.

2002년 이후 신도시 건설에 대한 정부정책은 과거로의 회귀를 보인다. 90년대 후반에 난립된 미니신도시 보다는 80년대 후반에 대규모로 건설된 대규모 신도시가 그래도 좀 더 큰 틀에서 계획되어 보다 계획적이고 갖출 걸 갖춘 도시가 되기 때문에 민간의 주택개발을 위한 소규모 택지개발을 더 이상 못하게끔 대지규모를 법으로써 규정하게 된다. 이시기에 서울시는 기성시가지에서 노후화된 주거지를 대상으로 신도시에 버금가는 주거생활문화환경을 조성함으로써 종국에는 강남북의 균형발전을 제고할 수 있는, 당시로서는 신개념의 개발방식을 제안, '뉴타운New Town'사업을 의욕적으로 추진하게 된다.

뉴타운사업은 주택재개발사업 등 기존 개별단위 정비사업의 한계를 극복하는데서 출발한다. 낙후된 지역을 대상으로 급속히 진행되었던 기존의 재개발은 도시기반시설이 미흡한 상태에서 민간위주의 소규모 단위 개별사업으로 시행되어 도로, 공원, 학교부지 등 도시기반시설이 부족하게 되는 등 난개발되어 도시계획 및 도시관리차원에서 사실상 도시주거환경을 더욱 악화시켰다. 이러한 개별단위의 사업추진은 관련 사업간의 연계 없이 시행함으로써 정비효과가 낮고 주변과 단절되며, 기반시설의 체계적 확보가 곤란한 문제가 있었다. 이러한 연유로 동일 생활권 단위규모의 종합적 정비체계와 기반시설 수용용량을 고려하면서 친환경적인 지속가능한 개발방식이 필요하게 되었으며, 나아가 복잡다단한 기성시가지의 이해관계 특성상 사회통합의 구현 또한 중요한 이슈였다.

노후도	주택가격
30년 경과주택	평당아파트 가격
- 평균 : 4.5%	- 평균 : 721.7만원
- 최고 : 23.4 (종로)	- 최고 : 1,458 (강남)
- 최저 : 0.1 (강남)	- 최저 : 474 (금천)
문화	**학력**
만명 당 문화시설	전문대졸 이상
- 평균 : 0.7개	- 평균 : 23.4%
- 최고 : 11.1 (종로)	- 최고 : 40.0 (서초)
- 최저 : 0.1 (구로)	- 최저 : 15.0 (금천)
소득	**재정**
중대형승용차 보유율	재정력 지수
- 평균 : 56.2%	- 평균 : 62.4
- 최고 : 69.4 (강남)	- 최고 : 197.4 (강남)
- 최저 : 48.2 (관악)	- 최저 : 32.4 (강북)

그림3. 서울시 자치구별 생활지표 격차

서울시의 뉴타운사업은 일반적인 뉴타운New Town과 성격과 특징에 있어서 구별된다. 흔히 학문적으로 '신도시'로 번역되는 뉴타운은 자족성이 있는 도시를 일컫지만, 국내의 1기

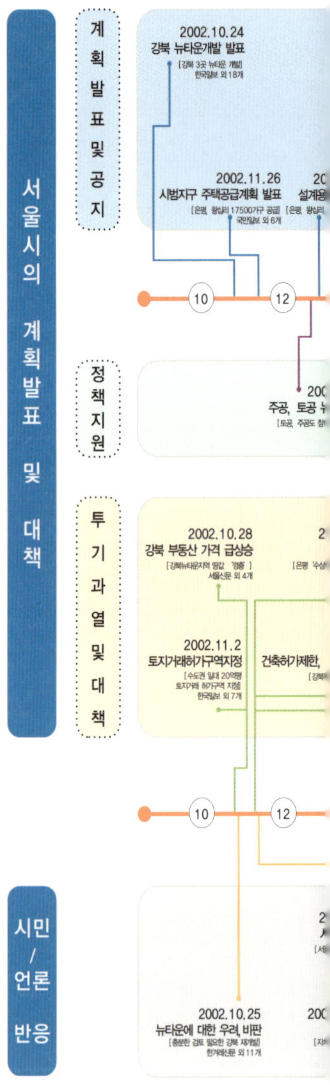

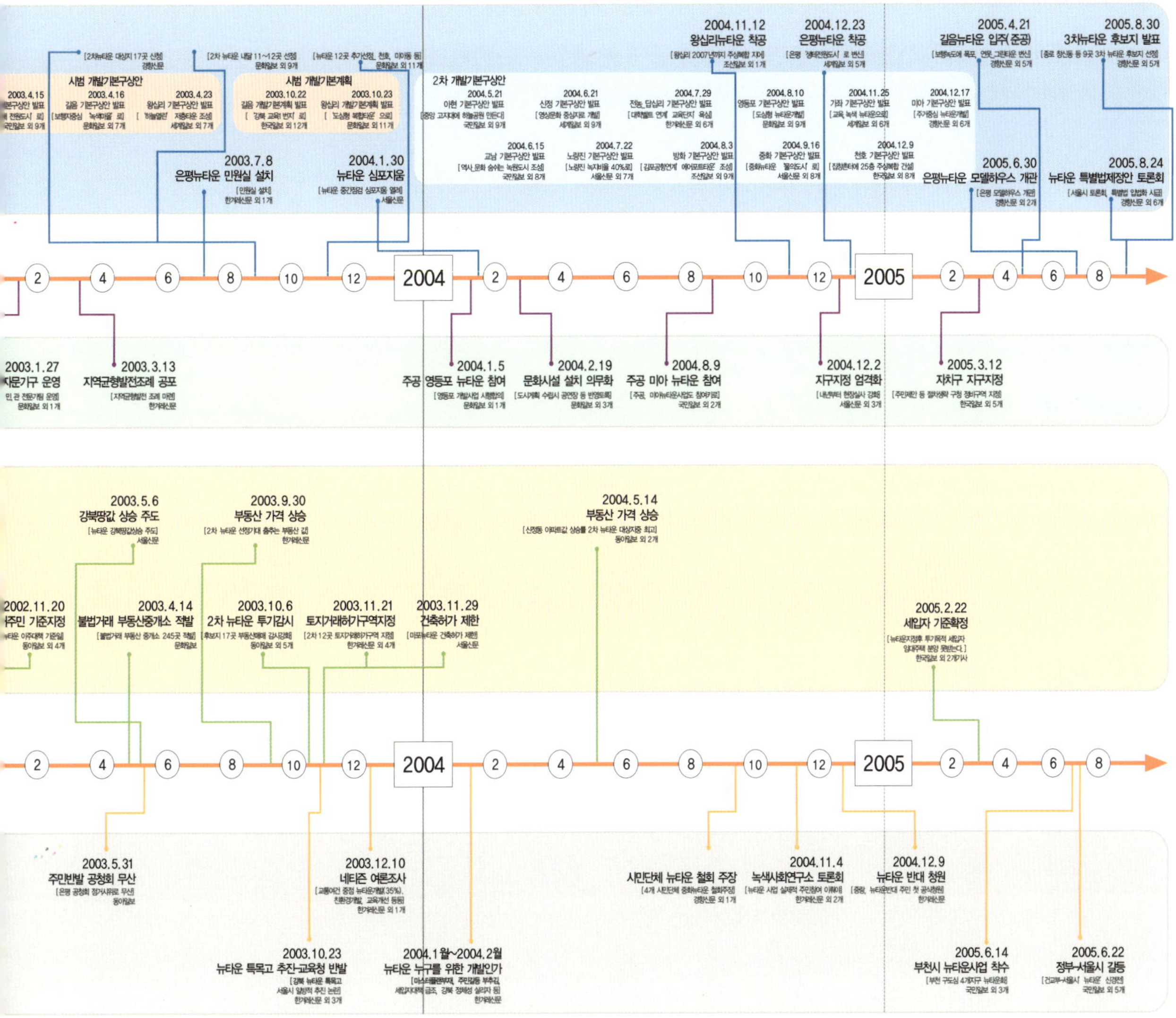

및 2기 신도시를 제외한 서울시 뉴타운사업에는 다소 부적절한 것이 사실이다. 이런 의미에서 서울시 뉴타운사업은 기성시가지를 새롭게 정비하고 개발한다는 의미에서 '도시속의 새로운 도시' 즉 'New Town in Town'이라고 명명함이 옳을 것이다. 이러한 맥락에서 뉴타운사업이 추구하는 본질적 목표는 크게 4가지로 요약할 수 있다.

1. 무엇보다 현행 재개발이 소규모 단위 민간위주로 시행되어 수익성과 사업추진 편의성만을 기초로 추진됨으로써 도로, 공원, 학교부지 등 도시기반시설이 절대 부족하게 되어 도시환경이 악화되었다. 이는 일반적으로 지적되고 있는 바와 같이 개별사업단위 위주의 허가제도, 주변지역과 연계성을 무시한 사업시행, 주민동의를 기반으로 한 사업추진(분할개발) 등에 기인하고 있다. 이러한 문제점을 근본적으로 개선하기 위해서는 재개발구역을 중심으로 한 인근 생활권 전체를 대상으로 상위계획과 연계하여 공공시설 등 지역전체를 디자인하고 이에 근거해서 민간부문이 사업을 계획적으로 실시한다.

2. 기존 재개발에 있어서 도시기반시설은 사업시행자인 민간부문에 의존하여 확보하여 왔으나, 기성시가지 개발에 있어 과도한 민간의존에는 한계가 있으므로, 공공부문의 역할 증대가 필요하다. 물론 뉴타운 개발지역에 있어서 재개발구역내의 도로 등 공공시설에 대해서는 종전과 같이 개발이익환수차원에서 사업시행자가 부담할 필요가 있으나 재개발로 인해 영향받는 동일 생활권역과 전체 도시관리체계와 연계되는 부문의 공공시설에 대해서는 공공부담의 부담이 필요하다.

3. 기존 재개발방식으로는 대규모 미개발지나 주거기능과 상업기능 등이 복합되어 있는 도심인근 불량주거지역에 대한 종합적 체계적 도시개발이 곤란하였다. 이들 지역에 대하여 공공기관 등이 앞장서 종합 도시개발계획을 수립하고, 이에 의한 도시개발법, 도시 및 주거환경정비법 등 현행 법률에 의거한 각종 사업방식을 혼용함으로써 보다 효율적이고 체계적인 개발이 필요하다.

4. 가급적 많은 원거주민이 재정착할 수 있는 재개발이 되어야 하며, 다양한 소득계층, 다양한 세대, 기존의 영세 생계집단 등이 더불어 살아가는 재개발이 되어야 한다. 기존의 재개발이 개발이익을 우선으로 하기 때문에 저소득층이 대부분인 원거주민들이 재정착을 하지 못하고 떠나야하는 경우가 빈번하기 때문이다. 현재 기준으로 구역지정일을 기준으로 할 경우 기존 재개발의 재정착률은 10%를 밑도는 수준으로 추정된다. 따라서 기반시설에 대한 공공투자와 개발이익환수조치를 통한 사업기간 단축과 주민부담 완화를 통해 원주민 정착률을 제고해 나감이 필요하다.

은평 뉴타운 입면

14 권선희, 서울시 뉴타운사업의 개선방안에 관한 연구, 광운대학교 경영대학원 석사학위논문, 2006, pp.10.
15 이명규(2005), "주민참여와 도시개발", 「도시정보」 p279
16 정환용(2001), 「계획이론」, 박영사, p.219

1차 시범 뉴타운사업 지정 당시 서울시가 추구하였던 뉴타운사업의 개념을 살펴보면 '동일 생활권을 대상으로 한 기성시가지 정비사업'이다. 즉 여러 개의 주구**Residential Area**가 합쳐진 지구**Sub District**를 사업대상으로 하며, 실질적으로는 여러 개의 재개발구역 등 정비대상 사업지를 포함하는 생활권과 사업 영향이 미치는 범위를 대상으로 추진하는 것이다. 이 개념은 이후 2차 뉴타운에 와서 정비사업 중심의 개발방식으로 전환된다. 2차 뉴타운사업의 기본계획 수립과정 중 서울시에서 배포된 'New Town in Town Project'를 살펴보면 뉴타운사업의 개념을 서술하는데 있어 기존 도시공간의 재정비가 아닌 기성 시가지 재개발사업으로 규정하고 있다.

이는 1차 시범 뉴타운사업을 추진하는 과정에서 무분별한 도시정비에 관한 비판여론 부담이 작용한 것으로 대규모 민원을 해소하고 조속한 성과창출이 예상되는 '기성시가지 재개발'에 더욱 중점을 두게 된 것으로 파악된다.[14] 이는 결과적으로 기본 개념은 '도시 및 주거환경정비법'에 의거한 정비사업을 중심으로, '도시개발법' 등에 의거한 각종 개발사업이 추진되고 있는 구역 일원의 동일 생활권 전체를 포함하여 종합도시개발계획을 수립 · 시행하거나, 주거지를 중심으로 도시기반시설 확보와 공영개발 등을 통해 새로운 신시가지를 조성하는 사업이 되면서, 신도시개발에서 중요한 개념인 '자족'은 모도시 의존으로 상쇄된 반면, '통합과 소통'이 중요한 사회적 이슈로 부상하였다.

주민참여의 필요성 및 도입방향

우리나라에서 '주민'의 개념은 위에서부터 만들어진 정책에 참여하는 것에 만족하는 도시 거주자로서의 의미로 한정되어 왔다. 그 이유는 우리나라의 도시들이 주민에 의해 자치권의 전통을 배경으로 해서 만든 지방자치단체가 아니고, 국가 행정 편의상 만든 피치체(被治體)의 성격을 갖고 있기 때문이다.[15]

일반적으로 '참여**participation**'란 이해 당사자들이 자신들에게 영향을 미치는 의사결정과 선택에 영향을 주거나 통제를 공유하는 것을 말한다.[16] 그리고 UN에서는 '정부활동에 영향을 미치거나, 혹은 직접 사회적 수요를 준비할 경우 임명공무원과는 구별되는 일반대중의 역할에 관한 것으로서, 선거권 행사 이외의 사회구성원에 의한 일체의 활동'으로 '참

여'를 정의하고 있다. '주민참여citizen participation'의 정의는 매우 다양하지만,[17] 그것들을 종합해보면, '주민에게 영향을 줄 수 있는 결정이나 계획에 주민이 개입할 수 있는 기회를 제공하여 그 결정에 영향을 미치도록 하는 과정'으로 이해할 수 있다.

이와 같은 주민참여를 위해 주민들이 할 수 있는 영향력 행사 방법은 운동(지자체에 대한 일반적 주장, 의견제시로서의 참여), 교섭(지자체의 가치와 주민의 가치에 대한 계산과 거래로서의 참여), 공동참여(지자체의 결정과정에 공동으로 참여하여 책임을 반분하는 형태로의 참여), 관리(지자체가 일정범위의 권한을 지역의 주민대표기관에게 부여하여 관리하게 하는 형태로서의 참여)로 구분할 수 있다. 그리고 이러한 주민참여에 대한 요구는 주민이 지역사회에 대한 관심이 많아지고, 생활수준이 높아짐에 따라 증가하는 경향이 있다.

우리나라는 주민참여의 제도화 시점을 1980년대부터라고 할 수 있다. 1960년대 후반 이후, 환경·빈곤층 생활개선·역사보전 등 제반문제들이 복잡하고 다양해짐에 따라 일부 전문가의 전문성과 노력만으로는 해결하기 곤란해졌다. 그로 인하여 전문가 중심의 합리적, 종합적 계획접근에서 참여계획의 중요성을 강조하는 주장들이 나타나기 시작하였다.[18] 1981년의 도시계획법 개정을 통하여 주민이 도시계획에 참여할 수 있는 공식적인 통로(공청회 개최, 도시계획 입안시 공람과 의견서 제출)가 제도적 장치로 처음 마련되었다. 현행 주민참여의 방법은 홍보활동, 주민위원회, 공청회, 설명회, 공람 등 다양한 형태로 주거환경정비를 위한 계획의 수립단계부터 확정단계 내에서 이루어진다.[19]

주민참영의 방법과 역할

구분	역할	비고
홍보활동	계획 및 행정적 정보제공 등	
공청활동	주민의 의견청취, 주민상담 등	
심의회, 위원회	이해관계 조정, 전문가 의견 청취, 주민의견 청취	
공청회, 설명회	주민에 대한 이해와 협력, 정보제공, 주민의견 청취	
공람	주민의 의견 반영 등	

자료 : 주민참여형 주거지정비수법개발, 시정개발연구원, 1996

이와 같이 우리나라의 주민참여제도는 공람 및 공고, 공청회, 협의, 자문 등 제도적 장치는 어느 정도 마련되었다고 볼 수 있으나, 현행 제도적 측면에서 규정되어 있는 공람이나 공청회는 대부분 계획수립의 최종단계에서 이루어지기 때문에 결국 주민의 참여기회를 제한하고 있는 결과를 초래하고 있다. 더구나 주민참여 과정이 현실적으로 법적 요건을 갖추기 위한 하나의 형식적 절차로 운영되거나, 대상지역 주민들의 적극적인 관심을 유도하지 못하거나 홍보부족으로 주민참여 본래의 기능을 발휘하지 못하는 경우가 대부분이며, 정비계획 수립단계에서부터가 아닌 계획수립에 의한 구역지정 이후 조합설립 시에 비

17 ⓐ시민의 욕망·불만 등을 청취하여 이를 도시계획에 반영시키기 위한 하나의 방법(윤병구, 1994) / ⓑ도시계획의 민주화, 공개화는 관 주도에 의한 일방적인 강요에서 시민을 위한 도시계획으로 전환시키는 계기를 마련하고, 도시계획에 대한 공신력을 회복시키는 조치(윤병구, 1994) / ⓒ일부의 시민들이 공적 권한을 가진 사람들의 행위에 영향을 줄 의도로 정책결정과정에 참여하는 일련의 행위를 말하며, 즉 주민의 의견을 집약하여 도시계획 및 도시행정에 반영하고자 하는 것(이유택 외, 1999)

18 주민참여는 이미 18세기에 루소(Rousseau. J.)나 밀(Mill. J. S.) 등에 의해 민주주의의 기본원리로서 주장되었으나 현대적 의미의 주민참여는 대의제적 민주주의의 한계를 극복하고자 하는 차원에서 1960년대에 들어 주로 미국의 정치학자와 사회학자들에 의해 다시 강조되기 시작하였다. 이러한 현상의 배경으로는 첫째, 정치적 측면에서 대의민주제를 통해 국민의 의견을 대변한다는 대표성의 한계에 대한 자각이며, 둘째 거대한 행정국가의 등장으로 행정의 책임성과 대응성의 확보가 필요하게 되었다는 것, 마지막으로 행정자신의 정당성 확보와 사업추진의 원활화를 위해서도 주민참여가 필요하다는 자각을 들 수 있다.

19 김창석, 남진, 공명렬(2004), "일본 밀집주택시가지정비촉진사업에서의 주민참여와 공공의 역할에 관한 연구", 「국토계획」 39(6), 대한국토도시계획학회, pp.149-167.

로소 주민의 의사를 반영하는 정도로 실제로는 구역지정을 위해 지속적인 설명회와 워크샵 등도 없이 단지 주민동의만을 묻는 현행 제도로는 주민의 의견수렴에 한계가 있다.

물론 도시계획이나 국토 및 지역계획은 근본적으로 전체 지역주민을 대상으로 하는 공공적 · 집합적 성격을 지니고, 계획의 집행으로 개별적 · 직접적으로 영향을 받게 되는 특정 이해관계자를 제외하고는 일반주민들의 적극적인 참여가 제한적일 수밖에 없기 때문에 주민참여과정이 주민들의 관심을 끌지 못할 수 있으나[20], 효율적인 목표달성과 개발사업의 원활한 추진을 위해 계획과정에서 주민참여에 대한 새로운 원칙의 정립과 제도적 요건의 검토가 필요하다 할 수 있다.[21]

은평1지구 마스터플랜(건원건축,2003)

은평구역 중심광장

뉴타운에서의 주민참여 활성화 전략

생활권 단위를 아우르는, 복잡다단한 이해관계자들의 이견이 상충하는 지역을 합리적, 계획적, 일체적으로 계획을 수립하는 것과 더불어 사업추진의 효율화까지 동시에 도모하는 것은 매우 난해한 작업임에 분명하다. 뉴타운사업이 1차를 거쳐, 2차, 3차에 이르는 동안 이같이 통합을 위한 소통의 기술 또한 나름의 전략성과 효율성 그리고 실용성을 갖추게 되었다.

1) 1차 뉴타운 : 미완의 도입기

〈은평 뉴타운〉은 은평구의 진관내동, 진관외동, 구파발동 일대로, 서울 서북부의 관문으로 1971년 개발제한구역으로 지정되었고, 토지이용계획은 자연녹지지역으로 도시화의 진행이 중지된 서울의 벽지로서 기반시설의 정비가 이루어지지 않아 주거환경이 매우 열악한 지역으로, 1997년 7월 건교부에서 개발제한구역 해제 지침에 따라 대규모 집단취락지역으로 분류하여 우선 해제를 추진하면서부터 계획적 정비의 필요성이 대두되었다.

은평 뉴타운의 개발 형태는 서울시에서 2002년 9월 지역간 균형발전을 위한 시책 수립을 위한 기초 자료로 활용하기 위하여 시민을 대상으로 하여 거주하는 지역의 주거 · 생활환경, 교육환경, 생활 기반시설, 지역 간 불균형의 원인, 지역균형발전을 위한 우선 시책에 대한 여론조사 결과에 서울시민은 지역간 생활환경 격차가 심화되고 있다는 의견에 대부분 동의(90.5%)하였으며, 지역간 격차가 발생하는 원인으로는 집값이나 소득수준(41.4%), 교육여건(27.7%)을 주요 원인으로 인식하고 있었다. 지역균형발전을 위해 서울시가 우선적으로 해야 할 정책으로는 문화 · 복지 및 생활편익 시설 확충(21.5%), 교육격차 해소(16.1%), 교통 관련시설 확충(15.9%) 순으로 나타났다.[22]

이러한 조사결과를 바탕으로, 대상지가 첫째로는 개발제한구역 해제 후 동일 생활권 전체를 대상으로 하는 체계적인 개발이 필요한 지역이며, 둘째로는 기성시가지가 무질서하게

20 김혜천(2001), "지역주민의 도시계획에 대한 인식수준과 주민참여의 차이성에 관한 연구", 「도시행정학보」 14(1), 한국도시행정학회, pp.3-18.
21 이유택, 최홍규, 이원근, 김영하(1999), "주민참여제도에 관한 연구 (우리나라와 일본의 제도를 중심으로)", 「대한건축학회 학술발표논문집」 19(2), 대한건축학회, pp.775-780.
22 서울시 지역균형발전을 위한 도시관리 방안(자료집), 2003, pp258

형성되어 있어 주거 · 상업 · 업무 등 복합 개발을 통한 유기적인 도시기능의 회복이 필요한 지역이고, 셋째로는 미 · 저개발지로 기존의 개발밀도가 낮고 종합적인 신시가지 개발기법의 도입 필요성이 높은 지역으로 서울시에서 검토된 결과에 따라 신시가지형 뉴타운으로 개발방향을 결정하게 되었다.

은평 생활가로변

은평 창릉천변

은평 뉴타운의 개발방식은 도시개발법의 수용 또는 사용 방식을 적용한 전면수용의 공영개발방식이다. 이는 개발제한구역의 해제라는 도시계획적 특성과 기성시가지와 같은 민간에 의한 민영개발 시에는 주민의 동의를 전제로 하는 소규모 개발로는 수익성과 사업추진의 편의성이 사업의 타당성을 결정하는 주요 요인으로 작용하여 생활권 단위의 도로 · 공원 · 학교 등 도시기반시설의 효율적 확보가 곤란하고, 주변 자연 경관을 고려하지 않은 사업 시행으로 지역과의 연계성을 확보하지 못하는 단점을 극복하기 위함이다. 주거 · 생태 · 문화 · 상업 등의 도시기능을 가진 신도시 개발 개념에 근접한 형태의 개발을 추진하기 위해서 은평 뉴타운은 서울시에서 SH공사를 사업시행자로 지정하여 사업을 추진하였다.

〈길음 뉴타운〉은 성북구 길음동과 정릉동 일대 약 1,250천㎡에 해당하는 지역에 대하여 2002년 10월부터 계획을 수립하여 2009년 12월 완공을 목표로 뉴타운사업을 진행하고 있다. 길음 뉴타운은 뉴타운지구 지정 이전부터 재개발 사업이 활발하게 이뤄지고 있던 지역이었기 때문에, 이해 당사자간의 의견 대립이 상존하고 있었다. 뉴타운계획의 수립 과정에서 주민의견을 수렴함에 있어 주민들을 계획과정에 참여시켜 초기부터 다양하게 제기되는 사항들을 적극적으로 검토하였고, 이러한 과정을 거치면서 뉴타운계획의 근본 취지에 어긋나지 않는 사항에 있어서는 주민의견을 계획내용에 반영하도록 하였다.

길음 산책로

길음 뉴타운 계획과 관련된 주민의견은 전달방식에 따라 주민들이 자체적으로 의견을 수렴, 제시하여 담당부서나 기관에 문서형태로 제출하거나 주민설명회, 공청회, 주민간담회 등에서 구두로 제시되는 것이 일반적이었으며, 이 밖에 각종 집단행동 등으로 다양하게 나타났다. 뉴타운계획과 관련된 주민들의 의견은 주로 뉴타운지구의 조정, 용도지역의 변경, 재개발구역의 조정, 도로의 확장과 신설, 임대주택문제, 그리고 용적률 및 층수 관련 의견이었다. 그러나 제시된 의견의 대부분은 뉴타운 계획의 타당성, 적합성 등 계획 자체의 내용보다는 경제적 측면에 관한 사항들이 주를 이루었다.

즉 뉴타운 계획을 통해 지역의 주거환경 개선을 이루며 궁극적으로는 이를 통한 자산가치 상승을 도모하는 측면보다는 당장의 경제적 이득을 극대화하기 위한 측면에 집중되는 경향을 보인 것이다. 아울러 기존에 진행되고 있던 재개발 사업과 뉴타운 사업간의 조정이 원활하게 이루어지지 않음으로써 동일한 사안에 대해 반복적으로 제기된 사항도 다수 있었다.

〈왕십리 뉴타운〉[23]은 성동구 하왕십리동 440번지일대, 약 33만 7천㎡를 대상으로 2003년 8월부터 계획수립이 시작되었다. 왕십리 뉴타운은 주거·상업·업무 기능이 복합된 도심형 주거단지 조성, 다양한 계층, 다양한 세대가 더불어 사는 커뮤니티 조성, 그리고 지역특성에 맞는 환경 친화적 개발을 계획의 방향으로 설정하였고, 이를 위하여 공공에 의한 일방적인 계획이 아닌 주민참여를 적극적으로 수용하는 방향으로 뉴타운사업을 진행하였다.

주민참여와 주민의견 수렴의 방식으로는 주민설명회나 공청회 등의 형식적인 방식보다는 간소화된 주민간담회 방식이 적합하다고 판단하였고, 간담회를 통해 뉴타운의 취지에 대해 설명하고, 대화를 통해 주민의 의견을 받아들이는 열린 태도를 보임으로써 사업의 투명성을 확보하고 사업의 새로운 방향을 찾아나간다는 입장을 견지하였다.[24]

계획수립 초기단계에서 주민들의 공공에 대한 불신은 만연해 있었으며, 이를 해소하기 위해 사업의 진행과정을 투명하게 하고 관 주도가 아닌 쌍방의 의사소통이 가능한 채널을 확보하기 위해, 인터넷 홈페이지를 이용하거나 정례브리핑, 주민교육 프로그램, 주민방문, 주민설명회, 설문조사 등의 다양한 주민참여 프로그램을 도입하였다. 그러나 이러한 프로그램이 실제 실행된 것은 거의 없었다. 홈페이지는 개설이 늦어졌으며 활용률 역시 매우 저조하였다. 뿐만 아니라 계획수립 과정에서 지속적인 주민과의 대화 시도에도 불구하고 주민조직과의 대화 역시 계속 실패하였다.

이후 난립해있던 시민조직들과 의견 교환을 위한 공공의 노력으로 인하여 각 단체별로 주민설명회를 실시하였고, 단체별 간담회를 통해 주민들의 의견을 수렴할 수 있었으며, 그를 통하여 주민대표들이 전문가를 선임하여 서울시와 수시로 실무적 협의를 통해 의견접근을 이루게 되었다.

23 뉴타운사업의 주민참여와 관련된 국내 사례 중 시범뉴타운에 대한 사항은 「최성태(2006), "뉴타운사업의 주민참여 활성화 방안", 제15회 문제해결사례연구발표회 개최에 따른 특별교육자료, 서울특별시 지방공무원교육원」의 내용을 주로 참조하여 정리함.

24 최성태(2006), "뉴타운사업의 주민참여 활성화 방안", 「제15회 문제해결사례연구발표회 개최에 따른 특별교육자료」, 서울특별시 지방공무원교육원.

2) 2차 뉴타운 : 다양한 전략의 시도기

● 아현뉴타운 ●

〈아현뉴타운〉[25]은 시범뉴타운에 이어 선정된 뉴타운사업지구 중의 하나로 마포구 아현동 633번지 일대, 약 1,088천㎡에 해당하는 지역으로, 도심과 여의도를 잇는 업무축상 입지한 구릉지의 노후불량주택 밀집지역을 정비하기 위한 사업이다. 아현뉴타운은 구릉지의 지역성을 반영한 하늘마당 공원과 전체 타운을 연결하는 생활가로, 보행위주의 자연친화적 뉴타운 건설을 개발의 방향으로 설정하였다.

노후주택

아현뉴타운사업은 기성시가지를 대상으로 생활권을 단위로 한 정비사업이었기 때문에, 현 거주민의 의사를 반영한 계획수립이 요구되었다. 효과적인 주민의견의 수렴과 반영을 통한 개발기본계획의 수립 및 향후 사업추진을 위한 주민조직인 추진위원회의 전단계로서 이후 사업추진의 원활한 조직구성을 위해 주민대표 선출을 통해 주민협의체를 구성하는 등 다양한 주민참여 방안이 도입되었다.

가. 전수 설문조사를 통한 구역경계의 조정

도정법상 재개발 대상구역에서는 주민조직이 난립하여 추진준비위원회의 자격을 선점하기 위한 주민동의서 확보 경쟁으로 주민조직간 대립상황이 발생하였다. 또한 재개발 · 재건축사업 예정구역의 구역경계 설정은 주민조직이 확보되어야 하는 주민동의서 비율에 직결되는 사항으로 구역경계(안)에 대한 일부 주민조직의 집단민원 제기와 조직간 마찰로 개발기본계획수립이 지연되었으며, 주민조직간 갈등이 극대화 되었다. 이에 정비예정구역의 경계를 결정함에 있어 MA회의에서 구역경계(안)을 설정 이를 기준으로 건물소유자(재산세과세대장 기준)들을 대상으로 설문조사를 실시하여 주민 개개인의 의견을 수렴, 반영함으로써 향후 발생할 수 있는 각종 민원을 미연에 방지, 주민분쟁 해소 및 신속한 개발기본계획을 수립하고자 하였다.

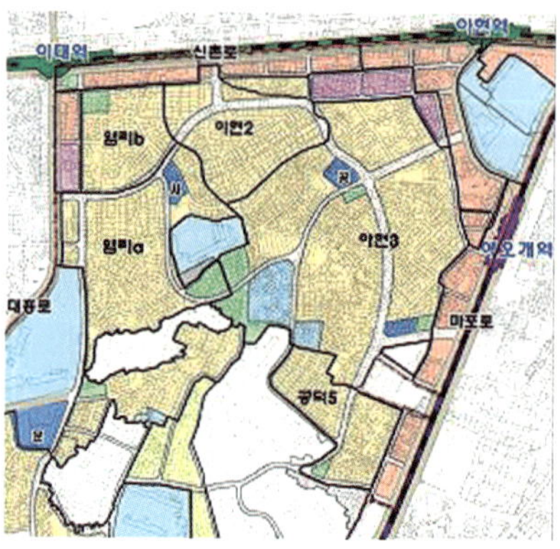

서울시 자치구별 생활지표 격차 (좌 : 조정전, 우 : 조정후)

25 배기택(2006), 아현뉴타운사업에서 나타나는 주민참여사례 연구-갈등유형별 참여조직의 역할, 성균관대학교 대학원 석사학위 청구논문

나. 개발여부의 설문 및 반영

염리동 105번지(용강초등학교) 일대 계획관리구역은 계획정비구역 지정요건에 부합하지 않는 지역으로 개발여부 및 사업방식이 미확정되어 있었다. 그러나 노후·불량주택 개선 및 도시기반시설 확충 등 개발을 요구하는 다수의 민원이 제기되고 더불어 존치와 개발의 논리가 대립하여 주민갈등이 유발되었다. 이에 행정청에서는 해당 지역 내 재산세 과세대장상 납부의무자를 대상으로 2005년 8월 1일부터 8월 31일까지 개발여부 및 지역의 필요시설과 개인의견을 묻는 설문조사를 실시한 결과 대흥동 일부는 존치하고 염리동은 개발을 원하여 재개발예정구역(개발기본계획상)으로 확정하였다.

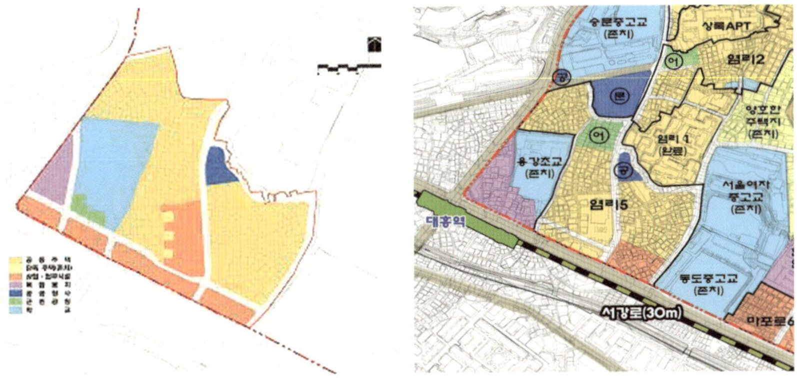

계획관리구역의 경계 조정

다. 주민협의체 구성

주민협의체구성은 도정법상 재개발/재건축사업 예정구역 건축물소유자를 대상으로 2004년 10월 1일부터 도정법상 추진위원회 승인기준을 준용하여 해당지역 토지등소유자의 1/2 이상(현행 규정 : 과반수)의 동의를 얻은 후 승인신청을 할 수 있으며, 하나의 정비예정구역 안에서는 하나의 주민협의체(가칭 추진위원회)만 인정하고 동의율 미달 시 불가 처리를 하였다. 주민협의체의 활동기간은 개발기본계획수립이 완료되어 도정법에 의해 추진위원회 승인받기 전까지로 한정하고 개발기본계획 확정 후 별도의 도정법에 의한 추진위원회 승인신청을 하도록 하였다. 주민협의체구성에 따른 홍보방법은 아현 뉴타운지구내 재개발/재건축사업 예정구역 주민을 대상으로 주민협의체구성 등에 대한 안내문을 작성하여 동사무소 게시판, 지역 내 벽보 및 아현 뉴타운 홈페이지 등 각종 언론매체를 통하여 홍보를 하였으며, 그 결과 개발기본계획승인 전에 2개 구역의 주민협의체가 승인되어 계획수립에 참여하였다.

아현뉴타운 항공사진

아현뉴타운 마스터플랜

라. 갈등지역에 대한 공공의 적극적 중재

염리 3구역은 면적이 87,039㎡로 아현 뉴타운지구 지정 전에 주택재개발 구역지정 요청을 수차례 신청하였으나 법적 동의율 미확보로 인하여 불가처리 되었으며, 아현 뉴타운지구 지정이후 2개의 추진준비위원회가 난립되어 지역주민간 불신이 만연하였고, 주민협의체신청 시 2개의 추진준비위원회가 신청되었으나 법적 동의율이 확보된 1개의 주민협의체를 구성 · 승인하였다. 이후 승인받지 못한 추진준비위원회에서 추진위원회 승인 취소 등을 구하는 민 · 형사 및 행정소송을 제기하여 사법부를 통한 의견을 제시하였으며, 또한 추진위원회 승인 전 · 후를 기준으로 50여 명의 주민들이 매일 행정청을 내방하는 방법으로 직접 의견을 제시하였다. 이에 대하여 행정청에서는 업무 담당자에서부터 구청장에 이르기까지 법률에 근거하여 일관되게 행정을 운영함으로써 각종 소송에서의 승소 및 직접 중재 등 민원을 해결하여 현재는 난립된 주민조직이 해체 또는 통합되어 1개의 조합만이 구성, 사업추진 중에 있다.

마. 워크숍 Workshop

개발기본계획 수립 후 각 사업구역별로 사업이 본격적으로 진행됨에 따라 뉴타운사업의 원활한 추진을 위하여 민 · 관이 참여하는 균형발전사업(아현 뉴타운 · 균형발전촉진지구) 워크숍을 개최하여 뉴타운사업의 기본개념 등을 다시 한 번 생각하는 기회를 마련하였다. 참석자들에게 첫째, 그 간의 '뉴타운사업의 추진상황 및 효율적 추진방안'에 대하여 설명하고, 둘째, 균형발전사업에 참여한 MA위원들이 '우리나라 주택개발의 현주소와 새로운 계획 기법', '새로운 공동주택의 디자인 방향', '마포구 도시공간구조 현황 및 전망'에 대하여 자료를 준비하여 보고하는 등 〈뉴타운사업〉이 앞으로 나아가야할 비전 등을 제시하고 뉴타운사업의 기본취지에 걸맞게 도시전체가 조화를 이루는 21C형 고품질의 복지주거환경 공간을 조성하는데 소임을 다하기로 다짐하는 계기를 조성하였다.

● 가재울 뉴타운 ●

〈가재울 뉴타운〉은 서대문구 북남가좌동 일대, 약1,073천㎡에 해당하는 지역으로, 도시기반시설이 열악한 상태에서 자연발생적으로 형성된 전형적인 주거지역이다. 기반시설이 확보되지 않는 개발이 더 진행될 경우 난개발에 대한 현실적 대안이 없는 상태에 이를 수 있으므로 노후불량주택 밀집지역을 인근 생활권과 통합함으로써 공원과 연계된 초등학교 3개소, 중 · 고등학교 각 1개소를 신설하여 교육의 질을 향상시키고, 유비쿼터스와 쓰레기 배송시스템 등 첨단시스템의 도입으로 "디지털과 함께하는 첨단 · 녹색 · 교육 도시"를 표방하는 주거중심형 뉴타운으로 조성하고자 하였다.

가재울 뉴타운지구는 개발기본계획 수립 당시, 주민대표성을 갖는 조직이나 단체가 없어 초기부터 주민참여가 이루어지지 않았으며, 개발계획수립 후 각 구역별로 개별사업이 진행되면서부터 주민참여가 시작되었다. 사업단계에 있어서 가재울뉴타운의 추진방향인 첨단도시와 녹색도시를 실현하기 위한 Smart · Clean Town 협의체를 주민, 전문가, 구청이 주체로 구성하였으며, 구역지정단계에서는 가재울뉴타운 1, 2구역의 갈등 조정사례가 있다.

가. Smart · Clean Town 추진협의회의 조직

현장견학 등 추진협의회 활동

구청은 초기단계에서 협의체 구성을 선도하는 간사역할을 수행하고 회의장소 등 적극적인 행정적 지원을 하고, 2006년 2월 17일 제2차 협의회 회의에서 가재울 뉴타운 총괄 MA를 회장으로, 3구역과 4구역의 감사 및 총무가 협의회의 부회장직으로 선출되었다. 초기 협의회는 Smart Town 추진을 위하여 구성되었으며, 추가적으로 쓰레기 배송시스템 구축방안도 함께 논의하기로 결정되어 Smart · Clean Town 추진협의회로 명칭을 변경하였다. Smart · Clean Town을 실현하기에는 주민들 입장에선 전문성이나 정보가 부족하기 때문에 협의회가 주민들의 이해를 돕기 위해서 설명회나 현장견학 등을 실시하고 각 시스템들의 도입여부를 주민들의 의견을 밀접히 교류하고 상호 이해와 관계를 증진시키며 의사결정권을 갖도록 하였다.

나. 개별 사업구역의 통합

개발기본계획 수립 후 서대문구 지역균형발전지원센타, 서울시 지역균형발전위원회 등 각종 자문 · 심의과정에서 1구역과 2구역을 하나의 구역으로 통합하여 시행하는 것이, 건축배치 등 토지의 효율성이나 공공성이 높기 때문에 주민들에게도 이익이 되는 의견들이 나오기 시작하였다. 그러나 두 개의 구역 주민들 간의 갈등의 골은 너무나 깊었으며, 하나의 사업으로 된다면, 주택재개발 구역요건이 충족되지 않아, 결국 각각의 구역으로 사업을 진행하기로 하였다. 그 후에도 1, 2구역의 통합설은 끊이지 않았으며, 해결방법으로 소규모 형식의 주민간담회를 개최하여 실효성 있는 주민참여 방식을 꾀하였으며, 설계업체와 함께 참여하여 사업성이나 기술적인 부분에서 폭넓은 협의로 두개의 구역이 각각 공사를 하지만, 단지내 보행로나 녹지축을 연결시키고 아파트건물 모양이나 조경 등의 스타일을 통일되게 조정 · 합의되어, 2개의 구역이 하나의 단지화가 되었다.

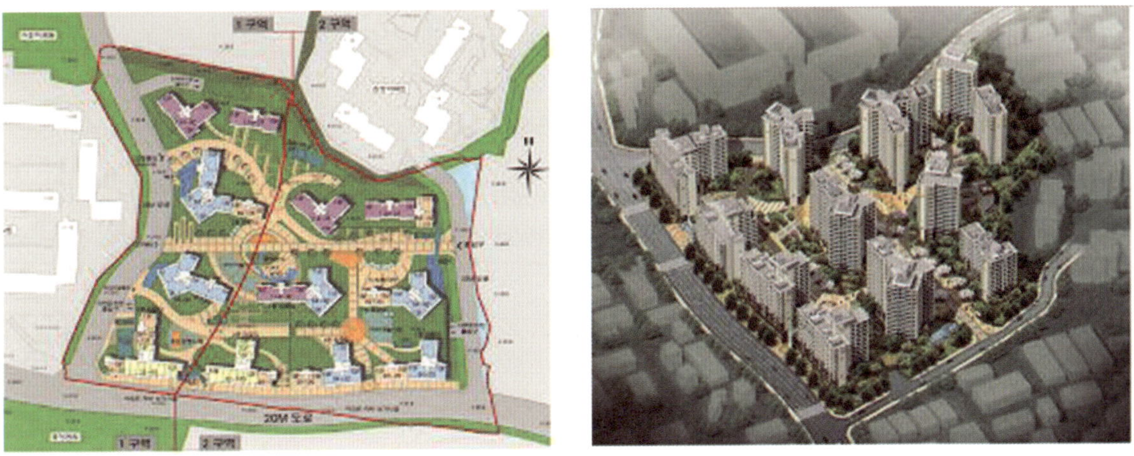

정비 1,2구역의 통합계획 및 조감도

다. 전담조직을 통한 지속적인 주민홍보

서대문구에서는 뉴타운사업과 균형발전촉진지구사업을 전략적으로 진행하기 위해서 균형발전사업반이라는 전담조직을 2005년 구성하고 담당직원을 배치시켰다. 또한 주민들의 의견을 듣고 협조체계를 구축하기 위해서 법적으로 제시한 횟수 외에 다수의 주민설명회(7회), 공정회의(2회)와 설문조사(2회)를 실시하였다. 균형발전사업반 전용 홈페이지를 개설하여, 언제 어디서나 주민의 의견을 제시하고 뉴타운사업의 진행과정이나 주민설명회, 공람공고, 재개발 관련 교육이나 세미나 알림, 주민의견수렴 기간 등 최근에 일어나고 있는 행사소식을 알리고 있다.

온라인 및 오프라인 활동

● 방화뉴타운 ●

〈방화뉴타운〉은 서울시 강서구 방화동 609번지 일대에 약 51만㎡의 규모로로 조성된 지난 2003년 11월 제2차뉴타운지구로 지정된 후 2005년 8월 그 기본계획이 승인되었다. 8개의 계획정비구역과 1개의 계획관리구역으로 나뉘어 있는데, 사업방식은 모두 주택재건축 사업이며, 현재 계획정비구역인 긴등마을의 재건축 사업이 추진 중이다.

지구지정을 위한 용역발주는 2003년 1월에 시작되었고, 2003년 6월 '뉴타운지구 후보지 선정을 위한 주민설문조사'가 실시되었다. 주민들에게 지역발전을 위한 뉴타운 지구 지정의 당위성 및 전반적인 뉴타운 사업의 의미를 이해시키고, 지역 여건 및 주민의식 구조를 조사하여 계획 수립을 위한 기초자료로 활용하기 위함이었다. 해당지역 동사무소를 통한 배포 및 회수의 방법으로 이루어진 이 설문조사는 대상가구의 약 5%만이 설문에 응답한 낮은 참여율을 보였으며 설문의 내용은 거주유형, 현 거주지에 대한 문제점 및 뉴타운지구 지정에 대한 찬 · 반의견 등이었다.

방화뉴타운 항공사진

방화뉴타운 마스터플랜

가. 주민협의체 조직

지구 지정 후 기본계획 수립을 위한 주민의견을 수렴하기 위하여 동사무소의 추천을 통해 선발된 방화뉴타운 주민대표로 구성된 주민협의체를 조직하였다. 그 구성원으로는 시의원 · 구의원 · 통장 · 반장 · 지역의 영향력이 있는 사람 · 뉴타운을 반대하는 세력 등 다양한 성향을 가진 지역주민의 의견을 대표할 수 있게 하여, 약 20여명의 회원으로 구성하였다. 주민협의체를 대상으로 방화뉴타운사업 기본구상안에 대한 회의 및 설명회 등을 실시하여 추진사항을 알림과 동시에 의견을 수렴함으로써 전체 주민을 대상으로 한 설명회 개최전략을 마련하고 기본계획에 반영하였다.

나. 계획의 피드백 및 주민의견 반영

개발구상(안)을 기초로 사업 전반에 대한 설명자료를 1차로 송부한 뒤, 그에 대한 주민의 의견을 인터넷과 서면으로 받았다. 이렇게 모여진 주민의견은 개발구상(안)에 반영되어 다시금 주민들에게 계획내용을 알리는 안내문으로 이어지는 계획의 피드백feedback과정이 반복되었다. 주민들은 뉴타운 사업에 대한 이해가 부족했으며, 개발방식에 대한 의견과 함께 보상문제에 가장 큰 관심을 갖고 있었기에, 2차 안내자료를 통해서는 뉴타운의 사업방식과 그 제도에 대한 주민홍보 자료를 발송하였으며, 개발방식에 있어 주민들 의견을 들을 수 있는 방법을 강구하였다. 주민의견이 수렴된 개발구상(안)과 함께 지속적인 주민참여를 유도하여 행정이 일방적으로 계획을 수립하는 것이 아니라는 인식을 심어주는 것과 더불어 주민들도 서면과 인터넷을 이용한 의견서 접수 및 정책토론 등 편리한 방법으로 자신들의 의견을 표출할 수 있도록 하였다.

다. 개발방식의 이해 및 불안감 해소

방화뉴타운 지역주민들의 성향을 분석한 결과 대다수의 개발을 찬성하는 주민들과 일부 개발에 반대하는 주민들이 있었기 때문에 이들을 설득할 필요가 있었다. 뉴타운 사업에 반대하는 주민들의 주장은 강서구에서 처음 기본구상(안)을 발표할 당시 뉴타운형 도시개발사업을 추진하고 있었기에 도시개발사업(수용개발)을 용납할 수 없다는 것이었다. 이에 설명회 전날, 뉴타운에 반대하는 주민들의 모임을 찾아가 뉴타운형 도시개발사업은 기존 도시개발방식과 다르기 때문에 수용개발이 아닌 입체 환지 개념이라는 것을 이해시킴으로써 막연한 불안감을 불식시켰다. 이같은 전략은 기존 뉴타운지구에서 사업을 반대하는 일부 주민들 또는 기존의 주택정비사업이 이루어지고 있는 지역에서 싸움으로 번져 주민협의나 설명회 자체가 어려운 문제점에 대응한 것으로 이를 미연에 방지하기 위하여 팀 내에서 단독으로 추진하였다.

3) 3차 뉴타운 : 주민참여 전략의 안착기

〈신림 뉴타운〉은 관악구의 대표적인 노후 불량주택 밀집 지역으로 면적은 19만5,000평 643,700㎡으로 약 1만2,846세대, 3만790여명이 거주하고 있다. 20년 이상 된 건축물이 전체의 43.4%를 차지하고 있으며 30년 이상 된 건축물들도 호암길 서쪽 경사지 일대에 집중 분포하고 있으며 북쪽으로 도림천, 남쪽과 서쪽으로 관악산과 접하고 동쪽으로 서울대 하숙촌 · 고시촌이 형성돼 있다. 관악구는 신림 뉴타운지구를 이 지역의 특성을 최대한 살린 친환경 복합문화도시로 개발할 예정이다.

신림뉴타운

관악구 신림 뉴타운은 2006년 4월 7일 개발기본계획 수립에 착수함과 동시에 2006년 4월 25일에 뉴타운지구 대상지역에 대한 현장답사를 통하여 현황조사를 실시하였다. 현황조사에는 MP팀과 주민협의체 그리고 실무진이 모두 참여하였다.

현황조사의 목적은 신림뉴타운 대상지역의 주민의견 수렴과 더불어 주민의견에 대한 발전적인 대응을 위하여 의사결정에 필요한 객관적 자료를 확보하기 위한 것으로 한편으로는 뉴타운사업에 대한 홍보 및 정보제공의 기회를 제공한다.

가. 전수 설문조사

신림 뉴타운 지역은 2005년도에 서울시 제3차 뉴타운 후보지로 선정되었다. 따라서 객관적이고 타당성 있는 주민의견수렴을 위하여 주민설문조사를 시행하였다. 뉴타운후보지 선정에 따른 주민설문조사는 2005년 9월 26일부터 10월 10일까지 진행되었으며, 뉴타운후보지 선정 전 지역의 모든 세대를 대상으로 방문조사를 실시하여, 뉴타운지구지정 희망여부와 선호하는 개발방식, 그리고 뉴타운사업을 통해 가장 먼저 해결해야할 사항으로 주민이 생각하는 것들에 대한 조사를 실시하였다. 이후에 거주형태, 거주기간 및 주거만족 수준, 이주계획, 신림뉴타운 개발방향, 세입자에게는 재정착의향 및 개발시기, 입주 가능한 주택소유 형태, 임대주택 입주희망 여부, 입주 희망 평형 등과 관련하여 추가 설문조사를 실시하였다.

설문조사의 개요

구 분	내 용	
조사일시	2005.9.26 ~10.10	
조사대상	뉴타운후보지 선정지역(신림2,6,9,10동 일대)내 건축물 및 토지소유자 및 세입자(10,578세대)	
조사목적	3차 뉴타운 후보지의 선정에 따른 주민의견 수렴	
회수율	7,330세대(69.3%)	
조사방법	각 동사무소를 통하여 통장이 직접 방문배포 후 회수	
설문내용	일반사항	거주지/주택 소유형태
	뉴타운사업 관련	뉴타운지구 지정 희망여부
		선호개발방식
		뉴타운사업을 통한 선해결 과제

나. 주민협의체 구성

주민협의체는 계획에 주민의 의견을 효율적으로 반영하기 위해 해당지역의 주민을 통해 직접적으로 의견수렴이 가능하도록 구성되었다. 신림뉴타운의 주민협의체는 총 10명으로 구성되었는데, 기존 재개발 및 재건축 예정구역별로 2인씩 총 8인의 대표자를 선정하였고, 기타지역의 2인을 추가 선정하였다. 이러한 주민협의체의 역할은 개발기본계획 수립에 따른 주민들의 의견을 제시하고, 공청회 및 주민설명회를 위해 개발계획을 사전에 공공과 협의하며, 계획(안)에 대한 주민간의 이해관계 및 갈등을 사전에 조정하는 것으로 하고 있다. 주민협의체는 개발계획수립 완료시까지 운영될 예정이며, 계획수립 단계별로 회의를 개최[26]함으로써 계획의 초기단계부터 최종단계까지 주민의견을 개진할 창구 역할을 할 수 있게 조직되었다. 또한, 기존 재개발 및 재건축 지역의 용도지역 조정 가능 여부에 대한 문의, 사업 시행방식이 지정되지 않은 지역에 대한 향후 계획 방향을 결정할 것을 요구하였으며, 도림천 하천복원을 통한 환경 개선을 이룰 것을 요구하였다.

26 정기회의는 용역 착수전, 계획(안) 작성후, 주민공청회후, 서울시 계획승인 요청전(약4회) 개최, 기타 회의개최가 필요하다고 판단될 경우 수시 회의개최

다. 촉진계획의 이해 및 주민참여 채널의 확보

재개발, 재건축, 뉴타운사업 등에 대한 주민들의 관심에도 불구하고 시행절차가 복잡하고 주민들에게 있어 복잡한 전문지식을 요구하고 있고 주민간 갈등으로 인하여 사업이 장기화되고 있어 관악구에서 정비사업을 추진하고자 하는 주민에게 도움을 주기위해 서울시의 업무담당 공무원 및 전문가를 초빙하여 개최하였다. 신림뉴타운 주민설명회는 공공과 주민의 직접적인 첫 번째 대면으로 설명회를 통하여 계획에 대한 주민의 의문사항을 해소하고, 추진절차 및 향후 계획에 대해 명확히 전달하는 기회가 되었으며, 주민의 의견과 요구를 직접 확인할 수 있었다. 또한, 정보화의 발달에 따른 주민들의 요구에 부합하기 위하여 관악구에서는 뉴타운사업에 대한 사업의 목적, 시행절차 및 주민참여방법, 자료실, 질의응답 코너를 설치하여 구청 홈페이지를 활용함으로써 신림뉴타운 사업에 대한 주민홍보 및 참여의 수단으로 활용하고 있다.

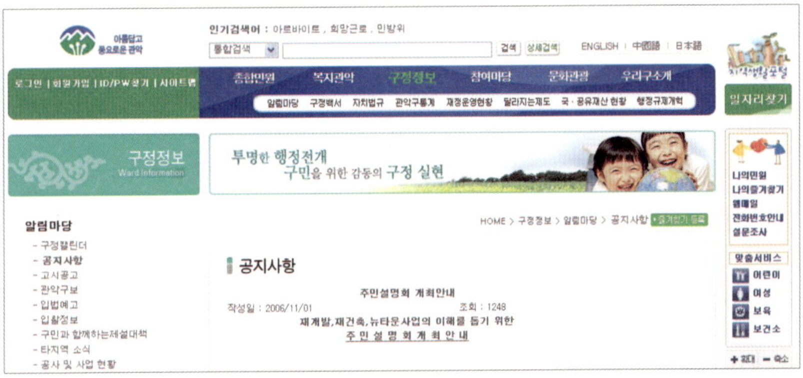

뉴타운 홍보를 위한 주민설명회 인터넷 공고

뉴타운의 주민참여 단계별 과정 및 방법

구분		계획수립초기단계		계획수립최종단계	
		홍보/공청활동	심의회, 위원회	홍보/공청활동	심의회, 위원회
시범뉴타운	은평	시민여론조사, 설문조사, 설명회, 간담회 등	주민협의체	공람공고, 의회의견청취, 공청회	지역균형발전위원회
	길음	설문조사, 설명회, 주민간담회 등	주민협의체	공람공고, 의회의견청취, 공청회	지역균형발전위원회
	왕십리	설문조사, 주민설명회, 홈페이지, 주민방문 등	주민협의체	공람공고, 의회의견청취, 공청회	지역균형발전위원회
2차뉴타운	아현	설문조사, 주민설명회, 인터넷방송, 홈페이지, 워크숍 등	주민협의체	공람공고, 의회의견청취, 공청회	주민협의회 지역균형발전위원회
	가재울	설문조사, 주민설명회, 주민간담회, 홈페이지 등	추진협의회	공람공고, 의회의견청취, 공청회	지역균형발전위원회
	방화	설문조사, 주민설명회, 홈페이지, 주민교육 등	주민협의체	공람공고, 의회의견청취, 공청회	지역균형발전위원회
3차뉴타운	북아현	설문조사, 주민설명회, 주민간담회, 홈페이지 등	주민협의체	공람공고, 의회의견청취, 공청회	도시재정비위원회
	신림	설문조사, 주민설명회, 홈페이지 등	주민협의체	공람공고, 의회의견청취, 공청회	도시재정비위원회

Ⅳ >>> 바람직한 도시개발을 위한 주민참여의 향후 과제

도시개발에서 본 주민참여의 가능성

작금의 화두가 도시재생으로 귀결되고 있는 현재적 시점에서 그간 뉴타운사업이 남긴 도시 · 사회적 문제는 새로운 발전의 도약을 위한 기회로서 폭넓은 고민의 장을 제공하고 있다. 2009년 서울시에서 발표한 주거환경정비정책은 공공을 비롯한 다양한 이해관계자들의 이러한 심층적 고민을 반증한다. 비록 당초 뉴타운사업의 균형발전 즉 도시재생으로서의 기본취지가 퇴색한 채 배분적, 수치적 정책으로서 도시주거환경의 물량사업으로 퇴색된 것은 아쉬운 점이지만 발전적 가능성의 맥락에서 '통합'과 '소통'의 성과와 향후의 개선방향에 대한 견해를 정리할 필요가 있다.

부천소사 조감도

가좌 뉴타운

뉴타운사업은 공공이 지구 전체의 개발기본계획을 수립하고, 그에 의거하여 이후 사업이 민간주도로 추진되는 까닭에, 이 가운데 주민들의 무관심과 반발 등으로 주민들과 많은 갈등을 겪게 되면 주택재개발사업은 지연되게 마련이다. 각종 사업의 성공여부는 공사기간과 밀접히 관련되며, 이는 즉 지역주민의 참여 및 협조가 관건이 된다. 최근, 2003년부터 별도의 관련법 없이 시행해오던 뉴타운사업이 2005년 12월 30일 「도시재정비 촉진을 위한 특별법」(이하 도촉법)으로 제정되어 그 법적근거가 마련되었다. 도촉법의 근간이 기존의 뉴타운사업이므로 취지나 절차 등에는 별다른 차이가 없으나, 법정계획으로 위상이 높아짐에 따라 주민참여에 대한 중요성이 보다 부각되고 있는 상황에서 그 가능성을 크게 5가지로 정리할 수 있다.

첫째, 주민설명회 등 주민참여방법의 전략화

주민설명회 등 주민참여방법이 단순히 절차상 과정이라는 개념에서 벗어나 사업지역과 경계지역의 분쟁완화의 적극적 수단으로 활용되고 있다. 주민설명회의 순기능이 사업에 대한 이해와 교육에 있다면 재정비촉진사업에서는 주민설명회와 간담회의 대상을 전략적으로 구분하면서 마스터플랜의 공공성과 사업구역의 사업성을 합리적으로 조정하고 있다.

둘째, 전수설문조사 및 구역계의 합리적 조정

주민설명회 및 간담회 등을 통한 개별사업구역들의 이해관계의 조정만으로는 계획에서 의도한 바를 충분히 이행하기 부족하다. 이를 보완하기 위하여 대부분의 지구에서는 전수조사를 실시하여 지구 및 구역 전반에 대한 주민의견을 확인하였으며, 이에 근거하여 공공성과 사업성을 동시에 달성할 수 있는 방향으로 구역계를 조정하고 있다.

셋째, 대표성 있는 주민조직의 구성 및 통합

재정비촉진지구로 지정되기 이전에 사업추진을 위하여 구성된 조직들은 촉진사업을 추진하는 과정에서 독자적인 활동을 존속시키기 위해서 다른 조직의 출현을 거부하거나 방해하는 행위를 벌려 인근구역에까지 부정적 영향을 전파하는 경우가 빈번하였는데, 지금은 전수조사 · 주민설명회 · 주민간담회 등을 통하여 계획수립 및 구역조정의 명분을 확보하는 동시에 대표기구의 재정비에 따른 원활한 사업추진을 보장함으로써 난립한 조직을 계획적으로 재 · 개편하고 있다.

넷째, 갈등지역에 대한 공공의 적극적 중재

그동안 개별사업에서는 구역별 대표 조직이 주도하는 이권분쟁에 공공이 개입할 수 있는 여지가 불분명하여 사업이 장기화되고, 공공과 주민이 동시에 피해를 입는 경우가 일반적이었다. 그러나 재정비촉진사업에서는 이러한 갈등지역에 대하여 공공이 구역의 통폐합, 유지 및 계획조정 등 수용가능한 다양한 해결방법을 제안함으로써 조속한 사업추진과 함께 주민들의 골 깊은 논쟁 해소에 적극적으로 대응하는 모습을 보여주고 있다.

다섯째, 전담조직 및 참여채널의 다변화

재정비촉진사업과 같은 대규모 생활권 사업에서는 조속하고 원만한 사업추진이 매우 중요하다. 재정비촉진사업에서는 개별사업을 담당하던 관련부서의 전문인력을 차출하거나 지원을 받아 재정비촉진 전담부서를 신설하여 주민들의 다양한 요구와 긴급한 사업현안의 긴밀한 연동을 지원하도록 하였으며, 그동안 수동적이고 형식적이라 비판받아온 주민참여의 채널을 보다 다변화하여 개방된 참여시스템의 모델을 구축해 나가고 있다.

향후 과제

앞서 살펴본 바와 같이 '신도시'와 '뉴타운'은 기능의 '자족', 계획과 사업의 '통합', 주민참여에 의한 '소통'을 통해 발전적 형태로 전개되고 있다. 급속한 지구화는 국가와 국가의 경쟁을 넘어, 도시와 도시 그리고 지역과 지역간 경쟁을 유발하면서 세계 각국은 고도로 전문화된 두뇌집단의 유치, 창조적 도시문화생활환경의 조성, 지방도시와 소도읍의 소생과 재활성화 등에 총력을 기울이고 있다.

선진자본주의 사회는 이미 오래전부터 도시재생이라는 정책목표와 함께 기계적인 개발행태를 포기하고 일체화, 입체화, 복합화 등을 통해 소기의 목적을 달성해 나가고 있으며, 이는 우리보다 약 20년은 빠른 상황이다. 그만큼 심화된 노하우와 재생기술들이 축적되어 생활 · 교육 · 문화전반에 퍼져있다. 반면, 우리는 출발하는 선상에 있고 막 재생의 기술을 논의, 개발에 힘을 쏟고 있는 실정이다. 이러한 상황에서 그 간의 도시개발에서 나타난 주민참여의 가능성들을 도시재생에서 보다 발전시키기 위해서는 해당 지역특성과 여건에 맞는 다양한 수법들이 강구, 적용될 필요가 있다. 이에 앞서 살펴본 내용을 토대로 한국적 도시재생으로서 '자족'을 지향하는 '통합'과 '소통'의 정착에 필요한 기본원칙을 제안하고 마무리 하고자 한다.

1) 사업주체의 원칙

가. 주민참여의 여건조성

계획초기단계부터 주민욕구에 기초하여 사업을 시작해야 하고 주민이나 지역의 여건에 맞게 사업계획을 입안하고 추진해야 하며, 의사결정과정에 주민을 참여시켜야 한다는 '주민입장 존중'의 원리와 주민의 능력을 최대한 활용하여 사업을 진행해 나가는데 있어서 장애가 아닌 기회요소로서 적극 활용해야 한다. 현재 운용되고 있는 공청회, 공람 등의 실효성을 거둘 수 있도록 공람장소를 다양화하여 주민의 접근이 쉽고 언제 어디서나 공람할 수 있도록 하는 등 공청회 시기, 방법, 횟수, 공람기간, 매체 등에 대한 보완조항을 마련할 필요가 있으며, 개발주체인 주민, 계획전문가, 공무원으로 구성된 협의체 운영 등이 요구된다.

나. 주민과 공공의 역할 보완

선진 도시의 성공적인 사례들을 살펴보면 주민과 공공과 계획전문가들 간의 공통적인 이해기반과 행동지침을 공유하고 있으며 올바른 관계를 형성하고 있다. 이러한 관계는 도시개발, 도시재생을 추진함에 있어서 우선적으로 중요한 사항이다. 하지만 각 주체는 이해관계에 따라 이를 바라보는 관점이 상이하므로 이들의 이해관계 조정이 필요하다. 주민은 이해당사자가 아닌 공공사업의 참여자로, 공공은 소극적인 허가권자가 아닌 적극적인 사업참여자 및 개발 중재자로 서로 인정하고 존중하는 의식변화가 있어야 한다. 이를 위해서는 다음과 같은 노력들이 필요하다.

① 주민

첫째, 주민들은 행정행위의 바람직한 방향으로 움직이게 하기 위해서 다양한 영향력을 행사할 수 있는 건전한 지식과 능력을 갖추어야 한다. 둘째, 주민들은 행정의 정책제기만 기다리는 수동적인 자세에서 머무르는 것이 아니라 지구내 정비의 주체가 되어 자신들의 여건에 부합하는 계획안을 다양한 주민참여방법을 통해 마련하여야 한다. 셋째, 주민들은 지나치게 행정에 의존하려는 관 의존적 사고에서 벗어나야 한다. 넷째, 주민조합이 주민참여 재개발의 대표적인 형태라는 관점에서 조합의 운영 및 주민의견 수렴에는 상당한 문제가 있기 때문에, 주민 대부분의 공감대를 형성할 수 있는 의견을 수렴해야 한다. 다섯째, 주민은 행정이나 전문가 집단이 미처 생각지 못했던 부분을 발견하고 지적해 주는 파수꾼 역할을 해야 한다.

② 공공

첫째, 공무원의 권위주의, 형식주위에서 민주적 실용주의로의 전환이 필요하다. 둘째, 행정의 선례와 법 조항에 지나치게 의존하여 처리하려는 소극적인 처리방식을 탈피하고, 주민참여활동에 대한 지원과 창의적 문제해결방식을 존중하는 적극적인 자세를 갖추어야 한다. 셋째, 주민들이 제기한 의견에 대하여 적극적으로 처리해 나가려는 긍정적인 자세가 요구된다. 넷째, 전문화 되어 가는 현대 행정의 추세에 비추어 공무원들의 지식 · 기술 · 정보도 계속 보완 · 발전시켜 나가야 한다. 다섯째, 지구 전체의 주요 기반시설을 확보하고 재정 및 행정적 지원을 적극적으로 수행한다. 여섯째, 개발기본계획수립 뿐 아니라 개발 후 관리까지 지속적으로 개발방향에 맞도록 관리하여야 한다. 일곱째, 주민의 합리성을 견지 못할 경우 도시발전에 부정적인 영향을 미칠 수 있기 때문에 긍정적인 기회요소로 활용할 수 있도록 이들 의견의 중재자 역할을 해야 한다.

③ 계획전문가

첫째, 계획전문가들은 지원체계를 구축하여 개발계획수립 과정에서 대상지의 문제점 및 해결방안과 주민의 의견을 수렴하여 계획하여야 한다. 둘째, 공공부문을 위해 공공 대행기관, 민간 컨설턴트, 또는 공공의 입장에서 조언과 정보를 제공하여야 한다. 셋째, 민간조직의 비전문성과 정부역할의 한계를 극복하여 재개발 과정에서 나타날 수 있는 각종 문제를 사전에 예방하고 원활한 추진을 해야 한다. 넷째, 주민에게 종합적이고 장기적인 문제에 대처할 수 있는 능력개선이나 주민들의 참여능력 배양을 위한 교육을 시켜야 한다.

2) 참여 시스템의 원칙

가. 다양한 채널의 구축 및 홍보

주민참여가 적극적으로 이루어지기 위해서는 다양한 방법으로 학습화 · 공론화가 되어야 한다. 학습화는 주민, 공무원, 전문가 모두의 인식 제고와 더불어 지방자치단체는 자발적 참여를 유도하는 교육 프로그램으로 주민참여가 이루어지기 직전에 주민학습과정을 마련하여 주민의식을 고취하고 주민역량을 배양해 나가는 것이다. 주민들은 정식으로 조합이 구성되어 총회가 운영되기 전까지는 주로 소문이나 부동산관련업자, 의회 참석자들의 전언 등과 같은 비공식적인 경로를 통해 정보를 얻게 되며, 뉴타운으로 개발된 후 몇 평짜리 분양권을 얻게 되는 등의 이해관계와 관련된 궁금증만 갖고 있다.

이에 재정비촉진사업의 배경 및 전반적인 이해와 주민에게 돌아가는 것은 어떠한 것들이며, 감수해야 할 손해는 무엇인지 주민들에게 정확한 정보를 제공해야 한다. 즉, 권리와 의무를 주민들이 습득하게 하는 과정이 먼저 이루어져야 한다. 두세 시간의 설명회나 공청회를 들은 후에 주민들이 가지고 돌아가는 정보는 매우 단순하고 단편적인 사실일 수밖에 없으므로 주민들에게 지속적이고 체계적인 교육이 필요하겠다.

계획과정이 진행됨에 따라 각 단계에 맞는 다양한 정보교환방식이 활용될 수 있는데, 예를 들어 계획초기단계에서는 홍보 팜플렛, 간이 신문 발행 등을 통한 계획 및 개발의 동기부여와 공감대 형성이 필요하고 계획안을 구성하고 대안을 모색하는 단계에서는 설문지, 주민설명회, 그룹상담 등이 활용될 수 있고 결정단계에 이르면 팜플렛을 통한 홍보, 설명회 등이 활용되는 등[27] 계획을 하기 위하여 주민들의 의견을 모으고, 수렴된 의견에서 정비과제를 도출하고, 도출된 과제에서 적합한 해결방안을 마련하는 각 단계에서 적정한 주민참여 방법을 적용하여야 한다.

나. 공공의 재정지원 확대

도시개발 등 대규모 사업에 맞는 재정계획이 뒷받침되어져야 한다. 기성시가지 개발의 높은 지가부담을 덜고 사업성을 확보하기 위해서는 정부나 공공의 재정지원이 피하기 어려운 문제이다. 주택재개발사업은 조합설립 후 시공사를 선정해야 함으로 합법적인 자금지원은 조합설립 이후 가능하나, 주민주도 사업 추진을 위하여 운영경비의 투명성 확보 등을 위하여 추진위원회 운영 경비 등을 행정청에서 융자 지원하는 등 사업의 초기투자비를 지원해줌으로써 부조리를 예방하고 사업절차상 투명성을 확보하는 등 공공에 대한 주민들의 신뢰구축이 필요하다.

3) 주민 참여 프로그램의 원칙

가. 인터넷을 활용한 주민참여 프로그램

인터넷을 통해 주민의 의견을 접수하는 것은 2000년 이후 급속도로 발전하고 있는 우리나라의 정보화 추세와 더불어 가장 효율적으로 주민의 의견 및 요구사항을 수렴할 수 있는 용이한 방안이 될 수 있다. 인터넷의 활용이 보편화 되어 감에 따라 주민들은 행정기관에 대해 인터넷 서비스 제공을 꾸준히 요구하고 있으며, 이에 부응하여 행정기관은 대주민 서비스를 업그레이드시킬 필요가 있다. 즉 수시로 도시개발에 대한 주민요구를 손쉽게 받아들일 수 있도록 하는 민원실과 같은 유형의 사이버공간 운영이 요구되고 있다.

나. 전문가 파견 프로그램의 도입

주민참여의 증대로 인하여 앞으로 시민과 주민이 계획에 참여하려는 요구needs가 다양해지고, 도시계획 역시 더욱 복잡해 질 것이라고 예상된다. 이러한 다양한 요구에서 합의를 이끌어내기 위해서는 주민사이의 의견을 조율하고 설득할 전문가가 필요하다.

다. 지역단위 책임제 및 주민공동체 지원

공공에서 지역단위 책임제를 운영함으로써 마을이나 동네의 작은 요구사항이나 새로운 생활환경개선 의견이 있는 경우, 이를 행정에 쉽게 전달할 수 있는 대응창구를 마련하여 종합적으로 관리할 필요가 있다. 지역단위 책임제는 자치구의 생활권단위로 지역을 구분

27 김세용, 지구단위계획에서 주민참여에 관한 연구, 대한건축학회논문, 2002

하여 지역별로 주민들이 평소에 생각하고 있는 다양한 의견을 수집하고 정리하는 지역책임자를 지정하여, 직접 혹은 온라인을 통해 입수되는 다양한 민원 및 생활환경 개선요구를 종합적으로 관리할 수 있는 지역책임자에게 통보하고, 지역책임자는 이를 지속적으로 정리, 분석, 보고토록 하여 현장에서 발생하고 있는 주민 불편요소 및 요구들을 신속하게 수렴할 수 있을 것이다.

또한 주민공동체의 자율적 활동지원 프로그램이 있을 수 있다. 주민 자체적으로 조직하는 주민협의체 결성을 지원하는 프로그램 운영을 통하여 자발적 의견 통합과 주민을 대표하여 공공과 협의가 가능한 조직을 구성할 수 있도록 할 경우, 주민참여에 있어 더욱 체계적으로 의견을 수렴할 수 있을 것이며, 주민협의체를 통하여 계획의 목표를 설득하고 자발적으로 동참할 수 있도록 할 수 있을 것이다. 마지막으로 도시계획 관련 제도개선 측면에서는 계획을 수립하고 계획안을 작성할 시기부터 계획을 실행하여 완성될 때까지 주민 자체적인 모니터링을 실시할 수 있도록 지원하고 계획 시행결과에 대한 주민평가를 통해 계획을 효율성 및 연속성 그리고 신뢰성을 확보할 수 있을 것으로 판단된다. TH?NK @ KUNWON

참고문헌

1. 김주석, "도시설계 관점에서 본 신도시 가로공간에 관한 분석적 연구", 중앙대학교 박사학위논문, 2004
2. 이용선, "수도권 신도시개발의 문제점과 개선방안에 관한 연구", 연세대학교 행정대학원 석사학위논문, 2005
3. 김보아, "신도시 근린생활권 변화와 거주자의 생활영역 인식에 관한 연구", 중앙대학교 석사학위논문, 2005
4. 김승수, "서울특별시 뉴타운사업 추진상의 문제점 및 개선방안에 관한 연구", 연세대학교 공학대학원 석사학위논문, 2006
5. 최두호, "주거단지 계획 이론의 변천과 계획요소의 특성 연구", 한양대학교 도시대학원 박사학위논문, 2007
6. 박용철, "신도시개발사업 발전방안에 관한 연구", 건국대학교 부동산대학원 석사학위논문, 2006
7. 권미순, "수도권 신도시 개발정책의 개선방안에 관한 연구", 한양대학교 행정대학원 석사학위논문, 2008
8. 박용철, "신도시개발사업 발전방안에 관한 연구", 건국대학교 부동산대학원 석사학위논문, 2006
9. 전호철, "페리의 근린주구개념이 도시공간구조에 미친 영향 분석", 서울산업대학교 주택대학원, 2007
10. 조명현, "신도시 및 택지개발사업지구의 경제적 자족기능 강화 방안 연구", 중앙대학교 사회개발대학원 석사학위논문, 2004
11. 김형선, "수도권 신도시 개발의 정책 개선방안에 관한 연구 : 분당 및 일산의 사례를 중심으로", 경기대학교 대학원 박사학위논문, 2001
12. 권선희, "서울시 뉴타운사업의 개선방안에 관한 연구", 광운대학교 경영대학원 석사학위논문, 2006
13. 한국토지공사, "분당신도시개발사", 1997
14. 이명규, "주민참여와 도시개발", 도시정보, 2005
15. 정환용, "계획이론", 박영사, 2001
16. 김창석, 남진, 공명렬, "일본 밀집주택시가지정비촉진사업에서의 주민참여와 공공의 역할에 관한 연구", 「국토계획」 39(6), 대한국토도시계획학회, 2004
17. 김혜천, "지역주민의 도시계획에 대한 인식수준과 주민참여의 차이성에 관한 연구", 「도시행정학보」 14(1), 한국도시행정학회, 2001
18. 이유택, 최홍규, 이원근, 김영하, "주민참여제도에 관한 연구(우리나라와 일본의 제도를 중심으로)", 「대한건축학회 학술발표논문집」 19(2), 대한건축학회, 1999
19. 서울시 "지역균형발전을 위한 도시관리 방안", 2003
20. 최성태, "뉴타운사업의 주민참여 활성화 방안", 「제15회 문제해결사례연구발표회 개최에 따른 특별교육자료」, 서울특별시지방공무원교육원, 2006
21. 배기택, "아현뉴타운사업에서 나타나는 주민참여사례 연구", 성균관대학교 대학원 석사학위논문, 2006

NEW-City Keywords

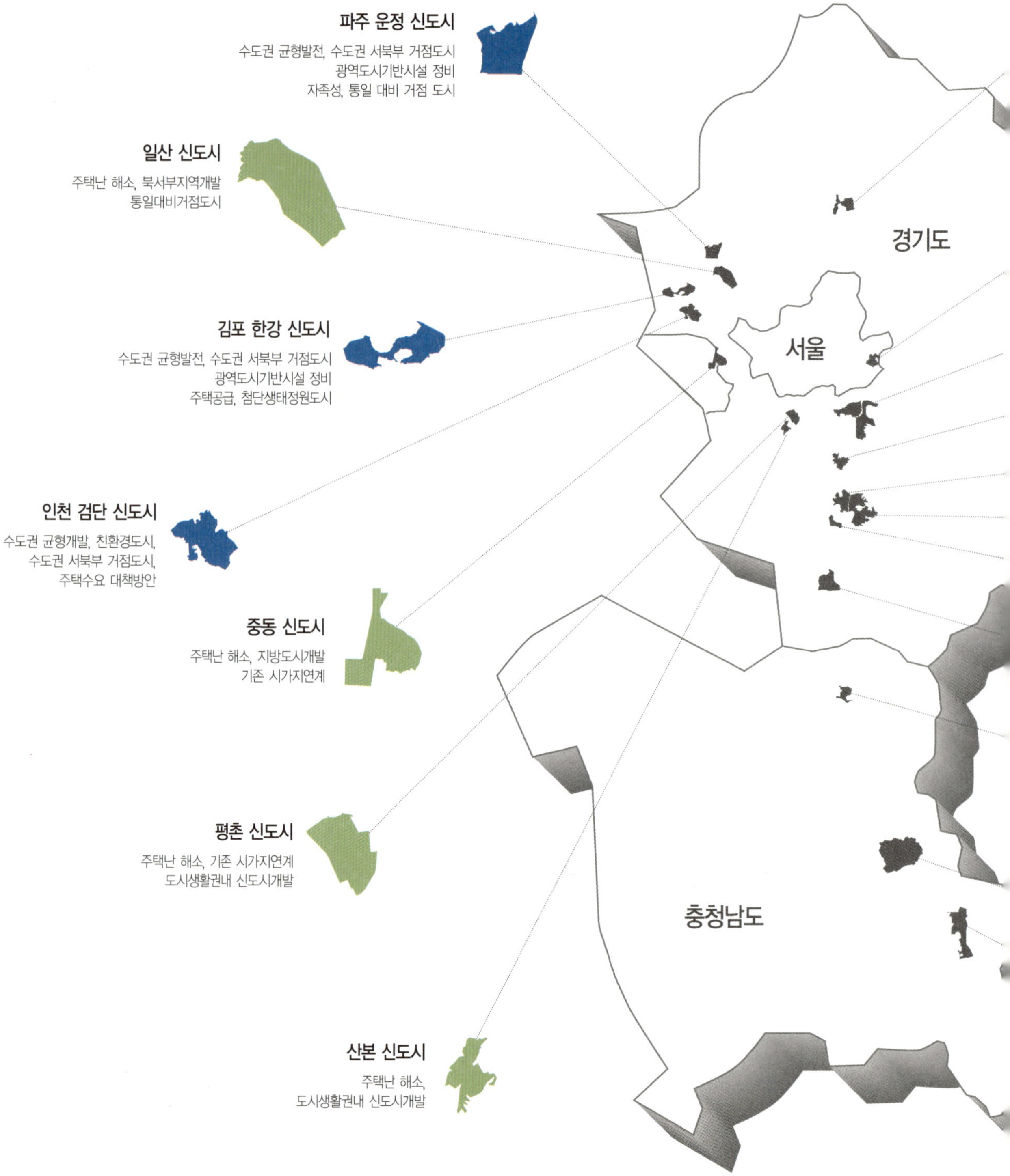

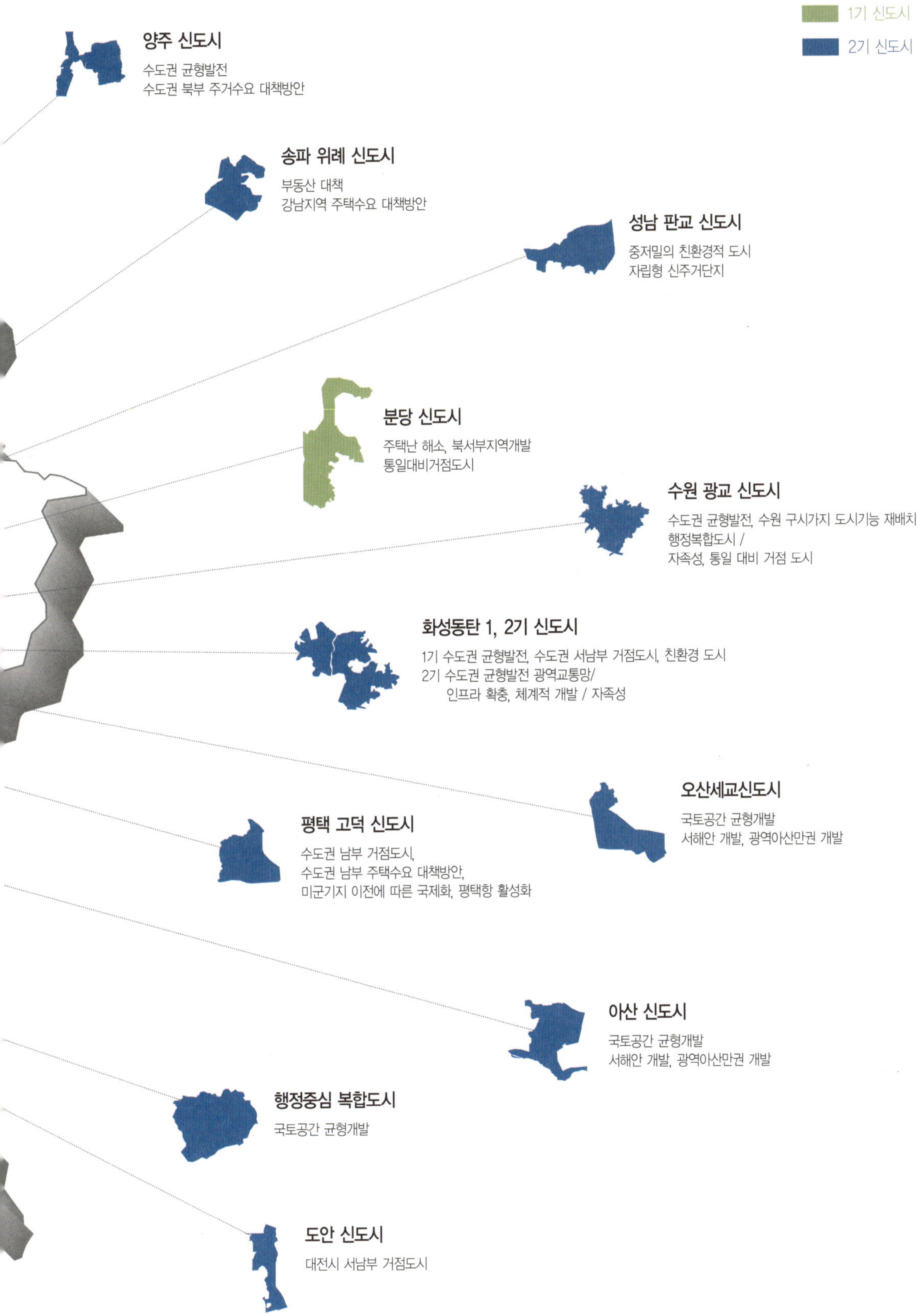
1기 신도시
2기 신도시
양주 신도시
수도권 균형발전
수도권 북부 주거수요 대책방안
송파 위례 신도시
부동산 대책
강남지역 주택수요 대책방안
성남 판교 신도시
중저밀의 친환경적 도시
자립형 신주거단지
분당 신도시
주택난 해소, 북서부지역개발
통일대비거점도시
수원 광교 신도시
수도권 균형발전, 수원 구시가지 도시기능 재배치
행정복합도시 /
자족성, 통일 대비 거점 도시
화성동탄 1, 2기 신도시
1기 수도권 균형발전, 수도권 서남부 거점도시, 친환경 도시
2기 수도권 균형발전 광역교통망/
인프라 확충, 체계적 개발 / 자족성
오산세교신도시
국토공간 균형개발
서해안 개발, 광역아산만권 개발
평택 고덕 신도시
수도권 남부 거점도시,
수도권 남부 주택수요 대책방안,
미군기지 이전에 따른 국제화, 평택항 활성화
아산 신도시
국토공간 균형개발
서해안 개발, 광역아산만권 개발
행정중심 복합도시
국토공간 균형개발
도안 신도시
대전시 서남부 거점도시

NEW-City Keywords

1기 신도시 / 2기 신도시

신도시	중동 신도시 545.2ha (1,649천평)	산본 신도시 420.3ha (1,271천평)	일산 신도시 1573.5ha (4,759천평)	평촌 신도시 510.6ha (1,544천평)
수용인구	X 8	X 8.5	X 14	X 8.5
수용세대	X 4	X 4	X 7	X 4
인구밀도	X 6	X 8	X 4.5	X 6.5
녹지율	X 3	X 3	X 5	X 3
신교통수단				

신도시	송파 신도시 678.8ha (2,053천평)	판교 신도시 938.0ha (2,837천평)	평택 신도시 1351.6ha (4,086천평)	운정 신도시 1647.7ha (4,984천평)
수용인구	X 5.5	X 4.5	X 6.5	X 11
수용세대	X 4.5	X 3	X 5.5	X 8
인구밀도	X 3.5	X 2	X 2	X 2.5
녹지율	X 5	X 7	X 6	X 3
신교통수단	T 경전철 도입		T BRT 도입	

■ = 50(인/ha) ■ = 5 % ▲ = 10,000 🚹 = 20,000명

분당 신도시
1963.9ha (5,940천평)

🚹 X 19.5
▲ X 11
■ X 4
■ X 4

김포 한강 신도시
1172.9ha (3,548천평)

🚹 X 8
▲ X 6
■ X 3
■ X 6

T 노면전차, 입체교통시설

인천 검단 신도시
1123.9ha (3399천평)

🚹 X 9
▲ X 6.5
■ X 3
■ X 3

세교 신도시
520.0ha (천평)

🚹 X 3
▲ X 2.5
■ X 2.5
■ X 5

양주 신도시
1142.2ha (3,455천평)

🚹 X 7.5
▲ X 6
■ X 2.5
■ X 6

T BRT 도입, 입체교통시설

아산 신도시
2132ha (6449천평)

🚹 X 10
▲ X 6.5
■ X 2
■ X 6

광교 신도시
1128.3ha (3,548천평)

🚹 X 4
▲ X 3
■ X 1.5
■ X 8

도안 신도시
611.1ha (천평)

🚹 X 3
▲ X 2.5
■ X 2
■ X 5

동탄 1기 신도시
903.6ha (2,733천평)

🚹 X 6
▲ X 4
■ X 2.5
■ X 7

동탄 2기 신도시
2397.2ha (7,251천평)

🚹 X 14
▲ X 11
■ X 2
■ X 3

NEW-City Planning

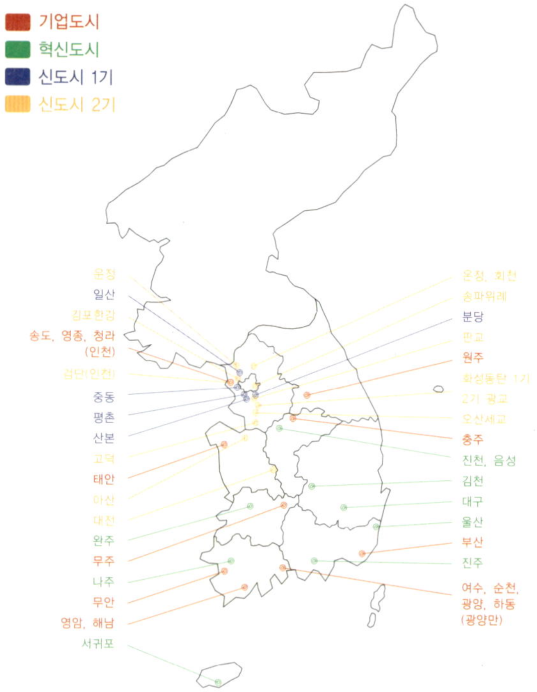

행정중심복합도시

What? 행정기능중심의 복합형 자족도시
Why? 수도권 과밀해소와 국가균형발전에 따른 자립적 지방화
How? 공주 · 연기지역에 새로운 도시 건설, 정부기관의 분산배치

	공주 · 연기 충청남도
Keyword	행정기능중심의 복합형 자족도시
Area(ha)	7,290
Population(명)	500,000
New Traffic System	BRT
Population Density	X 7
# of Housing	X 10.5
Green Ratio	X 6

기업도시

What? 민간기업에 의해 산업입지와 경제활동을 위한 자족적 복합도시
Why? 기업의 투자촉진으로 인한 성장능력 배양, 민간의 창의와 자본 활용
How? 6개 시범사업 도시 설정, 산업교역형 지식기반형, 관광레저형

	무안 전라남도	충주 충청북도	원주 강원도	무주 전라북도	태안 충청남도	영암 · 해남전라남도
Keyword	미래 첨단 산업도시 산업 교역형 기업도시	친환경 자족형 복합도시 최첨단부품소재산업 지식기반형기업도시	미래형첨단의료 바이오산업 지식기반형기업도시	휴양레저 관광레저 기업도시	관광, 레저, 웰빙 관광레저형 기업도시	복합레저, 관광 관광레저형 기업도시
Area(ha)	1,530	701	531	767	1,464	3,107
Population(명)	500,000	20,200	25,000	10,000	15,000	35,000
New Traffic System	원주공항	원주공항	원주공항	원주공항	원주공항	원주공항
Population Density	X8	X 3	X 4.5	X 1.5	X 1	X1
# of Housing	X 6.5	X 5	X 8	X 2	X 3.5	X 0
Green Ratio	X 6	X 8.5	X 7	X 4.5	X 4	X 0

(인물 아이콘) = 10(인/ha)　(집 아이콘) = 1000호　(초록 사각형) = 5%

경제자유구역

What? 글로벌 기업의 집적을 위한 환경 및 복합도시의 다양한 기능을 개발하는 특별경제구역
Why? 세계화의 진전에 따라 증대되고 있는 기업의 국제경영활동에 최적의 환경을 제공
How? 최첨단의 공항, 항만, 오피스 시설과 쾌적한 학교, 병원, 관광시설을 복합적으로 개발, 세제지원, 자금지원, 영어 인프라 확충, 외국 병원 및 약국 개방

	강서구 부산	송도 인천	영종 인천	청라 인천	여수, 순천, 광양, 하동광양만
Keyword	주택건설 산업지원	국제업무거점 고도지식 기반산업	물류도시 복합공항, 레저, 관광	국제금융업무	
Area(ha)	10,480	5,340	13,830	1,780	9,048
Population(명)	235,000	253,000	169,000	9,000	
Population Density	X 2	X 4.5	X 1	X 0.5	

혁신도시

What? 지방이전 공공기관 및 산, 학, 연, 관이 서로 긴밀히 협력할 수 있는 최적의 혁신여건과 수준높은 정주환경을 갖춘 미래도시
Why? 수도권 소재 공공기관의 지방이전과 함께 민간기업의 지방이전과 정착유도
How? 176개 공공기관 이전, 수도권과 대전 충남을 제외한 각 시, 도에 1개씩 건설

	진주 경상남도	나주 전라남도,광주	동구 대구	원주 강원도	서귀포 제주도	진천 · 음성충청북도
Keyword	주택건설 산업지원	전력산업, 정보통신 농업기반	산업진흥 교육, 학술, 가스산업	관광, 건강, 생명 자원개발	국제교류, 공공업무 교육연수, 기술연수	정보통신 인력개발, 과학기술
Area(ha)	417	729	422	364	114	209
Population(명)	40,000	50,000	27,286	31,200	5,000	42,000
New Traffic System					BRT, 환승센터	BRT, 중앙버스전용차로, BIS
Population Density	X 9.5	X 7	X 6.5	X 8.5	X 4.5	X 20
# of Housing	X 13	X 20	X 9.5	X 12	X 3	X 15
Green Ratio	X 7	X 5	X 6	X 5.5	X 4	X 5

도시형 마을 만들기

지속가능한 도시개념과 계획 사례

Intro >>> 우리도시의 변화와 지속가능한 도시개념의 등장

우리나라는 지난 반세기 동안 급속한 산업화와 도시화를 겪었다. 60~70년대는 여의도, 강남, 창원, 반월 등, 80~90년대 중반까지의 분당, 일산, 산본 등 많은 수도권 신도시, 신시가지가 개발되었다. 주택의 부족 문제를 해결하기 위한 신도시 개발은 단기간에 대량의 주택공급과 주거환경의 개선은 이루었지만, 대규모 택지개발과 공동주택 단지의 개발은 획일적인 공장 생산된 공산품 같은 주택들과 주거환경을 양산했다.

최근에 개발되고 있는 신도시들은 주택공급만을 목적으로 하고 있지는 않다. 행정중심복합도시와 혁신도시, 수도권 제2기 신도시와 기업도시 등은 국가 균형개발, 지역경제 활성

WRITER 김은진
건원건축 과장
은평상업PF, 베트남 나베 신도시, 중국 산둥성 위방시 마스터플랜 등 도시 마스터플랜, 복합개발, 리조트의 디자인 실무를 쌓고 있다.

화, 국가 경쟁력 강화 등의 목적으로 개발되고 있다.

그리고 이들 도시들이 공통적으로 지향하고 있는 목표가 있다. 쾌적한 주거환경과 자족적 경제 기반을 갖춘 환경친화적이고 지속가능한 도시다. 이것은 경제성장과 국민소득 수준 향상으로, 삶의 질에 대한 관심과 환경보전에 대한 사회적 인식이 증대된 결과이다.

이외에 도심 재개발, 뉴타운 개발 등에서도 지속가능한 도시개념에 입각한 개발기법들이 시도되고 있다. 대중교통중심개발, 보행중심 계획, 복합개발, 자연과 장소성에 대한 고려 등이 그것이다.

이 글에서는 최근 많이 소개되고 있는 지속가능한 도시개념의 배경과 원리를 알아보고, 우리도시와 단지계획에서 지속가능한 도시개념의 원리를 적용한 최근의 사례들을 살펴보고자 한다.

Chapter 01 >>> 지속가능한 도시개념[1)]

지속가능한 도시개념 등장

인간 삶의 질 향상과 지속가능한 개발**Environmentally Sound & Sustainable Development: ESSD**에 대한 개념은 1972년 로마클럽의 한 연구보고서에서 처음으로 지구적 차원의 자원과 환경용량의 지속가능성 문제를 제기한 이후, 1976년 환경과 인간정주에 대한 최초 회의 하비타트Ⅰ, 1987년 WECD**World Commission Environment and Development**, 1992년 리오 UN 회의, 1996년 이스탄불 하비타트Ⅱ 등의 국제회의를 거쳐 정교화되고, 일반화되었다. 도시분야에서는 1980년대부터 사회적 지속성에 대한 논의가 미국과 영국에서 등장하였다. 여기에 경제적, 환경적 지속성의 개념이 더해져, 지속가능한 도시개념들이 주목 받게 되었다.

20세기의 모더니즘에 대한 반성으로 옛 도시를 주목하는 신 전통주의와 같은 탈근대적 어바니즘이 대두되어, 용도가 혼합되고, 보행이 활성화된 가로 등 옛 도시의 활력적인 요소에 지속가능한 개발의 개념이 더해졌다. 지속가능한 도시 이론은 현대도시가 겪고 있는, 기능분리로 인한 커뮤니티 약화, 차량이용 증가로 인한 교통혼잡과 대기오염의 문제를 해결하기 위하여 대안을 제시한다. 지속가능한 도시 이론이 제시하는 도시공간구조는 보행중심이다. 보행중심의 도시는 에너지 절약적이고, 교통혼잡이 적어 환경적 소비가 적다. 도시공간은 장소성이 명확한 휴먼스케일의 공간을 지향한다.

뉴먼과 켄워시**Newman & Kenworthy**는 현대의 도시를 탈근대적 지속가능한 도시**post-modern sustainable city**라고 하였다.[2)] 역사적으로 경제나 사회조직 등의 변화에 따라 도시유형의 변화를 4단계로 구분하였는데, 이 중 '탈근대적 지속가능한 도시'는 대중교통기반의 보행중심 도시다. 이 도시는 고밀의 도시형 주거지역과 중·저밀의 주거지역으로 구성되어, 밀도가 다양하고, 환경적 소비가 적으며, 자연에 친화적이다.

1 Chapter 2는 다음 자료를 참조하여 재구성하였다.
도시계획의 신조류, 마쓰나가 야스미쓰, 진영환 역, 한울아카데미, 2006
뉴어바니즘 헌장, 뉴어바니즘협회, 안건혁, 온영태 역, 한울아카데미, 2003
커뮤니티 건축을 향하여 뉴어바니즘, 피터 카츠, 임희지외 역, 아이씽크 커뮤니케이션즈, 2007
마음으로 읽는 도시, 삶의 공간을 가꾸는 도시계획, 원제무, 2008, 조경
주거단지계획, 공동주택연구회, 동녁, 2007 도시 속의 건축, 도시 속의 주거, 건원세미나, 2004

2 Achieving Sustainable Urban Form, Mike Jenks , E& FN Spon, 2000
'전통적인 전근대적 보행도시(traditional pre-modern walking city)'는 가내수공업에 경제기반을 두고 있던 소규모 보행도시다. 산업화 과정을 거치면서, 전근대적 보행도시는 대규모 산업이 도시의 한 부분에 집중되면서 중밀도의 도시로 성장한다. 또한 전차, 기차 등 대중교통이 발달하여 '산업적 교통도시(industrial transit city)'로 발전하게 된다. 산업적 교통도시는 도시의 일부분에 집중되었던 산업이 점차 도시전역으로 확산되며 대규모화된다. 또한 도심부가 고층화되고, 자동차가 중심이 되는 도시, '근대적 자동차 도시(modern automobile city)'로 변화한다. 근대적 자동차 도시는 '탈근대적 지속가능한 도시(post-modern sustainable city)'로 변화하고 있다. 탈근대적 지속가능한 도시는 정보산업과 서비스 지향적 산업이 성행하고, 무분별한 도시확산이 없도록 보행과 자전거, 대중교통을 기반으로 한다.

지속가능한 도시개념은 지역적으로 뉴어바니즘, 어반빌리지, 콤팩트시티 등으로 나타나고 있다. 이들은 보행중심, 대중교통중심, 친환경적, 장소성과 휴먼스케일의 원칙을 제시하고 있다.

뉴어바니즘New Urbanism

뉴어바니즘의 목표는 지금까지의 도시개발 방식을 지양하고, 교외화 현상 이전의 인간적인 척도를 지닌 근린주구 중심의 도시로 돌아가자는 것이다. 뉴어바니즘은 도시의 무분별한 확산으로 야기된 생태계 파괴, 공동체의식 약화, 보행환경 악화, 인종과 소득계층별 격리현상 등의 도시문제를 극복하기 위한 대안으로 1980년대 미국과 캐나다에서 시작되었다.

듀와니, 프래터자이버크 부부Andres Duany & Elizabeth Plater-Zyberk는 뉴어바니즘의 최초 사례로 손꼽히는, 1982년 시작된 플로리다의 시사이드 개발과 1993년 위스콘신 미들턴힐의 설계를 맡았다. 인간적인 친근감이 넘치는 마을을 세우겠다는 계획으로 중심상가와 공공시설을 마을 중심에 배치하고, 중심상가를 기준으로 도보권 안에 주택을 배치하였다. 다양한 형태의 건축, 혼합용도 개발, 여러 계층의 혼합주택 등을 도입하여 이웃과의 소통을 늘릴 수 있는 여러 기법들을 시도하였다. 미들턴 힐은 2007년 미국 CNN머니가 선정한 '미국 내 살기 좋은 마을' 1위에 선정되는 등 뉴어바니즘의 성공 사례로 평가되고 있다.[3)]

이후 뉴어바니즘은 1996년 뉴어바니즘 헌장Congress for a New Urbanism: CNU으로 체계화 되었다. 칼소프Peter Calthorpe, 듀와니, 프래터 자이버크 등 미국 지역사회 대표, 전문가, 시민 등으로 구성된 뉴어바니즘 실천조직은 도시설계 원칙으로 뉴어바니즘 헌장을 제시하였다. 뉴어바니즘 헌장은 전체 27개 항목으로 구성되어, 각 조에서 역사적인 양식과 건축 형태의 중시, 건축형태에 대한 관리 및 규제, 소규모 개발의 선호, 대중교통중심 개발, 커뮤니티 공공성 중시 등 구체적인 설계기준과 원리를 제시하고 있다.

뉴어바니즘의 대표적인 사례로는 시사이드, 미들턴 힐 외에도 셀러브레이션, 마이즈너 파크, 더 크로싱, 빌리지 홈즈 등이 있다. 사례에서 나타난 뉴어바니즘의 주요 원리는 1) 복합적이고 다양한 토지이용, 다양한 기능 및 형태의 주거단지 조성 2) 지역공동체를 위한 거점공간 마련, 3) 효율을 고려한 토지이용 밀도의 조정, 4)지역성, 장소성 부각을 위한 역사적인 양식과 건축형태 중시, 5)친환경적인 보행도로 조성, 차도 및 보행공간의 연결성 확보, 6)생태계를 고려한 지속가능성 고려, 7) 대중교통 중심의 압축 개발, 8) 다양한 사회계층, 연령층의 주민들 공존 및 주민활동 지원(Social Mix 차원) 등을 들 수 있다.

뉴어바니즘은 전통근린개발Traditional Neighborhood Development: TND, 대중교통중심 개발Transit Oriented Development: TOD, 복합용도개발Mixed-Use/Unit Development: MXD/MUD의 개발모형을 제시한다.

3 세계는 '휴먼 신도시' 건설중 ②미국 시사이드, 셀러브레이션, 미들턴힐, 중앙일보, 2008년 1월 기획기사중

전통근린개발Traditional Neighborhood Development: TND

전통근린개발Traditional Neighborhood Development: TND모형은 1991년 듀와니, 프래터자이버크 부부가 제시한 뉴어바니즘의 계획기법이다. TND의 목표는 전통마을의 보행중심적 커뮤니티와 장소성 있는 도시를 만드는 것이다. TND의 보행 가능한 근린주구, 토지이용, 주택유형 혼합 등의 개념은 TOD와 유사하다. 하지만, TND는 대중교통보다 커뮤니티의 공공성을 중시하고, 장소성 있는 도시를 만들기 위하여 소규모 개발을 선호하며, 역사적인 양식과 건축적 형태를 중시하였다.

듀와니와 프레터자이버크 부부는 미국 주거지 개발의 전형적인 특징을 찾아내고자 하였는데, 마을 중심으로부터 도보로 5분 이내의 거리인 반경 1/4mile(약 400m) 크기의 단위로 설계하고자 하였다. 마을의 크기는 2차 대전 이전의 남부 캘리포니아에 있던 마을을 준거로 하였고, 당시 계획이 격자형이었기 때문에 도시구조 또한 격자형 도로망을 채택하였다.

TND의 근린주구 구조Neighborhood Structure는 페리의 근린주구 구조와 다르다. 페리의 근린주구는 근린의 중앙부에 중심이 있는 반면, 1997년 듀아니Duany가 제시한 전통적 근린주구 개발은 가장 밀도가 높은 중심이 간선도로변에 형성되어 있어서, 가로변을 따라 연속적 개발이 가능하다.

근린주구 구조는 트란섹트 계획Transect Planning에 따라 형성된다. 트란섹트는 어느 곳에서나 볼 수 있는 도시의 단면으로, 도심Urban에서 교외변두리Rural까지 연속적인 형태를 갖도록 한다. 뉴어바니즘의 트란섹트는 도시계획 전략으로, 각 단계별로 커뮤니티 지침, 건축기준까지 다양한 스케일을 통합시키는 디자인 코드Design Code로, 도심에서 외곽부까지 체계적으로 관리하고 있다.[4]

TND의 주요 계획원리는 다음과 같다. 1) 근린주구Neighborhood는 독립적인 중심을 가져야 하며, 광장, 녹지 또는 붐비는 교차로에 위치해야 한다. 대중교통은 이 중심에 위치한다. 2) 모든 거주자는 걸어서 5분 안에 중심에 도달할 수 있어야 한다. 3) 다양한 타입의 주거가 있어야 한다. 4) 근린주구의 외곽edge에는 상점과 오피스가 위치한다. 5)초등학교는 아이들이 걸어서 다닐 수 있을 정도의 거리에 위치해야 한다. 6) 모든 주거는 작은 운동장이 매우 가까운 거리 (1/8 mile, 약 200m)내에 위치해야 한다. 7) 가로는 선택의 다양성을 높이고, 교통량을 분산시킬 수 있도록, 격자형으로 연결된 가로여야 한다. 8) 가로는 교통의 속도를 감소시키고, 보행자와 자전거 탑승자의 안전을 위하여 상대적으로 좁아야 한다. 9) 차고는 길의 후면에 위치하도록 하고, 소로를 통해 접근이 가능하도록 한다. 10)눈에 잘 띠는 대지에 종교, 문화시설 등의 중심건물을 배치한다. 11) 근린주구는 자족적으로 운영되도록 조직한다.

4 도시 속의 건축, 도시 속의 주거, 건원세미나, 2004

● 대중교통중심개발Transit Oriented Development: TOD

대중교통중심개발Transit Oriented Development: TOD은 1993년 피터 칼소프Peter Calthorpe가 뉴어바니즘에 입각하여, 지속가능한 도시형태의 모형으로 제시하였다. TOD는 경전철, 버스 등과 같은 대중교통 수단을 전제로 하여, 커뮤니티를 걸어 다니기 쉬운 규모의 압축적 형태로 조성하는 점에서 콤팩트시티와 유사하다.

TOD의 주요 원리는 다음과 같다. 1)대중교통 결절점인 정류장을 중심으로 보행거리 이내(반경 400m에서 800m이내)의 규모로 계획한다. 2)상업, 주거, 직장, 공원, 공공용지 등이 혼합되도록 조성한다. 3)지역 중심지까지 연결되도록 보행친화적인 가로연계망을 구축한다. 4)건축계획에 있어서 주택의 밀도와 주거유형을 적절하게 혼합한다. 5)양질의 오픈스페이스를 확보하며, 생태적으로 민감한 서식지와 하천유역을 보존한다. 6)공공공간을 건축물 배치와 주민활동의 주요 초점으로 활용한다.

칼소프는 도시규모 및 입지에 따라 TOD 모형을 도시형 TODUrban TOD와 근린형 TODNeighborhood TOD로 구분하여, 주거밀도와 토지이용 비율을 제안하였다. 도시형TOD는 근린형 TOD에 비하여 주거밀도가 높고, 상업, 업무용 토지이용 비율이 높다. 도시형 TOD는 철도, 전철, 경전철, 고속버스와 같은 주노선이나 간선도로상에 중심 역세권을 개발하고, 중밀도에서 고밀도에 이르는 주거시설을 개발하는 모형이다. 근린형 TOD는 전철역에서 약 10분 거리의 지역버스 노선상에 위치하며, 중밀도의 주거와 소매, 서비스, 위락, 공공문화, 레크리에이션 시설 등에 중점을 두어 개발한다.

어반빌리지Urban Village

어반빌리지Urban Village는 도시에 마을과 같은 인간적인 스케일감과 친밀감을 회복하자는 목표로, 영국에서 확산된 새로운 도시개념이다. 1989년 찰스 왕세자는 영국 건축 비평서에서 '지속가능한 도시건축을 위해서는 관련 전문가들의 반성과 변화, 그리고 실천이 필요하다' 고 지적했다. 왕세자의 주장에 공감한 건축가, 계획가, 주택개발업자, 교육가들은 1989년 '어반빌리지 포럼' 을 조직하고, 어반빌리지의 기본개념과 계획원칙을 구체화시켰다.

1999년 '어반빌리지그룹Urban Village Group' 은 영국의 기성시가지나 교외지역에 어반빌리지를 건설하여, 기존의 전통적인 개발패턴의 폐해를 방지하고 새로운 도시개발의 방향을 제시하고자 하였다.

어반빌리지의 주요원리는 1)복합적인 토지이용, 2)도보권내 초등학교, 공공시설 및 편익시설 배치, 3)융통성 있는 건물계획, 4)보행자 우선계획, 5)적정 개발규모(이상적인 개발규모는 40ha, 거주인원 3,000~5,000인), 6)지역 특성을 반영한 고품격 도시 및 건축설계, 7)다양한 규모와 가격대의 주거유형을 혼합하여 경제적, 사회적, 환경적으로 지속가능한 커뮤니티를 개발하는 것이다.

각각의 빌리지는 직주근접으로 교통부하가 적은 자족형 마을을 형성하고, 대중교통을 통하여 유기적으로 연결된다. 어반빌리지는 대중교통 네트워크에 의한 기존도시와의 연계 개발을 위주로 하며, 교외지역 개발보다는 기성시가지 재개발 및 재생에 주안점을 두고 있다. 찰스 왕세자는 어반빌리지의 원형이 되는 파운드베리를 계획하여 국내외에 큰 반향을 일으켰다. 그 외의 어반빌리지 개념이 적용된 사례로 버밍엄과 런던 가스공장부지를 재개발하여 도시 주거모델로 개발한 런던 그리니치 밀레니엄 빌리지**Greenwhich Millennium Village: GMV** 등이 있다. 영국에서는 현재 20개 이상의 어반빌리지 프로젝트가 진행되고 있다.

콤팩트시티 Compact City

유럽에서 논의되는 콤팩트시티 개념은 도시인구 증가로 발생하는 도시문제를 해결하기 위하여 교외개발로 도시화 면적을 늘릴 것이 아니라, 기존 도시 내에서 좀더 고밀도로 개발하자는 것이었다. 이후 콤팩트시티 개념은 도시의 지속가능성을 구현하기 위한 새로운 도시모델로 자리잡았다. 산업도시의 과밀하고 비위생적인 환경과 달리, 현대 선진국의 도시는 오염산업이 사라졌고, 대중교통체계와 진보된 하수처리시설을 갖추고 있어, 더 이상 위생상의 문제는 없다. 콤팩트시티에서는 경제적, 사회적 활동이 서로 중첩되며, 이웃간 공동체가 중심이 되는 활발한 도시공간을 만들 수 있다. 또한 통합계획으로 에너지 효율을 높이고, 자원을 적게 소비하고, 오염을 최소화하며, 도시외곽으로의 확장을 막을 수 있다.

콤팩트시티라는 용어는 1970년대 MIT 산업공학과 학자들이 주장한 가상도시**cyber city**이론에서 출발하였다. 그들의 가상도시이론은 도시교통과 개발밀도의 관계를 고려하면, 직경 2.66km의 8층 건물에 인구 25만 명을 수용할 때 이동거리도 짧고 에너지 소비를 최소화할 수 있다고 주장했다.[5] 즉 에너지 소비를 최소화하기 위해서는 보행중심으로 콤팩트하게 도시를 구성하는 것이 바람직하다는 것이다.

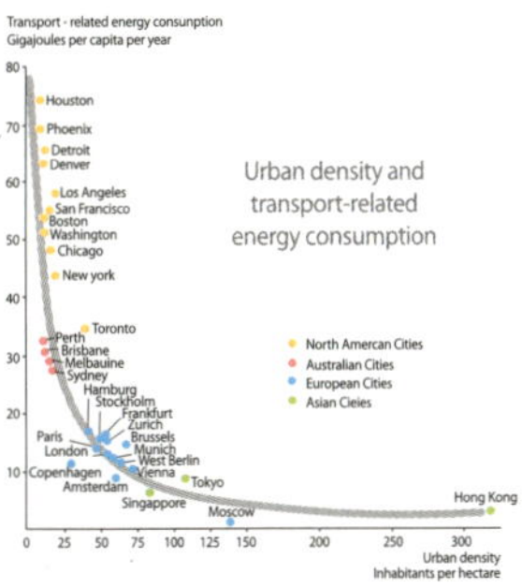

도시밀도와 교통관련에너지 소비 관계
밀도가 높은 도시일수록 1인당 교통관련에너지 소비가 적음을 알 수 있다.
Newman et Kenworthy, 1989; Atlas Environnement du Monde Diplomatique 2007
http://maps.grida.no/go/graphic/urban-density-and-transport-related-energy-consumption1
Cartographer/Designer : UNEP/ GRID-Arendal

환경적으로 도시의 밀도는 교통관련 에너지 소비와 관련이 있다. 뉴먼과 켄워시가 제시한 도시밀도와 교통관련 에너지 소비와의 관계를 보면, 밀도가 높은 도시일수록 1인당 교통관련 에너지 소비가 적다. 북미의 도시나 유럽의 도시보다는 고밀도의 아시아 도시가 1인당 교통관련 에너지 소비가 적음을 알 수 있다. 피닉스시에 사는 사람은 도쿄에 사는 사람보다 7배의 교통에너지를 소비하고 있는 것이다. 즉, 밀도가 낮은 도시에 비하여 밀도가 높은 도시가 교통에너지 소비가 효율적이라는 것이다.

현대의 콤팩트시티는 지속가능한 도시의 공간형태로서, 단순한 고밀도의 압축개발과 구분된다. 경제적 논리의 동심원 모델과 달리 환경적, 사회적 지속성의 개념을 포함하고 있다. 지속가능한 도시형태로서의 콤팩트시티는 도시형태적으로 1) 이동거리를 최소화할 수 있는 토지이용계획, 2) 대중교통을 중심으로 한 보행친화적인 도로망을 포함한 교통계획, 3) 녹지공간 및 오픈스페이스를 충분히 확보하고 자원 및 에너지 절약적 환경 조성으로 환경적 지속성을 갖는 도시여야 한다. 지속가능한 도시로서 콤팩트시티는 이동거리를 최소화한 적정 밀도(순 밀도 500인/ha)로 개발된다.[6]

지속가능한 콤팩트 시티 개념은 단일기능 위주의 계획, 자동차 위주의 계획을 지양한다.

5 도시계획의 신조류, 마쓰나가 야스미쓰, 진영환 역, 한울아카데미, 2006
6 컴팩트도시의 지속가능한 도시모형의 가능성 연구, 권성실, 오덕성, 한국도시설계 학회지 2004년 12월

유럽의 가스파담 단지, 프랑크푸르트, 다름슈타트, 프라이브르그, 칼스루에 등의 사례에서 다음과 같은 콤팩트시티의 원리를 살펴볼 수 있다. 1)보행 및 자전거 이동이 가능한 범위로 개발한다. 2)대중교통정류장(전철역)을 중심으로 개발밀도를 고밀화하고, 외곽지역은 저밀도화한다. 3)복합적인 토지이용으로 이동거리를 최소화한다. 4)지역간 연계, 보행거리 내 연계가 가능하도록 대중교통체계를 확립한다. 5)보행 및 자전거 이용이 용이하도록 독립적이고, 보행친화적인 도로망을 구축한다. 6)중심부 고밀화를 통하여 충분한 녹지 등의 오픈스페이스를 확보하고 연계한다. 7)자원 및 에너지 절약을 위한 시설을 활용한다.

이상 세 가지 지속가능한 도시개념의 공통된 계획원칙들을 종합하면 다음과 같다.

Binjai Crest, Singapore 커뮤니티마당과 보행로

첫째, 교통 측면에서 도보권을 기준으로 근린의 구조를 구성한다.

대중교통 중심의 교통체계를 구축하고, 대중교통 정류장을 중심으로 보행로를 조성한다. 즉, 대중교통으로의 보행 접근성을 높이며, 보행자우선의 도로환경을 만든다.

둘째, 토지이용 측면에서 용도는 혼합, 복합화하고, 다양한 형태의 주거를 조합한다.

복합적 토지이용과 보행생활권내의 생활권 개발로, 이동거리를 최소화한다. 특히 역사적인 양식과 건축형태는 지역성과 장소성을 부각시킨다.

셋째, 환경 및 에너지 측면에서, 친환경적인 보행로로 조성하되, 연결성을 확보하고 에너지 저감 방안을 도입한다. 녹지공간과 오픈 스페이스를 확충하고, 에너지를 저감한다. 녹지공간과 오픈 스페이스는 연계성과 접근성을 갖도록 하고, 보행공간을 환경친화적인 공간으로 조성한다. 또한 에너지를 절감할 수 있는 소재를 사용하는 등 에너지 저감방안을 도입한다.

은평뉴타운 1구역 생활가로

Compact & Complex – 복합 개발과 커뮤니티시설

지속가능한 도시개념들은 작은 도시를 추구한다. 대중교통을 따라 도보권을 기준으로 형성된 지구의 집합이 도시를 구성한다. 지속가능한 도시는 복합적인 토지이용과 복합개발로 도보권 개발, 도심활성화와 커뮤니티 활성화를 추구한다.

현재 우리나라의 복합화는 주로 두가지 형태로 실행되고 있다. 하나는 도심 활성화 수단으로 상업, 업무, 위락, 주거 등 다양한 기능들을 복합하여, 개발의 선도사업으로 활용하고 있는 대규모 복합단지개발이다. 또 다른 하나는 커뮤니티 중심시설로서 공공시설과 문화시설, 학교 등을 복합화하는 것이다.

대규모 복합개발

우리나라의 복합개발Mixed-Use Development: MUD 사례를 보면, 도심 활성화를 위한 대규모 PF사업들이 시행되고 있다. 우리나라의 대부분 PF사업지구는 대중교통수단과 연계하여 개발되고 있다. 도시형 TOD가 대중교통의 역세권 복합개발을 추구하는 것과 같은 맥락이다.

은평 중심상업지역 복합개발 계획안
– BRT 정류장과 연계개발

지역공동체를 위한 공간 – 복합 커뮤니티시설

도심에서 벗어난 주거단지에서의 복합화는 커뮤니티 시설을 중심으로 이루어진다. 근린형 TOD모델은 접근이 쉬운 도로변에 소매, 서비스, 공공문화, 레크리에이션 시설 등이 복합개발되어 커뮤니티 중심지를 형성한다.

여기에 학교시설이 연계하여 개발되기도 한다. 보행을 기본으로 한 페리의 근린주구는 초등학교를 포함한 공공시설을 중심에 배치하였다. 블록의 중심에 위치한 초등학교는 근린주구의 중심시설이지만, 근린주구 내에서의 이용을 전제로 하였다. 반면 뉴어바니즘에서는 학교의 위치 또한 페리의 근린주구의 중심에서 벗어나 인근 근린주구와 같이 이용할 수 있도록 하고 있다. 또한 뉴어바니즘의 TND는 근린주구에서 상점과 업무시설들이 가로변에 형성되어, 가로를 중심으로 인접 근린주구와 연계 개발이 가능하게 되어 있다. 페리의 근린주구가 폐쇄적인 커뮤니티라면, 뉴어바니즘의 근린주구는 보다 개방적인 커뮤니티를 추구한다.

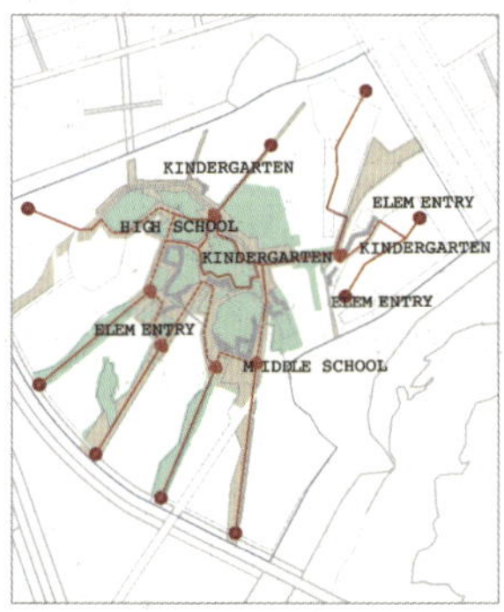

행복도시 첫마을 통학로 및 보행로 계획 – 중앙공원에 위치한 학교와 공공시설, 통학로 및 보행로계획

커뮤니티시설은 인근의 근린공원, 학교시설, 근린생활시설과 연계하여, 편리한 서비스를 제공하고, 지역의 문화 공간으로서 커뮤니티를 활성화시킬 수 있다.

지역공동체의 거점공간으로서, 커뮤니티시설들은 복합화되기도 한다. 복합화된 커뮤니티 시설은 개방, 연계, 공유의 개념으로 지역주민에게 제공된다. 커뮤니티 시설을 복합화 또

는 집중 배치하면, 토지이용의 효율과 유지관리의 효율을 도모할 수 있으며, 주민들의 접촉기회를 증가시킬 수 있다.

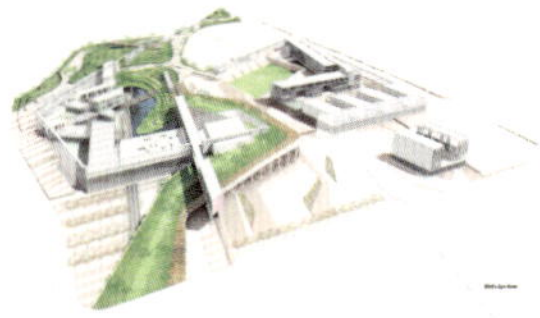

행정복합도시 첫마을에서는 대부분의 학교와 커뮤니티시설을 중앙공원에 계획하여, 중앙공원과 커뮤니티시설을 단지의 중심으로 계획하고 있다. 중앙공원을 중심으로 방사형 축을 따라 주거가 계획되며, 축상의 보행로를 따라 공원과 커뮤니티시설로의 접근이 원활하게 했다.

행복도시 복합 커뮤니티센터
-개방, 연계, 공유의 개념으로 복합 커뮤니티센터로 계획

행정복합도시 복합커뮤니티 센터들은 인근의 학교시설과 프로그램을 공유하고, 외부공간과 적극적으로 연계되어 있다. 또한 시설의 옥상과 데크를 외부공간과 원활하게 연결될 수 있도록 하여, 시설의 개방성을 높이고 있다. 녹지와 자연환경을 적극적으로 유입하고, 건축물 개별적으로는 친환경계획을 도입하고 있다.

광교 에듀타운에서는 커뮤니티 시설과 학교가 지역의 중심으로서, 2개의 생활권을 형성하고 있다. 2개 생활권은 생활가로와 통학로 기능을 하는 보행로로 연결하여 단지 내부와의 연계성을 강화하고 있다.

연세대학교 송도국제복합단지는 도심형 복합 캠퍼스로서, 반경 200m 내에서 도보 접근이 가능하도록 단지 중심축에 교육시설을 복합하여 배치하였다.

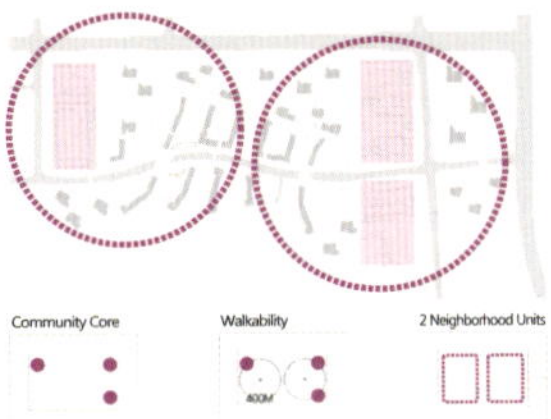

광교 에듀타운 커뮤니티 계획
- 2개 생활권은 학교 및 근린생활시설을 중심으로 계획

Network & In-between - 보행 네트워크와 사이공간

지속가능한 도시개념에서는 걸어 다닐 수 있는 환경Walkability을 도시조성 원리로서 강조하고 있다. 지속가능한 도시는 보행중심으로 구성되어, 차량 위주가 아니라 대중교통중심으로 구성된다. 대중교통 정류장에서 걸어서 5분 혹은 10분 이내에 도달할 수 있는 거리로 생활권이 구성된다.

보행중심의 공간을 구성하기 위해서 몇 가지 원칙들이 있다. 모든 사람들이 자유롭게 접근하고 이용할 수 있는 공공성이 확보되어야 한다. 특정장소나 시설, 서비스, 정보 등에 도달하기 쉽도록 적절한 보행거리 내에 조성하여 접근성을 높여야 한다. 교통사고, 범죄, 재해 등의 위험요소들로부터 안전해야 한다. 보행의 흐름이 용이하고, 주변 시설이용에 편리해야 한다. 또한 외부공간, 녹지 등과 연계하여 쾌적성을 높이고, 단지 내 보행뿐만 아니라 주변 보행로와의 연속성을 고려하여야 한다.

보행 네트워크와 외부공간

위의 원칙들이 실현되도록 보행로는 잘 조직된 네트워크로 구성되어야 하며, 사람들의 다양한 활동이 가능하도록 해야 한다.

더불어 지속가능한 도시개념에서는 충분한 녹지와 오픈스페이스를 확보하도록 하고 있다. 그러나 단순한 공간의 확보만으로는 활발한 이용을 보장할 수 없다. 녹지와 외부공간으로의 보행접근이 가능해야 하고, 보행로와 연계하여 다양한 활동이 가능해야 한다. 또한 지역 내의 자연 요소를 활용하여 외부공간과 보행로가 단지외부와 네트워크를 구성할 수 있도록 한다.

은평 뉴타운 1구역에서는 지역을 관통하는 생활가로를 중심으로 보행동선을 계획하고 있다. 생활가로는 휴먼스케일의 보행가로로 계획하였으며, 저층부에 상가 및 부대시설을 배치하고 있다. 생활가로에서 보행접근이 가능한 중정들을 배치하여 보행접근로와 외부공간을 연계되도록 하고 있다. 하천과 산을 연결하는 환상형 녹지축을 중심으로 자전거 도로망과 산책로를 조성하여 주변 녹지와 연계성을 높였다.

은평 뉴타운 1구역 조감도
–녹지 계획과 보행동선

송도신도시 국제업무단지는 수로와 연결된 중앙공원을 맨하탄의 센트럴파크와 같이 도심 중심녹지로 조성하고 있다. 또한 개별블록의 녹지는 공공보행통로 및 녹지네트워크를 통하여 공원, 대중교통체계와의 연결과 블록 간의 연계가 원활히 되도록 하고 있다.

송도신도시 국제업무단지 녹지 계획도 –
중앙공원과 녹지네트워크 구성

외부공간은 다양한 스케일과 형상으로 구현되어야 한다. 표준화되고 일률적인 외부공간은 장소성이 결여되어, 이용되지 않는 외부공간의 섬을 만들 수 있다. 특히 단계별 생활권의 구성, 각 위계에 맞는 적합한 시설계획과 외부공간 계획이 필요하다. 외부공간은 보행로와 더불어 보행자가 접근하는 공간의 위계에 따라 각 단계에서 적절한 접점 공간을 제공하도록 계획한다.

용인 동천지구 계획안에서는 커뮤니티를 위계적으로 구성하고 있다. 신개념의 마을을 구현하기 위하여, 햄릿**Hamlet**에 착안했다. 햄릿은 뉴어바니즘의 트란섹트 계획**Transect Planning**에서 Hamlet–Village–Town–City로 구성되는 근린주구 구조**Neighborhood Structure**중 가장 작은 구성단위다. 햄릿은 이웃과 활발한 교류를 할 수 있는 최소단위로서, 커뮤니티를 활성화한다. 햄릿– 마을**Village**– 타운**Town**의 스케일 별로 다양한 접점공간을 제공하며, 접점공간은 보행로를 따라 조성되어 거주민의 생활공간을 확장시킨다.

제2기 화성동탄 시범단지 계획안은 커뮤니티 생활권을 4단계로 구성하여, 2개 대생활권– 4개 근린생활권–11개 주거블럭–20개 마을로 위계에 따라 구분하고 있다. 각각의 생활권에는 위계에 맞는 커뮤니티 시설들이 배치되도록 하였다. 대

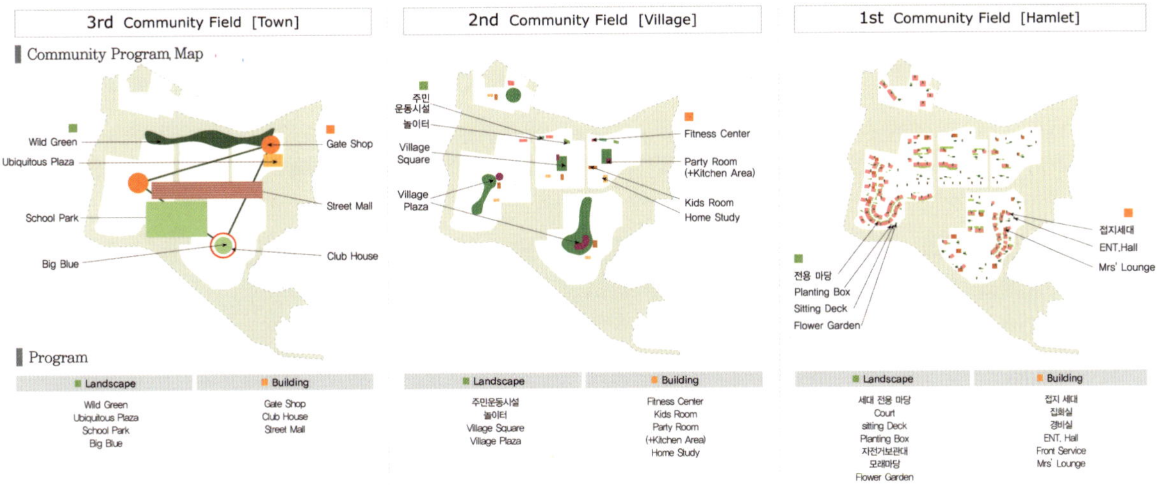

용인 동천지구 계획안 개념도 - transect 개념의 커뮤니티 단위 형성 Hamlet-Village-Town-Urban

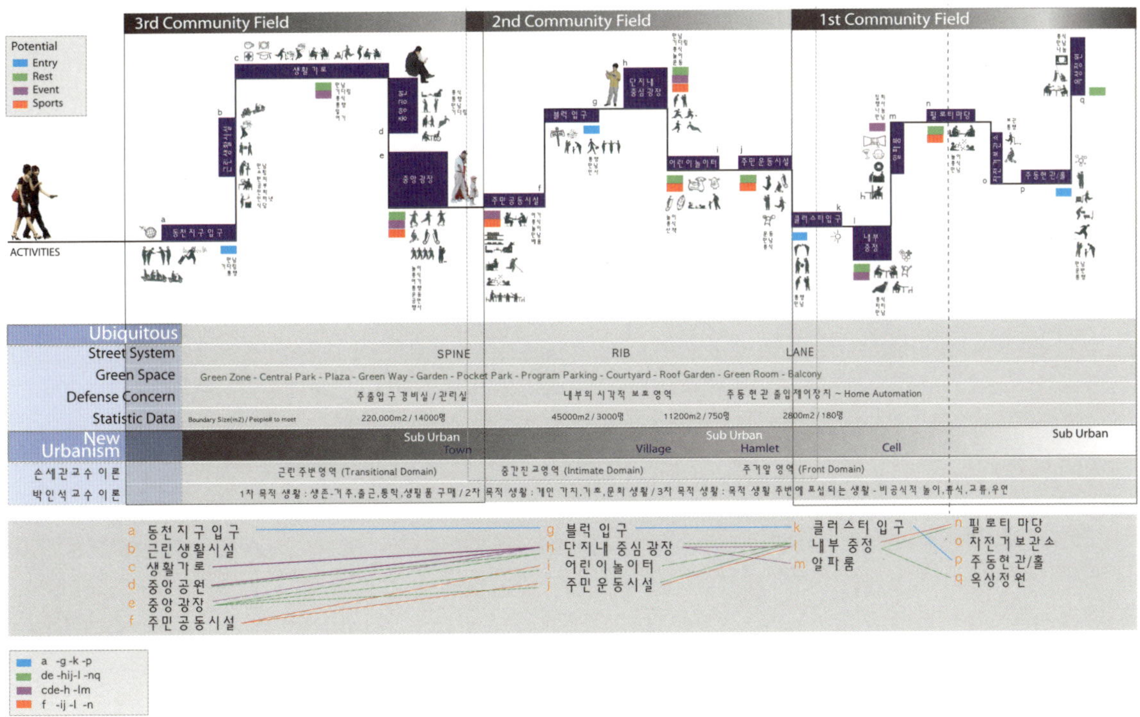

용인 동천지구 계획안 커뮤니티에 대한 초기 아이디어

생활권의 커뮤니티 코어는 대중교통 정류장 인근에 배치되어, CBD권역으로 연계 개발되도록 하였다. 중생활권의 공공시설과 학교, 근린생활시설은 중앙의 공원과 보행로를 따라 배치되었다.

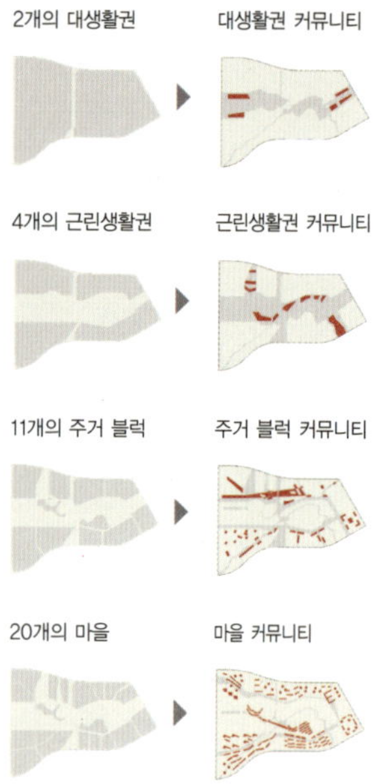

제 2기 화성동탄 시범단지 커뮤니티 계획 - 커뮤니티 생활권을 4단계로 구성

보행로 활성화 – 접점공간, 사이공간 In-between

주거단지계획에서 보행로는 그 중요성이 더욱 강조된다. 보행로는 단지 내에서 효율적인 이동을 위한 물리적 환경을 갖추어야 한다. 동시에 다양한 놀이, 휴식, 운동 등의 활동과 연계되어, 일상생활공간의 영역이 확대되도록 한다.

일상생활은 특정한 목적을 갖는 의식적인 행동들과 우연히 혹은 무의식적으로 일어나는 행동들이 중첩되고 연속되어 일어난다. 일상생활은 3가지 생활로 구분된다.[7] 직장이나 학교에 다니는 것과 같이 생존을 위하여 불가피한 생활들을 1차 목적생활이라고 한다. 여가, 휴가와 같은 개인의 기호와 자의적인 선택으로 하는 것을 2차 목적생활이라고 한다.

그러나 일상생활에서 1차, 2차의 목적생활이 아닌, 의도하지 않은 우연한 생활이 있는데, 이것을 3차 생활이라고 한다. 3차 생활은 산책 중 만남이나, 잠깐의 휴식, 하교 길의 놀이 등 1차, 2차 생활 중에 무수히 일어나고 있으며, 관계 속에서 생기는 우연한 이벤트들이다.

3차 생활이 풍부할수록 삶은 풍요로워지며, 활력 있게 된다. 모든 3차 생활들은 보행활동 중에 일어난다. 그러므로, 1차, 2차 생활의 목적 동선이 연계되고 중첩되어, 우연한 이벤트들을 접할 수 있도록 보행로를 구성하는 것이 중요하다. 즉, 우연성과 연계성을 위하여 일상생활동선과 시설간의 동선연결과 시각적 연결의 기회를 보다 많이 제공하도록 한다.

행정복합도시 첫마을은 방사형 녹지체계를 따라 주거영역과 비주거영역이 지퍼 zipper처럼 맞물리도록 두 영역의 접면을 증가시켜, 일상생활에서의 다양성과 우연성을 높이고자 하였다. 일반적으로 격자로 구획된 토지이용계획 대신, 다양한 기능이 혼재할 수 있는 새로운 공간이용계획을 제안하고 있다.

연세대학교 송도 국제화 복합단지는 커뮤니티 중정Community Quad을 캠퍼스 전역에 배치하여, 캠퍼스 커뮤니티를 활성화하고자 하였다. 중정Quad은 다양한 스케일로 나타나며, 이 공간에서는 우연적이고, 의도하지 않은 이벤트가 이루어져, 자발적으로 커뮤니티가 형성되도록 하였다.

7 건축도시이론–건원세미나 中 우리나라 주거단지 계획의 현주소와 설계자의 전향적 대응전략, 박인석, 2003

행정중심 복합도시 첫마을 마스터플랜과 토지이용계획 – Living Platform과 Playing Platform이 교차 배치되어 두 영역의 접면을 극대화하고, 입체적인 보행공간은 풍부한 이벤트와 우연이 만나는 즐거움을 제공

Energy Filed

Loop Type

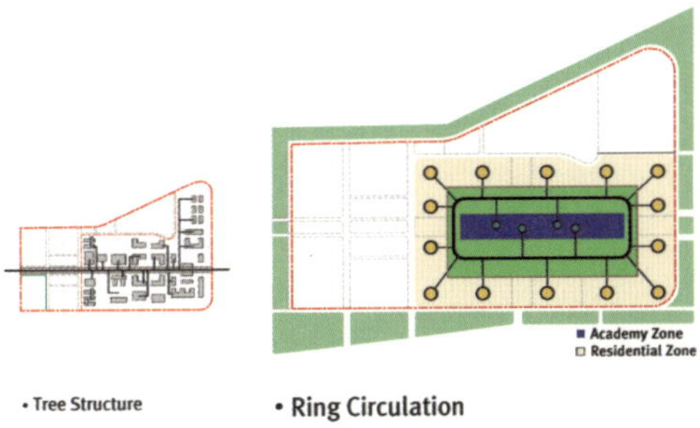

Campus for Community

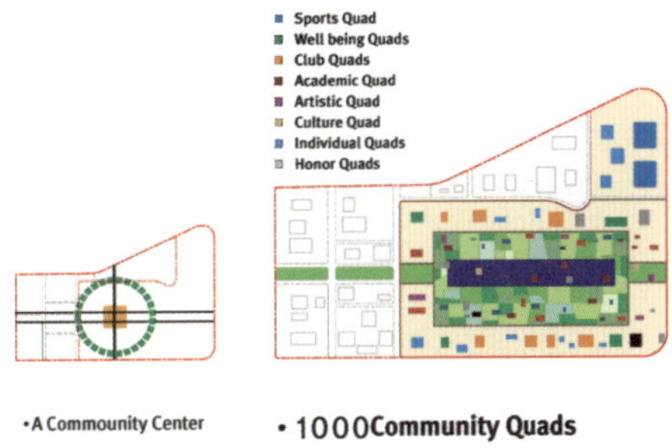

Walkable Campus

Walkable Distance, Compact, Complex

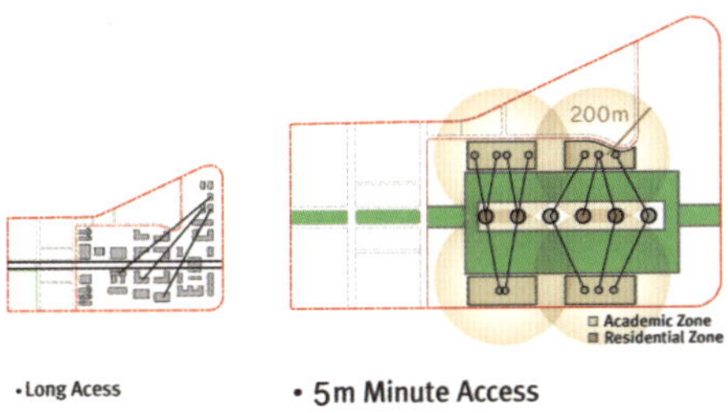

Even Proximity to Nature

2Way Access

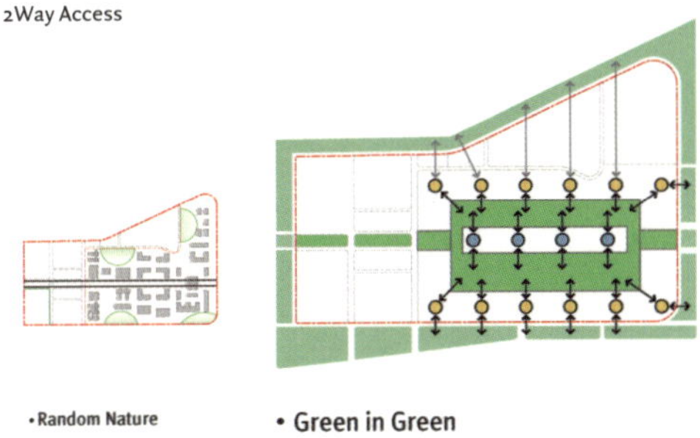

연세대학교 송도국제화 복합단지 개념도 – 커뮤니티 중정 Community Quad와 에너지 필드 Energy Field

Diversity & Context - 경관과 다양한 건축형태

단지계획에서는 단지 자체의 거주성뿐만 아니라 도시와의 연속성과 다양성을 고려하여야 한다. 도시공간과 단지의 연속성을 갖도록 하기 위해서는, 단지계획에서 시각적인 연계성(통경)을 확보하거나 단지 동선이 외부와 효과적으로 연결되도록 한다. 나아가 도시와 자연의 조직을 단지내부로 유입하여, 도시와 자연을 적극적으로 연계하도록 한다.
지속가능한 도시개념은 통합적인 계획으로 자연, 인문 등의 특성을 살려 장소성을 부여하도록 하고 있다. 도시에서 연속성은 장소성 부여의 중요한 요소가 된다.
또한 다양성은 도시를 활력 있게 만든다. 건축물의 다양한 높이와 형태는 도시의 경관을 다양하게 만든다. 휴먼스케일을 고려한 건축물의 높이와 형태는 다양한 옥외공간과 조합되어 가로를 활성화시킨다. 또한 다양한 주거 형태와 규모 조합은 사회계층의 혼합Social Mix을 유도한다.

기존 지형과 기억 살리기

기존지형과 녹지를 최대한 유지하는 것은 환경적, 사회적으로 중요한 의미를 갖는다. 환경적으로는 기존의 지형과 자연지반, 수계 등의 자연적인 요소를 최대한 이용하여, 전체 생태계의 연속성을 유지할 수 있다. 생태적인 풍요로움은 개발이전 생태질서의 보존과 회복을 통해서만 가능하기 때문에, 기존지형과 녹지의 보존이 중요하다. 특히 기존 지형보존을 계획할 때는, 집중형이나 분산형보다는 주변 생태자원과의 연계성을 고려하여 선형의 연속된 녹지체계를 계획하도록 한다.
사회적으로는 기존 자연의 풍광과 가로의 풍경에 대한 기억을 유지하게 해주며, 지역성과 장소성을 살려준다.

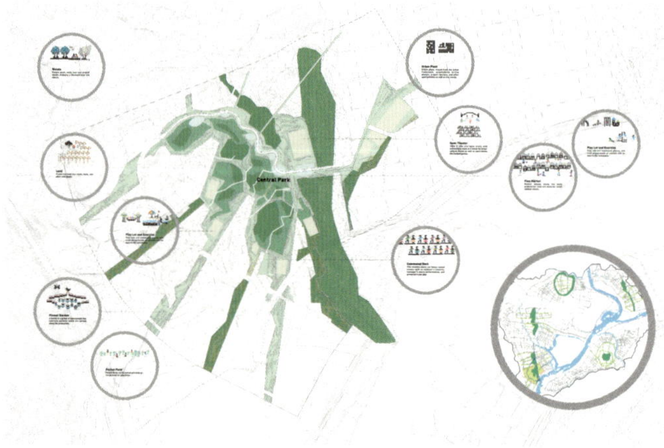

행정복합도시와 첫마을의 마스터플랜과 녹지계획- 첫마을의 기존지형을 최대한 살린 중앙녹지와 녹지축은 도시전체의 개념과 구조를 재현

행정중심복합도시 첫마을은 행정중심복합도시의 구조를 재현하고자 하였다. 행정중심복합도시의 중심에 오픈스페이스를 유지하였듯이, 첫마을도 과도한 지형의 훼손을 지양하고, 적극적으로 녹지를 공원으로 조성하였다. 중앙공원을 중심으로 녹지와 보행로를 바람개비 형상으로 조성하여, 주변 녹지와 연결되도록 고려하였다. 기존지형을 최대한 유지하는 녹지계획은 환경적 측면과 장소성을 고려한 것이다.

제2기 화성동탄 시범단지 계획안은 기존 지형을 살려, 자연 경관과 생태환경을 유지하고자 했다. 기존 지형을 살린 중앙 공원은 제1기 화성 동탄 녹지축과 연결되며, 단지 전체의 기억의 장소로서 조성하고자 했다.

광교 에듀타운은 근린공원과 연계된 3개의 녹지축Green Colonnade이 구성되어 있다. 어메니티시설을 조합하여 입체생활가로를 계획하고 있으며, 5개의 커뮤니티 축Community Colonnade과 교차하여, 자연과 주거의 대면률이 높아지도록 하고 있다.

제 2기 화성동탄 시범단지 계획안 조감도 - 기존지형을 살린 중앙공원은 1기 화성 동탄의 녹지축과 연속성을 확보

광교 에듀타운 배치도
- 3개 녹지축과 5개 커뮤니티 축을 계획하여 자연과 주거의 대면률을 높임

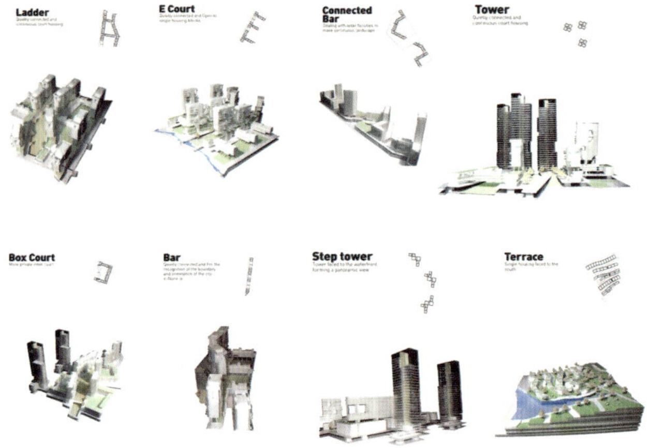

행정중심복합도시 첫마을 건축계획 - 다양한 건축형태와 밀도가 교차로 배치되며, 주변지역을 고려하여 다양한 경관을 만듬

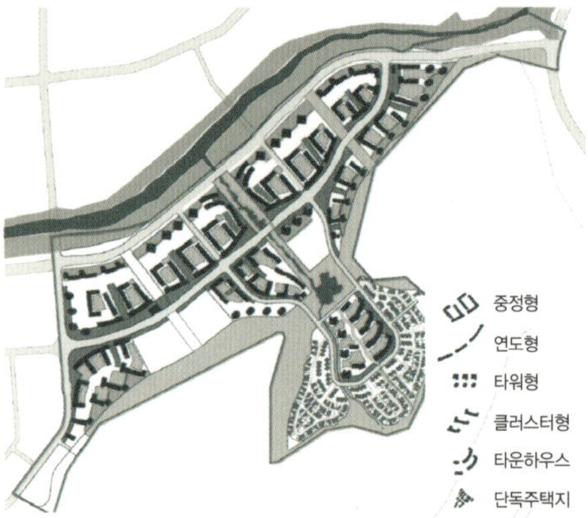

은평 뉴타운 1구역 경관별 건축계획 - 7개의 경관지구별로 다양한 형태의 건축으로 단조롭지 않은 도시를 구성

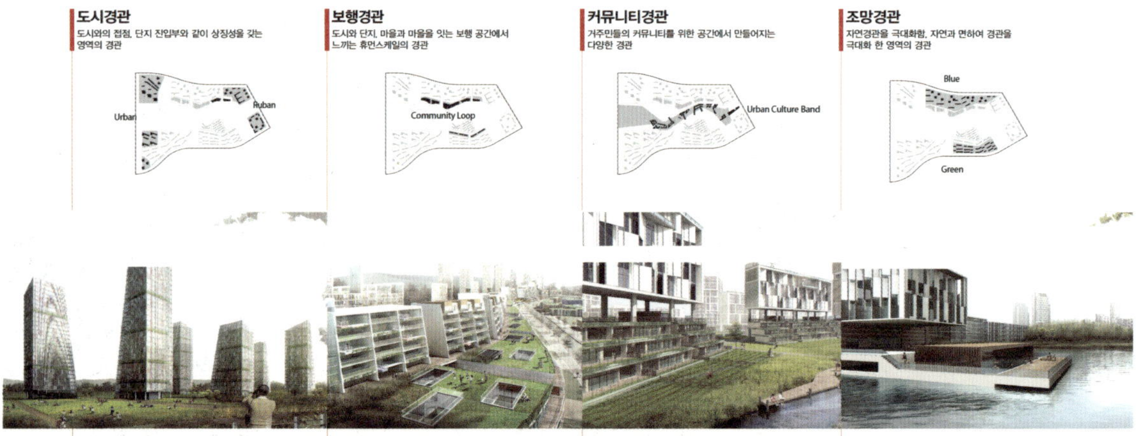

제2기 화성동탄 시범단지 계획안 경관별 건축계획 - 4개 경관별로 구분하여 건축형태를 다양하게 적용

경관과 다양한 건축형태

우리나라의 대규모 공동주택 단지는 일률적인 밀도 지정과 고밀도 개발로 인해서 단조로운 경관이 형성되는 경우가 많았다. 그러나 최근에는 시각적인 연계성을 고려한 통경 확보와 가로경관이 계획에서 강조되고 있다. 특히 고밀도로 개발되는 단지의 폐쇄성을 저감시키기 위하여, 통경의 확보뿐만 아니라 조망권, 바람길 등이 고려되고 있다.

일률적인 주거동 계획과 층수 계획은 단지의 지역성과 독자성을 결여시키고, 도시의 획일화를 조장할 수 있다. 다양한 경관을 위하여, 가로별 특성을 갖도록 건물의 높이와 형태를 다양하게 구성하도록 해야 한다. 특히, 주변상황을 고려하여, 다양한 높이의 층수계획과 주거유형화를 통한 건축형태의 다양화는 단지의 정체성, 커뮤니티 활성화, 장소성 및 지역성을 높일 수 있다.

행복도시 첫마을은 중앙공원을 중심으로 바람개비형 축을 따라 주거가 배치된다. 주거는 고밀도와 저밀도가 교차 배치되었다. 또한 다양한 주거는 다양한 계층과 세대가 어우러지게 한다(사회적 혼합추구 Social Mix). 다양한 건축형태를 조합하여 주변을 고려한 다채로운 경관을 형성하고 있다.

은평 뉴타운 1구역에서는 7개의 경관지구를 설정하고, 지구별로 변화와 통일감을 고려하여, 적절한 주거유형과 높이를 제안하고 있다.

제 2기 화성동탄 시범단지 계획안은 도시경관, 보행경관, 커뮤니티경관, 조망경관으로 구분하고 있다. 도시경관은 도시와 단지의 점접부의 경관을, 보행경관과 커뮤니티경관은 휴먼스케일의 경관을, 조망경관은 자연경관을 고려하여 건축물의 높이와 밀도를 다양하게 구성하고 있다.

Ending >>> 지속가능한 도시를 위한 건축의 움직임

지속가능한 도시개념은 자동차 위주보다는 대중교통과 보행중심을, 기능분리보다는 토지이용 혼합과 복합 개발을, 효율성에만 치우친 획일적인 주택 계획보다는 다양한 주거형태의 조합을 강조하고 있다.

지속가능한 도시개념들 중 우리나라의 상황에 적용하기 어려운 것들도 있다. 우리나라의 상황이 다른 점도 있기 때문이다. 그러나 인간과 환경이 조화되는 도시는 세계가 공유해야 할 가치이다.

우리 도시의 대부분을 차지하는 주거단지의 문제점으로 지적되는 몇 가지가 있다. 획일적인 경관, 반보행적인 도시환경, 폐쇄적인 단지계획, 차량중심의 외부공간, 장소성의 결여 등이 그것이다. 기반시설 공급의 경제성을 고려하여 주거지 조직을 대형가구로 분할하고, 개별 개발에 의존했던 관행은 획일적인 도시경관과 활력 없는 도시가로를 만들었다. 대규모 주택개발들은 지역과 장소의 고유색을 지우고, 획일적인 아파트로 도시를 채웠다. 우리 도시에서 아파트 단지들은 서로 연계성 없이, 고립된 도시의 섬으로 솟아 있다.

그러나 이제 우리의 도시와 주거단지도 지속가능한 도시의 가치를 지향하면서 변화하고 있다. 대중교통을 중심으로 활성화된 보행로와 자연과 연계된 녹지 네트워크를 계획하고 있다. 커뮤니티를 활성화할 수 있는 적절한 외부공간과 도시와 단지의 연계성을 고려한 다양한 접점공간들을 계획하며, 다양한 건축과 경관으로 장소성을 높이려는 노력을 하고 있다. 도심 활성화를 위한 복합용도개발과 지속가능한 커뮤니티를 위한 커뮤니티시설의 복합화도 시도하고 있다.

지속가능한 도시의 구현은 택지 따로, 건축 따로인 기존의 개발방식으로는 한계가 있다. 우리나라의 도시개발계획은 지구의 도시적 골격을 정하는 택지개발계획과 주거를 계획하는 주택건설계획의 2가지 단계로 나누어 진행된다. 택지개발계획으로 정해진 토지이용계획과 계획지표, 그리고 지구단위계획 등의 규제사항을 수용하여, 단지계획과 건축계획 등을 수행한다. 택지개발계획이 2차원적인 평면 계획이라면, 주택건설계획은 3차원적인 입체계획이다. 개발방식은 공공기관이나 지방자치단체가 택지개발을 완료하면, 개발사업시행자에게 택지를 분양하여 주거단지를 개발하게 된다. 즉, 상위계획으로 정해진 틀 내에서 하위계획을 실행하는 위계적인 과정이다.

도시와 주거단지를 계획할 때, 초기 발상부터 땅과 건축을 분리하지 않고, 유기적으로 연관하여 3차원적으로 계획하면, 지역과의 연계성과 장소성, 다양성을 통합적으로 기하는 계획이 될 수 있다.

최근에는 택지와 건축계획을 통합적으로 수립하는 도시건축통합계획이 시도되고 있다. 행정복합도시와 파주운정신도시, 화성동탄신도시 등 제 2기 신도시에서 시범단지 계획을 통하여 통합계획이 시도되어, 좋은 선례가 되고 있다.

또한 단지 전체의 종합적 계획을 수립하여 총괄적으로 관리하는 MA**Master Architect**방식도 도입되었다. MA방식은 용인 새천년 주거단지 이후 파주 운정신도시 등 제 2기 신도시에서 적용되고 있다.[8)]

이러한 변화는 건축가에게 건축 하나하나의 디자인뿐만 아니라 다른 많은 분야와 협력하여, 보다 나은 도시공간을 창출하는 도시 디자인 코디네이터로서의 역할과 안목을 요구하고 있다. 건축 디자인 분야에서도 도시가 갖는 가치를 공유하고, 개별 건축뿐만 아니라 지속가능한 도시 속의 건축을 만들기 위하여 다양한 노력들이 이루어지고 있다. TH?NK @ KUNWON

파주 운정 3 시범구역 계획안 – 마을마당

8 MA와 하우징디자인, 공동주택연구회, 동녘, 2007

제3의 공동주택, 타운하우스

디자인 마케팅과 하이브리드 주거

하이브리드 주거, 타운하우스 Townhouse, a new hybrid type

우리나라의 주거형태의 변화를 그 시기별로 보면 단독주택이 등장한 1세대 주거형태에서 시작하여 단독 및 저층형 아파트가 주류를 이룬 2세대, 고층 아파트가 보편적인 주거형태로 자리잡은 현재의 3세대로 변해왔다. 이후 주거에 원스톱 서비스onestop service가 혼합된 4세대 주상복합형 아파트로 진화를 하였으며, 현재는 4세대까지의 주거형태의 장점들을 혼합한 복합형(예: 오피스텔, 레지던스 호텔과 구분이 어려울 정도의 주거)이나 거주자 우선의 맞춤형 주거[1)]로 진일보를 거듭하고 있다. 결국은 모든 형태의 주거에서 장점들만을 취사선택하여 결합하려는 성향이 나타나게 되고, 이러한 변화의 연장선상에서 공동주택의 장점과 단독주택의 장점이 결합된 타운하우스라는 새로운 주거형태가 나타나게 되었다.

WRITER **오승준**
건원건축 과장
삼성동 I-PARK, 부산우동 포스코 더샵 아델리스, 부산거제 주택재개발, 파주 교하 동문타운하우스, 내곡동 헌인마을, 수원 고등동 주거환경 개선사업, 아부다비 알림아일랜드 등 대규모 공동주택, 주상복합 및 해외 프로젝트의 디자인, 매니지먼트에 실무를 쌓고 있다.

우리가 말하는 타운하우스의 원형은 산업혁명기의 런던의 주거형태에서 찾아볼 수 있으며, 그 이전까지는 단독주택단지 혹은 빌라단지 등으로 불리면서 그 경계와 구분이 모호하였다. 우리나라는 최근 들어 택지개발지구 내에 별도로 블록형 단독주택지가 조성되고, (구)건설교통부 훈령 "환경친화형 블록형 단독주택용지 조성요령"[2]이 마련되어 어느 정도의 디자인 가이드라인이 제시되면서 타운하우스라는 명칭이 쓰이게 되었다고 할 수 있다. 그러나 타운하우스에 대한 정의는 아직 법적으로 명문화 되지는 않고 있으며, 여러 가지 주거형태를 혼칭하고 있는 실정이다.

심우갑(2007년 연구자료)은 국내타운하우스를 공유벽을 갖는 2호 이상의 주호가 수평으로 연속되는 저층 · 고밀의 단지형 주거유형으로 정의하였으며 계획입지에 따라 도심형과 교외형, 제도에 따라 다가구(단독주택)와 연립주택(공동주택)으로 구분하였다. 타운하우스는 2007년부터 블록형 단독주택지에 건설되기 시작했는데, 단독주택으로 분류되는 경우는 분양가 상한제를 적용 받지 않으나 단지규모가 50호 이상이면서 주택들이 공유벽으로 연접한 경우에는 분양가 상한제 적용을 받기 때문에 이를 피하기 위해 50호 미만의 고급화된 대규모 주택으로 공급되고 있다. (심우갑 등 2007년)[3]

단독주택으로 분류되더라도 한 단지에 20호 이상 짓는 경우 주택법에 의해 계획되어야 하고 사업승인 절차를 거쳐야 하며, 20호를 넘지 않는 때에는 개인이 별도의 규제 없이 건축허가절차만으로 건설하므로 별도의 공동시설을 마련하지 않는 이상 타운하우스로 보기 어렵다고 할 수 있다. 그래서 주택법 적용 대상 기준인 20호 이상의 주택이 블록형 단독주택지 혹은 일반주거지에 집단 건설되는 단독 혹은 연립형태의 주택으로서 커뮤니티시설, 공급처리설비, 방범 등의 서비스를 공동으로 사용하거나 제공 받는 주택을 타운하우스라고 할 수 있을 것이다.

이를 좀 더 자세하게 정의를 해보면 타운하우스는 일반적으로 도심 혹은 도심에서 많이 벗어나지 않은 신도시나 택지개발지구에 입지한 블록단위 주택지에 20호 이상 집단 건설되는 단독주택 또는 연립주택으로서 각 주호 별로 마당이 있고 대지와 진입로, 공공주차장과 보행로 등의 기반시설, 상하수도, 전기, 가스 등의 공급처리시설, 관리시설, 어린이놀이터, 주민복지시설 등을 공유하고 공동 이용하도록 된 주택형식이라 할 수 있다. 〈표1〉은 타운하우스 주택의 허가 및 공급방식, 공동시설의 이용, 주택관리 면에서 다른 유사한 주택형식과 어떻게 다른지를 나타낸 것이다.

이제 이러한 개념의 타운하우스가 도입되고 발전된 과정과 배경, 또 타운하우스개발의 사례와 수요자들의 태도, 제3의 공동주택으로서의 타운하우스의 건축적 의의와 향후 발전가능성에 대해 살펴보자.

그림1. 해외의 타운하우스 사례

최초의 타운하우스는 산업혁명기의 급격한 도시화로 시골의 귀족들이 도시로 몰려들기 시작한 17세기 영국에서 나타난 주거유형이다. 넓은 저택에 익숙해 있던 상류층들이 도시의 높은 토지 비용 때문에 단독형 고급주택을 소유하기 어려워지자 대안으로 공동주택형

1 '맞춤형 주거'란 주택구매수요자의 의식과 성향이 잘 반영된 집을 말하는 것으로 주문형주택과는 다른 개념.
2 구 건설교통부령 '택비개발업무처리지침'(1995.8)의 별표5
3 박경옥, 이상운, 조현주 '수도권 타운하우스 분양성 제고를 위한 마케팅전략' 대한건축학회논문집 2008.03

표1. 공급방식 및 관리측면의 분류[4)]

구 분	타운하우스 (블록형 단독주택지)	일반 단독주택 (단독주택지)	연립주택	아파트
건축허가	주택법(사업승인) 20호 이상 (주택형태별 분양방식 및 전매제한 상이)	건축법 (건축허가)	주택법 (사업승인)	주택법 (사업승인)
주택공급	주택공급에 관한 규칙적용 대지는 공급업체에서 필지로 분할하거나 공유지분으로 등기 / 청약제도 준수	공급청약에 대한 특별한 방식 없음	주택공급에 관한 규칙적용 대지는 공급업체에서 필지로 분할하거나 공유지분으로 등기 / 청약제도 준수	주택공급에 관한 규칙적용 대지는 공급업체에서 필지로 분할하거나 공유지분으로 등기 / 청약제도 준수
층수	2-3층	2-3층	4층 이하	5층 이상
공동보안 커뮤니티시설	있음	없음	있음	있음
주택관리	공동주택관리령 증개축 대수선 리모델링 재건축 등 주민동의와 자치단체 허가필요	개인적 관리	공동주택관리령 증개축 대수선 리모델링 재건축 등 주민동의와 자치단체 허가필요	공동주택관리령 증개축 대수선 리모델링 재건축 등 주민동의와 자치단체 허가필요

고급주택, 즉 타운하우스라는 주거형태를 통해 고급 주거욕구를 충족시켰던 것이다. 이 타운하우스가 서민용 주거형식으로 보편화되게 된다.

산업화의 진전과 인구의 급증으로 런던은 급격히 팽창하게 되고 도시 중심에 공장이 들어서면서 중산층들은 보다 나은 환경을 찾아 교외로 이동하기 시작하고 도심은 점점 슬럼화 되었다. 이에 따라 주택부족 문제와 열악한 주거환경을 개선하고자 위생 관련 건축법령이 제정되고 이를 계기로 서민용 타운하우스가 일반화 되었으며, 오늘날 영국 대부분의 도시 및 미국의 여러 도시에서 흔히 볼 수 있는 주거유형이 되었다.[5)]

그림2. 항동 그린빌라 단지
출처 : 이승재기자 머니로(한국경제 재테크월간지)

1980년대에 영국식 병렬구조의 서민층 연립주택이나 단독주택이 합벽된 형태의 고급빌라가 등장했는데 이것이 우리나라 타운하우스의 시작이라 할 수 있다. 우리나라에서 도시형 타운하우스의 효시로 불리는 서울 항동 그린빌라단지(그림2)는 총 2만평 규모의 단지에 주민 공동소유의 골프연습장과 농장이 있고 단지 내부에는 수영장, 테니스장 등을 갖추고 있다. 부천시와의 경계에 위치해 있고, 탁월한 자연환경과 함께 33, 50, 65평형 35개 동, 137가구가 입주해 있다. 외부에서는 2층 주택으로 보이지만 내부는 4층 복층형으로 설계됐다. 또한 분당 시가지에 인접한 이매동 조이 빌리지는 70평형 15가구가 배후에 산이 있고 단지 옆으로는 밭이 펼쳐진 전원주택 풍의 타운하우스로 잔디 정원이 없는 대신 휴식 공간으로서 공동의 마당을 마련하였다. 이처럼 초기에는 빌라라는 이름으로 타운하우스가 존재하고 있었으며 이는 타운하우스가 저층 집합주거의 범주에 포함됨을 보여준 예이다.[6)]

그림3. 이매동 조이빌리지
출처 : 이정선기자 한국경제 (www.hankyung.com)

우리나라에서는 저층 집합주택을 관례적으로 연립주택, 다세대주택 혹은 빌라 등으로 표현해 왔다. 집합주택을 유형별로 분류하면 2호 연립주택, 로우하우스, 중정형 주택, 테라스 하우스 등이 있다. 저층 집합주택의 유형별 특징을 계획적 측면에서 보면 〈표2〉와 같다. 앞서 말한 바와 같이 현재까지 국내에서는 타운하우스에 대한 법적 기준이나 계획적 기준이 정립되어 있지 않다. 다만 현재의 건축법 테두리 안에서 단독주택이나 4층 이하의 공동주택 등 주택유형의 분류, 단지 내 세대 수와 연면적 합계 등을 기준으로 각기 해당하는 규정에 따라 여러 형태의 타운하우스들이 건설되고 있다.

타운하우스를 저층 집합주택의 범주에 속하는 것으로 보는 견해는 인정하지만, 법적으로 명확한 규정이 없는 문제점이 있는 것으로 판단된다. 영국이나 미국에서는 연립주택을 타운하우스, 로우하우스라고 부르며, 이와 유사한 것으로 테라스 하우스, 파티오 하우스가 있다. 그러나 우리나라에서는 연립주택 또는 다세대 주택이라는 이름으로 모두를 통칭하고 있다. 하지만 분양가 상한제로 인해 타운하우스가 다양한 형태로 발전하지 못하고 일정 규모 이상 건설하는 경우는 주로 단독주택의 형태로만 건설된다. 4층 이하의 공동주택을 연립주택이라는 하나의 범주로 분류하고 일률적인 건축기준으로 규제하는 것도 다양한 유형의 타운하우스 개발을 제약하는 주요 원인이 되고 있다.[7] 따라서 건축개념적 분류나 유형구분에 그칠 것이 아니라 법규적인 부분도 정비가 되어 타운하우스의 기형화[9]를 막아야 할 것으로 판단된다.

2007년 9월부터는 분양가 상한제의 시행으로 타운하우스의 공급을 꺼리는 현상이 두드러졌으나, 소비자의 선호도가 높아지고 새로운 주거유형에 대한 기대가 높아져 전반적인

4 중앙일보 부동산 조인스랜드, 2006.10
5 손세관, '도시주거 형성의 역사' 열화당, 2000
6 박상미, 김원필, '수도권내 단지형 타운하우스 건축의 유형적 고찰 및 커뮤니티 활동공간에 관한 연구' 대한건축학회 논문집, 2009
7 박인석, '한국주거유형의 전이-타운하우스 현상, 의미와 전망' space 2007.07
8 인기환, '유럽접지형 연립주택 단위세대 평면의 특성연구', 건국대학교, 2004

표2. 타운하우스의 유사 유형[8]

주거유형	배치계획		단면계획		평면계획
	구성	특성	구성	특성	특성
2호연립주택 (Semi-detached house)	3면이 개방되므로 가장 융통성 있게 구성	단독주택과 같은 수준의 주거확보 가능. 반 독립주택	자유로운 설계가능 하나의 독립주택으로 볼 수 있음	대지면적 및 기반조성 경비 절약가능	전층을 한 주호가 사용함 / 지형의 조건에 어울리는 다양한 단면의 조합방식을 사용할 수 있음, 옥외공간으로 의 연계가 가능
로우하우스 (Row house)	북쪽으로 입구를 가지고 남쪽으로 길게 배치되는 것이 이상적	도로에 수직되게 배치, 전정과 후정을 가짐 / 부분적으로 간벽의 제거가 이루어지며 공공시설 및 도로건설비절약	세장형 평면으로 거실은 아래층에 침실은 위층에 설치, 1층에 부모님을 위한 침실을 둘 수 있음	공, 사실을 분리 가능 / 생활주기에 대응(부분임대가 용이)	상동
타운하우스 (Town house)	개별주차가 옥내에 이루어지면 넓은 도로 폭을 필요로 함	개별정원, 마당을 갖고 어린이 케어가 용이하게 계획 가능 / 정원의 프라이버시를 위해 양쪽 경계벽의 높이 및 길이를 고려 / 서비스 동선을 건물전면에 집중시킴으로서 주호의 프라이버시 확보	평면구성은 연속주택과 유사하게 구성 일부 적층, 2층을 형성하여 고밀도로 양호한 주거환경을 얻을 수있음	경제적 건물형태가 가능 주차장 차고는 공동주차시설을 이용하거나 각호당 개별주차 가능	상동
중정형주택 (Patio house)	독립건물을전후좌우로 연속시킴 다양한 구성	대지는 대게 정사각형으로 분할, 가운데 중정이 남쪽 또는 남서쪽을 향하게 함 주택에 이르는 진입통로들은 여러가지 다양성을 제공하고 최대의 프라이버시의 거주적합성 제공	한편에 거실공간을 다른 편에 침실공간을 교차하는 부분에 서비스 공간 있음	L자형 평면으로 중정을 에워싸고 있음 중정을 향하여 개방되므로 환기와 채광이 분리	중심에 중정을 두고 여러세대가 공유
테라스하우스 (Terrace house)	아래층 지붕위를 위층의 테라스로 이용	가로보도와 긴밀한 관계	일반적으로 3-4층 건물이며, 주 진입구측에는 중요한 방이 위치하고 뒷부분에는 정원위치	반드시 지하층이 있으며 지하부분이 있는 곳은 전면도로로 사용	주거동의 최상층 또는 최하층 부분을 테크 처리하여 옥내 주차장으로 활용 가능

표3. 국내 타운하우스의 건축유형 분류[10)]

구분	연립주택형	단독주택형	합벽식	레저형
건축 방식	한 층에 여러 가구가 거주하는 4층 이하	- 1가구가 한 건물을 사용 - 2층 규모	- 모든 층을 사용하는 가구를 옆으로 붙인 주택 - 2, 3층 정도의 규모	- 3, 4층 정도의 규모(연립) - 1가구가 한 건물 전용(단독)
비고	- 토지이용 효율이 높음 - 건축비 저렴 - 개별정원이 없으며 층간 소음 존재	- 가구별 완전불리로 주거의 독립성이 높음 - 가구별 정원 소유 가능 - 부대시설 면적이 작으며, 건축비가 다소 높음	- 유럽방식 - 연립주택에 비해 사생활 보호 유리 - 계단면적 등 공간 손실 발생	- 단독주택처럼 4면 개방 - 일조, 통풍 등 양호. - 설계의도에 따라 가변적
사례	동연재 르씨트 빌모트	발트하우스 세종그랑시아 파주 윈슬카운티	파주 헤르만하우스 1, 2	기흥 아펠바움

그림4. 타운하우스의 유사사례

주택의 공급 감소에도 불구하고 타운하우스 시장은 지속적으로 성장하여 해마다 많은 타운하우스가 일반에게 공급 되어 왔다. 또한 현재 제도 개편과 법 개정의 움직임 마저 보이고 있어 지금보다 공급이 많이 늘 것으로 예상되어 주거유형이 다양화되는 새로운 계기가 될 것으로 예상된다.

결국 타운하우스는 기존 공동주택의 한 변형으로 보든 새로운 주거형태의 출현으로 보든 주거형태의 한 유형이 되고 있는 점은 부인할 수 없다. 이제 타운하우스를 선호하거나 실제 타운하우스에 거주하는 소비자들의 성향에 대한 조사자료와 타운하우스를 계획한 설계사의 디자인노트 등을 통해 새로운 주거유형으로서 타운하우스가 가지는 건축적 의의와 가치가 무엇인지를 살펴보고자 한다.

새로운 바람, 타운하우스 Townhouse, a third way of meeting changing demand

아파트 일색의 주거유형에서 새로운 바람으로 다가오고 있는 타운하우스는 사실 생소한 주택유형이 아니다. 단독주택이나 연립주택 등 유사한 주거유형이 과거에 없었던 것은 아님에도 불구하고 최근에 타운하우스가 주목을 받는 이유는 과연 무엇인가? 왜 타운하우스인가? 과거 타운하우스와 유사한 주거유형과의 차이점, 소비자 성향의 변화 등을 파악하는 것이 이에 대한 대답의 첫걸음이라 할 수 있다.

제1기 및 2기 신도시에도 분명히 단독주택지가 일정 기준에 의해 배정되어 있었고 이에 따라 타운하우스와 유사한 형태의 빌라단지나 단독주택단지가 계획되었다. 하지만 아파트단지가 주류를 이루던 시기에서는 이러한 빌라단지나 단독주택단지는 일부를 제외하고는 원주민에 대한 보상 차원의 단독주택필지 배정이나 단지경관의 획일성을 조금이라도 줄여보기 위한 구색 갖추기 차원의 저층 아파트나 연립주택지 배치 수준에 머물렀다. 최근의 신도시나 대부분 택지개발지구도 아파트단지 중심으로 개발이 이루어지고 있으며 타운하우스를 건설할 수 있는 단독주택지는 법적 기준[11)]에 의해 일정 면적을 배분 받았음

그림5. 국내타운하우스의 사례

그림6. 택지개발지구 지구단위계획 (위로부터 파주교하지구, 판교신도시, 용인동백지구
출처 : 국토해양 전자정보관 (www.codil.or.kr)

에도 불구하고 형식적 필지 배분 및 계획관리로 인해 단독주택지로서의 기능을 잃고 열악한 환경의 주거지가 되는 경우가 많다. 즉 단독주택지의 배정과 관리가 전체적인 도시계획의 관점에서 다루어지지 않았다.

도시계획적인 관점에서 다루어지지 않았다는 말은 단지의 입지, 공간구성, 인프라, 도시적 생활시설이나 서비스 등이 전체 지구의 계획에서 소외되거나 매우 소홀하게 취급되었다는 것이다. 이러한 취약한 조건에서 각각의 주호들이 개별적으로 필요한 서비스를 확보하려다 보니 당초 계획의도와는 다른 방향으로 단지형태가 바뀌거나 이질적인 모양을 갖게 되었다. 가령 각 주택마다 개별적으로 보안대책을 강구한 결과 담이 점점 높아지게 되었다. 또한 주차시설이나 진입차로 등의 시설이 제대로 갖추어 지지 않아 집으로 들어가는 모든 길이 주차장화 되어 길의 기능을 잃어버리게 되고, 공동의 회합 장소나 체육, 놀이시설 등이 없어 커뮤니티를 이루기가 매우 어려웠다. 이러한 현상들이 지속되면서 수요도 현저하게 줄어들고 주택의 상품가치와 투자가치가 크게 떨어져 단독주택지 개발이 활성화되지 못했다.

이 외에 상업기능이 혼재하여 주거환경이 악화되고, 옥외공간 및 주차공간의 부족, 공동시설의 부재, 주민공동체 의식의 결여 등 여러 가지 단점으로 인해 단독주택을 희망하는 수요가 유효수요로 연결되지 못하고 있는 실정이다. 그 결과 단독주택지역의 수가 급격히 줄어 들어 일부 지역만이 단독주택지역으로 남아 있는 실정이다. 타운하우스 건설을 위한 단독주택지는 단독주택 고유의 가치를 지니면서 공동주택의 장점을 살릴 수 있으므로 주거유형의 선택 및 다양성 제공 측면에서도 공공 개발 택지지구에서의 공급은 지속되어야 한다.[12]

최근 기존 단독주택단지의 획지형 개발방식에 따른 문제점을 개선하기 위한 방안으로 블록형 개발방식이 도입되었다. 블록형 개발방식은 좀 더 유연하게 단지의 공간 변화를 꾀할 수 있을 뿐 아니라 주택단지에 필요한 다양한 기능을 수용할 수 있어 단독 주택지의 개발 양상이 상당히 달라질 것으로 예상된다. 이에 따라 최근 건설되고 있는 단독주택지의 계획 추세와 특성, 개발방식의 변화 과정, 및 문제점을 살펴보고 향후 단독주택지 계획에 대한 시사점을 찾아보고자 한다.

택지지구 내 조성된 블록형 단독주택지는 중심지의 기능, 단지형과 혼합형의 구분, 보행자도로의 유무, 공공시설의 접근성과 편리성 등이 생활환경의 질을 규정하는데, 공간구조 측면에서는 단지의 규모가 작을수록 중심 기능이 약화됨을 확인 할 수 있었으며, 토지이용 측면에서는 규모가 클수록 공공공간, 사공간 등의 영역성이 명확하였으며, 접근성 면에서도 유리한 것으로 나타났다. 블록형 단독주택지에서는 대규모 근린공원과 학교 등 주민들이 모일 수 있는 공간, 어울릴 수 있는 공간이 제공되어 커뮤니티 활동이 증대 될 것으로 보이며 통합적인 계획 및 개발을 통해 기존 단독주택지의 문제점을 보완할 수 있을 것으로 보인다.

최근의 블럭형 단독주택지는 개별주택으로서의 장점과 공동주택의 장점이 적절히 조화되

9 20호 이상의 주택을 건설하게 되면 주택법에 의해 사업승인을 받아야 하고 사업승인을 받는다는건 결국 분양가상한제를 적용하게 되어 공급을 기피하는 현상이 발생하게 되는데 이를 피하기 위해 단독주택으로 계획하여 분양하고자 하여 모든 타운하우스가 단독주택으로만 계획하려는 현상이 발생

10 박상미, 김원필, '수도권내 단지형 타운하우스 건축의 유형적 고찰 및 커뮤니티 활동공간에 관한 연구' 대한건축학회 논문집 2009

11 택지개발업무 처리지침 2006.06.26에 따르면 수도권은 아파트용지 60% 이상, 연립 및 다세대 용지 20% 이하, 단독주택용지 20% 이하를 제시하고 있음

12 김백수, 안태선, '택지지구내 단독주택단지 공간특성 변화에 관한 연구' 대한건축학회 논문집, 2006.10

도록 계획되고 있는데 '블록형 단독주택단지의 조성요령'[13]에서 다음과 같이 규정하고 있다.

> '블록형 단독주택용지는 개별필지를 구분하지 아니하고 적정규모의 블록을 하나의 개발단위로 공급함으로써 보다 신축적인 부지 조성 및 주택의 효율적인 관리가 가능하도록 계획된 주택건설용지를 말하며 각각의 블록 단위로 공급하는 것을 원칙으로 하되 필요시 연접한 수개의 블록형 단독주택용지 전체를 하나의 단위로 공급할 수 있다.'

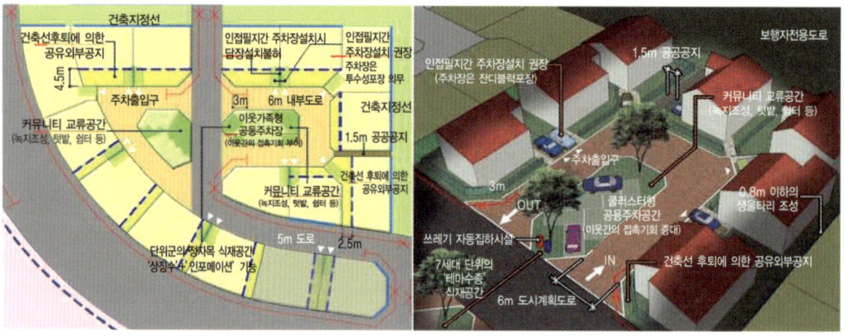

그림7. 블록형 단독주택단지 계획예시안 (판교신도시 지구단위계획지침 내용)

이는 단독주택에 준하는 사적 영역을 보장하면서도 생활여건시설이나 서비스를 아파트 단지와 같이 운영하여 공동체적 주거생활을 할 수 있도록 한 것이다. 이러한 단독주택의 쾌적성과 아파트 단지의 편리함을 동시에 갖춘 새로운 유형의 주택을 원하는 수요자들이 점차 증가하는 추세여서 공급도 늘어날 전망이다.

타운하우스는 2008년 말 까지 30개 이상 지역에서 2,000가구 이상 공급된 것으로 파악되고 있다. 도심 외곽 지역에서부터 경기도 파주, 용인의 택지개발지구 또는 미니 신도시 내 블록형 단독주택지를 중심으로 타운하우스가 집중적으로 조성되고 있으며 대형화 고급화 경향이 뚜렷하게 나타나고 있다. 대형화와 고급화로 인해 분양가가 도심부의 아파트 분양가와 비슷하고 또 도시 중심부에서 다소 떨어진 곳에 위치해 거래가 아파트에 비해 활발하지 않고 가격 상승률도 아파트에 비해 낮으며 관리비가 비싸고 편의시설이 다소 빈약한 단점이 있어 투자대상으로는 아직은 한계가 있어 아직은 공급과 수요가 정상궤도에 올라섰다고 보기는 어려울 것같다.

하지만 투자를 위한 수요자보다는 실제 거주를 위한 수요자 층이 점점 늘어나는 추세여서, 사업자 쪽에서 볼 때는 사업의 기획 단계부터 거주성을 중시하는 실수요자 층의 수요특성을 분석할 필요가 있으며, 타운하우스의 수요특성 변화의 요소를 파악하는 것이 매우 중요한 것으로 보인다. 타운하우스가 새로운 주택형태로서 자리잡기 위해서는 공급되었거나, 혹은 공급 예정인 타운하우스를 중심으로 계획특성을 분석하고 이에 대한 소비자들의 반응과 요구를 면밀히 살펴볼 필요가 있겠다.

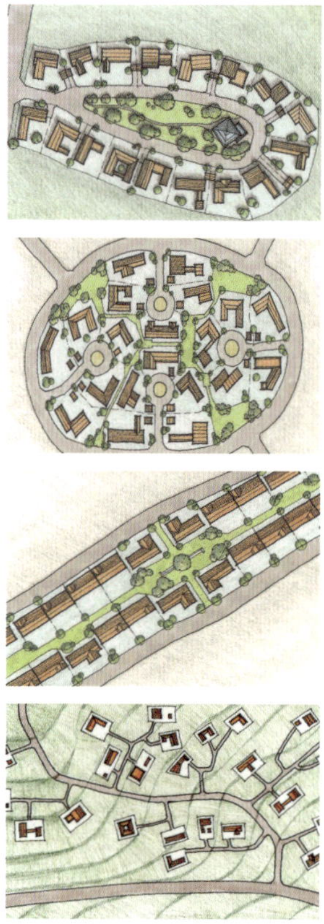

그림8. 블럭형 단독주택 단지 조성 예시도
출처 : 택지개발업무지침 별표5. 부록

13 구 건설교통부령 '택지개발업무처리지침' 별표5 '블록형단독주택단지 조성요령' 2장

출처 : www.loirevalley.co.kr

출처 : cafe.naver.com/townhouseidnhill

그림9. 최근 입주가 완료된 타운하우스 사례

타운하우스에 입주해 있거나 입주할 예정인 사람들을 보면 40-50대 이상으로 전원생활 또는 슬로우 라이프**slow life**를 원하는 부유층이나 개성 있는 주거공간을 원하는 전문직에서 인기가 많은 것으로 보인다. 아파트는 이러한, 개성이 강한 소비자들의 주요구(住要求)에 세심하게 대응하기가 쉽지 않았다. 물론 목표 수요층을 면밀히 분석하고 그 수요특성을 반영하여 설계를 하고 마케팅 계획을 수립 한다고 할 수 있으나, 한계가 있다. 예컨대 입주자 주문형 아파트라고 설계된 아파트를 살펴보면 실제로는 내부 가구배치의 변화, 발코니 확장, 비내력벽의 가변벽체화 등이 대부분이다. 이 정도로는 수요자가 원하는 것을 수용하는데 분명히 한계가 있으며 실질적으로 발코니 확장을 제외하고는 처음 공급된 형태 그대로 사용하는 경우가 많다. 하지만 타운하우스는 독립된 주택의 형식을 갖추고 있어서 주택의 외장부터 내장까지 적극적으로 소비자의 생각과 요구를 디자인에 적극적으로 반영하여 만족도를 높일 수 있으며, 입주 이후에도 변경이나 개조가 필요하게 될 때 아파트보다는 훨씬 용이하게 대처할 수 있다.

이런 점에서 타운하우스는 주문형, 맞춤형 주택**made to order**으로서도 큰 메리트를 가지고 있다. 타운하우스에서는 아파트와 같은, 획일적인 성냥갑 디자인과 달리, 모던한 스타일에서부터 중세 유럽의 건축물을 모티브로 한 클래식한 외양의 디자인까지 디자이너의 개성과 역량에 따라 매우 다양한 디자인이 가능하다. 이 또한 소비자의 구매의욕을 높이고 타운하우스를 선택하게 하는 큰 요소임에 틀림 없다. 주택의 디자인에 의한 구매 욕구의 자극과 충족은 타운하우스를 선호하게 만드는 중요한 핵심 요소가 되며, 디자인이 매우 중요한 마케팅 요소가 된다는 점에서 타운하우스는 디자인 마케팅 상품이라고 부를 수 있겠다. 디자인 마케팅에 대한 자세한 이야기는 뒤에서 다시 다루기로 한다.

타운하우스 시장, 그 확산과 배경 Townhouse market, its growth and background

타운하우스의 성장 배경은 택지공급 측면, 사회심리적 측면 및 공급자의 마케팅 전략적 측면으로 나누어 볼 수 있다.

첫째는 신도시 및 기타 택지개발지구에서 정책적으로 일정비율의 블록형 단독주택지를 배정하기 시작함으로써 타운하우스 건립이 가능한 일정비율의 택지가 지속적으로 공급되도록 했다는 점이다. 입지적으로 도심과는 다소 떨어져 있는 문제점이 있으나, 상대적으로 저렴한 택지의 다량 공급, 녹지지역이나 그린벨트 해제지역의 양호한 자연환경 등이 이를 상쇄한다.

그림10. 현재 공사중인 타운하우스
(파주 교하 윈슬카운티 현장 사진)

둘째는 타운하우스와 같은 새로운 주거유형을 필요로 하는, 새로운 라이프 스타일의 수요자들이 늘어나고 있다는 점이다. 과거에 비해 현재는 정신적, 문화적 상류계급의 존재가 더 폭넓게 받아들여지고, 인정 받고 나아가 동경 받는 사회가 되었다. 이러한 새로운 계층은 자기표현을 중요시하고 보다 잘 보호된 사적인 생활공간, 자연환경과 밀착된 주거환경을 추구한다. 주거환경과 라이프스타일이 업그레이드된, 새로운 지역사회적 커뮤니티에 대한 요구가 커지고 주거 자체가 문화로 승격된다. 그래서 자기만의 게이트가 있고 자기만의 개성을 나타내는 고급화된 집을 찾는 수요층이 늘게 되었다. 획일화된 고층 아파트, 천편일률적인 코어 출입형 아파트나 거대해진 주상복합타운에 적응하기 어려운 이러한 사람들에게 타운하우스가 새로운 대안적 주거유형이 되었고 이것이 타운하우스 성장의 큰 요인이 되었다.

셋째, 개발자 쪽에서도 새로운 수요층의 등장에 대응하여, 이전과 같은, 브랜드만 바꾸기 rebranding, 주거와 부수되는 편익시설들의 단순 재조합repackaging 수준에서 벗어나 창조적이고 혁신적인 아이디어를 찾으려는 노력이 대두되었다.

주택개발의 기본이 되는 계획과 생산의 기술과 시스템도 가령 주거단지 내에서 자연을 인공적으로 재현하는 이전까지의 기술을 자연 안에서 주거환경을 이상적으로 구현하는 기술로 대체하는 식으로 그 트렌드가 바뀌기 시작했다. 이러한 트렌드는 다시 신상품에 대한 관심을 촉발시키고, 한정limited상품으로서의 새로운 주거환경과 공간의 시장가치 상승에 대한 기대감을 키우고 이것이 다시 개발을 유인하는 순환작용을 일으키고 있다.

최근 수년간 정부가 내놓은 각종 부동산 정책과 규제로 인해 부동산 시장이 다소 침체되어 있다. 이로 인해서도 주택개발자들은 새로운 타입의 주거, 보다 나은 서비스, 색다른 아이템 등으로 소비자 들을 공략하고 있는데, 이러한 침체한 주택시장 상황도 새로운 주거유형 등장의 한 배경이다.

그러나 타운하우스의 등장과 공급의 확대는 대부분 새로운 수요계층의 성향과 라이프 스타일의 변화에 의한 것이다. 따라서 앞으로 타운하우스의 향방을 논의하기 위해서는 이 새로운 수요계층의 성향과 요구사항을 알아야 할 필요가 있다. 그래서 이 글에서는 이미 입주를 하여 거주하고 있거나 계약 후 입주 대기 중인 가구, 청약을 한 입주 예상가구를 토대로 해서 그들의 성향과 요구를 살펴보기로 하였다. 우선 용인 양지의 발트하우스 거주자와 내곡동 헌인마을의 입주예상 수요자 타게팅 분석자료, 용인아펠바움, 세종그랑시아, 파주헤르만 하우스 등 분양이 완료된 주택의 입주자와 입주 대기자들을 대상으로 한 조사자료를 살펴보았다.

우선 용인 양지 발트하우스의 입주자 실태를 살펴 본 결과, 단순한 투자대상이나 나 이른바 세컨하우스의 용도로 보유하는 경우는 거의 없었으며 대부분 실거주자 소유가 많았다. 거주자의 특성을 보면 가족유형은 핵가족, 부모와의 별거 및 인근 거주, 자녀 분가, 해외유학, 해외거주, 동거 혹은 별거 가족이 많았다. 이들은 물리적으로 대형의 공간형 커뮤니티 보다는 직접적이고 소규모적인 형태의 터칭touching 커뮤니티를 선호하고 있었다. 이는 종전의 아파트 설계에서 주로 전제했던, 부부+자녀의 4인 가족과 달리 주택에 대한 요구가 상당히 많이 바뀌고 있음을 말해준다. 주거에 대한 인식이 과거 시장가치나 재력의 과시수단을 중요시하던 것에서 삶의 질을 중시하는 쪽으로 바뀌고 있음을 보여주는 부분이다.

내곡동 헌인마을을 기획했던 ㈜플래닝코리아는 핵심 수요계층의 표본주사를 통해 잠재입주자들의 성향과 라이프 스타일 등을 세밀히 분석했는데, 그 내용은 아래 〈표4〉와 〈그림13〉과 같다.

그림11. 라이프 스타일의 변화
출처 : www.imageclick.com

14 Planning korea. Co.Ltd, 'Heoin project 2010' Target analysis(Core target FGI analysis)

그림12. 내곡동 헌인마을 도시개발사업 사업대지 및 조감도 (무영건축작)

아래의 〈표4〉, 〈그림13〉을 살펴보면 일반화 할 수 있는 데이터로서는 적합하지 않을 수도 있다. 조사항목의 분류, 조사내용, 그리고 조사결과의 해석이 자의적이거나 주관적일 수 있기 때문이다. 그렇지만 잠재 수요계층을 예상하고 이들의 가족구조, 라이프 스타일과 주요구(住要求)를 비교적 세밀히 분석한 좋은 예를 보여주고 있다.

연령이나 가족관계 등의 데이터 뿐만 아니라 그들의 직업군과 사회적 성향, 라이프 스타일을 꼼꼼히 살펴보고 이를 토대로 마케팅 전략을 수립하고자 하였으며 이는 결국 타운하우스 계획에 있어서 수요자의 성향과 라이프 스타일에 대한 반영이 적극적으로 이루어 지는 것을 알 수 있다.

헌인마을의 경우는 예상 수요자에 대한 조사였다. 이와 비교하여 실제로 타운하우스에 거주하고 있거나 입주 예정자들의 실태를 살펴보자. 용인의 아펠바움, 동백지구의 세종그랑시아, 파주의 헤르만 하우스 등 약 10여 개 타운하우스의 실 거주자들의 연령, 성별, 학력 등을 보면 아래와 같은 특성이 있다.

표4. 헌인마을 예상수요 계층에 대한 그룹핑[14)]

		전문CEO 그룹	오너CEO그룹	실버CEO그룹	문화CEO그룹
Philosophy		- 이성적 합리적 지성의 소유자 - 모험보다는 안정을 추구하며 사회적으로 인정받고자 함	- 대담함과 강인함을 겸비한 창조적 마인드의 소유자 - 자신이 확신하고 믿는건 끝까지 밀고 나감	- 예술적 감성의 정신적 귀족주의 - 드러내지않으며, 은은하고 우아한 고급스러움을 겸비함 - 자연스럽고 과장이적음	- 미래문화 개척의 마인드 소유자 - 자유로운 여행 같은 삶을 즐김 - 뛰어난감성 표현력, 아방가르드 - 자유분방함
직업		대기업 전문 경영인	패션 CEO, IT산업, 제3세대 CEO, 벤처사업가, 전문직 종사자(의사,변호사, 금융인)	고급공무원, 해운, 항공, 무역업 은퇴한 명예회장 및 대사/영사	화랑경영인,문화사업가, 음악가, 종합예술인, 공연문화사업가
연령		40대 후반~60대 중반	30대 중반~60대 초반	50대 후반~70대 후반	40대 초반~60대 중반
동거/가족관계		핵가족(자녀&부모)	부모님 별거 혹은 부근거주, 핵가족(자녀&부모)	자녀분가, 해외유학, 해외거주, 부부	동거 혹은 별거, 개방적인 가족 시스템
Life style Preferance	Dinning Fashion Life ware Investment	- Fine Dinning, 5star chef restaurant - George Armani, Louis vuiton, Prada - Italian furniture, Leather product - Stock, Funds	- Hotel Japanese restaurant - Chanel. Genzo,Jilsander - Scandinavian design - Funds, bonds, real estate	- 오래되고 유명한 맛집의 exclusive service - Viviane westwood, Hermes - 일본전통 다기, anitique, classic style - real estate	- Foreign chef owned restaurant - Comme de gargon, John Galiano - Art furniture, custom made funiture
Culture style Preferance	Music Art Performing art Literature City	- Bethoven, World pop - 한국전통도자, 앤디워홀 - 유명오페라, 발레 - 저널리지즘 publications - Newyork	- Mozart, Korean Pop - 탑아티스트, 조각, 회화, 유리, 도조 - 독주회, 창작오페라, 발레 - 논픽션, information books - Chicago	- Vivaldi. Chanteur. Old pot - 한국의모던, 이중섭 해외 젊은 작가, invest in modern artist - 노벨수상작 - London	- Mallers, Ethinic music - African antique 조각 모던아트 - 연극, AV 아트 - 프로페셔널 하드코어 Publications - Paris
Leisure Style	Vacation Hotels Activities	- 하와이, 발리, 캐리비안 5성급 리조트 - 5~7성급 주요브랜드 호텔 - Family, 쇼핑, 골프	- Tahiti Aspin, Milan, St Moritz - Modern designer hotel, soho, Park Hyatt - Idea Hunting, business, Leisure sports	- 일본, 캐나다, 스위스, 휴양여행 - Ritz, Plaza, Four seasons hotel - spa, shopping, rest	- Europe major city shopping - Individual designer/architect hotels - Antique, auctioning, viennale

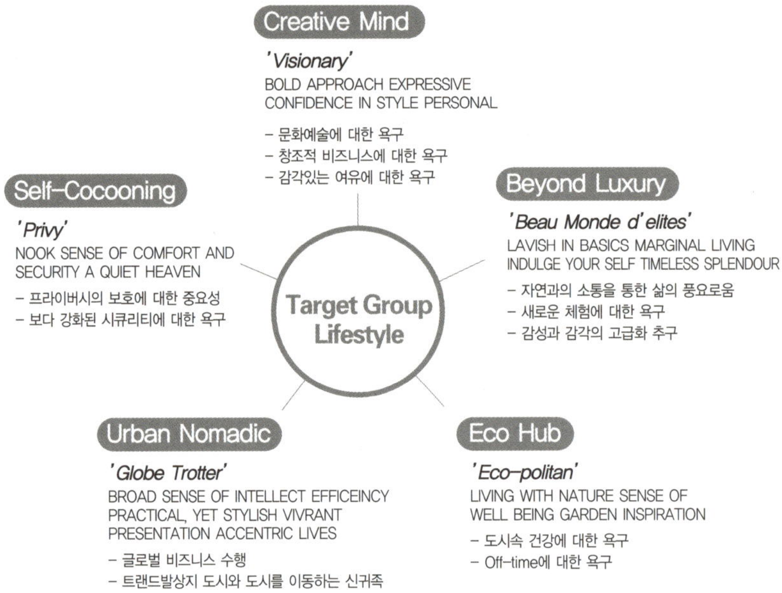

그림13. 헌인마을 타겟그룹 라이프 스타일[15)]

연령은 50대가 가장 많았으며, 성별은 여자가 남자보다 많았으며 학력은 모두 대졸이상의 고학력으로 조사되었다. 직업은 전문가 그룹 혹은 문화인 그룹이 많았으며 가족수는 3-4명이 많았고, 평균소득은 월 1000만원 이상이 가장 많은 것으로 나타났다. 1년 이상 해외 거주 경험자가 많았고 이전의 주택거주 형태는 아파트가 단연 많았다.

단지형태에 대한 선호는 합벽형이나 저층형 연립형보다는 자기 마당이 있고 자기 주차장이 별도로 조성되어 있는 단독형이 많았고 단지 규모는 50-100세대가 가장 적합하다고 생각하는 것으로 파악되었다.

또한 커뮤니티 시설과 서비스 시설에 대한 관심이 컸으며 그 서비스 품목으로는 청소 및 세탁의 호텔식 컨시어스 서비스와 무인 택배서비스, 의료서비스 순으로 조사되었다.

필요한 실내 설비는 친환경 마감재, 공조시스템, 쓰레기처리시설의 순으로 조사되었고 입지환경으로는 자연환경, 생활편의시설, 교통여건과 문화 및 여가시설의 순으로 조사되었다. 단지 내 부대시설로는 주민운동시설, 주민공동시설, 녹지공간, 놀이터 및 휴게시설, 친수공간 등에 대한 요구가 많다. 특히 커뮤니티 센터 및 다목적홀, 리셉션룸과 같은 주민공동시설은 대부분의 사례지역에 공통적으로 설치되어 있으며 이러한 공동시설의 유무 및 수준에 따라 만족도가 달라짐을 알 수 있다.[16)]

이상의 자료를 토대로 타운하우스는 아파트에 비해 수요자의 성향과 라이프 스타일에 더 민감하게 대응하고 있음을 알 수 있고, 이는 타운하우스 계획 시에 반드시 고려되어야 할 사항임에 틀림없다.

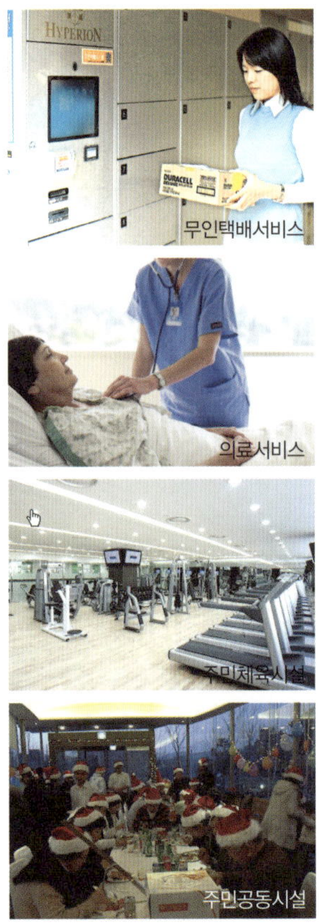

그림14. 타운하우스 선호 서비스 시설

타운하우스 디자인과 디자인 마케팅Townhouse design and Design marketing

타운하우스는 굳이 대형 건설사의 브랜드를 선호하지 않는다. 물론 타운하우스가 고급화 되고 있기 때문에 기존의 아파트 브랜드를 쓴다는 것은 어떻게 보면 기존 아파트와의 차별화를 슬로건으로 하는 공급전략에 다소 맞지 않은 부분이라고 할 수 있겠다.

하지만 그보다도 눈 여겨 봐야 할 대목은 대형 건설사의 주택브랜드 대신에 건축가를 전면에 내세우는 경우가 많다는 것이다. 심지어 르 씨뜨 빌모트의 경우, 건축가 장 미쉘 빌모트의 이름을 그대로 브랜드화 하였다. 이처럼 건축가의 디자인 아이템이나 테마를 브랜드화 하여 공급하고 있으며 이는 건설사 브랜드 위주의 주택공급 시장에서는 큰 변화라고 할 수 있다.

또한 국내외 유명건축가가 모여 각각의 디지인코드에 따라 주택을 설계하고 그것을 마케팅 전면에 내세우고, 소비자는 그러한 디자인 스토리에 관심을 가지고 자기만을 위해 디자인 된, 차원이 다른 주거형태에 높은 만족감을 표함으로써 디자인이 곧 마케팅이며, 마케팅이 곧 디자인이 되었다. 결국 타운하우스를 소비자에게 전달하는 방법으로는 기존 방식의 마케팅과 함께 건축가의 디자인 역량이 절대적인 역할을 한다고 말할 수 있다.

주택시장과 소비자 인식의 변화로 이제 주택은 디자인을 잘 해야 팔리는 상품이 되었다. 2008년 파주 교하에서 선보인 D건설의 한 타운하우스의 분양 성공은 이를 잘 보여주는 사례이다. D건설은 이전까지 경기도 파주일대에 많은 사업을 수행해 온 업체이고 이 지역 주민에게는 큰 호응을 받고 있으나 전국적 브랜드 파워를 가진 대형 건설사에 비하면 인지도 면에서 조금은 부족해 보이는 부분도 있다.

해당 건설사의 기존 주택브랜드 또한 메이저 건설업체의 하우징 브랜드에 비하면 다소 약해 보이는 것도 사실이었다. 타운하우스 사업 또한 D건설에서는 처음 시도하는 영역이었고, 사업 부지도 파주 출판단지에서 이미 성공사례로 자리잡은 헤르만 하우스의 두 번째 버전version이 계획된 바로 옆 대지여서 인지도 면에서 효과적인 상품 전달이 어려워만 보였다. 하지만 D건설은 설계사가 제안한 디자인 마케팅안을 적극적으로 받아들이고, 소비자 만족도를 높이기 위한 고품질로 승부하면서, 이례적으로 타운하우스 분양에서 큰 성공을 거두어 관심을 집중시켰다.

D건설사의 파주 교하 타운하우스는 디자인 마케팅과 하이브리드 디자인을 추구한 작품이었다. 시장의 불확실성을 극복하기 위해 철저히 소비자의 입장에서 생각하고, 소비자의 요구를 면밀히 분석하며, 타운하우스에서 살아갈 많은 사람들에게 판타지를 심어주는 것을 계획의 목표로 삼았던 것이다. 아파트단지와 같은 기능적 편리함을 갖춘 합리적인 단지의 계획, 거주자의 다양한 라이프스타일을 수용할 수 있는 다양한 타입의 주택 설계, 아파트 단지에서는 누릴 수 없는, 전용의 마당과 주차장의 확보, 야외 테라스 극장 등 공동의 문화시설 설치 및 이러한 것들을 전면에 내세운 마케팅으로 소비자의 마음을 사로잡았다고 할 수 있다.

소비자 요구를 파악하고 이를 충족시킬 수 있는 최적의 제품을 공급하기 위해서는 마케팅

그림15. 아파트 브랜드 CI & 타운하우스 브랜드 CI

그림16. 타운하우스 마케팅 사례
출처 : www.winselcounty.co.kr

15 Planning korea. Co.Ltd, 'Heoin project 2010' Target analysis(Target needs)
16 박경옥, 이상운, 조현주 '수도권 타운하우스 분양성 제고를 위한 마케팅전략' 대한건축학회논문집 2008.03

디자인 개념의 도입이 절실해졌다. 제품product, 유통place, 가격price, 판촉promotion의 4가지 마케팅 요소와, 차별화된 디자인을 합리적으로 결합하여 마케팅 전략을 수립하는 것을 디자인 마케팅이라고 한다.

최근 국내외의 저명한 건축가 혹은 건축그룹들이 앞다투어 타운하우스를 계획하고 있는데, 이것은 마케팅을 분양단계의 업무로만 생각했던 과거의 관행에서 벗어나 섬세한 디자인이 마케팅의 주요 요소가 되어가는, 시장변화의 추세를 나타내는 것이다. 소비자의 취향을 추종하는 마케팅 믹스와 달리 디자인 마케팅에서는 건축가의 역할이 매우 중요하게 되며, 이 디자인 마케팅은 주택분양 시장에서 타운하우스를 보다 고급스럽게 차별화 해내는 힘이라고 할 수 있다.

타운하우스의 실제 Townhouse projects, an overview of seven cases

이상과 같이 타운하우스의 정의부터 시작하여 타운하우스의 성장과 그 배경으로서의 디자인 마케팅을 살펴보았다. 그렇다면 실제 타운하우스는 어떠한 형태로 디자인되고 소비자에게 공급이 되고 있을까? 용인의 양지 발트하우스부터 르씨트 빌모트까지 대표 사례지 7곳의 타운하우스를 사례로 타운하우스의 실태와 특성을 살펴보자.

사례1 ● 용인양지 발트하우스

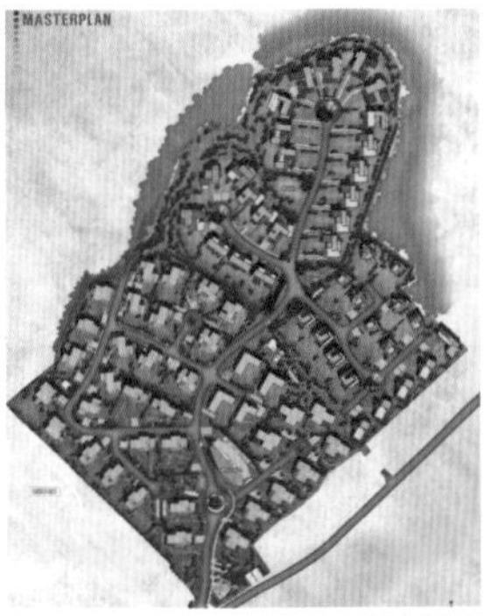

자료제공 : 풍경디자인(주)

그림17. 발트하우스 배치도 및 전경
출처 : 더 뮤지움 사이트 참조 www.ethemuseum.co.kr

총 대지면적 69만3000㎡(2만1000평)의 드넓은 땅에 77가구가 들어선 발트하우스. 대도시의 번잡함에서 벗어나면서도 도심의 편리성을 누릴 수 있는 타운하우스만의 장점을 잘 살렸다. 말로만 타운하우스를 표방한 일반 연립주택형 타운하우스와는 확실히 다르다는 것을 알 수 있다.

발트하우스는 여러 건축가들이 집이란 오브제로 벌린 작은 향연장과 같이 다양한 양식을 선보이고 있다. 세계적인 건축가인 이타미 준을 비롯한 7명의 유명 건축가들이 10개월에 걸친 설계 미팅을 통해 7개의 각기 다른 테마를 적용하면서도 서로 어우러지도록 지었다.

A-1섹터에 세워진 집을 보면 자연의 변화에 의한 세월의 깊이를 담을 수 있도록 외관에 오래된 파벽돌과 징크를 사용해 따뜻하면서도 튼튼한 느낌을 준다. 거실, 방, 주방은 각각 독립된 공간으로 구성하되 공간들을 동선에 따라 겹치게 만들어 자연과 함께 어울리도록 설계했다.

3면 유리창의 거실은 푸른 초목을 그대로 집 안으로 끌어 들인다. 여기에 집주인이 천장에 설치한 태양열 발전기가 친환경성을 더한다.

발트하우스에서 조경공간은 길과 집, 숲과 마을을 연결하는 하나의 커뮤니티 공간 구실을 한다. 단지 바깥 쪽은 잔디, 담장, 벚나무, 잣나무, 자작나무 순으로 배열해 은은한 멋이 돋보인다. 단지 안쪽에는 소공원과 산책로가 조성돼 있다.

이타미 준이 설계한 단지 내 커뮤니티시설은 입주민들의 최고의 자랑거리이자 일반인들에게도 널리 알려져 있다. 주거단지 내의 커뮤니티라고는 상상할 수 없을 정도의 세련된

그림18. 발트하우스 커뮤니티 시설
출처 : 더 뮤지움 사이트 참조www.ethemuseum.co.kr

수공간을 전면에 내세운 커뮤니티 시설은 일반 아파트의 커뮤니티 시설과는 전혀 다른 마치 골프장의 클럽하우스를 연상시킬 정도로 외부와 수경시설들이 잘 디자인 되어 있고 그 실내에는 카페라운지와 게스트룸, 간단한 운동시설이 들어서 있다.

하지만 무엇보다 중요한 것은 이렇게 잘 지어진 커뮤니티 공간을 주민들이 어떻게 잘 이용하느냐에 대한 문제이다. 이들은 평일엔 당번을 정해 클럽하우스에서 아침식사를 나누고 저녁엔 살사댄스 교습을 받는다. 주말엔 바로 앞 골프장에서 골프를 치고 저녁이면 이웃과 함께 단지 뒤쪽 야외 풀밭의 파티장에서 바비큐 파티를 즐긴다.

거주자 상당수가 30·40대 전문직 종사자나 개인 사업가로 관심사도 서로 잘 맞아떨어진다. 양지 발트하우스를 건설한 더 뮤지엄의 조우형 사장은 "소득 2만달러 이상으로 가면 주택의 품질, 주거의 품위를 중시하게 된다"면서 "단독주택에 대한 인식이 서서히 바뀌고 있는 흐름에서 '살기 좋은 아파트 상'의 타운하우스 부문을 제정한 첫 해에 타게 돼 기쁘다"고 말했다.[17]

사례2 ● 파주출판단지 헤르만 하우스

국내 건축가 및 건축그룹의 건축디자인 각축장이라 할만한 파주출판도시, 노출콘크리트와 벽돌이 어울러진 기하학적인 형태, 유리와 스틸로 매끈하게 다듬은 세련된 겉모습 등 지극히 현대적인 소재와 디자인으로 완성된 건축물들이 푸른하늘과 맑은 공기를 무대로 빛을 발하고 있다.

그림19. 헤르만 하우스 배치도 및 전경
출처 : 헤르만하우스 분양사이트 참조www.hermanhous.com

그 가운데 지난 2006년 10월 13일 완공된 헤르만 하우스는 파주출판도시 내의 유일한 주거단지로 시선을 사로잡는 독특한 모습이다. 징크패널로 만든 라운드형 지붕과 큰 통창, 비스듬히 경사진 프레임 등, 호기심에 다가가 둘러보면 뜻하지 않은 흥미로운 풍경이 펼쳐진다. 지하부터 2층까지 총 3개층으로 구성된 단독주택 같은 집이 일렬로 이어져 하나의 건물을 이루고, 이 건물들이 모여 마을을 이루고 있다.

집 한 채 한 채가 일렬로 이어진 면을 보면 분명 공동주택이지만 실내에 들어서면 사뭇 상황이 달라진다. 테라스와 이어지는 반지하층과 지상 1,2층 총 3개층으로 구성된 복층형 구조, 현관 옆에 마련된 정원과 개별 주차장 등은 아파트가 아닌 단독주택의 모습니다.

하지만 집을 나서면 이곳이 나홀로 단독주택이 아님을 깨닫게 된다. 집 옆으로 일렬로 이어져 있는 이웃, 오솔길을 지나면 나오는 커뮤니티 공간, 마을 주민 모두를 위한 공원과 경비시설은 고급브랜드 아파트 단지 이상이다. 공동주택임에도 불구하고 미술관 같은 세련된 외관을 자랑한다. 건축가에게 직접 의뢰하여 집을 지어본 사람도 '이처럼 개성적인 주택이 공동주택일 수 있느냐'라며 놀랄 정도라고 한다.

세련된 모던 스타일을 표현하기 위해 한집 한집 징크패널로 만든 라운드형 지붕을 얹었는데, 이것은 스페인의 빌바오 구게하임 미술관 등 세계적인 건축물에 쓰이는 고급 외장재이며, 아찔한 초고층 아파트 생활에 친숙해지기 어려운 사람이라면 정성 들여 지은 단독주택의 개성과 아파트의 편리함을 고루 갖춘 안정감 있고 평화로운 타운하우스 형태가 매

17 매일경제 2008.7.15

우 매력적일 수 있겠다.

인테리어는 라이프 스타일의 변화에 유연하게 적응할 수 있도록 공간을 디자인하는 데 중점을 두었다. 그 중 대표적인 공간은 바로 스튜디오 형식의 지하층으로 구조를 지지하는 기둥을 제외하고 뻥 뚫려있는 지하층은 층수를 헤아리는 개념상 지하일뿐 지상높이와 거의 같기 때문에 햇빛과 상쾌한 공기가 통하는 시원스러운 공간이다. 즉 생활 패턴에 따라 혹은 취향에 따라 다양한 용도로 이용할 수 있게 하였다.

이런 세련된 외관, 섬세한 인테리어 등 다른 공동주택에서는 누릴 수 없는 특성을 갖춘 헤르만 하우스는 연벽형 타운하우스의 대표적인 사례라고 할 수 있다.[18]

그림20. 헤르만 하우스 입구와 가로변 Facade
출처 : 행복이 가득한집 2005.11

사례3 ● 용인 기흥 아펠바움

경기도 용인시 기흥의 골프장 내에 들어선 아펠바움은 리조트 형식의 타운하우스로 각 건물은 향보다는 골프 페어웨이를 조망할 수 있도록 배치했고, 조경도 자연환경을 우선적으로 고려하였다.

개별 유니트는 층고가 높고, 넓은 발코니 공간 등의 큰 개구부를 통해 주변의 자연을 내부공간으로 끌어들이고자 하였다. 단지 내 커뮤니티를 위해서 단지 진입부에 게스트 하우스를 배치하여 문화적 커뮤니티도 형성될 수 있도록 했다. 설계는 이타미준과 유이화가 설계를 하였고, 지하1층 지상3층의 규모로 조성되었다.

그림21. 용인 아펠바움 전경
출처 : SK아펠바움 사이트 참조 apelbaum.co.kr

사례4 ● 분당 구미동 아델하임

아델하임은 분당 구미동에 위치한 11세대의 타운하우스로 분당지역 내에서도 빌라단지 위쪽에 위치하고 있다. 주변 입지와 지형적 특성을 잘 살린 디자인으로 주변의 빌라단지보다 우수하다는 평판을 얻고 있다. 뿐만 아니라 세대간 특성과 취향에 맞춘 맞춤형 설계, 사생활과 커뮤니티를 동시에 고려한 배치 등은 아델하임의 목표 수요계층의 특성을 반영한 디자인이었다. 아델하임은 2000년 즈음 목구조 형식의 공동주택으로 계획되었다가 당시 시행사의 사정이 좋지 않게 되자 삼성 에버랜드가 인수하여 완공하고 분양하게 되었다.

초기 기획에서 제시된 아델하임의 방향은 사회 경제적으로 안정되고 문화적인 욕구가 강한 계층을 대상으로 쾌적한 주거환경을 조성하는 것이었다. 그리고 자연과 가까이 있으면서도 쇼핑, 문화, 레저시설과 멀지 않은 곳에 입지하여 구매 타켓이 되었던 고소득 전문직 종사자들의 주거 취향을 반영한다는 것이었다.

아델하임은 불곡산 자락에 위치하여 분당 중심지로부터 멀지 않으며 분당 서울대병원이나 지하철 오리역 등 생활기반시설이 확충되어 있는 입지적 장점을 가진 곳으로 분당 빌라단지 내에서도 높은 위치에 자리잡아 조망면에서도 훨씬 프리미엄을 갖는다.

아델하임은 게이트 커뮤니티gate community 입구를 공동으로 사용하는 단지로서 시큐리티security, 메인터넌스maintenance의 공용시설 등 경제적으로 개인이 부담하기 힘들거나 어려

18 행복이 가득한 집 2005.11

그림22. 분당 구미동 아델하임
출처 : 건축문화 2006.01

그림23. 용인 동백 아펠바움
출처 : SK아펠바움 사이트 참조 www.skdongbaek.co.kr

운 부분을 공동으로 해결하면서 단독주택이 갖는 장점을 최대화 하고 있다. 사생활을 중시하고 자신만의 공간을 선호하는 취향은 주차를 하는 과정이니 주차공간에서부터 각집에 이르는 길, 그리고 그 세대마다 갖고 있는 조그마한 마당 하나 하나에서 충족된다.

세대별 마당은 공용의 외부공간으로 이어진다. 경사지인 대지의 특성을 살려 지상부분은 6개의 레벨로 이루어진 데크로 조성하여 각 레벨마다 2세대가 공유하도록 디자인 되어있다. 이 데크의 하부에 5개 레벨로 구성된 지하주차장에서 각 세대로 쉽게 진입이 된다. 지하공간은 외부로 오픈되어 있어 채광과 환기가 잘되며 주차공간 사이 사이에 녹지공간을 배치하여 주차공간과는 차별화 되는 공간 환경이 되고 있다.

또한 개별 세대들은 불곡산을 뒤로 하고 남서쪽을 향해 열린 조망을 갖고 있다. 이러한 특성은 주거내부로 이어져 주택 내부를 휴식과 사색의 공간이 되도록 하고 있는데 이 역시 아델하임의 주요 디자인 특징이다.[19]

사례5 ● 동백 아펠바움

신도시 용인 동백지구에 들어설 예정인 동백아펠바움은 미국시장의 목조주택을 참고한 목조주택단지로 건설되었다. 맞은편에 아파트 단지를 두고 석성산 자락에 물려있는 지형적 특징을 고려해 순환하는 루프형의 동선을 만들고 산접형, 내부형, 도로형의 세가지 타입의 유닛을 배치했다. 지구단위계획으로 지정된 세대별 필지 구획에 융통성이 적고 공용조경을 위한 면적이 부족하여 가능한 개별주택의 마당을 통해 단지의 여유를 확보하고자 했다.

각 주택은 본 채와 부속 채로 나누고 채 사이는 거실이나 식당의 확장공간으로 활용 가능한 목재 데크로 이어지도록 했다. 1층 부분은 필로티로 띄워서 마당을 넓게 확보하여 거실중심의 생활패턴을 마당 중심으로 풀어가고자 했다. 단지 내부에 작은 커뮤니티 센터를 마련하였지만 낮은 담장으로 둘러싼 개별 주택의 앞마당이나 필로티, 가로수 밑도 자연스럽게 커뮤니티 공간으로 활용되도록 했다.

사례6 ● 용인 동백지구 동연재

동연재를 기획하면서 시행사가 주목했던 점은 우리 주택시장에 불고 있는 디자이너 실명제 바람이었다. 시공사 브랜드만 보고 주택을 청약하던 수요자들이 언제부턴가 누가 설계한 집인지를 따지기 시작한 것이다. 특히 고급 단독주택, 타운하우스 단지에서 이런 현상이 두드러지고 있다. 프랑스의 대표적인 건축가 장 빌모트가 설계한 '르씨뜨 빌모트' 이타미준의 골프빌리지 기흥 아펠바움, 최문규씨의 '발트하우스' 리켄 야마모토의 운중블럭 등 그들이 디자인한 집은 뭔가 특별하다는 이미지를 주면서 수요자들에게도 건축가 브랜드 열풍을 일으키고 있다.

문제는 한국의 주거 트렌드를 잘 알지 못하는 세계적인 건축가들이 작품성만으로 내놓은 주택들이 사진 찍기에는 그럴 듯 하지만 살기에는 불편한 집이 많다는 것이다. 한국을 잘

19 건축문화 2006.01

알면서도 세계적으로 작품성을 인정 받은 건축가를 찾는 작업은 쉽지 않았다. 그렇게 헤매는 와중에 강남 교보빌딩, 삼성미술관 리움을 설계한, 마리오 보타 스튜디오에서 건축을 사사한 모더니즘 건축의 세계적인 거장인 후루야 노부야키 교수(와세다 대학 건축학부)가 경희대 건축대학원에 한 달에 한번씩 특강을 하러 온다는 정보를 입수했다. 동백지구 PF 사업을 맡고 있던 가와건축 최삼영 소장의 소개를 거쳐 어렵게 만난 후루야 노부야키는 기대보다 훨씬 더 한국건축에 대한 조예가 깊었다. 특히 경주 양동 마을에 있는 이언적 선생의 저택, 향단에서 받은 깊은 인상에 대해 무척 강조하였고 그가 보여준 향단의 사진은 동연재의 모티브가 되었다. 향단은 특이하게도 안채, 사랑채, 행랑채가 ㅁ 자형 한 채로 연결된 구조를 하고 있다. 각기 독립 건물이면서 회랑이나 담장을 통해 연결된 구조는 많이 있지만 각기 독립성을 갖는 공간들이 이처럼 한 채로 된 구조는 향단이 유일하다고 한다. 중앙에 있는 쪽 마당을 둘러싸고 배치된 각각의 공간은 사방에서 들어오는 빛과 바람으로 서로 소통된다.

이러한 향단의 형태를 구성하는 요소를 현대적으로 재해석하여 동연재가 탄생하였다.

그림24. 동백지구 동연재
출처 : 대림이앤씨(주) 사이트 www.daelimenc.com

사례7 ● 세종그랑시아

정통 타운하우스를 표방한 세종 그랑시아는 용인동백지구에 입지하고 있으며 이태리 지중해 양식의 건축을 모티브로 하여 설계되었다. 안드레아 팔라디오 건축양식을 응용한 아치, 둥근 천장, 열주, 페디먼트, 엔타블러치 등 공간마다 이러한 양식을 돋보이게 하였다. 세종 그랑시아는 완벽한 단독주택 단지를 지향하고 있으며 세대별 개인정원과 단지내 스트리트 가든과 퍼블릭 가든을 두어 개인의 사생활과 공공의 커뮤니티 생활이 같이 가능하게 하였다.

기존의 단지 환경계획, 외부설계 및 실내디자인의 경계를 허물고 하나의 연속된 공간으로 연출하여 주제의 일관성과 흐름을 마치 극적인 시나리오를 쓰듯 드라마틱한 공간으로 만들어 내기 위해 다양한 스타일을 따로 또는 같이 어울리게 계획하였다. 독립된 대저택들이 모여 거대한 공원을 형성한 듯한 인상을 주는 세종 그랑시아는 타운하우스의 대형화 고급화 흐름을 그대로 보여주는 사례라고 할 수 있다. 그랑시아는 단독주택의 최대 단점인 보안상의 불안을 해소하기 위해 단지 외곽의 CCTV, 입출차의 철저한 통제, 동체 감지기 및 적외선 감지기, 별도의 계약에 의한 경비용역 등으로 방범 서비스를 완벽하게 제공한다.

웰빙 보다 한 단계 업그레이드 한 로하스LOHAS [20] 를 실내 디자인의 컨셉으로 하여, 친환경 페인트 및 친환경 초배지 등을 사용하고, 온돌마루 공사 역시 친환경 접착제를 사용하여 하이테크 서비스와 클래식한 익스테리어, 내츄럴한 인테리어가 잘 결합되어 보다 나은 주거환경을 선보이고자 하였다.

그림25. 세종그랑시아 조감도 및 건물외경
출처 : 세종건설 사이트 참조 www.cybersejong.co.kr

20 Lifestyles Of Health And Sustainability의 약자이다. 건강과 지속적인 성장을 추구하는 생활방식이나 이를 실천하려는 사람을 말한다. 2000년에 미국의 내추럴마케팅연구소가 처음으로 이 용어를 사용하였다.

기타사례 ● 르씨뜨 빌모트

루브르 박물관 내부, 파리 샹제리제 거리, 인천국제공항 실내조경, 가나아트센터, 인사아트센터 등을 설계한 유명한 프랑스 건축가 장 미쉘 빌모트가 2005년 한국에서 새로운 주거개념을 제안하는 공동주택을 완성해 그 관심이 집중됐다.

2005년 중순에 완공된 르씨뜨 빌모트가 바로 그것으로 3천여 평의 대지 위에 4층으로 된 주거 5동이 들어선 유럽형 저층주택 단지이다. 조경면적이 넓은 르 씨뜨 빌모트는 천편일률적인 형태에 갇힌 주거건축을 탈피한, 건축가의 철학이 담긴 타운하우스로 그 이름만큼이나 독특한 내력을 갖는, 주거의 새로운 유형과 방식을 제공한다. 빌모트 마을 이라는 뜻의 르 씨트 빌모트는 장 미쉘 빌모트와 테트라 건축의 임상관 소장이 공동으로 작업한 프로젝트로서 새로운 주거철학을 담고자 하는 두 디자이너의 고민으로부터 시작된 작업이었다.

르씨트빌모트의 기본적인 컨셉은 '자연 속의 최소 건축minimal architecture'으로 빌모트는 초기 설계부터 도심에서 벗어난 건축물로서 자연을 최대한 느낄 수 있는 주거공간을 만들고자 했다. 따뜻한 햇볕, 시원한 녹음, 투명한 물, 멀리 다가선 산들이 윤택한 삶을 보장할 것이라는 생각에서 디자이너는 주거가 비록 공동주택의 양식이지만 단독주택이었으면 하는 바람과 함께 차갑게 비춰지는 푸른빛의 형광등이 아닌 간접조명으로 비춰지는 따스한 주택을 구현하고자 했다.[21)]

실제로 르씨트 빌모트는 조경면적을 법정기준치보다 30% 이상 많은 면적을 할애하였으며, 엄청난 수의 간접조명을 통해 절제된 간결한 모습의 건축물들의 드라마틱한 시퀀스sequence로 단지를 설계하였다.

또한 주동 주변에는 워터미러와 벽천이 설치되어 있는데 특히 징검다리가 놓인, 워터미러water mirror와 같은 공간은 한국적 정서를 좋아하는 빌모트가 창덕궁의 비원을 담아내려 했다는 후문이다.

그림26. 르씨뜨 빌모트
출처 : 건축문화 2006.01

이상 8가지의 사례를 살펴본 결과 〈표5〉와 같이 요약 정리할 수 있다. 〈표5〉의 내용을 살펴보면 이미 타운하우스는 건설사의 브랜드 마케팅 수준을 벗어나 디자이너의 역할이 무엇보다도 중요하게 되었다. 새롭고 이색적인 주택이 지속적으로 공급되고 있다는 점에서 소비자 선택의 폭을 넓혀준다고 할 수 있으며, 타운하우스만큼은 브랜드 마케팅에서 디자인 마케팅이 더욱 더 중요하다고 할 수 있다.

다만 공급되는 대부분의 주택이 고급화를 표방함으로 타운하우스를 접할 수 있는 계층이 일부 고소득층 위주라는 것은 한계라고도 할 수 있다. 개발의 방식은 새로운 주거형태를 제공한다는 기획 의도와 유명 건축가를 전면에 내세운 디자인 마케팅 등이 공통점이다. 반면 커뮤니티 공간의 구성과 오픈스페이스 조성은 단지의 성격에 따라 각각의 타운하우스 마다 다르다.

21 건축문화 2006.01

표5. 대표 사례지 6개에 대한 비교 분석표

구 분		헤르만하우스	기흥아펠바움	구미동 아델하임	용인아벨바움	동연재	세종그랑시아
배치도 / 조감도							
진입부		가로수길 통한 진입경관설정	진입부 워터가든조성 (입구주변 수공간)	입체적 보차분리 /차량이 없는 단지	4게이트커뮤니티 빌딩 주출입구와 연결되는 대형 오픈스페이스	전통주택을 디자인 모티브로 하는 주출입공간 형성	주출입구와 연결된 대형 오픈스페이스
동선 체계		- 2개의 단지 출입구를 연결하여 통과하는 메인 도로를 만들고 그 도로를 따라 집약적으로 동선을 만들어 내고 그 주변으로 하여 보행공간을 조성하여 토지효율성 증대	- 자연지형에 순응하는 도로체계 (쿨데삭+부분루프형) - 단지 중앙부 오픈스페이스를 설치하고 주변으로 보행공간 조성	- 100% 보차분리를 위한 차량동선 전체 지하로 구성 - 각세대지하주차장 직출입 (단독주택의 장점을 극대화) - 지상 공용부 최소화	쿨데삭+부분루프형으로 지형에 수능하는 배치 고려시 산세화 평형한 도로형성이 효과적 - 블록내보차혼용도로 - 인접블럭간 보행연결 /단지통합	쿨데삭 집약적 동선배치 차도를 따라 보행공간을 조성하여 토지효율성 극대화	- 루프형 도로체계 - 지하공동주차장 연결 세대별 주차대수 2대, 게스트용 전용 주차공간
주택형태	타입	듀플렉스+듀플렉스 / 합벽을 피하고 2세대가 1동을 쓰는 로우하우스 타입 / 건물사의 틈을 이용한 부분적 채광 및 환기문제 해결	빌라형/박스타입 - 코어를 기준으로 주호간 틈을 만들어 부분적인 환기 및 채광확보 단독주택 - 대형평형대 고려한외부공간 최대확보	빌라형 - 주동간 모서리 접합형 - 4면개방 확보 가능	단지내 성격별 빌딩타입제시 - 다양한유형제시	빌라형(아파트촌변) 단독주택형(타운하우스변)	단독주택형
	스타일	세련된 모던스타일	모던스타일	모던스타일 - 고소득전문직 종사자를 겨냥한세련된 외장	채나눔+내츄럴 미니멀리즘 - 전통적공간구성 및 간결한 스타일	모던한 외관+전통한옥의 내부 /중정 툇마루 도입	클래식한 이태리 지중해 스타일/붉은지붕, 베이지톤 외관이 독립된 저택이미지 형성 및 리조트 풍경
	오픈스페이스	근린공원과 연계한 선형정원 구성 단지 입지 특성 부각	자연지형 보존한 선형 오픈스페이스 -토공사비 최소화	소규모 오픈스페이스의 점적 네트워크 - 사생활보장 - 선택적커뮤니티 가능	중앙공공녹지 조성 다층구조 수목식재 단차활용한 녹화계획/차폐 및 보안강화	개별필지분할방식	단지중앙정원-단지내 상징성을 부여해주는 역할 개별정원+퍼블릭가든 - 커뮤니티와 개인적 취향을 위한 외부공간을 다양하게 소유하는 장점
	평형배분	전세대 99.5평형 동일 46세대	• 빌라형 47-67평형71세대 • 단독형 87평형 6세대	전세대 60평형 2타입 11세대	50평형 36세대 60평형 73세대 70평형 17세대 (2개블럭)	• 단독주택 75평형 7세대 • 빌라형 77평형 24세대	전세대 92평형 55세대 (2개지구)
	지형고려개발계획	지형활용과 채광불리 세대 극복을 위해 동서향의 불리한 세대를 근린 공원 쪽으로의 경관으로 극복 경사를 활용한 반지하 공간 형성으로 서비스 공간의 증대	경사역방향 층고계획 - 경사지상부 방향으로 순차적인 높은 층수 계획으로 조망권 극대화	6개 단차를 활용한 개별정원 - 2세대 1개 레벨 공유 - 전세대조망권 확보 - 레벨차에 따른 세대 프라이버시 보장	단독주택 하부 필로티 계획 - 원형지 식생보존 부지별 레벨차 다양화 - 조망장애 최소화 - 양면개방 가능	-	건물1층 부분의 데크 사용 - 지대가높은 1층의 조망권 2층과 비슷 - 지상1층 같은 지하1층 공간 활용

구 분		헤르만하우스	기흥아펠바움	구미동 아델하임	용인아벨바움	동연재	세종그랑시아
주택형태	부대시설	–	진입부 – 웰컴하우스 – 주민커뮤니티시설, 각종예약대행 및 행사기획, 연출 서비스 제공	6개 단차를 활용한 개별정원 – 2세대를 최소단위로 하는 커뮤니티 조성	게이트 커뮤니티 – 부대시설의 성격 블록별로 특화 – 부대시설간 연계를 통한 단지통합	인접녹지대와 면한 위치선정 커뮤니티 라운지 – 전문매니저 상주	단지중앙에 위치 – 이용편의 및 정원과 연계 중심성 강조 지하3개층에 편의시설 설치
	단지상징성특화아이템	테라스 층을 통한 주호전면 집입 – 단독주택과 같은 느낌 증대 – 접지성극대화 실내 목구조 – 친환경자재	High-end target marketing – house keep service – Linen service – Apelbaum day service – Hotel concierge sevice	고소득 전문직종사자 특화 평면 – 맞춤형설계 – 입구주변 서재 겸 사무공간 확보	옥상녹화 친환경+하계 냉방부하 최소화	내부중정 중앙채광과 환기가능 옥상정원 최상층 세대 단독사용, 전세대 엘리베이터 설치	아웃도어 리빙룸 가구당 40평형 규모 개별공간 손님전용 주차장

그림27. 파주교하 타운하우스 현상설계 Sketch

타운하우스의 미래 Future of the Townhouse

법적으로 그 개념이 규정되어 있지 않은 타운하우스가 이렇게도 빠른 시간 내에 주택의 한 형태로 자리잡을 수 있었던 것은 그만큼 아파트에 대한 식상함과 거부감이 컸기 때문이 아닐까 한다. 하지만 여전히 아파트는 한국을 대표하는 주거형식이다. 이제 타운하우스는 이 대표적인 주거형식이 자아 분열을 일으키는 과정에서 새로운 주거양식으로 빠르게 그리고 뚜렷하게 대두되고 있다.

하지만 타운하우스에 대한 법적인 분류나 뒷받침이 불확실해 기존 형식에서 진일보 하기는 어려운 상황이다. 그러나 최근 지어지는 타운하우스는 대개 장기 거주를 원하는 실수요자를 대상으로 하기 때문에 아파트 위주의 주거환경을 일정부분 대체할 수 있는 잠재력을 가지고 있다. 전체 주택 공급량으로 보면 미미한 수준이지만 새로 개발되는 택지개발지구나 신도시 등에서 점차 타운하우스가 건립될 수 있는 저층주거지가 비율이 높아지는 추세는 그간 완고하게 형성된 주거형식을 탈피하여 새로운 주거양식의 출현을 기대할 수 있게 하고 있다.

다양한 타운하우스의 건립을 촉진할 수 있는 제도적 기반을 갖추어 소비자들의 주거 선택의 폭을 다양화할 필요가 있다. 그래야 공급자와 디자이너들이 소비자의 성향 및 라이프스타일을 적극적으로 반영한 실질적인 맞춤형 주거 혹은 여러 가지 주거유형의 장점을 결합시킨 꿈의 주거의 탄생 시기를 더 앞당기게 될 것이다. TH?NK @ KUNWON

디자인 마케팅 & 하이브리드 하우징으로 분양에 성공한 파주교하 윈슬카운티

파주교하 윈슬카운티는 타운하우스 분양 역사상 매우 이례적으로 분양에 성공한 사례로 평가받고 있다. 파주교하 윈슬카운티는 주변의 비슷한 블록형 단독주택지의 월드메르디앙이나 헤르만하우스에 비해 일반인이 인지하기에는 매우 생소한 브랜드

파주교하 타운하우스 조감도

였다. 물론 윈슬카운티는 동문굿모닝힐 아파트로 파주지역에 굳건한 인지도를 가지고 있는 동문건설이 타운하우스 시장에 뛰어들면서 새롭게 출시한 브랜드이다.

동문건설이 무모한 도전과도 같은 새로운 브랜드 출시를 시도하면서까지 윈슬카운티를 분양시장에 내놓고자 한 이유와 그 자신감은 무엇이었을까? 그리고 윈슬카운티가 타운하우스 분양시장에서 큰 획을 그은 성공적 분양의 이유는 무엇이었을까?

윈슬카운티는 건축주측에서 다양한 내용의 사전자료를 통해 국내 유명 설계사 몇 곳에 제안한 지명현상 프로젝트였다. 이미 분당, 용인 등지에서 많은 타운하우스를 설계한 국내 유수 업체와 경쟁을 하게 되는 건원건축은 국내에서 가장 많은 하우징 실적을 보유하고 있지만 타운하우스와 같은 작업은 미미하였다.

하지만 전략적 디자인으로 접근하여 전 세대를 완벽하게 단독주택형으로 제안한 건원건축 안이 당선이 되었고, 이 안은 현실적인 조건을 감안한

파주교하 타운하우스 시퀀스 이미지

수정안을 거쳐 불확실했던 타운하우스 분양시장에서 이례적으로 분양성공이라는 선풍을 일으켰고 2009년 9월말 준공을 앞두고 있다.

최초 건원건축에서는 이 작업을 시작 할 때 당시 세간에 관심과 이목의 집중을 받던 양지 발트하우스와 용인 아펠바움, 파주 헤르만하우스를 벤치마킹 하였다. 특히 발트하우스에 작업 참여를 한 조경사무실 풍경디자인과 처음부터 적극적으로 컨소시엄을 구성하여 발트하우스 기획 단계부터 준공까지 일련의 상황을 면밀히 검토하였다. 본격적인 작업에 들어가기 전 대부분의 스탭들은 이러한 타운하우스의 경우는 대부분 휴양 및 요양을 위한 세컨 하우스 형태가 아닌가 하였다.

하지만 실제로 발트하우스 설계에 참여한 조경회사 풍경디자인이 제공한 입주민 관련 자료를 살펴보면 세컨하우스 형태가 아니라 실제 거주용으로 입주해 있는 경우가 많았고, 그 계층 또한 몇 개의 부류로만 정의할 수 없을 정도로 다양함을 알 수 있었다. 결국 이러한 주거형태는 개개인의 개성을 잘 이해하고 수요자의 특성을 잘 파악해야 한다는 것을 이해 할 수 있었고, 이 주거형태에서 다소 아쉬운 부분이나 이들이 원하는 그 무엇을 찾아내는 것이 바로 이 작업을 하는 스탭들의 목표가 되었다.

결국 스탭들은 아주 간단한 결론을 도출하기에 이르게 된다.

"아파트에 없는 것과 아파트에 있는 것"- Hybrid housing

결국 아파트에 없는 자기 집만의 개성, 예컨대 자기만의 앞마당, 자기만의 대문, 자기만의 테라스 같은 외부공간 등에 관심을 가지게 되었다. 그러나 동시에 아파트의 장점으로 꼽히는, 명확한 동선체계와 편리한 주차시설, 효율적으로 용도를 배분하는 토지이용, 품격 높은 커뮤니티 및 서비스 시설 등은 입주자들이 여전히 요구할 것이라는 점에도 유의하였다. 즉, 아파트를 떠나서 이곳에 살면서도 아파트에서 누렸던 편리함을 동시에 누릴 수 있도록 해야 한다는 생각을 했다.

또한 단독주택 형태의 브랜드 하우스는 다소 생소 한 면이 없지 않기 때문에 기획 단계에서부터 분양성 향상을 위해 마케팅 전략을 생각하지 않을 수 없었다. 기존의 공동주택 마케팅은 대부분 분양 단계에서의 판촉활동이었지만, 타운하우스의 디자인 마케팅은 소비자를 이해하고 소비자와의 호흡을 우선으로 한다는 점에서 차이가 있다. 여기에서 디자인을 마케팅한다는 표현이 부적절해 보일 수도 있으나 디자이너나 공급자의 시각에서 상품의 장점을 일방적으로 이해시키려 하는 단순한 판촉행위와 달리 디자인 단계부터 소비자의 마음을 이해하고 그 잠재적 니즈needs까지도 찾아 반영한다는 측면에서 디자인 마케팅은 매우 중요하다고 할 수 있다.

우선 기존의 단독주택지와의 차별성을 위해 단독주택지에 공동주택의 마스터플랜 기법을 적용하여 토지이용계획land use에 따라 각각 다른 주택형태별 구역을 설정하였으며, 단지 가운데 대단위 커뮤니티 공간을 만들어 아파트단지와 비교해도 손색이 없는 동선과 시설 계획으로 주민 편리성을 확보할 수 있도록 하였다.

또한 디자인 마케팅의 일환으로 단독주택형 타운하우스지만 주택 규모나 입주민 성향을 고려하여 형태나 공간구성을 달리

파주교하 타운하우스 스케치

남측 전경 / 65py 북측진입세대

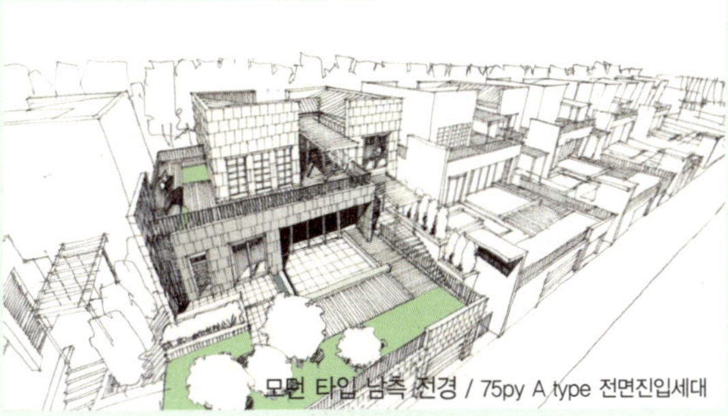

모던 타입 남측 전경 / 75py A type 전면진입세대

모던 타입 남측 전경 / 75py A type 전면진입세대

단지경관

하는 갤러리 타입gallery type, 파티오 타입patio type, 클레비어 타입clavior type, 듀얼야드 타입dual yard type 등 총 8개의 유형을 계획하여 수요자의 선택의 폭을 넓혔다.

아파트단지에서는 기대할 수 없는 세대 전용 마당, 그리고 대단위 테라스 공간 등 단독주택에서만 제공 될 수 있는 요소들을 적극적으로 계획하여 소비자들이 아파트보다는 이곳을 선택하도록 만들었다.

또한 처음에 3개의 필지로 나뉘어져 있던 사업부지를 하나로 통합하여 단독주택형 타운하우스 단지로서는 상당히 큰 100세대 규모의 단지로 계획하였다. 이는 대형 단지를 선호하는 소비자들의 수요 특성에 부응한 것으로 타운하우스의 투자가치를 높이는 결과가 되었다.

위와 같은 일련의 건축계획적인 노력과 함께, 건축의 개념들을 어렵고 딱딱하게 소비자에게 전달하기 보다는 더 감성적으로 전달하기 위해 각각의 주택에 대해 이름을 붙이고, 중요한 이슈에 대해 다양한 방법을 이해할 수 있게 하였으며 독자적인 브랜드 런칭을 권장하는 등 다양한 디자인 마케팅 & 하이브리드 하우징을 제안하였다.

소비자에게 외면 받는다고 하여 나쁜 디자인은 아니다. 반면에 소비자가 선호한다고 하여 그 디자인 또한 완벽한 것은 아니다.

하지만 소비자에게 그만큼 다가가기 위해 노력한다는 것은 건축주에게 건축가가 실현하고자 하는 가치나 꿈이 현실적인 것임을 인식시켜주는 중요한 일임에 틀림없다.

환경친화 명품 주거단지, 판교의 베버리힐즈로 태어나다

판교운중블럭 국제현상공모

대한주택공사는 2006년 2월 판교 운중B5-1,2,3 블록에 대해 국제현상공모를 하였다. Cristine Hawley, Ken yang, MVRDV, Mark MAC, Ben Van berkel, Riken yamamoto, Pekka Helin 등 세계적으로 유명한 건축가와 건축그룹이 국내의 건원건축, 희림건축, 정림건축 등 대형 사무실들과 협업을 통해 작품을 만들었다. 이중 건원건축과 리켄 야마모토의 작품이, 마크 맥, 벤 반 베어켈 등의 작품과 함께 채택되었다.

처음 리켄과의 작업에서 공통적으로 관심을 가졌던 부분은 주거에 대한 새로운 이해가 필요하다는 대목이었다. 아파트와 같이 천편일률적인 평면이 아니라, 공간의 내외부를 하나의 거주의 틀로 인식하고자 하는 부분이었다. 거실의 기능, 안방의 기능, 현관의 기능을 다시 재해석하는 작업을 시작하였고, 이를 통해 매우 단순하면서도 이색적인 주택형태를 선보일 수 있게 되었다.

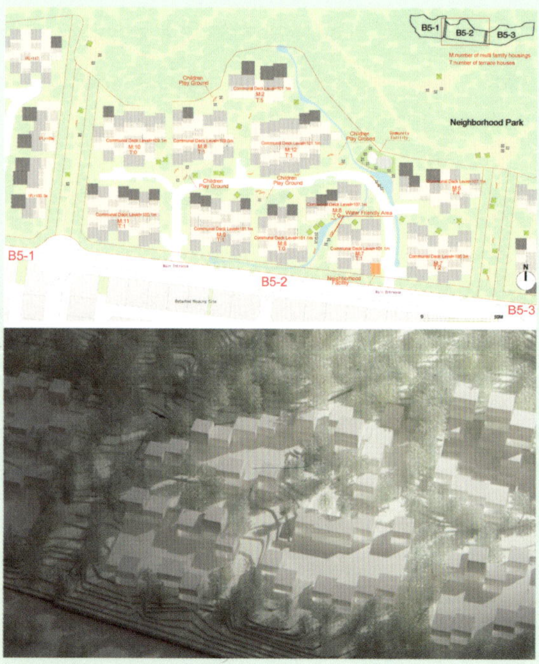

판교 운정블럭 배치도 및 모형사진

특히 계획의 가장 핵심은 '쉬키shikii' 였다. 우리나라 말로 하면 '마루'라고 해석할 수 있는 것인데, 마루-쉬키shikii는 진입부를 확장한 영역으로 각층 및 각 실들과 소통하는 다목적 공간이며 세대주의 필요에 따라 사랑채, 홈오피스, 아틀리에atelier, 취미실 등으로 다양하게 이용될 수 있다.

또한 공용의 마당데크 층과 침실 등 사적인 공간들을 연결하는 완충영역의 기능을 수반하게 된다. 즉 일반적으로 말하는 현관, 마당, 거실, 스튜디오 등 접지된 모든 것을 거실의 확장, 마당의 관입 등으로 해석하여 공간의 경계를 허물어 현대적 의미의 대청마루가 되는 것을 볼 수 있다.

주택이라 하기에는 갤러리와 같이 너무 심플한 외관은 기능과는 무관한 순백의 주택같이 보이나 여기서도 친환경을 위한 다양한 계획은 매우 중요한 기능을 제공한다. 우선 3층(접지층에서 보았을 때는 2층)의 수평 루버louver들은 자연형 태양열 시스템passive solar system으로 실 외벽이나 개인정원에 루버를 설치하여 여름에는 햇빛을 차단해 냉방용량을 감소시키고 겨울에는 자연광을 유입하고 마당데크 층의 효율적인 시선차단으로 프라이버시 확보까지 기대 할 수 있다.

또한 마당데크와 선큰가든을 풍부한 조경으로 처리하여 자연과의 접합을 최대화하였으며 옥상을 녹화하여 지면에서의 물의 증발, 식물의 증산작용 및 그늘 등을 통해 단열 효과를 배가 시켰으며 대기 중 이산화 탄소를 감소시켜 화재확산방지 와 열섬효과의 저감을 기대할 수 있게 된다.

가장 특이한 면은 부대복리시설을 버섯형 구조의 투명타워로 계획하여 영역의 상징물로 단지의 아이덴티티를 만들고 주민활동이 투영되는 랜드마크 매스로 계획하였다.

판교 운정블럭 투시도 및 이미지

단위세대 계획에서는 각 클러스터가 총 10개의 매스타입으로 세대를 구성하고 있으며 여러 매스타입의 다양한 조합을 통해 경사지의 특성에 맞는 맞춤형 클러스터를 형성하고자 하였다. 모든 세대는 2층 공용 마당데크 층에 마루 shikii가 위치하며, 1층에는 개인정원을 계획하였다.
식재 및 수공간 연출 역시 단지의 경사도에 따라 급경사지에는 토사유실 방지 및 토양개선을 위해 교목을 식재하였고, 완만한 경사지에는 근린공원과 조화로운 숲을 조성하기 위해 적송, 벗나무 등 토착수종을 식재하였으며, 주동 및 가로에는 낙엽수를 식재하여 자연의 변화를 몸소 느낄 수 있도록 하였다. 수공간은 산에서 흐르는 물을 이용하여 수로를 형성하고, 그 주변에 비오톱군을 조성하여 동식물에 대한 배수 및 습지를 제공하였다.

이상과 같이 판교 운중 블럭은 사람사는 냄새가 물씬 나는 새로운 타입과 새로운 스타일이 잘 드러난 타운하우스가 아닐 수 없다. 사람의 움직임, 행위behavior에 주목하여 새로운 공간을 탄생시켰으며 공간을 잘 프로그램화 하여 보다 나은 공간으로 제공하기에 이르렀다. 결국 재산 가치의 수단으로써의 집이라는 인식을 바꾼다면 삶에 주목하는 아름다운 디자인 하우스를 보다 많이 사람들에게 전해줄 수 있을거란 확신을 심어준 프로젝트 였다.

친수공간과 보행녹도측에서 바라본 전경

Design for VVVIP, Dreaming of the Über Premium

내곡동 헌인마을 국제현상

민간사업자에 의해 시행되는 이 사업은 내곡동 헌인마을에 대한민국 최고의 상류층을 위한 주택을 만들고자 국제현상 (해외건축가 혹은 그룹+국내건축가 혹은 그룹)의 형태로 공모되었다. 많은 국내외 건축가 및 건축가 그룹이 컨소시엄 형태로 참여하게 되었고 그중 건원건축은 프랑스 건축가 미쉘 카강과 현지에서 컨소시엄을 이루어 작업을 하였다.

대한민국 0.05%에 해당하는 최상류층들은 과연 어떤 집에서 살까? 그들의 삶을 이해하고 유추하는 일은 그리 쉽지 않았지만, 사치재luxury goods들에 대한 이들의 가치매김을 유심히 살펴보면 그 나름대로의 원칙과 공통점이 있었다.

브랜드의 스토리가 있으며, 장인정신이 깃든 혁신적인 디자인과 고품질, 유행을 선도하지만 희소성이 있으며, 네임밸류가 높은 디자이너와 디지인 파워를 가진다는 것이다.

하지만 또 하나 관심 있는 부분은 잘된 디자인은 유행을 선도하지만 유행에 크게 흔들리지 않는다는 점이었다. 시류에 영합하여 본질보다는 표피적인 것을 추구하는 디자인이 아닌, 그 자체의 진정성authenticity을 갖는 디자인이라는 뜻이다.

하얀 캔버스White Canvas 그 하얀 캔버스에 사용자의 인격과 삶이 스스로에 의해 채색되어 그려지고, 그것이 아이덴티티로 귀결되는것이다. 그 하얀 캔버스에 그들의 인격과 그들의 삶이 그들에 의해 채색되어 그려지고 그들만의 아이덴티티로 귀결되는 것이다.

결국 화려한 장식이나 과도한 디자인은 사용자가 원하는 것이 아닐 수 도 있다는 생각을 하게 되었다. 또한 사용자에게 제공되어야 할 주택은 대량 생산의 화려한 유행품이 아니라, 희소성이 뚜렷한 브랜드이어야만 하며 그 브랜드는 역사성과 스토리가 분명한 디자인이 바탕이 되어야 한다는 것이 결론적 생각이었다.

Rampart Village에서 바라보는 단지 진입부 Gate Park

단지의 남북을 가로지르는 Blue Rambla에서 바라보는 Mirror Pond

단지의 동서축에 형성되어 있는 Eco Rambla

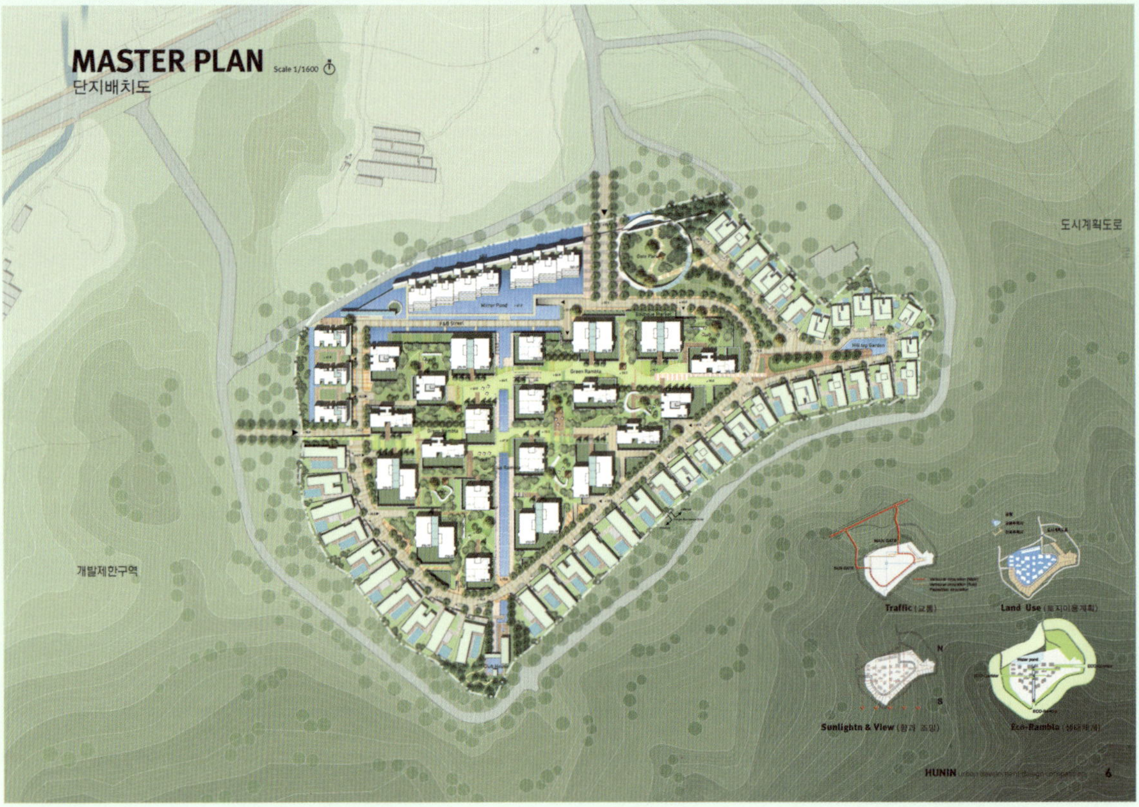

내곡동 헌인마을 배치도 및 계획개념(계획안)

이에 우리는 근대건축의 거장이며, 건축을 함에 있어 빼놓을 수 없는 르 꼬르뷔지에야 말로 진정한 디자인의 원형이라는 생각을 하였고, 이 디자인이야 말로 트렌드나 시대상황을 뛰어넘는 가장 고귀한 가치의 디자인이라고 생각을 하게 되었다.

이에 그의 디자인 철학을 현재도 실현하고 있는 그의 후계자인 프랑스의 미쉘 카강과의 협업을 가장 이상적인 디자인 컨소시움이라고 생각하게 되었다. 미쉘은 빛과 그림자 사이의 적극적인 대화를 시도하고, 평면의 개념이 아닌 공간의 개념으로 거주공간을 탐구하며, 백색 또는 순수의 미를 추구하는 건축가로 이러한 고급주택을 디자인 하는데 있어 매우 적합한 파트너였다.

하얀 캔버스White Canvas…. 르꼬르뷔지에의 환생?

200여 세대의 공동주택과 100여세대의 단독주택을 구성함에 있어 건축물의 형태는 매우 중요한 디자인 딜레마였다. 어떤 하나의 양식을 모형으로 모사copy한다는 것은 최고급주택에 어울리지 않은 작업임에 분명하고, 뭔가 유일적 코드가 존재하지만 좀 변형된 형태로 접근하고 싶은 욕구를 갖게 되었다.

이러한 욕구는 미셀 카강의 순수함과 건원건축의 실험적 변화 추구로 나타나게 되었고, 이러한 작업을 위한 우리의 파트너쉽이 어떤 결과를 낳게 될 지가 작업 기간 내내 흥미로운 문제였다.

미쉘은 단순하지만 심플한 블록을 기본으로 제안하였고, 건원건축 스탭들은 그 블록을 다양한 행태로 빚어내었다. 8칸

bay의 갤러리 하우스, 4계절 온실이 있는 아트리움 하우스, 실내 정원이 돋보이는 파티오 하우스, 각 개실이 분리된 클레비어 하우스 등 미쉘 카강 즉 르 꼬르뷔지에의 건축 모티브에서 현실감을 살리고, 수요층에 대한 배려가 돋보이는 디자인을 가미한 것이다.

이들 주택의 기본은 한 층에 한 집씩으로 적층되어 있으며 전체 주택은 단독주택의 형태를 빌어왔으며, 4면이 외기에 접한 보다 자연친화적인 주택으로 그 쾌적함을 극대화 하였으며, 각 동의 지하공간은 별도의 커뮤니티 공간을 두어 그들만의 리그가 가능하게 하였다.

퍼블릭 서비스 시스템에 대한 테넌트로tenant 포시즌스 호텔급의 컨시어즈 시스템의 유치를 제안하여, 그들이 원하는 무엇이든 가능하게 하는 완벽한 맞춤형 서비스 시스템을 디자인하였다.

결국 건축가는 그들의 주택만을 디자인 하는 것이 아니라, 그들의 문화와 생활, 그리고 그들이 필요로 하는 모든 것을

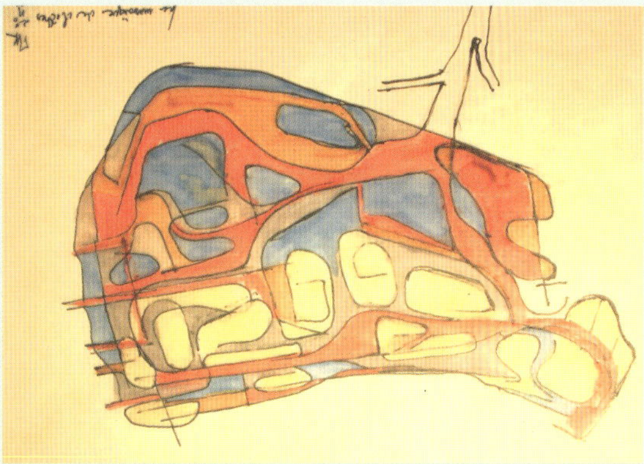

미쉘 카강의 내곡동 헌인마을 컨셉스케치

디자인으로 서비스 하는 것이야 말로 마케팅이 수반되는 건축활동에 큰 힘을 실어 줄 수 있을 것이며, 그 속에서 거주자들의 만족을 극대화 할 수 있을 것이다.

비록 채택되지는 못한 계획안이었나 프로젝트에 참여한 모든 스탭들이 작업 내내 건축가가 할 수 있는 모든 역량을 투입한, 잊을 수 없는 작업의 추억이 담긴 프로젝트라 할 수 있다.

내곡동 헌인마을 모형사진(계획안)

복합개발의 흐름과 전망

Urban DynaMIX, 도시의 새로운 성장동력

Intro >>> 도시경쟁력과 복합개발 MXD for Urban Competitiveness

WRITER **신지호**
건원건축 과장
화성동탄PF, 아산배방PF, 한류우드PF, 안산사동PF, 제주예래PF, 엑스포 활성화, 용인동천 도시개발사업 등 복합개발사업, 공동주택, 마스터플랜의 전략, 디자인, 매니지먼트에 실무를 쌓고 있다.

도시의 본질은 복합성complexity이다.

산업과 비즈니스 환경, 시대적인 변화, 사람들의 생활, 역사와 문화, 지역성과 기후 등, 이 모두가 복합되어 물리적으로 구현된 것이 바로 도시이다. 현재 우리는 대량 생산과 제조업 중심의 비즈니스 1.0시대, 진보와 혁신의 비즈니스 2.0시대를 지나, 창조와 혁명의 시기인 비즈니스 3.0시대[1]를 살고 있다. 이것은 IT, 금융 등의 첨단지식산업을 기반으로 한, 산업의 구조적 변화를 의미한다. 첨단지식산업은 도심에 위치한 사무공간을 주요 생산기지로 하여 업무, 주거, 문화, 상업, 교통, 정보통신, 교육 등의 인프라를 필요로 하게 되었고 도심의 개발을 가속화시키고 있다. 첨단지식산업의 발전에는 창의 인구가 선호하고 활동할 수 있는 도시 환경의 구축이 필수적이다. 깨끗하고 안전한 주거환경, 질 높은 교육환경, 쾌적한 공간, 편리한 교통수단, 압축도시Compact City, 새로운 라이프스타일, 유비쿼터스 인프라, 직주근접 환경, 비즈니스 네트워크 구현이 필요하다. 이러한 도시개발의 중심에 복합개발MXD, Mixed-Use Development(복합단지Mixed-Use Complex)이 있다.

복합개발은 도시경쟁력을 강화하는 주요 수단으로 주목 받고 있다. 도시경쟁력은 경제성장economic growth, 삶의 질quality of life, 시민의식citizen's consciousness의 세가지 카테고리로 판단될 수 있다. 도시경쟁력의 지표에는 국내총생산, 경제성장률, 혁신지수, 실업률, 물가, 환율, 노동생산성, 글로벌 기업의 현황 등이 있는데, 글로벌 기업들은 입지 결정시 도시환경을 주요 평가 항목으로 고려한다. 전통적으로 시장, 자본, 노동, 접근성이 중요시 되었으나 최근에는 개방성, 주거여건, 문화인프라가 보다 강조되고 있다. 높은 삶의 질 제공이 글로벌기업 유치의 전제조건이 되고 있기 때문이다. 도시경쟁력 차원에서 정부와 지자체들은 새로운 비즈니스 허브hub와 산업생태계 창조의 꿈을 안고, 도시를 대표하는 랜드마크로서의 복합단지 개발을 시도하고 있다. 이는 수익성과 주택공급을 기본으로 하는 기존 민간개발사업의 목표에서 한걸음 더 나아간 것이다. 독일계 글로벌기업 지멘스Siemens는 2007년 '메가시티 리포트'Mega City Challenges[2]에서 더 나은 도시환경의 구축을 위해 개선된 도시관리와 거버넌스governance가 중요하다고 하면서, 민간기업들이 도시개발과 인프라 구축에 참여하는 민-관 협력public-private partnership을 강조하였다.

같은 맥락에서 2001년 이후 우리나라에서 진행되고 있는 복합개발은 민-관 협력을 통한 도시개발의 새로운 모델이 되고 있다. 복합개발사업은 프로젝트 자체에서 현금 흐름을 담보하는 부동산 금융의 발전으로 가능하게 된 대규모 자금, 또한 정책적인 지원과 협력으로 진행되고 있다.

21세기를 지나며 우리 도시와 건축은 수많은 과제들을 안고 있다. 국토 균형발전을 위한 행복도시와 혁신도시의 건설, 수도권의 확장과 기능 이전을 위한 신도시 개발, 지자체들의 복합개발사업에 의한 경제 기반 조성, 서울시 뉴타운 사업, 도시의 노후화된 기존 시가지 정비사업 등이 있다. 그리고 건설시장 측면에서는 주택시장 침체와 부동산 정책의 변화, 해외시장의 진출 기회 확대 등 환경의 변화에 직면하고 있다. 건축가의 입장에서는 이러한 변화하는 상황에 대응하여 더 총체적이고 더 사회적인 역할이 요구되고 있다. 최근 도시개발의 주요 흐름인 복합개발의 여러 단면들을 살펴보고 변화에 대한 전망과 건축가의 새로운 포지셔닝positioning도 함께 생각해보고자 한다.

1 창조적 전환-끝내 살아남을 기업들의 비밀, 한국경제신문 특별취재팀+삼성경제연구소 공동기획팀, 삼성경제연구소, 2008

2 '메가시티 리포트'(Mega City Challenges) : 2007년 스위스에서 개최된 다보스 포럼에서 발표됨. 전 세계 25개 메가시티(거대 인구밀집 도시)를 대상으로 심층 조사한 리포트로, 독일계 기업 지멘스가 후원하고 글로브스캔(Globescan)이라는 전문 기관을 통해 조사됨. 도시와 공공기관의 주요 의사결정자를 대상으로 설문조사를 실시하였음.

Chapter 01 >>> 왜 복합개발사업인가? Why Mixed-Use Development

복합개발의 정의 What is Mixed-Use Development

미국 도시계획협회 ULI The Urban Land Institute[3]는 '복합용도개발 : 새로운 토지이용의 방법' Mixed-Use Development : New Ways of Land Use, 1976에서 복합개발의 정의를 내리고 있는데, 복합개발은 다음 3개의 조건을 갖는다.

- 상업, 업무, 숙박, 여가 등 수익성 내지 경제적 타당성을 갖는 3가지 이상의 독립적인 용도가 수용된 것
- 자동차 교통으로부터 분리된 보행동선의 연결을 포함하여 여러 용도가 물리적, 기능적으로 일체화되어 상호 연계성을 지니고 집약적인 토지이용이 되도록 한 것
- 하나의 개발계획에 의해 일관성 있게 개발된 것 (용도의 종류나 규모, 허용된 밀도, 기타 관계사항을 규정하는 개발계획)

복합용도개발은 단순히 기능과 시설의 조합이 아니라, 다양한 인구와 활동들을 수용하는 종합적이고 체계적인 도시 개발을 유도하는 것에 의미가 있다. 복합개발은 용도를 집적시켜서 편리성과 연계성, 선택성을 향상시키고 이질적인 용도들이 모여서 생기는 시너지 효과를 도모한다. 집약적인 토지이용은 경제적 효용성을 높이고 설비와 시설의 효율성을 높이는 효과가 있다. 단독으로 얻을 수 없는 공용시설들과 넓은 오픈 스페이스, 아트리움과 같은 어메니티amenity 공간의 확보로 질 높은 환경을 조성하고, 도심 최적의 입지를 최대 용적률로써 공유한다는 이점도 있다.

복합용도개발에는 협의의 개념과 광의의 개념이 있다.[4] 상이한 용도가 직접 연결된 건축형태를 갖는 것이 협의의 개념인데, 단일 건물 내에 용도가 중첩된 일반적인 주상복합의 형태들, 저층부의 상업시설과 중상층부의 주거가 결합된 형태가 있다. 또한 단일 건물은 아니어도 일정 규모의 블록 내에서 시설이 측, 후면으로 직접 건축적으로 연결된 경우가 있다. 또는 직접 연결되지는 않더라도 연계성을 갖고 배치되는 경우도 있다. 한편, 광의의 개념은 지구형 복합구조 형태로 일정한 도시구역 내에 상이한 용도들이 배치되어 서로 긴밀한 연관 관계를 갖는 것이다. 용도가 분리 배열되기는 하지만 일정 도시 단위 내에서 직주근접이 실현되는 경우도 있고, 산업지역의 경우 지역 내에서 근접 배치한 경우가 대부분인데 복합용도개발의 광의의 개념에 속한다고 볼 수 있다.

현재 우리나라에서는 택지개발지구의 상업지역, 도심재개발 지구나 경제자유구역의 특화지구에서 주로 복합용도개발을 하고 있다. 일반적인 추세는 하나의 용도를 중점적으로 개발하는 것에서 점점 더 다양한 용도로 복합화하는 경향으로 가고 있고, 사업규모는 점점

3 ULI(The Urban Land Institute) : 1936년 미국에서 설립된 비영리 학술연구기관으로 현재 전 세계적으로 40,000명 이상의 회원 보유, 이들은 토지이용과 부동산 개발 전문가들로 민간기업과 공공기업에서 일하고 있음. 워싱턴 D.C에 본부를 두고 홍콩, 런던, LA에 오피스를 두었으며 100명 이상의 전문 스탭들이 세계 50개 도시에서 네트워크를 구성하여 활동.

4 복합용도개발지역 도입을 위한 우리나라 복합용도개발 실태 분석, 대한주택공사 주택도시연구원, 김옥연, 2007

5 프로젝트파이낸싱(Project Financing) : 프로젝트 자체의 자산과 현금 흐름에 대한 신뢰를 담보로 자금을 조달하는 것

6 Mixed-Use Development Handbook, ULI(The Urban Land Institute), 2003 해외사례 대부분의 내용과 분석들은 발췌, 요약된 것임을 밝혀둠

7 Urban Village Model : 1930년대 정립, 커뮤니티 친화적 도시개발에 적용된 이론으로서, 기본 특성으로는 복합용도 개발, 1거주자와 1직장, 40ha의 구역면적(600m by 600m), 10분 도보 거리, 3000-5000명의 인구, 보행친화적 환경, 이웃끼리 서로 알고 지낼 수 있는 환경 등 효율적이면서도 일상생활과 밀접한 생활권 차원의 개발을 중시하였음.

더 대형화되고 있어서 프로젝트 파이낸싱Project Financing[5]으로 추진하고 있다. 공공기관이 민관기관에 공모형태로 발주하여 추진하는 민-관 합동형 PF사업과 민간기업이 공공기관에 사업 제안을 하는 기획제안형 사업의 두가지 방식으로 주로 행해지고 있다.

복합개발의 시작 Early Years of Mixed-Use Development Overseas

현대적인 개념의 복합용도개발은 우리나라에서 1980년대 후반에 시작되어 십여년의 짧은 역사를 갖고 있다. 그래서 복합개발의 원형은 무엇이고 오늘날의 개발 형태는 언제 어디에서부터 시작되었는지 미국과 서구, 일본의 사례들과 함께 살펴보고자 한다.[6]

유럽도시의 광장

복합단지의 원형

도시는 역사적으로 복합용도의 구성으로 집중된 형태를 갖는다. 유럽의 도시나 유서 깊은 마을들을 보면 고대도시의 모습을 발견할 수 있다. 특히 중세 도시들은 두꺼운 벽과 성으로 둘러싸인, 내부지향적이고 방어적인 구성을 취하고 있다. 성 내부에는 주거, 상업, 통치의 다양한 용도들이 밀도 있게 집합되어있다. 중세 유럽 도시들은 르네상스 시기를 지나면서 비로소 개방적인 형태를 띠게 되었는데 교역의 규모가 확대되면서 점점 더 공적인 공간들을 요구하게 되었다. 그래서 시장, 광장, 기념비적인 모임 장소들이 도시 패턴urban pattern or urban fabric에 나타나게 되었다. 도시의 규모가 확장되고 공공공간이 추가되었어도 도시는 여전히 압축적인compact 형태로 유지되었다. 복합단지의 원형은 과거 도시의 모습에서 찾을 수 있다.

록펠러센터, 마천루와 오픈스페이스

20세기초

20세기 초반에는 영국을 중심으로 도시계획 분야의 많은 연구가 있었다. 이 시기에는 전원도시Garden City라든지 오늘날에도 도시계획가들이 주목하는 많은 도시 이론들이 나타났다. 20세기 전반부의 많은 복합개발들은 어반 빌리지 모형Urban Village Model[7]에서 나타난 타운센터town center 개념을 주로 따랐고, 건물은 고층으로 나타났다. 클리브랜드 유니온 터미널 복합단지Cleveland Union Terminal Complex나 1931년에 개발이 시작된 뉴욕의 록펠러센터Rockefeller Center 등이 주요 사례이다. 록펠러센터의 개발 개념은 오늘날에도 상당한 영향을 미쳤다. 지하층underground에 상업의 콩코스concourse를 두고 중심광장과 연결하였다. 업무시설은 고층 타워로 구성하였고, 다양한 테넌트tenant들을 입점시켜 지속적인 통합 서비스로 관리해왔다. 3차원적인 도시계획의 접근, 마천루skyscraper와 오픈 스페이스open space와의 연계, 지하층의 상업 콩코스underground retail concourse 등 이 세가지는 복합개발의 프로토타입prototype으로 오늘날에도 받아들여지고 있다.

1960년대

1960년대 미국에서는 다운타운의 개발이나 재개발의 관점에서 공공부문의 관심이 커지던

시기였다. 프랑스에서는 1958년 파리 외곽에 라데팡스La Defense의 개발이 시작되었는데, 대규모 오피스가 주 용도로 개발되었고, 개선문l' Arc de Triomphe의 현대적인 반영으로서 그랑아치La Grande Arche가 샹제리제Champs-Elysees 축을 따라 배치되었다. 파리는 엄격하게 건축물의 층수를 제한하고 있는데, 라데팡스는 각종 설치예술작품이 배치된 중심광장, 공원과 함께 새로운 랜드마크 단지가 되었다. 미국에서는 버지니아의 크리스탈 시티Crystal City 등 CBD의 외곽으로 복합개발이 시작되었다.

1960년대의 가장 주목할만한 프로젝트는 시카고에 있는 존행콕센터John Hancock Center이다. 존행콕센터는 단일 매스에 여러 용도들을 수직적으로 복합한 최초의 사례라고 볼 수 있다. 당시 대부분의 복합용도 프로젝트는 수평적으로 용도들이 연계되고 통합 개발되는 것이 보통이었으나, 이때부터 수직적으로 쌓이고 통합하는 것이 현대의 중요한 복합개발 개념으로 자리잡게 되었다. 오늘날 상하이 진마오타워Jin Mao Tower의 원형이라고도 볼 수 있다.

1960년대 복합개발의 가장 중요한 특징은 주거용도 중심의 개발이라는 점이다. 이를 통해 도심에 대규모의 주택이 공급되었다. 두 번째 특징은 복합단지가 주변 지역으로 비교적 개방적인 형태를 띤다는 것이다. 1970년대의 프로젝트들처럼 주변 도시상황과 완전히 고립되는 형태는 아니었다. 세 번째 특징은 대부분의 프로젝트가 국제주의International-style architectural principles[8] 건축 양식으로 지어졌다는 점이다. 많은 사례들에서 나타난 건축계획의 특징은 저층부podium를 개발하면서 보행동선과 플라자plaza를 데크deck 레벨로 하여 주변 가로로부터 보행자를 분리하였다. 국제주의 양식은 건물이 모던한 유리 박스들로 단순화되고 외부공간과 건축물이 분리되어 주변과의 관계가 그리 유기적이라고 보기는 어렵지만 1970년대 프로젝트들에 비해 상대적으로 개방적인 편이었다. 실질적으로 공공 공간이 록펠러센터 만큼 좋지는 못했다.

밀라노 갤러리아

1970년대

1970년대의 복합개발 프로젝트들은 내부지향적인 큰 아트리움atrium을 가진 쇼핑몰의 형태가 주를 이루었다. 1967년에 개발이 시작된 휴스턴 갤러리아Houston Galleria 프로젝트는 도시 외곽의 비즈니스 중심지가 되었는데, 3개층의 쇼핑몰, 오피스, 호텔, 그리고 기타 여가와 오락시설들로 구성되었다. 19세기 밀라노 갤러리아Galleria Victoria Emmanuelle in Milan, c. 1865 to 1867는 배럴볼트Barrel-vault의 건축형태로 168m 길이와 15m 폭의 몰을 지붕으로 덮어 자연 채광이 가능한 쇼핑몰을 구성하고 있는데, 이것의 20세기 버전version이라고 볼 수 있다.

오피스, 상업, 호텔의 이 세가지 용도의 혼합mix은 1970년대와 1980년대 프로젝트들에서 가장 대중적이고 사업성 있는 구성으로 여겨졌다. 대표적인 사례로 뉴욕의 국제무역센터

8 국제주의(International style) : 1920-1930년대 유럽과 미국에서 발전한 건축양식으로, 여러 양식을 절충하여 디자인한 건물들에 대한 반기를 들고, 당시 산업화한 사회에 걸맞는 철, 강철과 콘크리트, 유리를 주로 사용하여 새로운 사회의 미적 취향에 맞으면서도 근대적인 건축 기술을 구현하였음. 말쑥하고 단정한 느낌의 직선과 평평한 표면, 탁 트인 내부공간과 캔틸레버, 과거 석조 건물들에서 볼 수 없었던 가벼운 느낌이 주요 건축 의장적 특징임. 대표적 건축가로는 필립 존슨, 미스 반 데 로에, 발터 그로피우스 등이고 시그램빌딩(Seagram Building)이 대표적인 작품.

국제무역센터 부지

WTC, World Trade Center를 들 수 있는데, 1970년에 개장했고 수십 년간 세계적인 랜드마크이자 뉴욕의 아이콘이 되었다. 6개의 오피스 빌딩과 플라자를 둘러싼 고층 타워의 호텔들과, 하부에는 상업 콩코스retail concourse와 지하철을 연계하여 구성한 형태이다. 배치도를 보면, 이 복합단지는 기본적으로 주변상황과 도시적 맥락을 깨는 고립된 섬과 같이 계획되어있다. 한층 낮은 레벨의 콩코스와 상점들이 주변과 격리되어 단지가 홀로 서있는 형태였는데, 9 · 11 이후 새롭게 계획하면서 이전의 문제점들을 개선하는 많은 시도가 있었다.
1970년대 복합개발 프로젝트의 뚜렷한 특징은 첫째, 오피스, 상업시설, 호텔의 균형 있는 조합standard mix을 강조한 점을 들 수 있다. 1960년대와 달리 주거용도 중심의 복합개발이 아니었다. 두번째, 거의 모든 복합개발 프로젝트들에서 대형 실내 아트리움, 갤러리아, 또는 리테일 콩코스 공간이 나타났다. 이때부터 개발과 실행주체인 디벨로퍼developer, 도시계획가, 건축가 모두가 프로젝트의 컨셉과 가능성에 대해서 상당히 중요한 역할을 하기 시작했다. 복합개발의 중요성이 인식되었고 사회적으로 주목을 받았다.

1980년대

1980년대에는 주로 포스트모더니즘의 건축양식이 유행하였다. 메가 스트럭처mega-structure의 개념 보다는 복합용도구역mixed-use district의 개발이 주로 진행되었다.
1980년대에는 초기 타운센터의 계획 수법을 복합개발에 적용하는 시도가 있었다. 그밖에 주거는 영화관과는 분리하여 소음을 방지하고 도시가로에서 출입이나 엘리베이터의 이용을 분리해주어야 한다는 점 같은 복합개발의 건축계획 원리들이 정리되었다. 오피스는 사업성이 좋고 성공적인 테넌트가 될 수 있으므로 개별적인 출입구도 주고 쉽게 도시가로에서 인지할 수 있도록 해주어야 하고, 호텔과 레스토랑은 메인 스트릿main street에서 바로 진입이 가능해야 했다. 이러한 계획 원리들은 현재에도 여전히 유효하다. 한편 이전보다 훨씬 개방적인open 디자인을 지향한다는 특징이 있다.
아시아의 주요 프로젝트로서 싱가폴의 래플즈시티Raffles City와 홍콩의 퍼시픽 플레이스Pacific Place를 들 수 있다. 두 프로젝트 모두 초고층 타워들과 함께 지상 레벨이나 저층부에서는 쇼핑몰의 구성을 갖는다. 1980년대는 아시아에서 복합개발을 주목하기 시작했던 시기였다.

1980년대 미국의 복합개발에서 주목할 점은 다수의 프로젝트들이 교외에 개발되었다는 점이다. 또한 전체 연면적이 1970년대에 비해서 많이 줄었는데, 이것은 작은 스케일scale의 환경이나 규모에도 복합개발방식이 적용되었음을 의미한다. 그리고 주거용도 중심의 개발이 상당수를 차지했다는 점이 특징이다. ULI가 조사한 바에 따르면 1960년대 미국의 복합개발은 주거용도 중심이 46.2%, 1970년대는 19.4%, 1980년대 전반부에 다시 49.4% 정도를 차지하였다. 1970년대 도심의 주거공급 부족이 1980년대 프로젝트에 반영된 것으로 볼 수 있다. 한편 외관상으로는 포스트모더니즘 양식을 반영하였고 역사적인 건축의 테마를 시도하였다. 또한 종합적인 도시 환경에 대한 세심한 배려, 기존 건물들에 대한 리노베이션renovation과 역사성의 부활 등이 이슈였고, 프로그램에 있어서는 엔터테인먼트와 문화 용도가 추가되기 시작하였다.

진마오 타워, 상하이

1990년대와 2000년대 초반

1990년대에는 전 세계적으로, 특히 아시아에서 수많은 복합개발 프로젝트들이 성행했는데 상하이의 진마오 타워Jin Mao Tower in Shanghai, 두 동의 페트로나스 타워Petronas Towers를 포함한 쿠알라룸프르 시티센터Kuala Lumpur City Centre, 일본 하카타의 캐널시티Canal City Hakata와 런던의 카나리워프Canary Wharf 등을 주요 사례로 들 수 있다. 수많은 복합용도 프로젝트에서 독특하고 아름다운 건축디자인을 볼 수 있다. 배치도를 보면 내부에 중심 공공 공간을 두고 그 주변으로 오피스, 호텔, 상업과 아트센터 등이 배치되어있다.

1990년대 복합개발의 또 다른 주요한 흐름은 오피스 중심의 복합개발이 전세계적으로 성행했다는 점이다. 런던의 카나리워프나 말레이시아의 쿠알라룸프 프로젝트는 대규모 사업으로, 특히 정부가 많은 부분에 개입하여 민-관 합동기구로 진행되었다.

한편 복합개발은 도심의 물리적인 메가스트럭처mega-structure라는 개념에서 탈피하여, '장소 만들기'Place-making의 개념으로 전환되었다. 도시 환경을 변화시키고 그 도시에 장소성을 부여하고 주변과의 연계 기능도 향상시키는 목적의 복합개발이 중요하게 다뤄졌다. 그리고 이런 프로젝트들은 도시 환경의 변화에 많은 기여를 하였다. 2000년 이후 현재까지 이러한 복합개발의 구성과 사업방식, 개발 개념들이 수많은 프로젝트들로 이어져오고 있다.

일본의 복합개발

일본의 복합개발은 '중심시가지 활성화법'1998이라는 제도가 생기면서 도심재개발의 측면에서 활성화되었다.[9] 일본에서는 1965년 이후 교외쇼핑센터가 등장하였고, 1980년대에는 업무 및 행정기능이 교외로 이전하면서 고밀도 시가지에 인구 감소현상이 심화되었다. 도심은 노후화가 심화되었고, 지역사회가 붕괴되는 등 도시와 관련된 사회 문제들이 제기되어, 국가적 차원에서 도시재생 노력을 시작하였다.

최근 우리나라에서는 부동산 시장의 침체와 관련하여 일본의 버블 붕괴1986~1991와 변화추이에 대한 많은 연구가 있었다.[10] 부동산시장의 붕괴와 더불어 일본 사회는 저출산으로 인한 자녀수 감소와 고령화 인구의 증가, 세대구성원의 감소 등의 변화가 있었다. 기업의 간접금융에 의한 자금조달이 감소되었고, 따라서 은행의 부동산 담보대출 비율이 감소되었다. 또한 지가가 하락하면서 부동산투자에 대한 인식의 변화가 있었다. 이러한 사회적 변화는 도시개발에 직접적으로 영향을 미쳤다. 도심의 토지와 부동산 가격이 하락하면서 외곽지역으로 분산된 인구의 도심회귀현상이 일어났고 따라서 도심의 대규모 주택공급이

9 일본의 도시재생사례와 시사점, 주택도시연구원, 2006
10 일본 도심재개발사업의 이해, 김준환, 부연사, 2008
11 MXD 전략 세미나(건원건축), 무역센터 복합개발 사례, 박종천, 2008

도쿄 미드타운

가능해졌다. 한편 지식산업으로의 구조적 변화와 정부의 정책 추진으로 도심의 오피스 수요가 증가하여 대규모 오피스 공급도 함께 일어났다. 무엇보다도 정부의 도심재생정책의 적극적인 추진이 민간개발사업에 활력을 불어넣었다.

세계적으로 많은 디벨로퍼와 지방자치단체들이 벤치마킹하고 있는 롯본기힐즈나 미드타운, 오모테산도힐즈, 에비스가든플레이스의 경우는 시가지개발사업이라는 방식으로 개발되었다. 오다이바의 개발은 도쿄 임해 부도심 개발사업으로 구분이 된다. 마쿠하리 베이타운이나 요코하마 미나토미라이의 사례들은 신도심 개발사업으로 진행된 것이었고, 시오도메의 경우는 토지구획정리사업으로 개발되었다. 각각의 배경과 특징, 사업절차를 구분해서 이해할 필요가 있다.

1990년대의 코엑스COEX가 우리나라 최초의 복합단지로 여겨지고 있는데, 앞선 수십 년간의 세계적인 개발 사례들을 겉모습만 벤치마킹 하는 것이 아니라, 각 사례들의 계획 및 사업진행과정을 정책 및 시장 여건과의 관계 속에서 심층적으로 검토하여 우리나라의 복합개발에 대한 시사점을 도출할 필요가 있다.

한국의 복합용도개발 Mixed-Use Development in Korea

우리나라의 건설산업과 주택시장의 변화는 부동산 정책과 그 흐름을 같이 한다. 1970년대 이후 짧게는 3년, 길게는 5년마다 억제와 활성화 대책이 반복되었다. IMF 구제금융시기를 지나면서 주택경기 활성화를 위한 대책으로서 분양가 자율화는 주택개발업에는 새로운 도약의 계기였다. 아파트의 브랜드가 생겨났고, 주거 '상품'으로서의 접근, 그리고 질적인 향상이 있었다. 이 글의 주요 논제가 주상복합 자체보다는 복합개발이라는 포괄적인 개념이지만 이 시기에 고급 주상복합이 등장하였고, 이어서 이 주상복합 형태가 미니도시 개념의 복합개발에 있어서 중심적 요소가 되었다는 점은 주목할 만 하다.

1세대 복합단지, COEX

코엑스

한국의 최초의 복합단지이자 현재까지도 가장 성공적인 사례로 여겨지는 코엑스COEX는 1976년 한국무역협회가 삼성동 일대 종합전시장 부지를 매입하기 시작하여 1983년에 추가 부지를 매입하면서 시작되었다.[11]

코엑스는 54층의 무역센터타워, 41층의 아셈타워, 두개의 특급호텔, 한국무역종합전시장COEX, 백화점, 공항터미널, 도심공항타워, 서비스드 레지던스와 카지노, 지하의 쇼핑몰로 구성되어있다. 당시에는 드문 무역협회 자체 개발과 대기업과의 합작투자로 무역협회는 토지가액을 기준으로, 투자회사는 건축비를 기준으로 지분 참여하였다. 호텔, 백화점, 터미널 등 전문분야는 투자회사가 운영권을 갖는 구조여서, 개발에 따른 이익 배분에 있어서 현실성을 반영하였고, 투자자 유치에 있어서 사업의 불확실성을 줄여 안정적으로 진행될 수 있었다는 시사점이 있다. 당시 올림픽 개최 이전에 무역센터를 건립하여 개관한다는 방침에 따라 범정부적 지원이 있었다. 2000년의 확충사업은 아셈ASEM 회의 개최를 위한 컨벤션 시설 건립으로, 건축 인허가 조건의 완화라든지 일부 지방세의 감면 등 정책적인 지원이 있었다. 복합 개발이 지자체의 니즈needs를 적극 반영해야 하는 것이 최근의 흐름인데 코엑스는 일찍이 이러한 흐름에 부응한 사례라고 할 수 있다.

코엑스는 쇼핑몰의 개발도 주목할 만한데, 우리나라 최초의 테마를 갖는 몰이었고, 세계적인 사례에서 나타나는 몰 구성의 원칙을 따르고, 앵커 테넌트들, 아쿠아리움과 시네마를 유치시켜 활성화에 기여한 점도 의미가 있다. 현재 MD구성을 업그레이드하고, 최신 트렌드를 반영하며, 새로운 어트랙션attraction을 입점시키는 등 지속적으로 관리, 운영하고 있다. 최고의 입지 조건도 중요하지만 시대의 변화에 지속적으로 대응하는 것이 코엑스의 장기적인 성공 요소라고 볼 수 있다.

우리나라는 복합단지 역사가 짧지만 그 짧은 기간에도 단계적인 변화가 있었다. 코엑스와 고속터미널 부지의 센트럴시티Central City를 1세대 복합단지로 볼 수 있다. 이들은 도시의 새로운 중심을 창조한다는 개발 개념 이전에 입지 자체가 복합개발의 필요성과 잠재력을 지니고 있었다. 미국에서 철도역이나 버스터미널을 중심으로 초기의 복합개발이 이루어졌던 것과 같은 맥락이다.

코엑스, 진입부 썬큰 광장, 2007년

한국의 복합개발 트렌드

한국의 2세대 복합단지는 엄밀히 말해서 이 글에서 주로 다루고 있는 자족도시 개념의 복합개발이라고 보기는 어렵고, 흔히 말하는 주상복합단지에 가까운 것들이다. 주상복합의 역사는 우리나라 공동주택의 역사와 맥락을 같이 하고 있는데, 현대적 개념의 주상복합으로 제한한다면, 1990년대 후반부터 성행하였고 상업지역에 지어진 민간개발 위주의 프로젝트들이 해당된다. 2000년대 들어서는, 상업지역의 용적률 또는 개발연면적 중 주거 비율을 제한하는 등 주상복합 개발에 대한 규제가 강화되었다. 초고층 주거 타워들로 단지가 구성되거나 작은 필지에 단일 건물로서 직주근접의 원스탑one-stop 서비스를 구현한 것들이다.

대표적인 프로젝트로 타워팰리스와 도곡동 주상복합단지를 들 수 있고, 주거에 대한 인식의 변화도 일어났다. 2세대 복합단지의 가장 큰 특징은 배타적인exclusive 커뮤니티의 개념이 부각된 것이다. 주민들을 위한 부대시설이 지원되면서 그들만의 커뮤니티와 여가활동들이 중시되었고, 주거의 사생활 보호 기능과 시큐리티security가 강화되었다. 주택의 건설이 시장의 니즈needs와 수요에 더 접근했고 주거의 편리성, 상품성에 치중한 특징을 보인다. 이후 모든 복합단지의 주거에서 커뮤니티시설과 서비스를 강화하였고, 그들만의 커뮤

코엑스, 진입부 썬큰 광장, 2009년

니티와 상류층에 대한 열망을 유발하는 마케팅 전략을 구사하였다. 이것은 다시 일반 아파트의 계획과 개발에도 영향을 미쳤다. 사회적으로 라이프스타일lifestyle이 다양화되고 있는데, 복합단지는 그것을 반영하였고, 기존 아파트의 큰 평수냐 작은 평수냐의 문제를 넘어, 차별화된 문화적 정체성을 가질 수 있고 주민의 개별적 취향에 따라 질 높은 주거가 공급되었다는 것에 의의가 있다.

양재천과 도곡동 주상복합단지

최근의 이슈issue이자 이 글의 주제인 3세대 복합단지는 '도시 안의 도시' City within City [12] 또는 '압축도시' Compact City 개념의 복합단지를 말한다. 주거에 근생시설 일부가 포함된 2세대의 주상복합 개발과는 달리, 1세대 복합단지인 코엑스COEX처럼 업무, 상업, 주거, 숙박, 엔터테인먼트 등의 여러 용도가 균형적인 구성을 갖는다. 그래서 자족성을 갖는다는 특징이 있고 자체적인 생산, 소비, 재생산의 역할을 하는 미니 도시의 개념을 갖는다. 1980년대 개발된 싱가폴의 래플즈시티Raffles City가 내세웠던 것이 바로 '도시 안의 도시' City within City 개념이었다.

2001년 도입된 '민-관 합동형 PF사업' 방식으로 개발된, 주거가 포함된 최초의 복합단지는 2기 신도시인 화성 동탄 중심상업지역의 메타폴리스Metapolis [13]이다. 현재 1단계 사업을 성공적으로 마치고 2단계를 준비하고 있다. 이 프로젝트의 개념도 '도시 안의 도시' 였다. 최근의 모든 복합단지들은 이 3세대 복합개발의 분류에 속하는데 그 특징을 정리하면 다음과 같다. 첫째는 민-관 파트너쉽으로 사업이 진행되고 있는 점, 둘째는 통합된 테마를 갖는다는 점이다. 건축계획을 수직화, 고층화하면서 도심 내 양질의 오픈 스페이스open space를 조성, 테마공원이나 중심광장을 제공한다. 또한 용도의 배치 측면에서만이 아니라, 단일건물 또는 인접 건물들과 수직적이고 입체적인 복합이 강화되고 있는데 이것이 세번째 특징이다. KTX 천안-아산역 상업지역의 아산 배방 펜타포트Penta-port, 안산 사동 90블럭 복합단지 등 수많은 프로젝트를 들 수 있다. 최근에는 공공부문의 개입과 관심이 더 커지고있다. 복합개발시 공공기관을 연계하여 시민센터Civic Center를 복합단지 내에 유치하거나 민간사업자가 문화시설을 기부채납하는 방식으로 복합단지의 도시적 역할이 커지고 있다.

화성동탄 메타폴리스

12 도시는 기능이 분리된 모더니즘의 거대도시를 축소한 모형과 같은 것이라 할 수 있다
- 건축가이자 도시계획가 Leon Krier의 'the City within the City'(1977)

13 화성 동탄 복합단지 PF사업(Metapolis) : 포스코 컨소시엄 / 공공부문-한국토지공사/건설투자자-포스코건설, 신동아건설/금융투자자-신한은행/전략투자자-PPC/설계사-건원건축

복합개발의 정책과 방식 Policy & System

일반적으로 복합개발사업은 택지개발지구 내에서는 택지개발촉진법 시행령 제13조의2(택지의 공급방법 등), 택지 개발 업무 처리 지침 제 19조의 3(복합개발시행자에 대한 택지 공급)에 근거하여 공모를 통해 민-관 합동으로 시행할 수 있다. 도시개발지구 내에서는 도시개발법 시행규칙 제24조(복합개발 시행자에 대한 토지공급)에 근거하여 복합개발의 수행이 가능하다. 공모의 방식이 아닌 경우는 사회 기반시설에 대한 민간 투자법(SOC 개발 전제), 해외 투자를 유치하여 사업을 개발하는 외국인 투자 촉진법, 국가 또는 지방공기업에 개발 위탁하거나 지방공기업의 민관 협력에 따른 지방공기업법 등이 검토되고 있다. 지역 균형개발 및 중소기업 육성에 관한 법률에서도 민간개발자에 의한 지역종합개발지구의 사업이 가능하도록 해당 내용이 최근에 개정되었다.2008.2

관련 법과 제도의 변화

복합용도개발에 대한 관련 법 조항을 정리하면 다음과 같다.[14]

- **주택법** – 공동주택의 경우 20세대 이상, 1만m²이상의 대지면적에서 상업지역(유통상업 제외) 또는 준주거 지역 안에서 주택 외 시설과 주택을 동일건축물로 하는 경우, 주택연면적 합계가 90% 미만인 경우는 사업승인에서 제외된다. 1981년까지 주상분리원칙이 적용되었고 1982년에서 1989년에 주상복합이 부분 허용되었다. 이후 다시 규제하였고, 1992년부터 2000년까지 활성화 정책이 이어졌으며, 2000년에 서울특별시 도시계획조례에서 용적률을 제한하는 조항이 도입되면서 주상복합에 대한 규제가 시작되었다.
- **국토의 계획 및 이용에 관한 법률 시행령** – 용도지역 안에서의 건축제한, 건폐율, 용적률 규제
- **건축법** – 16층 이상 또는 연면적 3만m²이상인 다중이용건축물의 건축허가는 특별시 · 광역시 또는 도에 설치된 지방건축위원회의 심의사항
- **주택건설기준 등에 관한 규정** – 주택과 복합건축물 종류 규정, 주거 외 기타용도간의 복합에 대한 규정
- **택지개발촉진법 시행령** – 지구단위계획 수립시 대상지를 특별설계구역으로 지정하여 향후 사업시행자가 계획 수립, 지구단위계획을 확정하는 방식. 택지지구 165m²이상인 예정지구 안에서 복합, 입체 개발이 필요한 구역의 계획에 대한 공모에서 선정된 자에게 택지를 공급할 수 있도록 규정
- **제1종 지구단위계획의 특별계획구역** – 특별계획구역은 지구단위계획제도를 보완하는 별도의 수단으로 사업의 전제로 추진할 수 있다. 창의적인 개발 안의 필요성이나 개발계획이 상당한 시간을 요할 때 수립하도록 권장한다.

14 복합용도개발지역 도입을 위한 우리나라 복합용도개발 실태 분석, 대한주택공사 주택도시연구원, 김옥연, 2007

사업방식의 변화

1세대 복합단지의 성공적 사례인 코엑스COEX는 호텔, 백화점, 터미널 등의 전문 사업자가 지분 투자를 하고 운영권을 갖는 구조였다. 이처럼 단지 완성 후의 관리, 운영에 대한 명확한 역할 분담이 사업의 성공에 매우 중요한 관건이 된다. 복합개발의 초기에는 실체법인인 SPC에 지분출자로 공공기관이 참여하고 건설사업자는 주로 시공과 분양에 관여하는 사업구조였다. 그러나 현재는 PFV설립과 AMC의 운영으로 프로젝트회사가 설립되어 사업 전반에 참여하는 구조가 되었다. 사업의 범위가 시공, 분양, 임대, 운영으로 다양화되었고, 장기적이고 지속적인 사업 참여가 필수적이다. 따라서 장기간의 프로젝트 진행을 위해 안정적인 자금 조달이 매우 중요해져, 건설투자자 위주의 사업구도에서 금융투자자 참여의 비중을 높여가는 추세로 사업구도가 변하고 있다. 공공기관은 지분출자 혹은 출자 없이 토지를 매각하여 사업에 참여하는 방식이다.

민民-관官 합동형 PF사업 Public Sector involved PF project [15]

주요 용어 정의

Project Financing 이하 PF란 '프로젝트를 토대로 파이낸싱 하는 것' 즉, 프로젝트 자체의 자산과 현금 흐름에 대한 신뢰를 바탕으로 타인으로부터 자금을 조달하는 것을 말하며 이러한 형태로 자금을 조달하여 추진하는 사업을 PF사업이라 한다.[16] 부외금융Off-balance sheet-financing은 프로젝트 회사의 부채 증가가 사업주의 부채율에 영향을 미치지 않는다는 것인데, 이것은 별도의 프로젝트 회사를 설립하여 사업을 수행하는 방식으로, PF사업의 안정적 수행을 위한 주요 조건이라고 할 수 있다. PF사업은 프로젝트와 사업주를 분리하여, 프로젝트의 독립성을 확보하는 특별법인Project Company을 설립하고 그 법인 명의로 사업을 수행한다. 자금조달은 지분참여 하거나 또는 차입하는데, 차입에 대한 금융비용은 그 특별법인Project Company이 부담하고 사업주와 투자자는 사업 종료시 지분율에 따라 이익을 배당 받거나 손실을 책임지게 된다.

SPC Special Purpose Company는 특수한 목적에 사용되기 위하여 만들어진 회사를 뜻한다. 부동산시장에서 SPC의 의미는 상당히 광범위한데 사용범위에 따라 다양하게 쓰일 수 있다.

PFV Project Financing Vehicle은 프로젝트 금융 투자회사로 대형 부동산 개발사업을 효율적으로 추진하기 위해 설립하는 명목상의 회사Paper Company이다. 설립조건은 자본금 50억원 이상으로 발기 및 설립 시 금융기관이 참여하여 5%이상 출자해야 한다. 자산관리업무를 위탁해야하며, 존립기간은 2년 이상, 배당에 있어서는 배당 가능 이익의 90%이상을 배당해야 한다. 세제 혜택이 있어서 대부분의 대형 프로젝트들이 이 방식을 택하고 있는데, 법

15 공공-민간 합동형 프로젝트 파이낸싱, 한국FM학회 제12회 국제 심포지움, 김영상, 2006
16 공공-민간 합동형 PF사업의 개념검토 및 활성화 방안에 관한 연구, 한국부동산분석학회 추계학술대회, 김영상, 2007
PF활성화를 위한 사업구조 개선방안 연구, 한국토지공사, 김영상, 2005

인세 감면, 법인세법과 토지 취등록세와 건물 보존등기비를 50% 감면해준다. (조세제한특례법)

AMC Asset Management Company는 자산관리회사로 실질적인 운영 주체가 된다. 프로젝트 회사 출자자 또는 프로젝트 회사의 출자자가 공동으로 설립한 법인이다. 자산관리나 운용 및 처분에 관한 계약에 따라 실질적인 사업을 진행한다.

공공-민간 합동형 PF(민-관 합동형 PF)사업은 공공부문과 민간부문이 공동출자를 통하여 공공-민간 합동 프로젝트 회사SPC를 설립하고 프로젝트 회사의 책임으로 자금을 조달하여 사업을 시행하며, 공공의 계획성과 민간의 창의성을 결합한 합동개발 형태의 사업방식을 의미한다. 한국토지공사에서 2002년 분양이 어려운 죽전지구 일부 상업용지를 양질의 상업용지와 묶어 개발을 유도하도록 한 것이 시초라고 볼 수 있다.

사업구조

PFV (프로젝트 금융투자회사)

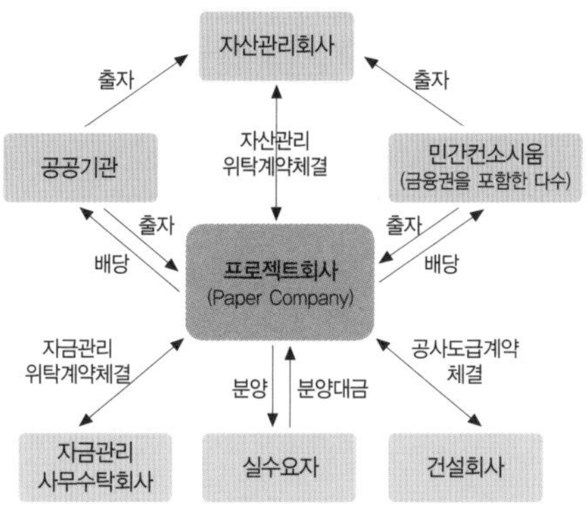

※세제혜택근거 : 법인세법 제51조의2, 동 시행령 제86조의 2
조세특례제한법 제119조, 제120조

PF사업의 사업구조

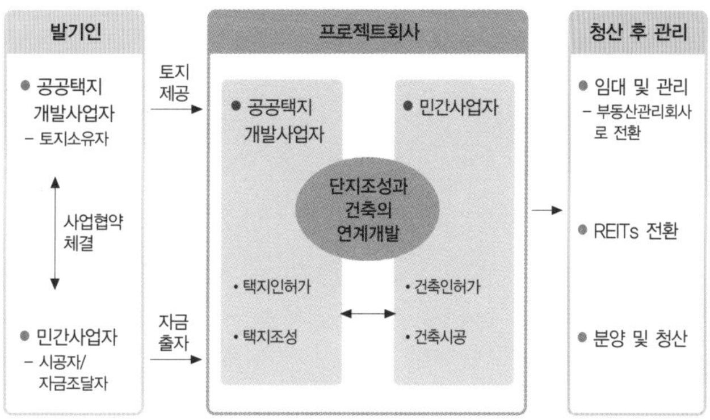

배경

택지개발지구 내 중심상업용지가 난개발되어 도시 환경이 악화되는 경향이 있었다. 상업지역의 단일 필지들이 각각 개발되고 분양되면서 지구 계획과 실제 필지별 개발과의 괴리가 생기고, 수익성 위주의 개발로 공간적 연계가 잘 되지 않고 편의공간이 부족하게 되는 문제점이 발생하였다. 주차공간도 각각 개별 건물의 주차장 설치로 상업지역 인근 도로가 주차장화되는 문제가 야기되었다. 기존의 단독주택지들 역시 소규모 획지 분할로 공공주차장이나 커뮤니티센터 등의 공공시설이 부족했고, 단독주택지가 상가화되어 주거환경이 열악하게 되는 경향이 있었다. 또한 신도시의 주민 입주 시기에 있어서도 주거 입주가 된 다음 나중에 상업지역이 개발되어 초기 입주민들의 어려움이 있었다.

그래서 체계적인 개발을 유도하여 편익시설을 적기에 공급하고 도시를 활성화해야 할 필요성이 대두되었다. 공공부문에서는 민간의 창의성과 선진적인 개발방식을 도입한 계획과 개발로 보다 나은 도심 환경을 조성하고자 하는 목적이 있었다. 민간사업자는 실질적으로 초기 투자비에 대한 부담 없이 PF를 통해 사업을 추진할 수 있는데, 토지 취득비용을 적게 부담하면서 양질의 토지를 확보하는 장점이 있기 때문이다. 일반투자자들은 민-관 컨소시엄으로 구성된 사업주체로 인해 사업에 대한 신뢰성을 갖게 된다. 결국 선투자를 최소화하여 사업 리스크를 감소시키는 효과를 가져온다. 이러한 개발 사업으로 공공부문의 역할이 확대되고 다양화되는 효과도 있다.

프로세스

실질적으로 공공부문의 발주처는 사업을 공모하기 전, 시정개발연구원 등의 연구기관에서 타당성을 검토한다. 프로젝트의 대상지는 도심의 재개발 부지이거나, 신도시 택지개발지구내 중심상업용지, 경제자유구역 개발지구 등 다양하다. 수년 동안 사회적으로 개선 요구가 있는 부지일 경우도 있는데 이런 경우 수년간의 타당성 검토와 이해관계자들 간의 조율이 요구된다. 이에 따라 발주처는 사업 공모 방식이나 심사기준, 규모 등을 확정하고, 사업자 모집 공고를 낸다.

공고가 나오면 민간사업자는 사업설명회에 참석하고 입찰 준비를 시작한다. 현재 약 3개월간의 공모 기간이 주어지는데, 민간사업자가 사업계획서를 제출하면 발주처는 심사 기준에 따라 우선 협상 대상자를 선정한다. 이어 우선 협상 대상자, 곧, 공모 당선자와의 협의를 거쳐 협약을 체결한다. 민간사업자는 협약이행보증금을 납부, 설립자본금을 출자하고, 용지매매계약을 체결한다. 프로젝트는 인허가 절차에 따라 사업승인을 받고 분양, 착공하고 준공을 하게 된다. 물론 사업에 따라 단계별 추진이나 블록별 사업 등 여러가지 건설사업의 진행방식이 있을 수 있다.

사업이 완료되면 SPC는 청산하게 되고 부동산 리츠REITs나 AMC로 전환된다.

민-관 합동형 PF사업 중 주거가 포함된 최초의 복합개발 프로젝트였던 화성 동탄 메타폴리스가 현재 1단계를 완료한 상태로서 PF사업의 전 과정을 경험한 프로젝트는 현재 없다고 볼 수 있다.

주요사례

민-관 합동형 PF사업 공모 방식으로 진행되는 주요 복합개발 사례들은 다음과 같다.

택지개발[17]지구 상업지역 내 진행 중인 민-관 합동형 PF사업의 사례[18]

사업명	사업면적(㎡)	회사명	공공주체	유치시설	사업기간
용인죽전 역세권개발PF사업	38,361	그린시티	토지공사	백화점, 할인점, 주차빌딩, 오피스텔	'02.1~'08.3
용인동백 테마형쇼핑몰PF사업	36,005	쥬네브	토지공사	할인점, 영화관, 문화센터, 교육시설 등	'03.5~'07.12
화성동탄 복합단지PF사업	95,998	메타폴리스	토지공사	아파트, 할인점, 호텔, 방송국, 벤처센타 등	'04.4~'11.12
아산배방 복합단지PF사업	58,321	펜타포트	주택공사	아파트, 백화점, 할인점, 업무시설, 위락시설, 문화 및 집회시설 등	'05.12~'10.12
광명 역세권개발PF사업	73,919	엠사이어티	주택공사	아파트, 할인점, 업무시설, 호텔, 영화관, 문화체험관 등	'06.8~'11.12
광주수완 호수공원쇼핑몰PF사업	33,537	레이크파크	토지공사	아파트, 할인점, 호텔, 방송국, 벤처센타 등	'06.12~'11.12
성남판교 복합단지PF사업	143,685	알파돔씨티	토지공사	아파트, 백화점, 할인점, 업무시설, 위락시설, 문화 및 집회시설 등	'07.10~'14.12
파주운정 복합단지개발PF사업	102,111	-	주택공사	아파트, 백화점, 할인점, 호텔, 업무시설, 위락시설, 자연사박물관, 문화 및 집회시설 등	'07.12~'14.12

한국토지공사에서 최초로 민-관 합동형 PF사업 방식으로 사업을 진행하였는데, 초기에는 토지공사와 주택공사 등의 공기업에서 주로 발주하였다. 이후 경기지방공사의 한류우드 PF사업, 인천도시개발공사의 인천도화지구 PF사업, 제주도시개발센터가 발주한 제주 예래 휴양형 주거단지 PF사업 등의 지방공사, 그리고 대구시, 안산시, 천안시, 부산시 등의 지방자치단체, 토지공사와 주택공사에 이어 철도공사 등의 공기업 등으로 발주처가 확대되었다.

17 택지개발사업은 정부의 주택정책을 원활하게 수행하기 위해서 적기, 적소에 양질의 주택건설 용지를 마련하는 것으로 개발 대상지역의 주택수요와 가격 및 지가 등을 감안하여 지역별 주택건설계획과 장단기택지수급계획을 수립하고 이에 따라 택지를 선정함. 계획 수립때 지구의 자연환경과 주변여건을 분석하여 우수한 자연환경을 보전 복원하고 지구별로 지역특성에 맞는 테마를 설정, 토지이용계획을 수립하며 실시계획수립 때에 토공사와 구조물 공사에 있어 공사비 절감요인을 발굴, 개선함으로써 저렴한 택지를 공급하도록 사업성 분석을 철저히 하여 사업성과 공익성의 조화로운 개발을 유도함. http://www.jugong.co.kr/citycont/tekji/overview/D310_F400.asp

18 택지개발지구 상업지역내 공공 민간 합동형 PF사업의 특성연구, 황성택, 2008

복합개발의 두가지 의의와 역할 Two Goals and Roles

민-관 합동형 PF사업은 공공 부문과 민간의 창의성을 결합한 일체적, 종합적 개발을 통해 토지 이용의 효율성을 증대하고, 안정적으로 사업을 추진하여 시장의 신뢰성을 높이는 데 기여하려는 목적에서 시작되었다. 크게 두가지 방향으로 분류하면, 첫째 신도시 개발의 선도사업으로서의 복합개발이다. 둘째는 도심재생과 활성화를 위한 복합개발이다. 국내의 신도시 택지개발지구 내 복합개발은 일본이 부동산 붕괴 이후 시가지재개발사업으로 추진했던 것과는 다르다. 도심재생을 위한 복합개발은 도시화가 상당히 진전된 이후 낙후된 도심을 재개발하고, 산업구조 변화에 따른 기능의 이전을 목적으로 한다.

다음은 민-관 합동형 복합개발 PF사업에서 주요 개발방식의 사례이다.[19]

복합개발사업 공모의 개발방식

개발방식	2002	2003	2004	2005	2006	2007	계
택지개발사업	용인동백	화성동탄		아산배방	광명역세권	성남판교	5
경제자유구역개발					인천청라 인천운북		2
도시개발사업			대전엑스포	한류우드	인천도화	천안국제 비즈니스	4
도시재정비사업						용산역세권	1
계	1	1	1	2	4	3	12

신도시 개발의 전초기지로서의 복합개발

여기서 말하는 신도시란, 분당, 일산의 1기 수도권 신도시, 판교, 동탄의 2기 수도권 신도시, 대전 서남부와 아산의 2기 지방 신도시, 기타 신도시와 혁신도시를 포함한다. 민-관 합동형 PF사업이 신도시 택지개발지구의 중심상업지역에서 시작된 만큼 대부분의 복합개발 사례가 이 분류에 속한다. 신도시의 비전vision을 상징하는 플래그쉽flagship 프로젝트의 성격으로 신도시의 성장과 발전을 선도하는 것이 주요 목적이다.

대한주택공사가 발주한 아산 배방 펜타포트Penta-port [20]의 경우, 2005년 공모를 실시하였고, 1차 주거 타워의 분양이 2007년 말에 완료된 상황이고 다음 블록의 진행을 앞두고 있다. 공모 당시, 전국을 반나절 생활권으로 만드는 KTX의 개통이 사회적인 이슈였던 만큼, KTX 천안 · 아산역 역세권 상업지역에 들어서는 이 프로젝트는 상징적인 랜드마크의 계획이 주요 당선 요인으로 작용하였다. 대상지는 아산 배방 신도시에 속해있고, 천안과 아산을 구분하는 시작점이었다. 발주처는 상징적인 도시 경관을 창출하고 신도시의 이상을 담은 프로젝트를 원했다. 천안아산역 광장과 인접한 랜드마크 타워는 KTX의 빠른 수평적 움직임에 대응한 수직적 상승감을 표현하는 싸이클론 타워Cyclone Tower로 계획되었다.

19 복합개발사업 공모의 공모 특성 및 당선작 특성 분석, 한국도시행정학회 도시행정학보 제21집 제2호, 심교언, 서준원, 이상경, 2008)

20 아산 배방 펜타포트(Penta-port) : SK컨소시엄/공공부문-대한주택공사/건설투자자-SK건설,대림산업,두산중공업,계룡건설/금융투자자-지방행정공제회,신한은행,농협중앙회,재향군인회,대우증권/전략투자자-건원,건원ENG,현대백화점,RFC/설계사-건원건축

또한 KTX의 편리한 이용을 위한 수평적인 연계성과 아산 신도시를 관통하는 주요 물길인 장재천의 수공간을 최대한 활용하는 단지 내 수변 테마공원의 조성도 주요 계획의 요소였다.

2006년 아이디어 공모로 시작된 안산 사동 90블럭[21] 복합단지는 서해안의 주요 개발축과 안산시의 성장축, 그 접점에 대상지가 있는데, 안산시는 기존의 산업도시 이미지에서 탈피하여 삶의 질이 높은 첨단 도시 기능과 이미지를 원했다. 민간사업자는 대상지의 잠재력을 재발견하여 시화호 전체의 개발계획과 연계한 랜드마크의 도입을 제안하였고, 광역적으로 주변 단지의 도시적 역할들을 분석하고 부족한 기능들을 새롭게 도입하는 개발 개념을 제시하였다.

판교 중심상업지역 내에 들어서게 되는 판교 알파돔 시티Alpha-Dome City [22]는 2007년 공모를 실시하였고 현재 마스터플랜을 진행 중이다. 판교역사 환승역과 더불어 신도시 입주자들의 생활, 문화, 업무 배후 단지로서 중요한 의미를 갖는다. 과거 신도시의 초기 입주민들이 기반 시설 부족으로 생활에 어려움이 있었는데 이러한 문제들을 극복하기 위해 현재 사업이 빠르게 추진되고 있다. 사업지가 안고 있는 성남 판교지역의 항공고도제한 문제로 주로 초고층의 랜드마크 타워로 개발되고 있는 이전의 복합단지 PF사업과는 다른 양상을 보이고 있다. 즉, 수직적인 개발이 아닌 수평적 개발의 사례에 해당된다고 볼 수 있다. 이 같은 수평적 개발의 한계점을 극복하기 위한 대안으로써 여러 블록의 빌딩을 하나로 통합하는 아이코닉 디자인iconic design으로 돔dome을 형상화하였다.

현재 전 세계적인 부동산 시장의 침체와 금융환경의 불안정으로 많은 대형 프로젝트들이 원활하게 진행되지 못하는 것이 사실이다. 하지만 경기가 회복될 경우, 소비자의 니즈needs를 반영한 질 높은 도시공간이자 지자체의 꿈이 담긴 복합단지의 완성은 신도시 성장의 선도적 역할을 할 것이다.

도심재생을 위한 복합개발

도심재생을 위한 복합개발은 도심부의 쇠퇴 현상을 방지, 인구와 산업의 회귀를 촉진하고 재활성화하기 위한 목적으로 시작되었다. 지역의 잠재력을 재발견하고 현재의 도심 기능과 맞지 않는 시설들을 이전시키며, 도시 문제를 종합적이고 총체적인 시각에서 접근하는 것이 특징이다. 특히, 입체적인 토지이용계획, 대중교통중심의 TODTransit-Oriented Development 개발을 동반한 압축도시Compact City의 개념이 도심 재생의 핵심이라 할 수 있다.

21 안산사동 90블럭 복합단지 : GS건설 컨소시엄 / 공공부문–안산시(미확정)/건설투자자–GS건설,삼성물산,동훈건설/시행사–㈜동훈/설계사–건원건축

22 판교 알파돔 시티 (Alpha Dome city) : 행정공제회 · 롯데 컨소시엄 / 공공부문–한국토지공사/건설투자자–롯데건설, GS건설,대림산업,SK건설,두산건설,서희건설,㈜모아종합건설,한라산업개발/금융투자자–행정공제회,산업은행,외환은행/전략투자자–신영, ON MEDIA,단호재단,풍성주택 주식회사/설계사–DA건축,건원건축,정림건축, LAGUARDA LOW

23 도화구역 이적지 개발 및 송도 인천대 신축사업 : SK컨소시엄 / 공공부문–인천도시개발공사/건설투자자–SK건설,GS건설,대림산업,포스코건설/금융투자자–농협중앙회,수협중앙회,신한은행,하나은행,광주은행,미래에셋,대한생명,동양생명,신한생명,SK증권/설계사–도화이적지:건원건축,희림,유선, 토우/설계사–인천대부지:정림,NIKKEN SEKKEI,희림,유선,토우

인천 도화지구 PF사업(도화구역 이적지 개발 및 송도 인천대 신축사업)[23]은 도시재생사업으로는 처음으로 민–관 합동형 PF사업으로 진행되고 있다. 인천시는 동아시아의 새로운 허브hub 역할을 하기 위해 영종도, 송도, 청라지구를 포함하는 IFEZ 경제자유구역의 범국가적인 개발계획을 갖고 있다. 반면에 인천의 구도심 지역은 인구 이탈, 산업 이전 등으로 매우 낙후되어 대규모 재개발사업이 불가피한 상황이다. 이에 민간사업자는 이전한 인천대 부지를 포함한 구도심 전체에 대한 그림을 염두에 두면서 도시재생사업의 총체적인 로드맵을 제시하였다. 현재 사업규모가 크고 사업과정과 내용이 복잡한 만큼 사업 추진에 난항을 겪고 있는데, 인천시와 컨소시엄간의 심도 있는 협의가 예상된다.

영등포 교정시설 이전부지 PF사업[24]은 영등포 교정시설을 이전하고 그 부지를 새로운 도심으로 재창조하는 프로젝트이다. 도시가 발달, 팽창하면서 과거 시 외곽이었던 교정시설의 입지가 도심지가 되어 지역 주민들의 이전 요구가 끊이지 않았었고, 지역 발전의 걸림돌로 여겨져 왔다. 따라서 이전 부지에는 업무, 주거, 상업, 문화 기능을 도입하여 도심을 활성화하고 지역 발전을 촉진하려는 목적에서 복합개발사업이 추진되고 있다.

도심재개발로는 세계적으로 유례없는 초대형 프로젝트인 용산 국제업무지구 PF사업[25]은 서울의 미래와 글로벌 도시의 꿈이 담긴 프로젝트이다. 과거 용산역 철도정비창으로 사용되던 부지의 잠재력이 다시 확인되면서 서울의 중심 업무기능을 담당하는 국제적인 복합단지로 개발되기에 이르렀다. 한강 르네상스 계획과 함께 서해안을 물길로 연결하는 조건도 갖추고 있다. 용산국제업무단지가 서울의 새로운 CBD인 만큼 국가경쟁력 차원에서 민–관의 긴밀한 협조와 정책적 지원이 필요하다는 목소리가 높다. 과거 부동산 붕괴 이후 일본이 국가적 차원에서 적극적인 도심재생 정책을 펴, 록본기 힐즈, 도쿄미드타운, 오모데산도 힐즈와 같은 세계적인 명소를 탄생시키고 도쿄를 살렸던 것처럼 말이다.

한편 용산 국제업무지구 PF사업은 신도시 택지개발지구 상업용지에서 추진하는 프로젝트들과 달리, 인허가 진행과정에 있어서 공모시기의 타당성 문제도 제기되었다. 초기 공모가 나왔다가 발주처인 철도공사와 서울시의 의견 차이로 재공모가 나오는 일도 있었다. 이것은 사업 진행과정의 초기 단계에 공모가 이루어질 경우 사업적 리스크risk를 가중시키는 문제점이 있음을 보여준 것이다. 도심재생사업은 일반적으로 주민들의 반발, 입주를 둘러싼 갈등 등 해결해야 할 많은 과제들을 안고 있다. 특히 기존 주민의 재정착과 토지보상 문제는 큰 선결과제 중 하나이다.

복합개발의 목적과 역할을 크게 두 가지로 요약하면, 신도시 개발의 전초기지로서의 복합개발의 키워드는 성장, 도심재생을 위한 복합개발의 키워드는 재창조와 활성화이다.

인천 도화지구 PF사업

※ 도시정책 및 사업제도의 변천과 특징

법	연도	시기
도시계획법	1962	**도입기**
토지구획정리사업법	1966	
주택개량촉진을위한특별법	1973	**발전기** 부족문제 해결형 / 개별법, 임시법, 특별법 제정 / 주택부족문제의 단기적 대응
도시재개발법	1976	
주택건설촉진법	1979	
택지개발촉진법	1981	
주거환경개선을위한임시조치법	1989	
도시개발법	2000	**변환기** 선계획 후개발 / 관련법의 통폐합 : 정비 및 관리 / 종합적, 체계적인 도시정비의 제도기반 마련 / 서울시의 새로운 주거환경개선정책 구상
국토의계획및이용에관한법률	2002	
도시및주거환경정비법	2003	
도시재정비촉진을위한특별법	2006	

종합적이고 체계적인 '정비 · 관리'에서 '도시재생'으로 이행

다음은 참고로 도시재생과 관련된 정책 및 사업제도의 변천과 특징이다. 이러한 흐름에서 복합개발은 도심 재생의 효과적인 개발방식이라 할 수 있다.(건원건축 도시계획 LAB 세미나 자료, 김태엽, 2009)

24 영등포 교정시설 신축 및 이적지개발 PF사업 : SK컨소시엄 / 공공부문–한국토지공사/건설투자자–SK건설,대우건설,GS건설,대림산업/금융투자자–산업은행(KDB),국민은행,농협,신한은행,우리투자증권/설계사–해안건축,A&U,건원건축,선진엔지니어링(교정시설)

25 용산국제업무지구 PF사업(드림허브프로젝트금융투자㈜,용산역세권개발㈜) :삼성 · 국민연금컨소시엄/공공부문–KORAIL,서울시(SH공사)/건설투자자–삼성물산,GS건설,현대산업개발,금호건설,SK건설,포스코건설,롯데건설 외10개사/금융투자자–푸르덴셜,국민연금,삼성생명,삼성화재,우리은행/전략투자자–롯데관광개발, 삼성SDS, KT&G,미래에셋맵스자산운용,CJ,호텔신라

화성 동탄 메타폴리스 현장(2009)

용산 프로젝트는 새로운 역사를 쓰는 사업

서울과 대한민국을 넘어서 세계 최고의 단지가 될 것

삼성물산, 이경택 상무
사업부장 / 개발사업부 / 개발사업본부

우리나라 복합개발을 이야기함에 있어서 용산 국제업무지구 PF사업은 절대 빼놓을 수 없는데요, 프로젝트 규모가 크고 서울시의 중심에 자리잡은 만큼 시사점도 상당히 있었다고 봅니다. 상무님께서 프로젝트를 끌어오시면서 겪으신 공모 당시의 상황과 현재 진행상황 등 용산PF사업에 대한 얘기가 궁금합니다.

제가 재개발, 재건축 분야에 몸담고 있을 때 용산 국제업무지구 프로젝트를 지켜보면서 정말 치열한 경쟁이 벌어질 거라 예상했었는데, 그런 와중에 제가 이 개발사업의 책임자로 오게 됐죠. 당시 제 옆에는 13명의 열정적인 직원이 있었습니다.

최초에 철도공사 부지 13.4만평이 PF사업으로 공모가 되었는데, 서울시가 용산을 한강르네상스의 핵심 거점 터미널로 구현하기 위해, 현재 서부이촌동 대림아파트 주변부지 3.7만평을 포함시키면서 총 17.1만평으로 재공모가 되었구요. 사업 준비에 착수하면서 우리 직원들에게 물었습니다. '역사의 방관자가 될 것인가 아니면 주인공이 될 것인가' 우리 직원들은 이런 소명의식을 가지고 한 몸처럼 똘똘 뭉쳐 일했습니다.

용산이 지금은 낙후되었지만 서울의 중심에 위치해 있고, 미래 발전 잠재력이 어느 곳보다 큰 것은 누구나 알고 있는 사실입니다. 이러한 지리적 이점으로 인해 이 땅이 중국이나 러시아, 일본, 미국에 이르는 열강 군대의 주둔지가 되었던 역사적인 시련을 안고 있는 곳이기도 합니다. 그래서 이 곳을 **'세계 최고의 복합단지로 만드는 발상의 전환을 가져오자, 대한민국을 세계의 중심에 우뚝 세우는 미래의 유산을 만들어 보자, 역사의 주인공이 되자'** 그런 마음가짐을 가지도록 직원들을 독려했습니다. 528년, 법흥왕 어머니가 불국사를 창건한 걸로 알고 있어요. 그런데 유감스럽게도 그 후 1,500년이 지나는 동안, 규모나 역사성, 예술성면에서 불국사를 뛰어넘는 복합단지가 없다고 봐요. 그래서 **용산 국제업무지구를 역사성, 디자인이나 단지의 조화 등 모든 면에서 서울과 대한민국을 넘어서 동북아의 중심지, 세계 최고의 복합단지를 만들겠다**는 그런 각오로 일해 왔고 지금도 진행 중입니다.

공모 당시 저희 삼성·국민연금 컨소시엄의 상대는 현대·프라임 컨소시엄이었는데 사업규모가 크다보니 국내의 대표적인 기업들이 대부분 참여했고 양측 컨소시엄 모두 치열하게 준비를 했어요. 심사 평가 결과 양측의 점수 차이가 10점 이내일 정도로 그야말로 기막힌 초박빙의 경쟁이었지요. 2007년 11월, 저희가 당선된 후 정말 꿈같은 시간을 보냈습니다. 그런데 그것도 잠시, 철도공사와 사업협약 체결을 위한 숨 가쁜 협상이 시작되었어요. 11월2일 당선 발표 후 12월13일에 협약식을 끝내고 12월18일 드림허브프로젝트금융투자주식회사PFV를 출범시켰으니까 굉장히 초스피드였죠. 44일간 국내 PF 사상 최단기 협약이라는 기록을 세우게 된 것이죠. 당선과 동시에 바로 준비했기 때문에 시간이 많이 절약되었지요. 2007년 2월에 부임해서 그 해 12월18일 PFV가

출범하기까지의 10개월이 제 일생에서 가장 바쁜 시기였습니다. 그동안 나름대로 열심히 해 왔지만 작년 7월말부터 국내에도 금융위기와 실물경기 침체가 본격화 되면서 새로운 도전에 직면하게 되었고 앞으로 더 많은 노력이 필요하다고 생각하고 있습니다. 사업이 정상화 되어 제대로 진행될 수 있도록 하기 위해 철도공사와 적극적으로 협의하고 있는 상태입니다.

이 용산 프로젝트는 누군가 꼭 해야 하는 사업이라고 생각합니다. 단일규모로 세계 최대 복합단지를 건설한다는 점도 있지만 국제금융, IT, 관광 허브라는 컨셉으로 된 세계 최고 수준의 국제 비지니스 단지 조성, 그 새로운 역사를 쓰는 것이라 생각합니다.

용산국제업무지구가 완공되는 2016년이 되면 서울을 찾는 국내외 사람들은 반드시 이곳을 대한민국 복합개발의 성공모델로 여기게 될 것입니다. 그동안 우리들은 복합개발사업 선진사례를 찾아 유럽이나 일본, 미국으로 벤치마킹을 많이 다녔는데, 이제는 그들이 이 곳을 방문하게 될 것이고 저는 그날이 올 것을 확신하고 있습니다. 대한민국과 서울의 미래를 만들어 가는 이 사업을 포기하는 것은 국가적으로 큰 기회의 상실이라고 생각해요. 단순히 민간컨소시엄의 개발사업이라 생각하지 마시고 서울의 역사, 나아가서는 대한민국의 역사를 바꾸는 미래사업이라는 점을 공감해 주셨으면 합니다. 이 사업에는 현재 **40%가 넘는 공공지분이 참여**하고 있습니다. **경제유발 67조, 고용창출 36만명, 연간 외국관광객 500만명의 경제적 가치**를 기대하고 있으며 규모, 경제적 효과, 상징성 등을 고려한다면 **새만금이나 4대강 정비사업과 같은 국책사업과 견줄 만한 유무형의 효과가 기대되는 국가의 신성장동력을 구축하는 사업이에요.** 개발 마스터플랜을 보면 훗날 우리 용산은 세계 어느 복합단지와도 비교될 수 없을 정도가 될 거라는 생각을 가지고 있습니다. **한가지 바램이 있다면 범정부 차원의 지원이 절실하다는 것입니다.** 세계적인 복합단지를 살펴보면, 일본 동경에 있는 미드타운은 지자체가 나서서 용적율을 과감하게 풀어 주어 사업이 성공적으로 추진될 수 있었고, 독일의 포츠다머 플라츠도 정부의 전향적인 지원이 있었습니다.

오랫동안 주택개발사업에 몸 담아 오셨는데요, 복합개발의 당위성이라든가 지방에서의 가능성은 어떻게 보시는지요?

복합개발사업은 계속 갈 수 밖에 없는 트렌드라고 생각하는데요. 소득이 높아짐에 따라 도시로, 도시로 몰려들 수밖에 없는 산업구조로 가고 있고 낙후된 도심을 재창조 하는 것이 전 세계적인 현상입니다. 좁은 공간에서 효율성을 추구하다 보면 결국 복합단지가 해결방안이 되는데, 우려되는 것은 우리 대학들이 비슷하듯이 프로젝트의 공모조건이 획일적이라는 점입니다. 상업면적이 얼마, 업무면적이 얼마, 이런 것들을 정해 놓는 것은 정부차원에서 개선해야 한다고 생각합니다. 복합개발사업 수입의 원천이 상업시설에 있다보니 상업시설 중심으로 계획하게 되고 5만평, 10만평 이런 식으로 제안하고 있는데 지역사회의 상업시설이 공멸할 수도 있어요. 특히 지방에서는 이 점을 지양해야 합니다. 경우에 따라서는 주상복합과 오피스, 상업이 있을 수 있고, 때로는 거기에 병원이라든가 학교가 있다든지, **지리적 위치와 주민들의 성향 등 경제·사회·문화적으로 지역특성을 반영하여 특화된 시설이 추가되는 복합단지가 되어야 미래가 있다**는 것이죠. 결국 **지자체는 그 특성에 맞는 복합 PF사업을 추진해야 성공**할 수 있는 가능성이 있습니다. 물량확보 차원에서 사업에 참여하는 것은 지양해야 합니다. 컨텐츠로 승부해야 합니다. 컨텐츠를 잘 짜서 수익 모델을 만들어야 사업이 정상화되고 또 완성된 후에도 입주자들이 만족할 수 있어야 복합개발 PF사업은 성공할 수 있다고 생각합니다.

삼성이 주택부문에 늦게 진입했음에도 래미안아파트가 아파트 브랜드 1위를 하고 있고, 그동안 복합단지 PF사업 공모에 주도적으로 참여하지는 않았었는데 이번에 초대형의, 국가적으로도 중요한 용산 프로젝트를 수주하여 진행을 하고 계시는데요, 프로젝트를 참여하는 기준을 갖고 계실 것 같아요.

복합개발사업은 나름대로 각 회사마다 철학이 있다고 생각합니다.

개인적으로, 개발사업의 목표는 가장 좋은 곳에 위치해야 하고, 회사를 빛낼 수 있는 가치를 지녀야 한다는 것, 여기에 거주하게 될 사람들이 이 단지에 들어온 것에 대해 자부심을 느끼도록 하는 것, 그리고 주변 사람들로부터 이 단지가 우리 지역에 들어와서 여러모로 좋아졌다는 평가를 받는 것, 마지막으로 사업의 수익성을 확보하는 것입니다. 이렇게 모두에게 이익이 되는 사업을 추구하고 있습니다. 요약하면 **좋은 위치, 입주자들의 호응, 지역 내의 자랑스러운 단지를 만드는 것**입니다. 그렇기 때문에 추진하고자 하는 프로젝트가 제한적일 수도 있고 서울 중심으로 하게 되는군요.

용산국제업무지구 전경(2009)

건설업의 본질은 무에서 유를 만들어 내는 창조적 힘을 발산하는 것이라고 생각합니다. 용산 프로젝트는 새로운 역사를 쓰는 사업입니다. 자세히 들여다보면 정말 도전해 볼 만한 어려운 사업이고, 현재의 어려움도 잘 극복할 수 있을 것입니다. 일차적으로 철도공사 및 PFV 주주사들의 적극적인 노력이 선행되어야 하겠지만 용산 프로젝트는 주변사람들의 도움 뿐 아니라 하늘이 도와야 한다고까지 생각하고 있습니다. 워낙 큰 사업이다 보니 힘든 일이 있지만 이런 어려움 없이 역사가 이루어지겠나 라는 생각을 갖고 있습니다.

용산 국제업무지구는 남산, 용산민족공원, 한강, 노들섬 오페라하우스 등 주변 자연환경 및 문화환경과 조화를 이루는 대한민국을 대표할 문화유산을 창조하는 프로젝트입니다. 앞으로 우리 용산이 영국의 카나리워프, 일본의 록본기힐스와 미드타운을 능가하는 세계적인 명품단지가 되는 과정을 관심 있게 지켜봐 주시고 지원해 주시길 바랍니다.

공공부문의 역할 Role of Public Sector

민-관 합동형 PF사업의 참여 구성원은 다음과 같다.

공공부문	• 공공부문 개발사업자 : Public Developer, 토지소유자 - 택지인허가, 택지조성 업무, 토지제공				
민간부문	• 민간부문 개발사업자 : Private Developer, 시공자, 자금조달 - 건축 인허가, 건축 시공, 건축 자금 출자				
		디벨로퍼 (Developer)	시공사 (Construction Investor)	금융기관 (Financial Investor)	테넌트Tenants (Strategic Investor)
	참여사	• 시행사 • 설계업체 • 부동산컨설팅사 등	• 건설업체	• 은행 • 증권사 • 연기금, 기관투자사 등	• 백화점 • 할인점 • 카테고리킬러 등
	참여 목적	• 대규모 개발시행 실적 • 개발이익 기대 • 분양 및 설계 주도	• 대규모 시공물량 확보 • 시공 · 개발이익 기대 • 초기 자금부담 최소화 • 브랜드 이미지 제고	• 안정된 신규시장 진출 • 경제적 가치 증대 • 적정 사업성 확보 • 안정된 운영수익 기대	• 신도시 등 배후지 이점 확보 가능 • 신규시장 진출 및 선점 가능

민-관 합동형 PF사업의 경우, 공공기관에서 이미 부지를 확보한 상태에서 개발사업의 틀을 제시하고 있기 때문에, 공공부문의 역할이 프로젝트에 결정적이라 해도 과언이 아니다. 공모지침서RFP, Request For Proposals에는 개발의 주요 사항들이 제시되어 있고 프로젝트 참가자의 조건Qualification도 주어져있다. 개발계획의 방향뿐 아니라 사업구도까지 정하고 있다고 볼 수 있다. 2001년부터 현재까지 PF사업의 공모지침서나 당선작에 대한 분석 논문들[26)][27)]이 최근 나오고 있다.

공모지침서의 배점기준표를 보면 PF사업이 어디에 중점을 두어왔는지 그 변화 추이를 알 수 있다. 처음 이 방식이 도입될 때는 택지개발지구 상업지역에서의 난개발 문제 해소가 우선적으로 절실했기 때문에, 공모지침서에서 개발계획의 중요성이 부각되었다. 개발계획의 참신성, 테마와 공공성을 중요시하는 것은 지금과도 같다. 초기에는 개발계획과 사업계획이 거의 동등한 비중이었고, 시간이 지나면서 관리, 운영계획의 항목이 별도로 배점표에 등장하였다. 사업의 완성뿐 아니라 지속가능성이 중요하게 여겨지고 있다. 그래서 초기의 사업구도가 시공과 분양을 고려한 건설투자자 중심이었다면, 현재는 관리, 운영과 장기적인 사업의 자금 조달을 위한 금융투자자의 비중이 의도적으로 높아지고 있는 추세이다. 한편 공모지침서의 어떤 항목보다도 토지가격 평가는 가장 중요한 당선의 관건이 되어왔다. 이렇듯 공공부문이 개발의 방향과 사업의 추진에 지대한 영향을 미치고 있는 만큼, 공공부문은 도시에 적합한 개발, 민간사업자와 윈-윈win-win할 수 있는 공모지침서를 만들어야 한다.

최근 복합개발에 대한 이러한 문제 인식이 정책과 제도에 반영되고 있는데, 토지이용계획상의 용도 지정, 건축 규정과 관련하여 복합개발에 대한 완화 기준이나 계획의 가이드라

26 복합개발사업 공모의 공모 특성 및 당선작 특성 분석, 심교언, 서준원, 이상경, 2008
27 공모형 PF 사업의 특성에 관한 연구-공모지침서를 중심으로, 백인길, 손진수, 2008

인이 올바른 방향으로 제시되어야 한다. 민-관이 협력해서 사업이 진행되는 만큼 인허가 절차도 효율성이 있어야 한다. 민-관 합동형 PF사업이 오히려 더 복잡한 절차와 심의과정을 거쳐야 한다면 도시 비전vision을 달성하고 공공에 기여하고자 하는 사업이 민간사업자에게 부담으로 작용할 수도 있을 것이다.

민간사업자에게 지자체가 지나친 기부채납을 요구한다든지, 공공부문은 토지만 제공하고 사업에는 참여하지 않는 경우 등도 지양되어야 할 것이다. 단지 활성화의 노력은 민-관이 같이 해야 한다. 최근 자치구마다 주민복합센터를 건립하는 것이 유행인데 복합단지 안에 앵커anchor시설로 도입하는 것도 좋은 방법이다. 이것은 토지 이용의 효율을 높이고 단지의 집객력 제고, 복합단지의 부대시설 공유 등 여러가지 경제, 사회적 효과가 있다. 무엇보다도 지역 주민과 커뮤니티에 실질적인 혜택이 돌아갈 수 있도록 민간사업자와 공공부문이 함께 아이디어를 모아야 할 것이다.

문제점과 개선 방향 Raised Issue and Direction

민-관 합동형 PF사업의 변화 추이와 변화과정에서 제기되는 이슈issue들을 살펴보고 개선 방향을 생각해보고자 한다.

사업의 진행단계에 있어서 점차 초기단계에 공모가 시행되는 경향이 있어 사업의 기획력이 보다 중요한 성공의 관건으로 작용하고 있다. 특히 프로젝트의 부지 규모와 연면적이 대형화되고 있어 더더욱 기획력이 중요하고, 사업비가 커짐에 따라 사업리스크risk를 방지hedge하는 고도의 전략이 요구되고 있다. 프로젝트의 규모가 커지면서 상업 면적이 과다하게 계획되는 경우가 많아 사업성이 저하되고 상업 공동화가 우려되는 경우도 빈번히 나타나고 있다.

공모지침서의 경우, 배점에 있어서 토지가격에 대한 비중이 높아 토지가격이 입찰자 선정을 좌우하는 상황이 계속되고 있다. 이것은 공모 사업의 본래 목적에 어긋나고 사업성 악화로 이어져 사업 지연의 원인으로 작용하였다. 공공부문은 토지가격을 높게 책정하여 수익을 보전한다기보다는, 사업 주체로서 준공 후 단지를 활성화시켜서 지분 투자로 수익을 얻고, 이것을 다시 다른 사업에 환원하는 방식으로 전환하는 것이 옳다.[28] 토지가격보다는 개발계획과 사업성에 대한 배점이 높아져야 한다. 이를 뒷받침하기 위해서는 민간사업자 선정 시, 평가자를 전문화, 세분화하여 선정하고, 평가 기간과 평가 기준의 객관성을 높이기 위한 제도적 보완이 필요하다.

한편 공모지침서에서 재무적 투자자의 참여에 가점을 주는 등 그 비중이 커지고 있다. 그러나 개발사업의 자금을 조달할 때 프로젝트를 보고 대출을 해주는 순수한 의미의 PF(프로젝트 파이낸싱)보다는 건설사의 신용도에 따라 대출이 이루어짐으로써, 사업이 건설사 중심으로 진행되고 있는 우리나라의 특수한 상황이 고려되어야 한다. 금융업계의 인력상

28 택지개발지구 상업지역내 공공 민간 합동형 PF사업의 특성 연구, 황성택, 2008

황을 보면, 현 시점에서 개발 경험이 있는 전문 인력이 부족한 경우가 많아 그 비중을 늘린다 해도 사업 참여가 현실적으로 어려운 실정이다. 앞으로 금융투자자의 비중이 늘어날 것은 분명하지만 인력 확충이라든지, 참여 범위와 조건의 보완 등 대책이 필요하다.

컨소시엄 구성에 있어서는 초기에는 일부 대형 건설사들만이 자격 조건에 부합하여 민-관 합동형 PF사업의 참여 대상이 한정되었으나 최근 자격조건에 관한 규정이 개선되어 중형 건설업체의 참여가 늘어나고 있다. 공모기간은 일반적으로 3개월이 주어지는데 사업 타당성 검토와 특히 투자자 모집에 어려움이 있어서 늘어나야 한다는 의견이 있다.
그러나 공모기간 연장은 곧 민간사업자의 부담이 될 수 있어서 공공부문은 다양한 의견을 수렴하여 개선의 방향을 잡아야 한다. 사업기간은 종전의 건설, 분양 후 사업을 종료**exit**하는 체제에서 임대, 운영까지 하는 장기적인 수익사업체제로 전환하는 경우, 최소 10년 이상으로 늘려야 한다.

공모형 PF사업의 문제점	PF사업 공모 및 추진의 개선 방안
사업자 선정 사업자 선정 결과에 대한 이의 제기	• 중견 및 중소업체 참여 기회 확대 • 최상위 출자자의 출자비율 제시는 바람직하나, 최소출자자의 비율 지정은 업체 참여를 제한하므로 신중하게 고려 • 심의위원 수는 일정 수 이상, 심의 결과는 공개 • SPC 설립기한 및 지분율 변경시 사전승인으로 안정적 추진 도모
컨소시엄 구성 참여자별 역할 분배 불균형 – 중요역할 : 유통, 관리 운영, 자금 조달 등 – 업무중심 : 시행, 시공사 중심	• 원활한 자금 조달을 위해 '금융주도형'으로 사업 추진이 가능하나 현실을 반영하여 시공사의 디벨로퍼 역할 인정, 구분 필요 • '운영사보완형'으로 준공 후 활성화 책임을 유도함
관리 및 운영 시공사, 시행사 중심의 컨소시엄 구성 폐해 – 준공 후 활성화 및 관리운영의 책임의식 부재 – 원가 절감 의지 약함 (공사비, 분양경비 등) – 의견 조율로 인한 일정, 사업추진 지연	• 운영사가 사업주관사로 참여하여, 직접 소유하면서, 직접 관리 운영하여 활성화하는 방안
평가 부문 – 토지가격배점으로 인한 높은 토지 가격 제시 – 천편일률적인 공모 지침 내용 – 부족한 공모 기간	• 토지가격 비중을 낮추고 대신 개발건설계획과 사업운영계획의 비중 높여 계획안을 제대로 평가할 수 있도록 함 • 지역 특성을 반영한 공모지침 제시를 통해 특색 있는 안 도시 전체를 아우를 수 있는 복합개발지역이 되도록 함 • 공모기간을 늘려서 외자 유치 및 사업 판단을 가능하도록 해야 함
사업 부문 시행사, 시공사 중심으로 진행되어 분양 위주의 단기 개발에 따른 준공 후 상업 공동화 우려	• 분양만으로 끝나는 것이 아니라 임대사업까지 포함하여, 장기적인 운영이 가능하도록 해야 함 • 사업계획서 상 운영계획의 비율을 높이는 것이 바람직함
계획 부문 과다한 개발로 인한 상업업무 용지의 과다 공급	• 대상 부지의 사업성과 지역 특성을 고려한 개발 용량 제시

중심 광장, Clark Quay, Singapore

복합개발의 글로벌 스탠다드는 무엇인가

소유와 경영, 자본 조달과 시공의 명확한 역할 분담 필요

GS건설, 김규화 담당
개발사업담당

김담당님께서는 도시계획을 전공하셨고 해외 프로젝트에 많은 경험을 갖고 계시다고 들었습니다. 현재에도 국내 복합개발뿐 아니라, 베트남 프로젝트 등 해외에서 주도적 역할을 해오고 계신데요, 최근 우리나라의 건설시장과 현재 복합개발 관련해서 시사점이 있다면 어떤 것들이 있을까요?

제가 해외에서 경험하면서 제일 많이 생각한 것은, 그동안 우리나라에서 일반적으로 하던 건설사업 방식, 우리나라만의 기형적인 구도를 '글로벌 스탠다드' global standard 라고 잘못 생각하고 있었다는 점이예요. 대표적인 예가 복합개발 부분이죠.

선진국을 기준으로 보면 사업에 자본을 대는 펀딩funding 역할을 하는 사람이 디벨로퍼이고, 이 사람은 사업 전체에 대한 자금과 구도를 만들잖아요. 그 다음에 이 사람에 의해 고용된, 설계를 하거나 개발계획을 하는 사람들이 있는데, 이렇게 개발계획을 수립하는 사람은 개인적으로 명성reputation이 있는 사람 또는 브랜드 있는 회사일 수도 있어요. 그 순서를 보면 자본을 가진 사람이 이들을 고용해서 사업을 진행하는 게 아니라, **이 PM(프로젝트 매니저)이 사업을 기획해가지고 금융투자자를 찾는 방식**을 취합니다. PM이 마스터플랜을 세워놓으면 그걸 보고 투자를 한다는 거죠. 프로젝트 회사를 보면 유명한, 자금력 있는 투자자들도 조금씩 지분 참여하는 그런 구도로 되어있는데, 이것은 **개발사업에 있어서 역할 분담이 굉장히 정확하게 되어있다는 것을 의미**해요.

사업 진행을 하면서 시공사를 선정할 때는 단가가 싸면서도 시공능력이 뛰어난 건설회사를 찾는 것이죠. 이런 식으로 건물을 지어서는 통째로 매각하거나, 임대leasing를 하거나 운영에 참여하게 돼요. 이럴 때는 투자금이 곧 건축비가 되는 거죠. 상당히 심플한 사업구조이죠. 운영 경험이 없으면 상업이건, 오피스건, 전문 운영자operator를 고용하죠. 상업시설이라면, 이 운영자는 백화점 몇 개씩 갖고 있고 테넌트tenant도 확보해두고 있죠. 오피스 시설도 존스 랑 라살Johns Lang Lassalle 같은 대규모 운영자가 있듯이요. 그렇게 대규모로 하다 보니 운영 노하우도 쌓이고 가격경쟁력도 갖게되고 오피스 매매시장도 잘 알게 되죠. 이렇게 운영하다가 나중에는 팔기도 하죠. 활성화가 되고 난 이후에 말이죠. 이 방식은 오피스만 그런 게 아니에요. LA에 있는 빌라도 마찬가지에요. 다 짓고 나면 분양대행업자한테 통으로 팔아요. 그러고 나서는 한 채씩 개별 분양을 하는 거죠. 신도시를 개발할 때도 마찬가지죠. 랜드 디벨로퍼가 땅을 사서 정부와 딜을 하고 토지이용계획과 마스터플랜을 세워서 땅을 또 파는 거죠. 투자자는 건물을 지어서 다시 팔고, 그 다음 개별 분양을 하거나 운영자를 찾아요. 큰 빌딩이나 대형 시설에만 그런 게 아니라 상대적으로 작은 복합시설들에서 다 그런 식으로 역할 분담이 되어 있어요. 이것이 **글로벌 스탠다드**인 거죠.

지금 우리나라는 소유와 경영, 자본 조달과 운영 operation이 하나도 분리가 안 되어 있어요. 그 중에서 가장 광범한 역할을 하고 있는 것이 시공사죠. 한국에서는 이것이 안 되는 이유가 시드머니seed money를 대는 사업참여자가 없기 때문이에요. 이 '시드머니'란 것은 프로젝트 파이낸싱을 해서 금융권에서 댈 수도 있고 이가성 같은 사람이 회사의 여유 자금을 투자할 수도 있습니다. 선진국들을 보면 산업구조에서 건설

산업의 비율이 상대적으로 낮잖아요. 산업 비중은 작은데 초기자본금은 더 견고하게 마련되어 있는 거죠. 그런데 우리나라는 산업구조에서 차지하는 비중은 굉장히 큰데 그 안에서 자본금을 대는 사람은 없는 거죠.

옛날로 돌아가보면 나라는 못 사는데 주택은 공급해야겠고 하다 보니 **선분양제도**를 만들어낸 거에요. 저도 해외사업을 하기 전까지 선분양제도가 당연하게 느껴졌었어요. 그런데 외국에는 이러한 제도가 아예 없습니다. 어떻게 보면 자동차를 사고 싶은데 차 만드는 공장장한테 돈을 먼저 주고 만들어달라고 하는 거잖아요. 그런 비즈니스를 우리는 당연하게 하고 있다는 것이죠. 자기 돈 안 내고 시공사가 다 책임지는, 지급보증을 통해서 사업을 하는 거죠. 경기가 좋았을 때는 시행사가 발빠르게 토지를 확보하고 인허가 정도의 리스크를 안고나면 그 다음엔 분양해서 돈이 다 변제되니까 사업이 굴러가는 식으로 계속 해왔고 IMF 지나고 지난 10년 동안을 지내왔어요. 1998년도에 분양가 자율화가 시작되면서 말이죠. 어떻게 보면 우리가 너무 당연하다고 생각하는 그 제도들이 불과 십년밖에 안됐다는 거죠. **그런데 지금 경제위기가 오니 그 연쇄고리가 끊어진 것이라고 볼 수 있겠습니다.**

카자흐스탄에서나 베트남에서나 우리나라 사람들이 하고있는 개발방식은, 이런 선분양제도를 수출하는 격이에요. 토지소유권이라든가 영구사용권 등 체제 전환국들이 가진 복잡한 문제들은 논외로 하고요, 동남아에서 사업하는데 자금을

안산사동 90블럭 복합단지

대려면, 지역 은행은 금리가 비싸고, 금리가 싼 선진국들은 리스크가 커서 역시 받아들여지기 힘들고, 한국의 은행들은 프로젝트 파이낸싱이 아니라 건설사 지급보증이면 돈을 빌려주는 실정때문에 결국엔 돈도 한국 돈, 시공사도 한국 시공사, 공사비가 많이 들어도 어쩔 수 없이 한국 시공사가 해야 하는 거죠. 지급보증 때문에. 그럼 비싼 공사비는 비싼 분양가로 이어지고 그게 팔리게 해야 하는 그런 구조에요. 정상적인 논리로는 설명이 잘 안 된다는 거죠. 사는 사람들이 대부분 실사용자end-user가 아니고 투자자여서 그나마 그동안은 **선순환 구조인 것처럼 착시가 있었던 것**으로 생각됩니다. 이게 지금은 안 되고 있는 거죠. 이게 과연 그 나라, 해외 경제, 시장에 문제가 있어서일까요? 사업구조의 문제일까요? 네, **구조의 문제**가 맞습니다.

공모형 PF사업이 겉보기에는 선진국의 사업 구도 같아요. 경기가 좋을 때는 다들 동의하고 사업에 참여했는데, 경기가 나빠지니까 자본금 냈던 것도 이자를 쳐달라, 나가겠다는 거죠. 땅주인인 발주처는 이미 땅값에서 이익을 취했고, 시공사는 시공비 가져가고, 금융은 이자비만 챙겨가려고 하면서 서로 빠져나가려는 목적을 가지고 모여있다고 볼 수 있어요. 땅주인마저 이 프로젝트가 끝까지 어떻게 되는 데에 대한 관심이 없기 때문에 사업이 잘 안되고 있는 거에요. 이게 아까 말했던 외국계 건설사업하고 완전히 다르다는 거죠.

복합건물도 그래요. 아파트 있고 밑에 상업시설 있고, 중간에는 또 오피스가 있죠. 그게 초고층으로 올라가는데, 개별 소유권을 갖는 구조예요. 코어도 공유하고 일단 1층에 로비 배정 문제부터 생기게 되고 엘리베이터나 출입동선 같은 것들이 꼬이기 시작하는 거죠. 야간 상주인구에다 키친이 있는 설비, 공조 운영 등 불합리한 점이 있고, 이 건물이 구분 소유자들로 되어 있어서 뭐 하나 변경하려면 전원의 동의를 받아야 하는 등 복잡하죠. 이게 다 애초의 잘못된 사업 구조에서 나온 특이한 물건인데 **사업의 난이도는 높으면서 경제적이지도**

않아요. 이런 건물, 해외 사례 어디를 봐도 없다는 거죠. **문제를 알아야 해결책이 나오는 건데요, 문제의식을 갖자**는 거지요.

사실 복합개발이라고 하면서 복합적이지 않게 접근을 하고 있어요. 주거는 주거대로, 상업은 상업대로, 설계사도 각각 다르고 말이죠. 사실 우리나라에서는 주거개발에서 중점을 두는데 매스가 제일 크다고 그 복합단지의 간판이 될 수 있는 것은 아니예요. 아파트 분량을 최대한 키워놓고 나머지는 못난이 처분하는 식으로 말이죠. 많이 아쉬운 부분이예요.

우리나라 복합개발은 어떻게 해야 하느냐에 대한 답이 되었나요?

우리나라의 복합개발 프로젝트가 어떻게 변화가 되고 있는지 흐름과 나아가야 할 방향에 대해서는 어떻게 생각하시는지요?

사실 세운상가 말고 현재의 복합개발(주상복합 포함) 개념에 살기 시작한 것도 얼마 안돼요. 최근이죠. 우리나라가 잘 안 변하는 것 같지만 개발 사업의 주체가 3-4년 주기로 바뀌고 있어요. 그 많던 시행사들이 다 어디 갔을까요? 지금 2000년 이후 사업들이 다 조단위잖아요. 예전에 개인 시행사가 하는 사업의 단위가 2천억, 크면 4천억 정도였어요. 이런 변화의 요인을 어떤 사람들은 정부 정책에서 찾고 하는데 토지 자원때문이라고 봅니다. 시행사가 도저히 할 수 없는 땅들이 이제 공모형 PF로 나온 것이죠. 한국에 별로 메리트를 못 느끼기 때문에 해외자본 유치가 안되니까 억지로 우리끼리 만들어 낸 것처럼 되었어요. 그런데 1조짜리 프로젝트 다 지급 보증하라면 못 하죠. n분의 1은 가능한 거죠. 굉장히 불합리해요. 그럼 '이 사업구도를 벗어나지 않을거다' 라고는 말 못해요. 실제로 투자 업체도 생겼고 좀 있으면 교보나 메릴린치 아파트도 나올 수 있어요. 그러니까 **사업의 흐름을 보면 유한한 토지 자원을 확보하는 디벨로퍼가 누구냐에 따라 사업구도가 바뀐다고 볼 수 있는데, 메가트렌드는 대규모 자본가가 단독으로 하거나 아니면 모여서 프로젝트 컴퍼니를 만들어서 하는 것**밖에 없다고 생각해요. 도심의 큰 프로젝트들, 비싸서 못 한 것들 말이죠. 이렇게 모인 사업 주체들이 현실을 인정하고 이 사업 완성하고 운영 잘 해서 5-10년 활성화 시켜서 수익을 가져가겠다고 마음을 바꿔야 해요. 이런 식으로 계속 가다 말고 사업 조금 진행하다가 방치하고 있다 보면, 외국 자본들이 들어와서 우리끼리 살 뜯어 먹고 버린 것을 점점 싸게 매입해가고 그들은 기대 수익률을 채워서 나갈 것이고 국부가 유출되는 것이지요.

현재 상황을 비관적으로 보느냐? 난 그렇지는 않아요.

우리가 한 베트남 프로젝트를 이야기하자면 또 한국식 아파트로 갈거냐, 우리가 지급 보증할거냐, 이건 자체 사업비 낸 꼴이니까 PM이 될거냐 이러한 기로에서 많은 생각을 하죠. 지금 우리는 보통 투자자, 시공사, PM을 한꺼번에 하고 있는데 그럼 한꺼번에 하더라도 **우리 안에서는 시공사, PM 나눠서 해보자** 하고 있어요. 우리가 PM으로서 자본가들도 유치하고, 물건도 완성도 있게 해보자 이런 초심을 잃지 않고 지금 베트남 사업을 끌어오고 있어요. 다른 회사들이 해외사업하면서 선분양하고 빨리 털고 나오는 것에 반해 우리는 15년간 한다 이런 식으로 하고 있어요. 물건을 만드는(cooking하는) 것부터 진행해오고 있는데, 자금 조달은 물건을 만들고 나서부터 하고 우선 역할 분담을 정확히 하자는 것이지요. 베트남 신도시뿐 아니라 복합개발도 이렇게 검토를 하고 있고 고민을 많이 하고 있어요. 제가 해외를 다녀보면서 **사업에 대한 어프로치approach의 퀄리티를 높이고 싶은** 작은 소망이 있는 것이죠.

우리나라의 건설사업은 불합리한 부분이 많죠. 앞서 언급했던 제도와 사업구도, 거기에서 나오는 불합리한 상품, 사업 접근방식 등에 대한 문제의식을 갖는 것이 앞으로 해결책을 찾는데 중요하다고 봅니다. 이런 문제의식도 금융위기를 통해서 깨닫게 된 부분이 많아요. 단군 이래 최대 위기인데 전문가 입장에서도 주택사업의 답은 없어 보여요. 선분양제도 하에서 안고 있는 현재의 미분양 문제, 그러나 해외에서는 이것이 기본이고 공정률이 올라갈수록 분양률이 올라가는 것이 당연하고 나름대로의 마케팅 전략이 있는데, 우리나라의 전문가들은 솔루션이 없다고 한다는 것이 이상한 것이죠. 현실을 몰라서 하는 말이 아니라 이 상황에서 마케팅 플랜, 해외 시장 개척방법이 분명히 있을 것입니다. 건원에서도 사업계획을 하는 입장에서 같이 고민해야 해요.

복합개발사업의 설계 주간사는 어떤 역량을 가져야 할까요? 그리고 마지막으로 업계에 대한 전망을 부탁드립니다.

아까 언급했던 사업의 역할 분담에서 PM이 저라고 생각해봐요. 답이 나오거든요. 적어도 메가트렌드에 대한 이해도가 있고 넓은 범위에서 사업을 이해하고 표현하고 대안을 제시해야 해요. 그런데 대부분은 클라이언트의 요구를 들으려고 하죠. 그런데 사실 경험 위주로 요구를 하는데 그럼 설계 사무소에는 '당신 경험에서는 그게 맞는데 전체적인 메가 트랜드에서 보면 이게 맞지 않습니까' 이렇게 말해주어야 해요.
가령 건원에서 복합개발에 대해 생각이 있는 사람이나 부서가 있어서 '내가 이런 부분에 대해서 알아봐서 이야기 해주겠다' 고 한다면 얼마나 고맙겠어요? 예를 들어 내가 병원에서 의사를 하는데 환자가 치료가 쉬운 증상에 대해서는 잘 이야기 해주고 치료가 어려운 부분에 대해서는 무엇이 어떻게 되는 것인지 알지 못한다고 할 때, 의사로서는 그 쉬운 증상만 해결하는 것이 문제가 아니라, 환자가 잘 말하지 못한 어려운 부분까지를 포함한, 전체 병에 대해 진단하고 처방을 해야 하듯이, **사업의 난해한 부분까지를 포함한 문제의 100%를 풀어내는 팀웍을 바란다는 것이죠.** 굉장히 인터렉티브interactive하게 되겠죠. 그래도 우리가 건원과 일 하면서 좀 더 교감이 되기도 하고 경험도 많고 대안을 제시하는 그런 부분들이 우리에게 만족도를 주고 있습니다만 그게 앞으로 계속 발전하기 위해서는 앞서 말했듯 역할분담을 하는데 있어 내가physical디자이너로서의 역할만 하고 말거냐? 영역을 넓혀서 **토탈 솔루션**을 제안하고 역할을 해나갈거냐? 업계에서 그런 움직임들이 좀 있죠. 개발사업을 조경에서 어프로치하는 사람도 있고 부동산 매매업에서 어프로치 하는 사람도 있고, 도시계획에서 하는 사람도 있고 건축에서 어프로치 하는 사람도 있고 파이낸싱에서 하는 사람도 있어요. 이 프로젝트를 PM 하는 방법은 이렇게 여러가지죠. 설계사무소도 어떻게 보면 상당히 유리한 입장에 처해 있는 부분이 있어요. 금융이나 법학 공부한 사람이 건축을 공부해 가지고 이 사업에 대해서 감을 잡는 시간이 훨씬 더 오래 걸릴 테니까요.

프로젝트가 성공하려면 각 역할을 하는 사람들이 서로 연합전선을 구축해서 협력해야 하는데 지금은 다 독립군처럼 자기 영역을 주장하면서 배타적으로 움직이고 있죠. **각자의 영역을 확장하면서 문제점을 함께 풀어나가야 해요.** 사업의 구도와 역할 분담에 있어서, 사업의 자금 구조와 흐름에 있어서 무엇이 글로벌 스탠다드인지, **선진국이나 업계의 흐름을 잘 읽고 전체적인 방향성을 보면 답이 나옵니다.** 현재 상황을 정확히 보고 문제점을 알아야 솔루션이 보이는 것입니다.

개발사업은 환경변화에 대응하는 유기체

현시점에서 미래예측인 개발사업의 속성, 시기와 기회 조절 필요

SK건설, 이성수 본부장
주택영업2본부

SK건설에서는 최근 몇년간 PF 복합개발사업의 수주에 공격적으로 참여, 좋은 성과를 얻고 있습니다. 어떤 복합개발 프로젝트에 참여하셨고, 그 중 특별히 의미 있는 내용이 있으면 말씀해주세요.

주간사로 참여하여 성공한 프로젝트로는 아산배방 복합단지 PF사업**2005**, 인천도화 복합단지 PF사업**2006**, 인천송도 U-City 홍보체험관 PF사업**2007**, 고양삼송 미디어단지 개발사업**2008** 등이 있고, 비 주간사**Sub** 참여한 프로젝트로 인천운북 복합단지 개발사업**2006**, 천안 국제비지니스파크 개발사업**2007** 등이 있습니다. 담당 팀장으로 주도적인 역할을 수행했기에 개인적으로 대단히 자부심을 느낍니다. 약 3개월의 제안서 작성기간 동안 합동사무실에서 설계사, 회계사, 컨설팅사 및 각종 협력업체 직원들과 함께 밤새고 작업했던 일들이 특히 기억에 남습니다. 각 분야에서 사업에 참여하는 컨소시엄 관계사가 약 15 – 20개사로 이들간의 이해관계를 잘 조율하고, 한 100여명의 합동사무실 직원들과 잘 협력하여 목적한 제안서를 제출해야 하는 일은 그 당시에는 악몽 같았지만 지금은 하나의 좋은 추억이 되었고 협상의 스킬을 많이 키운 소중한 경험이었습니다. 사업자로 당선되었을 때의 희열과 실패했을 때의 괴로움이란 말로 형언할 수 없는 이 분야의 경험자만이 가질 수 있는 소중한 자산이라고 생각합니다.

최근 **PF공모사업이 건설업계에 새로운 비즈니스 모델로** 나타났습니다. 저희가 새롭게 업계의 선두로 나설 수 있는 분야라고 생각했고, **복합개발사업은 시너지를 많이 창출할 수 있고 실력을 키울 수 있는 좋은 분야**라는 생각이 있었습니다.

현재 시장 침체로 복합개발 프로젝트의 상당부분이 중단되거나 위기에 있는 상황입니다. 현재 하고 계신 복합개발 프로젝트들의 상황은 어떤가요? 한편 민-관 합동형 PF사업 공모의 많은 문제점들이 지속적으로 제기되고 있습니다. 지침서의 변화나 사업 진행 방향에 대해 의견을 부탁 드립니다.

사업적 측면에 국한하여 말씀드리면, **개발사업은 현 시점에서 미래를 예측하는 일이고, 유기체같은 것이어서 사업계획의 유연성이 필요하다**고 생각합니다. 즉 사업 여건, 환경 및 상황의 변화에 따라 유기적, 능동적으로 그때 그때 항상 대응하여 변해야 해요. 다시 말해 제안 당시 사업계획과 조건은 그 당시 상황 하에서 예측하여 작성된 것이므로 환경변화에 따라서는 변경되어야 함에도 불구하고, 일부에서는 사업의 안정적인 추진과 운용을 위한다는 이유로 초기 제안 당시 계획과 조건을 너무 경직되게 운영하는 경우가 있습니다. 환경변화에 적응하지 못한 생물이 멸종하듯 **변화된 사업환경에 대처하지 못하면 기회를 잃고, 사업이 실패할 확률이 높아요.** 잘 판단해야 할 일입니다. 현 시점에서는 어려운 환경 변화에 적응을 할 것이냐, 아니면 학습의 기회로 보느냐 이런 고민을 해야겠죠. 도급사업은 도면이 있고 내역이 있어 이에 맞춰 실행을 하면 되는데 개발사업은 그런 게 아니잖아요.

현재 발주가 많이 되었는데 상황에 맞춰서 변경하고 수정하는 작업이 필요합니다. 착수를 하지 않은 프로젝트들은 망가졌다기 보다는 시기를 조절한다든가 사업계획을 변경한다든지 방도를 강구해야 합니다. 불확실성의 리스크는 개발사업의 속성인데 그걸 무시하면 안 된다는 것입니다.

부동산의 싸이클cycle은 길게는 10년, 짧게는 5년 정도로 분명히 한번 이상은 이 싸이클을 지나가게 됩니다. 이럴 때의 리스크를 예상하고 상황에 맞게 대응해야 합니다. 경직되어서는 안돼요.

또한 이해관계자들이 이기주의로 인해 사업의 리스크가 크게 증대하는 문제가 있습니다. 당초 이해관계자들의 Win-Win System에서 출발하였으나, 사업추진과정에서 리스크 발생시 상호 분담하는 것이 아니고 상대방에게 책임을 전가함으로써 시너지 효과를 발휘하지 못하고 공멸의 길을 걷고 있다고 봅니다.

공공은 고가의 토지비를 조기에 안정적으로 회수하기만을 바라고, 금융권은 연대보증 및 채무인수 등 책임 회피를 통해 고금리의 안정된 자금 운용만 목적에 둘뿐 사업 성공에는 별 관심이 없는 듯 해요. **어느 한 주체에 리스크를 과중하게 부담 지우는 것은 부작용을 낳을 수 있어요.** 리스크를 완화할 필요가 있고 **각 사업 주체별 책임과 권한의 균형 잡힌 배분과 이를 위한 제도적 장치가 필요합니다.**

우리나라에서 누가 디벨로퍼를 할 것이냐는 문제에 있어, 현재는 건설사이고 그 다음이 시행사와 최근 엄청나게 영향력을 확장해나가고 있는 금융사입니다. 현재 우리나라의 특성상 건설회사 외에는 개발사업의 경험도 없고 노하우도 없죠. 어떻게 보면 건설사에 믿고 맡기는 것 같고 어떻게 보면 책임을 떠넘기는 것 같기도 한데 현재까지는 건설회사가 주축이 될 수 밖에 없는 것은 당연한 것 같아요. 주공이나 토공에서 금융권 지분을 높이는 것을 계속 주장해왔지만 결과적으로 실패한 것을 자인하고 있잖아요. 그래서 전처럼 지분 50%를 넘기라는 말은 적어도 안 나오고 있어요. 이상과 현실의 괴리라고 할 수 있죠.

대형사업일수록 많은 이해관계자들이 있게 마련인데요, 프로젝트마다 각 부문들의 역할이 있고 그것들을 조율하는 치열한 과정을 통해 공모 제안서를 제출하셨을 것으로 생각됩니다. 각 역할 분담이나 협력에 대해서 어떻게 생각하시는

지요? 이 과정을 통해서 복합개발의 전망은 어떻게 보고 계세요?

공모 준비할 때 합동 사무실을 한 3~4개월 운영하잖아요. 주관사가 들어와 있고, 설계사, 컨설팅사, 회계사, 설계사와 코웍co-work하고 있는 편집팀까지 50~100명 되잖아요. 이러한 일들을 조율하는 것은 좀 나아요. 문제는 컨소시엄 주주사들이죠. 사업에 참여하는 주체들을 보면 공공, 은행, 시공사, 전략적 출자자들이 있는데 그 사람들의 이해관계가 달라요. 공공의 입장에서는 사업을 어떻게 안정적으로 끌고 갈 것이냐하는 것이 주관심사이죠. 문제는 금융사와 건설사가 첨예하게 대립 관계에 놓이기도 한다는 것이죠. 금융도 제1

아산배방 펜타포트 현장(2009)

금융은 금리에 관심이 있고, 제2금융이나 연기금은 사업 이익에 관심이 있어요. 은행은 금리를 높이려고 하고 시공사는 공사 단가를 높이려고 하고.. 그럼 공공이나 연기금에서는 반대를 합니다. 키테넌트들key tenants이나 전략적 출자자들도 원가가 높아지면, 백화점으로 치면 백화점 단가가 높아지니까 반대를 하는 거죠.

그래서 사업주체들이 이익과 관련해서 첨예하게 대립을 하고 치열한 조율 과정을 거치게 됩니다. 조율하는 것, 물론 합사 직원들이 성과품을 잘 나오게 하는 것도 있지만 이 주주사들의 이해관계를 조절하는 게 엄청나게 힘든 과정입니다. 그리고 은행들도 수수료같은 것의 배분을 어떻게 할 것이냐, 시공사들을 놓고 보면 시공사들의 지분을 어떻게 배분할 거냐 하는 것을 놓고 첨예하게 대립을 해요. 근데 속성상 **개발사업자는 오거나이저organizer 내지는 코디네이터coordinator에요.** 그래서 그것은 피할 수 없이 해야 할 역량이라고 봐요.

건원은 참 전투력이 있다, 그렇게 생각해요. 근성도 있고… 기대보다 항상 좋은 성과를 내는 실력, 동료들과 함께 동고동락하고 솔선수범하는 훌륭한 전통, 붙으면 꼭 이기는 지독한 근성, 작품만을 고수하지 않는 사업적 마인드 등 참 좋았습니다. **실력은 기본이고 사업을 이해하고 사업적 마인드를 갖는 것이 중요**하다고 생각됩니다.

개발사업이 근본적으로 현재 시점에서는 미래의 일이기 때문에 리스크가 있고 그걸 좀 서로 공유하고 이해했으면 하는 바람입니다. 두 번째는 우리가 복합개발이라든가 이런 것들의 어려운 것이 제도적인 게 많이 있는데, 몇 개의 블록을 한꺼번에 개발할 때 원활하지가 않죠. 그런 것들이 개선되었으면 좋겠다는 생각이 많이 듭니다. **제도적인 한계점**이나 그게 참 어려운 얘긴데 이기적인 것들을 좀 버리고 사업의 성공을 위해 힘을 합치는 그런 전통이 빨리 되었으면 좋겠습니다.

현재는 PF담당이 아니라 조심스럽기는 한데 개인적으로는 여전히 관심을 갖고 있고 애정을 갖고 보고 있습니다. 그리고 사업모델 자체는 좋기 때문에 언젠가 또 대세를 이룰 거라는 생각이 있어요.

그리고 복합개발이 주로 상업시설에 치중되어 있는데 사실 우리 나라에 상업시설이 너무 많잖아요. 상업시설 자체가 리스크인데 이걸 앞으로 어떻게 해결할건지, 지금 흘러가는 방향을 보면 분양형 사업보다는 임대나 운영 쪽으로 많이 가고 있는데 이런 디벨로퍼사가 자리를 잡아야하고 그러려면 금융권에 변화가 있어야 합니다. 임대나 운영사업, 투자자, 펀드나 연기금, 이런 데서 활발하게 부동산 투자를 해서 장기적으로 사업을 끌어가는 구도가 맞다고 볼 수 있겠죠. 현재는 당장 수익률을 맞추기 어려워서 분양 위주로 가다 보니까 상가가 망가지면 사업자체가 망가지는데 그 상업시설 면적이 너무 심하게 과다하죠.

하나의 사업주체에서 다양한 주체들의 전략적 제휴가 있어야 하고, 하나의 기능에서 다양한 복합기능으로의 융합 등 대형화, 복합화, 다양화가 변화의 큰 트렌드인 만큼 각 부문의 역할과 협력이 가장 중요하다고 봅니다.

아산배방 펜타포트 현장(2009)

복합개발의 프로그램 Program of Mixed-Use Development

복합개발은 독립적인 수익을 갖는 3가지 이상의 용도를 수용하는데, 대상지의 잠재력과 시장여건은 용도의 선택에 있어서 가장 중요한 요인이다.

민-관 합동형 PF사업을 통한 최근 사례들처럼 복합단지가 지역의 랜드마크 역할을 할 경우, 복합단지에는 그 지역의 대표적인 산업기능과 주거, 광역적인 상업시설, 문화시설과 지역 커뮤니티 시설이 도입된다. 대상지가 도시의 관문에 위치한다면 대상지는 교통 거점으로서 주요 산업이나 행정, 교육, 서비스의 중심 기능을 담당하게 된다. 대상 지역이 도심 공동화 현상 및 노후화, 슬럼화와 같은 문제를 안고 있다면, 업무시간 이후 도심공동화를 극복하기 위한 주거시설을 필수적으로 도입하고, 또한 외부인을 위한 숙박시설과 야간 상업시설을 도입하여 24시간 고정인구를 확보하는 개발계획을 세우게 된다. 복합개발의 프로그램은 업무시설, 주거시설, 상업시설, 숙박시설, 공공시설의 다섯가지로 크게 구분할 수 있는데, 엔터테인먼트나 여가기능은 상업시설에, 문화시설은 종류에 따라 상업, 또는 공공시설로 분류할 수 있다. 각 용도 중심의 특화 개발도 있을 수 있다. 3가지 이상의 용도를 수용하되, 프로젝트 성격에 따라 상업 중심형, 오피스 중심형, 엔터테인먼트 중심형, 주거 중심형 등으로 구분될 수 있다.

다음은 최근 민-관 합동형 PF사업의 시설 구성의 비율이다.[29]

(단위 : %)

프로젝트명	계	일반업무	일반상업	주거	교육	문화레저	숙박	의료
용인동백 테마형쇼핑몰 PF사업	100	-	63.2	-	4.9	31.9	-	-
화성동탄 복합단지 PF사업	100	22.70	29.46	37.14	2.39	3.62	3.60	1.09
대전엑스포 컨벤션복합센터 PF사업	100	21.7	15.6	30.6	1.9	24.0	4.8	1.4
아산배방 택지개발사업지구 복합단지개발 PF사업	100	16.0	28.7	46.4	1.4	6.5	-	0.9
고양관광문화단지(한류우드)1구역 사업	100	-	24.5	-	-	75.5	-	-
운북 복합레저단지 조성사업	100	16.4	11.6	31.2	15.6	12.9	11.1	1.1
광명역세권 택지개발사업지구 복합단지개발 PF사업	100	15.8	23.7	40.2	4.8	8.8	5.3	1.4
인천청라지구 외국인투자유치 프로젝트(국제업무)	100	48.2	20.5	9.8	0.1	1.7	12.0	7.7
인천 도화구역 도시개발사업지구 복합단지개발 PF사업	100	0.49	19.14	77.62	1.42	1.33	-	-
천안국제비즈니스파크조성 PF사업	100	13.7	12.6	58.5	1.8	7.3	5.1	0.9
성남판교 복합단지 PF사업	100	29.07	31.11	31.11	0.0	4.57	4.14	0.0
용산역세권 국제업무지구 개발 PF사업	100	52.1	20.5	17.7	-	3.3	6.3	-

상업 중심형은 도시의 중심에 입지하여 백화점이나 전문 상점, 할인점이 같이 입점한다. 주 연계시설은 호텔이나 극장, 영화관 같은 엔터테인먼트 시설, 업무와 업무 지원시설 등이다. 보조적 연계 시설로는 유통관련 오피스라든지 주상복합아파트와 오피스텔, 그리고 특별히 컨벤션, 전시장, 연회장, 예식장 등이 도입될 수 있다. 민-관 합동형 PF사업의 초기 프로젝트였던 용인 죽전 역세권 개발 PF사업**2002.1~2008.3**과 용인 동백 테마형 쇼핑몰 PF사업**2003.5~2007.12**이 여기에 해당된다.

오피스 중심형은 산업 클러스터가 도심이나 부도심에 축소된 모습이라고 할 수 있다. 산업 클러스터나 비즈니스 파크 개발의 변화 추이를 살펴보면, 1970-1980년대에는 순수 연구기능 혹은 제조업 위주의 기업 유치를 중심으로 한 산업도시를 개발하는 것이었다. 이후 1990년대는 벤처 캐피탈이 도심에서 도시 외곽의 산업도시로 이동하면서 정주기능이 강화되는 흐름을 보였다. 이 때까지만 해도 정주기능은 일반적인 공동주택보다는 기숙사나 연수원, 장기적인 숙박시설이 담당하였다.

카나리워프, 지하 쇼핑몰, 런던

그러나 최근에는 입지가 외곽에 있느냐 도심에 있느냐의 차이가 있을 뿐, 일반 공동주택과 문화 · 여가시설이 확충되고 생산-소비-재생산의 산업생태계를 지향한다는 점에서 복합단지가 산업 클러스터 개발과 같은 트렌드를 보이고 있다. 주 연계시설로는 전문 몰이나 비즈니스 호텔, 각종 금융기관과 정보 통신센터가 있고, 보조적인 연계기능으로는 종사자를 위한 식음시설이라든지 컨벤션, 연회장 등이 있다. 런던의 카나리워프, 인천 청라지구 외국인투자 유치 프로젝트(국제업무타운)**2006**, 용산역세권 국제업무지구 개발**2007**이 오피스 중심형 복합개발에 해당되는데 사업성이 높은 지역에 대규모 개발로 이루어진다는 점이 특징이라고 할 수 있다.

카나리워프, 중심광장, 런던

29 복합개발사업 공모의 공모 특성 및 당선작 특성 분석, 심교언, 서준원, 이상경, 2008(일부 수정되었음)

엔터테인먼트 중심형은 테마파크, 레저랜드, 오락시설이 주요 시설로, 대규모 상업시설인 UEC Urban Entertainment Center나 FEC Family Entertainment Center, 또는 리조트형 호텔과 레저형 스포츠시설과 주 연계기능을 갖는다. 보조적으로는 미술관이나 이벤트홀, 또는 교육 · 연수원, 최근에는 도시형 휴양시설이나 휴양형 병원, 노인병원 등과 연계되고 있다. 워터파크 등의 단기적인 집객을 유도하는 시설들이 장기적인 운영이 가능한 숙박시설이나 연수원, 휴양시설과 함께 연계 구성되어 복합단지를 4계절 활성화시킨다.
고양관광문화단지 한류우드 1구역 PF사업2005에 테마파크와 대규모 상업시설이 도입되었다. 고양시에 세계적인 테마파크의 테넌트를 유치하느냐 마느냐가 공모 당시에 상당한 이슈였는데 결국은 한류문화 위주의 테넌트들을 유치한 사업자가 당선되었다.

주거 중심형은 크지 않은 규모의 상업시설이나 오피스텔, 업무시설과 주 연계성을 갖는다. 스포츠센터, 문화센터가 보조적인 연계시설이다. 할인점이 가장 사업성 있는 기능으로 여겨진다. 1종 지구단위계획의 상업지역의 경우, 지자체마다 규정이 다르지만 일반적으로 주거용도와 비주거 용도의 연면적 비율이 7대 3으로 개발이 제한된다. 주변이 업무지역 성격도 아니고 지역 상권도 그리 크지 않을 때, 주거중심의 복합단지를 개발하면서 총연면적의 30%에 해당하는 막대한 규모의 비주거시설을 계획한다는 것은 사실상 개발자에게 크나큰 부담이 될 수밖에 없다.
그래서 대형 할인점이 유일한 해결책이 되고 실제로 주거의 분양성에 막대한 영향을 끼치고 있다. 최근 할인점을 유치하려는 개발자간의 과다 경쟁이 공모시나 이후 사업 진행시에 문제가 되기도 한다. 상권 해석과 예측의 오류로 근거리 내에 여러 개의 할인점이 입점하여 서로 경쟁하는 경우도 자주 보게 된다. 이것은 복합단지 주거의 상품성이 단순히 주거에만 있지 않고 단지 내에 함께 있어서 누릴 수 있는 편리한 시설과 서비스에 상당한 비중이 있음을 보여준다.

주거중심 복합개발은 주거기능과 일부 근린생활시설, 오피스텔, 오피스 정도가 대표적인 구성인데, 사실 주거의 성격은 복합단지에 그리 어울리는 기능이 아닐 수도 있다. 주거 용도는 프라이버시, 소음, 방어적 환경 측면에서, 특히 복합개발의 주용도인 상업, 엔터테인먼트와는 어울리지 않는 용도이다. 특히 고급화를 지향하는 주상복합과 집객이 필요한 도심 엔터테인먼트 시설은 컨셉 상 대치되는 만큼 건축계획에 상당히 세심함을 요한다. 같은 맥락에서 주거 중심의 복합단지를 개발할 때 도입되는 오피스는 기업의 아이덴티티를 나타내는 본사 같은 것보다는 중소규모의 임대 오피스로 개발하는 것이 개발 컨셉에 무리가 없다.

프로그램 분석 Program Analysis

복합개발의 각 용도별 기능을 살펴보면 각 용도의 도시적 역할이 다른 것처럼[30] 수익의 측면에서도 용도별 역할이 구분된다.

용도분류			개 요
건축물	주거시설		도심의 상주인구의 거주기능의 존속과 야간공동화 방지의 기능담당
	업무시설		사업이나 공무에 관한 일을 처리하는 시설로서 경제적 생산의 기능
	상업시설		상품을 사고 파는 시설로서 소비의 기능
	숙박시설		외부인의 거주의 기능을 통한 야간 공동화 방지의 기능
	공용시설		공공의 목적으로 사용되며 복합용도개발지의 공공성을 부여
Open Space	보행시설	광장	공공적인 공지로서 집회, 이벤트, 교통 등의 기능
		공원	녹지의 조성과 휴식과 유락(遊樂) · 보건 등의 기능
	차량시설		건축물의 기능의 부대적인 성격으로 차량의 유입의 기능

업무용도

업무시설은 그 지역 산업의 대표성을 띠는 경우가 많아 특히 주목받는 시설군이다. 어떤 기업이 들어오고 어떤 산업이 육성되는지가 그 도시의 생산 기능과 미래 성장에 직결되는 문제이기 때문에 중요하게 다뤄진다. 그 도시가 지향하는 산업을 유치하면 지자체는 프로젝트를 적극 지원하게 되고 개발자는 신속한 인허가 절차를 진행할 수 있다. 최근 진행되는 복합개발에서 과다한 상업규모가 문제시되고 있는데, 실제로 문제는 단순히 상업시설에 있지만은 않다. 산업기반이 약하고 유치해야 할 첨단 산업군이 부족하기 때문에 비즈니스 오피스를 대량으로 공급할 수가 없는 현실 때문이다. 이것은 도시만의 문제라기 보다는 미래산업 측면에서 국가가 장려하고 지원해야 할 문제이다. 최근 세계적인 금융 위기로 많은 기업이 무너지고 있는데, 이것은 도심형 오피스의 수요를 급감시켜 공실률을 높이고 랜드마크 오피스의 임대료를 떨어뜨리는 결과로 바로 나타났다. 오피스의 공실률이 높아지면 복합단지 내 상주인구수가 감소하고, 소비위축으로 이어지게 된다. 생산-소비-재생산의 순환구조가 원활하지 않게 되는 것이다.

업무시설은 초고층 랜드마크 타워로 건립되기도 하는데, 수익성 측면에서는 적자 상품으로 여겨져 단계별 계획에서는 주로 마지막 단계에 건립을 하는 편이다. 특히 민-관 합동형 PF사업 공모시 도시적 비전vision을 담은 멋진 조감도를 위해 무리하게 초고층화를 하는 경우가 많기 때문에, 랜드마크의 실현 가능성 면에서 시장과 제반 조건이 면밀히 검토되어야 하고, 지자체도 현실을 직시해야 한다. 계획측면에서는 여러 용도가 복합될 때, 초고층 타워가 아니더라도 업무시설을 중, 고층화하고 집중 배치하는 것이 일반적이다.

업무시설의 관리처분 측면에서는 다양한 방식이 강구되고 있는데 최근에는 임대방식 또

30 복합용도건축물의 수용기능 특성에 관한 연구(1)-개발유형과 기능요소를 중심으로, 대한건축학회 춘계학술발표대회 논문집, 오덕성 외, 1990

는 제3자 매각 후 운영하는 방식이 적극 고려되고 있다. 업무시설 개발의 성격상 초기 투자비 때문에 부분적으로 나눠 분양하는 섹션오피스section office나 층별 분양에 대한 검토가 되기도 하지만, 건물 관리와 장기적인 사업성, 운영 측면에서 개별 분양은 고려되지 않는다고 본다. 오피스의 임대는 사업자가 전문적인 노하우가 없는 경우, 부동산 자산관리회사에 용역을 주어 자산을 운영하게 된다. 제3자 매각 후 운영방식은 간접투자기관에 매각하여 운영 후 재매각하는 방식이다. 사업자는 초기의 빠른 자금회수로 리스크를 줄일 수 있는 장점이 있다. 그러나 우리나라에선 아직 개발형 리츠[31](REITs , 간접 투자를 위한 제3자 매각방식)가 활성화된 단계라고 보기 어렵다. 요약하면, 수익성 측면에서 업무시설은 장기적인 투자상품이고, 인허가 측면에서는 지역 경제의 관심 상품이다.

주거용도

주거용도는 도심의 상주 인구를 확보하여 야간 공동화 현상을 방지하는 기능을 한다. 주거시설의 거주민들은 단지 내 기타 시설들의 소비 주체로서, 주거용도는 복합단지가 자생력을 갖게 한다. 과거 산업 클러스터 개발시 산업 기능만을 강조하였으나, 최근의 트렌드는 정주 기능을 강화하는 것으로, 상주인구를 확보하는 것은 단지의 지속적인 활성화에 필수적이기 때문이다.

AOL타임워너센터, 뉴욕

먼저 주택공급 정책과 주택 시장의 변화를 살펴보고자 한다. 1992년 이후부터 건축법과 주택건설촉진법, 주택건설기준에 관한 규정 등에 의해 주상복합이 활성화되기 시작했다. 1990년대 말 IMF 구제금융시기를 지나면서 주택경기활성화 대책으로 분양가 자율화가 시행되었다. 주택개발업의 입장에서는 새로운 도약의 계기가 되었는데, 가장 큰 변화는 주거를 '상품'으로 인식하기 시작한 것이다. 아파트 브랜드Housing Brand [32]라는 것이 생겨나고 건설사들의 아파트 광고와 경쟁이 심화되었다.(물론 많은 논란이 있겠지만 그것은 논외로 하고) 건설사마다 '상품개발실'이 생겨 주거상품의 마케팅이 강화되고 디자인의 질도 높아졌다. 주상복합은 기존 아파트에 없는 최고급 부대시설과 서비스를 거주민들에게 제공하였다. 이를 향유하는 거주민들만의 배타적인exclusive 커뮤니티가 생겨났고, 현재는 이러한 커뮤니티를 지원하는 다양한 부대시설과 서비스 기능이 주거상품에서 점점 더 강조되고 있다.

주거시설은 분양을 통한 조기 자금 회수가 가능해서 복합개발사업의 견인차 역할을 한다. 이것은 주택의 '선분양 제도'라는 우리나라 건설산업의 특수성 때문이다. 주택 선분양제도가 없어지지 않는 한 이러한 수익구조가 변할 가능성은 전혀 없어 보이는 게 사실이다. 분양가 자율화 시절에는 상업지역이면 주상복합이 별다른 컨셉 없이도 개발사업의 만병통치약처럼 여겨지기도 했다. 여전히 복합개발을 할 때 주거 비율을 높이는 것이 사업 초기 단계의 가장 큰 이슈가 되곤 했는데 현재는 몇 년 전처럼 절대적인 것은 아니다. 첫째

31 리츠(REITs) : 'Real Estate Investment Trusts'의 약자로 부동산투자신탁 의미. 부동산투자회사법에 의해 소액투자자로부터 자금을 모아 부동산이나 부동산관련대출에 투자하여 발생한 수익을 투자자에게 배당하는 부동산 간접투자를 말함. 외환위기 이후 기업구조조정을 위해 도입되었고, 리츠 설립형태에 따라 기업구조조정형(CR)리츠, 자기관리형 리츠, 위탁관리형 리츠, 개발형 리츠(2007년 부투법 개정)가 있음

32 아파트 브랜드 : 1997년 이후 분양가 자율화가 확대되면서 건설업체들이 기존보다 고급스러운 이미지를 심기 위해 브랜드 개발을 시작, 주거 문화를 표현하는 또다른 트렌드로 자리잡음. 환경친화적 이미지, 고품격, 첨단기능 등 기업이 추구하는 가치를 담음. 브랜드주가지수와 소비자조사지수를 결합하여 브랜드가치를 평가하는 브랜드스톡의 BSTI에 따르면 래미안(삼성물산)이 수년간 1위, e-편한세상(대림산업), 푸르지오(대우건설), 자이(GS건설), 힐스테이트(현대건설) 등이 5위권 안에 들고 국가고객만족도지수 NCSI의 아파트건설업 지수도 위와 같은 분포를 나타냄.

는 분양가 상한제 때문이고 두번째는 부동산 시장 침체와 과잉 공급으로 인한 대량 미분양 사태 때문이다. 이것은 우리나라의 부동산 시장이 성숙한 단계로 가고 있고, 주택사업이 공급 위주에서 소비자 위주로 변화되고 있음을 의미한다.

주거시설은 관리처분 측면에서 최종 소비자 분양 상품이면서 수익적으로는 프로젝트 초기의 수익 창출 상품이다. 인허가 측면에서는 일반적으로 사업의 가장 초기 단계에 주거 비율을 협상해야 하는 과제를 안고 있다. 한편 민-관 합동형 PF사업의 경우 주거용도의 개발규모는 일반적으로 총 개발연면적의 50% 이하의 선에서 계획되고 있다.

상업용도

상업시설은 어떤 시설군과도 연계, 조화, 지원성이 좋아서 복합개발시 규모나 계획에 있어서 매우 중요하고, 상업시설 자체적으로도 특별한 기능으로 다루어질 필요가 있다. 상업시설은 주거시설과 함께 있어서 생활의 편의성을 증진시키고, 주거의 분양에 상당한 영향을 미친다. 주로 건물의 저층부에, 지하층부터 지상 3개층 이하로 개발하는 것이 사업적으로 유리하다. 대형 할인점이나 백화점이 입점하기도 하고 건대 스타시티 프로젝트처럼 백화점과 할인점이 동시에 입점하기도 한다.

록펠러센터 앞 광장, 뉴욕

상업시설을 개발할 때 가장 먼저 해야 할 일은 입지 및 상권을 분석, 종합하는 것이다. 먼저 도시 구조를 파악하여 인구의 변화나 상권의 분화와 다변화를 인식하고 현재 지역의 상업시설 현황을 파악해야 한다. 그리고 대상지의 입지가 어떤 성격인지, 가령 유동인구가 많은 도심이나 역세권인지, 특별한 자연환경을 가졌는지, 광역적 상업기능이 가능한지에 대한 분석을 통하여 상업시설의 컨셉을 정한다. 커뮤니티형 쇼핑몰이 될 것인지, 지역중심형인지, 광역형 쇼핑몰이 될 것인지를 결정하는 것이 중요하다. 이어서 상업시설의 개발규모와 할인점이나 백화점, 시네마 같은 대형 테넌트들의 규모, 배치, 컨셉을 정하게 된다.

최근 '스페이스 마케팅'[33]이라는 책이 나오기도 했는데, 특히 쇼핑몰 전문 건축가인 저드(Jon Jerde)가 말하는 '장소 만들기'Place-making[34]의 관점에서 다루어져야 한다. 사람들의 기억에 남는 장소, 이벤트가 있고 건축적으로도 새롭고 독특한 장소, 그래서 다시 찾고 싶은 곳을 만들어야 한다는 것이다. 또한 미국에 본부를 두고 있는 공공 디자인 관련 민간단체인 PPS[35] 회장 프레드 켄트는 'Power of Ten'을 제시하면서 훌륭한 도시에는 적어도 10개의 명소가, 또 각각의 명소에선 사람들이 즐길 수 있는 10가지 이상의 활동이 있어야 한다고 주장한다. 국내 일간지와의 인터뷰[36]에서 그는 뉴욕의 록펠러센터를 예로 들면서, 사람들은 록펠러센터의 플라자에서 쇼핑도 하고 친구도 만나고 즐기면서 우연히 NBC뉴스에 나오는 기대감도 갖는다는 것이다. 이러한 이야깃거리를 만드는 것이 '장소 만들기'이다.

33 스페이스 마케팅, 삼성경제연구소, 홍성용, 2007
34 You Are Here (건축가Jon Jerde와 the Jerde Partnership의 작품집), Frances Anderton, Phaidon Press, 1999
35 PPS (Project for Public Space)는 지난 1975년 설립하였고, 홍콩, 도쿄, 싱가포르, 멕시코 등 전 세계 26개국에서 공원, 교통, 시장 조성 등 2500여 개의 공공 디자인 프로젝트에 참여한 단체. 뉴욕의 '브라이언트 파크', '워싱턴스퀘어 파크', '록펠러센터', '배터리 파크' 등의 명소가 PPS의 자문을 얻어 공공 공간으로 재탄생되었음.
36 도시 하나에 명소 10개 명소 하나엔 볼거리 10개 있어야" · 美 PPS 회장 프레드 켄트 인터뷰, 조선일보 문화 A22면, 2008.02.22일자

Covent Garden, London

'장소 만들기'와 같은 상업활성화를 위한 개발 컨셉뿐 아니라 지속적인 컨셉의 유지, 관리도 중요하다. 국내 복합 쇼핑몰의 사례를 살펴보면, 아직도 분양 위주가 많아서, 분양을 하고 사업 완료 후 업종간의 연계나 조화를 고려하지 않고 임의적으로 개별 소유자마다 업종을 전환하는 등 상업시설의 컨셉 유지가 어려운 상황이다. 상업시설은 절대적으로 운영 상품으로 개발해야하고 분양 상품으로 개발해서는 성공을 기대하기 어렵다.
한편 우리나라 상업 현황의 특이한 점은 백화점 위주의 관행으로 입점 업체에 대한 지나친 간섭과 수수료, 프로모션을 강요하는 등의 문제점이 있다. 그래서 새로운 운영방식의 쇼핑몰로 선진화할 필요가 있다.[37]
또한 우리나라에는 카테고리 킬러category killer 등의 대형 리테일러retailer들이 없어서 쇼핑몰에서 강력한 집객anchoring을 하기 어려운 유통구조의 한계점을 안고 있다. 대형 리테일러 측면에서도 개발이 되고, 그 MDMerchandising Plan가 사전에 반영된 개발계획이 나와주어야 한다. 상업시설의 준공과 입점 완료 후에도 책임 있는 관리운영체계를 구축하여 장기적으로 활성화를 도모해야 한다.

상업용도는 관리처분 측면에서는 대형 테넌트(전략투자자)를 유치해야 하는 상품이고, 분양상품이 아닌 다양한 방식의 운영상품이라 볼 수 있다. 수익성 측면에서는 프로젝트의 관심을 부각시키는 집객 유도attraction 상품으로 복합단지의 수준을 대변하고 단지를 활성화시키는 기능을 한다. 인허가 측면에서는 지역의 문화 · 상업적 위상을 강화하는 상품으로서, 복합단지의 소비와 재생산의 기능을 담당한다.

문화용도

최근 세계 도시정책의 화두는 무엇보다도 컬처노믹스Cultunomics이다. 문화와 경제의 합성어로 문화를 원천으로 경제적 부가가치를 창출하는 것이다. 2008년 서울시도 컬처노믹스 개념을 도입, 도시경쟁력을 높이고 창의적인 환경을 제공하는 문화도시의 목표를 세웠다. 이렇듯 도시의 랜드마크 복합단지에 문화시설 도입의 중요성이 부각되고 있다.

록본기힐즈의 랜드마크인 모리Mori 타워의 최상층에는 현대미술의 수준 높은 컬렉션을 보여주고 있는 모리아트뮤지엄Mori Art Museum이 있다. 이것은 록본기힐즈의 상징이자, 도쿄가 추구하는 도시적 이상으로서 예술 · 문화도시를 표방한 것이다. 또한 모리아트뮤지움은 최상층의 전망대로도 연결되는데, 일반적으로 펜트하우스penthouse는 유력가나 기업 총수에게만 제한된 공간이었다.
그러나 이곳에서는 최상층 전망대가 미술관과 연계하여 열린 공간으로서 관광객들과 시민들에게 열려있고, 아름다운 도쿄의 시티뷰city-view를 감상할 수 있는 기회를 제공하고 있다. 그래서 그 지역 일대는 모리아트뮤지움, 미드타운의 21_21 디자인사이트, 산토리미술관과 신일본미술관으로 이루어진 문화벨트를 형성하고 있다.

37 MXD 전략 세미나(건원건축), 복합개발사업 운영과 단지활성화가 성패 가른다, 강정구, 2008

실제로 문화시설이 복합단지에서 차지하는 연면적이 크지 않더라도 단지의 가치를 상승시키는 역할과 공공성을 획득한다는 두가지 중요한 역할을 한다. 문화시설이 사업의 대차대조표에 나타나지는 않지만 그 경제적 효과는 막대하다. 다음은 주요 복합단지와 문화시설의 대표적인 사례들이다.

Flagship Store, Roppongi Hills

Sky Art Gallery, 63빌딩

Project	Location	Cultural Facilities
Art Museum		
Yerba Buena Center	San Francisco	San Francisco Museum of Modern Art
Mizner Park	Boston	Boca Raton Museum of Art
California Plaza at Bunker Hill	California	Museum of Contemporary Art and the Bella Lewitzky Dance Gallery
Reston Town Center	Virginia	Great Reston Art Center
Midtown	Tokyo Minato	21_21 Design Sight, Santory Museum, Tokyo Midtwon Design Hub
Roppongi Hills	Tokyo Minato	Mori Art Museum
Yebisu Garden Place	Tokyo Shibuya	Tokyo Photograph Museum
Hakata Riverain	Fukuoka Hakata	Riverain Museum
Kobe Fashion Plaza	Kobe	Kobe Fashion Museum
Tokyo Opera City	Tokyo Shinjuku	Tokyo Opera City Art Gallery
Sunshine City	Tokyo Toshima	Ancient Orient Museum
Riverwalk	Kitakushu	Museum
Theater(Performing Art Center)		
City Place	West Palm Beach	Harriet Himmel Gildman Theater
AOL Time Warner Center	New York	Jazz at Lincoln Center
Canal City Hakata	Fukuoka Hakata	Fukuoka City Theater
Act City Hamamatsu	Hamamatsu	Gallery, Performing Art Center
Tennoz Isle	Tokyo Tennoz Isle	Galaxy Theater
Kuala Lumpur City Center	Kuala Lumpur	Concert Hall

개별 문화시설들은 단지 특화 기능으로 복합단지의 집객력을 높이고, 서로 다른 종류의 문화 시설을 전략적으로 도입하여 단지를 밤낮으로 활성화시킨다. 예를 들어 뮤지엄이나 갤러리는 오전부터 저녁까지 낮 시간 동안의 집객 효과가 있다면, 콘서트홀이나 극장, 뮤지컬센터 등의 경우는 저녁이나 밤시간에 집객 효과가 있다. 컨벤션의 경우, 컨벤션이 업무시설과 연관된 비즈니스 박람회 성격이라면, 낮시간에는 문화시설과 인근 쇼핑몰, 식음시설까지 그 영향을 미치고, 연회 중심의 중, 소규모의 컨벤션은 낮과 밤 시간에 모두 활용되는 특성이 있다.

문화시설은 관리처분 측면에서 매각 후 전문 운영 상품 또는 기부채납 시설이고, 수익적으로는 일반적으로 비수익, 혹은 적자 상품이다. 인허가 측면에서는 단지를 고급화시키고 위상을 강화시키는 상품이 될 수 있다.

도심속 문화휴식처, 리움

공공용도

복합개발 프로젝트에서 공공부문의 관심과 참여가 커지면서 지자체의 문화적 니즈needs도 반영하게 되는데 최근 지자체마다 콘서트홀이나 복지센터 같은 공공시설을 짓는 일이 많아졌다. 동사무소나 구청을 포함한 지역 문화 복지센터, 청소년 쉼터, 도서관, 각종 문화체육시설을 별도의 토지에 별도의 관리, 운영 시스템으로 설치하기 보다 복합단지 안에 도입한다면, 배후 시설들과 연계하여 활용되는 장점을 취할 수 있다. 건물을 고층화하면서 얻게 되는 공원이나 오픈 스페이스open space의 경우도 단지의 핵심으로서 공공시설과 함께 활용될 수 있다.

이것은 개발자 입장에서도 유리한데, 일부 시설을 기부채납 해야 하는 상황에서 공공시설을 단지 내에 입주시킴으로써 단지 활성화에 기여하고 주거시설의 분양에도 도움을 준다. 이는 경제적으로도 민과 관이 윈-윈win-win할 수 있는 기회가 된다. 아직 우리나라에는 복합단지를 개발하면서 시청이나 지역문화센터를 유치하는 경우가 아직 없지만 외국에는 많은 사례가 있다.[38)]

	Project	Location
Civic Uses (시청이나 정부시설)	Southlake Town Square	Texas, USA
	Smyrna Town Center	Georgia, USA
	Cathedral City Downtown	California, USA
	Cornelius Town Center	North Carolina, USA
	Fairview Village in Portland	Oregon, USA
	City Center Englewood (과거의 백화점 빌딩이 리모델링 되었음)	Colorado, USA
	Victoria Gardens (지역문화센터, 도서관, 연회관 등)	California, USA
	Saitama Shintoshim	Saitama, Tokyo
교육시설	Eastwood City Cyber Park (University of Asia and the Pacific)	Manila, Philippines
컨벤션시설 (공공부문 개발)	Suntec City	Singapore
	Diagonal Mar Development	Barcelona, Spain
	COEX	Seoul, Korea
	Canary Wharf	London, UK
	Eurarille	Lille, France
	Minato Mirai (국립 요코하마 국제회의장)	Yokohama, Japan
	Akihabara	Tokyo, Japan
	Acts City	Hamamatsu, Japan

Convention, Suntec City, Singapore

공공시설은 관리처분 측면에서 기부채납 후의 전문 운영상품이고 수익면으로는 일반적으로 비수익, 혹은 적자상품이다. 인허가 측면에서는 개발의 당위성과 명분을 제공하는 역할을 한다.

38 일부시설 참조, Mixed-Use Development Handbook, ULI(The Urban Land Institute), 2003

개발계획 프로세스 Master Plan Process

대규모 복합개발의 이해관계자는 일반적으로 사업에 출자하여 프로젝트 회사의 주주가 되는 건설투자자, 금융투자자, 전략투자자가 있고, 프로젝트의 실행팀으로 건축설계자와 부동산 컨설팅사 등으로 구성된다. 공공부문을 제외한 각 투자부문은 다수의 다양한 기업으로 구성되어 있고, 건축설계자도 개발계획의 특별한 성격에 따라 초고층전문가라든지, CI, 조경설계자, 친환경전문가, VE[Value Engineering]전문가 등의 다양한 전문 컨설턴트로 구성되어 프로젝트에 참여한다. 컨설팅사는 기본적으로 부동산개발 컨설팅사와 재무모델을 만드는 회계법인으로 이루어지는데, 프로젝트 성격에 따라 다양한 전문분야의 컨설턴트가 참여하기도 한다. 특히 최근에는 상업 컨설턴트의 개입이 빈번해지고 있다. 엄청난 수의 인력들이 참여하여 하나의 프로젝트를 수행하고 있기 때문에 개발계획의 프로세스에 있어서 서로 간의 이해와 업무 분담이 정확히 이루어져야 프로젝트의 원활한 진행이 가능하다.

마스터플랜 프로세스

단계	내용	컨소시엄 회의 시 결정되어야 할 사항
Step1	**프로젝트 이해와 환경분석 Analysis of Environment**	
	1. 프로젝트 목표(발주처)와 배경	프로젝트 전제에 대한 이해, 공유, 합의
	2. 대상지 분석과 제반 환경 분석[Macro+Micro]	개발 가능한 범위의 설정
Step2	**개발의 틀 Development Framework**	
	1. 개발의 철학과 비전[Vision], 프로젝트의 목표와 아이덴터티 정립	개발철학, 비전, 목표, 아이덴터티 결정, 공유
	2. 사업성 획득의 주요 틀 정리	개발프로세스 설정과 업무 분장 주요 사업 아이템의 설정
	3. 제반 법규사항과 인허가, 절차의 틀 정리	도시계획의 틀과 법규절차의 합의
Step3	**개발의 전략 Development Strategy**	
	1. 사업 전략, 프로그램 도출	프로젝트 목표에 맞는 프로그램 구상, 결정 수익성을 위한 개발방향 설정, 결정
	2. 디자인 전략	디자인의 개발방향과 전략 구상, 결정
	3. 마케팅, 운영전략, 인허가 전략 등 세부 전략	세부사업추진전략 구상, 결정
Step4	**사업 가능성 타진 Financial Structure**	
	1. 수익성 검토	세부적인 수익성 옵션 제시, 가정, 결정
	2. 스페이스 프로그램 도출	스페이스 프로그램 옵션 제시, 결정
	3. 단계별 개발계획	단계별 개발 옵션 제시, 결정
	4. 대지에 대한 적용	필지조건에 따른 대지 적용방안 합의, 구체화
	5. SPC 구도, 필지 분할 등	SPC 구도 등 기타 결정 필지 구획 결정 및 기타 조정사항 합의
	6. 건축 볼륨 검토, 개발 규모	건축볼륨에 대한 이해와 개발규모 결정
Step5	**마스터플랜 Master Plan**	
	1. 토지이용계획	필지조건과 토지 이용 결정
	2. 경관계획	전체적인 도시 스카이라인, 최고높이 등 결정
	3. 배치계획	필지조건별 용도 배치 결정
	4. 건축계획	건물 계획 및 디자인 스타일, 이미지 결정
	5. 활성화 프로그램 계획	Place-Making등 특화전략 반영, 구체화 합의

다음은 작업 경험을 바탕으로 마스터플랜과 단계별 결정사항에 대한 개략적인 프로세스이다. 사업계획서에 포함되어야 할 내용은 훨씬 방대하다. 마스터플랜이 도출된 이후에도 마케팅과 운영방안, 사업리스크 대비계획 등 사업계획의 필수적인 내용들이 많은데, 이번에는 마스터플랜이 도출되기까지 계획적인 측면에서 간단히 정리하였음을 밝혀둔다.

첫번째 단계에서의 환경 분석은 대상지의 물리적 환경뿐 아니라 시장 환경과 트렌드, 세계적인 동향과 사회적인 이슈에 대한 광범위한 접근을 의미한다. 대규모 사업일수록 더 종합적이고 총체적인 시각을 갖고 프로젝트를 접근해야 할 필요가 있다. 사업조건들을 분석하고 예측한 결과에 따라 사업 제안의 범위를 한정하고 개발 가능한 방향을 결정짓는다. 벤치마킹 사례에서 용도, 시설이나 디자인뿐 아니라 사업 방식, 프로세스, 프로젝트 회사 등 구체적인 부분들에 대해 심도 있게 분석하여 해당 프로젝트에 시사점이 무엇인지를 도출하고 적용가능성을 판단한다.

1차 마스터플랜이 나오기까지 수익성 검토와 건축 볼륨 검토 과정의 수많은 피드백, 각 단계 내에서의 수많은 피드백이 이루어지게 된다. 특히 이 과정에서 가장 많은 피드백이 이루어지는 부분은 4단계**step4**의 스페이스 프로그램과 대지의 적용부분이고, 5단계**step5**의 토지이용계획 부분이다. 필지별 조건과 도시적 맥락에 따라 용도들을 배치하는데 초기 검

토 안에서는 사업적으로 융통성 있는 모델을 만드는 것이 중요하다. 특수해보다는 일반해로 제시될 수 있는 옵션들을 최대한 도출하고 수익성 검토와 건축적 검토가 동시에 이루어진다. 이후 수익적으로 최종 사업 모델이 결정되면 디자인으로 해결 가능한 범위와 다양한 디자인 아이디어를 도출한다. 디자인 대안들에 대한 수익성 검토, 우수 사례의 분석과 적용은 프로젝트의 진행 내내 이루어진다.

프로젝트 초반부에는 비전**vision**을 정립할 때 시각적인 이미지가 매우 중요해서, 특히 건축가는 큰 그림들을 상상할**envisioning** 수 있게 하는 역할을 한다. 이와 더불어 각 컨소시엄 구성원들은 자기의 전문 분야에서 프로젝트 목표와 비전들을 나름대로 제시하면서 토론하고 합의를 이루어간다. 전체적인 프로세스의 진행은 일정 기간마다 전체 컨소시엄 회의를 하고 다음 단계를 넘어갈 때마다 중요한 결정을 내리고 주요 사항들을 체크해 나가는 방식으로 진행한다. 특히 공모 사업일 경우 워낙 촉박한 일정으로 진행되기 때문에, 단계별 결정 프로세스를 단순화하고 결정권자, 결정 시점 등을 명확히 하지 않으면, 후반부에 사업제안서의 제출이 불가능한 상황까지 발생하기도 한다.

참고로 일반적인 건축의 프로세스는 기획설계단계**Concept Design** – 계획설계단계**Schematic Design** – 기본설계단계**Design Development** – 실시설계단계**Construction Documentation**로 정리된다. 복합개발의 경우 기획설계단계의 마스터플랜을 가지고 투자자를 모집한다든지 지자체나 정부와 협의하기 때문에, 건축설계자, 기획자, 프로젝트 매니저의 명성이나 브랜드 가치가 중요하게 여겨질 수 있다. 일반적인 개발 사업에서보다 사업 초기에 있어서 건축설계자의 역할이 크다고 볼 수 있다.

일반적인 건축 프로세스

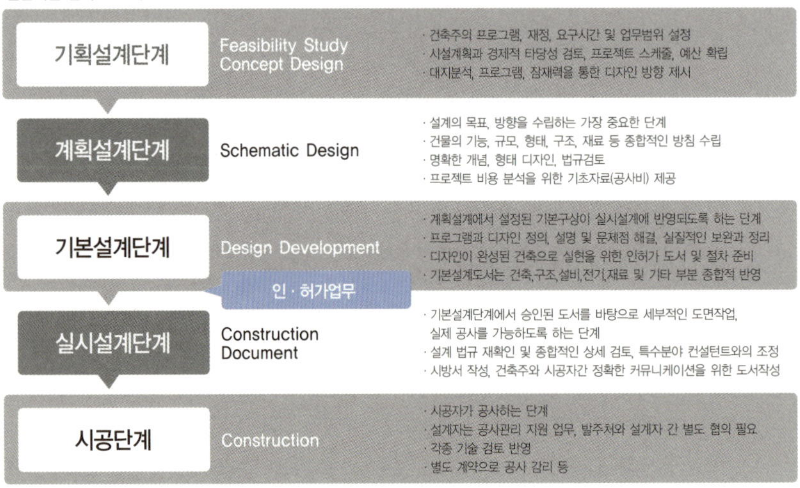

River-Walk

River-Walk
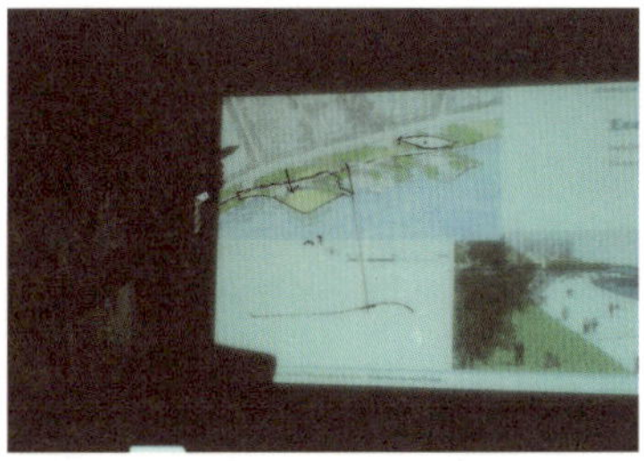
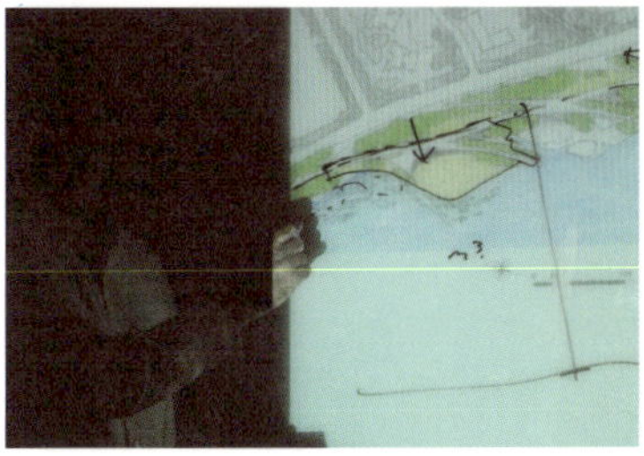

통합설계 프로세스와 프로젝트 매니지먼트

단계별 개발을 고려하는 마스터플랜이 수립되어야

화성 동탄 METAPOLIS, 최홍석 이사
건원건축

화성 동탄 메타폴리스는 주거 분양을 2007년에 성공적으로 완료하고 2단계를 진행해야 하는 것으로 알고 있습니다. 설계단이 설립된 것은 2004년으로 벌써 5년을 이끌어오고 계시네요. 대내외적으로 발표도 많이 하셨는데요, 일하시면서 복합개발 설계 시 어려운 점이라든지 시사점을 얘기해 주세요.

1단계 시설을 하면서 초고층주거 복합단지에서 필요한 많은 아이템을 검토했었는데 이제 2단계 사업은 또 다른 관건들이 너무 많아요. 건축가가 각 단계별로 무엇을 어떻게 해야 하는지, 설계시스템과 데이터베이스를 활용하면서 PF사업의 진행 프로세스에 대한 생각을 많이 하게 됩니다.

사업주는 민관합동형 PF사업의 목표의식과 개발의도에 일관성을 갖고 단계별 개발이 계획되고 추진되어야 합니다. 사업 추진 주체들 간에 적어도 개발의 우선순위와 액션플랜이 초기부터 검토되고 서로 합의가 되어 있어야 합니다. 현재 우리나라에서는 너무 한꺼번에 개발하려는 경향이 있어요. 단계별 개발이나 유보지에 대한 고려 없이 하루아침에 모든 건축물을 팔아 치우려는 목표를 가지다 보니까 시장상황이나 마케팅 측면에서 난관에 부딪치는 경우가 많더라고요. 신도시의 상권이 형성되는 최소한의 시간이 10년이건, 20년이건 있는 것인데 한꺼번에 만들어서 분양을 하려고 하니 사업이 불가능하다고 밖에 할 수가 없는 것 같습니다. 저층부 일부를 활성화하고 나중에 증축 개념으로 한다든지, 100이 전체라면 20만 공공에서 원하는 것을 우선적으로 공급하고 나머지를 사업 환경에 맞게 차분히 진행한다든지, 신도시의 발전 단계나 상권 형성 단계를 예측하고 시장에 대응하면서 자금흐름cash flow을 짜야 한다고 봅니다. 일단 한번에 다 만들려고 하니 사업이 원활히 진행되기가 자꾸 어려워지는 거죠. 땅값을 비싸게 받으니까, 그 가격을 나오게 하려면 개발 규모를 크게 제시해야 하고 그러다 보니 과다한 상업 면적을 제시하게 되고, 실제 사업 진행은 더 힘들어지게 되는 것입니다. **적정 개발 규모, 적정 시기와 단계, 그리고 사업 환경의 변화에 대비하는 것이 중요하다고 봐요. 특히 민간사업자는 능동적이고 빠르게 변화하는 상황에 대처해야 합니다.**

민-관 합동형 PF사업은 SPC구성원들이 각각의 주주사의 입장을 대변하기 때문에 의사결정과정에서 빠른 결론을 내리기가 상당히 힘들어요. 그래서 더 사업주의 PM능력이 사업의 성패를 좌우할 수 있다고 봐요. PM의 요건은 추진력이 있어야 하고, 이런 개발사업에서는 정답이 있을 수가 없으니 자본흐름이나 시장상황을 관찰하여 아니다 싶으면 빨리 대응하고 전략을 수정하여 그때 그때 적합한 결론을 내려 주어야 합니다.

복합개발 설계시의 주안점, 설계자가 반드시 고려해야 할 점은 무엇인가요?

일단 **통합 설계 프로세스**에 대해 말씀 드리고 싶어요. **대형 복합단지 계획 시에는 전 분야의 통합설계관리와 특별한 컨설턴트 전문영역에 대한 검토가 복합적으로 진행됩니다.** 상당히 많은 스페셜 컨설턴트들이 용역을 수행했는데, 이것을 잘 컨트롤하는 것이 중요해요. 복잡한 상호 연관성과 소요 일정을 고려해서 사업 일정이 수립되어야 하고 설계공정관

화성동탄 메타폴리스 현장(2009)

리 시스템과 각 전문분야별 설계 수행 항목에 대한 매뉴얼 작업이 필요해요. 건축가가 각 단계별로 수행해야 할 것들을 컨트롤하는 체계적 공정관리가 절대적으로 필요합니다. 메타폴리스 1단계 설계를 진행하며 실질적으로 3년(36개월)의 기간과 많은 인원이 소요되었는데 여기에서 체계적 설계공정관리와 데이터베이스 구축의 필요성을 절감하게 되었습니다. 2000년대 초에 ASEM을 설계할 때 외국사의 계획설계시 도면수준, 생산성과 국내사의 도면수준, 생산성을 비교하면 시사하는 점이 많다고 생각됩니다. 우리가 대형프로젝트를 수행하는데 절대적으로 필요한 건 디자인 이외에도 설계품질을 높일 수 있는 능력과 생산성을 갖추어야 한다고 생각합니다. 요즈음 해외프로젝트를 많이 수행하고 있는데 앞서 이야기한 외국사의 설계품질과 생산성을 갖추어야 해외시장에서의 지속적인 경쟁력을 갖출 수 있겠지요.

두번째는 **대형 교통유발시설에 대한 계획이 초기에 문제가 되는 부분**이에요. 메타폴리스가 도심 한가운데 중심 부분에 있잖아요. 계산하면 주차대수만 7000대가 도심 한가운데 있는 것이죠. 이게 정상적인 거냐 하는, 과밀에 대한 의문이 들고요. 또한 이 부지는 신도시의 택지개발지역이고 중심상업지로 교통영향평가를 받아서 도로 폭이며 다 결정이 된 것인데 인허가를 받을 때 완화 차로를 또 설치하느라 땅을 또 기부채납 해야 한다는 게 참 불합리하더라고요. 심각한 것 중의 하나가 학원인데요, 학원시설은 대형버스 주차공간이 있어야 하거든요. 계산해보면 15대였는데, 대도시 버스터미널 수준이라는 것이죠. 결국은 계속 협의해서 6대를 지상층에 넣는 것으로 정리가 되었죠. 한편 비상동선에 대한 고려도 필요해요. 교통계획에 대한 부분을 초기부터 염두에 두어야 합니다.

앞서 스페셜 컨설턴트를 언급했었는데, 세번째는 **초고층 건물의 건축환경계획**입니다. 피난방재계획, 파사드 엔지니어링, 연돌효과, 유지관리계획(외벽청소 등), 보안계획, 대공간 공조계획, 각종 CFD, 풍동실험, 풍환경 CFD, 에너지사용계획, 신재생 에너지 사용계획, 소음, 진동, 외부 현휘 검토, 일사별 태양광 검토 등 예상보다 많은 각종 건축환경에 관한 검토가 설계 초기에 고려되어야 하고 통합 설계 프로세스와 밀접한 연관성을 갖습니다. 관련분야 코디네이션만 해도 엄청난 일거리가 생깁니다. 이러한 부분은 설계품질의 향상을 위해서는 우리가 수행해야 할 부분이라고 생각되지만 설계용역비가 낮은 현실을 비추어보면 발주처와 계약시 건축환경에 대한 업무구분을 명확히 해야 하지 않을까 싶습니다.

디자인과 특화전략 Planning, Design and Winning Points

복합개발 프로젝트는 개별 시설들의 설계 전문가도 물론 필요하지만 설계상의 특수성으로 인해 복합개발 전문설계자를 더욱 필요로 하는 편이다. 통합된 지하층의 활용문제나, 분리해 주어야 할 용도시설들, 서로 다른 용도들이 필지별로 배치되고 이질적인 용도들간의 조화된 배치와 수직적인 연계 등 설계상에서 해결해야 할 특수한 문제들이 많다. 코엑스와 고속터미널 센트럴시티를 제외하면 최근 민-관 합동형 PF사업으로 실행이 진행된 사례로는, 2009년 현재, 용인 동백 주네브가 관리, 운영 단계로 넘어갔고, 화성 동탄 메타폴리스, 아산 배방 펜타포트는 1단계 분양이 완료된 정도이다. 물론 청주 지웰시티Gwell City나 해운대 우동I' park 복합단지 등 민간 복합개발사업들이 여러 개 있지만 역시 실행단계가 제대로 궤도에 오른 프로젝트는 아직 없다. 그래서 많은 국내외 복합개발의 설계 전문가들이 필요한 실정이다.

우리나라 건설사업의 수익구조상 주거 상품이 복합개발에서 큰 역할을 하다보니, 사업자는 주거시설의 계획과 분양에 많은 노력을 기울이게 된다. 따라서 공동주택에 실적을 쌓은 대형 건축 설계사무소들이 1990년대 주상복합 개발의 붐과 함께 많은 경험을 쌓았다. 공동주택사업들은 점차 발주 규모가 커져서 대규모 택지지구, 마스터플랜으로 작업의 스케일과 영역이 확대되었다. 우리나라에서 건축가가 도시 설계를 하는 경우가 많지 않은데, 대형 건축 설계사무소들이 대규모 공동주택의 설계 실적을 쌓으면서 자연스럽게 도시 스케일의 작업 경험이 더해진 것이다. 이러한 경험을 바탕으로 대형 건축설계사들이 해외의 복합개발 전문 설계사들과 협업하기도 하고 벤치마킹하고 연구하기도 하면서 복합개발 프로젝트를 끌어나가고 있다.

건축 설계에 있어서 복합개발 프로젝트의 주요 이슈들은 다음과 같다.
첫번째, '토지이용계획'은 계획의 초기 단계에서 가장 중요시된다. 공모 후 결과를 보면 당선작과 참가작들의 토지이용계획이 서로 다른 경우가 많다. 도시에 대한 이해와 대상지의 잠재력이 토지이용계획에 나타나기 때문이다. 두번째는 '네트워크'인데 전체 단지가 여러 개의 블록으로 나누어져 있는 경우가 많아 블록간 연계가 중요하다. 대상지가 지하철이나 철도 역세권이라든가, 또는 근린공원 같은 단지 외부의 공공시설이 있을 경우는 더욱 연계 네트워크가 늘 중요한 이슈가 된다. 세번째는 '랜드마크'인데 특히 민-관 합동형 PF사업의 경우, 시의 상징적 이미지를 위해 전략적 위치에 반드시 랜드마크 타워가 배치된다. 네번째는 어떻게 디자인적으로 '공공성'을 획득하느냐이다. 복합단지 내 테마공원이라든지 광장, 문화시설을 특화하는 일들이 과제가 된다. 다섯번째는 '장소만들기' Place-making인데 테마 상업시설과 단지 내 중심광장, 또는 공원의 활용에 대한 아이디어가 필요하다. 건축적인 요소가 가미되고 이야기story 있는 장소를 만드는 것이 이슈가 된다. 마지막으로는 사업의 수익성에 중요한 역할을 하는 주거시설이 단지 내 타시설과 연계하여 거

2 Urban Anchors 입지 전략

- **백화점**
  - 역세권 블록별 Node 설정과 대응
  - 역 팽창으로부터의 적극적 집객과 유인
  - 복합단지 Front Signage Image
- **할인점**
  - 목적동선시설, 대형교통 유발시설 최적입지
  - 집객시설(Urban Anchor)의 양단배치로 활성화

Shopping Mall 입지 전략

- 복합 쇼핑몰 입지에 적합
- 대형 판매영업시설 및 Key Tenant 입지 가능

주민의 편리한 이용을 도모하면서도 주거 고유의 프라이버시와 영역성, 안전한 환경을 확보할 수 있을 것인지가 설계 주안점이 되겠다. 공모 당선 사례들을 통해 이러한 이슈들이 어떻게 실제 설계과정에서 다루어지는 지를 살펴보고자 한다.

토지이용계획

디자인을 시작하면서 가장 먼저 하는 일은 토지이용계획과 용도별 조닝zoning이다. 업무, 주거, 상업, 숙박, 공공시설 등을 배치할 때 가장 중요한 고려사항은 해당 블록과 가로의 성격이다. 블록 사이의 가로는 어디에서 어디를 연계하는 것인지 가로의 기능을 파악하고 가로 성격과 대면한 블록의 성격에 맞는 용도들을 결정하게 된다. 대규모 프로젝트는 지구단위계획에서 특별계획구역으로 지정하고 개발하는 경우가 많은데, 대상지의 위치와 지형조건, 블록별 차량과 보행의 진입, 주변 블록의 용도와 성격, 그리고 블록별 제한된 밀도와 블록의 사이즈가 토지이용계획을 결정하는 주된 인자가 된다.

다음 그림은 아산 배방 펜타포트 공모 당시 토지이용계획과 용도 배치의 구상 내용이다. 이 경우는 지구 지정 이후 공모가 나와 사업 추진이 빨랐다. 최근에는 지구 지정 이전, 구상 단계에 공모가 나오는 사례가 많아지고 있는데 이 때는 필지 분할parcelling이 용도별 조닝zoning과 함께 사업적으로 중요한 이슈가 될 수 있다. 용산 국제업무지구와 안산 사동 90블록의 경우도 인허가 절차를 지구단위계획 변경부터 시작해야 했기 때문에, 세계적인 도시들의 단위parcel 크기와 도시 패턴urban pattern에 대한 많은 연구를 바탕으로 계획이 진행 중이다. 사업적으로나 도시계획적으로 적절한 블록의 크기를 제시하는 것이 토지이용계획과 함께 프로젝트 초반부에 매우 중요하다.

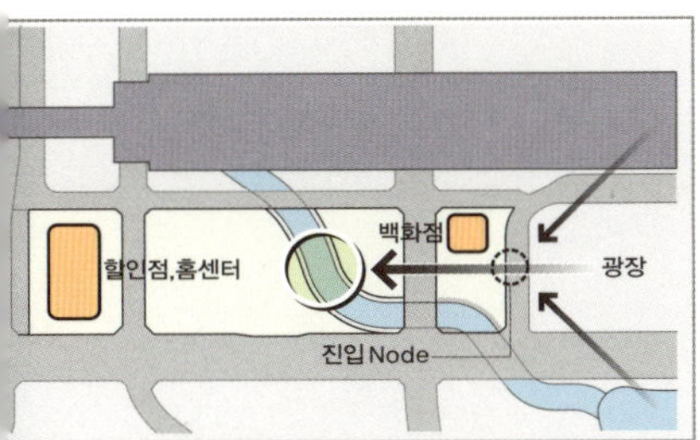

2 Magnets 입지 전략

- 수변광장 명소화 :
  중심성부여로 복합기능 활성화
- Landmark Tower의 배치

COBAHS + 수변광장 + Landmark Tower

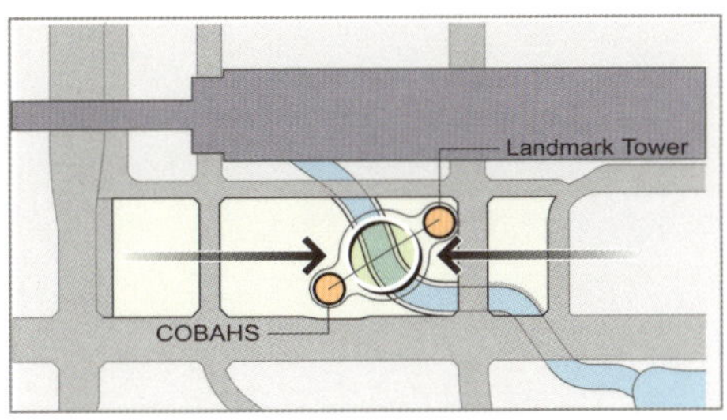

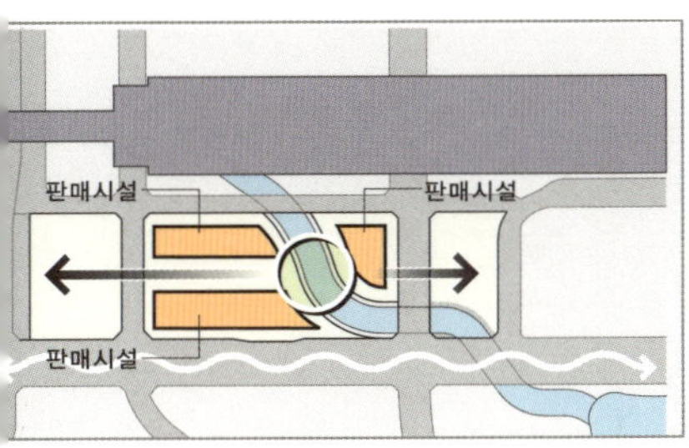

주거시설 입지 전략

- 향, 조망의 최적 고려
- 생활가로와 자연녹지 연계로 거주 영역성 확보
- 상업가로 Program 손실 최소화
- 통경축의 방향 설정으로 타워의 개방감 확보

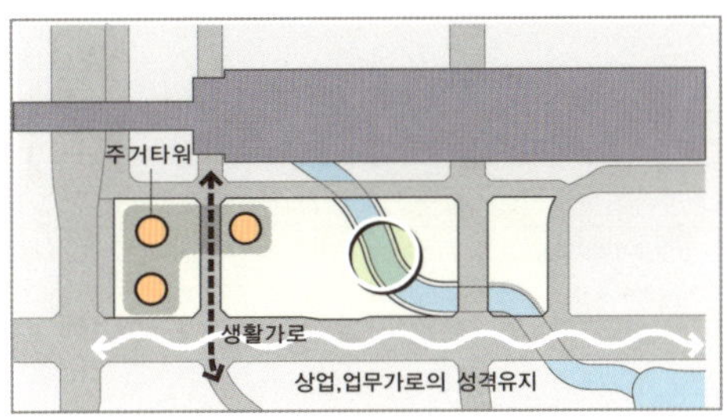

네트워크

최근 프로젝트가 점점 대형화되고 있는데 여러 개의 도시 블록으로 대상지가 주어지는 경우가 많다. 화성 동탄 복합단지가 2개 블록, 아산 배방이 4개, 판교 중심상업용지는 무려 8개의 블록을 갖는다. '도시 · 건축 통합 마스터플랜'이 최근 이슈가 된 것과 마찬가지로, 기능간의 연계 네트워크로 시너지를 창출하고 복합단지의 경쟁력을 높인다. 유기적인 네트워크 구성을 위해서는 오버브릿지**over-bridge**와 데크로 차량의 방해를 받지 않는 안전하고 쾌적한 보행 흐름을 갖도록 하고, 지하를 통합 개발하여 주요 상업시설과 공원, 역사 등을 연계, 편리한 이용을 도모한다. 복합단지의 네트워크는 1차적으로 'Net-WALK'로 이해할 수 있고, 2차적으로는 기능 연계가 중요하다.

다음은 용산 국제업무지구 프로젝트의 작업 과정(2007년, 건원건축)인데 도시기능, 블록간 연계를 고려한 토지이용계획의 사례이다.

39 아산 배방 펜타포트는 복합단지 최초로 빌딩정보모델링 BIM(Building Information Modelling)을 도입했다.
참고로 서울시도 올해부터 공공 공사 발주 사업에 BIM의 적용을 의무화했는데 정부도 BIM 도입에 적극적으로 나서고 있다. 미국의 선진 건축시장에서는 대형설계사무소의 80%가 BIM을 보유하고 있고 이들 프로젝트의 50%이상이 BIM으로 설계되고 있는 만큼 국내에도 적극적으로 확대될 전망이다. 한편 초고층 타워에 대한 기술, 에너지 절감과 친환경 설계에 관련해서도 많은 연구가 필요하다.

용산국제업무지구 Land-Use Study

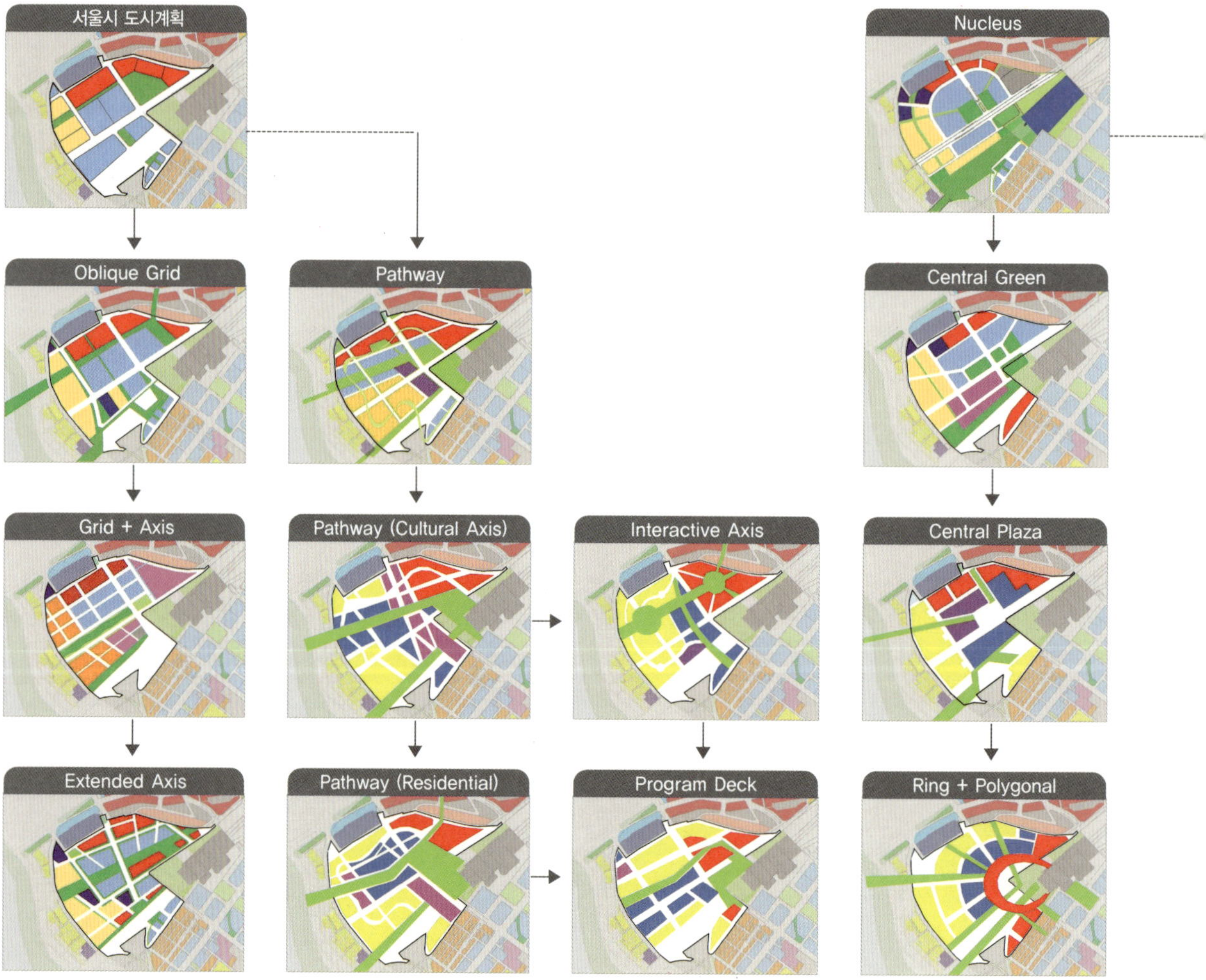

랜드마크

해운대우동아이파크

안산사동 90블럭 복합단지

랜드마크는 경관적으로 도시의 상징적인 이미지를 구현하는 핵심 요소이다. 지자체가 추구하는 이상과 비전vision을 담은 복합 단지일 경우 초고층의 랜드마크 타워를 건립하고 전체적인 스카이라인skyline을 조정하여 매력적인 도시경관을 만든다. 화성 동탄 복합단지에는 미디어 타워, 아산 배방 복합단지에는 싸이클론 타워[39]가 있다. 해운대 우동 복합단지의 경우는 해운대 바다 너머의 전체적인 경관을 만들어내는 건물군group으로서의 랜드마크를 창출하였다. 랜드마크가 지역의 상징성을 갖는지, 주변 환경과 조화로운 스카이라인을 만드는지, 기차나 자동차 등을 타고 가면서 단지를 조망할 때 다른 건물들과 어우러져 특색있는 경관을 창출하고 있는지가 설계의 주안점이 된다. 건물이 가장 높다거나 멋있다고 랜드마크가 되는 것은 아니다. 랜드마크를 결정하는 중요한 요소는 조망점인데, 조망점에 따라 원경, 중경, 근경을 분석한다. 그리고 주요 조망에서 랜드마크까지의 거리와 높이를 계산하여 최고높이를 결정하고 도시 경관에 대한 대안들을 작성한다. 다수의 건물이 배치되는 대규모 사업일 때, 최고층 건물이 어디에 배치되는지가 중요하다. 그리고 전체적인 경관에서 랜드마크를 중심으로 방향성을 어떻게 잡는지, 어디를 정면으로 인식하는지가 중요하다. 공모시에는 이러한 분석을 바탕으로 CG 조감도를 그리는데 단순히 랜드마크 타워가 멋있게 나오는 장면이 아니라, 실제로 도시로 진입할 때 보이는 경관이라든지, 특정 높이에서 바라본 풍경 등 의미 있는 경관에 대한 조감도가 되어야 한다.

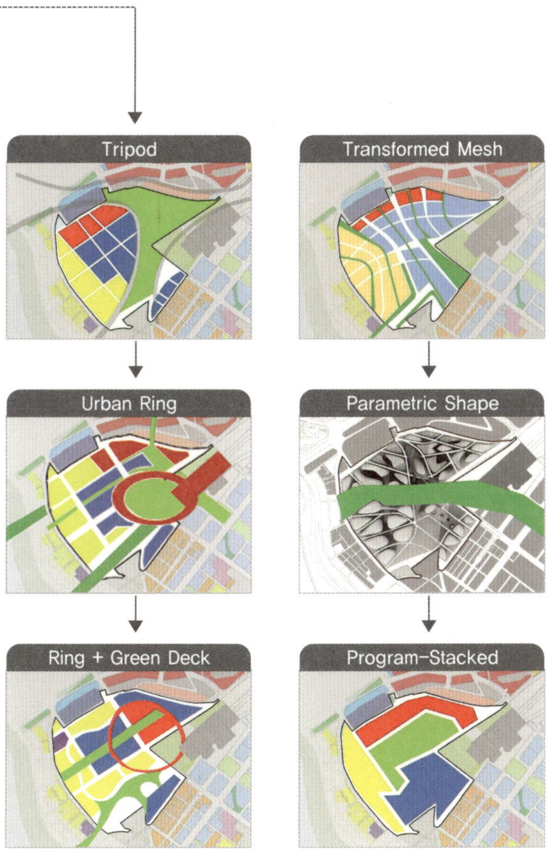

랜드마크 설계는 도시경관과 상징적인 이미지 구현을 위한 독특한 디자인도 중요하지만, 가장 큰 문제는 이를 뒷받침하는 산업과 자본이다. 초고층으로 건립한다 해도 입주할 기업, 산업이 없어서 공모 당시의 멋진 조감도와 랜드마크가 현실성이 없다고 판단되거나 아예 계획 자체가 무산되는 경우도 많다. 복합개발이 자급자족의 압축된 도시구조를 갖기 때문에, 산업이 뒷받침되지 않으면 단지 완성이 힘든 구조임을 여실히 보여주는 것이 바로 랜드마크 문제이다.

BIM for CYCLONE TOWER

Why BIM?

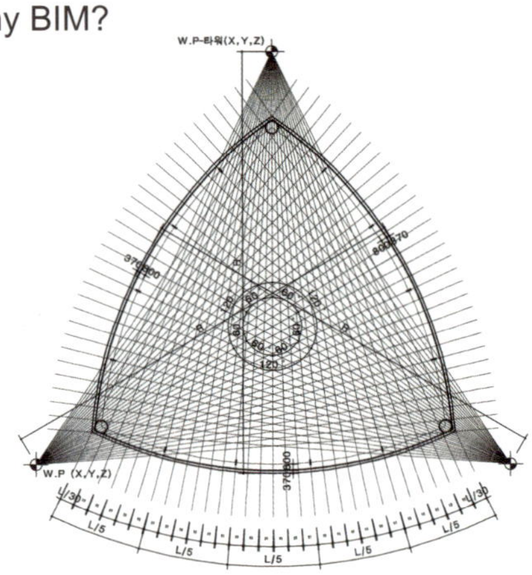

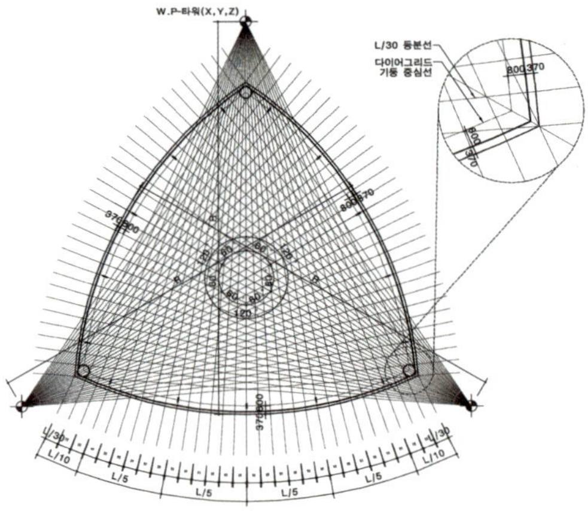

Design Concept

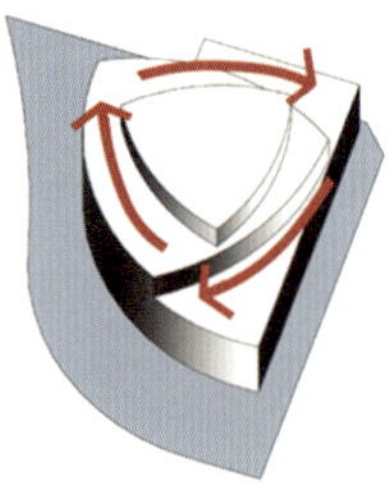

Step1

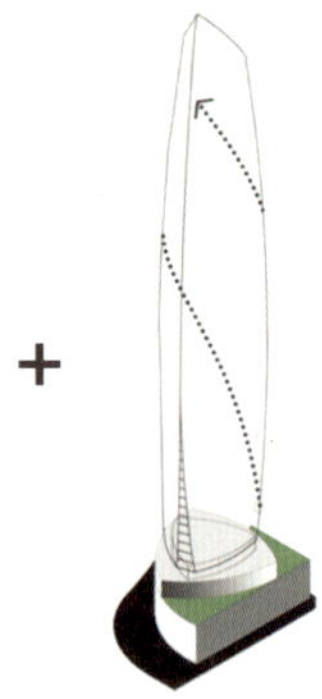

Step2

아산 배방 복합단지 4블럭의 싸이클론 타워는 런던의 Swiss Re빌딩, 뉴욕의 Hearst 타워, 베이징의 CCTV HQ 등에서 볼 수 있는 대각가새 Diagrid 구조 시스템을 채택하였다. 싸이클론 타워의 끝이 점점 가늘어지는 형태Tapered를 만족시키고 내부의 기둥을 제거함으로써 공간의 활용성을 극대화하기 위한 선택이었다. 대각가새 구조 시스템을 설계하는 데 있어서 가장 중요한 부분은 접합부Node Point이다. 구조부재가 건물의 수평하중 뿐 아니라 중력하중도 전달하는 역할을 하므로 이 역할을 하는 데 있어서 효과적인 힘의 흐름을 위해 가장 중요한 부분은 접합부인 것이다. 문제는 싸이클론타워의 Tapered형태에서는 각 접합부의 좌표가 변화한다는 점이었다. AutoCAD 3D, 3Ds Max로 작업을 진행하였지만 단순히 건물 형태의 디자인 검토 등에 국한되는 등 한계가 있었다. 접합부의 검증과 좌표값을 추출하고 커튼월 시스템의 검증 및 정확한 2D 기반의 도서를 생성하기 위해서는 BIM 적용이 필요한 상황에 이르게 되었다.

Program/ Circulation

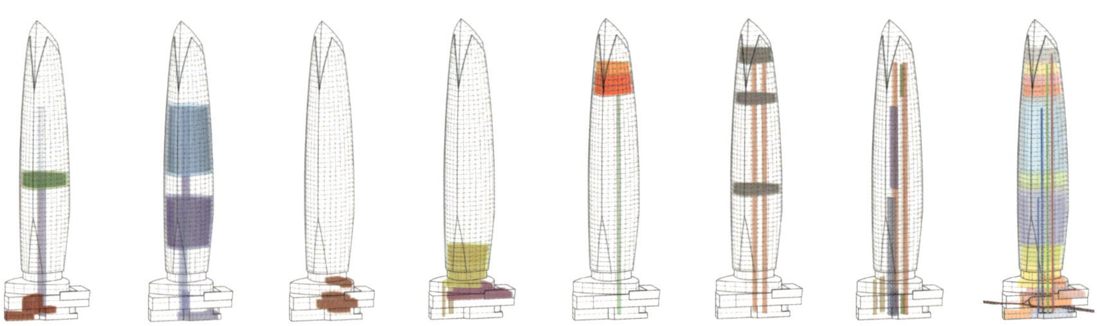

Sky Garden | Office | Retail | Exhibition Facilities /Sports Facilities | Observation Platform /Restaurant | Mechanical Room | Core | Route

빠른 의사결정 도구로서의 BIM

기술 진보에 따른 시스템과 솔루션을 갖춰야

아산 배방 PENTAPORT, 이경안 이사
건원건축

아산 배방 펜타포트는 이전의 동탄에 비해 상당히 빠르게 사업이 진행되었다고 들었습니다. 특별한 것이 있다면요?

2005년 7월 공모에 당선되었고 4개월만인 11월에 PFV와 AMC가 설립되었지요. 그리고 2007년 11월에 분양을 완료하였으니 딱 2년만이네요. 빨리 추진되었던 것은 컨소시엄 대표, AMC 사장님의 강력한 리더쉽이 있었습니다. 의지가 있었고 그 판단에 주주사들이 믿고 따라주었던 것이 성과로 나타났습니다. **리더쉽은 이런 프로젝트에서 굉장히 중요합니다.** 한편, 설계 과정에 있어서는, 마스터플랜을 먼저 하고 그 다음 주거계획을 하는데, **마스터플랜을 진행하면서도 주거팀을 별도로 두고 진행했어요. 상품성 있는 대안들을 미리미리 만들어서 대비를 했지요.** 주거가 전체 연면적의 50%가량을 차지했고 초기 성패를 좌지우지할 만큼 중요했기 때문입니다. 교평이라든지 인허가 협의 등 대응에 상당히 빨랐어요. 건원에 주상복합과 관련된 데이터베이스가 구축되어있는 것은 복합단지 진행할 때 상당히 효과적입니다. 복합단지설계에 빠르게 적응하면서 일을 해나가는 밑거름이 되었고 자신감으로 작용했다고 볼 수 있어요.

배방의 랜드마크 타워 설계에 대한 얘기 좀 들려주세요. 프로젝트에서 BIM의 도입은 어떤 의미가 있습니까?

랜드마크 타워가 사선의 그리드와 곡면을 갖는 것은 잘 알죠? 도면이 그려졌는데, 이게 과연 맞는 건지, 지어질 수는 있는 건지, 모두들 의심스러운 거죠. 컴퓨터가 그것을 우리 모두에게 검증해주는 것입니다. 슬픈 현실인가요?

예를 들어 연면적이 배방단지와 비슷한 2000-3000세대의 단지, 아니 한 8000세대 단지라 칩시다. 이런 아파트 단지 프로젝트와 복합단지 프로젝트는 설계 난이도나 복잡성에 있어서 완전히 차원이 다르다는 생각이 들어요. 효과적인 관리 시스템과 도면의 퀄리티를 유지해야 하는 과제를 안고 있습니다. 그 솔루션 중의 하나가 BIM이예요. **3차원 설계를 가능하게 하고 설계 검증을 돕는 도구**라고 보는 것이 기본입니다. 2차원 CAD로는 부족한 부분이 많습니다.

또 하나 중요한 역할은 **BIM이 빠른 의사결정의 도구가 될 수 있다**는 점이예요. 이런 프로젝트, 특히 요즘 프로젝트들이 대형화되고 있는데, 기존의 건설사업처럼 건설사와 설계사만 얘기해서 프로젝트가 진행되는 게 아니죠. 특히 금융권 쪽, 건축 쪽에 문외한인 이해관계자들이 참여하는 경우가 점점 더 많아지고 있어요. 도면에 익숙하지 않은 사람들이 빠르게 건축을 이해할 수 있게 하죠. 이해할 수 없으면 결정은 못하거나 미루게 되죠. 의사결정이 신속하지 않으면 사업이 지연되는 것은 당연하고요. 이럴 때 BIM은 상당한 역할을 합니다. **3차원 모델링으로 건축을 아주 쉽게 이해할 수 있게 하고, 시공성을 검증해주어 설계에 대한 신뢰감도 줍니다. 이렇게 기술 진보에 따른 시스템과 솔루션을 갖춰야 해요. 복합설계에 대한 자료들도 공유하고 노하우를 모아야 합니다.** BIM도 물론 잘 활용할 수 있어야 합니다. 효과적인 유지, 관리 시스템을 갖춰서 설계의 생산성과 퀄리티도 높여야 하고요. KAS(Kunwon Archive System)가 곧 그런 역할을 하려고 하는 것이죠.

Process

[Step1] Mass 디자인 및 면적 검토
- 정해진 면적과 디자인을 고려한 싸이클론 타워 매스 모델링

[Step2] 매개변수값 추출 및 Database화
- 면적검토
- 변화하는 각 층간 매개변수값 추출 및 Database화

[Step3] 패밀리family 제작
- 설계기준에 따른 모델링에 필요한 패밀리 작성
- 다이어그리드diagrid기둥 및 보 등 구조부재 설치

[Step4] 구조 모델링 / 커튼월 모델링
- 구조와 커튼월 간의 연관 변수 값 설정
- 구조 모델링 및 커튼월 모델링

[Step5] 고층부 / 저층부 구조 및 커튼월 모델링

Step1 Mass 디자인 및 면적검토

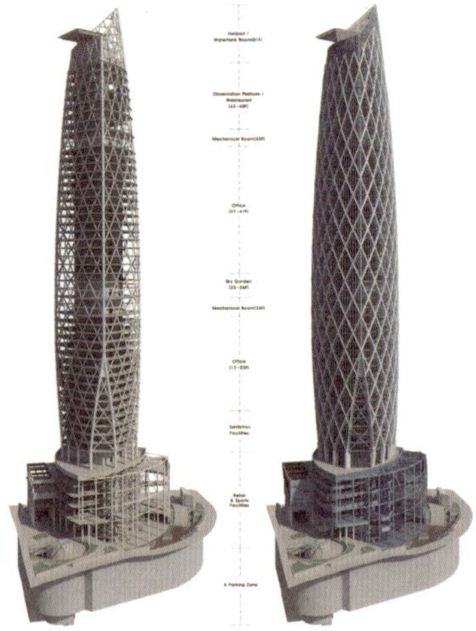

Step4 구조structure 모델링과 커튼월curtain wall 모델링

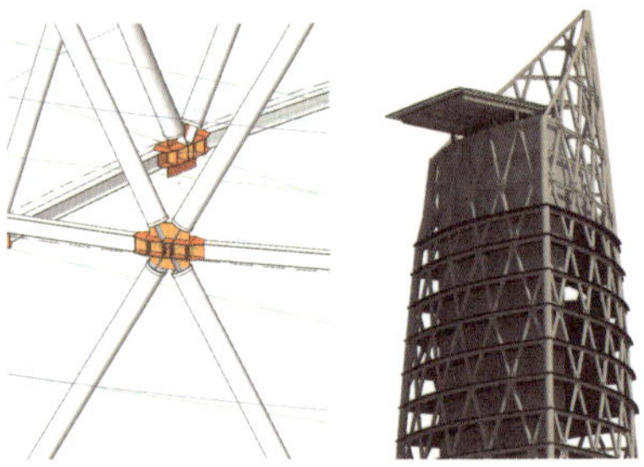

접합부node 모델링

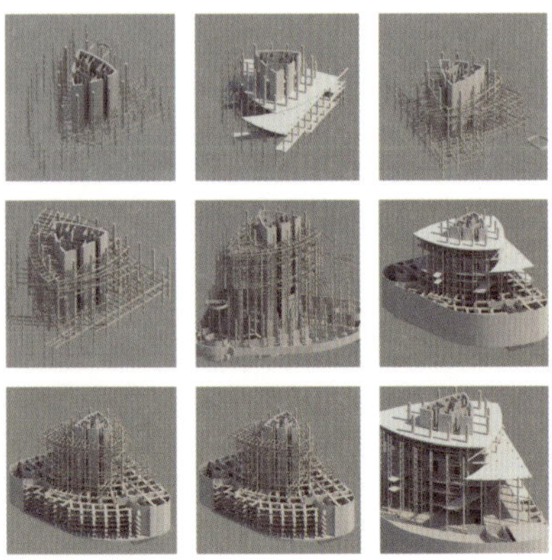

저층부 모델링

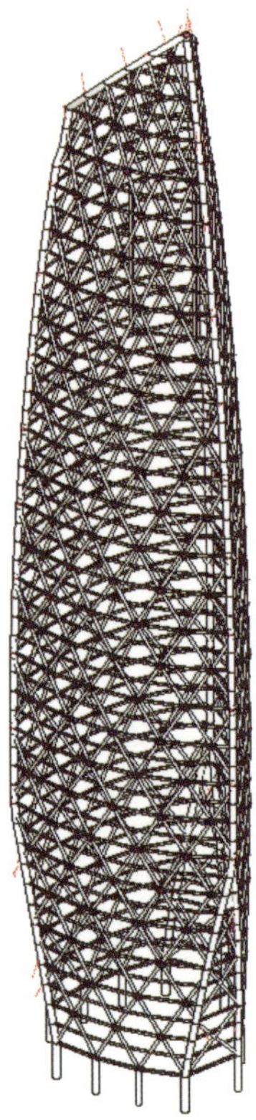

구조기둥 생성

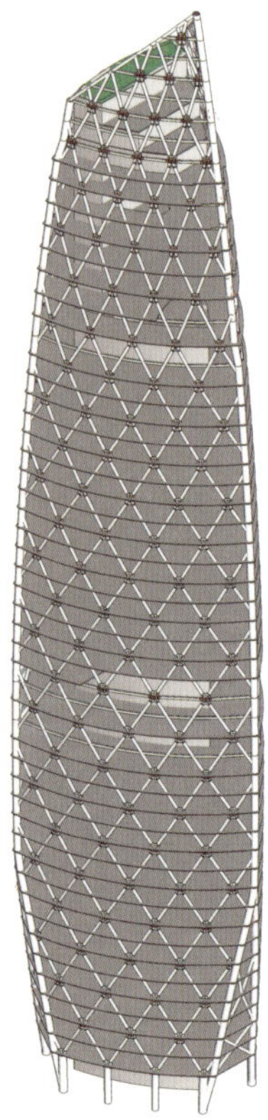

바닥slab생성

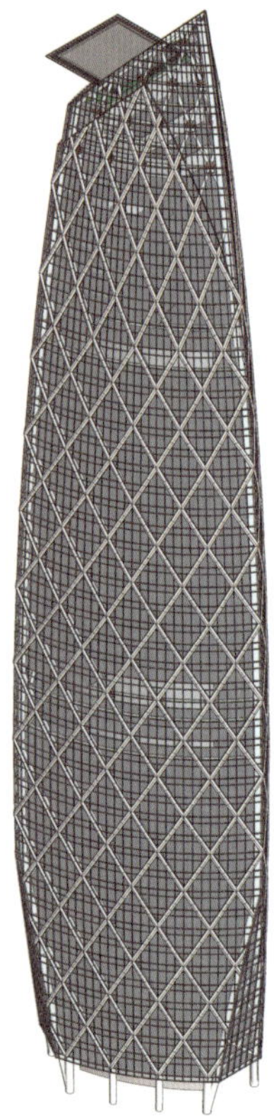

커튼월 생성

Step 2 매개변수 값parameter 추출 및 Database화

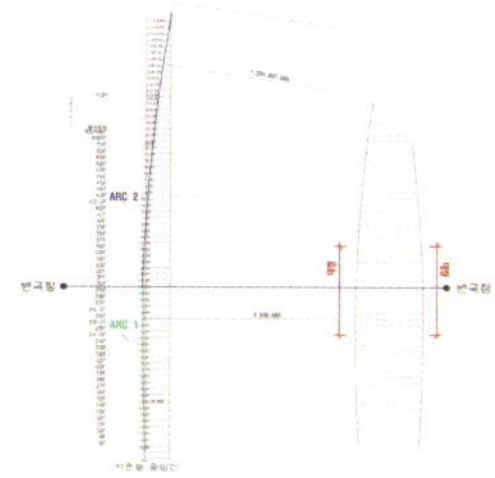
매개변수 값 추출

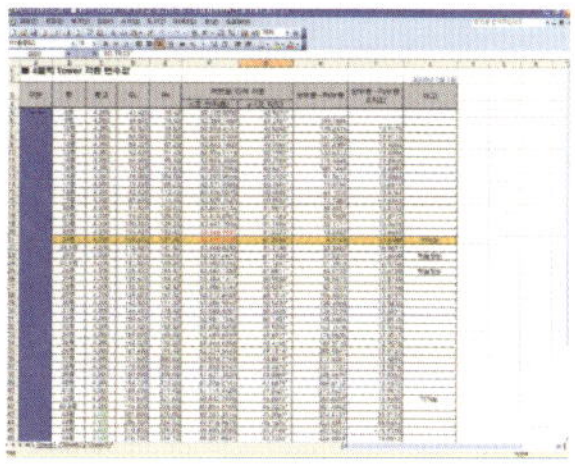
Datebase화

Step 3 패밀리family 제작

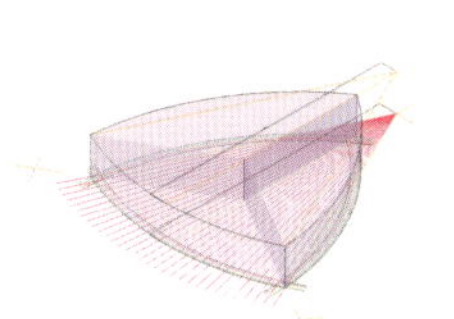
층별 기준 매스의 제작
매개변수값parameter data 적용

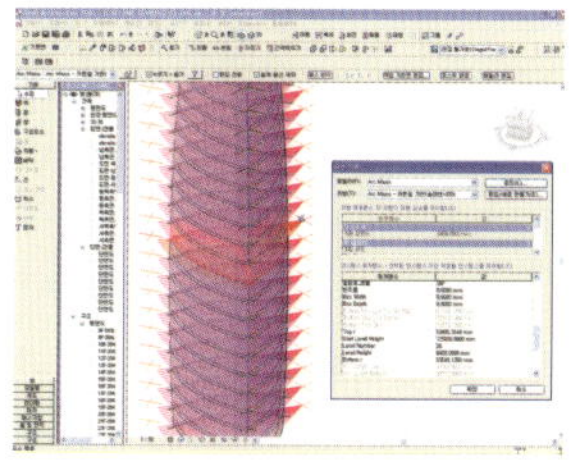
층별 기준 매스의 제작
매스의 적층으로 타워구성

Step 5 고층부/저층부 구조 및 커튼월 모델링

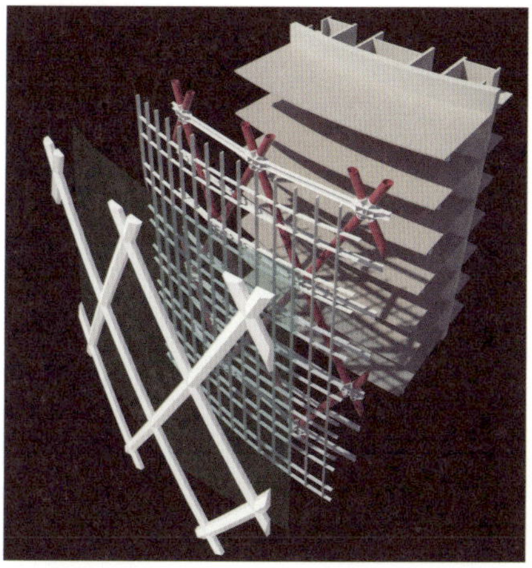
커튼월 모델링

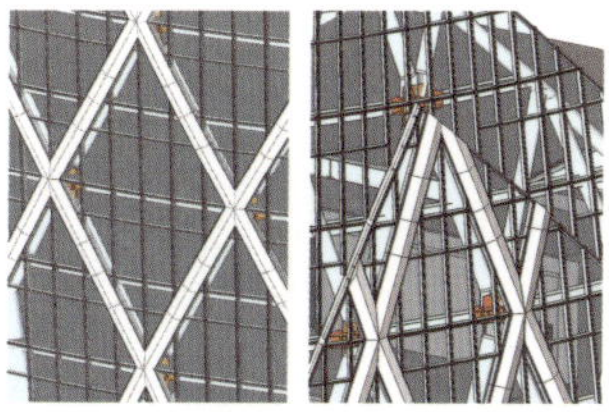

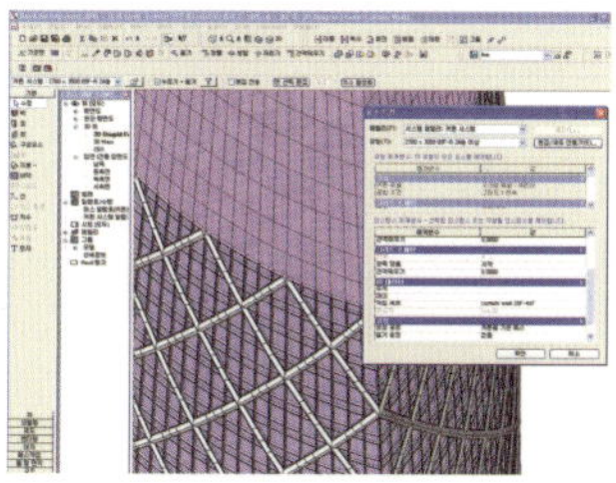

층별 기준 매스의 제작 및 적층으로 커튼월 제작
매개변수값을 적용한 커튼월 디자인

BIM 이미지 렌더링 (3D-MAX 연동)

공공성

복합개발에서 특히 중요한 것은 공공성을 획득하는 것이다. 개발계획에서 어떤 부분이 지역 커뮤니티에 기여할 수 있는지에 대한 아이디어가 필요하다. 거주민들에게 자부심을 주고 지역 주민들에게도 혜택을 주는 복합단지가 되기 위해서이다. 그래서 복합단지가 도시의 구조urban fabric를 깨뜨리는 나홀로 단지가 되어서는 안되겠다.

수변테마공원, 아산배방

원천저수지 연계 공원, 광교에콘힐

가장 일반적이면서도 공공성 면에서 디자인 효과가 큰 것은 단지 중심에 테마공원 또는 테마광장을 조성해 주는 것이다. 중심공원이나 광장은 시각적으로 개방감을 주고 단지가 주변 도시와 어우러지게 한다. 복합단지 내부의 상황이 협소하여 공원 조성이 힘든 경우, 또는 인근에 워터프론트waterfront라든지 좋은 어메니티amenity 공간이 있는 경우는 주변 자연환경과 연계하여 개발하고 자연이 도시민의 실생활과 연결될 수 있도록 계획한다. 이렇게 주변 환경까지 개발의 범위를 확대시키는 것은 단순히 사업주가 공공에 기여한다고 보기보다는 단지의 분양성을 높이고 집객 효과를 높여 사업적으로도 유리한 결과를 얻을 수 있다.

두번째는 대중교통 결절점을 개발하는 것인데, 역사광장을 조성해준다든지, 연계동선을 계획하여 단지와 주변 도시의 편리한 이동을 지원하는 것이 주 내용이다. 복합단지로 인해 주변도시와 대중교통역사가 단절되지 않게 해야 한다. 보행동선의 연계 측면에서는 보행자가 단지 외부로 걸을 때 아무것도 없는 빈 벽을 한참 동안 마주하게 한다든지, 주차장 옆을 끝없이 걸어가게 하는 등 가로 경관을 무시한 계획은 공공성을 해치는 요소이다. 보행자 레벨에서 시각적으로도 아름답고 주요 동선이 방해 받지 않도록 연계되어야 한다.

갈대습지 생태학습장, 안산사동 90블럭 복합단지

친환경 갈대습지 산책로

세번째는 공공 '시설' 계획인데, 문화시설을 독특한 건축디자인으로 계획하고, 공원이나 광장과 연계, 활용될 수 있도록 하는 것도 공공성에 기여하는 방법이다. 이뿐 아니라 도시민에게 열린 공간, 결절점에 위치한 광장과 코트court, 공원 등의 오픈 스페이스에 예술작품을 감상할 수 있도록 환경 조각을 전시하거나 스트릿 퍼니처street furniture, 사인시설물signage들을 아름답게 하는 것도 중요하다.

이러한 세심한 디자인과 퀄리티를 추구하는 것은 지역 주민에게 수준 높은 환경을 제공하고 자연스럽게 문화를 향유할 수 있게 한다.

다음은 복합개발의 유형에 따라 공공성을 갖는 계획목표와 방법에 대한 내용이다.[40)]

	도심재생형	주택재개발형	역사보전형
지구 특징 및 과제	대도시 중심지구에 입지하는 유형으로 기존의 번화함은 남겨두고 복합용도개발을 통해 도심기능 갱신 및 도시주거확보로 도심공동화를 방지한다.	불량주택이 밀집한 도심부 지역에 입지하는 유형이다. 안전한 피난장소, 피난동선 확보 및 불량주택의 양호한 주거환경 확보를 도모한다.	역사적인 지역에 입지하며 역사적인 공간을 포함한다. 부지내 역사적 건축물의 보존, 재생을 위해 개발가능 용적을 랜드마크나 지하에 집적, 개발
계획 목표 및 수법	• 보행자 네트워크의 정비 • 역전지구 및 주변에 공공공간 확보 • 공공시설 집약으로 업무 편리성 향상	• 보행자 동선의 확보 • 주변학교 등 공공건물과 연계하여 피난장소 확보 • 주택 재개발, 주거환경 개선 • 구릉지형을 이용한 옥상정원 등 녹지확보	• 용적이전을 통한 역사의 보존 및 재생 • 보행자공간의 확보 및 공개공지의 확보 • 교통기능 향상 • 피난장소 및 피난동선 확보

	역세권 입지형	이전적지 활용형	도로 및 철도 활용형
지구 특징 및 과제	역세권에 입지하여, 교통시설 정비와 함께 개발을 도모한다. 지구의 과제는 역세권의 특징을 살려 번화하고 쾌적한 거리를 만드는 것이다.	공장 및 비행장 이전적지 등을 활용한 유형이다. 주변부지와의 융합 및 미이용지의 재개발로 도시기능의 갱신 및 매력있는 도시공간을 확보한다.	부지 내에 고가도로나 철로를 포함하는 유형으로 도로나 철로를 활용하여 쾌적성이 높은 공간을 창출하고 그 공간을 중심으로 시설을 집적한다.
계획 목표 및 수법	• 도로나 철도에 의한 지역 분단 해소 • 도심부, 주변지역과의 연계 • 도로변 보행자 공간 정비 • 건물과 역을 연결하는 보행자 동선 확보	• 가로와 일체화된 정비 • 용적 이전에 의한 공원 및 공공시설 확보 • 양호한 환경 유지 • 도시공원으로서의 쾌적성 확보	• 도로와 철로를 건축과 융합, 복합화 • 쾌적한 공공공간 창출 • 교통거점으로서의 편리성 • 직주혼합 24시간 도시 • 새로운 거점으로 육성

문화시설도입, 안산사동 90블럭 복합단지

40 대규모 복합용도개발의 계획특성에 관한 연구, 신중진, 김혜영, 2002

테마 상업시설과 장소 만들기 Place Making

복합단지에서 상업시설은 업무나 주거 등 서로 다른 용도들을 자연스럽게 연결하면서 시너지synergy를 낼 수 있다. 상업시설을 계획할 때 테마파크에서 쓰이는 개념과 계획 수법들을 사용하여 쇼핑시설 자체를 어트랙션attraction으로 만드는 방법이 늘어나고 있다. 상업시설에 테마를 부여하여 다시 찾고 싶은 장소, 이야기가 있는 장소로 만들어 마케팅으로 활용하고, 복합단지의 문화적인 가치도 높이는 것이다.

테마파크의 특성은 테마성, 배타성, 통일성, 비일상성 등의 4가지로 구분할 수 있는데[41] 테마성은 중심테마나 연계된 주제로 공간을 구성하는 것이고, 배타성은 현실과 단절된 공간을 만든다는 것이다. 통일성은 건축물, 거리, 휴지통 등의 디자인의 통일성을 말하는 것이고, 비일상성은 일상에서 벗어나 꿈과 환상의 세계 속으로의 체험을 하게하는 것이다. 다음은 한류우드 1구역 PF사업의 사례(참가작)로서 테마파크가 UEC Urban Entertainment Center와 연계된 구성으로 테마요소를 도입한 내용이다.

한류우드 1구역 PF사업(건원건축, 2006)

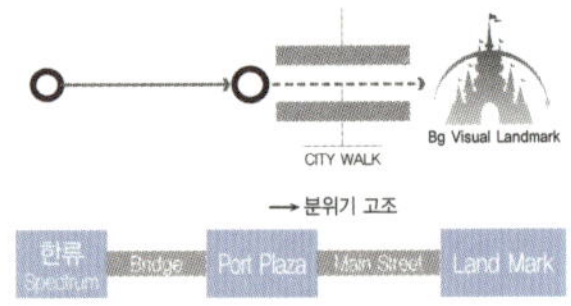

화려한 비주얼 : 향수에 도취되게 감정을 서서히 일으키는 단계

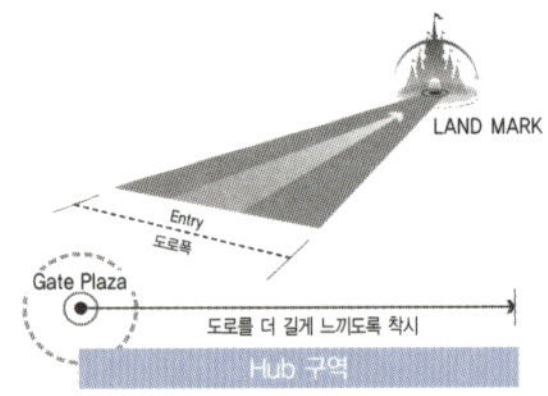

영화의 초원근법을 이용하여 도로의 폭을 점차 좁혀가는 방식

저드 파트너쉽Jerde Partnership이 설계한 쇼핑몰에는 이러한 테마 요소가 들어있고, 특유의 곡선형 몰mall 형태를 갖고 있다. 저드의 디자인 키워드는 '장소 만들기' place-making와 '경험의 건축' experience architecture이다. 상업시설을 드라마틱한 공간으로 연출하여 사람들을 끌어 모은다. 단지 중심의 테마공원이나 플라자와 연계하여 집객력을 높이고 전체 단지에 활력을 불어넣고 있다. 실제 상업 기능은 사업성 측면에서 논의 여지가 있지만 그 디자인의 독창성과 몰mall을 풀어내는 아이디어는 정말 훌륭하다. 그가 디자인한 쇼핑몰로는 국내에는 창원 시티세븐City7, 건대 스타시티 쇼핑몰 등이 있는데 이전에 보지 못했던 독특한 컨셉의 쇼핑공간을 연출하였다.

다음은 도시계획가인 케빈린치Kevin Lynch의 분석에 따라 저드의 쇼핑몰을 통로path, 결절점node, 지표landmark, 구역district, 경계edge[42]로 분석한 흥미로운 내용이다. 이 분석에서는 디자인의 주요 특징들을 다음과 같이 요약하고 있다.[43]

- **통로**path – 곡선형, 협곡스트릿, 브리지와 경사면으로 수직, 수평이 연계되고 순환하는 동선체계
- **결절점**node – 플라자, 로비, 코트court, 선큰sunken 광장
- **지표**landmark – 분수(분수쇼), 분수와 함께 이벤트가 있는 장소성을 부각
- **구역**district – 리테일, 레스토랑, 연회장, 공연장 등, 협곡등의 테마의 일관된 형태와 재료, 건축색채
- **경계**edge – 수평적으로는 주변 건물이나 지하철 역 연계, 수직적으로는 협곡 벽면이나 테라스, 협곡테라스의 암벽 등

41 Gottdienner, Mark, Postmodern Semiotics–material culture and the forms of postmodern life, Oxford, Blackwell, 1995 재인용 · 테마파크형 쇼핑센터의 공간구성에 관한 연구, 하성주, 2007

42 The Image of the City, Kevin Lynch, MIT press, 1960

43 테마파크형 쇼핑센터의 공간 구성에 관한 연구, 하성주, 2007

창원 시티세븐 쇼핑몰

주거시설

복합단지의 주거는 일반적으로 고층 또는 초고층의 타워로 중·상류층을 타겟으로 한 고급 주거이다. 도시의 중심지역에 입지하여 보급형 주거보다는 고급형으로 규모대비 수익률과 효율성을 높이게 된다. 초고층화하면서 층수만으로도 상당 수준의 기술과 품질이 요구되는데, 이 때문에 분양가 상한제가 시행되자 대부분 복합개발 프로젝트들의 진행이 중단되었었다. 고급 주거단지의 공급이라는 점을 염두에 두어 상류, 또는 중상류층에 맞는 라이프스타일과 질 높은 주거 환경을 제공해야 한다. 복합단지 주거는 그 도시가 다양한 계층을 대변할 수 있느냐를 보여주는 시금석이기도 하여 지자체들은 고급 정주단지를 갖고 싶어한다.

주거시설 계획의 첫번째 주안점은 프라이버시**privacy**와 시큐리티**security**인데 오피스나 상업시설과는 별도로 동선을 계획하여 철저히 보호되고 분리되도록 한다. 거주자들만을 위한 오픈 스페이스를 계획하여 심리적으로 편안하고 정적이고 안전환 환경을 조성한다. 용도의 입체적인 구분, 거주자들을 위한 별도의 외부공간과 공중정원, 별도의 출입구, 동선 분리 등이 필수적이다. 대지가 협소한 단일 건물로 구성된 수직 복합의 경우에도 별도의 수직동선을 두는 것이 필수적이다. 이럴 때에도 지상층에 별개의 로비공간과 드롭오프존**drop-off zone**을 주는 것이 좋다. 한 층에서의 분리계획이 어려운 경우, 데크층을 별도로 계획하여 주거만의 로비와 드롭오프존을 계획한다. 주차장에서도 주거와 비주거 주차의 층수를 달리한다든지 하여 둘을 구분하는 계획이 되어야 한다. 대지가 넓을 경우 되도록이면 블록별로 주거시설을 구분하고 지상층이나 지하층에서만 연결을 한다든지, 수평적으로도 주거만의 영역성을 갖도록 하는 것이 중요하다. 화성 동탄 복합단지 PF사업**2003**의 경우 주거동의 영역성을 주고 하부 포디엄**podium**과 분리, 입체적으로나 수평적으로도 분리된 계획을 보여주었다.

두번째는 부대시설과 서비스이다. 단지 내 여러 용도들이 복합되어 얻는 시너지 효과를 거주자들이 누릴 수 있도록 다양한 서비스를 제공하고, 원스탑 리빙**one-stop living**이 실현될 수 있도록 지원한다. 최근에는 단지 내 호텔이 있는 경우, 입주자들에게 휘트니스센터나 비즈니스센터 등 호텔 부대시설의 멤버쉽**membership** 제도를 부여하는 등 주민들이 단지 내 타 용도 시설을 이용할 수 있는 혜택이 중요해졌다. 물론 거주민들만의 커뮤니티시설도 더 다양해지고 활용도도 높아졌다. 주민들만의 커뮤니티를 지원하고 그들만의 커뮤니티 공간을 대중적인 장소와 분리하는 것이 설계에 있어서 주안점으로 여겨진다. 입체계획이 중요한데, 지상층 레벨이 대중들에게 열려있다면 저층부를 지반으로 테마공원이나 광장을 조성하고 거주민들만을 위한 마당과 광장은 별도의 레벨로 조성되도록 한다. 원스탑 리빙이 가능한 환경은 사람들의 라이프스타일과 생활패턴을 변화시킨다.

세번째는 친환경과 관리, 운영시스템 측면인데 최근 분양한 복합단지들의 분양 홈페이지의 자주묻는 질문FAQ, Frequently Asked Question란을 보면 소비자들의 니즈needs를 엿볼 수 있다. 계획과 관리, 운영측면에서의 주요 질문들은 다음과 같다.

- 단위세대 내에서 창문이 열리는지, 자연환기가 가능한지, 공조시스템이 어떤지?
- 1층의 로비공간이 어떻게 구성되는지?
- 분양 평형 및 전용률이 어떻게 되는지?
- 관리비가 일반 아파트보다 얼마나 비싼지? 과다하지 않은지?
- 2단계 공사는 언제 진행되고 완공되는지?
- 할인점은 언제 들어오는지?

화성동탄 메타폴리스 주거타워 공사현장(2009)

1990년대 분양가 자율화 시절의 주상복합들은 기존 공동주택과 차별화된 고급스러운 외관 디자인을 위해 건물의 외피가 오피스 빌딩과 같은 커튼월로 계획되었다. 이들은 자연환기가 되지않아 공기조화설비에 의존하고 있고, 겨울에는 열손실이 많고 여름에는 온실효과로 냉난방 에너지 소비가 심각하다. 이에 따라 관리비가 과도하게 상승했다. 에너지를 절감하는 친환경 건축물을 만들면서도 관리, 운영시스템 측면에서 효율적이고, 관리비가 일반 아파트와 비교했을 때 과다하지 않은, 질 높은 주거가 계획되어야 한다. 소비자들의 이러한 니즈를 충족시키기 위해 사업자들은 이 문제에 대한 해법 마련에 노력하는 중이다.

One City, One Master Plan

대규모의 복합단지들이 도시계획 차원에서 제안되고 있는 상황에서 통합적인 마스터플랜의 필요성이 대두되고 있다. 여러 개의 블록을 가진 대상지에서 블록간의 유기적인 연계와 함께, 전체 도시 개발의 로드맵을 제시하는 확장된 계획 개념은 최근 복합개발의 중요한 이슈이다. 통합적인 마스터플랜으로 그 도시의 모범 단지, 상징 단지를 조성하고 인근 지역의 디자인이나 경관의 가이드라인도 제시한다. 도시의 녹지축이나 특별한 어메니티 공간이 있으면 그것과의 네트워크를 강화하고 단지와의 연계성을 높인다. 차량 진출입의 제한, 보행 친화적인 가로 환경, 가로에 면한 저층 건물의 디자인과 활용, 테라스와 건축 입면, 공개공지, 대지의 가각부, 썬큰 광장, 건축물의 최고높이와 최저높이의 제한, 디테일하게는 간판과 게시판signage을 컨트롤하는 것까지 마스터플랜 단계에서 제안된다. 개발계획이 전체적으로 건축과 도시가 통합되고 블록들이 통합된, 우수한 질의 마스터플랜을 추구하는 방향으로 가고 있다. 인천 도화지구 PF사업 등 몇 개의 복합개발 프로젝트에서 통합 마스터플랜의 실현 방안과 제도를 모색하고 있는 중이다.

Unique Object

모범적인 개발과 함께 특색 있는 도심경관 창출을 위한 인상적인 디자인은 시민들의 자랑이 된다. 판교 중심상업지구의 알파돔 시티는 프랑스 에펠탑, 미국 자유의 여신상, 이집트 피라미드, 한국의 알파돔이라는 스토리라인story-line으로 국제적인 아이콘icon을 원하는 심사위원들에게 눈길을 끌어 채택되었고 현재 사업이 진행중이다. 해운대 우동 복합단지 프로젝트는 세계적인 건축가인 다니엘 리베스킨트를 초청하여 독특한 디자인과 다양한 평면으로 이전에 보지 못한 새로운 컨셉의 주거를 제공하였고 분양을 성공으로 이끌었다. 용유 · 무의 레저도시 마스터플랜은 구글google 인공위성사진에서 보이는 새로운 레저 도시의 창조를 목표로 막대bar형태의 메가 스트립mega-strip을 만들고 그 안에서 모든 레저 기능들이 이루어지는 세계 최장의 건물, 인공 해변을 제안한다는 창의적 디자인을 선보였다.

판교 알파돔 시티

용유 · 무의 관광 · 레저 복합단지

아이코닉 디자인의 실현

고도제한 하에서의 랜드마크, 현실성 있는 사업추진

판교 ALPHA DOME CITY, 배천문 상무
건원건축

판교 알파돔시티는 뭐니뭐니 해도 그 독특한 디자인이 참 인상적인데요, 해외사와의 협업은 어떻게 하셨고 그 디자인은 현재 어떻게 실현되고 있는지, 또 법규문제 같은 것들에 대해서는 어떻게 진행하고 계신지 궁금합니다.

판교 알파돔은 기존 사업들, 동탄이나 배방과 다른 게 있어요. 신도시의 중심에 배후단지 역할을 하는 것은 같은데, 주변에 성남 비행장이 있어서 고도 제한이 있었어요. 랜드마크 입지인데 건물을 20층 이상 지을 수가 없거든요. 그래서 **저층으로 풀면서도 랜드마크적인 독특한 디자인으로 해결한 게 건물 블록마다 하나로 묶어주는 돔dome을 만든 거죠.** 공모 당시에 해외사 라구아다로LaguardaLow architects와 협업을 했는데, 돔이 워낙 강력하고 컨소시엄 구성원들이 디자인에 상당히 만족을 하고 있어서 현재 그 아이디어를 계속 이어가고 있죠. **판교의 중심상업지이고 심장을 상징하는 모양이고 각 블록을 연결하는 브릿지인데 공공 문화시설로 스카이갤러리가 됩니다.**

실제로 연결 브릿지들은 도시계획도로를 넘어가는 부분이라 인허가 과정에서 지구단위계획의 변경이 수반되는 일이에요. 초기 안보다 현재 안은 위에서 보면 쉽게 말해서 치즈덩어리 구멍이 점점 더 커지고 있죠. 지구단위계획을 변경하는 것에 대해서는 접근이 되어있는데 관리 권한이 명확하지 않아서 만든다 해도 어떻게 될지 고민이 되는 부분이에요. 도로 부분에서만 갤러리를 하지 않고 공중 공공 보행통로로만 사용을 할지, 아니면 블록을 폐쇄시키는 것도 방법이고요. 또 하나는 특별구역 내에 축구장 8개 정도가 들어가는 정도의 매머드한 공중 오픈 스페이스가 있어요. 수직동선이 생겨야 하는데 공공 부분에 시설 지정을 다시 받아야 하니까 그런 문제가 좀 있죠. 디자인이 잘 실현이 되었으면 좋겠습니다.

판교 알파돔시티 사업 역시 현재의 어려운 상황에서도 사업추진이 상당히 빠르게 진행되고 있다고 들었습니다. 그 이유는 무엇이고 시사점이 있다면요?

판교 사업은 2007년 9월에 공모에 당선이 되고 3개월만인 12월에 SPC가 설립되었어요. 2008년 3월에 AMC가 설립되었고, 디에이, 건원건축, 정림건축의 합동 설계단이 구성됐어요. 판교 신도시는 MP(마스터플랜) 자문단 세 분이 있는데 그 MP자문심의가 지난 4월에 완료되었죠. 올 연말까지 허가 절차를 완료 하고 내년 3월 정도에 착공하면서 패스트트랙Fast Track으로 설계를 하겠다는 게 목표에요. 이제 곧 판교 입주가 시작이 되면 그 배후 시설이 필요하게 되는데 그런 측면에서 토공에서는 할인점을 먼저 시공해줬으면 하고 있죠.

모든 인허가나 이런 것들은 하나의 사업승인 단계로 하려고 하고 있어요. 총 8개 블록인데 8개 블록을 다 개별로 인허가 준비를 하고 있죠. 심의도 한번에 들어가고 한번에 받고, 대신 나중에 수정, 변경할 때는 블록별로 할 수 있게 전략을 세웠어요.

기본적으로는 워낙 판교 입지가 좋잖아요. 분당지역이 오피스 공실률이 낮아요. 오피스 시장도 좋고 수요 공급의 원칙에 따라 매각이나 분양이 될 것이고요. 주상복합도 나쁘지 않은데, GS, 롯데, 두산으로 시공사도 브랜드 있고, 계획측면에서는 보통 주상복합들처럼 하부에 상가 있고 위에 주거가 있는 방식이 아니라 주거 영역이 따로 분리되어 있어요. 아파트처럼 풀 수 있어서 분양성도 괜찮을 것 같고 상업시설은 MD가 나와야 하는데요, 지금까지 나온 **사업계획이 상당히 현실적인 안으로 가고 있고 잘 진행되고 있는 상황**입니다.

Eco Hub

복합개발뿐 아니라 다음 세기를 지향하는 모든 도시 개발과 산업개발에 있어서 주요 이슈는 친환경과 지속가능성, 에너지 절감이다. 우리나라의 총 에너지 사용량에서 건물이 차지하는 비중은 현재 22% 수준이지만 계속 증가할 것으로 전망된다.[44] 에너지 부담이 적은 건물을 짓는 것이 중요한 과제로서, 현재 친환경 인증 프로그램 등 친환경 건축물에 대한 다양한 규제와 인센티브 제공 방안이 제안되고 있다.[45] 민-관 합동형 복합개발 프로젝트에서는 특히 친환경적 계획 노력이 더 강화되어야 하는데 효과적인 규제와 인센티브 수단이 만들어져야 한다. 공모 당시의 친환경 계획이 선언적인 수준의 당선 특화 전략으로 보기보다, 공공부문과 민간이 협력하여 친환경 도시를 구현하는 아이디어로 활용되어야 하겠다.

친환경 설계는 기술적인 문제보다 그에 따른 비용 증가가 어려운 문제이다. 주거가 선분양되는 사업의 자금구조상, 친환경시스템 구축에 의한 비용 증가는 분양가 상승으로 이어질 수 밖에 없기 때문이다. 과연 친환경 공동주택의 고비용을 치를 수 있는 수요가 얼마나 되는지가 관건이 된다. 업무나 상업시설 등의 비주거 시설들을 운영, 관리해 나가면서 친환경시스템에 들인 투자비용을 에너지절감과 인센티브 등으로 장기적으로 회수하는 방법밖에 없어 보이므로 사업자가 프로젝트를 장기적으로 운영하는 체제가 되어야 한다. 이러한 사업을 민-관 협력으로 시범적으로 시작해야 한다. 현실적인 해결방안이 필요하다.

건물의 에너지 절감 노력 못지 않게 자연 환경에 대한 보존도 중요하다. 세계적인 좋은 도시들에는 좋은 워터프론트가 있다. 수변 공간을 활용하는 방안이 중요한데, 청계천 2km의 복원은 서울시에 있어서 단순히 하천의 복원, 그 이상의 의미를 지닌다. 서울시의 시민참여 행사와 다양한 문화활동이 시청 앞 광장을 시작으로 청계천으로 이어져나가며 주말과 휴일엔 남녀노소가 즐겨 찾는 휴식공간이 되었다. 경제적으로는 강북 도심에 위치한 오피스들의 환경이 업그레이드되어 청계천 일대가 질 높은 비즈니스 파크가 되어 오피

청계천 워터프론트

스 임대료가 상승하는 결과로 나타났다. 같은 맥락에서 안산 사동 90블록 복합단지는 서해안에서 시화호, 병정천으로 이어지는 수공간을 대면하고 있다. 현재 안산시와 협의가 계속 진행 중인데 사람들의 생활에서 수변 공간을 활용하는 문제와, 최근에 와서 정화되고 다시 철새가 찾아들고있는 시화호의 수질을 오염시키지 않기 위한 수처리 문제가 계속 연구되고 있는 중이다.

44 우리나라 에너지의 22%는 건물서 소비 – 규제 강화하고 친환경 건물엔 인센티브를, 이승복 연세대 건축공학과 교수 인터뷰, 문화일보, 2008.12.19일자
45 건물 에너지 소비 줄일 '액션 플랜' 필요, 이승복 연세대 건축공학과 교수 · 저에너지 친환경 공동주택 연구단장, 독자칼럼, 조선일보 2008.05.27일자

국가적으로도 바람직한 개발사업이 되도록 해야

일관성 있는 조직, 원칙대로 사업 선별, 최종 운영주체 가장 중요

포스코건설, 조규진 상무
개발영업부문 및 청라사업추진반 담당

포스코건설은 민-관 합동형 PF사업의 시행초기부터 프로젝트들을 이끌어왔고, 상무님께서는 대외적인 세미나에 강연자로도 많이 참석하고 계신데요, 어떤 복합개발 프로젝트에 참여하셨는지 그리고, 실행 과정에서 느낀 점은 어떤 것이었는지요?

제가 우리 회사에서 최초로 복합개발 프로젝트에 뛰어든 때는 '95년도 토지공사로부터 분당 쇼핑 레저단지 14만6천 평을 낙찰 받아 추진할 때였던 것 같습니다. 당시 마스터플랜 수립은 건원이 주도적으로 참여했었는데 T/F조직 회의시 양재현회장님의 열정적인 모습이 눈에 선합니다. 안타깝게도 IMF금융위기로 인해 결국 사업을 포기하고 사업부지는 토지공사에 반납했었는데 그 부지중 일부가 지금은 "파크뷰"로 재탄생되어 있죠.

이 후 본격적인 경쟁구도 하에서 참여한 최초의 복합개발은 건국대 "스타시티"였습니다. 당선이 되고 뚜껑을 열어보니 제안금액이 차순위자와 약1200억 원이나 차이가 나 업계에 화제가 됐었는데 그 차액의 대부분은 비주거시설에 의한 것으로 기억돼요. 그 당시 우리 회사는 복합개발사업에 대한 실행경험이 전혀 없었던 터라 주거와 비주거를 구분하여 각각 전문컨설팅사를 통한 시장조사결과를 토대로 제안서를 제출했었는데, 타 건설사의 경우 이미 아파트개발 사업에 대한 상당한 노하우가 축적되어 있었기에 아파트 위주로 제안서를 작성했었던 것 같아요. 이로 인해 나머지 비주거시설의 수익예측에서 큰 차이가 발생하지 않았나 생각해요.

결국 **비주거시설에 대한 기획이 당락을 좌우한 셈이죠.** 이 프로젝트의 경우 아파트를 제외한 모든 비주거시설은 건국대가 소유주 겸 운영주체이고 우린 시공사 겸 임차인 유치 등을 포함한 마케팅 총괄대행사 역할을 했었는데, 이 과정에서 각종 할인점, 백화점, 복합영화관, 스포츠센타, 쇼핑몰 등 다양한 테넌트들과 협상도 해보고 때론 경쟁 입찰로 최종 입점자를 유치한 경우도 있었습니다. **이런 과정에서 실질적인 시장 데이터가 쌓이기 시작한 것이죠.** 그러면서 우리는 **PF사업의 경우도 비주거시설에 대한 기획이 가장 중요하며 사업의 성공여부를 결정한다는 점을 인식**하게 되었고, 업계 최초의 공모형 PF사업인 동백쥬네브에서 6만5천평 규모의 엄청난 단일 상업시설을 하면서 겪은 많은 시행착오들이 우리에겐 뼈아픈 기억이지만 정말 좋은 교훈이 되었던 것 같아요.

실제로 복합개발프로젝트를 실행해보면서 쌓인 시장 데이터와 경험들은 유수 컨설팅사들의 자문보다 더 가치 있고 실효성이 높은 경우가 많았던 것 같아요. **상대적으로 현실적인 데이터들을 많이 보유하고 있다 보니 무리한 수치가 나올 수 없었어요.** 동탄 복합단지(메타폴리스) PF사업 공모 경쟁 시에도 우리가 제출한 토지비는 1순위가 아니었어요. 다행히 가격점수비중이 낮아 종합1순위로 선정되긴 했지만요.

이 후 여러 번의 공모경쟁이 있었지만 토지비 경쟁 과열로 인해 우린 수차례 고배를 마셔야 했어요. 매번 뚜껑을 열 때마다 우리 실무진들은 도저히 생각할 수 없는 수치들을 보고 놀라곤 했죠. 이렇게 양산된 복합개발 프로젝트들이 지금 상당히 많은데 그 부작용으로 인한 부담은 고스란히 시설이용자인 일반시민에게 돌아갈 수밖에 없는 상황이라 향후 추이가 심히 걱정스럽습니다. 이 모든 것이 우리사회의 불합리한 경쟁구도와 건설사간 과열경쟁으로 인한 것 같아 건설업에 종사하는 한사람으로서 무거운 책임을 느낍니다.

그래서 **우린 토지비가 높거나 경쟁이 과열되는 사업에는 가급적 참여치 않고 입지에 대한 미래가치를 토대로 경쟁사들과는 다른 시각에서 실리위주로 사업을 선별하려고 노력하고 있어요.** 지난번 토지공사에서 공모한 행당동 복합개발프로젝트는 SPC설립 없이 토지를 직접 취득해서 사업을 하겠다고 제안한 경우로 우리 생각의 한 단면을 보여준 것이죠. PFV 설립하고, AMC 만들고, FI 끌어오고, 조직도 새로 구성해야 하고 너무 힘들고 비효율적이예요. 그래서 참여건설사끼리 공동매입해서 진행하고 있어요.

송도 신도시 조감도

대규모 복합개발 사업참여는 쉽게 결정할 수 있는 사안이 아닌 것 같아요. **특히 공모형PF사업처럼 경쟁구도인 경우는 짧은 기획기간에 비해 투자비 회수기간이 너무 길고, 협약이행 보증 등 경직된 사업구도로 인해 남들이 한다고 따라 들어가서는 큰 낭패를 볼 수 있어요.** 우선협상대상으로 선정되어도 협약체결과 PFV 및 AMC 설립하느라 진이 다 빠져버리고, 정작 사업추진단계에서는 다양한 시장변수로 인해 난관에 부딪치거나 구조적 딜레마에서 허덕이느라 금융비용 부담만 증가할 뿐 시장변화에 대응할 타이밍 컨트롤이 불가능해지기 일쑤죠.

밖에서 보면 우리 회사가 무조건 들어가지도 않고, 그렇다고 안하지도 않기 때문에 뭔가 방식이 틀려 보일 수도 있는데 그런 건 전혀 없어요. 다만, 부족하더라도 **우리 나름대로의 경험에서 터득한 원칙에서 벗어나지 않으려 노력할 뿐이죠.** 업계에서도 이 분야는 인력의 유동이 심한 편이잖아요. **우리는 개발파트 직원들이 다양한 프로젝트의 실행업무를 경험하면서 전문지식과 노하우 및 다양한 인적 네트웍을 쌓고, 그러면서 리더로 성장할 수 있도록 하여 조직을 안정적으로 운영하는데 많이 노력하는 편이예요.** 그래야 대내외적으로 회사의 방향성이 일관되게 보여질 수 있고, 다양한 고객층과 각종 협력관계에서 파트너사에 신뢰를 줄 수 있어 상대적으로 양질의 정보가 많이 들어오게 되죠. 이러한 것들이 선순환하게 되면 자연히 여러 가지 판단하는데도 큰 도움이 되고 빠를 수 있는 것이죠.

우리의 또 하나 이점은 **국내 최대 민간 개발프로젝트인 송도 신도시**를 하고 있다는 것이죠. **온갖 다양한 비즈니스 구조와 건축 장르가 총망라된 초대형 프로젝트를 외국 디벨로퍼와 함께 직접 수행**하다 보니 우리에겐 어느덧 구태의연한 사업방식이나 고정관념이 많이 없어진 것 같아요. 새로운 것도 쉽게 받아들이고 빨리 소화하는 편이데 이는 우리 회사의 역사가 짧다보니 옛날 방식들은 잘 몰랐던 게 오히려 도움이 된 게 아닌가 싶어요. 파크뷰, 센텀파크, 스타시티... 모두 10년도 안됐잖아요. 우리는 프로젝트 시작에서 정산까지 겨우 투 텀term을 돌려봤을 뿐이에요. 그러면서 이제야 비로소 개발사업에 대해 나름대로의 시각과 일하는 방식이 자리 잡아 가고 있는 것이 아닌가 싶어요.

상당히 많은 프로젝트들을 주관하고 계신데요. 현재 몇 개의 SPC를 운영하고 있고, 진행하고 계신 프로젝트나 앞으로 진행될 프로젝트들은 어떤 것들이 있는지 궁금합니다.

진행중인 프로젝트는 11개이고, 주관사 6개, 회원사5개인데 이중에는 PF사업이 있고, 유니버셜스튜디오처럼 기획제안형도 있어요. 준비 중인 프로젝트로는 공모형PF사업이 대형

토목공사가 수반되는 인천가정오거리외에 2~3개 정도 더 있고, 기획제안형은 이미 알려진 "게이트웨이" 프로젝트(삼성동 한전부지)외에도 3~4개 더 검토 중이예요.

현재 예비법인을 설립해 추진 중인 화성 그린시티 내 유니버셜스튜디오코리아리조트(USKR)와 같은 프로젝트가 성공한다면 그건 거의 기적 같은 일이나 마찬가지일 것으로 생각해요. 우리 일에 종사하는 분이라면 누구나 쉽게 결론 낼 수 있을 거에요. 의도는 좋지만 실현가능성은 많지 않다는 것을... 그러나 **힘들지만 누군가는 시도해야 할 일**이기에 우리가 끝까지 해 볼 참이에요. 이 일은 마라톤을 하는 것처럼 너무 힘들어 중간에 포기해버리고 그냥 주저 앉고 싶은 생각도 들게 하는 프로젝트지만 비록 1등은 못하더라도 끝까지 테이프를 가슴으로 밀어내어 완주할 때까지 가 볼 생각입니다. 이렇게 진행하는 프로젝트들이 몇 개 있는데, 우리 포스코건설의 이미지에 걸 맞는 번듯한 프로젝트를 발굴해내려고 직원들은 많은 시간과 땀을 투자하고 있어요. **당장 눈앞에 보이는 수주보다는 국가적으로도 바람직한 프로젝트들을 발굴해 내려고 하는 편이죠.** 이런 측면에서 메이저건설사들은 후세들의 먹거리를 위해서도 향후 중국 및 아시아지역 관광객유치를 위한 프로젝트에 관심을 가져야 할 걸로 생각해요. 현재 외국관광객에게 내놓을만한 곳이 있나요? 애버랜드, 보문관광단지, 중문관광단지.... 관광수지적자를 확실하게 흑자로 전환하려면 우리 건설업계가 나서야 할 것이에요.

삼성동 한전부지하고 그 일대를 복합개발하는 "게이트웨이" 프로젝트도 그 동안 공들여서 지난해 말 제안했는데 이로 인해 올해 초 신(新)도시계획제도 개념이 도입되기도 했죠. 현행법상 방법이 없더라고요, 지구단위계획도, 도시개발법도... 다행히 공공부문에도 적극적이며 진취적인 분들이 몇 분 계셨기에... **누가 봐도 바람직한 일, 서울을 세계적인 도시로 만들려면 이런 복합개발이 추진되어야 하거든요. 시간은 좀 걸리겠지만 분명히 진행될 사업이라고 봐요.** 부산, 광주에서 KTX 타고 대심도로 동탄을 거쳐 삼성동 코엑스 앞 영동대로 지하에 떨어져서 나오면 세계적인 복합단지 "게이트웨이"가 있는 거에요. 영종도에서 쾌속수상택시 타고 경인운하를 거쳐 한시간만에 탄천변 "게이트웨이"에 도착하게 되죠. **전 세계인이 방문하고 싶어 안달할 만한 그런 콘텐츠로 가득 채운 복합단지로 개발하고 싶어요. 이렇듯 기존 도심의 공공기관 이적지는 추가적인 인프라의 투자 없이도 서울을 재탄생시켜 후세에게 훌륭한 먹거리를 남겨줄 수 있을 거라 확신해요.**

많은 협력사들과 일을 해 오셨을 텐데요. 복합개발사업에서 설계주간사가 가져야 할 역량이나 일하시면서 아쉬운 점이 있다면 어떤 것일까요?

정말 제대로 된 전문가가 필요한데 우리 주위에서 찾기는 쉽지 않은 것 같아요. 아직 우리나라에서는 처음부터 복합단지로 기획되어 준공 후 운영되고 있는 곳이 없다보니 실행 경험을 해본 전문가가 거의 전무한 실정이죠. **향후 개발될 우리나라의 복합단지들은 외국관광객들도 편하게 이용할 수 있도록 모든 공간이 글로벌 스탠다드에 부합되도록 기획되어야 하고, 디자인뿐 아니라 구조, 친환경에너지, 전기통신, 설비 등의 최신 트랜드까지 토탈솔루션을 원스톱 서비스할 수 있을 정도로 각 분야를 두루 섭렵한 멀티플레이어가 필요하거든요.** 실제로 복합개발프로젝트를 실행해본 경험자이면서 멀티플레이어 역할을 수행할 수 있는 전문가가 프로젝트 기획단계 때부터 리더를 해나가야 하나 우리나라 설계사의 현실은 그렇지 못한 것이 안타깝죠. 다들 알고는 있지만...

외국유명설계사와 기획 회의시 우리로선 벌써 정년퇴직했음직한 분이 노트북을 조작하시며 국내 파트너사 각 분야별 실무자 6~7명을 상대로 전 분야에 대해 상담하는 장면을 본 적이 있는데, 우리 설계업계엔 왜 삼사십년씩 실행 경험을 쌓은 전문가가 없는지 이상하죠. **아마 국내의 경우는 실무경험 이십년도 되기 전에 대부분 영업에 투입되고, 그 아래 사람들이 설계를 하니 멀티플레이어로서의 깊이에는 한계가 있을 수밖에 없겠죠.** 우리가 복합개발프로젝트를 시공해 보니 그야말로 설계상 시행착오가 너무 많아 현장에서 곤욕을 치르기 일쑤고 정해진 공기로 인해 어쩔 수 없이 진행할 수밖에 없는 경우도 허다한 실정이거든요. 물론 국내 설계사 입

삼성동 게이트웨이 프로젝트

장에서의 애로사항도 많을 걸로 생각해요. 상대적으로 낮은 설계비와 촉박한 설계기간 등은 발주자에게도 상당한 책임이 있다고 생각해요. 복합단지 설계는 해본 사람이 해야지 머릿속의 상상만으로는 한계가 있다고 봐요. **외국의 경험자를 고용하든지, 제휴를 통한 인력교류를 하거나 해서 빨리 제대로 된 전문가를 양성해야 합니다.** 복합단지설계는 아파트 설계와는 전혀 다르잖아요.

현재 시장악화로 복합개발 프로젝트의 상당 부분이 중단되거나 위기에 처해 있는 상황입니다. 포스코건설은 현재 어떤 준비를 하고 있고, 또한 앞으로 복합개발사업의 전망은 어떻게 보고 계시는지요 ?

복합개발프로젝트는 더 늘어나겠죠. 우리나라는 개발가용지가 절대 부족하니 도심 개발해야죠. 그런데 더 개발할 만한 빈공간이 없어요. 지방은 이미 수요가 고갈된 상태고요. 그동안 우리나라가 제일 많이 한 게 집 짓고, 공장 짓고, 도로 내는 거였는데 이제 거의 다 찼잖아요. 이웃나라 중국을 보세요. 그 동안은 공장 짓느라 정신이 없었고, 앞으로는 집도 엄청 지어야 하고, 도로 내기에도 급급할 거예요. 우리가 그랬던 것처럼... 그런데 이미 중국인구의 상위 5 ~10%는 생활의 여유가 생기기 시작했거든요. 이들의 욕구를 채워줄 만한 공간과 콘텐츠가 필연적인데 이게 우리에겐 좋은 기회가 될 것으로 봐요. **세계적인 복합단지들을 여러 군데 개발해서 다양한 문화와 위락, 공연, 컨벤션 등 이런 곳에 투자해야** 하지 않을까요. 이를 위해선 범국가적으로 바람직한 개발모델들이 제시될 수 있도록 공공부문에서 과감히 버려야할 게 많은 것 같아요. 외국인들이 와서 돈 쓰고 가게 하기 위해서는 그들 스스로 우리나라를 방문하고 싶게 만들어야 하지 않겠어요. **이제부터 복합개발은 세계 최고 수준의 문화 컨텐츠에 대한 글로벌 네트웍이 갖춰져 있어야 하고, 글로벌스탠다드에 맞춰야 하는데 우리나라의 법제도는 아직 이를 수용할 준비가 되어 있지 않아** 안타까울 따름이네요.

그리고 공모형 PF사업에 의해 개발되는 복합단지는 대부분 주인이 정해져 있지 않다는 게 향후 주요 이슈로 부각될 가능성이 높아요. 공공부문에서 복합단지를 개발하는 목적은 시설이용자인 시민들에게 보다 질 높은 도시환경을 제공하는 것이 가장 중요한데 정작 사업주체는 불분명한 상태에서 토지비 회수에 용이한 구조로만 사업을 진행해 온 게 사실이잖아요. 준공 후 시설물의 운영주체인 건물주를 뽑는 것보다 공사하고 빠질 시공사에게 토지비 경쟁시키고 이자수익만 챙기고 빠질 금융사 선택에 더 신경을 쓰더라고요. 이런 경우 대부분 사업진행에서 차질이 발생할 가능성이 많잖아요. 사실상 사업 준공 후 주인이 될 운영주체를 찾는 것이 정말 중요해요. 동백쥬네브와 스타시티의 사례를 보면 쉽게 알 수 있죠. **스타시티의 경우 학교가 오너쉽ownership을 갖고 운영을 하니 잘 관리되지만** 동백쥬네브는 그 큰 쇼핑몰을 개별 분양한 바람에 지금도 운영문제로 심각한 어려움을 겪고 있잖아요. 메타폴리스도 비주거시설의 주인을 찾기 위해 지금 열심히 작업 중이예요. **공모형 PF형태의 복합단지는 주인이 될 만한 대기업이나 기관이 자금조달해서 사업에 참여하도록 바뀌어야 합니다.** 현재와 같이 건설사들이 주도하는 식으로 가서는 안돼요. 장기적인 안목을 가지고 제대로 된 복합단지를 기획하는 것도 중요하지만 **실제로 주인역할을 할 노련한 운영주체를 찾는 것도 정말 중요한 일**이지요.

프로젝트의 선택과 집중

끊임없이 공공부문에 제안, 사업이 되게 하는 것

대우건설, 정성철 상무 / 한지성 부장
건축사업담당 / 건축공공개발사업팀장, 건축사업본부

대우건설은 복합개발 초기의 '대전 스마트시티'를 비롯해서 '상암 DMC 랜드마크', '광교 파워센터' 등 굵직한 프로젝트들을 이끌어오고 있습니다. 어떤 복합개발 프로젝트에 참여하셨고, 그 중 특별히 의미 있는 일들은 어떤 것이었는지요?

대우는 '대전 스마트시티'를 시작으로 PF 복합개발사업의 초기부터 참여하여 선도적인 입장이었습니다. '천안 비즈니스파크'를 비롯해 최근 '상암 DMC 랜드마크'와 '광교 파워센터'를 주관사로 수주해서 진행하고 있습니다. 현재 주관 4개, 비주관 5개 사업을 진행하고 있는데 가장 상징적인 것들로 이루어져 있습니다.

서울의 **'상암 DMC 랜드마크'는 '버즈두바이'에 이어 세계에서 두 번째로 높은 빌딩**으로 계획되어있고, 현재 국내에서 거론되는 100층 이상의 여러 건물 중 가장 실현가능성이 높다는 평가를 받고 있습니다. 경기도의 **'광교 파워센터'는 광교신도시의 앵커시설**로서 경기도가 가장 역점을 두고 있는 사업입니다. 충청도의 **'천안 비즈니스파크'는 KTX의 수도권 외 첫 기착지인 천안에 80만평의 부지를 직접 매입하여 명품 도시**를 건설하는 프로젝트입니다. 또 하나는 '한강 르네상스 프로젝트'의 일환으로 반포대교 남단에 만드는 **'플로팅 아일랜드'**입니다. **한강에 바닥면적 3천 평이 되는 인공섬을 띄우는 사업인데 세계 최초로 시도**된다는데 의미가 있습니다. 완공 후엔 우리나라의 대표적인 관광 상품이 될 것으로 기대되는 작품입니다.

'상암 DMC 랜드마크'는 여러 의미가 있습니다.
우리가 해외에서 경쟁력을 갖고 수주하기 위해서는 플랜트와 초고층 분야에 중점을 두어야 합니다. 현재 100층 이상 건물의 시공 경험이 있는 회사는 세계적으로도 많지 않습니다. 그런데 그런 경험을 쌓을 수 있는 기회도 많지 않습니다. '상암 DMC 랜드마크'는 그런 의미에서 **10여개 건설사가 함께 참여하여 공동실적을 쌓아 세계시장에 진출하고자 하는데 의미가 있으며, 주요 금융기관 5개사가 공동 주관으로 참여하여 국내 자본 3조 5천억원으로 건설하는 사업입니다.** 133층으로 세계에서 가장 높은 곳에 위치하게 되는 전망대를 비롯하여, 가장 높은 곳에 위치하게 되는 호텔 등 관광객을 끌어들이는 효과도 기대하고 있습니다. 또한, 두바이가 사막에 꽃을 피웠다고 하듯이, '상암 DMC'는 쓰레기 매립장 바로 옆에 조성되어, 쓰레기 매립장이 21세기 최첨단 IT 단지가 되었다는 의미 있는 이야기가 가능한 지역이기도 합니다.

'상암 DMC 랜드마크'와 '광교 파워센터'는 최근 어려운 금융위기 상황임에도 SPC와 AMC를 만들어 출범시켰습니다만, 토지비도 무리하게 책정하지 않았고 많은 관심을 받고 있어서 금융권에서도 좋게 보고 있는 것 같습니다. 어렵지만 잘 풀어나갈 수 있을 것으로 기대하고 있습니다.

대우는 무모한 토지비 경쟁이나 과열된 수주는 하지 않는 것으로 듣고 있는데요, 사업적인 측면에서 자체적인 필터링 기능이 있는 것으로 보입니다. 과거 초기 프로젝트의 경험담을 듣고 싶습니다.

대우는 외부에서 사관학교라 칭할 만큼 개발사업 분야에 상당히 축적된 노하우를 갖고 있다고 생각합니다. **과거 5대 신도시 개발 때도 무리한 상업시설부지의 과다한 공급에 대해 정책당국자들과 토론을 통해 용적을 줄이도록 한 바 있으며, 사업 참여를 못하는 한이 있더라도, 나중에 문제가 발생할 것이 뻔한 무리한 토지비 경쟁을 하지는 않습니다.** 한때, 감정내정가의 200~300%이상까지 치솟은 토지비 경쟁에는 무리하게 참가하지 않았습니다.

초기에 참여한 '대전 스마트시티'의 경우 일단 **사업을 안정적인 구도로 진행**해야 한다는 것이 중요한 목표였습니다. 가장 먼저 분양이 가능한 아파트를 공급하고 상권 규모에 맞는 부대시설을 개발해 나가야 한다는 원칙하에 출발이 되었고, 다른 시설부지는 부지로도 매각이 가능토록 되어있어 현재 호텔 컨벤션 부지를 호텔 건축을 원하는 업체와 매각 협상을 진행 중에 있습니다.

최근 발주되는 공급지침서에는 무리한 요구가 많은데 여러 경로를 통해 적극적으로 업계의 의견을 전달하고 있습니다. 상가는 상권 규모에 따라 커져가는 것이 정상인데 한꺼번에 최대 면적을 다 지어놓으면 활성화가 어렵습니다. **주변 상권의 형성에 따라 단계별 개발을 허용해야 합니다.** 또한, 무조건 높이로만 랜드마크를 유도하는 경향이 있습니다. 높이가 높을수록 건축비도 비례해서 올라가기 때문에 사업성에 악영향을 미치는 경우가 많습니다. **높이가 높지 않더라도 상징적인 모양으로 랜드마크가 될 수 있도록 유도할 필요가 있습니다.** 이 외에도 공모지침서에 무리한 내용들이 들어가는 경우가 있었으며, 최근 몇 개 프로젝트들이 이러한 여러 문제로 유찰이 된바 있습니다.

공공부문과 협의하면서 지속적으로 좋은 의견들을 제시해오고 계신 것 같습니다. '상암 DMC 랜드마크' 같은 경우는 그랜드 컨소시엄으로 진행하면서 대우가 주관을 맡고 있는데 SPC를 설립하시거나 협약 조건들을 정리하면서 이해관계자들과 많은 협조와 조율이 있었을 것 같아요. 공공부문은 물론이고요.

사실 '상암 DMC 랜드마크'는 24개 업체가 참여하였고, '광교 파워센터'는 19개 업체가 참여하여 이해관계 조정이 참 어려웠습니다. 특히, 최근 금융위기로 어렵다보니 금융사들과의 조율이 더 어려웠습니다. 또한, 발주처가 얼마나 영향력을 행사하느냐의 문제가 있는데, '상암 DMC 랜드마크'의 경우는 서울시가 출자에 참여하지는 않고 최초의 공급 취지에 맞게 개발하는지 감시하겠다는 것이었고, '광교 파워센터'의 경우는 경기지방공사가 12% 출자했기에 계속 주도적으로 참여하길 원했습니다.

그러나 **사실 국내의 모든 PF사업은 실질적으로는 건설사가 책임을 지는 구도**입니다. 현재의 재무적 투자자들은 엄밀히 말해서 투자자가 아니라 대출자입니다. 심지어 자본금에 대해서도 원금보장과 이자를 건설사에 요구하고 있습니다. **현재 사업구도 하에서는 재무적 투자자들이 투자를 많이 할수록 대출금 이자가 높아지는 구조이므로 사업안정화와는 거리가 있습니다.** 사업이 출발하고도 금융협상에 시간이 많이 걸리는 이유이기도 합니다. 언젠가는 **선진금융기관과 같이 재무적 투자자가 실질적인 투자자 역할을 하기를 기대합니다.** 어찌되었든, 참여하는 여러 건설사, 재무적 투자자, 전략적 투자자, 최대출자자의 각자 다른 이해관계를 조율하는 일이 어찌보면 제일 어려운 숙제이기도 합니다.

우리나라의 복합개발프로젝트가 가고 있는 방향과 전망에 대해 말씀해 주십시오. 그리고 복합개발 관련해서 꼭 하시고 싶은 말씀이 있으시다면 그것도 말씀해 주시고요.

사업구도에서의 문제점들이나 공공부문에 제안하는 부분들은 앞서 말씀드렸지만, 제도적인 측면에서는 분양가 상한제가 빨리 풀려야 합니다. 지금 민간택지만 풀려는 움직임이 있는데, PF 복합개발사업의 공급 취지로 볼 때나 현실적으로나 분양가 상한제가 있는 한 사업성을 맞추기는 어렵습니다. 분양가 상한제는 공공택지 중에서 감정평가에 의한 가격으로 추첨에 의해서 배정해주는 아파트부지에 적용하는 것은 맞습니다만, PF 복합개발사업 부지는 가격 경쟁에 의해 공급되고, 건축비 가산금에 들어가지 않는 각종 부대 사업비가 많이 듭니다. 명품도시를 만들기 위한 공공시설물, 문화시설, 체육시설 등이 설치되지만 이러한 비용들이 건축비로 가산되지 않기 때문에 분양가보다 원가가 더 높은 역전현상이 발생합니다. 과거에도 가격을 제한하여 사업성이 없어지면

공급이 줄고, 몇 년 후엔 주택가격이 폭등하는 사례를 보아 왔습니다. 현 상황이 분양가 상한제를 폐지한다고 해도 무리한 분양가를 책정하여 미분양을 만들 이유가 없기 때문에 PF 복합개발사업이 제대로 진행될 수 있도록 분양가 상한제를 풀어주어야 합니다.

광교 파워센터 조감도

도심지에서의 도시환경정비사업을 하려면 비싼 토지비를 감당하고 도심지 공동화 현상을 막기 위해서도 주거복합개발은 활성화 되어야 합니다. 사실 지방에 대해서는 접근조차도 조심스럽습니다. 시세가 저렴한 지방에서 원가가 많이 들어가는 복합개발을 할 필요가 있느냐 하는 생각도 들고, 서울 수도권과 부산의 특정지역 정도만 검토가 가능하다고 봅니다.

발주처에 제안을 하면서 사업이 될 수 있게 하는 면에서 기획제안형이 효과적이라 보고 여러 검토들은 하고 있습니다. 이 금융위기에서 새로운 모델이 될 수 있는 기획제안형 사업을 만들어보려 노력하고 있는 중입니다만, 장기적인 프로젝트가 될 것 같습니다.

설계사무소는 PF 복합개발사업에 있어서, 일이 이원화 되어 있다고 봅니다. 당선되기 위한 노력과 당선 후에 실행을 하는 일인데, 현재까지는 당선되기까지의 일이었고, 이제는 공사비를 적게 들이면서도 작품에 부합하는 아이디어와 실행성이 중요할 테고, 서로 다른 기능들을 어떻게 조화롭게 꾸려 나갈 것인가 하는 고민을 해주셔야 합니다.

건축분야가 나아가야 할 방향은 부지매입부터 디자인하고, 개발하고 운영까지 하는 기획형 개발 사업이라고 생각됩니다. 설계사무소도 지속적으로 아이디어를 만들어내고 좋은 제안을 해 주시면 좋겠습니다.
좋은 복합단지가 있으면 시민들도 좋아하고, 도시 경쟁력도 강화되어 모두에게 도움이 되는 일이므로 건설사, 설계사무소 모두 같이 노력을 해야겠다는 생각이 듭니다.

합리적인 복합개발 설계 운영, MP제도

대형 프로젝트일수록 사업성 검토와 함께 초기 계획방향 중요

건원건축, 이상인 전무
설계1본부, 본부장

이전무님께서는 1996년 한남 리버티 주상복합, 1998년 서초동 슈퍼빌부터 시작해서 최근에는 건원건축의 민-관 합동형 PF 복합개발 프로젝트의 대부분을 책임지고 계신데, 과거 프로젝트들이 현재 복합개발에 어떻게 접목되고 있고, 최근에는 어떤 복합개발 프로젝트에 참여하셨는지요? 그 중 특별히 의미 있는 내용이 있으면 말씀해주세요.

아산 배방 PF, 인천도화지구 PF, 파주 운정, 안산 사동, 영등포 교정시설 이전 PF사업, 제주 예래 휴양형 주거단지 PF사업 등, 배방 이후 복합개발 프로젝트에 주력을 하고 있습니다. 아산 배방 프로젝트가 기억에 남는데 제가 주도적으로 했던 첫 프로젝트였기도 하고, 건원 내부의 최종 디자인 전략 회의 후에, 몰래 주거동의 위치를 옮겼었는데, 쉽지 않은 결단이었어요. 다행히 전략이 유효했고 당선이 되었습니다.

공동주택과 복합개발의 주거부문은 모두 **상품**입니다. **상품이란 고객의 니즈needs을 맞추지 못하면 의미가 없죠.** 그래서 상품을 고르는 주체가 누군가를 알고 그것에 맞춰 디자인하면 되죠. 고객들의 선호 트렌드가 수시로 변화하고, 또 거주의 목적과 투자의 목적이 있으니, 두마리 토끼를 잡으려면 결국 편리성과 입지성, 거주성을 이해하고 기본적으로 사람들의 생활에 대한 배려가 있어야 하는데 주거개발이나 복합개발이나 동일한 맥락입니다. 복합개발에 있어서 주거상품은 중상류층을 타겟으로 한다는 인식이 있으니, 직주 근접의 편리성과 함께 전체 단지의 품위가 높아질 수 있도록 좋은 테넌트를 유치하는 게 중요하다고 봅니다. 비주거시설의 중요성이 끊임없이 제기되고 있어요.

주거의 경우, 행복도시에서는 여성을 위한 도시와 공간을 얘기합니다. 그런 섬세함이 복합단지에도 필요하고 원리는 결국 같다는 거예요. **주거를 다뤘던 경험이 소비자의 욕구나 시장을 빨리 이해하고 그 변화에 빨리 대응하는데 큰 도움이 된 것은 분명해요.** 옛날에는 내가 설계를 하면 홍보하는 방법을 페이퍼로 작성하고 분양 모델하우스에서 도우미들 다 불러놓고 교육도 했어요. 그런 것들이 소비자하고 늘 가까이 있었다는 의미죠. 건원 같은 경우는 여러 건설사들과 일하면서 각 건설사들의 장·단점, 주안점들을 다 알게 되는 거죠. 그런 것들이 복합단지를 설계할 때 상당히 유리하죠. 개인적인 열정과 관심이 있다면 더 적극적으로 건설사와 일하게 되고 얘기하게 되고 전체적인 사업에 대한 이해도 생기게 되는 것입니다.

건원건축은 주거가 포함된 최초의 민-관 합동형 PF 복합단지였던 화성 동탄 메타폴리스와 아산 배방 펜타포트에서 분양에 성공하면서 설계업계에서 유일하게 실행 경험을 갖고 있습니다. 컨소시엄의 합사를 운영하고 주도적으로 프로젝트를 진행해왔죠. 최근에는 프로젝트가 점점 대형화되어 하나의 설계사무소가 설계 전부를 감당하기 어려운 구조로 되어가고 있습니다. 물론 리스크 헷지hedge차원도 있고요. 설계사도 대형 설계사무소 여러개가 지분 참여를 하다 보니 합리적인 설계 운영 방안에 대한 고민이 많습니다. 그리고 공모할 때 제안서가 1권, 2권 있잖아요. 1권에서는 개발계획을 하지만, 도대체 이 사업이 제대로 갈 수 있는 것인지 2권의 내용에도 관심을 갖게 되었죠. **프로젝트의 사업성을 보는 눈을 키우려고 노력하고 있습니다.**

민-관 합동형 PF사업의 문제점들이 지속적으로 제기되고 있고 지침서상에도 변화가 나타나고 있습니다. 문제점이나 방향에 대한 의견도 듣고 싶고, 현재 시장 침체로 복합개발 프로젝트의 대부분이 중단되거나 위기에 처해있는데, 복합개발의 설계사들은 어떤 준비가 필요할까요?

중단된 대부분의 경우는, 쉽게 말하면, 금융투자자는 책임은 적게 가져가면서 권한 행사는 지분율대로 하고 시공사가 책임을 지고 떠안고 가는 상황에 있는데, 이것이 현재의 한계점인 것은 분명해요. 건축이 해결을 할 수는 없으니 일단 **설계 인력을 효율적으로 사용하고 단계별 용역 계약 방식을 도입해서 사업자들도 사업 진행에 부담을 덜 갖는 방식**을 강구하고 있어요. 신규 프로젝트들은 보류 상태에 있는 것들이 많습니다. 인허가 관련해서는 공모 조건에 토지사용인가를 득한 후에 계약하는 형식이 맞을 것 같고 시행 인가까지는 지자체에서 관여하고 그 다음은 민간사업자에게 완전히 넘기는 쪽으로 정리해야 사업 진행이 잘 될 것으로 보여요. 현재 프로젝트 규모가 지나치게 대형화되어 있는데 규모와 구조를 재정비할 필요가 있어요.

지금과 같은 상황에서 예전처럼 합사를 차려서 설계를 먼저 진행한다는 것도 불합리하고, 어려움이 많으실 거라 생각이 드는데요, 그럼 현재 진행 중인, 그러나 빨리 사업이 진척되기 어려운 대형 프로젝트들의 설계 운영에 대해서는 어떻게 풀어가실 계획인가요?

대형 프로젝트는 사실 쉽게 쉽게 갈 수가 없어서 **차분하게 디자인 가이드라인을 가져가야** 돼요. 디자인을 위한 가이드라인이라기 보다는 프로그램이 결정될 때까지 끝없는 검증과 서포트support가 필요한데, 이러한 **사업성 검토와 함께 이루어지는 개발계획의 방향**에 대한 가이드라인을 의미하는데, 그러려면 기동력이 있어야 하죠.

안산 사동 90블록을 하면서 복합단지를 설계할 때는 MPMaster Plan단계가 나누어져야 한다는 것에 확신을 갖게 되었습니다. 사실은 설계사 내부적으로 인력 운용 문제도 커요. 안산 프로젝트를 직접 하면서 노하우도 쌓이게 되고 경험 있는 스탭들이 다른 기획제안형 사업들도 내용을 알차게 해내는 것을 보게 됐어요. 복합개발 사업에 대한 이해가 있기 때문인데 확실히 기동력이 있는 거죠. 대형 프로젝트가 왜 진도가 빨리빨리 안 나가는지는 스탭들이 누구보다 몸소 느꼈을 것입니다, 복합단지의 MP를 하려면 경험도 많고 능력이 있는 사람이 해야 하는데 합사를 차려서 나가면 그런 사람을 바로 내보내기가 쉽지가 않죠. 브레인들한테 신규 프로젝트를 맡기려고 하는 회사 시스템상 말이죠.

컨소시엄 측면에서는 건설사도 그렇고 설계사도 그렇고, 서브sub사들은 확실히 적극적으로 안 하게 돼요. 현재처럼 안 좋은 상황에서는 사업에 확신을 갖기도 어렵고 그냥 설계주관사한테 점검하라는 지시만 있는 그런 식이다 보니까 설계본 계약 자체가 쉽지가 않아요. 그런데 건설 주관사에서는 **뭘 검증하려면 설계를 해봐야 할 것** 아니겠어요. 결국 설계주관사는 서브사한테 말도 못 하고 계속 기약도 없고 합의도 안된 일을 몇 년이고 할 수밖에 없는 것이죠. 인천 도화 같은 경우는 2년 됐어요. 그래서 유일하게 생각한 방법이 **MP(Master Planner)제도를 도입하는 것입니다.**

복합단지는 사실 설계비도 크니까 계약을 바로 하기도 쉽지 않아요. 사업자에게 부담이니까, 가령 기획제안형 한다 생각하고 주관사에게 검토를 시키는 것처럼 MP를 진행하는 거예요. 사업자는 설계주관사에게 마스터플랜에 대한 용역만 전체 설계비의 한 10% 선에서 투자해서 일을 착수할 수 있죠. 상당히 실질적인 툴tool이죠. 설계 참여자 모두에게 유리한 것인데, MP가 잘 완성되면 디자인 가이드라인이 정리되는 것이죠. 그걸 가지고 나중에 지분별로 설계사가 업무를 나눌 수 있는 근거도 생기고, 그러려면 설계주관사는 실력도 있어야 하고 디자인뿐 아니라, **프로젝트를 끌어나가야 하는 PMProject Manager 역할도 해야 하는 거죠.** 초기 단계에 설계주관사가 단독으로 수행하면서 시간을 벌 수 있고 그동안의 노하우도 활용하고 효율적으로 운영이 가능하죠. 사실 진짜 주관사를 할 수 있는 업체는 많지 않다고 봐요. AMC의 설계팀장도 아이디어 내면서 효율적으로 끌어갈 수 있겠죠. 도화 프로젝트에 MP제도를 도입하려고 하고 있는데 설계 서브사들과 조율이 많이 필요해요. 설득을 하고 있어요. 현재 상황에서는 아이디어가 필요하고, 서로가 나쁠 게 없다고 봐요.

'MP제도' 라는 게 사실 그렇게 낯선 방식은 아니잖아요. 대규모의 공동주택, 뉴타운 할 때 MA방식을 도입했었고 지금도 하고 있는데, MAMaster Architect 하부에 BABlock Architect가 여럿 있는 구도죠. 운영 차이점 같은 것이 있다면 어떻게 생각하세요? 한편 앞으로 복합개발에 대한 전망은 어떻게 보시나요?

그 방식하고는 조금 다르다고 보는데, MA는 개인이잖아요. 도시계획이나 건축 분야에 명성 있는 교수님들이 주로 하시는데요, **MA는 한 사람의 브레인이 코디네이터나 자문 역할을 한다는 의미가 크고, MP는 회사 차원이고 매니징managing 역할이 커요.** 우리가 만약 도화MP를 한다면 내부 디자인 전략회의를 하면서 회사 차원에서 나름의 툴tool을 활용해서 해줄 수 있다는 거예요. 예를 들어 MP단계를 나누어 주관사에서 수행을 하면 본부장인 제가 전반적인 일정관리도 해주고 밀고 당기기도 하고 하는데, 설계단이 따로 나가 있으면 회사 차원의 협력이 부족해지는 것은 사실이죠. 초기 단계의 정말 중요한 시점에 말이죠. MA는 설계단 하고는 좀 분리되어서 코디네이터가 디자인만 갖고 조율하는 것이니까, 사업계획과 프로그램이 확정된 상황에서는 MA가 맞을 수 있는데, 이것은 다르죠. **전체 사업에 대한 틀만 있는 상황에서 설계를 시작하는 것이라서 사업성에 대한 개념도 있어야 하고 디자인에 대한 개념도 큰 틀에서 정리해야 하죠. 초기 단계에 아이디어도 많이 필요하고, 방향을 빠른 시간 안에, 그렇지만 정확하게 짚어야 해요.**

이 제도가 정착되면 다른 프로젝트에도 쉽게 적용을 할 수 있습니다. 우리가 주관사를 하면서 부담이 많이 됐었죠. 동탄, 배방 둘다 설계단을 다 따로 내보내서 조직을 새로 구축해야 했으니까요. 설계사는 내부 브레인을 데리고 초기에 빠르고 정확하게 검증하고 착수할 수 있다는 장점이 있죠. 앞서 말했듯 **사업자도 아직 사업계획도 안 정해진 상태에서 본 설계 계약에 대한 부담 없이 설계 검토를 착수**할 수 있고요. 주관사가 참 힘들거든요. 따로 코디네이션 비용이 있는 것도 아니고요. 계속 시행착오를 거치면서 각자의 역할 분담이나 시스템도 정리가 될 거라 생각이 듭니다.

이런 방법을 끌어낸 것은 과거 주관사 경험도 있었고, 지금 시기에 맞는 합리적인 설계 운영 방식이 정말 필요하거든요. 대형화되면서 기약 없는 설계 지원을 계속 하기도 참 출혈이 크고, 민-관 합동형 PF를 하면서 주관사가 힘든 부분이 참 많은데 역할도 정당하게 찾고 싶기도 했었죠. 중요한 것은 사업이 될 수 있게 끌어가는 것입니다. 내 몫을 찾는 것, 설계 용역비를 받는 것도 중요한데 무엇보다도 이 어려운 시점에서 이 사업이 된다고, 사업성이 있다고 판단이 된다면, **설계단도 합리적으로 운영을 해야 사업도 잘 갈 수 있는 것**이죠.

앞으로 이러한 프로젝트는 수주일변도의 일 추진에서 시행착오를 겪은 시공사들이 이젠 사업을 위한 쪽으로 네가티브negative하게 검토함으로써 관 주도의 발주사업 참여에는 상당히 냉정해지리라 판단됩니다. 많은 사람들이 하는 얘기지만 분양 모델에서 임대 모델로 전환되어야 활성화가 가능하고 그 후에 매각도 가능할 것입니다. 그래야 제대로 된 복합단지가 될 거라는 의견에 동의합니다. 건원은 그 동안 PF사업 공모에서 당선에 주력을 하다가 동탄과 배방을 겪으면서 운영 방식과 단지 완공 후의 문제들에 관심을 갖게 되었습니다. **실행 능력을 더 강화하는 방향으로 가려고 합니다.**
현재 개수로는 상당히 여러 개의 복합개발 프로젝트를 갖고 있어요. 착공한 것, 분양하는 것, 기획 제안하려고 하는 것까지요. 이러한 경험들을 가진 인력들을 모아서 장기적으로 정보도 서로 공유하고 실력도 쌓아가는 방향으로 생각하고 있습니다. **현재도 복합개발 설계단** 인원들이 자체적으로 서로 물어가며 진행을 하고는 있지만 **시스템화하여 PM 회의도 하고 단단하게 구축해 가려고 합니다.**

도심에, 중요한 부지들은 복합 개발이 답일 수 밖에 없어요. 그 동안 저희가 신도시 택지 개발 중심부에 복합 개발을 여러 개 해오고 있는데요, **도심 재생** 쪽으로 도시 차원에서 현재 검토가 많이 되고 있고, 앞으로도 더 많은 프로젝트가 일어날 것이라고 봅니다.

Ending >>>

건축가, 콜래보레이션 파워 Architect, the Power of Collaboration

2008년 세계지식포럼에서 새로운 부(富)의 창조 방정식을 '아시아 + 모바일 + 금융 + 사람 + 환경'이라고 정의 내렸다. 산업구조 변화에 따른 도시개발의 새로운 대안인 복합개발은 유비쿼터스 인프라 구축과 풍성한 자연자원들의 활용과 함께 우리의 삶의 질을 높여주고 있다. 도시민들이 새로운 부(富)를 창출하고 누리고 공유할 수 있는 장이 복합개발을 통해 만들어질 것이다. 우리나라에 이러한 개발방식이 도입된 것은 최근 십여년 간의 일이지만 복합개발은 도시경쟁력의 강화에 크게 기여하고 있다. 복합개발 프로젝트는 현재의 시장 상황, 비즈니스 환경, 문화, 삶에 대한 통찰력과 관점을 요구하고 있고, 나아가 미래의 도시와 삶을 예측하는 혜안을 필요로 하고 있다.

복합개발은 공공부문, 건설투자자, 전략투자자, 금융투자자와 수행팀인 건축설계자와 부동산컨설팅사 등 수많은 이해관계자들이 함께 만들어나간다. 프로젝트가 점점 더 복잡하고 대형화되고 있어 많은 사람들의 지식과 경험, 지혜를 필요로 하고 있다. 건축설계자의 역할을 좀더 자세히 살펴본다면, 네가지 정도의 분류가 가능하다. 컨셉디자이너Concept Designer, 디자인건축가Design Architect, 개별시설의 디자이너One-source Designer, 실시건축가Architect or Construction Architect이다. 프로젝트 초반부에 물리적인 검토를 하는 과정과 함께 큰 그림에 대한 시각화visual 작업을 한다. 더 참신한 아이디어가 요구되는 경우 해외 건축가에게 컨셉디자인을 의뢰하는 경우도 빈번하다. 또한 건축설계의 난이도와 복잡성에 따라 건축설계자 그룹 내에서도 상업설계 전문가, 초고층설계 전문가, 친환경설계 전문가 등 다양한 건축가들이 영입되기도 한다. 이 모든 프로세스를 하나의 회사가 전담하는 경우는 대형 복합개발에서만큼은 전무하다.

이러한 상황에서 설계주간사의 역할은 매우 독특하다. 공모가 나오면 프로젝트 성격에 맞는 컨소시엄의 구성원으로 참여하여 전략을 수립하고 해외건축가와 공동 작업을 하기도 하고, 각종 컨설턴트와의 협의를 통해 프로젝트의 성공을 위한 전략을 도출한다. 긴 협의 과정을 지나 마스터플랜이 결정되고 수준 높은 디자인의 성과물이 나올 수 있도록 수많은 옵션들을 검토하고 계획하고 스타일링styling한다. 디자인 이면의 사업적인, 혹은 현실적인 논리들을 탄탄히 뒷받침하는 시나리오를 전개해 나가도록 지원하는 것도 설계주간사의 몫이다. 프로젝트 경험을 비추어 볼 때, 복합개발에 있어서 설계주간사는 독립된 영역의 건축가보다는 컨소시엄 구성원이라는 의미가 크다. 복합개발의 건축설계자는 끊임없는 설득과 협의의 과정을 거치며, 자본의 논리가 힘을 발휘하는 상황에 늘 직면하면서도 최상의 디자인 퀄리티를 내야 하는, 마치 예술성과 사업성의 양날의 칼을 휘두르는 전사와도

같다. 그래서 과거보다 건축가는 더 특별하고 더 경쟁력 있는 창조적인 기획 마인드, 빠른 대처 능력, 시장 상황에 대한 이해, 또한 융통성 있는 설계 관리 능력이 요구되고 있다.

무엇보다도 설계주간사가 가져야 할 것은 콜래보레이션collaboration 능력이다.
어떻게 콜래보레이션하느냐에 사업의 성패가 좌우된다. 오늘의 적이 내일의 동지가 되는 변화하는 비즈니스 환경 가운데, 우리 도시가 당면한 문제들을 해결하고 새로운 산업을 일으키며 소비자들의 니즈를 충족시킨다는 복합개발의 과제를 누구 한 편의 힘으로 해결한다는 것은 절대로 불가능하다.
콜래보레이션하는 것이 경쟁력이고 새로운 창조의 시작일 수 있다. 컨소시엄 내에서 도시, 건축의 전문가로서 계획적으로 옳은 방향을 제시하고 지식 전달자Knowledge Connector의 역할을 감당할 때, 콜래보레이션의 힘이 효과를 발휘하게 된다. 디자이너가 사고하는 방식Design Thinking이 최근 경영지침서에 언급되기도 하는데, '문제-해결-창의'의 디자인적인 사고방식을 프로젝트에 적용하면서, 내가 가지지 못한 장점을 가진 다른 분야의 전문가들과 활발히 손잡고 프로젝트를 성공적으로 이끌어야 한다.

복합개발, 도시의 새로운 성장동력 Urban DynaMIX

복합개발의 정의와 역사, 미국과 서구, 일본의 경우와 우리나라에서의 복합개발이 시작된 배경을 살펴보았다. 정책과 제도 측면에서 현재 민-관 합동형 PF사업으로 활발히 전개되고 있는데 여러가지 개선점을 안고 있고 지속적인 변화 과정에 있다.
앞으로 도시 개발에 있어서 민간부문과 공공부문이 더욱 긴밀하고 장기적인 협동 노력을 기울일 전망이다. 도시는 산업과 사회, 경제, 문화, 모든 경험의 산물이고 끊임없이 변화하고 있다. 이러한 변화에 대응하여 복합개발은 도시의 새로운 성장 동력으로 자리매김 될

것이다. 용도의 혼합에서 오는 시너지 효과와 프로젝트의 복잡성으로 인한 많은 이해관계자들 간의 협력은 곧 미래 성장의 잠재력이 된다.

미래학자 앨빈토플러는 '부의 미래'에서 미래의 부는 보이지 않는 것의 가치를 키우는 것에 있다고 예견하였다. 이러한 보이지 않는 것의 핵심은 시간, 공간, 지식의 3요소라고 하면서 동시화Synchronization전략을 얘기한다. 시차 없이 고객을 대응할 수 있는 기업이 미래에 부를 창출할 수 있고, 부가 창출되는 장소에서 부의 창출 노력을 기울여야 한다는 것이다. 복합개발은 동시화를 가능하게 한다. 우리나라 경제성장의 기반에는 빠른 변화와 적응성, 역동성, 새로움에 가치를 두는 특유의 문화가 있다. 관광마케팅에 있어서는 '다이나믹dynamic 코리아'를 내세우기도 했었다. 빠른 변화 대처능력, 창조적인 사고와 유기적인 민-관의 협력체제, 다양한 분야의 상호협력에서 새로운 도시의 원동력Dynamics을 찾으려고 한다. IT기술을 도시에 접목한 U-City사업Ubiquitous City은 우리나라가 복합개발의 세계적인 트렌드를 이끄는데 선도적인 역할을 할 것을 예감하게 한다.

현재 많은 대형 프로젝트들이 난항을 겪고 있는데 이럴 때일수록 장기적으로 탄탄한 사업구조business framework가 수립되어야 하고, 비전vision을 이끌어가는 강력한 리더쉽leadership이 필요하다. 부동산 붕괴에서 이어진 1990년대 일본의 장기 불황, 2000년초 닷컴의 붕괴 상황에서도 미래를 준비했던 기업과 도시들은 경기 회복 이후 엄청난 성장을 달성했음을 잊지 말아야 할 것이다. 새로운 가치를 창출하는 세계적인 복합단지가 우리나라에 생겨서, 세계인들이 즐겨 찾고 미래 부(富)를 창출하는 허브hub로 자리잡게 되길 바란다. TH?NK @ KUNWON

CITY BY CITY

Chronological Table

연도별 한국 도시 발전의 흐름

주요사례

1960 · 1970 · 1980 · 1990 · 2000

- 마포아파트(1962)
- 화곡10만단지(1965)
- 세운상가(1967)
- 낙원상가(1968)
- 한강아파트(1970)
  - 지구단위의 생활권 구성
- 여의도시범아파트(1970)
- 반포아파트(1972)
  - 블록단위 생활권 구성 발아
- 남산외인아파트(1972)
- 영동 AID 아파트(1974)
- 압구정 현대아파트(1975)
- 잠실지구(1975)
  - 단지 완결생활권 구성
- 과천신도시(1979)
  - 도시적 차원의 생활권 구성
  - 보행자 전용도로
- 목동아파트 신시가지(1980-1988)
  - 3대 동거형 주택(현상, 1983)
- 개포주공1단지(1981)
  - 장애인용 아파트
- 부산 망미 주공아파트(1984)
  - 테라스하우스
- 서울 올림픽선수촌아파트 (1985)
  - 현상(1984)
- 상계 신시가지(1985-1988)
  - 융통형
  - 3대 가족형
- 아시아선수촌아파트 (1986)
  - 현상설계(1983)
- 부산 구서 선경아파트(1987)
  - 반주문식 아파트(Easy Order System)
- 수도권 5개 신도시 민간아파트(1990)
- 분당시범단지(1992)
- 고양 능곡지구(1994)
  - 가변형아파트

- 1980-1988 목동신시가지
- 1979-1983 과천신도시
- 1984-1986 부산망미주공아파트
- 1986-1988 아시아선수촌아파트
- 1985-1988 서울올림픽선수촌
- 1985-1988 상계신시가지
- 1989-1994 산본신도시
- 1990-1995 일산신도시
- 1989-1995 안양 평촌신도시
- 1989-1996 분당신도시
- 1990-1994 부천 중동신도시

- 2002-2010 은평뉴타운
- 2003-2009 성남 판교신도시
- 2001-2008 화성 동탄(1)신도시
- 용인신갈 새천년 주거단지(2000)
- 행정중심복합도시 마스터플랜(2005)
- 행정중심복합도시 첫마을 국제공모전 (2006)

2010년이후 완공예정

2003-2020 인천 송도신도시	2003-2012 김포 한강신도시	2007-2013 고덕국제화계획지구
2003-2013 파주 운정신도시	2003-2011 대전 도안신도시	2008-2014 위례신도시
2005-2011 수원 광교신도시	2004-2015 아산 배방신도시	
2005-2030 행정중심복합도시	2007-2013 양주신도시	
2008-2015 화성 동탄(2)신도시	2007-2014 인천 검단신도시	

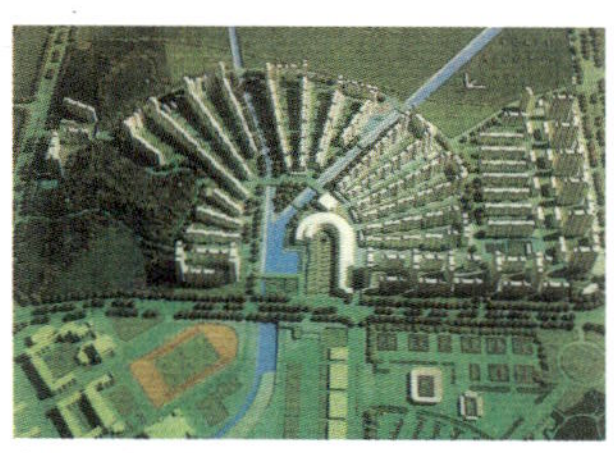
올림픽선수촌아파트

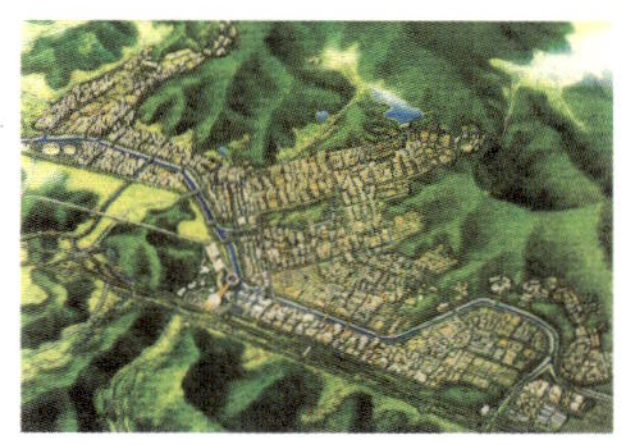
분당 도시설계

행정중심복합도시 첫마을

한국 공동주택 계획 추이

참고자료 : 한국공동주택계획의 역사, 공동주택연구회

1960 · 1970 · 1980 · 1990 · 2000

- 근린주구론의 유입 및 계획
  - 근린주구론 국내소개(1956)
  - 근린주구론에 의한 택지개발(1960)
- 근린주구론에 의한 단지구성
  - 근린주구론에 의한 단지개발(1965)
- 생활권개념 정착
- 도시공간과 단지공간의 독립적이해
- 생활군 구성을 전제하는 가구단위 계획원리의 고착화 및 지속

- 노선상가 계획의 활성화
- 도시공공공간의 일상공간으로의 해석 확산
- 생활권의 중첩과 연계 계획
- 생활영역의 도시공공공간으로의 확대
- 단지간 경계성 약화 및 도시공간으로의 개방성 확보 가시화
- 단지성 해체와 중첩적 도시생활공간
- 위계적 생활권 구성개념의 확산 및 가속화
- 도시설계와 상세계획에 의한 도시성 획득 기반 구축
- 도시건축통합계획 추진
- 원형지 개발 방식 등장

- 주거동의 고층화 최초시도
- 자유로운 주거동의 배치
- 본격적인 고층주택 출현/확산
- 초고층 아파트 등장
- 고층아파트 보편화
  - 고층아파트 규제 철폐(1977)
- 초고층아파트 일반화 및 계획관행으로 정착
- 고급 초고층 아파트 및 주상복합 주거
- 고급 저층형 주거 출현
  (타운하우스, 리조트형 주거)

- 단지내 옥외시설공간의 선형배치
- 공동생활공간의 본격적인 계획개념 채용
- NS배치방식의 범용적 사용
- 주거동과 단지계획의 연계에 의한 공동생활공간 계획
- 현상설계의 보편화
- 보행전용공간 계획의 보편화
- 상품경쟁 요소로서의 공용공간

- 표준적인 핵가족의 표준 주택형 계획
- 주택수요의 변화패턴을 의식한 주택형의 개발과 공급
- 고급연립주택/주문식 단독주택
- 주택시장에서의 상품경쟁 본격화
- 제품기획/마케팅 전략 강화
- 주상복합단지 일반화

KUN WON PROJECT

1960 · 1970 · 1980 · 1990 · 2000

- 1985 상계지구 택지개발 기본설계
- 1985 88올림픽 선수촌 현상설계
- 1989 분당시범단지(삼성,한신)건축설계

- 1990 성남분당지구 주거단지 도시설계
- 1991 중랑구 신내지구 현상 설계
- 1992 안산 고잔지구 주거단지 계획
- 1992 반포 한신타워 아파트 설계
- 1993 분당연립주택
- 1994 부산당감지구 현상설계
- 1996 김포 장기리 현대 홈타운 설계
- 1997 잠실 주공 4단지 현상 설계
- 1999 삼성동 I-PARK
- 1999 여의도 트럼프월드

- 2000 대치동 동부센트레빌
- 2000 서초동 아크로비스타
- 2000 서초동 슈퍼빌
- 2001 상암동 뉴밀레니엄 주거단지현상
- 2001 분당 파크뷰
- 2001 용산 파크타워
- 2001 부산 센텀시티 주거단지 계획안
- 2002 용인 동백지구 공동주택 현상
- 2002 인천 송도 D-Project
- 2002 창원반송지구 재건축사업지구 공동주택설계
- 2003 은평뉴타운 1구역 마스터플랜
- 2003 화성동탄 시범단지 계획
- 2003 부산 해운대 우동 I-PARK
- 2003 화성동탄 복합단지
- 2003 장지지구 아파트 건설공사 기본계획

정치 | 경제 | 사회

1960
- 5.16 군사혁명(1960)
- 경제기획원 설립(1961)
- 제1차 경제개발5개년 계획(1962)
- 제3공화국 출범(1963)
- 제2차경제개발5개년계획(1966)

1970
- 제7대 대통령선거 박정희 당선(1970)
- 국가비상사태선언(1970)
- 제3차 경제개발5개년 계획(1970)
- 유신헌법 국민투표 (1972)
- 농촌새마을 운동 시작(1972)
- 중화학공업시대 선언(1973)
- 제1차 석유파동(1973)
- 제4차경제개발5개년계획(1976)
- 수출 100억 달러 달성(1976)
- 8.8 부동산투기억제조치(1978)
- 부마항쟁(1979)
- 박대통령 서거 (1979)
- 12.12 쿠데타(1979)

1980
- 헌법개정안 국민투표(1980)
- 헌법개정안 국민투표(1980)
- 제5차 경제사회발전 5개년 계획(1981)
- 금융실명제 실시(1982)
- KBS이산가족 찾기(1983)
- KAL기 격추사건(1983)
- 버마 아웅산 사건(1983)
- 아시안게임(1986)
- 6 · 29 민주화 선언(1987)
- 직선제 헌법 개정(1987)
- 제6차 경제개발 5개년 계획(1987)
- 7 · 7선언과 남북한 직교역(1988)
- 서울올림픽(1988)

1990
- 한 · 소 정상회담(1990)
- 서울 · 중부지방 대홍수(1990)
- 지자체 의회선거(1991)
- 남북한 UN 동시가입(1991)
- 낙동강 페놀 오염(1991)
- G7 프로젝트(1991)
- 금리 자유화 (1991)
- 한 · 중 수교 (1992)
- 제7차 경제개발 5개년 계획(1992)
- 금융자율화 및 개방 (1992)
- 신경제 5개년 계획(1993)
- 금융실명제 실시 (1993)
- 우루과이라운드(UR) 협상 타결
- 김일성 사망(1994)
- 세계화 선언(1994)
- 지방자치단체장 선거(1995), 35개 통합시 출범
- 제1차 ASEM정상회의 개최(1996)
- OECD 가입(1996)
- IMF 구제금융 (1997)

2000
- 북한 핵 위기 (2002)
- 태풍루사 사상최대 피해(2002)
- 한 · 칠레 자유무역협정 타결(2002)
- 금강산 육로관광 시작 (2003)
- 태풍 매미 피해 발생(2003)

국토 | 도시

정책 이슈

	1960	1970	1980	1990	2000
정책 이슈	경제의 고도성장 산업구조 근대화 사회간접자본 확충 공업도시건설	경제성장을 위한 국토의 효율적 이용 대도시 인구집중 억제 공업단지 개발	국토의 체계적 효과적 개발과 관리 지역격차 해소 수도권 경제 및 인구 집중 억제	수도권과밀 억제 지역격차 해소 환경보전 국토기반시설 확충	국토균형개발 지역혁신 및 산업클러스터 지속 가능한 도시

계획 및 개발

1960
- 건설부 설립(1963)
- 화곡동 택지조성사업 (1965)
- 경부고속도로 착공(1968)
- 국토계획 기본구상(1968)
- 경부고속도로 착공(1968)
- 여의도 개발사업 착공(1968)

1970
- 포항제철 준공(1970)
- 경부고속도로 서울-수원 개통(1970)
- 서울 영동지구 신시가지 개발계획 발표(1970)
- 창원, 광양, 여천, 거제, 구미, 포항공단 등 공업단지 건설(1970년대 전반)
- 개발제한구역 지정 (1972)
- 제1차 국토종합개발계획(1972-1981)
- 250만호주택건설10개년 계획 발표(1972)
- 수도권 전철 개통(1974)
- 임시행정수도건설계획 발표 (1977)
- 과천 도시개발계획(89만평) 확정 발표(1979)

1980
- 경기도 철산리 주택단지(15만평) 개발계획 발표(1980)
- 국가보위비상대책위원회, 500만호 주택건설계획 발표 (1980)
- 경기도 철산리 주택단지(15만평) 개발계획 발표 (1980)
- 제2차 국토종합개발계획발표(1981)
- 서울 개포지구 택지개발계획 확정(1981)
- 한강종합개발계획(1982)
- 서울 목동신시가지 개발계획 발표(1983)
- 수도권 정비계획(1984)
- 서울 상계지구 개발계획 확정(1985)
- 주택200만호 건설계획(1988)
- 분당, 일산 신도시개발계획 발표(1989)

1990
- 제3차 국토종합개발계획(1991)

2000
- 국토 난개발 방지를 위한 종합대책(2000)
- 인천국제공항 개항(2001)
- 국민임대 100만 호 건설 발표(2002)
- 청계천 복원사업 착수(2003)
- 영종지구 등 인천지역 경제자유구역 지정(2003)
- 부산 · 진해권 및 광양만권 경제자유구역 지정(2003)
- 서울시 뉴타운 · 균형발전촉진지구 지정 및 개발계획 발표(2003)
- 국민임대주택단지 10개 지구 개발제한구역 해제 (2003)
- 판교 신도시 개발계획 확정(2003)
- '살고 싶은 도시 만들기' 사업(2005)
- 행정중심복합도시 도시개념 국제공모(2005)
- 공공기관지방이전 계획 발표(2005)

정책 · 제도

1960
- 건축법(1962)
- 도시계획법(1962)
- 토지수용법(1962)
- 국토건설종합계획법(1963)
- 토지구획정리사업법(1966)
- 한국주택은행법 (1966)
- 농어촌구획정리사업법(1966)
- 부동산투기억제에관한특별조치법 (1966)

1970
- 국토이용관리법(1972)
- 주택건설촉진법(1972)
- 특정지구개발촉진에관한임시조치법(1972)
- 산업기지개발촉진법(1973)
- 아파트지구제 도입(1975)
- 해외건설촉진법(1975)
- 도시재개발법(1976)
- 주택건설촉진법 전문개정(1977)

1980
- 도시설계제도 도입(1980)
- 택지개발촉진법(1980)
- 환경영향평가제도 도입(1981)
- 서울지역 분양가 상한제 실시(1981)
- 수도권정비계획법 (1982)
- 아파트 분양 채권입찰제 첫 실시(1983)
- 민간아파트 분양가상한제 폐지, 원가연동제 실시(1989)
- 토지공개념3법 (1989)

1990
- 준농림지 개발규제 완화(1994)
- 부동산 실명제 실시(1995)
- 토지거래 허가구역 전면 해제 (1998)
- 분양가 전면 자율화(민영주택25.7평이하)(1999)
- 토지거래 규제 완화(1999)

2000
- 도시개발법(2000)
- 국토기본법(2002)
- 국토계획 및 이용에 관한 법률(2002)
- 도시 및 주거환경정비법(2002)
- 주택법 시행(2003)
- 「신행정수도 건설을 위한 특별조치법」, 「국가균형발전특별법」, 「지방분권 특별법」 등 국가균형발전 3대 특별법 (2003)
- 기업도시특별법(2004)
- 혁신도시 특별법(2007)

도시이론 및 도시구조

1960

근린주구이론(C.A. Perry, 1929)
- 보차분리개념 등장
- SuperBlock개념
- Cluster 개념
- 래드번계획(Radburn)

영국의 신도시
- 전원도시로의 회귀
- 할로우(Halow,1947)
- 후크(Hook, 1960), 밀턴케인즈(MiltonKeynes, 1967)

Le Corbusier(1925)
- 수직적 커뮤니티 공간 등장(Plan Voisan)
- 도시를 구성하는 척도(Lucio Costa)
  - 기념비적 스케일(Monumental Scale)
  - 거주지 스케일(Residential Scale)
  - 사회적 스케일(Gregarious scale)
  - 전원적 스케일(Bucolic Scale)

Team-10Primer
인간/건축/도시의 만남

Aldo Van Eyck(1968)
- A city is not a semi-lattice
  - 공간(Space) + 인간(Human)=장소(Place)
  - 시간(Time)+인간(Human)=경우(Occasion)
- 중간영역(the Inbetween)

Alison & Peter Smithson(1954)
- Leisure Society : metropolis의 이동
- Country : Habitat in Landscape
- City : Habitat is Landscape

1970

The Image of City(Kevin Lynch, 1960)
- 매력적인 도시 요소로서의 경관
- 도시의 인지
  - Identity : 경관속에서 다른 것과 구별되는 확실함
  - Structure : 관찰자가 만들게되는 보이는 대상들의 패턴
  - Meaning : 경관속에서 나타낼수 있는 유용성과 추억 등 기억의 총체
- the Image of City
  - Path , Edge, Distrct, Node, Landmark

Pattern Language (Christopher Alexander, 1975)
- "A city is not a tree"(1967)
- "A city is a semilattice"
- Patterns of events : 장소의 성격은 그곳에서 반복 발생하는 사건의 패턴에 의해 결정
- Patterns of space : 일정한 기하학적 패턴
- Patterns which are alive : 살아있는 패턴

Compact City
- 토지이용 및 건물의 복합화
- 고층, 고밀화를 통한 녹지확보
- 광역적 오픈스페이스 네트워크구성
- 보행자공간확보
- 기존경관의 보호
- 에너지 절약 소재 이용
- 대중교통 이용 장려
- 가스파담,프라이부르크

1980

Collage City(Cloin Rowe, 1987)
"The City of modern city has not yet been built"
"도시건축은 단편화한 유토피아이며, 도시는 이 단편들과 기억의 Collage이다"

New Urbanism
- 뉴어바니즘 헌장(1996)
  - Walkability
  - Connectivity
  - Mixed-Use & Diversity
  - Mixed Housing
  - Quality Architecture & Urban Design
  - Traditional Neighborhood Structure
  - Increased Density
  - Smart Transportation
  - Sustainability
  - Quality of Life
- 전통근린개발 (Traditional Neighborhood Development, TND)
- 대중교통지향개발 (Transit Oriented Development, TOD)
- 복합용도개발 (Mixed Use Development, MUD)
- 시사이드, 셀레브레이션

Duany & Elyzabeth Plater-Zyberk
- Neighborhood (근린주구): 다양한 용도와 인구, 보행자중심, 복합용도, 밀집형태
- District(지구) : 특정 단일용도 강조, 근린주구 설계 원칙 준수
- Corridor(회랑) : 근린주구와 지구들의 지역간 연결, 대로와 철도, 하천과 공원, 통로
- 가로와 광장은 안전하고 편안, 보행자중심, 커뮤니티 보호

1990

Sustainable City
- Ecological Sustainability : 인간과 자연의 공생
- Social Sustainability : 사회구성원간의 공생
- Economical Sustainability : 세대간의 공생

City is a Collage of texture (OMA,1993~)
- SMLXL(OMA, 1993~)
  - Small, Medium, Large, Extra-Large
- The Rhizome acenterd(탈중심적), nonhierachical(비위계적)

Event City(Bernard Tshumi, 1994~)
- Paris, Parc de la Villete,(1982~98)
  - superimpositions: 프로그램의 이중성
  - Juxtapositions: Points,Lines, Surfaces의 병치, 중첩
  - Permutations: 각 요소의 중첩에 다양한 이벤트와 융합 새로운 이미지 창조
- Points : point-like activities
  - 120m x 120mpoint grid
- Lines: linear activities
  - Orthogonal system(직교시스템길): High density pedestrian
  - Random Curvilnear(자유곡선길) : Promenade(산책로)
- Surfaces : surface activites
  - programmed surface
  - programming surface

2000

Landscape Urbanism (Chalrles Waldheim, 1997~)
- 연속적 매트릭스: 도시내 개별적인 계획요소를 엮어 구조화
- 종합적 인프라스트럭쳐: 밀도, 인프라용량 등 도시하부시설 및 경제, 사회, 제도등 총괄적 관리
- 수평성(horizontallity): 내외부 공간의 통합, 주변도시조직과 수평적 연계
- 생태적 : 자연의 지속가능성과 자가 조절능력

Pixel City(MVRDV, 1998~)
- FARMAX(MVRDV, 1998~)
  - FAR(Floor Area Ratio) + MAX(Maximize)
- FARMAX : give more open space

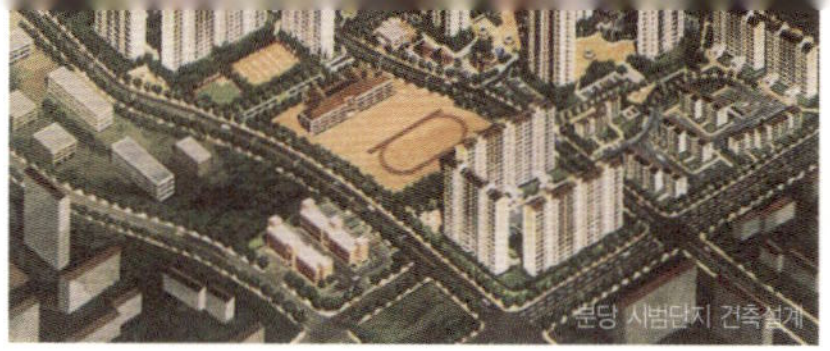
분당 시범단지 건축설계

산본지구도시설계

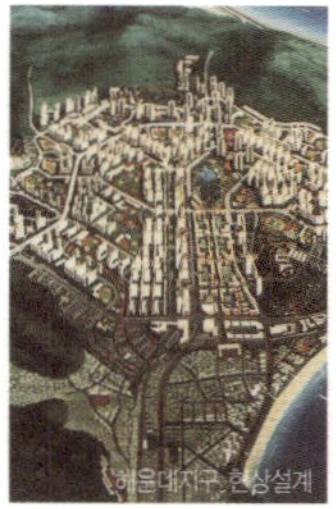
해운대지구 현상설계

기흥 신갈지구 공동주택 설계

분당 파크타운

상계지구 도시설계

중랑구 신내지구 공동주택 현상설계

은평뉴타운 1구역 마스터플랜

성남판교지구 마스터플랜

송도신도시 125블록 주상복합

송도 국제화 복합단지 연세대학교 캠퍼스

파주교하 타운하우스

용유무의 관광복합개발

행정중심복합도시 P8블록

아산배방 복합단지

행정중심복합도시 첫마을

광교 에듀타운 특별계획구역 마스터플랜

2004 세운상가 4구역 도시환경정비사업 계획안
2004 인천 송도4공구 공동주택 현상설계
2004 성남판교지구 마스터플랜
2005 아산배방 복합단지
2005 용인동천지구 도시개발사업 계획안
2005 청주 대농 복합단지
2005 서울 신내2지구 공동주택
2005 파주 운정지구 마스터플랜
2005 서울 신정3지구 공동주택
2005 알펜시아 리조트 개발계획
2006 판교 6-1블럭 공동주택 설계
2006 판교 운동 5-2블럭 국제 공모전
2006 부산 해운대 AID 아파트 재건축 국제공모
2006 행정중심복합도시 첫마을 마스터플랜
2006 인천도화지구 복합단지
2006 인천청라지구 테마파크형 골프장 사업계획
2006 행정중심복합도시 첫마을 국제공모전
2006 인천 용현지구 도시개발사업
2006 수원 호매실지구 가군 공동주택
2006 은평 뉴타운 3지구 D공구 공동주택
2006 송도 국제화 복합단지 연세대학교 캠퍼스 조성계획
2007 강원랜드 스키장 콘도 건설 턴키
2007 행정중심복합도시 P8, P9블록 공동주택 현상설계
2007 파주교하 타운하우스
2007 대전서남부 18블럭 공동주택 현상설계
2007 현인마을 도시개발 국제 공모전
2007 수원 고등 환경개선 사업
2007 뚝섬 3구역 복합빌딩
2007 청량리 5구역 도시환경정비사업
2007 판교 중심상업지구 복합단지
2007 안산 상록구 사동 90블록 복합개발사업
2007 수원 권선지구 도시개발사업
2007 행정중심복합도시 행정중심타운 국제공모
2007 용유무의 관광복합개발
2008 행정중심복합도시 행정중심타운 국제공모
2008 인천청라지구 시티타워 국제공모전
2008 행정중심복합도시 복합커뮤니티센터 현상설계
(1-2, 1-4 생활권)
2008 AL REEM ISLAND PROJECT "NAVI"
2008 송도 F-21,22,23-1블럭 현상설계
2008 알제리 오랑 SNASCO Project
2008 광교 에듀타운 특별계획구역 마스터플랜
2008 광교 파워 센터 복합단지
2008 화성 동탄 2 신도시 커뮤니티 시범단지 계획안
2009 파주 운정 3 시범구역 도시 건축, 통합 계획안

PART2
City by City in 50 Design Projects

PART2
City by City in 50 Design Projects

APPENDIX
City by City in Kunwon

Common-Genius

**'도시는 절대적으로 상식을 바탕으로 이루어져야 하고,
놀라울 정도의 미래에 대한 예측이 숨겨져 있어야 한다.'**

사물을 바라보는 것과 만드는 것은, 늘 그것을 사용하는 것에 못 미친다고 생각한다. 그래서 요구를 바탕으로 한 시도가 필요한 것이다.
도시와 단지를 디자인 하는 것은 개별필지의 계획, 단독의 민간사업보다 좀 더 많은 이해관계자의 요구를 공공적으로 해결하는 것이다. 다음에 이어지는 68개의 도시디자인 Keywords는 시민과 이론가와 정책가와 사업가들의 여러 요구들을 디자인 행위로 옮기는 과정에서 생겨나는 디자이너의 프로세스 어휘라고 할 수 있다. 그리고 그것들은 도시의 시간을 인정하고, 수많은 이해관계자의 동의를 이끌어내면서 새로운 가치를 제시하는 과정 중에 있는 것이다.

도시의 때 City Stain

How far would you go to escape the past?
영화 'Human Stain'은 과거의 흔적으로 상처받고 외면당하는 인간들의 극복에 대한 해답은 바로 과거의 흔적을 힘들지만 인정하고, 다시 스스로를 사랑하려는 노력이라고 말하고 있다. 도시 또한 과거의 그리고 현재에도 복합적인 요인에 의해 만들어지고 있으며, 여러 시선으로 평가될 수 있다. 이러한 복합적이고 대립적인 양상 또한 도시행위의 한 부분이라 이해할 수 있는 더 포괄적인 시선이 필요하다.

동의 Agreement

40만이 살아야 하는 분당신도시와 4000세대의 은평1지구, 700명정도의 학생이 있는 초등학교, 50가구정도의 타운하우스, 4인 기준의 단독주택은 각각 이해관계자 숫자의 폭이 매우 크다. 생활하는 공간에 대한 이용자의 동의를 확보하는 측면에서, 40만명의 신도시를 만드는 데에는 정책과 여론 정도의 큰 사회적 합의가 필요한 것이고, 4인 기준의 단독주택을 만드는 것은 그 가정의 주관적인 기능과 정체성이 더 중요한 것이다. 따라서 도시를 디자인함에 있어서 동의의 방식은 여론형성의 기본적인 상식이다.
그 상식은 보편타당하며 숫자처럼 명확한 위계가 있으며, 논쟁이 없을 정도의 사실을 기반으로 하는 것이다. 그러한 보편적인 상식의 틀 안에서 미래를 예측하는 계획가의 혁신적인 비젼이 디자인으로 설득되어야 한다. 그리고 그것은 디자이너들만의 공감이 있는 참신성 이전에, 여론을 형성할 수 있을 정도의 힘을 가져야 한다.

혁신 Innovation

도시는 사회적 혁신에 대한 물리적인 그릇이라 할 수 있다. 규모의 논리와 국제사회적 통합된 발언을 목표로 이루어진 국가브랜드의 시대를 지나 하나의 도시가 브랜드화 되는 현재, 도시에 대한 새로운 시도는 좀 더 빠르게, 좀 더 혁신적인 모습으로 다가온다. 도시국가의 원형이 되는 아크로폴리스가 보여주는 도시미학적 관점과 도시디자인 어휘들이 현재의 첨단도시에서도 볼 수 있다는 점은, 마치 인간습성의 근원적 모습처럼 도시가 지닌 영속성과 원형성을 느낄 수 있다. 따라서 혁신이라 함은 인간의 근원적 행동에 대한 습성을 바탕으로 이루어지며, 당대의 기술과 미학에 의한 관점에 대응하는 것이다.

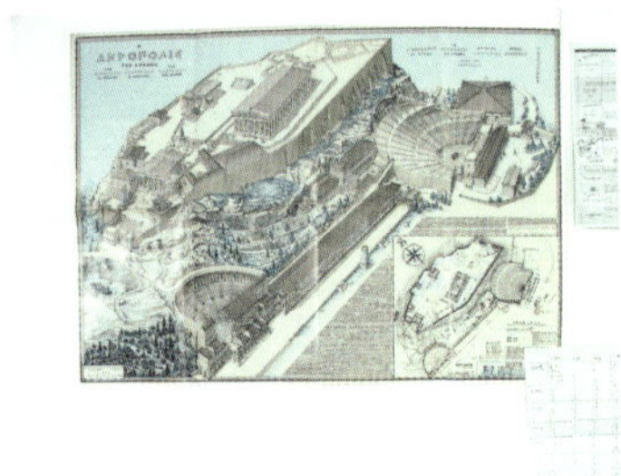

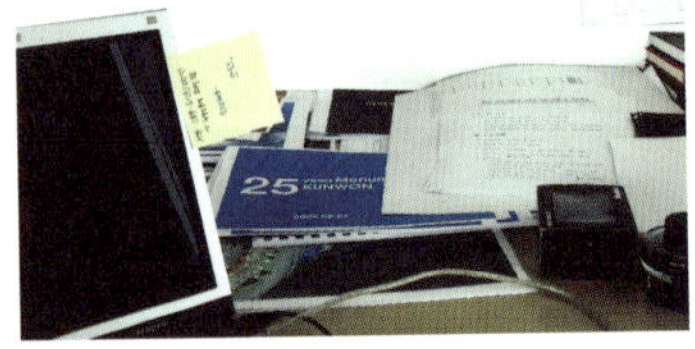

이호
건원건축 상무, 디자인3본부장
행정중심복합도시 첫마을 마스터플랜, 파주운정신도시 마스터플랜, 은평뉴타운1지구 현상 및 MP, 부산 센텀파크 등의 책임 디자이너였으며, 주로 경쟁설계디자인과 함께 건원의 디자인 가치를 높이기 위한 리서치, 교육, 미래준비를 담당하고 있다.

두마리 토끼
CATEGORY
성격
이해
SYSTEM
Logic
보편타당성
Number
Hard
90Degree
ROMANCE
Interaction
주관적 창의성
Design
Soft
Unfixed

Why DENSITY?

밀도의 사전적 의미는 단위 부피당 질량 또는 크기이다. 물리에서 밀도는 압력이나 온도가 바뀜에 따라 바뀐다. 압력이 증가하면 물질의 밀도가 증가하고 온도가 증가하면 밀도가 낮아진다. 도시계획에서 사용하는 밀도는 단위 토지면적당 인구수(호수밀도) 또는 건물의 크기(용적률)를 의미한다. **그럼 도시의 밀도는 무엇에 따라 바뀌게 될까?** 그리고 그 의미는 무엇일까? 밀도가 높은 도시, 밀도가 낮은 도시… 서울은 밀도가 높고, 사람이 많고, 건물이 많고, 높고, 빽빽하고, 복잡하다는 등의 물리적인 어휘들은 곧 삶의 질에 대한 이야기로 이어지기도 한다. 도시계획에서는 지역 또는 구역별로 밀도를 규정하여 전체적인 도시의 틀과 기능을 규정하고 있다. 밀도는 사람들이 많이 모이거나 적게 모인다는 것의 의미뿐 아니라 이들을 수용할 수 있는 건축물의 물리적인 계획요소들을 규정하여, 주거단지나 도시의 특성과 유형을 결정한다. 그래서 **밀도가 다른 도시와 주거단지는 건축 유형과 배치, 주거의 형식, 경제성, 라이프스타일이 달라지게 된다.** 밀도는 도시, 단지, 건축계획의 가장 기본적인 전제라 할 수 있다.

$$p = \frac{m}{V}$$

Where
p is the density
M is the mass
V is the volume

용적률FAR (Floor Area Ratio) 용적률은 대지면적에 대한 건축물의 연면적을 의미한다. **용적률 = (연면적 / 대지면적)X 100** 우리나라의 도시와 단지계획에서 쓰이는 가장 대표적인 지표로, 연면적이란 사용 가능한 건축물 바닥면적의 총량으로 3차원 개념을 담고 있다. 그래서 **용적률과 대지면적을 보면 건축물의 가능한 볼륨을 알 수 있다.** 법적인 용적률은 그 지역에서 허용되는 지상층의 최대연면적을 의미하고, 사업용적률은 지상과 지하층 연면적을 모두 포함하여 산정한다. 국토의 계획 및 이용에 관한 법률에는 용도지역 안에서의 용적률과 지구단위계획 또는 지방자치조례에 따라 지역별 용적률을 제한하고 있다. **용적률과 경제성 FAR**

and Economics 용적률은 개발사업자에게 주거시설이라면 분양가, 업무나 상업시설이면 임대료 등 수익을 낼 수 있는 면적의 총량을 의미하므로 주된 사업 판단의 지표가 된다. 위의 표에서 사업용적률을 보면 전체 건축의 볼륨을 알 수 있는데 이는 곧 공사물량이 되고, 지하층도 수익을 낼 수 있는 면적으로 본다면 전체 매출이 늘어난다는 의미를 가진다. 개발사업을 할 때 용적률은 건축물의 볼륨과 사업성의 관계를 나타낸다. **밀도와 도시문화 Density and Urban Culture** 용적률이 높은 것은 고층화를 의미하지만은 않는다. 같은 용적률에서 건폐율을 높이면 층수가 높아지지 않아도 된다. 같은 용적률에서 고층화를 선택하고 넓은 오픈 스페이스를 취하거나, 아니면 저층화하고 접지성을 높이는 등의 선택은 그 도시의 문화와 관계한다. 단지계획측면에서는 도심일수록 고층화하여 한정된 대지 내에서 쾌적한 조경공간을 갖도록 하면서 밀도를 높이는 방향이 최근의 흐름인데, 이와 달리 주거동 계획측면에서는 기준층 면적 대비 채광창의 면적을 넓혀 밀도에 불리한 방식을 취하고 있다. **밀도와 라이프스타일 Density and Lifestyle** 밀도가 높다고 거주성이 좋지 못한 것도 아니고 밀도가 낮다고 삶의 질이 높은 것도 아니다. 단순히 밀도가 높다는 비판보다는, 밀도의 의미와 그에 대한 도시, 단지, 건축계획의 대응방식으로 인해 서로 다른 라이프스타일을 제안하는 것으로 이해할 필요가 있다. 대상지의 조건에 따라 용적률 100%이하, 200-300%, 300-600%, 600%이상, 그리고 다양한 용적률을 갖는 도시차원의 마스터플랜까지 다섯 종류로 프로젝트를 분류하면, 프로젝트의 특징, 거주자(end-user), 선호도, 계획주안점, 계획요소, 외부공간의 사용 등이 구별된다. 따라서 밀도에 따라 디자인의 방법론과 관건들을 정의 내릴 수 있다.

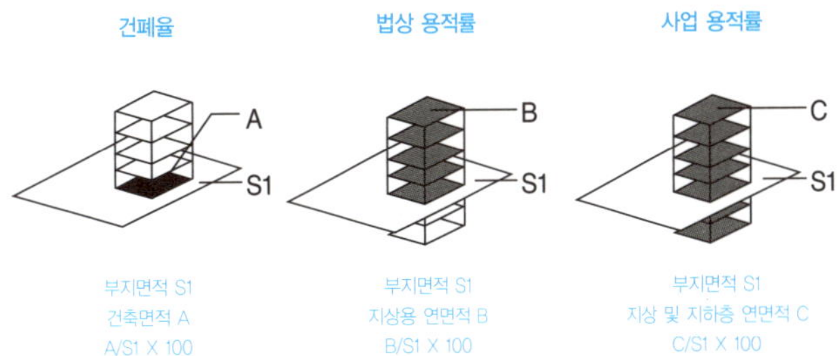

(* ref. 주거단지계획, p55, 공동주택연구회, 2007)

Why RELATIONSHIP?

현 시대의 중요한 가치 중의 하나는 '시너지'(Synergy)이다.

대상이나 기능공간 자체가 중요했던 근대화의 과정을 겪으면서 편리성에 치중한 공동주택의 대량 공급이 수십 년간 이어졌다. 그 가운데 잊혀진 삶의 가치, 주거의 가치들이 있었다. 단일 기능의 도시 주거는 다변화 사회의 요구에 부적합하게 되었고 차폐적인 단지 조성은 지역 커뮤니티와의 단절을 야기하였다. 차량 중심의 계획 관행은 가로 공간을 주차장으로 만들었고 보행자를 소외시켰다. 자연 지형을 무시한 개발은 생태환경을 파괴하였고 도시 경관을 악화시켰다. 그에 대한 반성으로부터 한국 공동주택의 지향점을 세가지로 요약하면, 다음과 같다.[1)]

공간에서 장소로 from Space to Place
기능에서 사건으로 from Function to Events
성장에서 지속으로 from Development to Sustainability

우리나라 도시 · 건축을 계획함에 있어 그 대상은 바로 **'도시 · 자연 · 건축 · 사람'** 일 것이다. **대상들의 관계와 그 사이에서 일어나는 삶의 질적 측면과 정서적 가치**가 새롭게 주목 받고 있다. 이들의 관계 속에서 일어나는 생활을 디자인하고 시너지를 창출하는 것이 도시 · 건축계획의 핵심이 되어야 한다.

생활공간[2)]과 관계 만들기 우리의 일상(everyday life)은 특정한 목적을 갖는 의식적 행동들과, 그렇지 않고 우연히, 혹은 무의식적으로 일어나는 서로 다른 행동들이 서로 중첩하고 복합되어 연속적으로 진행되는 행동들로 이루어진다. 일상생활을 3가지로 분류하면 생존을 위해 하는 생활들을 1차 목적생활이라고 할 수 있다. 출근을 한다든가, 학교에 가는 일들이 해당된다. 이와는 다르지만 역시 목적의식을 갖고 하는, 친구를 만난다든가 영화를 본다거나 하는 일들을 2차 목적생활이라 할 수 있다. 그러나 우리 일상에는 이 두 가지 목적 생활에 속하지 않는 것들이 많다. 1차와 2차 목적 생활을 하는 과정에서 우연히 이루어지는, 걸어가다가 노점상에서 오뎅을 사먹는 일과 같은 것은 3차 생활에 해당된다. **학교(기능공간)와 집(기능공간)을 잇는 길(기능공간)에 놀이터, 휴게공간, 길거리 농구장이 있다면 우연한 놀이와 휴식이 이곳에서 이루어지는 것이다.** 이러한 3차 생활이 일상생활의 질적 측면을 좌우하고, 1차 생활과 2차 생활보다 훨씬 다양하고 많을 수 있다. **3차 생활의 선택가능성을 크게 만들고 이러한 생활을 담는 풍요로운 공간 설계를 통해 우연한 교류와 친목, 접촉의 기회를 늘려 커뮤니티도 활성화시키는 것이 '관계 만들기'를 통한 도시 · 건축계획**이라 할 수 있다.

---

1 건원세미나 2003, 주거단지계획의 새로운 패러다임, 서울시립대학교 박철수 교수
2 건원세미나 2003, 우리나라 주거단지 계획의 현주소와 설계자의 전향적 대응 전략, 명지대학교 박인석 교수

'관계 만들기' 로서의 도시 A City is not a tree – C. Alexander

'도시 · 자연 · 건축 · 사람' 과의 관계 만들기, 도시와 단지, 단지와 주거 클러스터, 주거 클러스터와 주거동, 주거동과 단위세대의 관계 만들기, 기능공간과 기능공간의 관계 만들기, 오픈 스페이스의 네트워크 만들기, 보행 친화 환경 만들기 등 다양한 차원의 논의가 가능하다. 그리고 관계를 갖는 대상간의 접점공간, 사이공간을 배려한 설계가 필요하다.

도시와 건축의 관계에 대한 디자인키워드는 도시 경관과 컨텍스트이다. 도시와 건축의 '관계 만들기' 란, 도시의 컨텍스트를 고려하여 새로운 질서를 만드는 것이다. 도시 기능을 집약한 '도시 속의 도시' 도 있을 수 있고 자연 지형에 적극적으로 순응하는, 지형과 일체화된 건축도 있을 수 있다. 도시 조직 내에서 단지의 아이덴티티가 강력하여 상징적인 도시 이미지를 구현하기도 하고 조화로운 도시 경관을 연출하기도 한다.

도시와 자연의 관계에 대한 디자인키워드는 그린 네트워크, 생태도시, 지속 가능한 개발이다. 도시와 자연의 '관계 만들기' 란, 자연과 공생하기 위해 접지방식을 다양화하고, 지속 가능한 단지를 위한 시스템을 구축하는 것이다. 자연을 살린 휴식과 사색의 공간을 조성하고 기존 유수지를 활용한 생태공원, 자연학습과 관찰의 공간도 조성하여 그린 네트워크를 확장하고 대자연과 도시의 자연, 그리고 단지로 이어지는 점층적인 연계를 만든다. **도시와 인간의 관계**에 대한 디자인키워드는 장소 만들기, 보행네트워크, 공공성이다. 복합단지의 경우는 지역의 경제와 문화 창출의 핵심 공간으로 지역 내에서 집객력 있는 장소를 만드는데, 많은 사람들이 즐길 수 있는 공간을 조성하여 공공성을 갖는다. 주거단지의 경우는 도시-단지-주동-단위세대로 이어지는 다양한 공간의 위계들을 설정하여 각 장소간을 이동할 때 우연한 교류와 접촉이 일어나도록 한다. 도시가로공간에 휴게공간, 녹지, 무대 등 기타 시설물을 도입하여 가로가 장소 기능을 할 수 있도록 하고, 다양한 행위와 이야깃거리가 있는 공간을 만드는 것이 도시와 인간의 '관계 만들기' 의 핵심이라 할 수 있다. **건축과 인간의 관계**에 대한 디자인키워드는 쾌적성, 기능성, 다양성이다. 건축과 인간의 '관계 만들기' 란, 개인이 건축에서 누릴 수 있는 편리한 공간, 개인 취향에 따라 선택하는 공간을 만드는 것이다. 다양한 주거 유형에 대한 연구가 있어야 하고, 내부공간과 외부공간의 연계를 통해 실질적인 생활공간을 확장시킨다. 초고층 타워의 경우는 수직적으로 다양한 기능이 복합되면서 원스탑리빙one-stop living이 가능한 환경이 구축된다. **인간과 인간의 관계**에 대한 디자인키워드는 문화, 커뮤니티, 이벤트이다. 인간과 인간의 '관계 만들기' 란, 개인과 가족, 이웃간의 관계 회복과 커뮤니티를 지원하는 공간 만들기를 의미한다. 여가활동이나 문화, 이벤트가 가능한 모임의 장소들을 도시와 단지 내에 다양한 위계로 만들어주고 건축물 내에서는 거주민들이 우연히 마주칠 수 있는 로비 공간이나 부대시설들을 적절히 분포시켜 각 세대나 오픈 스페이스와 연계, 활용되도록 디자인한다. 인간과 인간의 관계를 위한 디자인은 프로젝트의 성격마다 다르게 나타난다. 일반 아파트단지의 경우는 보다 우연적인 만남이 많고 동시다발적이나, 복합단지나 초고층 주상복합의 경우는 이러한 접촉이 선택적이고 단계적이라는 차이점을 갖는다.

KEY WORDS on Design Process

Relationship \ Density (FAR)	0-100%	100-300%
도시 – 건축 도시경관 컨텍스트 도시비전	**RURBAN** PIXEL TRAIL CRATER & BASIN	**URBAN FABRIC** FABRICATION INTERWEAVE FACE TO FACE
도시 – 자연 그린네트워크 생태도시(자연보존) 지속가능한 개발	**TANGIBLE** LEAN SCATTERING NATURE -SCAPING	**LINKAGE** CARPET CORRIDOR PRESERVATION
도시 – 인간 장소만들기 보행네트워크 공공성	**DIVERSITY** COLOR MADE TO ORDER DESIGN MARKETING	**COMPONENT** SPINE PLACE EPISODE
건축 – 인간 쾌적성 기능성 단위세대	**EXCLUSIVE** SECRET INSPERIENCE	**TYPOLOGY** POINT LINE PLANE MULTI-LAYER LOCALIZATION
인간 – 인간 문화 커뮤니티 이벤트	**NEXT DOOR** IDENTITY WEEKEND LIVING SMALL COMMUNITY	**CONCURRENT** IN-BETWEEN COMMUNITY CORE

300-600%

METAPOLIS
CITY WITHIN CITY
LANDMARK
NEO-FORTRESS
NIGHTSCAPE · LIGHTSCAPE

SUSTAINABILITY
ZERO CITY
ECO-WRAPPING
WATER PLAY

ATTRACTOR
URBAN ALIEN
CULTURAL BEACON
THEME PARK
PUBLIC CONCERN

COMPLEX
FAST ACCESS · SLOW MOVEMENT
SOFT CITY

PLUG & PLAY
KISS & RIDE
HYPERLINK
MALLING

600-%

SUPERLATIVE
PEAK
LUMP

ARTIFICIAL GREEN
HANGING GREEN
SKY MIRROR

COMPLETENESS
GOOD ADDRESS
URBAN CRUISER

ANTIGRAVITY
PENTHOUSE
PHOTOSYNTHESIS

SEQUENTIAL
LIVING PLATE
LOBBY LIFE

MAX

DECLARATION
GLOCALISM
DECENTRALIZED
THE NETWORK
HIGHEST PIN-UP
SELF-SUFFICIENCY

EARTH ART
LAND EXPANSION
SEA MARK
GROUND WEDGE

POPULATION
SATELLITE
SUBURBAN NATURE
THE SECOND LEADER
GATEWAY

건축은 당대 문화의 수준을 집약해서 보여주는 예술이자 삶의 중요한 요소이다. 하지만 바꿔 생각하면 우리의 정신과 문화를 바꿀수 있는 중요한 요소 이기도 하다. 건축가가 아니더라도 생활 속에서 조금만 더 도시와 건축에 관심을 가져 나간다면 삶의 질을 높일 수 있을 것이다. 건축물은 그 속도를 조절하지 못할 만큼 늘어나고 있다. 우리는 우리가 당면한 도시문제 앞에서 적극적인 관심을 가져야 한다. 이로 인해 사람들의 생각이 바뀌어 도시를 바꿔 나갈 수 있기를 바란다. 일반 대중이 도시와 건축 디자인을 음악처럼 사랑하는 시대가 올 수 있기를... 도시를 위해서 왜 좋은 문화가 필요한가? 건축은 문화에 어떻게 기여 하는가? 그

관계맺기 01 도시와 건축

리고 어떤 문화를 만들어 내는가? 도시의 명성은 그 도시가 가지고 있는 문화로 결정된다. 도시의 문화가 일정한 수준을 갖기 위해서는 도시를 구성하는 요소 하나하나가 문화적 가치를 담고 있어야 한다. 요즘 들어 디자인경영, 디자인위원회, 공공디자인, 가이드라인, 토탈 디자인, 도시건축, 통합계획 등 디자인을 키 이슈로 활용 하고 있다. 하지만 너무나 방대하게 너도 나도 부르짖는 이것들이 과연 좋은 디자인 문화를 만들어 낼지 의문이다. 대중화된 디자인의식 없는 이기적 공약은 도시와 건축을 벼랑으로 몰아 갈 수도 있을 것이다. 우리는 어떤 행태로 도시에서 생활하고 있는가? 어떻게 살아 갈 것인가를 같이 고민하면서, 새로운 문화를 만들어내고 기여할 수 있는 디자인을 통해 가치있는 삶을 디자인 해야 할 것이다. – 건원건축 고성호 부사장 –

Rurban
0 - 100%

PIXEL
TRAIL
CRATER & BASIN

Urban Fabric
100 - 300%

FABRICATION
INTERWEAVE
FACE TO FACE

Metapolis
300 - 600%

CITY WITHIN CITY
LANDMARK
NEO-FORTRESS
NIGHTSCAPE
· LIGHTSCAPE

Superlative
600%

PEAK
LUMP

Declaration
MAX

GLOCALISM
DECENTRALIZED
THE NETWORK
HIGHEST PIN-UP
SELF-SUFFICIENCY

PROJECT SUMMARY

Items	B5-1	B5-2	B5-3
Lot size	28,594.00m^2	29,135.00m^2	29,798.99m^2
Building Area	9,271.06m^2	10,055.16m^2	10,002.82m^2
Total Floor Area	28,372.71m^2	29,499.99m^2	30,114.89m^2
Building Coverage	32.42m^2	34.51m^2	33.57m^2
Floor Area Ratio	64.89%	64.24%	64.85%

Pixel

:: It means (컴퓨터 화면 등을 구성하는 최소 단위의) 화소 (畫素), 이미지를 디지털로 저장하는 가장 작은 단위
반복적이고 집합적인 형태로 도시경관의 통합성을 이루어내는 도시의 물리적 단위조직

:: See also unit, cell, element, segment, section, repeat, reproduce, clone

도시의 물리적 패브릭fabric을 결정하는 요소는 가로, 프로그램, 행위, 밀도, 높이, 자본, 지형 등이다. 픽셀은 이러한 요소에 의한 가장 작은 단위이다. 조건을 만족하는 하나의 단위에 대해 반복적이고 집합적이면서 또한 통합적인 패브릭을 구성한다. 이는 공동주택이 지향하는 시공의 경제성, 효율성과 맞닿아 있으면서 사회적으로 모여 살기에 대한 제안에도 가깝다. 익명의 같은 단위들이 반복, 적층하고, 혹은 서로 복제해가면서 땅의 형상 혹은 사회적 조건에 따라 그 전체의 형식은 전혀 다른 도시공간을 만들게 된다. 세포의 증식 또는 프랙탈Fractal 이론에 근거할 수 있는 배경과 동시에 자연발생적인 측면까지를 고려해보면 자연의 일부와 같은 질서 체계를 가지고 있다고 볼 수 있다.

판교 운중에 지어지는 타운하우스는 이러한 픽셀라이징pixelizing을 통해 땅이 가지고 있는 지형의 비정형성을 극복하는 매우 효율적인 건축 방법론으로 제시되었다. 잘게 쪼개진 단위조직을 지형에 맞게 더하거나 빼는 융통성을 지니고 있는 계획안이다.

판교 운중블록 국제 설계경기 성남시 분당구
픽셀로 이루어진 300개의 주동과 32개의 주동 클러스터로 독립군락을 형성하여 자연의 비정형성에 순응

헌인 도시개발사업 국제현상 공모 서울시 서초구
자연 속 프로그램에 따른 다양한 크기의 픽셀 군집으로 커뮤니티 매트릭스 구성

Block Housing 서울시 구로구
블럭으로 이루어진 도시 인프라속에 격자형 필지구획에 따른 다양한 픽셀 구성

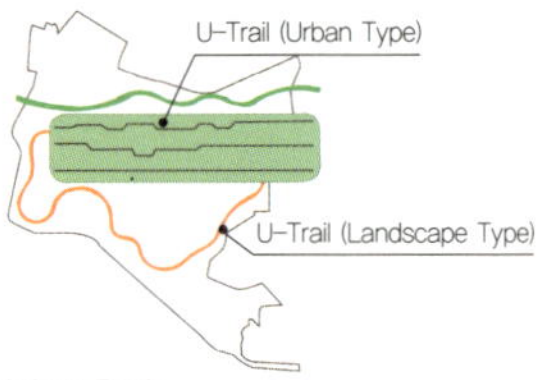

Living Path
단지의 흐름을 유기적으로 엮어 각각의 테마를 가진 가로의 생활 공간화, 생활을 담는 가로

Urban Trail
도시의 흐름에 순응하고 Green Carpet으로 자연을 유입시킨 도심형 산책로

Landscape Trail
중세 유럽의 유기적 가로 체계 도입으로 길과 건물의 유기적 결합

Trail

:: It means 1. 끌고 간 자국, 지나간 자국, 흔적 / 2.(황야 등의) 밟아 다져진 길, (산속의) 작은 길, 오솔길, 산길 / 3. (유성의) 꼬리; (구름 · 연기 등의) 길게 늘어진 자락;긴 옷자락; (사람 · 차 등의) 줄, 열; (땅을) 기는 덩굴
[가지] : 보행경관을 중심으로 한, 단지 성격을 반영한 마을길 혹은 유럽의 골목길 같은 연속된 가로체계

:: See also trace, spine, spindle, tail, path, footprint, track, follow, drag

도시계획에 있어 그리드grid 체계는 기능적 효율성을 가져왔지만, 그 단조로움 속에 가로street가 가질 수 있는 다른 가능성이 배제되어 왔다. 가로경관의 지루함은 사람들을 걷지 않게 하고, 빠른 이동만이 중요한 가치로 인식되어 점점 더 차량에 의한 가로체계로 도시가 구성되고 있다. 최근의 '걷고 싶은 길 만들기' 정책은 차량의 도시가 아닌 사람의 도시로의 전환을 꾀하는 사회적 합의에서 시작된 것이라고 볼 수 있다. '걷고 싶은 길'이 완성되기 위해서는 물리적으로 보행친화적 환경을 만드는 것과, 보행에 대한 즐거움을 줄 수 있는 프로그램이 계획되어야 하며, 이 둘간의 상호연관성이 가장 중요하다. 그리고 항상 지역과 주변 관계에 대해 세심함을 가지고 있어야 '걷고 싶은 길'이 완성될 것이다. 용인 수지구 동천동에 계획한 주거 단지 계획은 '길을 기반으로 한 단지 만들기'의 첫 번째 실험이라고 할 수 있다. 길을 정의함에 있어 평지와 산지로 나뉘어져 있는 땅의 질서에 대해 주목하고, 그 두 가지 자연환경 속에서의 보행 형식, 가로 경관, 길의 형태, 프로그래밍을 각각에 대한 맞춤형으로 구성하고, 동시에 그 공간적 다양성을 기대하였다. 평지에서 높은 밀도의 주택들로 구성된 어반 트레일urban trail은 넓고 트인 경관이 있는 잔디마당으로 계획하여 단정한 공간에 가치를 두었다. 자연의 경사로와 낮은 밀도의 타운하우스로 이루어진 랜드스케이프 트레일landscape trail은 오히려 좁고 스침이 가능한 골목길을 재현하였으며, 그 골목길의 단위 거리마다 작은 카페테리아와 노유자를 위한 시설 등을 두어, 마치 오래된 가로에서 보이는 상점처럼 배열하였다.

성남판교지구(B6-1 BL) 공동주택 설계경기 성남시 분당구

기존 지형이 지니고 있던 길을 건축적으로 재해석하여 단지내부로 유입, 쾌적한 보행로 형성

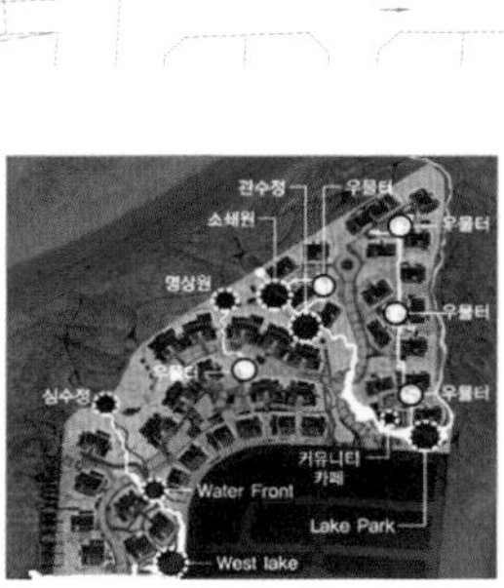

Water Road
기존 자연의 물길 보존 및 보행로와
어우러진 다양한 외부공간 창출

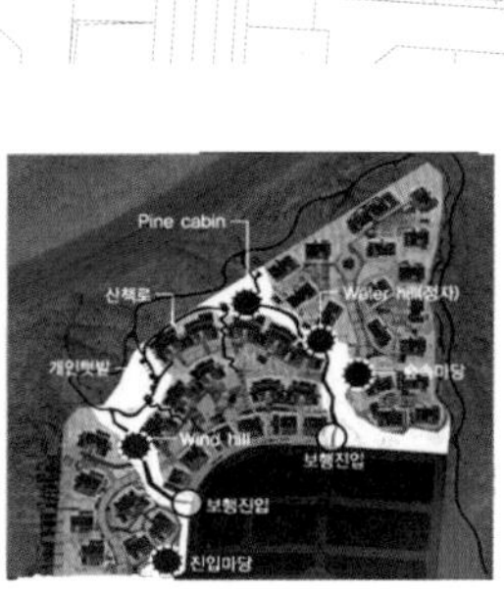

Green Road
보존된 두개의 능선을 따라
순환하는 산책로길 계획

Pedestrian Road
단지 내, 외부를 연계하는 보행시스템 계획

Crater & Basin

:: **It means** Crater : 1. (화산의) 분화구; 구멍, (달의) 크레이터 / 2. [군사] (폭탄 · 포탄 · 지뢰의 폭발로 생긴) 구멍
Basin : 1. 대야, 수반(bowl), 세면기 / 2. 한 대야의 분량 / 3. 웅덩이, 괸 물 (pond) ;풀;항구의 깊숙한 곳; 육지에 에워싸인 항구, 내만 4. 분지; (하천의) 유역
도시 근교에 주어진 자연에서 전원형 삶을 함께 영위하는 공동체

:: **See also** sub-urban community, green pocket, contour, topography, terrain, land art

헌인 도시개발사업 국제현상 공모 서울시 서초구
입체적 커뮤니티 데크를 통한 자연과 도시의 요소를 동시에 담는 단지 구현

헌인 도시개발사업 국제현상 공모 서울시 서초구
낮은 밀도와 광범위한 자연으로 둘러쌓인 대지

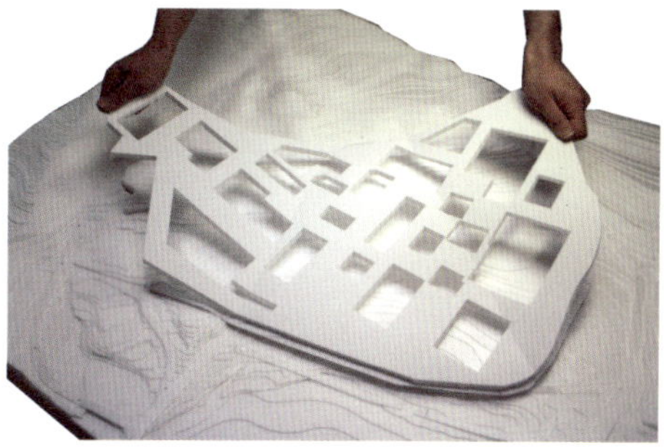

헌인 도시개발사업 국제현상 공모 서울시 서초구
인간과 자연이 공존하는 커뮤니티 매트릭스

메가로폴리스megalopolis에 가까운 서울과 수도권의 높은 밀도로 인해 주변의 그린벨트가 일부 해제되면서, 도시 근교의 땅들이 주목을 받고 있다. 도시와 원활히 접속되는 것은 아니지만 수려한 자연환경에 의해 도시의 번잡성을 탈피하여 조용하고 개별적인 프리미엄을 갖는 주거 프로젝트들이 증가하고 있다. 낮은 밀도 환경과 주변의 광범위한 자연환경을 갖는다는 장점으로 고가의 전원형 공동주택이 가져야 하는 최상의 가치는 다운타운과 정반대의 개념인 아웃도어 라이프outdoor life라고 할 수 있다. 하지만 도시와의 접속관계에 있어서 불리한 서비스 조건은 개선되어야 하는 명제이다.

헌인도시개발사업은 서울시 서초구 내곡동에 위치해 있다. 완만하지는 않지만 중경사도의 산 끝자락에 위치하고 있는 자연환경을 가지고 있으며, 7층 이하로 이루어진 공동주택과 개별필지로 계획해야 하는 단독주택이 혼합된 개발계획이다. 단지의 낮은 부분에 공동주택을 배치하고, 단독주택을 높은 위치에 놓음으로써 둘 간의 조망권에 대해 부족함이 없도록 계획하였다. 기존의 녹지대를 재현하고, 녹지화된 포디움podium에 빌딩이 들어가는 위치를 펀칭punching하여 건물을 삽입하는 방식을 취하였다. 따라서 각각의 빌딩은 좀더 개별적인 썬큰 가든sunken garden을 갖게 하고 녹지는 단지 주민들이 공유하여 보다 넓고 퍼블릭public하게 사용하는 아이디어를 제안하였다.

Fabrication

:: **It means** 1. 제작, 제조, 구성·조립·구조물 / 2.꾸며낸 것, 도시가 가진 자원, 혹은 도시를 이루고 있는 요소들에 적합한 컬러로써 단지를 구성하는 것.

:: **See also** construction, manufacture, production, formation, generation, make, building, framing, founding, materialization, design, pattern, structure

패션작업에 있어 중요한 두 가지 결정요소는 옷감의 결, 문양, 질감을 결정하는 것, 그리고 그것을 사용자의 몸에 맞게 피팅fitting하는 것이다. 지구를 하나의 큰 면으로 볼 때 개개의 필지가 아닌, 넓은 면을 차지해야 하는 주거단지 계획은 옷감이 가진 통합적인 결, 문양, 질감을 결정하는 것에 비유할 수 있다.

단지 혹은 도시가 가질 수 있는 여러 가지 상황을 해석하면서 제안한 도시 패브릭fabric들은 그 도시가 가지고 있는 공공의 도시 자원과 그 단지를 소유하는 사용자 모두에게 합리적이고 정확한 해결책을 제시하여야 한다. '패브릭 만들기'의 다양한 실험과 시도들이 보여주는 언어는 결코 지루하거나 도태된 도시를 만들지 않겠다는 의지의 한 단면이다. 기존 도시의 질서, 자연환경과의 연계, 도시 안의 인지성, 밀도의 배분, 살아가는 사람과 공공의 도시민에 대한 배려 등으로 이루어진 여러가지 어반 패브릭urban fabric은 각각의 정치, 경제, 사회, 문화적 이유와 아이덴티티를 동시에 함의하고 있다.

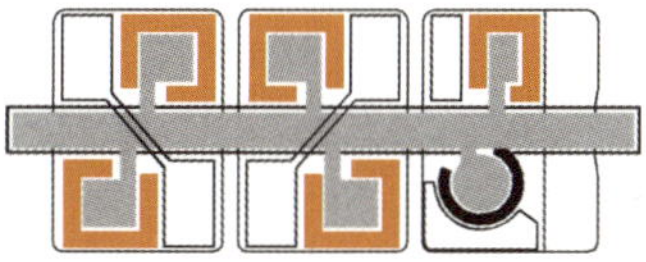

Lattice
송도 F-21, 22, 23-1BL 공동주택 현상설계

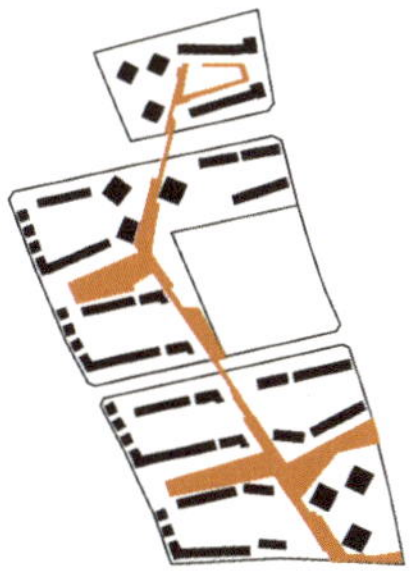

Fishborn
행복도시 P9 공동주택지 현상

Radial
행복도시 첫마을 마스터 플랜

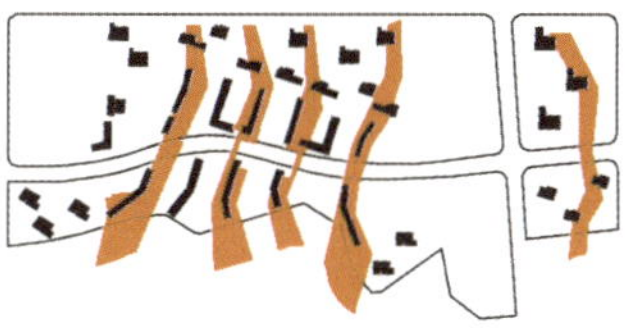

Finger
에듀타운 특별계획구역 마스터 플랜

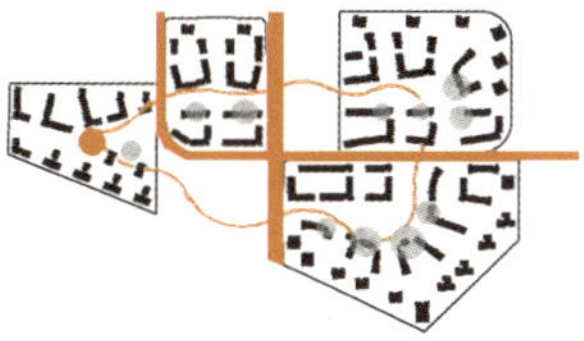

Tree
송도4공구 공동주택 및 부대시설

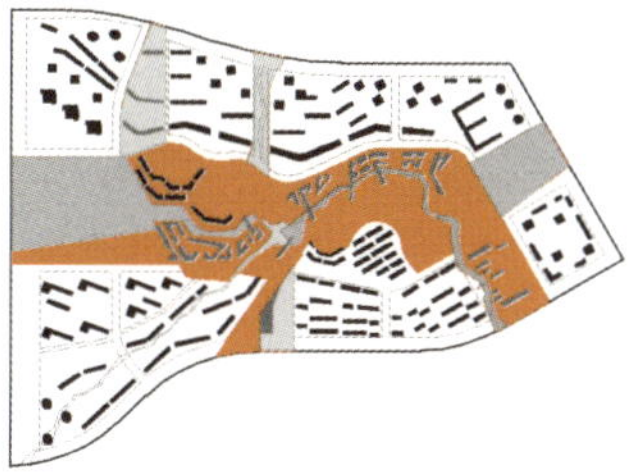

Patch
동탄2신도시 커뮤니티 시범단지

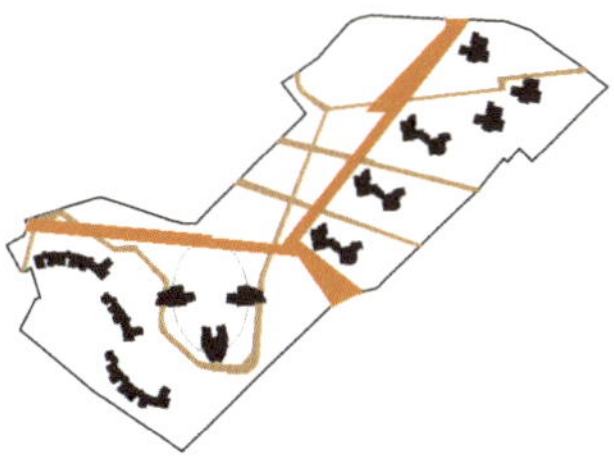

Stitch
부산해운대 AID아파트 재건축 국제현상

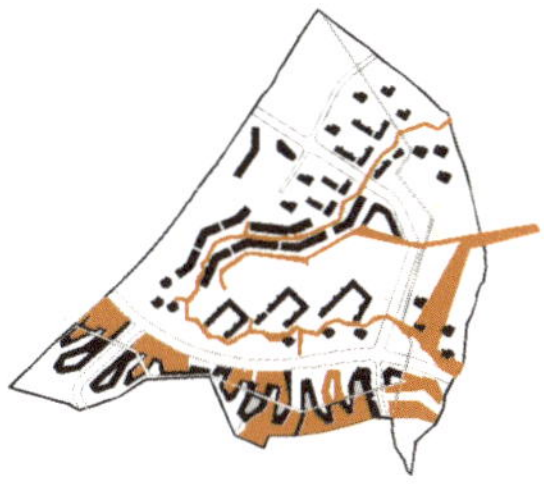

Loop
파주운정3 시범구역 도시 건축 통합계획

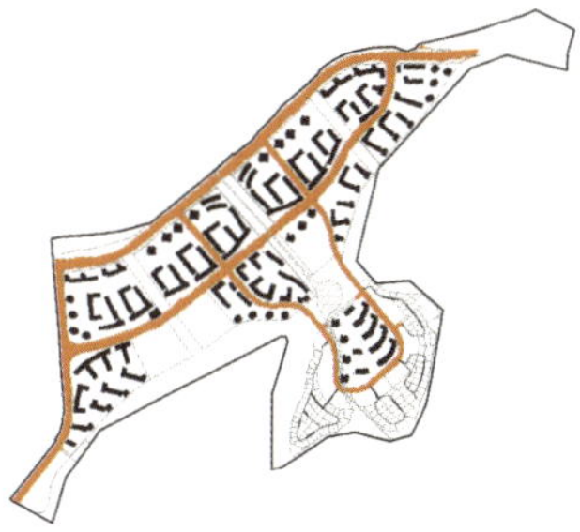

Bow
은평뉴타운 1구역 설계경기

Centralize
올림픽선수촌 설계경기

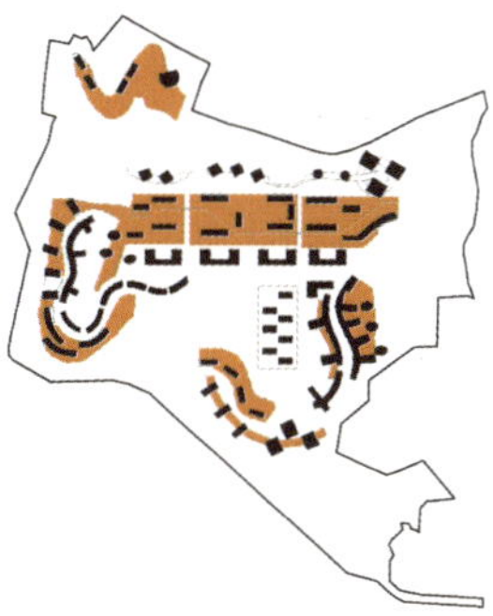

Dual
용인동천지구 도시개발구역 설계경기

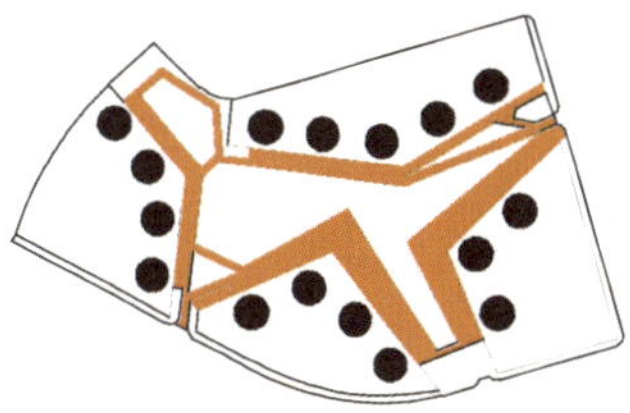

Point
인천 용현 공동주택 프로젝트

Interweave

:: **It means** 1.〈실 · 끈 등을〉 짜넣다, 섞어 짜다 / 2. 섞다 / 3. 섞여 짜이다; 〈이문화(異文化) 등이〉 조화를 이루다, 뒤섞이다 / 4. 섞어 짬;상호 조화
: 단지 내 어느 곳에서나 접근과 이용이 용이한 중심생활가로를 계획함으로써 도시 인프라가 완성되는 자족적, 복합적 커뮤니티단지

:: **See also** organize, interlace, knit, intertwine, weave, link, join, bind, merge

은평 뉴타운 1구역 설계경기 서울시 은평구
중심 보행가로 축을 중심으로 커뮤니티 프로그램의 연속배치와 오픈 스페이스와 일체화된 생활공간 제시로 단지 내 커뮤니티 증진

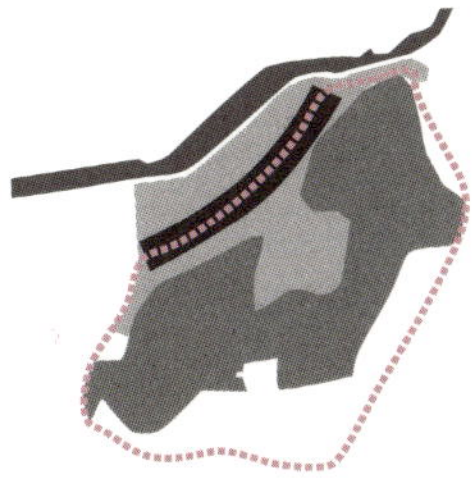

Spine
도시의 커뮤니티를 위한 중심 생활가로 조성

Rib
중심 생활가로와 직교하는 부생활 가로설정

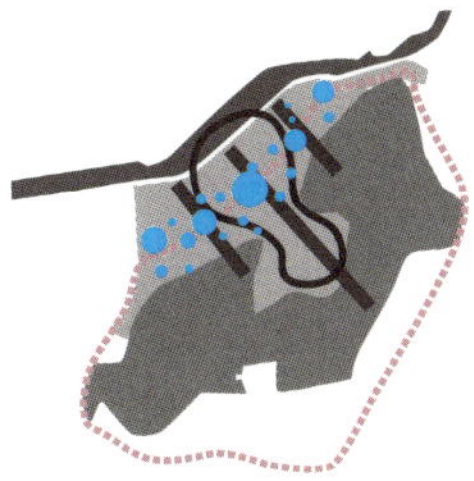

Eco Ring
3개의 연결 녹지축과 1개의 순환 녹지축

우리 도시는 용도에 대한 광역적 조닝**zoning**이 가져오는 문제점과 어반 스프롤**urban sprawl**, 도심 공동화 현상, 교통을 비롯한 여러 인프라의 과도함 등 많은 해결과제를 안고 있는데, 이에 대한 반성을 바탕으로, 자족적인 도시의 필요성이 제안되고 있다. '뉴어바니즘' 이론은 같은 맥락으로 이해될 수 있고, 현재 서울의 뉴타운은 이를 바탕으로 계획되었다. 따라서 개념적으로는 공동화 도시 또는 베드타운의 반대편에 커뮤니티 타운이 위치하고 있으며, 그러한 이론을 토착화시키는 구체화된 계획 방식이 바로 커뮤니티와 생활가로, 그리고 중정형 주거양식이다.

서울의 북측경계선에 위치하고 있는 은평 뉴타운은 서울시가 시행한 첫 번째 뉴타운이며, 정책적으로도 뉴타운의 개념 정립에 대한 실체화 작업이 주된 이슈가 되어왔다. 전체단지의 척추가 될 수 있는 중심보행가로를 설정하고 그 중심보행가로의 폭과 가로에 면한 빌딩의 높이, 가로변의 프로그램들을 통합적으로 디자인하여 생활가로의 개념을 실체화 한 첫 번째 프로젝트이다. 따라서 기존의 편중된 상가, 집적화된 복리시설이 아닌, 가로에 면하여 연속적인 이용 패턴을 구성하고 어느 위치에서나 접근이 용이한 실제적인 보행중심가로를 계획하였다. 단지계획에서는 안과 밖의 경관적 소통과 전망을 위하여 타워형의 주거군을 배치하고, 깊숙한 단지 내부에는 위요된 마당이 있는 중정형 클러스터를 계획하였다.

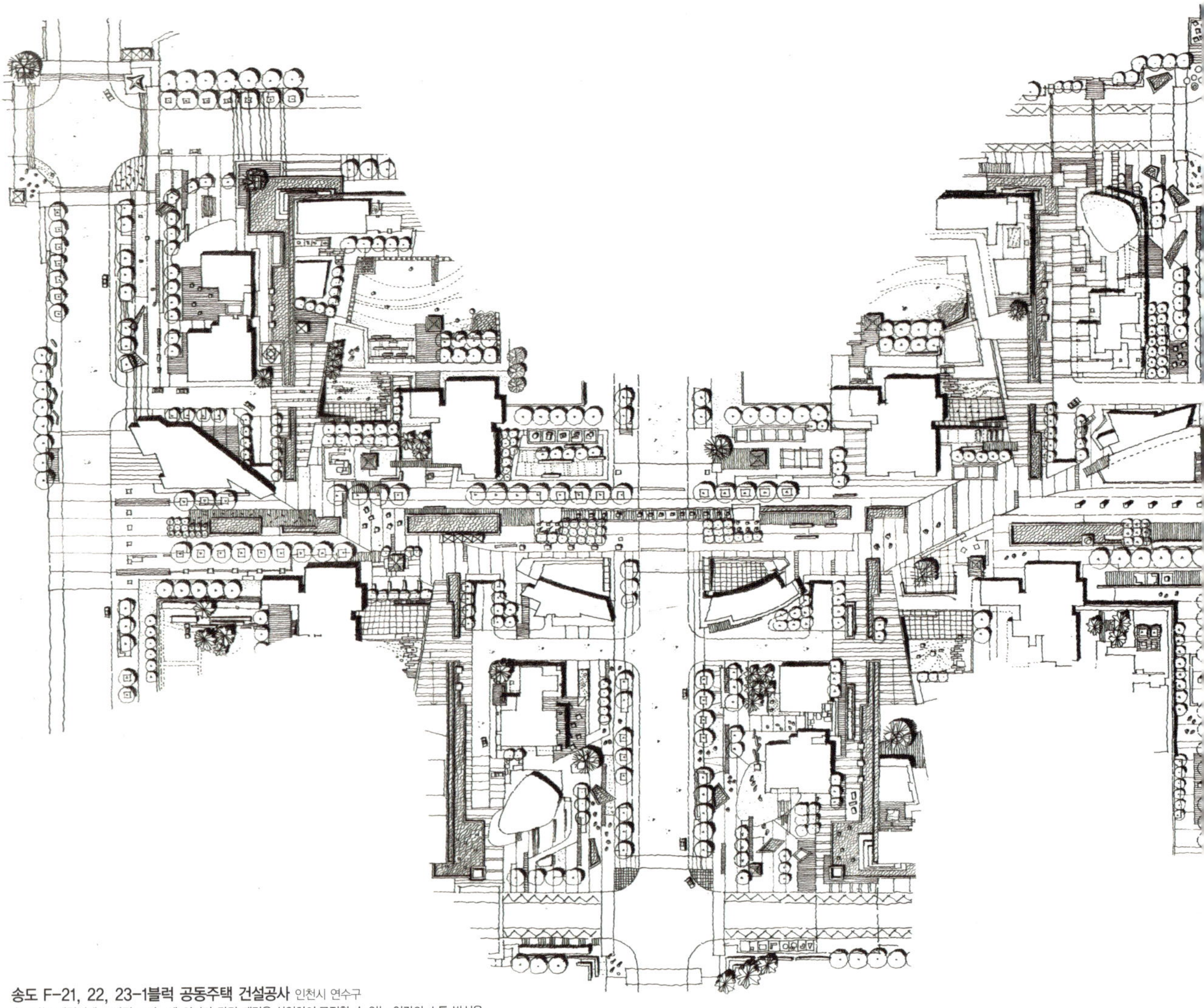

송도 F-21, 22, 23-1블럭 공동주택 건설공사 인천시 연수구
송도라는 매립지에 그어진 그리드에 의미가 담긴 패턴을 삽입하여,규정할 수 없는 인간의 소통 방식을 정연한 질서로 담아 규칙적이며 유동적인 도시라는 이율배반의 논리를 완성

행복도시 P9 공동주택지 현상 충남 연기군
+5 Confrontation (접점 공간화된 도시블럭 만들기)

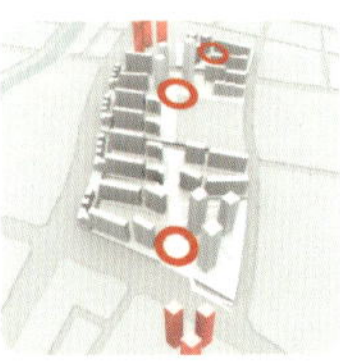

01 도시 구조와의 접점 공간
북측 근린공원, 단지 내 학교, 남측 선형공원에 대응하는 오픈스페이스 계획

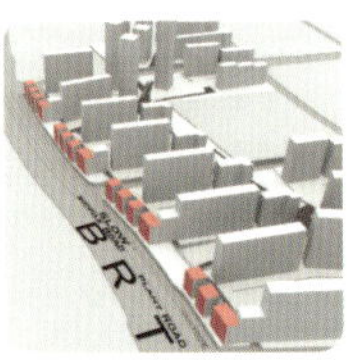

02 도시 가로와의 접점 공간
BRT를 중심으로 한 활발한 가로에 면해서 단지 내 F&B가 집적된 Amenity가로 구성

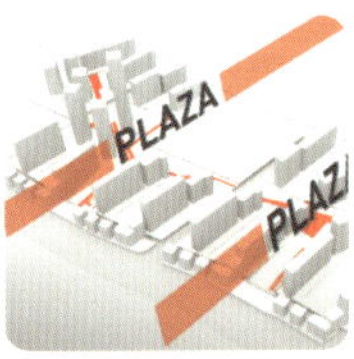

03 도시 통경축과의 접점 공간
도시의 통경축에 대응하는 단지 내 가로 구성

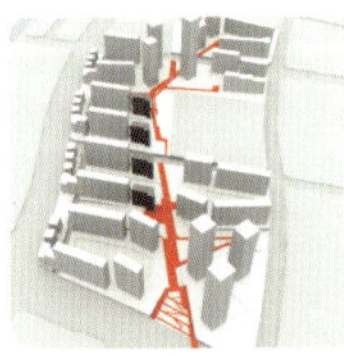

04 보행가로와의 접점 공간
커뮤니티 시설 및 Court와 접한 경쾌한 단지 중심 보행로

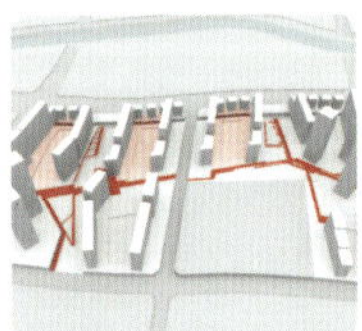

05 블럭 내부와의 접점 공간
보행통로와 연접한 1M 낮은 레벨의 Bowl을 형성하여 안전하고 세밀한 공간감을 느낄 수 있는 공간 형성

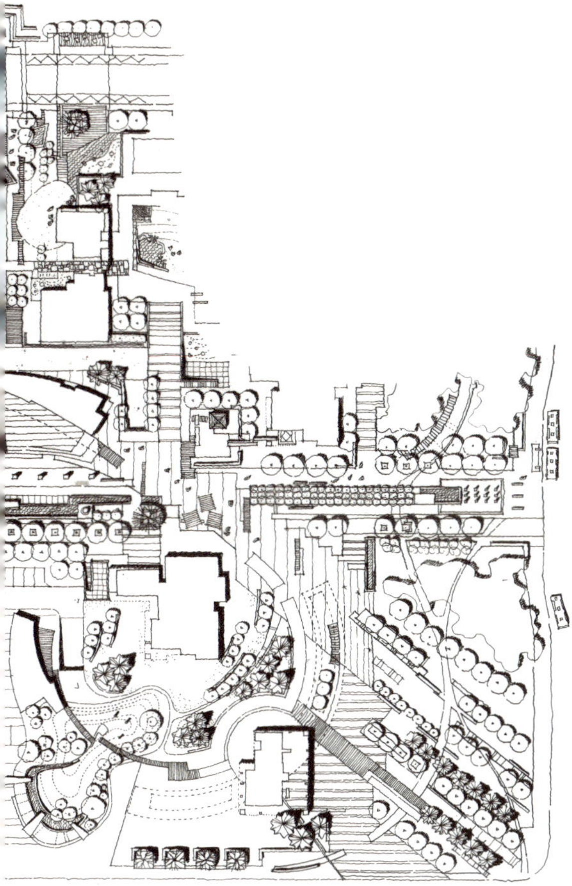

+2 Place

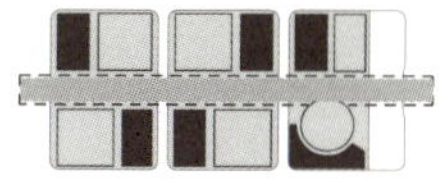

Gate Plaza
단지 진입부로서 도시가로의 공공성 확보를 위한 진입광장

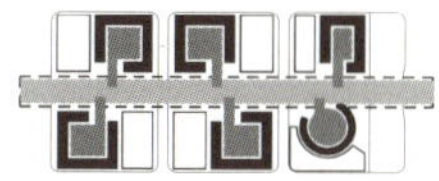

Community Court
반공적 공간 조성으로 거주민 커뮤니티 증대 및 정주성 확보

+3 Linkage

Culture Field
상업지구와 지원지구, Court와 Plaza 연결을 통한 단지 내 외부 교류의 장

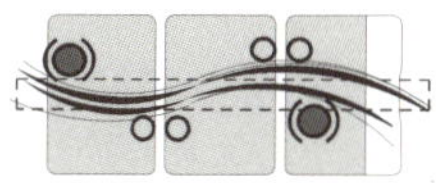

Event Wave
가로 활성화 및 거주 편의성 향상을 위한 부대시설 배치로 3개 블럭 연계

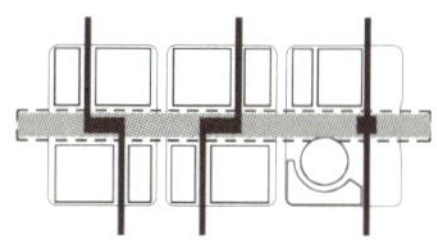

Forest Path
클러스터와 스쿨존 및 주변시설을 연계하는 공공 보행로 계획

Face to Face

:: It means 대면, 접점, 접한 면 도시를 이루는 각 블록의 접점에서의 대면, 그리고 주변지역과의 관계를 맺는 방식 -
:: See also encounter, contact, correspond, facing, confrontation

은평 뉴타운을 시작으로 판교신도시, 송도신도시, 행정중심복합도시로 이어지는 도시 그리드grid 패턴과 그 혼합양식은 도시를 좀 더 가로street중심적이면서 질서와 위계가 있게 발전시켜 나가고자 하는 의지의 일환이다. 한국의 2000년대 이전의 대규모 공동주택 개발계획에서는 단지 내부의 환경에 집중했었다면, 2000년 이후 단지계획의 핵심은 도시와 연계한 가로street중심의 단지 계획이라고 할 수 있다. 따라서 공공의 가로가 외부와 면한 형식, 가로에서 단지로 진입하는 형식, 단지 내부의 사용자를 위한 공간형식 등이 보다 위계적이고 질서가 있으며 양식화된 도시공간을 만들고 있다. 또한 그 위계들에 의한 접점공간을 계획하는 것을 목표로 한다.

도시의 질서가 가장 강조된 도시계획 중 하나인 송도 신도시는 태생적으로 매립지를 기반으로 하여 자체 컨텍스트를 만들고자 하였다. 송도 신도시만의 아이덴티티를 가진 명확한 도시 질서를 정립하는 것을 목표로 하였다. 따라서 엄정한 그리드 체계와 가로를 중심으로 한 용도 및 밀도계획, 도시미학적인 긴장감을 갖는 중앙공원 등이 계획되었다. 도시적으로 통합된 이미지의 구축은 성공하였으나 각 블록별 아이덴티티, 그리고 커뮤니티의 우연성은 추가로 보완 되어야 할 사항으로 보인다. 따라서 송도국제업무단지 F블럭 프로젝트는 도시적 코드를 지켜나가면서 커뮤니티의 우연성을 강조한 Lattice City, Pinball Community를 제안한다.

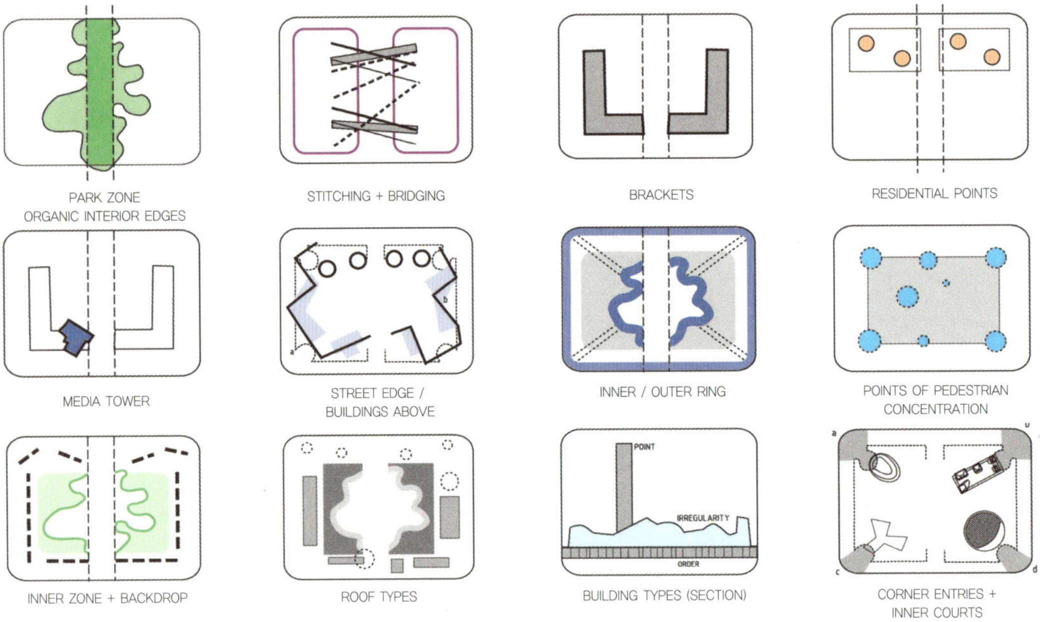

City within City

:: It means 도시 속의 도시, 일하고(to work) 놀고(to play) 거주하는(to live) 등 도시 안의 모든 생활이 가능하게 한다는 의미로 최근 대규모 복합개발의 개념으로 도입

:: See also sustainable, self-generating, new urbanism, urban components, urban quarter, compact city, one-stop living, super high-rise

도시는 기능이 분리된 모더니즘의 거대도시를 축소한 모형과 같은 것이라 할 수 있다. – Leon Krier 'the City within the City'

룩셈부르크 출신의 건축가이자 도시계획가인 레온 크리어Leon Krier, 1946~는 기존 도시에서 건축 유형typology을 추출해 도시에 적용하는 방식으로 기존도시의 맥락context을 중시한 도시계획을 제안하였다. 어번 쿼터urban quarter라고 하는 도시 생활 단위는 각각의 중심center을 가지면서, 거주하고 일하고 즐기는 모든 생활이 가능한 것을 의미한다. 유럽 도시의 유형들은 도시 안에 가로streets와 광장squares, 모뉴먼트monuments 등 공공 공간public space들이 생활의 중심으로 자리잡은 형태로 분석되었다. 현재 그가 마스터플랜을 했던 신도시로서 영국의 파운드베리가 있는데 3층에서 5층 이내의 건물들과 다양한 기능들이 혼재되어 있고, 뉴어바니즘 이론에 따른 '인간 중심의 도시 만들기'의 대표적 사례로 여겨지고 있다. 1993년 착공, 2002년 1단계 완공, 현재는 2단계 공사가 진행중이다. 이러한 도시개발의 철학은 저층형의 도시계획뿐 아니라 1990년대 이후, 특히, 아시아에서는 대규모의 복합단지나 초고층 빌딩의 개발에 적용되고 있다. 싱가폴의 Suntec City도 도시 블록 전체를 차지하면서 내부에 4개의 초고층타워로 이루어진 호텔과 오피스들, 컨벤션 센터, 하부에는 쇼핑몰로 복합단지 안에서 모든 생활이 가능하다는 이 개념으로 개발되었다.

화성 동탄 메타폴리스2003의 경우도 민–관 합동형 PF사업 제도가 도입된 이후 최초로 주거시설을 포함한 자생력 있는 복합단지로서 'City within City' 개념이 도입되었다. 특히 신도시나 신도심의 개발에는 성장을 목표로, 도시를 축소한 '모형 도시'를 중심에 개발하는 개념으로 전체 도시와 연계, 중심공원을 활용하고 기능적인 네트워크를 완성하는 방식으로 개발하는 것이 특징이라 할 수 있다.

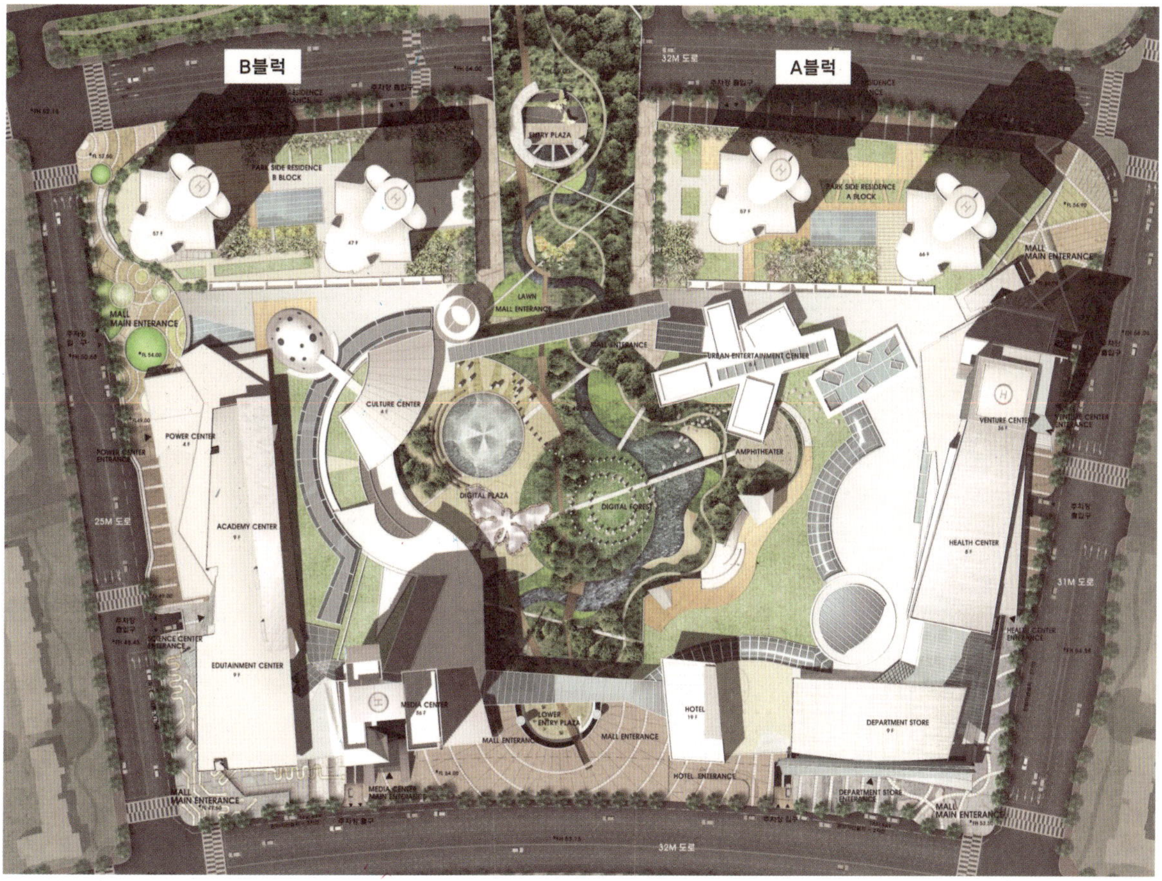

화성동탄 복합단지 개발계획 화성시 동탄면
도시의 다양한 기능을 단지 내에 집적화하며 단시간내에 효율적 접속이 가능한 도시속 도시

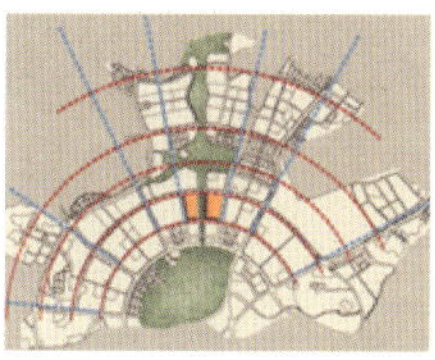

도시 성장의 핵
(Urban Core)

도시와 자연의 융합
(Urban + Nature)

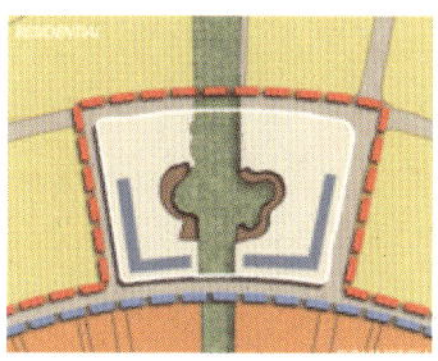

도시 가로의 질서와 활력
(Order + Freedom)

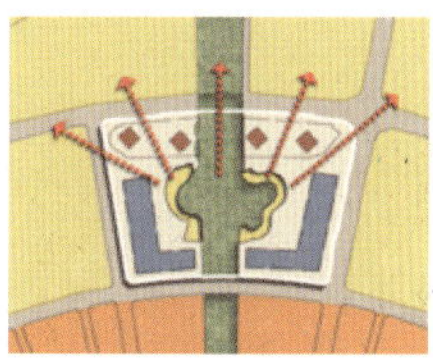

도시 가로의 대응과 개방
(Brackets + Dots)

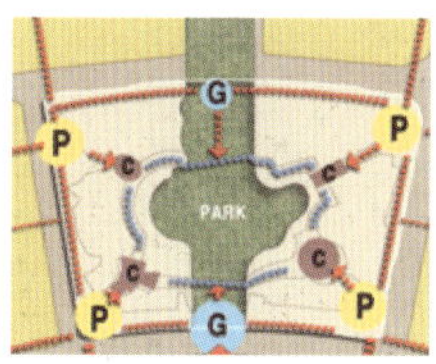

도시 기능의 네트워크
(Urban Network)

아산배방 복합단지 개발 계획 아산시 배방면
도시경관에서의 점진적 스카이 라인 구성을 통한 인지성 확보와 빠르고 다이나믹한 도시의 성격을 담은 상징적 디자인

01 Speed

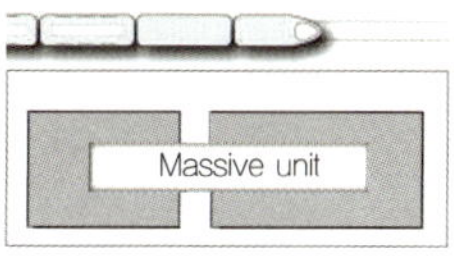

고속철도에서의 경관

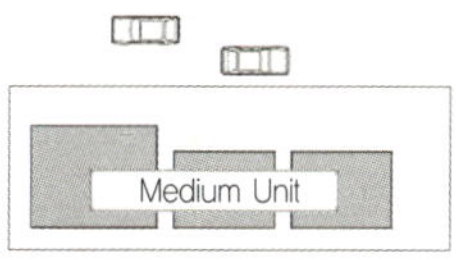

운전자 측면의 경관

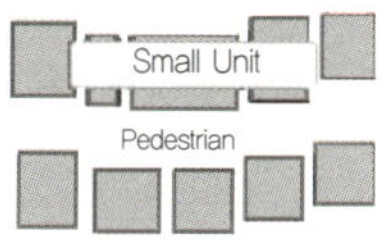

보행자 측면의 경관

02 Height

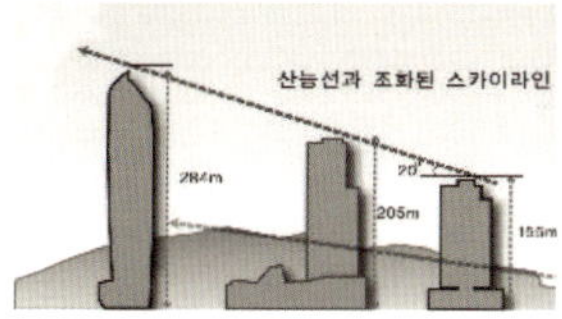

상징 경관 배후 산지 경사보다 높게

점진적 시선의 상징적 스카이라인

03 Opening

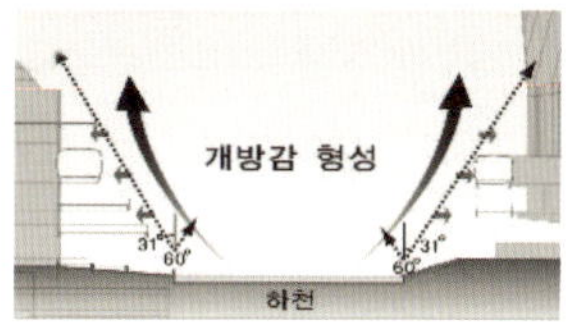

열린 경관을 위한 편안한 시야범위 60도 확보

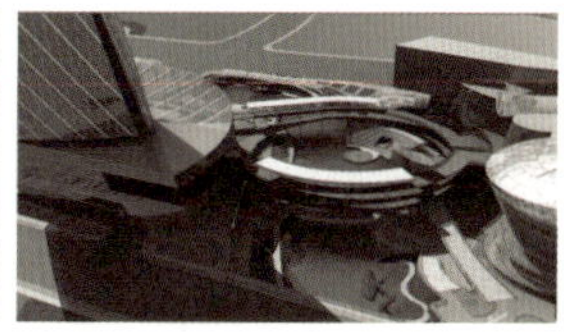

천공율 확대로 열려진 수변공간

Landmark

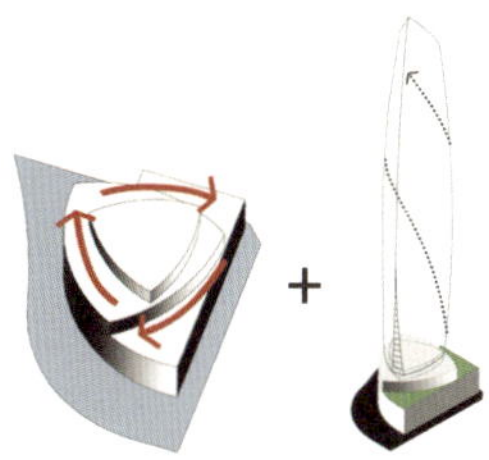

:: It means 1경계표 2육표(陸標) 3 (문화재로 지정된) 역사적 건조물 4 현저한 [획기적인] 사건 랜드마크는 어떤 지역을 대표하거나 구별하게 하는 표지로서, 현재 당신이 자리잡은 위치, 혹은 다른 건물이나 물건의 위치를 쉽게 인지할 수 있게 하는 건물이나 형상, 또는 어떤 진행 과정 속에서의 중요한 단계나 획기적인 사건을 의미. 본래적 의미는 땅의 경계를 표기하는 것.

:: See also milestone, turning-point, signal, icon, identity, gateway, cityscape, open space, high-rise, Image of the city [Kevin Lynch]

미국의 도시계획가이자 MIT의 교수였던 케빈 린치Kevin Lynch는 그의 저서 'Image of The City'(1960)에서 사람들이 인식하는 형태와 이미지의 개념을 도시계획에 도입하는 것을 제안하고 있다. 어떻게 해야 도시를 이미지화할 수 있고, 무엇이 도시에 정체성identity을 부여하는 것인지를 연구하였는데, 도시의 이미지를 도시의 물리적 형태와 문화적 이미지로 평가하였다. 특히 도시의 물리적 구조에 관한 요소를 5가지로 구분하였는데, 통로paths, 경계edges, 지구districts, 결절nodes, 랜드마크landmarks가 그것이다. 랜드마크는 시각적으로 쉽게 구별될 수 있기 때문에 관찰자가 외부에서 바라보는 주위 경관 속에서 두드러지는 요소로 통로의 교차점에 위치하면 보다 강한 이미지 요소가 된다. 높은 건물은 물론이고, 탑, 오벨리스크, 기념물 등도 해당된다.

랜드마크를 디자인할 때는, 도시 경관을 분석하는 것이 선행된다. 조망점과 거리를 분석하여 원경, 중경, 근경을 시뮬레이션simulation하여 상징적이고 주변과 조화를 이룬 아름다운 도시 경관을 연출하도록 하는 것이 중요하다. 아산 배방 펜타포트의 랜드마크인 'Cyclone Tower'는 아산 신도시와 천안시의 경계에 위치하여 본래적 의미로도 랜드마크 성격을 갖는 입지적 잠재력을 갖고 있었다. KTX가 개통되면서 천안-아산역 역세권에 위치하여 빠르고 다이나믹한 속도감을 나타내도록 사선의 그리드diagonal grid를 가지고 상승하는 이미지로 디자인되었다. 일반적으로 층수가 제한된 도시에 입지한다면 일부 대지에서 높이를 완화하여 초고층 빌딩을 장려한다든지, 도시 경관의 전체적인 스카이라인을 조정하는 방식으로 랜드마크를 계획한다. 수직적인 느낌을 강조하고 재료나 색채, 역사성, 형태적으로 주변과 대비되는 독특함을 추구한다.

AL REEM ISLAND PROJECT 'NAVI'
Al Reem Island, Abu Dhabi, UAE

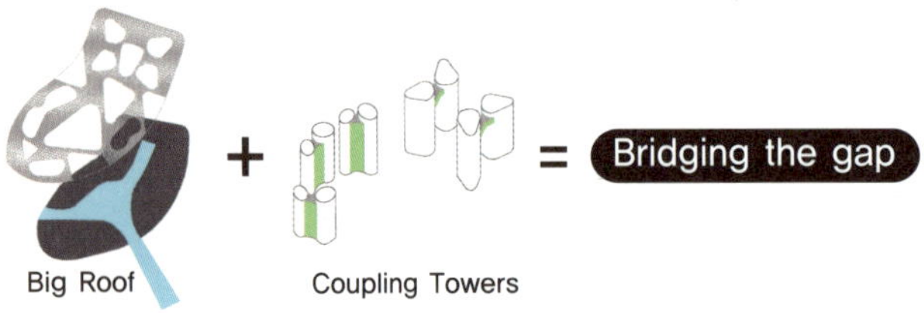

Neo-Fortress

:: It means neo– : 《연결형》「신(新)…, 부활…, 근대의…, 후기…」의 뜻으로 새로운 형태나 옛 것의 부활을 의미.
fortress : 요새 《대규모의 영구적인 것》, 요새지 [도시], 《일반적으로》 견고 [안전] 한 장소.
과거의 성곽처럼 고급 초고층 타워들이 도시 속에서 자신만의 성을 쌓은 것과 같은 구성.

:: See also fort, fortification, citadel, shelter, asylum, palladium, safety, defense, refuge, island, isolated, haven, walled city, exclusive, castle, prestige, break urban fabric

옛날의 성곽 도시들은 외적의 침입으로부터 방어를 위해 벽을 높이 쌓고 성문을 통해서만 바깥과 출입하는 요새의 형태를 띠고 있다. 오늘날 대규모 주상복합이나 복합단지의 경우 내부지향적이고 배타적인 성격으로 마치 과거의 요새처럼 주변 도시와 구별되는 모습을 갖기도 하여 다소 부정적인 의미도 내포하고 있다.

1990년대 후반, 2000년 초반에 분양가 자율화로 인해 주상복합의 개발이 활성화되었다. 주거를 상품으로 인식하기 시작하면서 주거상품의 마케팅이 발달, 강화되었다. 주상복합 아파트들은 주로 고소득 계층을 타겟으로 기존 아파트가 가지지 못한 특별한 서비스, 보안과 안전을 강화하였다. 주요 타겟층, VIP 마케팅 전략도 주거상품에 활발히 적용되기 시작하였다. 당시의 프로젝트명을 보면 Palace, Castle 등 배타적이면서 우월한 개념을 내세워 소비자들의 심리를 파고들었다. 특히 사생활을 침해 받지 않으면서 그들만의 커뮤니티를 지향하는 폐쇄적인 주거의 모습은 현대적인 시스템으로 통제되고 방어되고 있다.

최근의 복합단지에서는 기존 도시와의 연계를 강화하고 집객력을 위해 하부 공간이 도시에 열린 구조를 취하기도 한다. 그러나 고급 주상복합의 경우는 저층부의 일부 상업공간만이 대중적으로 열려있고 전체 단지가 담장이나 주차장 등으로 도시 가로와 단절된 자세를 취하는 경우가 대부분이다. 반면에 거주민에게는 풍성하면서도 보호받는 안전한 단지 내부 공간을 제공하고 있다. 내부의 오픈 스페이스를 최대한 확보하면서 특별한 공원이나 광장을 조성하고 외곽으로는 입체적인 분리를 위한 데크를 사용한 것이 계획의 특징이다.

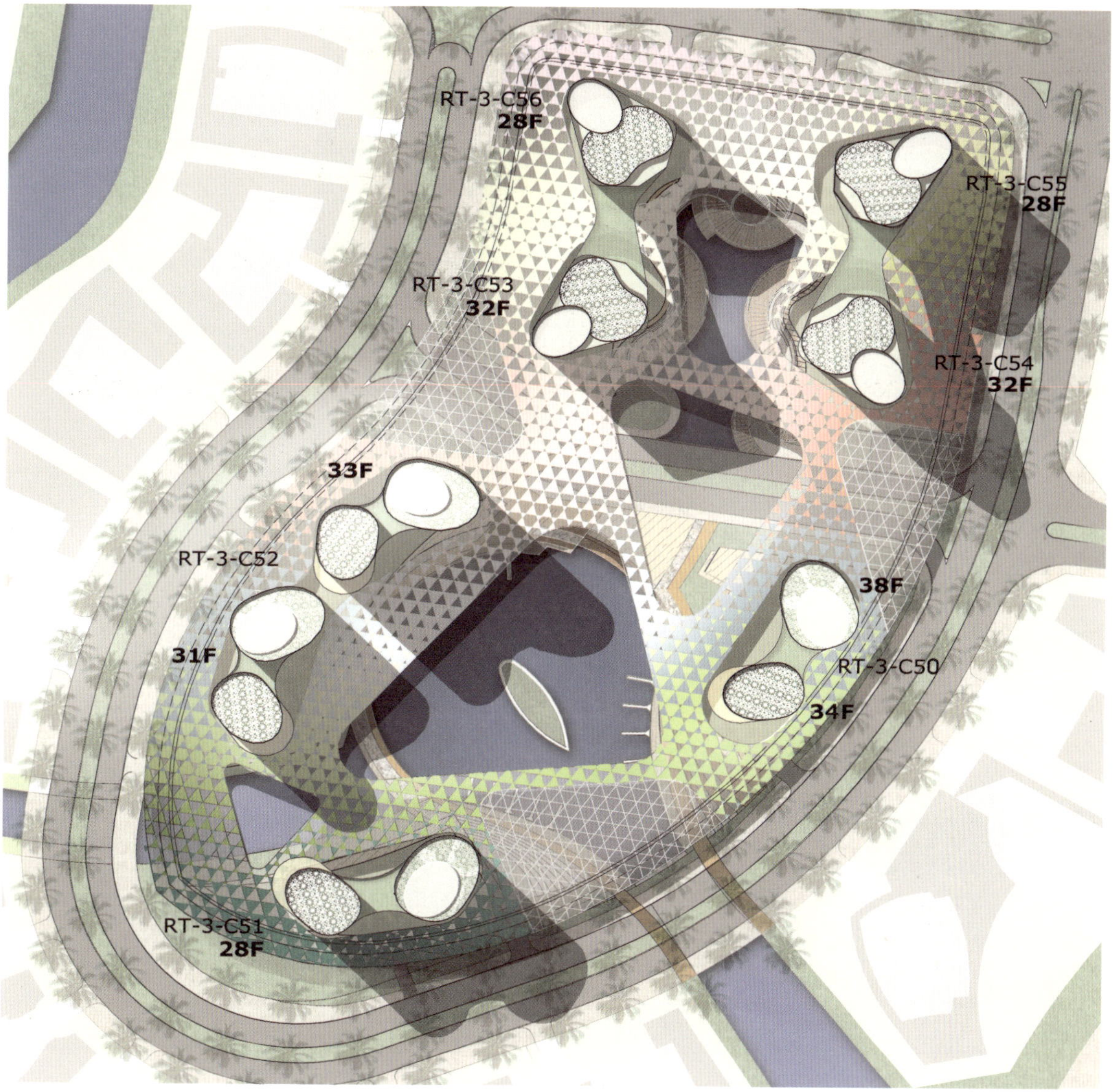

AL REEM ISLAND PROJECT 'NAVI' Al Reem Island, Abu Dhabi, UAE
주변지역으로 부터 독립된 도심 속 현대적 성체

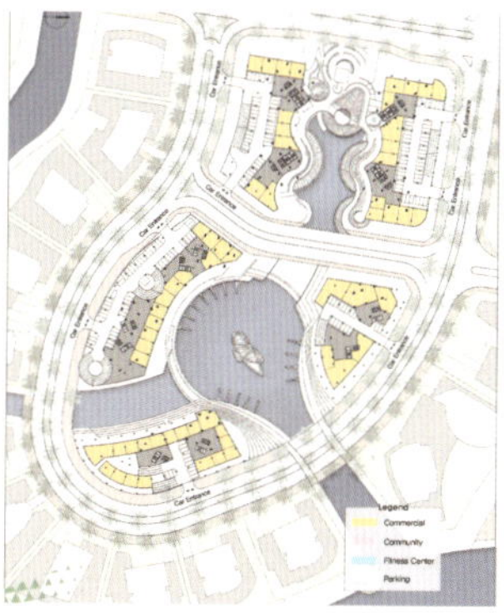
Waterfront

Commercial

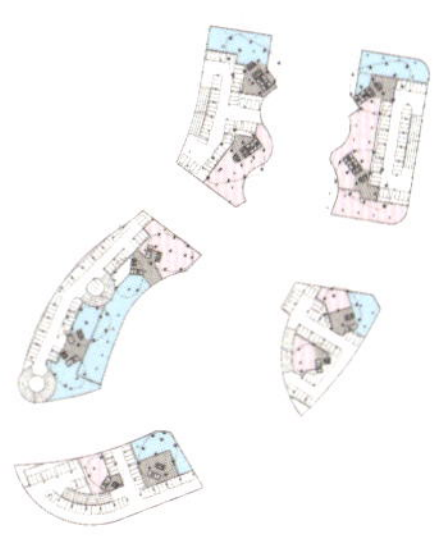
Community & Fitness

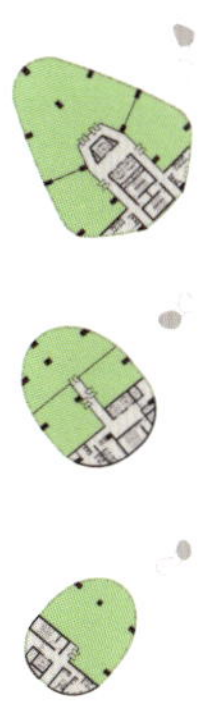
Office

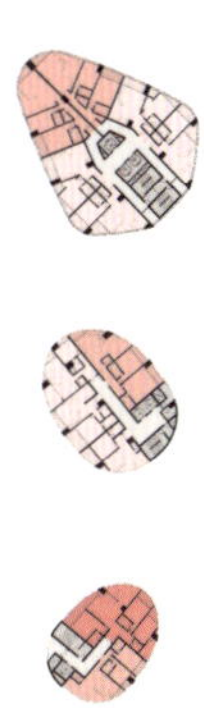
Residence

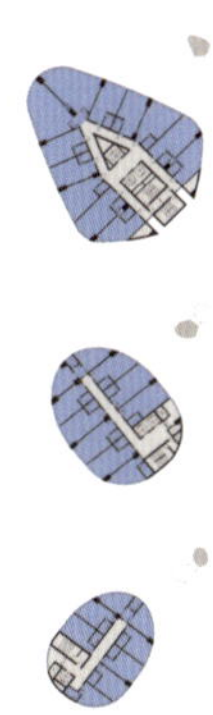
Hotel

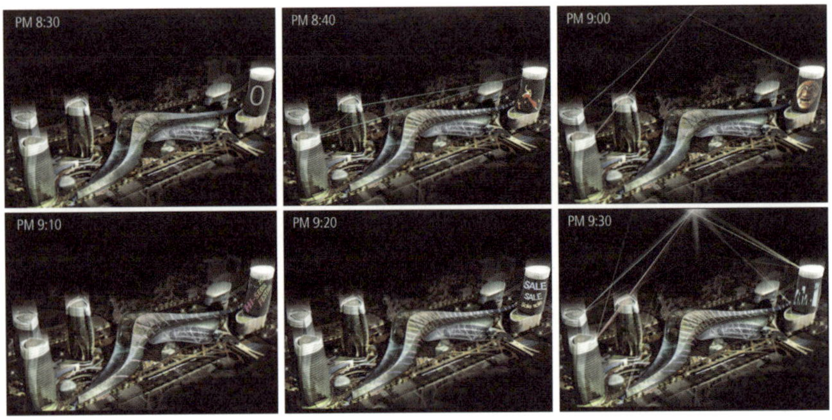

은평 뉴타운 중심 상업용지 PF사업 서울시 은평구
시간에 따라 변화하는 빛을 통한 형태의 다양화

Nightscape · Lightscape

:: **It means** Night+scape or Light+scape : 야경 (夜景), 야경화
?scape : 《연결형》「…경(景), …경치」의 뜻으로 landscape, seascape, cloudscape…
야경은 밤의 경치를 나타내는 것으로 전기를 사용하는 인공조명기술이 만들어 낸 도시의 밤 풍경을 총체적으로 말하는 개념

:: **See also** 옥외조명, 경관조명, 랜드마크 빌딩, 휘도, 색도, scenery, scene, cityscape, skyline, view, panorama, exterior lighting, outdoor lighting, luminance, chromaticity

경관조명은 프랑스 루이14세 시대에 파리의 치안을 위해 창문에 등불을 걸어두게 하였는데, 이것은 파리의 밤거리를 따뜻하고 밝게 만들었다. 이러한 가로등이 설치되면서 안전을 목적으로 한 야간 경관 조명이 시작되었다. 서울시는 1997년부터 야간경관사업을 시작하여 2008년에는 국제도시조명연맹 연례 총회에서 세계적인 도시들과 경쟁해 국제조명상 1등을 수상하기도 했다. '청계천 복원 프로젝트'를 통해 야간 조명 기술의 우수성뿐만 아니라 친환경 도시, 시민과 소통하는 지속가능한 도시로 높이 평가 받은 결과였다. 흔히 도시경관조명, 또는 야간경관조명으로 부르고 있으며, 밤의 풍경이 그 도시의 색깔identity을 더 잘 드러낸다.

최근 복합단지는 24시간 활성화된 도시, 야간 상주인구의 확보, 생활시간이 연장된 현대적인 라이프스타일을 지향하면서 야간경관을 중요하게 다루고 있다. 랜드마크 타워의 야경은 그 도시의 상징적인 이미지를 연출하므로, 다양한 빛의 요소를 활용하여 그 도시만의 독특하고 개성 있는 분위기를 창출한다. 야간경관 연출은 도시 전체와 축을 부각하는 도시 범위와, 보도조명이나 건물의 조명, 쇼윈도나 광고조명 등의 가로나 지구 범위 등으로 구분하여 계획한다. 빛은 크게 안전성에 중점을 두는 기능적인 빛과 연출성에 중점을 두는 심미적인 빛의 두 가지로 구분되는데, 인공조명과 달빛 등의 자연광이 어우러진 종합적인 연출을 염두에 두어야 한다.

판교 알파돔 시티에서는 가장 상징적인 IT보행로에 가장 높은 휘도 대비를 주어 화려한 야경, 지하철 축은 다양한 칼라를 사용하여 시선을 유도하는 야경 연출을 계획하였다.

Human Light Close View
사람과 상호 소통하는 빛의 길

Nature Light Middle View
자연의 생명을 담은 연출

City Light Distant View
광교 파워센터의 야간스카이라인

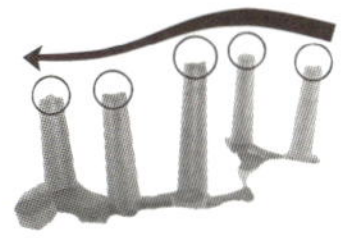

광교파워센터 PF사업 수원시 장안구
Light contour – 사람, 도시, 그리고 자연이 새기는 빛의 등고선

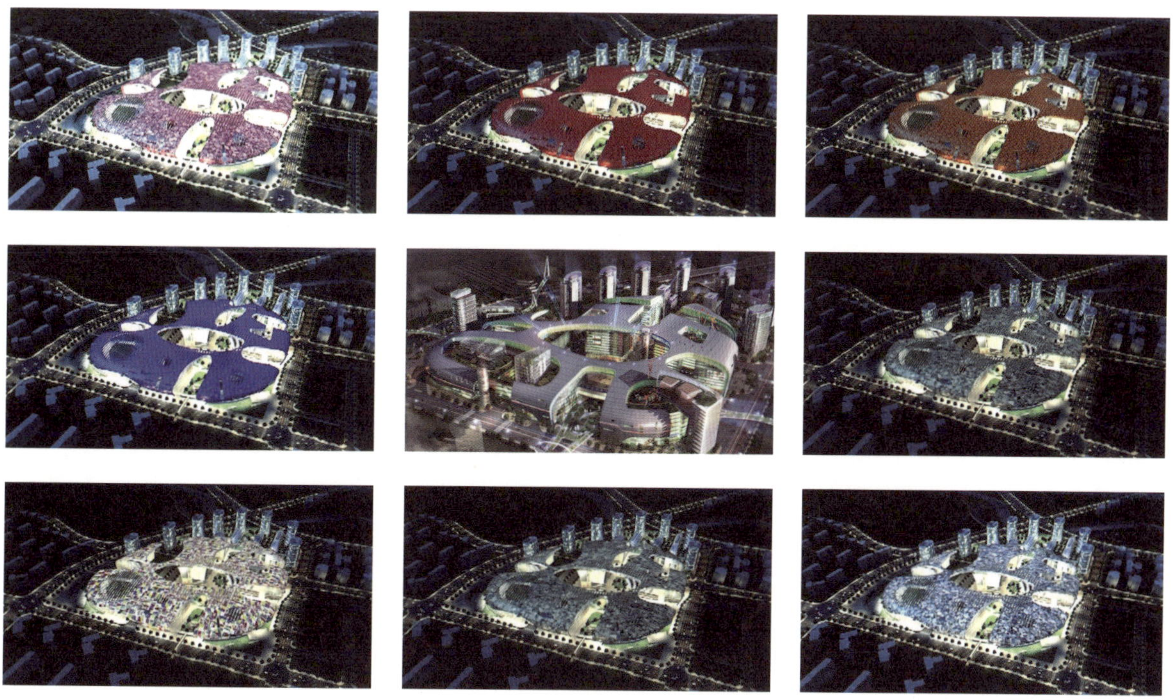

판교 중심상업지구 PF사업 성남시 분당구
판교의 상업과 자연이 교차되는 도시 코어에 문화와 이벤트를 담을 수 있는 다채로운 빛의 향연

Peak

:: It means 1 (지붕, 탑 등의) 뾰족한 끝, 첨단 / 2 (뾰족한) 산꼭대기, 봉우리 / 3 절정, 최고점, 극치;최대량
도시 경관의 상징적인 이미지를 연출하기 위해 초고층 타워들의 최상층 디자인을 특화하는 의미

:: See also 옥외조명, nightscape, skyscraper, top, crest, hilltop, zenith, height, super-tall, super high-rise

도시에 있어서 경관적 포인트와 그 위치에 대한 해석은 다양하다. 그것은 시애틀의 '스페이스 니들Space Needle'과 같은 높이의 방식이 있고, 시드니 '오페라 하우스'와 같은 형태로 경관적 포인트를 부여하는 방식이 있다. 그리고 경복궁과 같은 역사적인 산물로서 의미를 갖는 방식이 있다. 그리고 그 위치의 공통점은 높은 산이나, 혹은 바닷가, 혹은 대형의 광로와 같은 누구나 볼 수 있는 광대한 경관적 아웃 스커트out-skirt를 가지고 있다. 항상 주목을 받는 운명을 타고난 이들은 언제나 사람들 사이에서 이슈가 되곤 한다. 따라서 누군가에게는 호평을, 또 누군가에게는 악평을 받지만, 그 존재감과 인지성만큼은 확실하다.

부산 우동에 위치한 아이파크는 부산의 대표적 경관요소인 광안대교를 바라보는 바닷가에 위치하고 있다. 수영만과 우동 해운대로 이어지는 초고층 레지던스의 연장선상에서 차별적인 하이라이즈high-rise의 방법론을 모색한다. 기존의 유니트unit가 가지고 있는 디자인 언어적인 한계로 인한 주동형식의 획일성을 탈피하여, 바닷가에 떠있는 요트를 형상화하는 과감한 디자인적 파격을 끌어냈다. 이는 부산이 가지고 있는 해안도시의 경관적 특성화에 기여하며, 바다를 가로지르는 수평적 랜드마크인 광안대교와 함께 강한 콘트라스트contrast가 있는 랜드마크가 될 것이다.

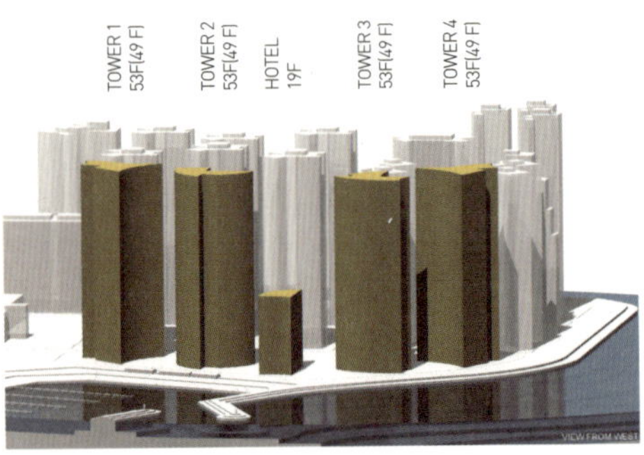

FLAT
주변 맥락에 순응하는 형태로 단지의 아이덴티티 부재

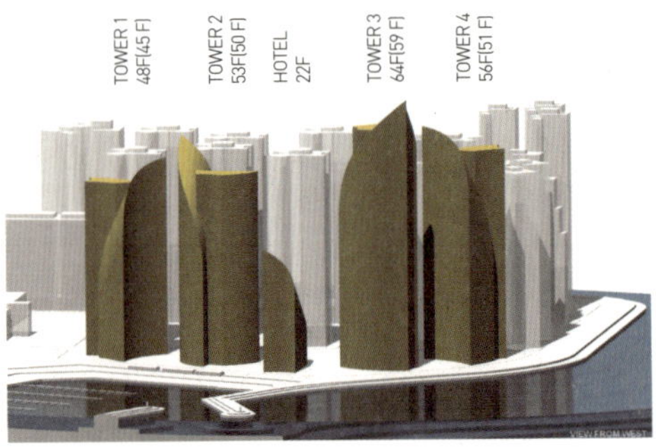

PEAK
차별화된 형태 구현을 통한 단지의 인지성 강화

해운대 우동 I-Park 부산시 해운대구
바다위를 부유하는 요트를 형상화 한 차별적 도시경관 창출

Lump

:: **It means** 1 덩어리, 덩이 / 2 각설탕 / 3 집합체, 모임, 한 무더기 / 4 다수, 대다수, 다량, 듬뿍
주거 건물집합이 초고층, 초대형화하여 마치 땅을 들어올린 듯 도시경관에서 커다란 매스로 형상화한 것

:: **See also** mass, chunk, bump, swelling

하나의 개발방식이 실제로 지어지기까지는 반드시 그 지역에 맞춘 토착화를 거쳐야 한다. 이는 자본의 논리, 거주민의 요구와 사회적 성숙도가 반영되기 마련이다. 20세기 말과 21세기 초 한국의 수도권과 지방의 대형도시들에서 보이는 땅값의 폭등은 자연스럽게 고밀도, 고층단지로 이어졌다. 또한 대형단지가 가지는 인프라의 만족도로 인해 단지의 규모도 대형화 되었다. 여기에 가격 대비, 가치의 초점이 유니트unit와 단지 내 조경 위주의 고급화 또는 사유화로 이어지면서 대형 블록이 마치 지면에서 융기한 듯한 도시경관을 연출하고 있다.

토착화에 대한 여러 가지 시선이 있을 수가 있으나, 단편적인 잣대로 해석하여 비판하는 입장을 갖는 것보다 도시적 상황에 대한 적응과 진화의 한 단계로 보는 시선이 필요하다.

부산 수영강변에 위치한 센텀파크는 전형적인 고밀, 대형, 고급단지이다. 각 동간의 간섭을 피하기 위해 단지의 외곽부를 감싸며 주동들이 배치되었고, 단지 중앙부는 대형 공원화하여 단지 주민을 위한 오픈스페이스로 계획되었다. 지하수위를 고려하여 지상층 포디움을 주차장으로 계획하였고, 가로변으로는 가로 대면형 상업시설을 계획하였다. 2개층 위에 올려진 그라운드ground는 보다 프라이빗한private 입주민의 새로운 대지가 되며, 약 50개층으로 이루어진 주동들로 이루어진 단지는 마치 땅을 들어올려 만든 하나의 도시가 된다.

부산 센텀시티 주거단지 계획안 부산시 해운대구
도시의 레벨과 이격된 포디움 상부에 일정한 형태의 타워배치로 일체화된 단지 형태 구현

스톤헨지 영국 윌트셔주
수직적 기단석과 수평적 재단석으로 내 · 외부 2개의 원형을 형성하는 집합체

해운대 우동 아델리스 부산시 해운대구
해안선을 따르는 포디움과 수직적 타워의 일체화된 구성으로 차별화된 수변 경관구성

Glocalism

:: **It means** Globalism + Localism 세계화와 지역주의를 절충한 의미.
세계화로 인해 지역 특색을 잃어서는 안 된다는 사조.

:: **See also** globalism, localism, metropolitan, cosmopolitan, megalopolis, vernacular, naturalize

가까워진 지구촌을 더 가깝게 만드는 허브 시티hub city, 또는 게이트웨이 시티gateway city의 핵심적인 코드는 매우 국제적인 수준global standard를 지향하면서도 각 지역별 고유한 정서를 특성화한다는 것이다. 다국적 다문화 시대가 국제감각의 일원화를 불러오는 것이 아니라, 오히려 그 다양성에서 다시 새로운 문화의 창조를 추구하기 때문이다. 특히 국제공항에 인접한 많은 관문도시gateway city는 전세계인의 라운지lounge로서 빠르고 가까운 지구촌 형성에 그 목적을 두고 있다.
송도 국제화 복합단지 연세대 캠퍼스 조성계획은 캠퍼스가 가지고 있는 도시성에 초첨을 맞추고 있다. 여러 역사적인 도시에서 보여지는 블록형 도시구조형식이 가지고 있는 기능성과 엄정함을 지향하고, 작은 블록과 블록들이 연계되는 자연스러운 오픈 스페이스와 커뮤니티 공간들을 한국적 사이공간이 주는 우연성과 다발성으로 네트워크하고자 한다. 또한 대형의 중앙 오픈 스페이스는 단지 외곽의 블록들과 대비되어 매우 자유로운 다목적 필드를 형성하고 있다. 이는 'Edge of Campus Void', 'Walkable Campus', 'Community Quad in Campus' 세가지 개념어로 제시된다.

송도 국제화 복합단지 연세대학교 캠퍼스 조성계획 인천시 연수구
다양한 스케일의 블럭으로 구성된 도시구조로 활성화된 커뮤니티 네트워크 형성

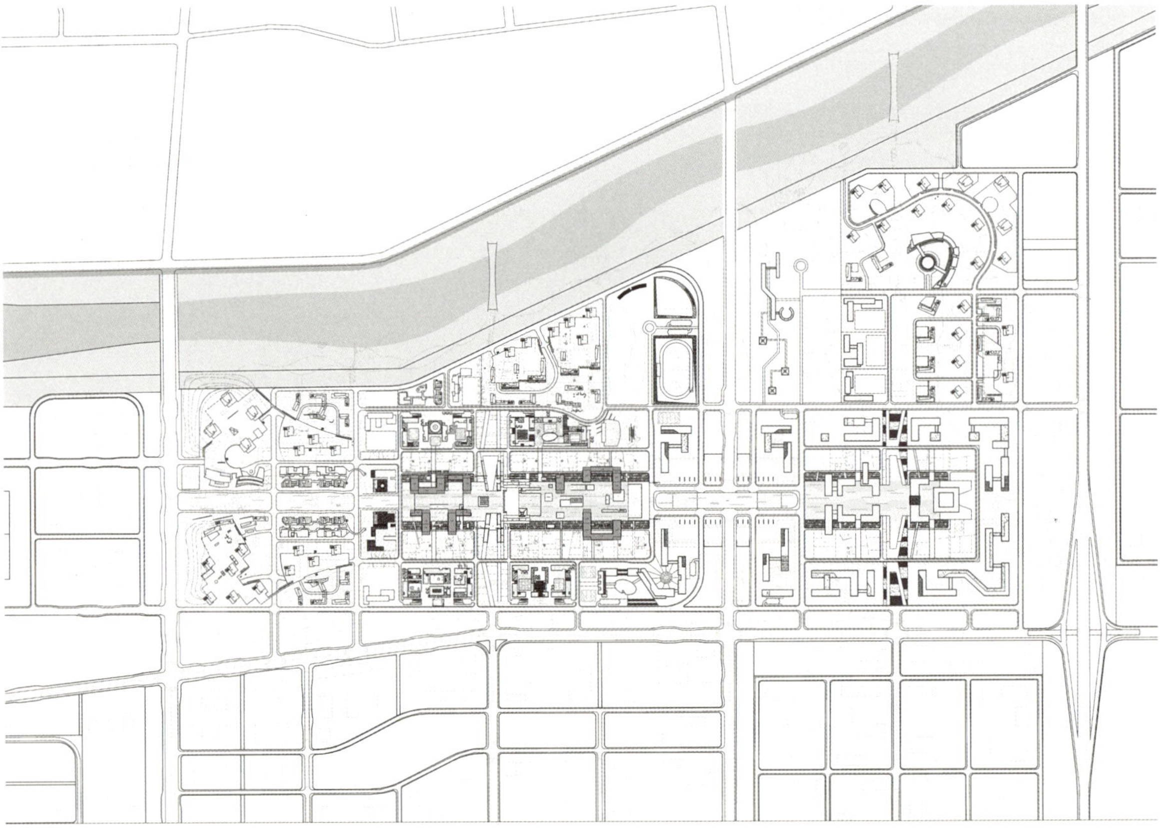

New Paradigm Songdo Campus Plan

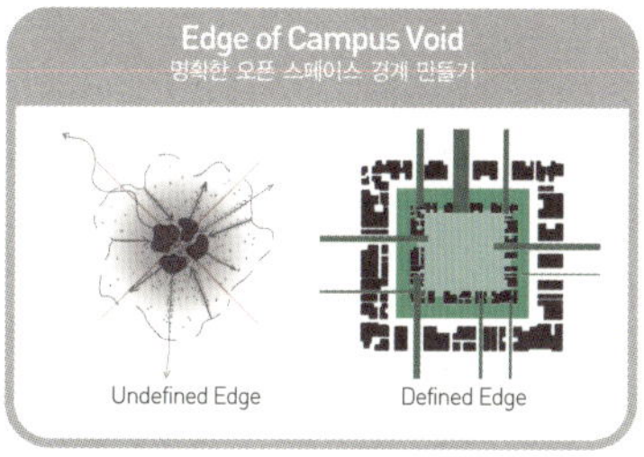

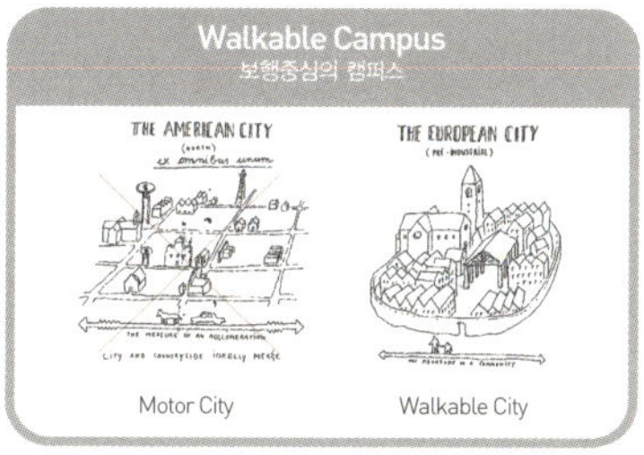

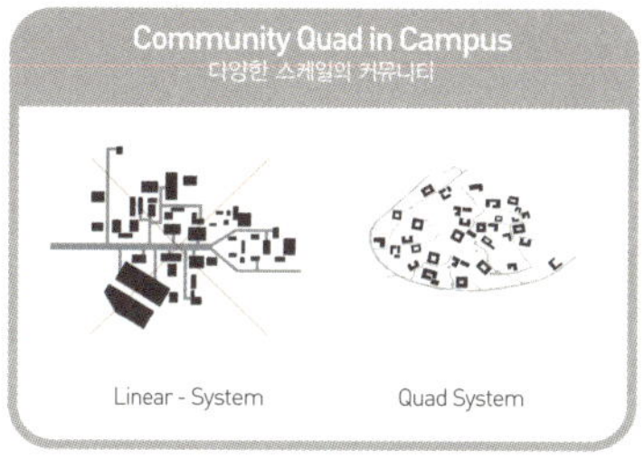

송도 국제화 복합단지 연세대학교 캠퍼스 조성계획 인천시 연수구
도시, 자연, 인간을 기본으로 한 소통과 커뮤니티 방식에 대한 점증적 고찰

천년의 숲 – 송도의 Vital Void 도시와 공생하는 캠퍼스

천개의 커뮤니티 – 개인/연세/글로벌 네트워크

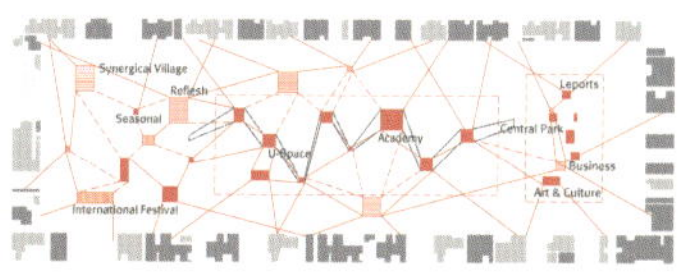

천개의 마당 – 이야기가 있는 1000개의 Quad 한국적 사이공간

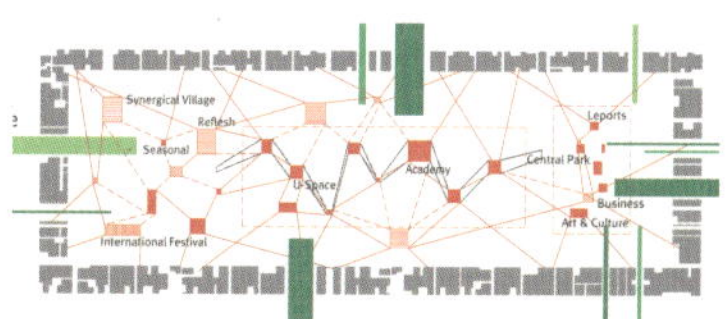

천년의 연세 – 천년의 숲/ 천개의 마당 / 천개의 커뮤니티

Decentralized

:: It means 〈행정권, 인구 등을〉 분산시키다, –의 집중을 배제하다, 지방으로 분산시키다
위계적인 도시구조에서 탈 위계, 큰 단위와 작은 단위의 중요도가 같게 인식되는, 탈 중심의 도시계획

:: See also centralized, non-linear, hierarchy, non-hierarchy, grid system, radial

도시는 수직과 수평의 위계로 조직된 복합체지만 공통적인 작동을 위한 연동 체계는 수직적 위계에 기반한다고 볼 수 있다. 또한 상호 연동되는 범위는 도시의 단위와 영역을 규정한다. 이러한 이유로 확장된 거대도시의 형식과 구조는 중심지향적인 형상과 메커니즘mechanism을 가진다.

도시에서 '탈중심'의 의미는 작동의 근원을 수평적 구조로 구성하는 것이다. 용량과 밀도, 블록과 획지, 동선과 도로, 행위와 기능 등 물리적인 요소부터 비물리적인 요소까지 평등한 조건에서 도시의 얼개가 편성된다. 탈중심적인 도시는 자체적으로 작동이 가능한 최소 단위의 조직이 전제되어야 하며 자족성을 가진 단위도시들의 연계를 통해 도시의 기능과 범위를 확장할 수 있다. 그러므로 탈중심적 도시의 가치는 단위 도시들의 관계 설정에 의해 생성되며 비위계적 또는 수평적 네트워크에서 이루어지는 도시민들의 다양한 일상에서 찾아야 한다.

군도의 자세를 가진 행정중심복합도시 행정타운의 얼개는 하나의 섬 또는 섬들의 집합보다 섬과 섬 사이의 네트워크에서 의미를 찾으려고 하였다. 행정타운은 각각의 행정기능을 가진 단위도시urban cell를 수평의 균등한 직렬형식으로 계획하고 인프라와 프로그램은 병렬적 결합의 방식으로 구성하였다. 자체적으로 작동이 가능한 최소단위의 도시조직인 단위도시urban cell은 Self-Organizing이 가능한 자족도시이고 도시의 공극porous으로 대변되는 In-between Space를 통해 행정타운 내에서 일어나는 다양한 일상과 행위 그리고 미래의 변화에 대응하는 공간을 담으려고 하였다. 직교체계ortho mode & lattice로 짜여진 하부구조는 등방성을 가지고 있으며 그리드, 네트워크의 방식, Place Positioning등 균등한 조건을 제공할 수 있도록 하였다.

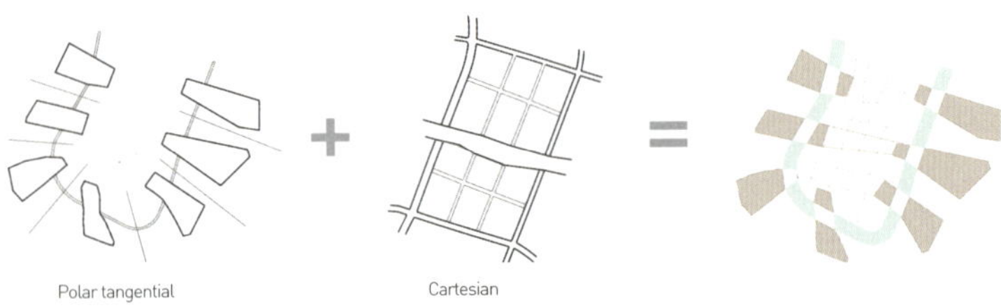

행정중심복합도시 중심 행정 타운 충남 연기군
균등하게 분산된 저밀의 청사군들은 도시에 접근하는 모든 방향에서 청사를 만남으로써 타운의 정체성 규정 및 분산된 중심의 역할 수행

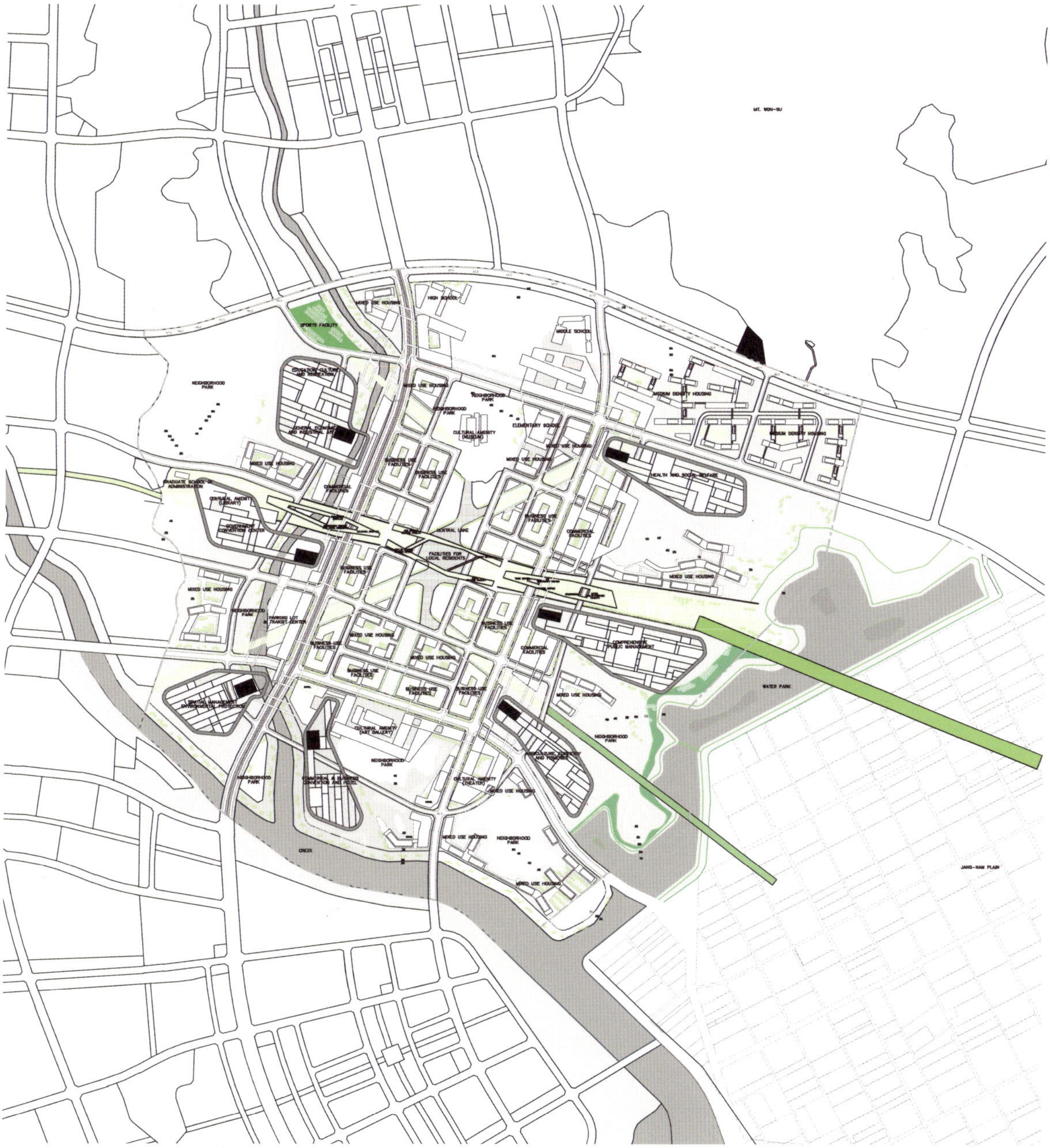

행정중심복합도시 중심 행정 타운 충남 연기군
U자형의 내부 순환도로에 매달린 어반 셀과 보행가로들의 극좌표 체계와 남북간 주요간선을 연결하는 도로체계와 동서간 녹지축의 직교좌표체계 구성

Green & Blue Circulation

구릉지의 지형을 보존하여 녹지 군도 형성

Government Building as Infrastructure

균등하게 분산된 저밀의 청사군

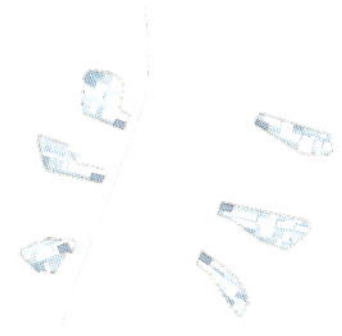

Weaving Lattice

직사각형의 등방성, 비위계성을 통한 도시이념 상징

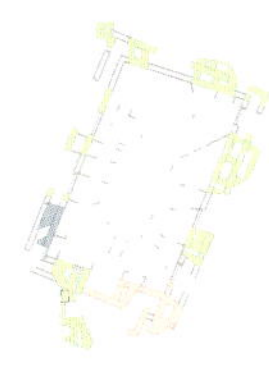

Mat & Outrigger

보행축에 의해 절개된 매트 형태의 포디엄

The Network

:: It means 1 망상, 조직, 연락망 / 2 (전국)방송망, 네트워크
도시와 건축물, 사람들의 연결을 도모하는 도시의 가로 체계나 보행체계, 연계도

:: See also organization, order, system, regulation, chain, interconnection, net, mesh, relationship, tissue, classification, arrangement, complex, web, grid, netting

도시를 구성하는 필수적인 개념 중 하나인 네트워크는 개인과 개인, 건물과 건물, 그리고 도시와 도시를 연결하는 길에서부터 출발한다. 그리고 그 길은 사람이 다니는 길, 차량이 다니는 길, 녹지와 녹지를 연결하는 길, 강이나 천이 흐르는 길 등으로 분류가 된다. 그리고 그것들이 더 상세하게 상징가로, 경관가로, 보행가로, 역사가로등으로 구분되며, 최근에는 미디어가로, 어메니티가로 등으로 좀 더 첨단화된 네크워크를 만들어 가고 있다. 여기에 눈에 보이지는 않지만 소프트웨어적인 네트워크까지 결합하여, 도시적인 길의 의미인 네트워크가 다양한 양식으로 발전되어 가고 있다.

파주운정지구 마스터플랜은 기존의 산발적인 녹지체계를 보존하면서 개발하는 방식을 취하고 있다. 또한 유비쿼터스 도시를 지향함으로써 자연을 기반으로 한 도시의 프레임 위에 눈에 보이지 않는 가상의 네트워크를 삽입하여 하드웨어와 소프트웨어가 동시적으로 실효성 있는 도시를 제안하는 프로젝트이다. 기존의 보존된 녹지와 도시를 연결하고, 균등한 단지의 위계를 살려주는 강한 축을 제시하며, 전체 도시를 순환하는 보행 연계 네트워크를 계획하였다. 그리고 도시의 정취를 살릴 수 있는 특색 있는 골목길을 계획하여 신도시의 미흡한 시간성을 삽입하고자 하였다. 특히 전체 단지를 관통하는 세 개의 미디어 상징축을 계획하여 물리적 공간을 뛰어넘는 유비쿼터스 개념을 도시에 인입하였다.

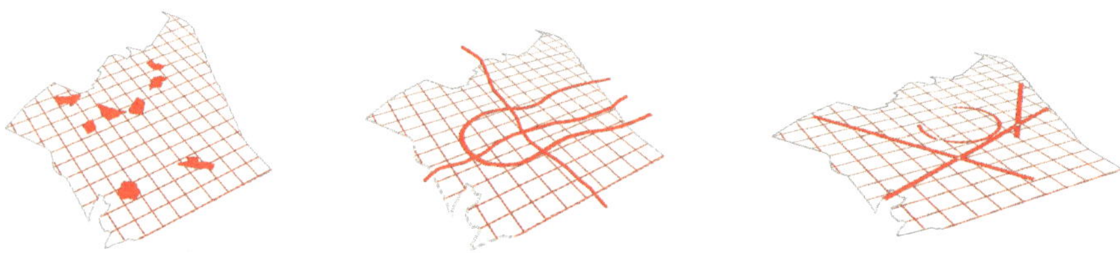

파주운정지구 공동주택 설계경기 파주시 운정읍
신도시 개발계획상에 제시된 도시의 성격과 구조를 재해석하여, 시간의 흐름에 따른 지속 가능한 도시 형성을 위한 도시의 구조 구축.

+3 Layers

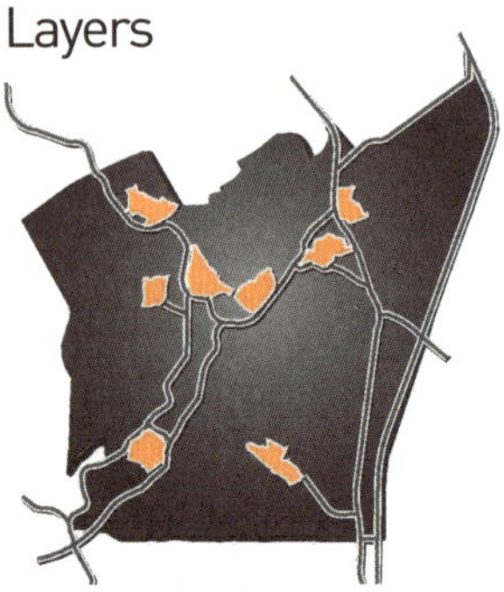

VERNACULAR CODE(과거)
기존 도로망에 의존한 단지개발

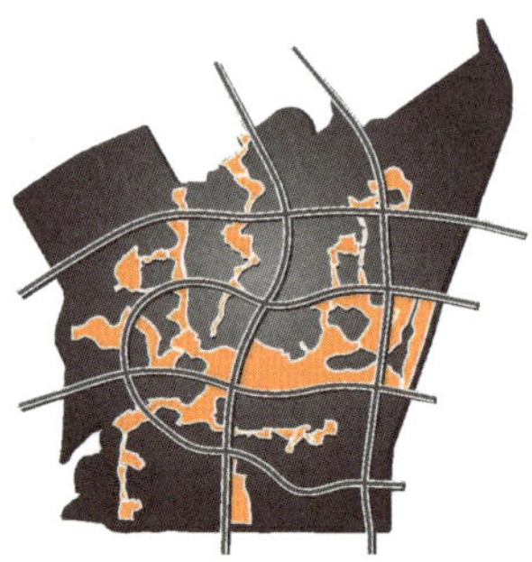

ECOLOGICAL CODE(현재)
녹지와 도로를 이용한 유기적 도시체계 확립

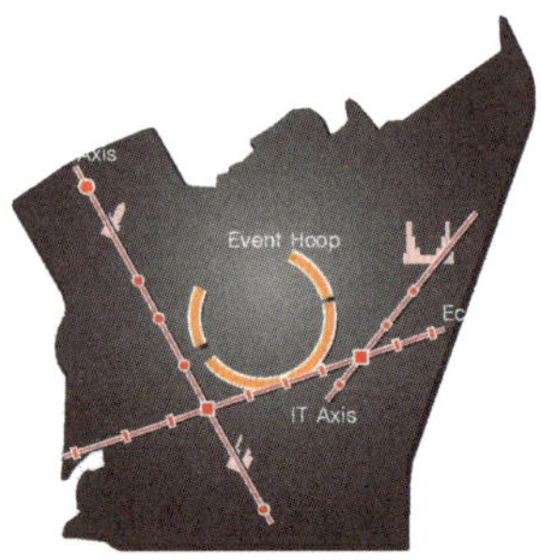

VIRTUAL CODE(미래)
축과 Urban Component를 이용한
도시 네트워크 구성

파주운정지구 공동주택 설계경기 파주시 운정읍

+4 Network

Green Network
단지간 연계(Quilting) / 권역간 연계(Seaming)

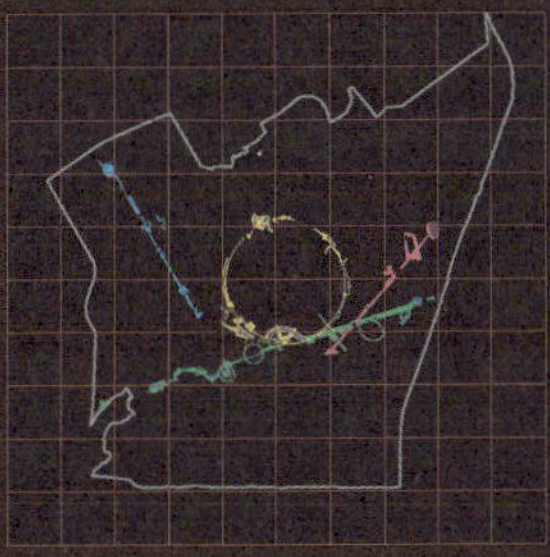

Axis Network
도시의 Landmark / 도시의 방향성 부여

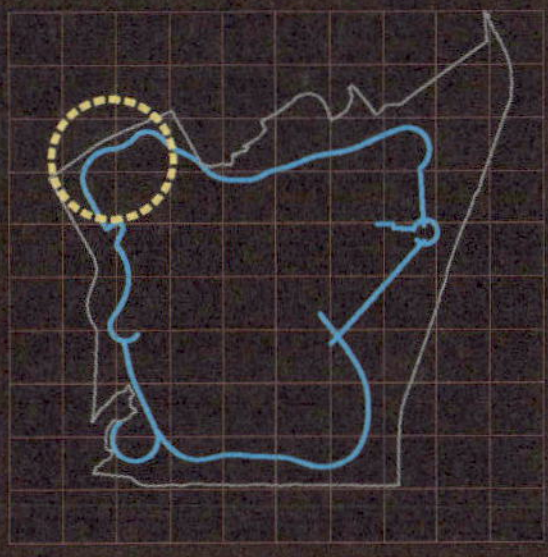

Neighborhood Network
일상의 필요를 통한 커뮤니티 증진 / 프로그램에 의한 가로 형성

Alley Network
중세 유럽의 유기적 가로체계 도입 / 연속적 공간에 의한 가로의 형성

Epoch Breaking

Exclamation Mark

인천 청라지구 시티타워 국제 공모전 인천시 서구
국제 금융의 HUB도시인 청라를 포함한 IFEZ의 폭발적인 에너지를 최대로 증폭 시켜 세계로 뻗어나가는 강력한 상징

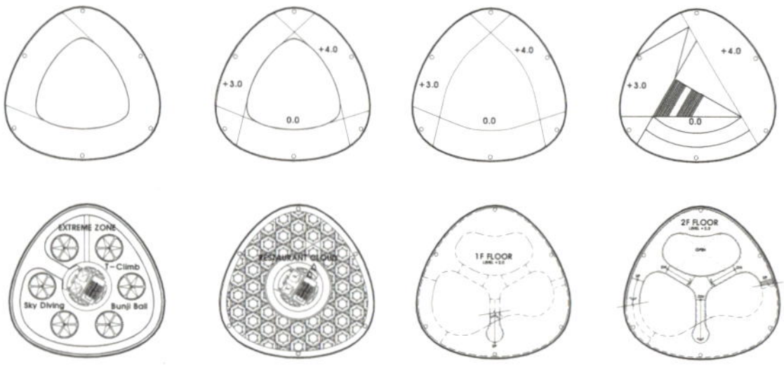

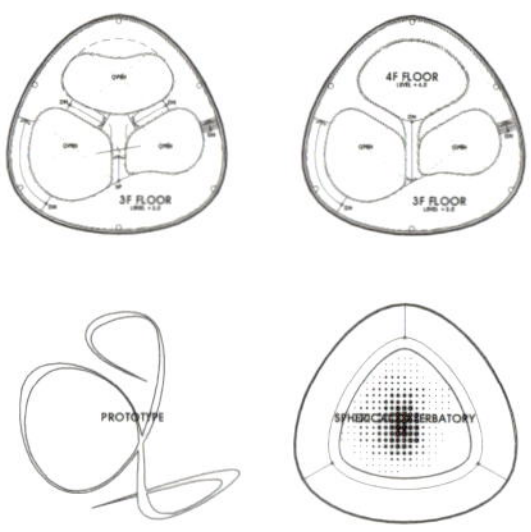

인천 청라지구 시티타워 국제 공모전
인천시 서구
Trefoil Gallery – 일반적인 정적 공간이 아닌 액체처럼 흐름이 자연스러운 공간

Highest Pin-up

:: **It means** pin-up : 핀업 사진 (핀으로 벽에 붙이는 미인 사진), 미인 / 벽에 핀으로 꽂아 둘 만한 도시에서 가장 높은 위치를 차지하는 초고층의 주목성, 높이나 디자인의 이슈화를 의도하는 의미

:: **See also** landmark, icon, top, tower, monument, obelisk, super-tall, high-rise, skyscraper

사람들은 왜 높은 곳에 오를까? 이는 인간의 근원적 욕망에 기인한다. 바벨의 역사에서도 보이듯 신과 같이 높이 되고자 했던 인간적 욕망의 산물인 바벨탑은 신의 노여움으로 무너지게 된다. 오늘날에도 높이 올라가고자 하는 인간의 욕망은 사라지지 않았다. 날고자 하는 욕망과 높은 구조물을 세우려는 욕망은 같은 맥락이다. 도시의 위상과 이상을 표출하는 방법 중에서 바벨탑은 가장 원초적인 선택이다. 수직의 도시에서 보편화된 랜드마크의 유형은 가장 수직적으로 높은 구조를 성립시키는 것이고 반수직적 도시를 지향하려는 시대에서도 높아지려는 도전과 실험은 계속될 것이다.

청라시티타워 Inverse Obelisk는 구조적 트랜스퍼**transfer**의 개념을 적용하여 중앙 구조 코어**core**를 올리지 않고 트러스 튜블러**truss tubular** 시스템으로 힘의 모멘트**moment**를 해결하고 있다. 따라서 모든 층에서 360도 전망이 가능하다. Inverse Obelisk의 스킨**skin**은 구조적인 문제의 해결에서 나온다. 고도가 높아질수록 바람을 맞는 면적이 증가할수록 커지는 하중을 줄이는 방법으로 스킨의 천공이 시작되며, 힘의 크기에 비례하여 아래로 내려갈수록 천공의 크기는 작아진다. Reverse Obelisk의 천공은 바람 출입의 통로로써 타워 내부 오프닝**opening**에서 상승기류를 발생시키며, 이것을 이용하여 친환경 에너지의 생산이 가능하다.

INVERSE OBELISK
INVERSE OBELISK
INVERSE OBELISK
A tower has originally been existing as a religious structure. Its vertical structure, erecting straight toward the sky, manifests the human will to communicate with god. It was not until modern era when man began to replace god with towers,which functioned as an observation platform to view down towards the world. We want this tower is to be medium, which links the sky and earth again. High technology and new materials enable the obelisk to stand upside-down. The figure of the top of tower that seems to embrace the sky with its large top will become the new symbol in history.
LIQUID SYMBOLISM
Cheongna is planned as the hub of international finance, of which identity in liquidity and flexibility. The figure of the tower, which seems as if icicles are hanging from the sky, symbolizes phase transition from liquid to solid, and the Water Crown at the foundation of the tower represents the moment of bouncing liquid. 'Liquid Dynamism', will amplify the explosive energy of IFEZ including Cheongna and become a powerful symbol of 'Dynamic Korea' to the world.
INTERACTIVE ORGANISM
The tower tends to develop into a living organism along with nature. The skin of tower actively respires and solves many structural issues. The holes are increased the higher it gets, and therefore, decrease wind load by abating the surface area. The pattern of the perforation is analyzed from the Korean prototype of window lattice. The ascending air generated by this perforation will allow producing wind energy for eco-friendly sustainability.
인천 청라지구 시티타워 국제 공모전 인천광역시 청라지구

Self-Sufficiency

:: **It means** 자족성, '자족'이란 스스로 부족함이 없이 필요한 것을 스스로 만족시키는 것. 도시의 자족성이란 도시 내에서 이루어지는 주민들의 다양한 활동을 외부에 의존하지 않고 전적으로 도시 자체에서 수용함을 의미

:: **See also** compact city, smart growth, sustainable development, new city development, bed-town

화성동탄 마스터 플랜 화성시 동탄면

입체가로 및 상업 보행 몰을 통한 다양한 프로그램의 연결 및 자족적 첨단문화도시의 URBAN CORE형성

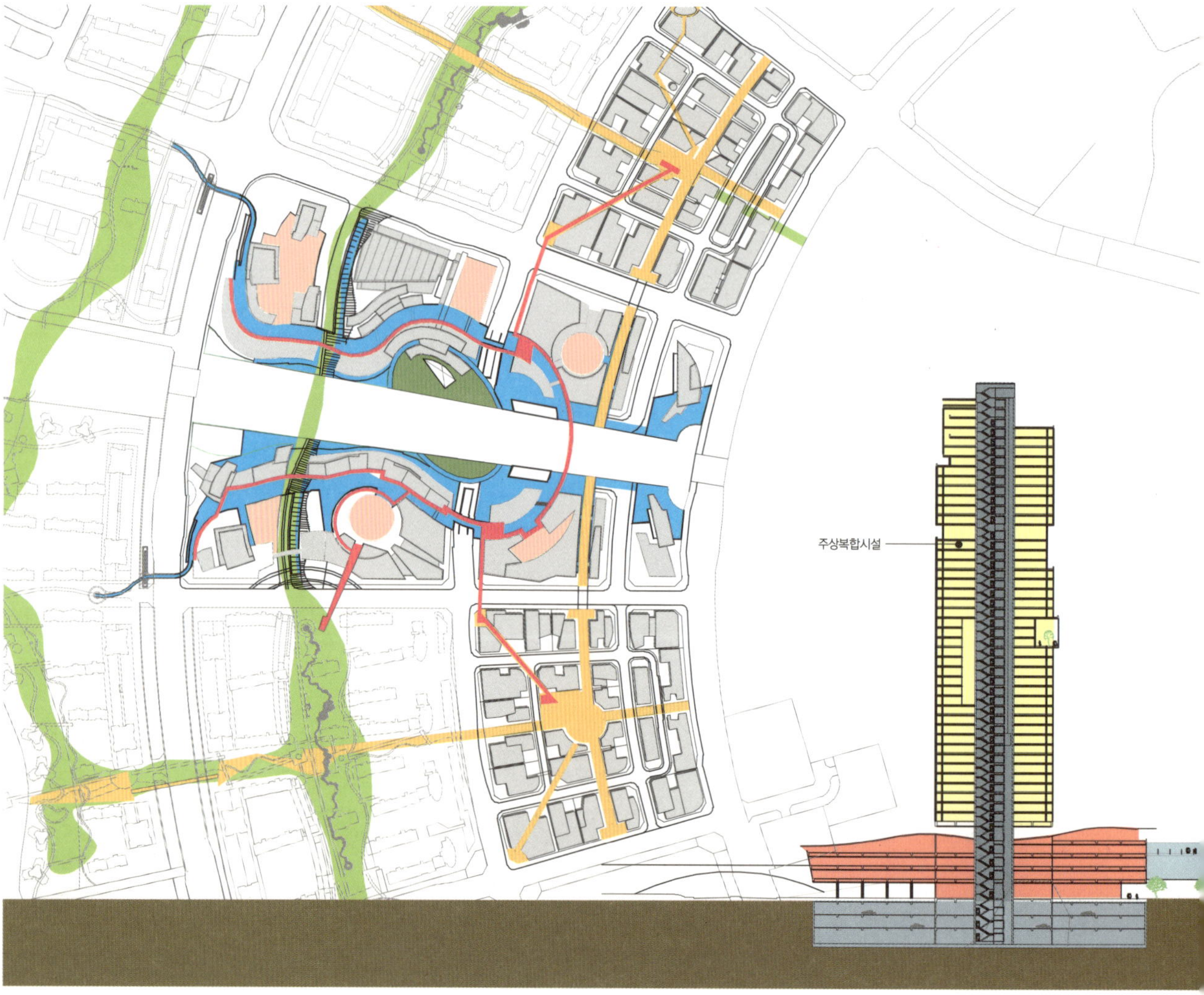

하워드의 전원도시Garden City계획에서 도시의 자족성에 대한 인식이 처음 나타났다. 당시 대도시 주변 주택단지들의 문제점을 해결할 수 있는 대안으로 전원도시를 제안하였다. 자족성이 결여된 도시에 대하여, 주거와 업무, 공공 서비스 등이 충분히 계획되고 교외의 녹지대도 상당 부분이 계획되어야 할 것이 강조됐다. 우리나라에서 자족 도시의 문제는 신도시에서 나타났는데, 과거 1980년대부터 도심의 인구 분산, 부족한 도시 주거의 공급을 위해 택지개발 및 신도시 개발사업을 시작하였다. 그러나 자족성이 결여되어 침상형 도시bed-town가 된다든지, 모(母)도시에 대한 의존도가 심하여 일부 도시 기능이 신도시에는 아예 없는 경우도 있고, 직주근접이 실현되지 않아 출퇴근 시간의 교통 마비를 야기하는 등의 문제점들을 보며 이후 개발되는 도시들엔 자족 도시를 실현하는 것이 중요한 지표로 여겨지고 있다.

자족도시가 되기 위해서는 경제활동의 자족성과 기반시설의 자족성, 환경적인 자족성이 필요하고, 기본적으로는 1인 1직장이 도시 내에서 실현되어야 한다. 모(母)도시에 대한 거리가 침상형 도시보다는 상당히 떨어져있고, 토지이용에 있어서 주거 외의 상업이나 업무지역에 대한 면적 비율이 높아야 한다.

2기 신도시인 화성 동탄 중심 상업 4개의 슈퍼 블록에 대한 마스터플랜을 보면, 중심상업단지의 중심성urban core을 강화하고 주거단지와 중심상업단지 간의 보행 네트워크를 중요시 하였다. 한편 중심에는 생태축을 통해 친환경 네트워크가 도시 전체에서 작동하도록 종합적인 계획을 수립하였다.

LAND USE – 상업용지 활성화를 위한 합리적 필지 구획

FACILITIES – 복합용지의 구체적 시설 프로그램 제시

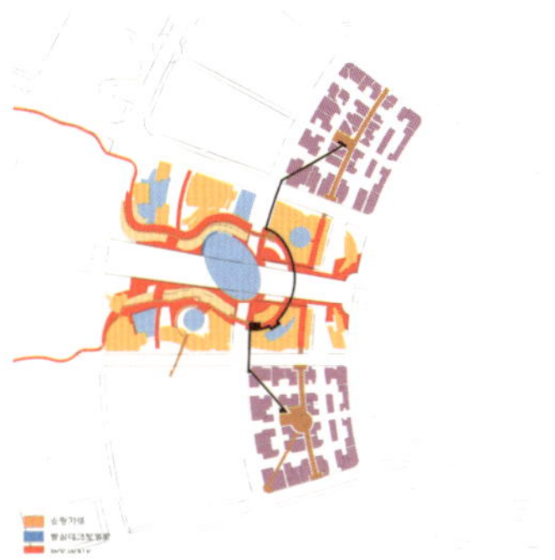

CONNECTION – 각 시설을 유기적으로 연결하는 입체가로 계획

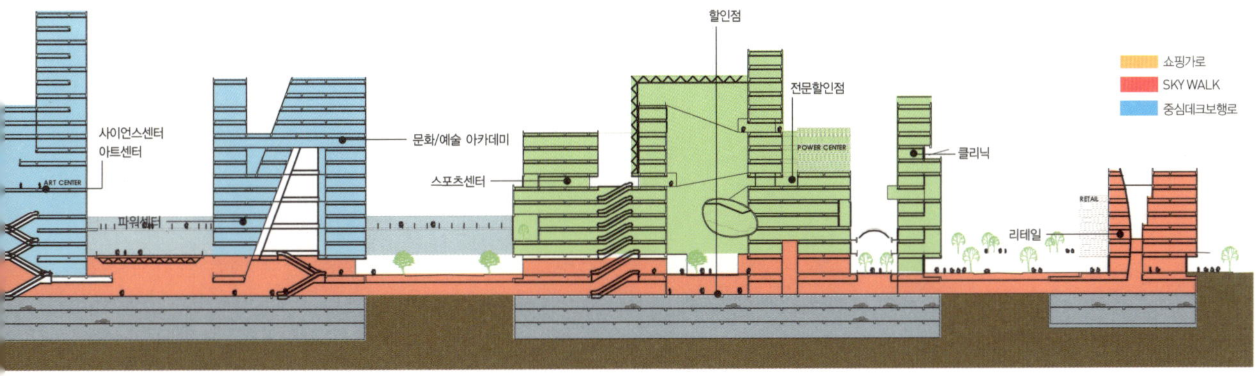

"당신의 주택이 그것의 장소로부터 쉽게 확장될 수 있고, 그곳 자연이 근사하다면, 그곳의 환경과 호흡을 같이 하도록 하게 하라. 만약 주변자연이 그러하지 못하다면, 건축물이 마치 그러한 기회를 가졌던 것처럼 그 장소에서 조용하게 자리를 잡고 있도록 하라." – Organic Growth, 프랭크 로이드 라이트, 1894년 한국은 1970년대 본격적인 도시개발을 시작으로, 현재까지 끊임없는 도시팽창(City Sprawl)을 거듭하다, 2000년대 초부터 본격적인 그린벨트 우선해제지역을 중심으로 한 '도시 외곽부'의 대규모 개발을 하기에 이르렀다. 이러한, 도시의 끝자락에서 일어나는 '도시의 팽창과 자연의 보존'이라는 화두는 "지속성(sustainability)"이라는 보편타당한 개념 속에서 끊임없이 논의되어 왔다. 도시와 자연의 관계에 있어서의 지속성은 '인간은 동, 식물이나 그 밖의 구경거리를 경험할 수 있는 정원, 공원, 그

관계맺기 02 도시와 자연

외 자연환경에 언제나 쉽게 접근할 수 있어야하고, 주거는 기능이나 건강 및 쾌적성의 독자적 추구보다 주거가 놓이는 장소의 자연환경과 인문환경을 포함한 다양한 환경이 공존하는 주거환경 네트워크가 구축될 때'에 그 진정한 의의가 있다고 생각한다. 이에, 건원건축은 2003년 '장지지구 마스터플랜', '은평1지구 마스터플랜'를 시작으로, 2004년 '판교지구 마스터플랜', '파주운정 마스터플랜', 2005년 '용인동천지구 마스터플랜', 그리고, 최근 2009년의 '화성동탄 2기 신도시, 파주운정3지구 시범구역' 등을 통하여 끊임없이 '단순한 장식물로서의 자연환경 구성'을 탈피하고, '자연환경과 소통하는 도시환경 구축'에 대한 진지한 논의를 해왔다. 특히, 2007년 '첫마을 국제현상'과 2008년 '에듀타운 현상설계'는 그 동안 건원건축이 고민해 왔던 '자연과 도시의 관계설정'에 있어서의 자그마한 실마리를 제공하였다고 생각하며, 이러한 지속적인 가치추구가 건원건축에게 부여된 사회적 역할이라고 생각한다. – 건원건축 오승현 전무 –

Tangible
0 - 100%

LEAN
SCATTERING
NATURE - SCAPING

Linkage
100 - 300%

CARPET
CORRIDOR
PRESERVATION

Sustainability
300 - 600%

ZERO CITY
ECO - WRAPPING
WATER PLAY

Artificial Green
600%

HANGING GREEN
SKY MIRROR

Earth art
MAX

LAND EXPANSION
SEA MARK
GROUND WEDGE

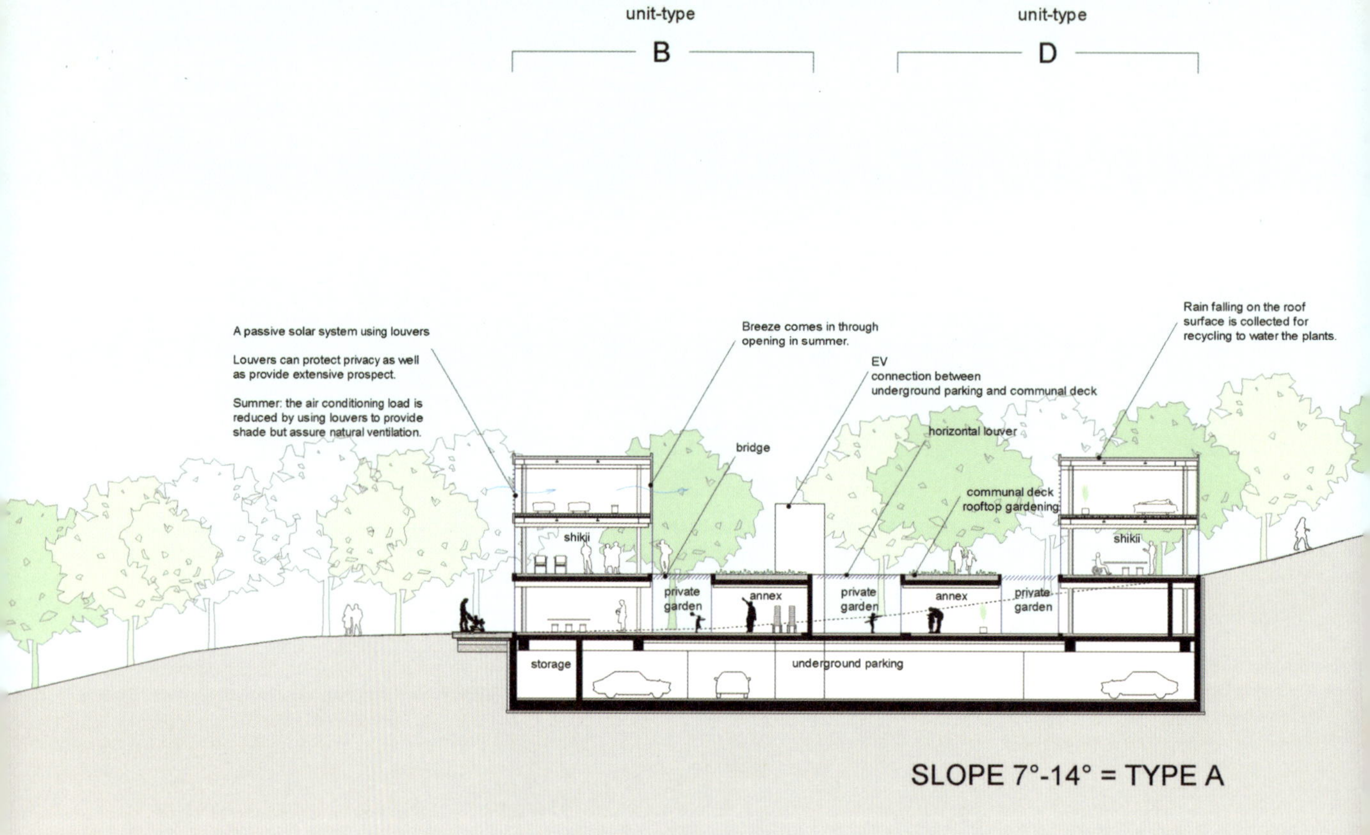

Lean

:: It means 1 기대다, 기대서다 / 2 의지하다 / 3 (건물 등이) 기울다, 비스듬해지다
자연환경을 보존, 지형을 활용한 경사지 주거의 유형, 마치 자연 속에 기댄 느낌의 주거모델
:: See also slope, rest, incline, slender, bend, mountain, contour, topography, landscape urbanism

국토의 70%가 산악지형인 한국의 자연환경에 있어서, 산지형 주거모델의 발굴은 이미 필수적이다. 이는 이탈리아 아시시Assisi의 지그재그형 경사극복 방식이나 홍콩의 타워형 경사대응 방식과는 달라야 하며, 정서적으로나 경제적으로 토착화된 모델이어야 한다. 특히 남향에 대한 선호도가 높은 지역 정서를 감안하면, 산악지형의 50%를 차지하고 있는 북사면에 대한 모델도 개발되어야 할 것이다. 자연환경에 대한 극복의 문제를 넘어서, 기존 공동주택이 갖지 못했던 접지성, 입체성 등을 고려하여, 자연환경을 적극적으로 활용하는 시도가 계속 필요하다.

판교운중블럭은 경사지 주택의 단면적 가능성을 보여주는 하나의 좋은 예이다. 기존 지형을 분석하여 대표적으로 두 가지 경사도로 분류하고, 그 경사에 적합한 두 가지 유형화 작업을 통해 지형에 대해 보다 섬세하게 접근하였다. 그리고 경사지의 특징에 밀도 있게 접근하여, 빛이 들어오는 지하공간을 만들 수 있는 가능성을 보여주었다. 오히려 지하공간이 갖는 개별성을 극대화하여, 지면에 노출된 접지층을 각 집의 쇼룸으로 제안하는 등 아이덴티티 특화계획까지 제시하고 있다. 이는 공동주택의 한계이자 문제였던 커뮤니티 확보 또는 개방성을 조금 더 경쾌하게 유도한 부분이다.

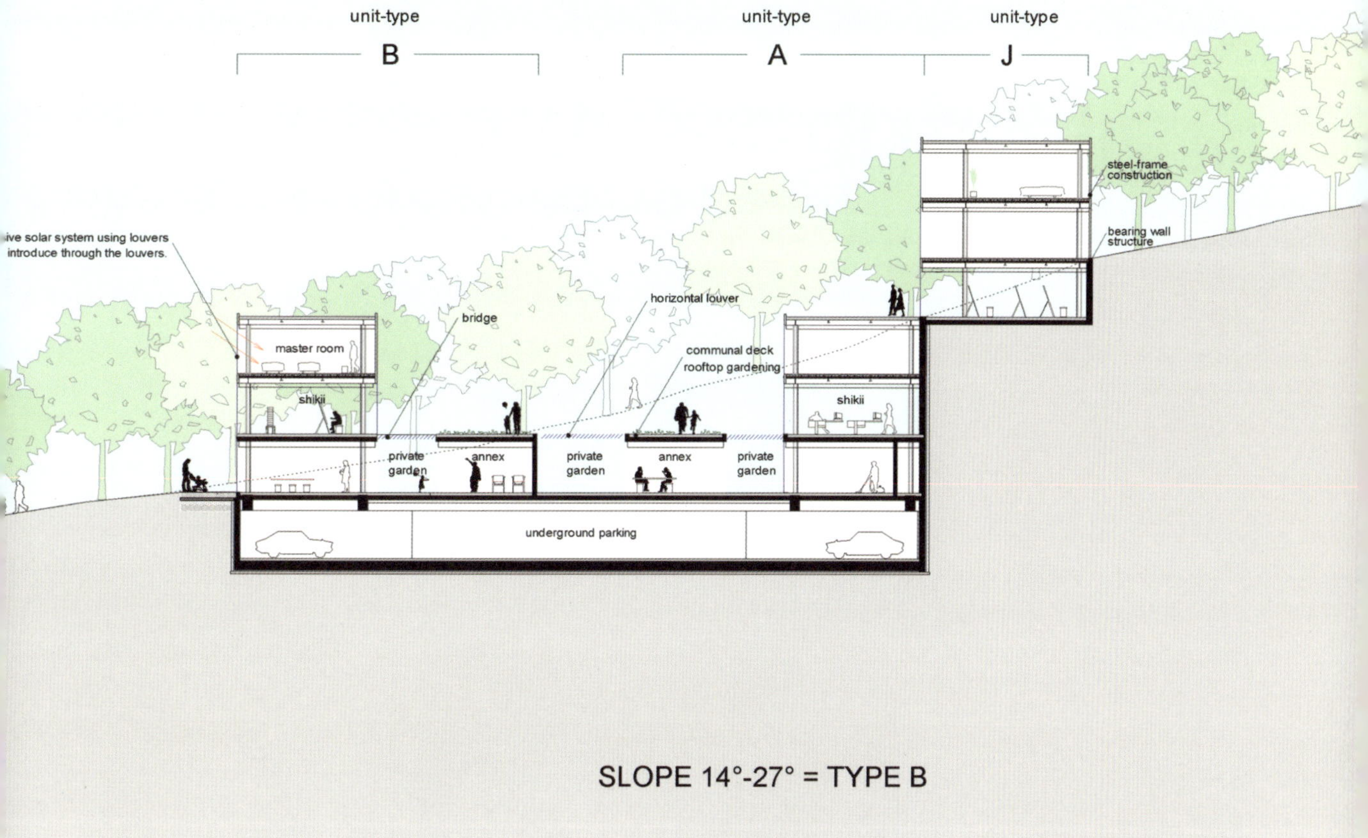

판교 운중블록 국제 설계경기 성남시 분당구

급경사지형 (경사도 14°-27°) 클러스터와 완만한 언덕형 (경사도 7°-14°) 클러스터의 2개 유형으로 경사지에 적용.

Step 1
굴토 후 평탄한 지반 조성

Step 2
주차장 상부층에 거실, 주방 등 주 생활공간 배치

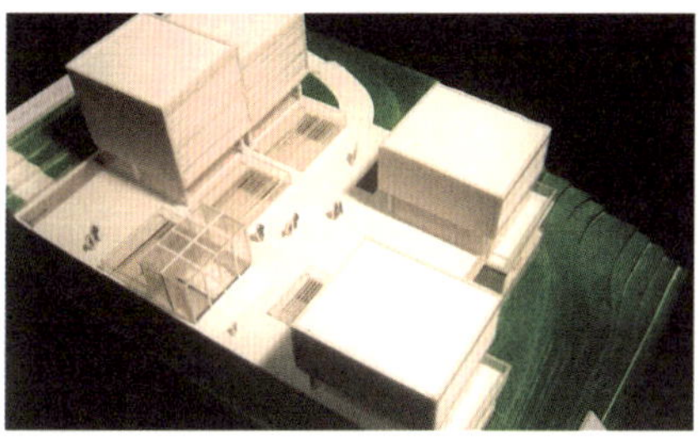

Step 3
마루는 공용마당 데크층에 위치하여 확장된 세대진입공간으로서 기능

Step 4
3~4층에 침실 서재 등 사적공간 배치

Scattering

:: It means 1 흩뿌림, 흩어버림, 뿌림 / 2 [물리] 〈빛, 입자 등을〉 확산[산재]시킴 / 3 〈구름, 안개 등을〉 흩날려버림
밀도가 낮은 경우 배치계획에 있어서 건축물들이 독립된 환경을 갖도록 산재한 배치를 하는 것

:: See also scatter, spread, disperse, separate, part, split up, radiate, collect, mix

헌인 도시개발사업 국제현상 공모 서울시 서초구
개별 주동 및 마당을 미분화하여 기존 자연의 형태에 순응하는 단지 조직의 구성

Central Park New York
대규모 집중형 오픈 스페이스

Savannah Georgia
소규모 분산형 오픈 스페이스

용적율 1,000%의 도시조직과 용적율 100%의 도시조직은 오픈 스페이스 구성방식에 있어서 다른 방식의 개념화가 필요하다. 그 개념화의 과정에는 반드시 공공성과 개별성을 초점으로한 고려가 필요하고, 도시 컨텍스트 상에서 발현될 때에 대한 예측이 계획에서 선행되어야 한다.

세계적인 공원인 뉴욕 센트럴파크는 주변 밀도를 해소할 수 있는 거대함, 즉 Bigness가 주요구성방식이다. 반면, 작고 가꾸고 만질 수 있는 내 집 앞의 정원 같은 오픈 스페이스가 도시 전체에 배치되어 있는 사바나Savannah, Georgia, USA에서는 흩뿌려짐, 즉 Scattering이 주요 구성방식이다.

오픈 스페이스의 계획은 단지와 도시의 규모에 대한 적합성과 효용성이 중요한 고려사항이다. 100여 세대 미만의 단지계획에서 대규모 중앙공원은 효용성 측면에서 적합한 선택이 아니다. 입구와 연계된 게이트 정원, 길가 작은 포켓파크pocket park의 벤치, 개를 데리고 산책하다가 만나는 작은 분수, 내 집 마당과 가로에서 기꺼이 대화가 가능한 펜스 등 적재적소의 소형화되고 세심한 랜드스케이프 프로그램이 더 중요하다.

헌인도시개발사업은 입구의 게이트파크gate park와 수공간을 제외하면, 분화되어 소형화된 오픈 스페이스와 랜드스케이프가 경사를 따라 중첩된 패치워크patchwork를 이루고 있다. 그래서 더 아늑하고 편안하며, 곳곳에서 항상 다른 경관을 만날 수 있도록 계획되었다.

Nature-scaping

:: It means - scape : 1 풍경, 경치의 뜻
밀도가 낮은 주택단지를 마치 자연 속의 일부인 듯이 건물을 배치하고 자연스러운 경관을 형성하는 것

:: See also landscape, seascape, cloudscape, cityscape, contour, landscape urbanism, park-like

판교 운중블럭 국제 설계 경기 성남시 분당구
잘게 쪼개진 주동을 능선에 순응하여 배치함으로써 자연으로 스며드는 일체화된 경관 형성.

도시에는 상반된 여러 가지가 공존하고 있다. 오래된 것과 새로운 것, 음과 양, 자연과 인공 등이 그것이다. 그리고 상반된 여러 요소를 조화롭게 공존하도록 하는 여러 방식이 있다. 서로를 비슷하게 조정하거나, 오히려 대비를 극대화하기도 하고, 혹은 메인main과 서브sub를 나눌 수도 있으며, 둘을 쌍둥이처럼 같게 할 수도 있다. 교외나 산자락에 위치한 지형에서는 자연의 형상과 건축이 어떻게 공존하는 경관을 만드는가가 항상 도시경관의 핵심이다.

판교 운중 블럭에서 자연과 건축의 공존 방식은 잘게 쪼개어서 길지 않게 만드는 것이다. 기준 단위를 작게 하고, 그 틈들 사이에 비슷한 크기의 자연이 보여지면, 이는 자연이 건축을 장악하는 것인지 건축이 자연을 장악하는 것인지 알 수 없는 경관이 된다. 그리고 단순한 배치의 선형이 아니라, 흩어져 있는 픽셀pixel들과 같이 자연에 스며들어 일체화된 경관을 형성한다. 단지 내부에서 또는 단지 외부에서 바라볼 때, 자연의 정적 요소와 인공의 동적 요소를 결합하여 움직이는 경관을 창출하며, 특히 밤에는 반딧불이처럼 자연 속에서 빛나는 점처럼 보이게 된다.

Vertical Housing
자연의 수직적 요소와 일체화된 주거

Forest Village
자연과 주거의 영역 흐리기

Carpet

:: It means 카펫, 양탄자, 융단, 깔개 / 양탄자를 깔다
생활에 밀착된 오픈 스페이스, 단지에 전체적으로 제공되는 조경 공간을 의미

:: See also rug, mat, floor-covering, open space, landscape, landscape urbanism

오픈 스페이스의 형식은 사용자의 요구에 기반한다. 그늘을 원할 때는 수목이 울창한 숲을, 일광을 원할 때는 넓은 잔디를, 군중의 모임이 필요한 곳은 광장을, 경관적 아름다움이 필요한 곳은 회화적 정원의 형식을 취한다. 그 밖에도 현대사회의 변화에 따라 공개공지, 미디어파크media-park, 거대 생태보존지, 자연학습장 등의 오픈 스페이스 형식은 변화하고, 새롭게 생성되고, 정의되기도 한다. 오픈 스페이스는 사용환경에 의하여 프로그램과 크기, 이용되는 조경 디자인의 언어들이 뒷받침된다.

도시-농촌 통합형 도시를 표방하는 파주 운정3지구 시범구역계획은 지금까지의 오픈스페이스 형식에 '경작'이라는 개념을 도입하고 있다. 기존의 인공적인 도시문화의 한계와 이를 치유하지 못하는 공동주택 환경에서 '땅을 일구는 건강함'에 대한 욕구의 해소는 자생적이고 개별적으로 이루어지고 있다. 이러한 사용환경에 대한 적극적 대응으로 경작된 자연을 제안한다. 가족자연학습농원이라는 프로그램이 생태체험교육의 목적 하에 활성화 되었듯이, 자기가 살고 있는 공동주택단지 내에 경작개념을 삽입하여, 가족 커뮤니티를 더욱 강화하고, 자녀들의 생태체험환경도 만들어주는, 생활에 더욱 밀착된 오픈 스페이스를 계획하였다.

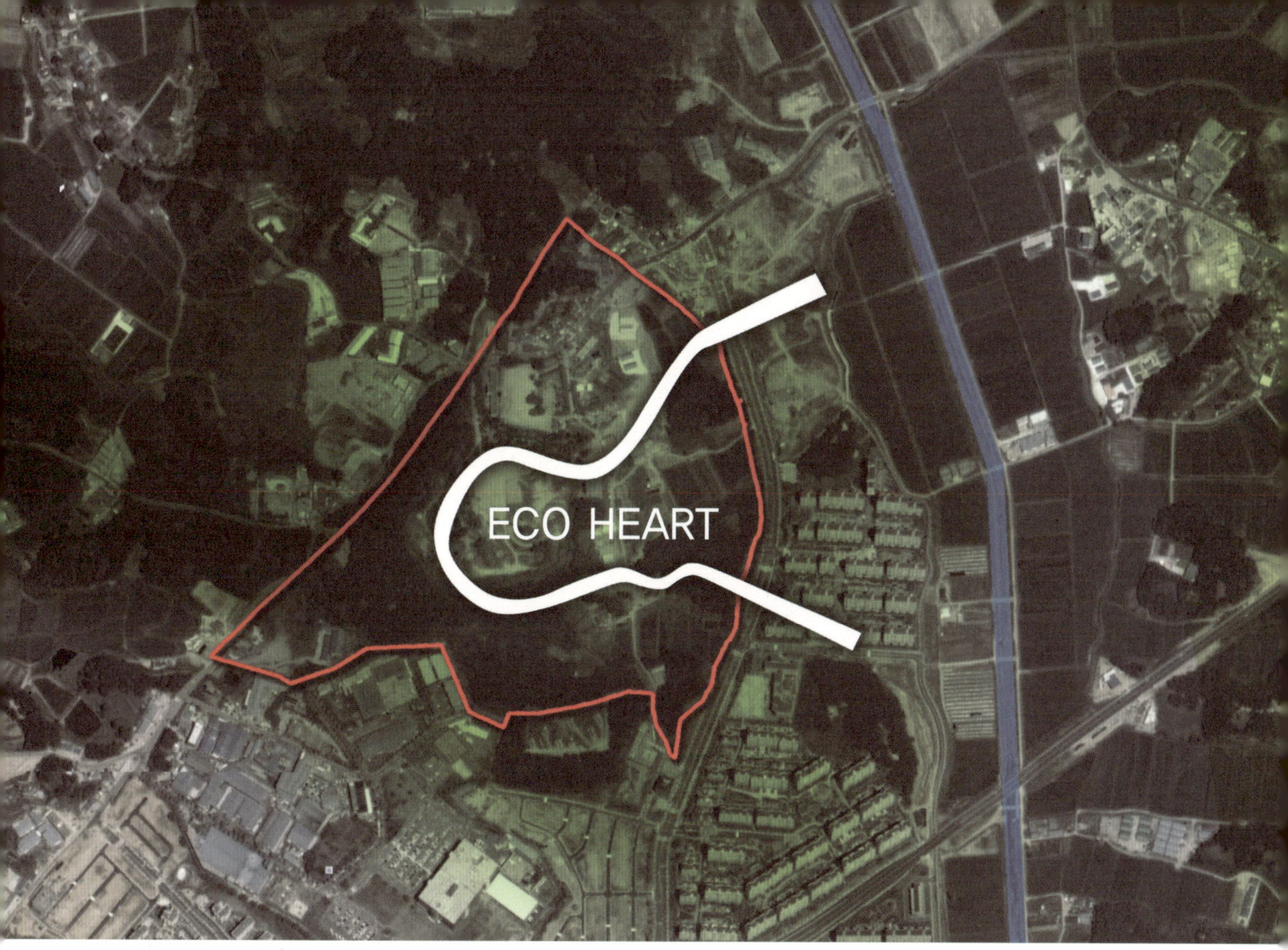

파주 운정3 시범구역 도시건축 통합계획 파주시 운정읍
땅의 질서를 간직하고 길과 마을을 공유하며, 산지와 경작지를 비워두어 공공으로 활용하는 도시 · 농촌 통합형 마을.

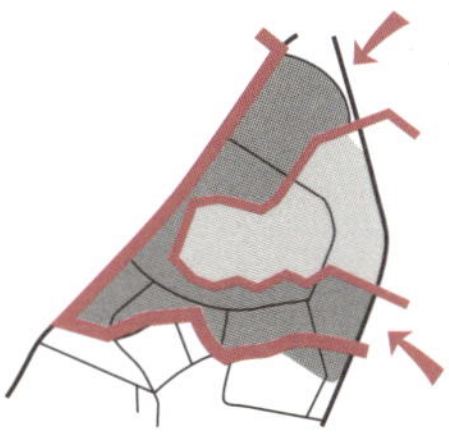

터전 - 자라는 숲

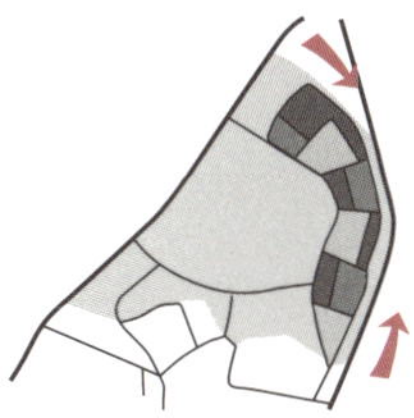

관계 - 도시와 소통

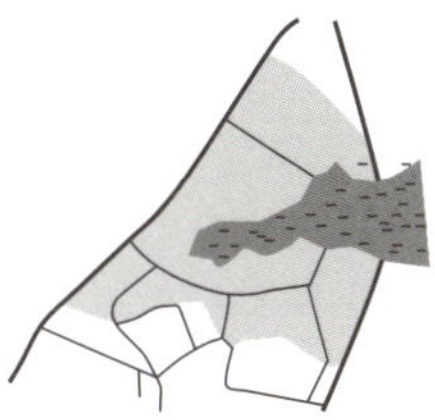

경작 - 공존하는 생태

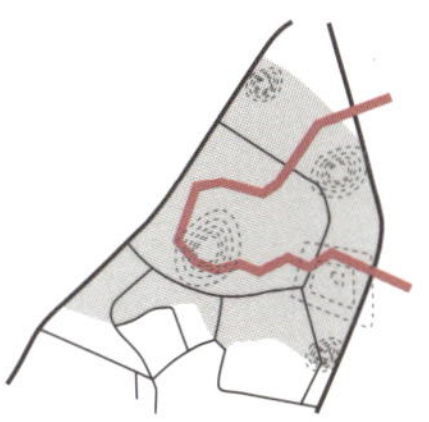

복원 - 지형의 흐름과 연결

Green Carpet
기존 주변녹지의 흐름을 연계한 대규모 녹지 마당

생태 어울림 마을
생태학교, 생태주거

생태 상징 공원
농경체험, 생태연못, 생태 키오스크

Corridor

:: It means 1 복도, 회랑 / 2 인구 밀집 지대, 주요 수송 경로 / Eco-corridor 생태통로 자연과 도시의 접점에 위치한 지역에서 자연녹지축을 단지 내부, 실생활공간으로 적극적으로 끌어들이는 디자인 개념

:: See also passage, channel, hall, alley, aisle, gallery, eco-corridor, axis, open space network

한국의 개발계획에서 산의 끝자락, 즉 자연의 경계부green edge에 위치한 개발계획은 현재에도 상당히 많이 행해지고 있다. 산지 지형을 기반으로 한 한국에서 평지개발과 계획 가능한 토지가 수도권에는 이제 거의 없다. 이러한 상황에서 산과 연결된 또는 맞닿아 있는 지역에서 주거단지 계획의 핵심은 그 자연을 단지 안으로 어떻게 접속시키고, 많은 주민들과 시설들이 그 자연과 접할 수 있는가에 있다. 저밀도의 개별 건축계획에서는 각각의 녹지공간이 중요한 것처럼, 얼마나 다수가 경험할 수 있고 향유할 수 있으며, 자연환경을 실생활과 가깝게 둘 수 있는가에 대한 계획개념이 필요하다. 이에 다수가 지척에서 경험하고, 만질 수 있는 자연환경 개념으로서 그린 코리더green corridor, 자연녹지축를 제안한다. 그리고 그 그린코리더는 커뮤니티 환경과 연계되어 각각의 차별성이 있는 디자인과 공간계획으로 완성된다.

수원 광교신도시 마스터플랜에 속하는 광교 에듀타운 마스터플랜 작업은 공동주택단지와 그 단지와 연계한 3개의 학교에 대한 통합 마스터플랜이며, 또한 교육환경을 기반으로 하는 새로운 공동주택의 개념적 성과를 확인하는 프로젝트이다. 단지는 자연과의 접점에 위치하여 주변녹지를 도시 쪽으로 연결하는 3개의 그린축과 5개의 커뮤니티축을 을 계획하여 도시와 자연이 만나는 접점공간을 확대하였다. 또한 수평으로 이루어진 학교간의 연결통로를 계획하여 자연과 학교 간의 네트워크를 씨실과 날실처럼 네트워크화 한다.

에듀타운 특별계획구역 마스터 플랜 및 건축기본계획 수원시 영통구
계획안은 주변녹지를 연결하는 3개의 Green 축과, 단지 내를 관통하는 5개의 커뮤니티축을 계획하여 도시와 자연이 만나는 접점 공간을 확대하도록 하였다.

3 Green Colonnade

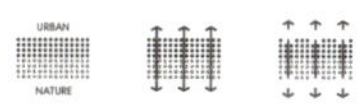

5 Community Colonnade

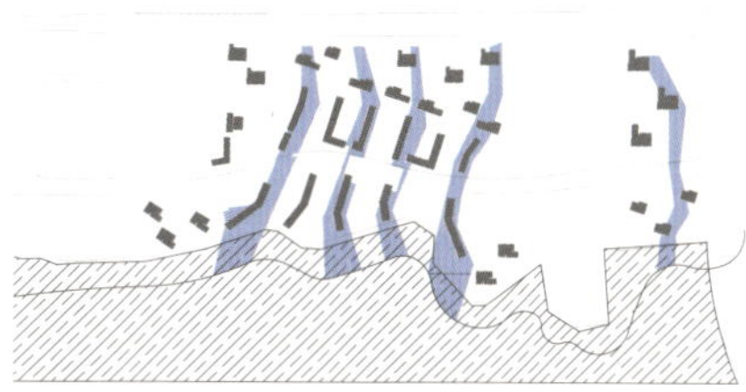

행정중심 복합도시 마스터플랜 충남 연기군
자연 요소의 단순 보존이 아니라 새로운 도시조직의 구성요소로써 재해석

Preservation

:: It means 1 보존, 저장, 보호 / 2 보존 상태
땅의 원형(archetype)을 보존하거나 식생 등 자연환경상태의
보존 뿐 아니라 정신적 가치의 보존까지 포함하는 포괄적인 개념

:: See also conservation, maintenance, ecological, sustainable, natural resources, energy-saving, eco-system

자연환경의 보존방식에는 여러 가지 개연성이 있다. 시공성을 고려한 경사도가 낮은 지형의 개발, 식생 등의 유용한 자연환경상태의 보존, 추억 등의 정서적 가치에 대한 유지, 친환경개발방식에 의한 자연지반 면적 최대화 등 보존의 방식과 그 의미 또한 상황에 따라 다르게 적용될 수 있다. 그리고 이 모든 방식은 도시 또는 삶에 있어 지속가능성을 내포하고 있다. 전면적인 평지화 작업에 의한 개발계획 방식에서 땅의 원형을 보존하는 계획방식으로 변화가 나타나고 있다. 땅의 원형을 보존하고 그 곳에서 땅과 사람, 도시를 조화롭게 풀어가려는 시도들은 '땅에 대한 겸손함이 사회적, 경제적으로도 충분한 이점이 있다'는 사회적 공감대가 이루어지고 있어 가능해졌다.

행정중심복합도시 첫마을 사업은 이름에서 나타나는 무게감이 프로젝트 전반에 작용한 바가 크다. 행정중심복합도시가 가지고 있는 이념 또는 지향성을 표현하는데, 첫 프로젝트에서 그러한 원형archetype을 발견하길 원했기 때문이다. 약 50미터 미만의 작은 구릉지의 집합이 전체 계획대지에 펼쳐져 있어, 가용면적이 50% 정도인 대지의 개발방식이 마스터플랜 첫 단계의 문제였다. 평지화 개발방식보다 기존 구릉 보존방식을 택하여 땅의 기억, 사람의 기억을 도시가 간직하도록 하여 오히려 질서에 의한 도시보다는 기억에 의한 도시로 전환되길 원했다. 어릴 적 기억 속의 뒷동산이 있는 마을, 그리고 그 뒷동산이 마을로 연결되어 마을과 동산이 커뮤니티가 되는 기억의 도시를 제안한다.

Zero City

:: It means zero : 1. 0, 영(아라비아 숫자의) 2. (성적, 시합 등의)영점, (온도계의)0도, 빙점, 3. (측정의) 제로점, 기점, 4. 무(無), 제로(nothing) 5. 최하점, 최하위
원래는 탄소제로 도시(Zero-carbon City)로, 온실 가스를 감축하기 위해 탄소를 배출하지 않고 재생에너지를 동력으로 사용하는 도시를 의미. 신재생 에너지를 사용하는 친환경 도시

:: See also 재생에너지, 친환경, 지속 가능한 개발, Sustainability, Zero-Carbon City, greenhouse gases to zero, renewable energy, renewable-energy-economy city, Environmental movement, Zero-emissions vehicle

세계적으로 지구온난화의 원인인 화석연료 사용에 의한 탄소 배출을 제한하고 있다. 건물과 교통수단에 의한 에너지 사용이 막대하기 때문에 도시 차원의 접근이 경쟁적으로 일어나고 있다. 특히 우리나라에서는 대규모의 복합개발시 지속 가능한 개발을 위해 막대한 에너지 사용과 쓰레기 배출을 예측, 에너지를 절감하고 재활용하는 방안에 대한 논의가 뜨겁다. 제로시티zero city를 위해서는 토지이용, 교통, 에너지절감 건축, 자원 순환의 측면에서 다각적인 검토와 계획이 이루어져야 한다.

가장 잘 알려진 사례는 런던 근교 베딩턴beddington지역의 베드제드 제로 에너지 주택 단지BEDZED : the beddington zero energy development를 들 수 있다. 'ZEDfactory'라는 건축회사가 지속적으로 친환경 주택단지에 대해 노력하고 있다. 1999년부터 2001년에 걸쳐 개발된 'BedZED' 단지는 단지 내에서 생산된 자체 에너지만으로도 생활이 가능하며, 탄소를 거의 배출하지 않고 살 수 있는 영국 최초의 시범케이스이다. 고밀도의 3층짜리 블록들이 옆으로 연결된 저층 아파트는 모두 남향에 정원이 있어 태양광을 잘 받을 수 있고, 집 내부가 자연광으로 오랫동안 환하다. 또한 오피스로 쓰이는 공간은 하늘정원 밑인 테라스의 그늘진 구역에 배치되어 여름에도 너무 덥지 않다.
(http://www.bedzed.org.uk 또는 http://www.zedfactory.com)

아랍에미리트연합에도 6백만㎡ 규모의 제로시티가 계획 중에 있다. 마스다르 이니셔티브MI : Masdar Initiative는 아부다비 내 소규모도시를 계획하고, 세계 최초로 탄소와 폐기물 발생량 제로에 도전한다. 'Foster & Partners'가 마스터플랜을 하였고 220억 달러 규모의 240MW의 태양발전을 목표로 하고 있다. http://www.masdarcity.ae

'플로리다 전력회사Florida Power & Light'는 플로리다 남서부 뱁콕랜티 신도시에 20억 달러 규모의 전력을 공급하여, 태양에너지만으로 전력을 공급받는 최초의 도시를 건설하는 계획을 발표했다. 태양광발전소는 3.5억 달러 규모의 75MW 태양광 발전이 목표이다.(KISTI 한국과학기술정보연구원 「글로벌동향브리핑(GTB)」 2009)

은평뉴타운 중심상업지 계획안은 제로시티까지는 아니지만, 녹지율과 생태면적을 높이고 수자원의 절약과 재활용 등으로 에너지를 절감하며 한정된 자원을 고려하여 쾌적하게 살 수 있는 단지를 제안하였다.

안산 사동 90블럭 마스터플랜에서는 쓰레기 자동집하시설로 공해문제나 향후 운영관리비를 절감하였고, 특히 물의 사용에 있어서 하천의 정화처리와 우배수의 처리시스템으로 중수도를 활용하여 수자원을 절약하였다. 또한 물의 유입과 입출부에 인공 습지를 계획하여 단지를 오염원이 아닌 정화 공간으로 이용하는 방안을 연구하고 있다.

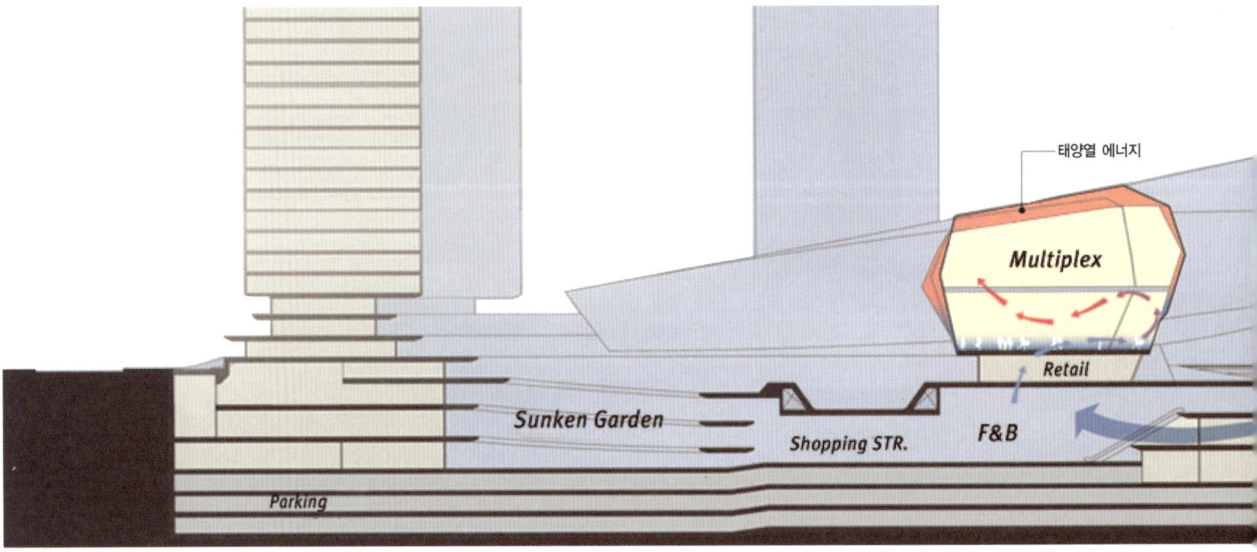

안산 상록구 사동 90블럭 PF사업 안산시 상록구
우수를 활용한 단지내 청정 환경 구현

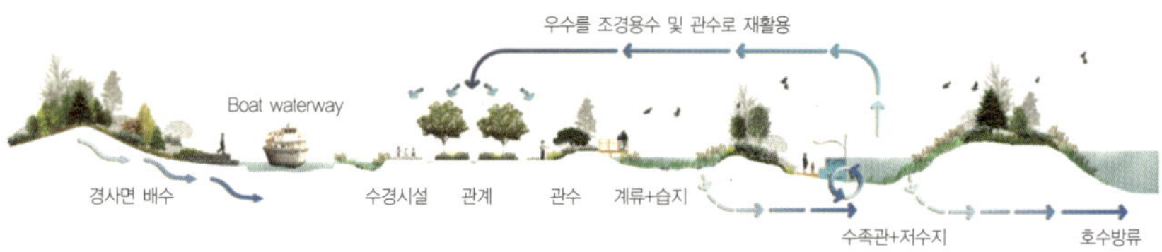

은평 뉴타운 중심상업지 PF사업 서울시 은평구
신재생 에너지를 활용한 에너지 절약형 단지 구현

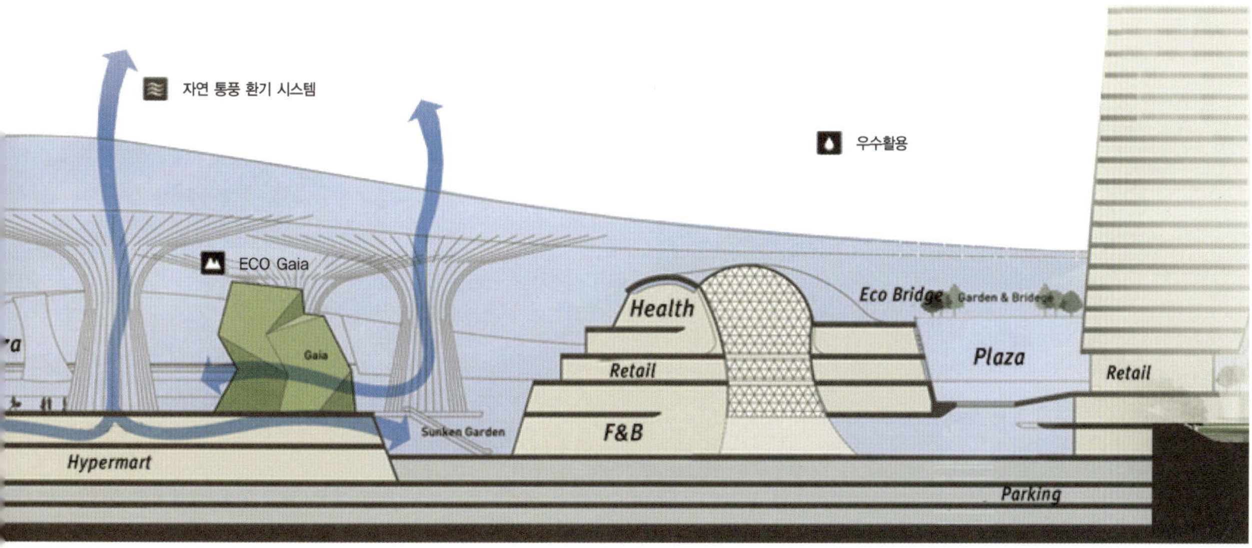

Eco-Wrapping

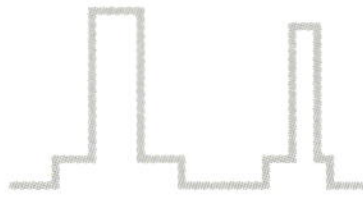

NATURE 〈 URBAN

NATURE 〉URBAN

:: **It means** Eco : ec-, eco- 《연결형》「환경·생태」의 뜻 / Wrap : 1. (감) 싸다, 입다 2. (둘레에) 두르다, 감다 / 3. 감추다, 덮어싸다, 보호하다
친환경 시스템과 경관을 위해 건물을 녹화, 특히 옥상부분(top)을 녹화하여 건축물과 단지 전체의 기온 상승을 막고, 쾌적한 환경을 조성하는 디자인

:: **See also** 옥상 녹화, 친환경, 지속가능한 개발, Sustainability, Green Roof, Roof Garden, 열섬현상 (urban heat island effect), eco-village, green technology

옥상을 녹화시키면 태양열을 흡수하고 그늘을 만들며, 대기의 온도를 낮추는 역할을 한다. 옥상의 100㎡ 면을 녹화할 경우 매년 2kg의 오염물질을 저감시키고, 성인 2인이 호흡에 필요한 산소를 생산해준다. 토양이 빗물을 흡수하여 하수도까지 빗물이 흘러 들어가는 시간을 지연시켜 홍수예방효과도 있다. 옥상녹화의 종류 중 비오톱 녹화는 일정 두께 이상의 토피를 확보하고 실개천과 연못 등이 추가되어 다양한 종류의 생물을 유치, 보전하여 생태계를 배려한 계획으로 가장 친환경적인 옥상 녹화로 여겨진다.

서울시는 2002년부터 옥상 녹화사업을 시작하였고, 일본 동경은 일정 규모 이상의 신축 건물에 대해서는 옥상 면적의 20% 녹화를 의무화하고 있다. 독일의 도시에서도 43% 정도가 옥상녹화에 대해 경제적인 인센티브를 부여하고 있다. 이 밖에도 미국 시카고시에서는 주거와 상업, 업무용 옥상 녹화 시 5000달러까지 지원해주는 등 Eco-wrapping은 전 세계적인 추세이다.(날로 관심이 커지는 옥상녹화, 머니투데이, 2008.10.07일자)

수원 광교 파워센터에서는 단지 내 건물들이 지형을 반영하여 전체적으로 녹화된 능선을 형상화하여 기존의 수원 화성 봉수대가 녹화된 지붕형태로 이어지도록 계획하였다. 경관적으로도 주변의 자연환경과 어우러지고 생태적으로는 친환경시스템을 갖추어 쾌적한 환경을 조성하도록 하였다.

STEP1. 대지를 하나로 읽다

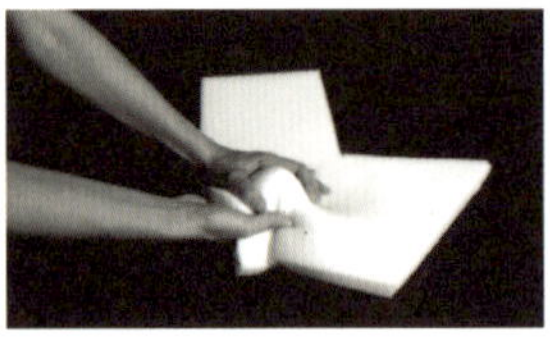

STEP2. 대지를 조각하다

STEP3. 새로운 자연을 형상화하다

광교 파워 센터 PF사업 수원시 장안구

Hills Panorama
흐르는 자연의 형상을 담아 새로운 자연으로 형상화

Muse Island
도심과 자연을 잇는 Hinge

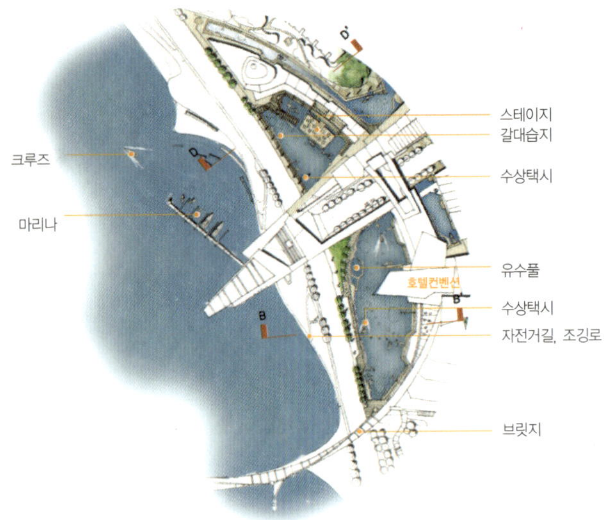

Grand Cruise
습지 식물을 테마로 한 생태체험공간

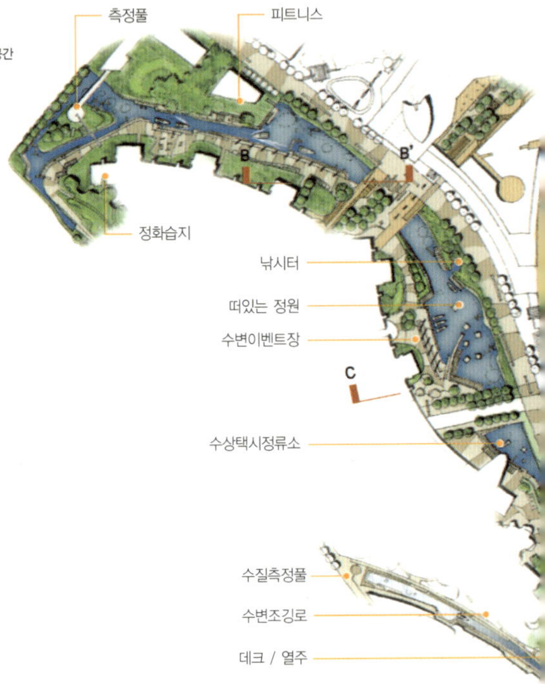

Water Play

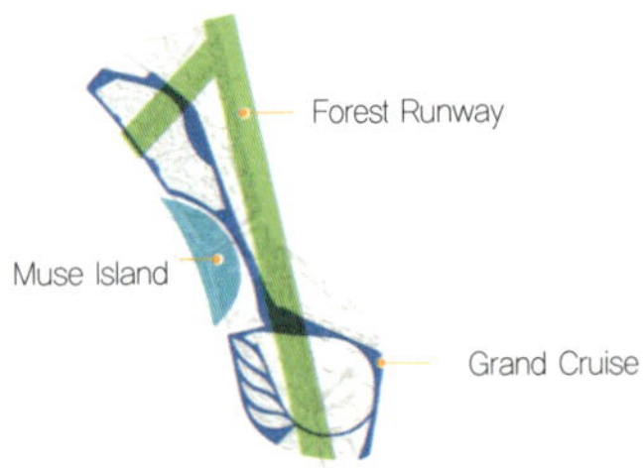

:: It means 물놀이, 바라보고 관조적인 자연에서 체험하고 느끼고 즐기는 자연을 의미.
수공간이 조경차원에서 문화 · 이벤트와 레저의 장으로 변화, 도심 내 수공간을 활용하는 개념.

:: See also Amenity, waterfront, river-walk, boat play, leisure, landscape, waterscape, water screen, festival, ecological canal, water-recycling, marina, yacht festival, central plaza, pier, pool, pond, lagoon

도시경쟁력을 평가하는 지표 중 최근에 부각되고 있는 것은 도시의 어메니티amenity이다. 21세기 살기 좋은 도시의 조건은 환경 문제를 고려하여 건강한 도시 환경을 유지하고 도시민을 위한 효율적인 재정 운영이 실행되는 도시여야 한다. 이를 달성하기 위해서는 시민의 창조적인 에너지 창출을 기반으로 해야한다.The World Bank, 세계기구 좋은 도시에는 좋은 워터프론트waterfront가 있는 것과 같은 맥락이다. 청계천 2.0km의 복원은 단순히 생태적인 복원 또는 조경공간 확충 이상의 의미를 지니고 있다. 서울시민들에게 물과 함께 이벤트의 장으로서 문화적 욕구를 충족시키고 있다.

안산사동 90블록 마스터플랜에서는 생태수로를 활용하고 조경계획에서 유희적인 자연으로서의 물과 수공간을 제시하였다. 그 계획안을 살펴보면, Muse Island는 수상레저문화의 중심공간으로서 병정천 저류와 정화를 위한 자연형 갈대 습지를 조성하는 계획이다. 대상지 내 시화호의 순환투어 코스를 마련하여 수상관광을 활성화시키고 건기, 우기에 따른 다양한 경관을 제공하는 개념이다.

Grand Cruise는 병정천 수계를 정화하는 도심유수지로서 습지식물을 테마로 한 야외식물원을 도입하였다. 수상택시를 활용한 신개념의 생태체험공간이다. 운동, 레저 프로그램을 도입하여 수변 건강 코스를 제공한다. Forest Runway는 보행녹도 개념의 녹색바다 길로서 안산시와 연계한 야외문화센터가 된다. 미술, 연극, 음악회 등 예술 이벤트를 활성화하고 사진, 영화 등의 동호회 활동을 지원하는 공간이며, 청소년의 교육과 놀이 문화 프로그램을 다양하게 도입하였다.

Forest Runway

다양한 이벤트 경관이 펼쳐지는 보행녹도

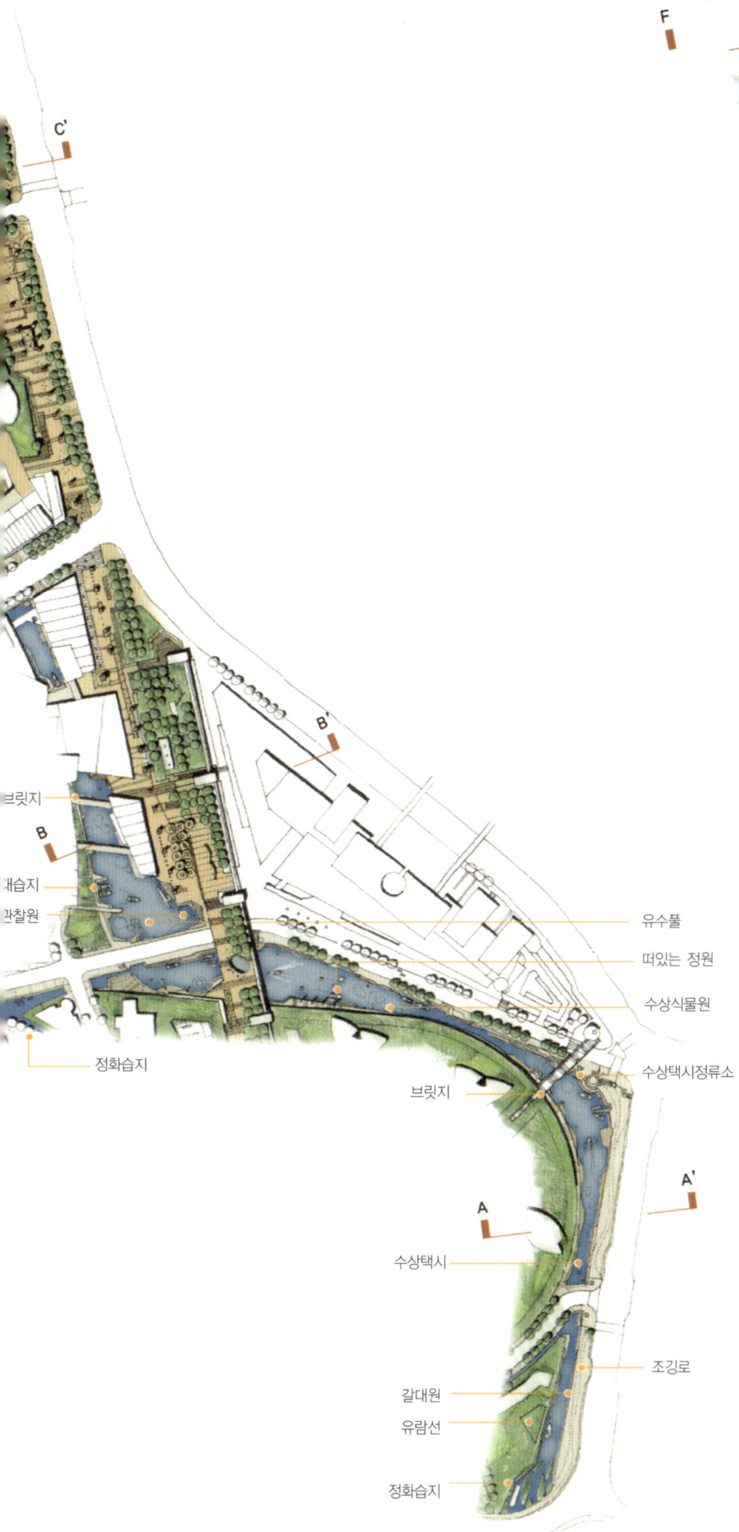

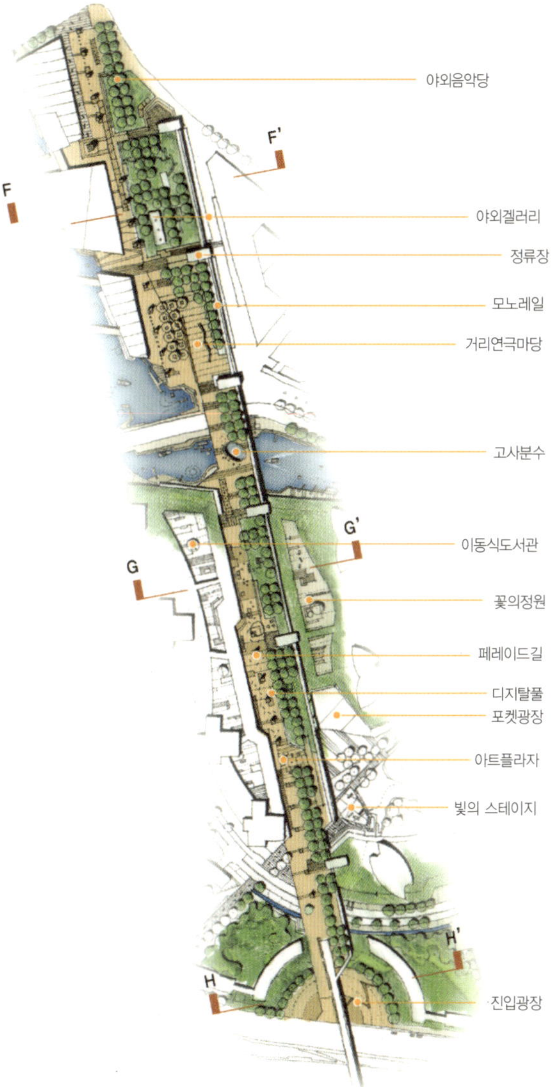

안산시 상록구 사동 90BL PF사업 안산시 상록구
단지 내 다양한 수환경 조성을 통한 생태보존 및 체험형 프로그램 구성

Hanging Green

:: **It means** hang: 1 걸다, 달아매다, 달다/ 2 장식하다, 걸어서 매달다/ 3 〈벽지를〉 벽에 바르다/ 4 첨가하다
hanging green: 인공지반이나 데크를 사용한 녹지, 저층부 포디엄(podium)을 녹지화한 것 혹은 고층타워의 공중정원

:: **See also** vertical green, roof garden, hanging garden, eco-technology, ecological system, community space

부산 센텀시티 주거단지 계획안 부산시 해운대구
대형 데크시스템을 통한 인공지반 형성

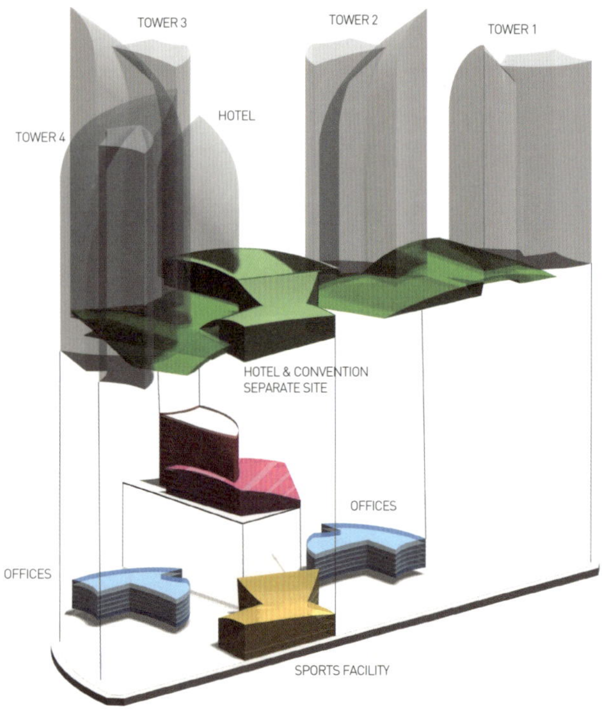

해운대 우동 I-PARK 부산시 해운대구
인공의 자연 지반 형성으로 도시, 지역의 Community 장소제공

도심의 제한된 부지 내에서 쾌적한 녹지공간을 거주민들에게 제공하기 위해 인공 지반이나 데크시스템을 사용하여 대지를 확장시키는 방식을 사용한다. 이는 녹지와 접지층을 확장하여 실질적으로 녹지율을 높인다는 의미도 있으나, 도심의 고급 주거에 사는 거주민들만의 커뮤니티, 개별적인 사유공간으로서의 정원을 제공한다는 의미도 있다. 저층부에 상업시설이나 업무시설 등의 대중적인 시설이 있을 경우에는 주거 동선과 분리하여 저층부 포디엄podium의 최상층을 정원으로 사용한다. 건축의 고층화, 복합화가 극도로 발달한 홍콩의 주상복합들에서는 흔하게 볼 수 있는 계획 방식인데, 심지어 여러 개의 레벨을 사용하면서까지 주민들만의 어메니티 공간을 제공하고 있다. 대지가 더 협소하고 고밀화된 경우에는 공중 정원을 계획하기도 한다. 건물의 중층부에 한 층을 비워서 커뮤니티 시설과 연계한 녹지, 휴식공간을 만드는데, 식물을 심기 위한 토양층의 두께라든지 배수시설 등의 기술적 검토가 수반되어야 한다.

해운대 우동 복합단지의 경우도 저층부 포디엄의 상부를 녹지로 사용하면서 분리된 거주민들만의 독립적인 정원을 제공하고 있다. 거주자를 위한 주된 로비층으로 사용하면서 정원이 연계, 활용된다.

은평뉴타운의 경우도 데크 시스템을 사용하여 주민들을 위한 어메니티 공간을 제공하고 있다.

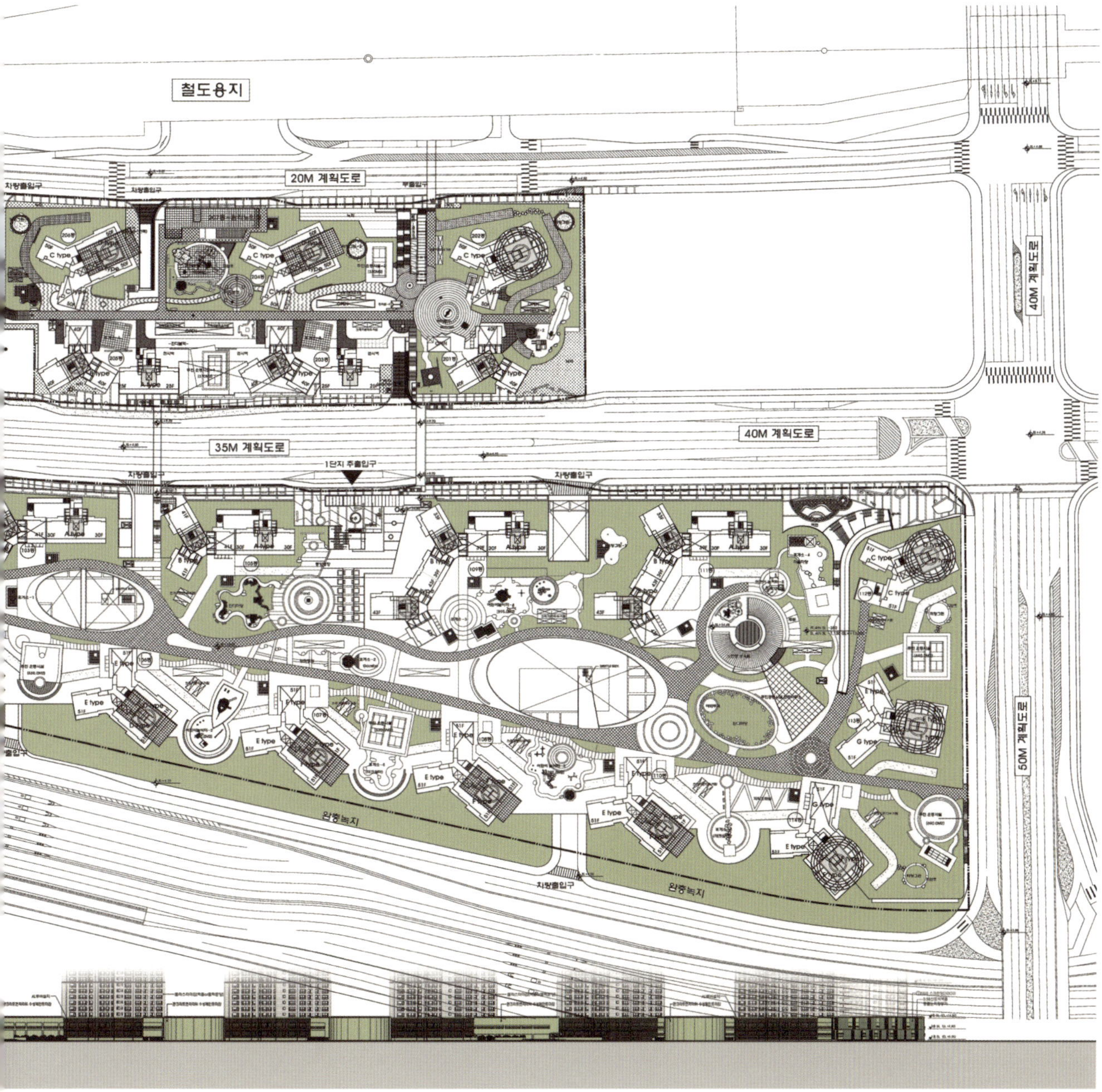

Sky Mirror

:: **It means** 초고층 빌딩에서 느낄 수 있는 자연은 무엇보다도 하늘이다. 하늘과 더 가까워지기 위해, 또는 더 넓은 뷰(view)를 확보하기 위해 사용되는 창, 커튼월 방식.

:: **See also** curtain wall system, glass, project window, opening, mirror glass, panoramic view

조망을 확보하는 것은 초고층 주거의 가장 큰 매력이다. 땅과 접하는 면적도 크지 않고 개인정원이나 녹지공원도 단지 내에 조성하기 힘들지만 누구도 갖지 못한 초고층에서의 하늘 배경과 도시의 다이나믹한 뷰는 충분히 살 만한 가치를 제공한다. 주상복합이 활성화되면서 고급 주거 이미지를 위해 일반적으로 오피스 빌딩의 디자인에서 사용되던 통유리의 커튼월 방식이 주거에 도입되었다. 에너지 사용과 냉난방의 문제가 물론 많은 논란 거리를 안겨주지만, 단위 세대 내에서 전체 입면을 열어주는 개방적인 뷰는 거주민들에게 큰 매력으로 작용한다. 조금 더 뷰view를 확보하기 위해 다양한 기술과 커튼월 멀리온mullion의 간격을 조정하여 최대한 시원한 개방감을 느낄 수 있게 하는 것이 선호된다. 최근에는 워낙 에너지와 관리 문제가 이슈가 되어 일반 아파트와 같이 개구부를 제한적으로 열어주는 방식이 적극적으로 검토되기도 한다.

주상복합 활성화 시절의 아크로비스타는 오피스와 같은 고급스러운 입면 디자인을 보여주고 있다. 개구부(실제로 열리는 면보다는 조망하는 면의 의미)도 최대한 확보하여 기존 아파트와 차별화 하였다. 부족한 자연에의 접지성을 뛰어넘는 단위세대 내에서의 개방감과 조망권, 그리고 편리한 원스탑one-stop 서비스와 다양한 부대시설이 초고층 도심 주거의 큰 장점이라 할 수 있다.

서초동 아크로비스타 서울시 서초구
커튼 월 시스템으로 일체화된 입면 구성, 주변 도시 및 자연을 투영하는 도시의 창

해운대 우동 아델리스 부산시 해운대구

해운대 우동 I-PARK 부산시 해운대구

Vertical Residential Façade Section

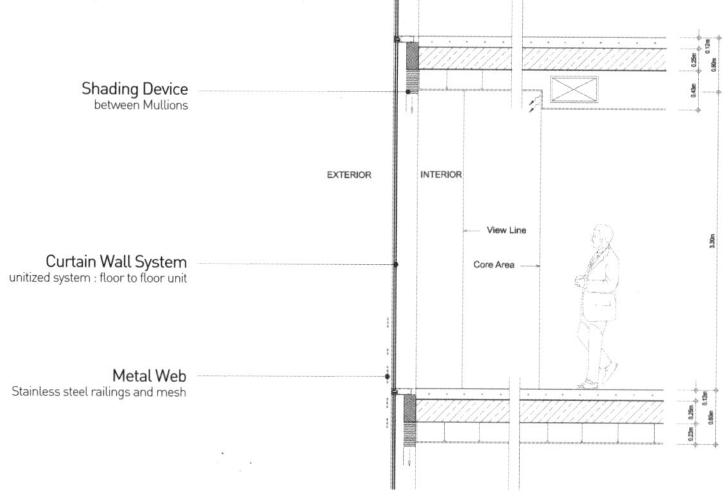

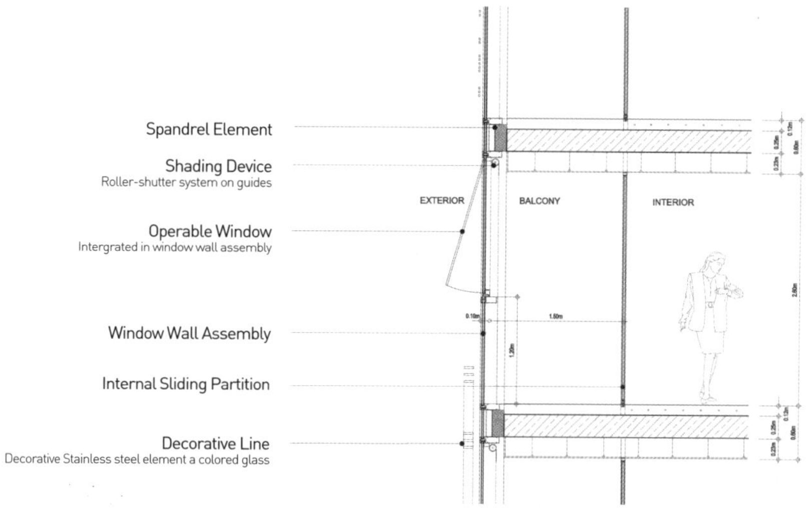

Sloped Residential Façade Section

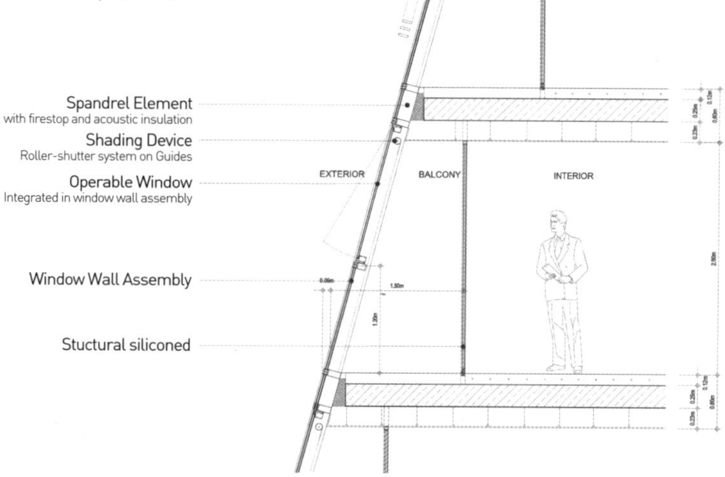

Land Expansion

:: It means 대지 확장, 간척사업 (land reclamation by drainage)
신도시 계획을 위한 새로운 부지의 확보 방법으로서 간척사업을 하는 것, 또는 인공지반, 섬 계획

:: See also land reclamation by drainage, new city, land acquisition, development, seaside, riverside, density

매립형 신도시의 도전은 밀도를 해결하기 위한 새로운 땅의 발견만이 아니라, 기존 도시와는 다른 새로운 질서의 도시로서 발상을 전환하는 것이다. 신도시계획은 도시의 새로운 이념적 구축이나 새로운 시스템의 반영과 같은 측면에서의 장점과, 기존의 땅이 가지고 있는 기억과 환경의 부재에 대한 우려가 동시에 고려되어야 한다는 것이다. 그리고 기존 구도시와의 연결에 대한 아이디어 측면에서, 섬과 같이 독립된 차별성이 있는 도시가 될 것인가, 아니면 구도시와 원활하게 연결되는 도시가 될 것인가에 대한 명확한 방향을 지녀야 한다. 결국 매립지라는 아무런 장애도 없는 하얀 캔버스와 같은 도시는 사람이 생활하는 공간으로서 필요한 복잡성을 반드시 이해해야만 지속적인 도시로 발전할 수 있다.

송도신도시 마스터 플랜은 매립지라는 새로 만들어진 땅에 도시를 이식하는 작업이다. 기존 질서가 없는 상황에서 가장 주요하게 다루어져야 할 사항이 바로 도시의 다양성, 또는 도시 생태계임을 분명히 인식하였다. 도시가 가져야 하는 도시조직의 위계와 도시조직에 맞는 지역zoning의 구성이 가장 핵심적인 뼈대이다. 오픈 스페이스의 위치, 크기와 성격, 그리고 중심지역downtown, 도로, 주거, 상업, 업무 등과 도시가 가져야 하는 어메니티 시설들을 일원화하지 않고, 각각의 위계별로 다른 형식화를 거쳐서 각각의 오픈 스페이스들이 도시조직 속에 네트워크화 되도록 도시체계를 완성하였다. 따라서 신도시가 가질 수 있는 통합적 질서와 신도시이기에 놓칠 수 있는 도시 생태성을 동시에 추구하는 이상적 도시모델을 제안하였다.

송도신도시 국제업무단지 마스터플랜 인천시 연수구
매립형 신도시구축으로 새로운 Urban Edge 형성

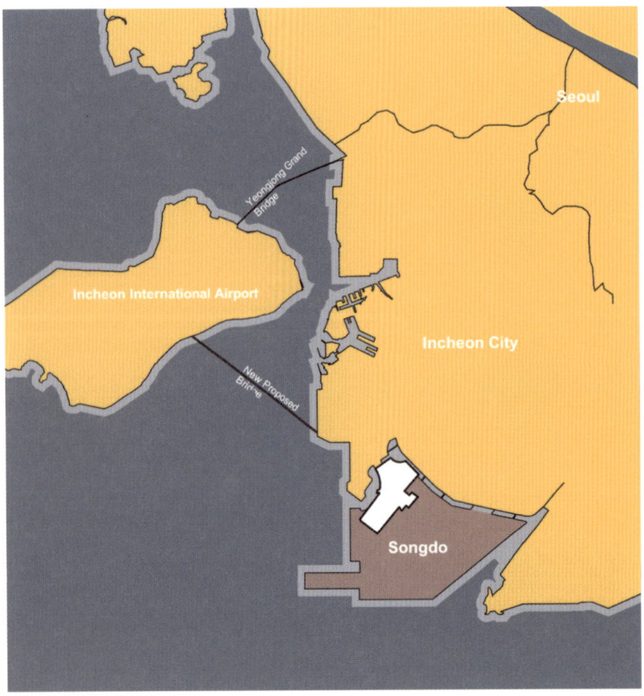

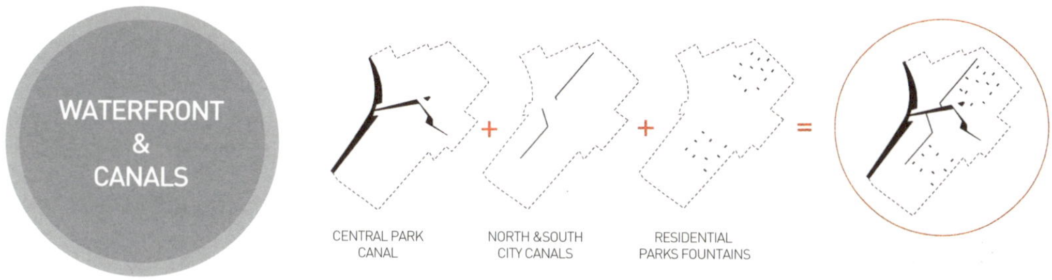
WATERFRONT
&
CANALS
CENTRAL PARK
CANAL
NORTH & SOUTH
CITY CANALS
RESIDENTIAL
PARKS FOUNTAINS

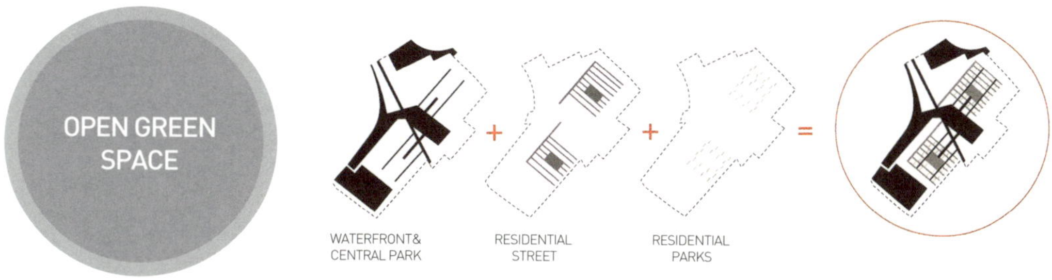
OPEN GREEN
SPACE
WATERFRONT&
CENTRAL PARK
RESIDENTIAL
STREET
RESIDENTIAL
PARKS

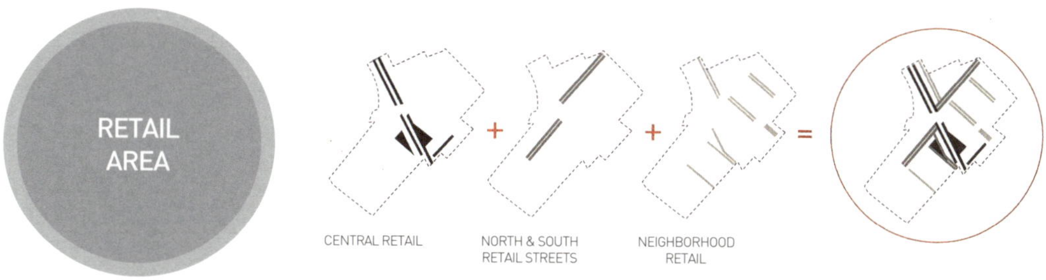
RETAIL
AREA
CENTRAL RETAIL
NORTH & SOUTH
RETAIL STREETS
NEIGHBORHOOD
RETAIL

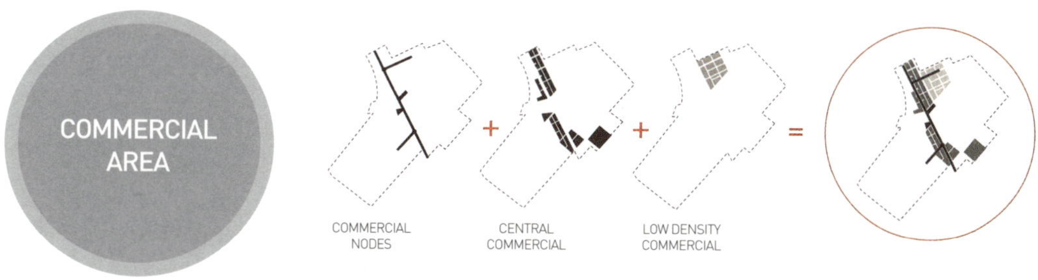
COMMERCIAL
AREA
COMMERCIAL
NODES
CENTRAL
COMMERCIAL
LOW DENSITY
COMMERCIAL

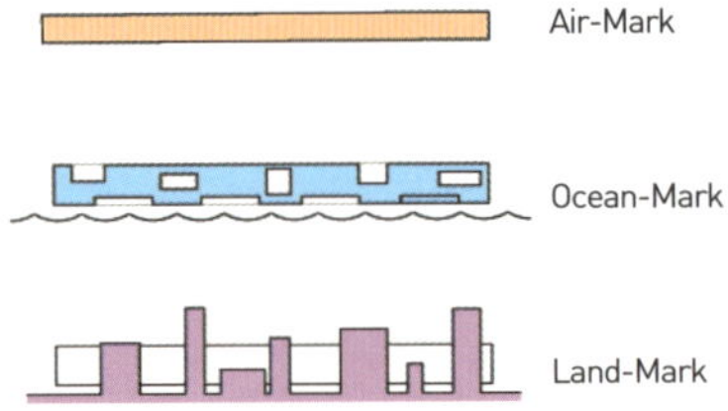

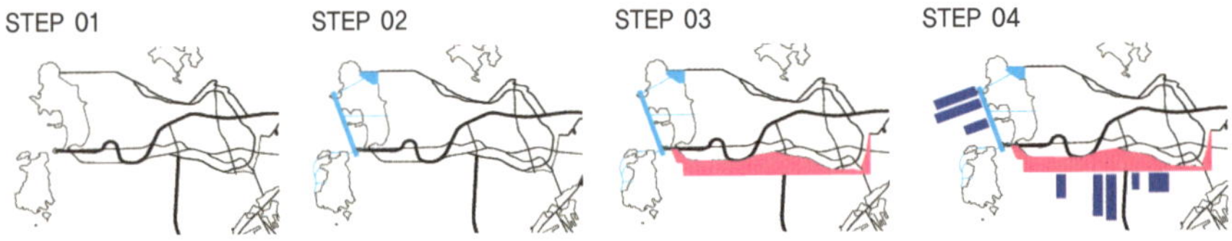

용유무의 관광복합도시 개발 인천시 중구
향후 도시의 성장가능성을 고려하여 시간에 따라 지역적 환경에 맞추어 점점 자라나는 도시 계획

Sea Mark

:: It means 항해목표, 항로표지
바다에서 바라보는 랜드마크, 지향점, 바다경관의 상징적인 이미지를 연출하는 것

:: See also signal, tour-scape, sea-scape, landmark, icon, super-tall, high-rise

두바이를 비롯한 초거대 신도시 개발계획에서 나타나는 자연에 대한 시선은 이미 지구 지형의 선형을 바꾸는 작업을 지나서, 인공위성에서 바라본 지구적 차원의 랜드아트land art와 같은 단계에 이르렀다. 이것은 바다를 향해 땅을 넓혀 가용면적을 더 확장하는 개념에서, 바다에 특정 형태를 새긴 씨마크sea mark로서 '팜아일랜드Palm Island', '더 월드The World'와 같은 프로젝트를 통하여 잘 알려져 있다. 이러한 시도들은 물이 가지고 있는 유동성 또는 불확실성을 제어하는 기술력, 그리고 개발이 기존 생태계에 가져올 수 있는 부정적인 변화에 대한 예측 및 예방 등을 고려하여, 최첨단의 축조 및 환경 기술력이 전제되어야 한다. 또한 현대 도시가 요구하는 새로운 퓨처마크future mark로, 땅 위에서의 개발과는 다른 새로운 개념으로서의 놀라운 반향Wow Effect을 기대하게 만들어야 한다.

한국의 관광 게이트웨이시티gateway city를 표방하는 용유무의 관광단지 개발계획은 지구에 또 다른 씨마크seamark를 남기는 개발계획stamping project으로 접근하였다. 인천 영종도공항 인근에 위치하여 서해안에 맞닿아 있는 대지는 기존의 대지 확장형 매립방식을 벗어나, 친환경적인 방파제형 인공대지를 계획하였다. 이는 인천 영종도공항으로 들어오는 비행기에서 접하는 첫 기호sign가 되도록 하자는 아이디어에서 출발하였다. 6km에 달하는 관광인공구축물은 그 자체로 기호화된 거대구조물super-structure, mega-structure이며, 내부적으로는 하나의 선형도시로 계획되었다. 이러한 거대함bigness은 와우이펙트wow effect와 더불어, 환경에 대한 배려가 조화되어야만 새로운 미래의 개발, 즉 퓨처마크future mark가 될 수 있다.

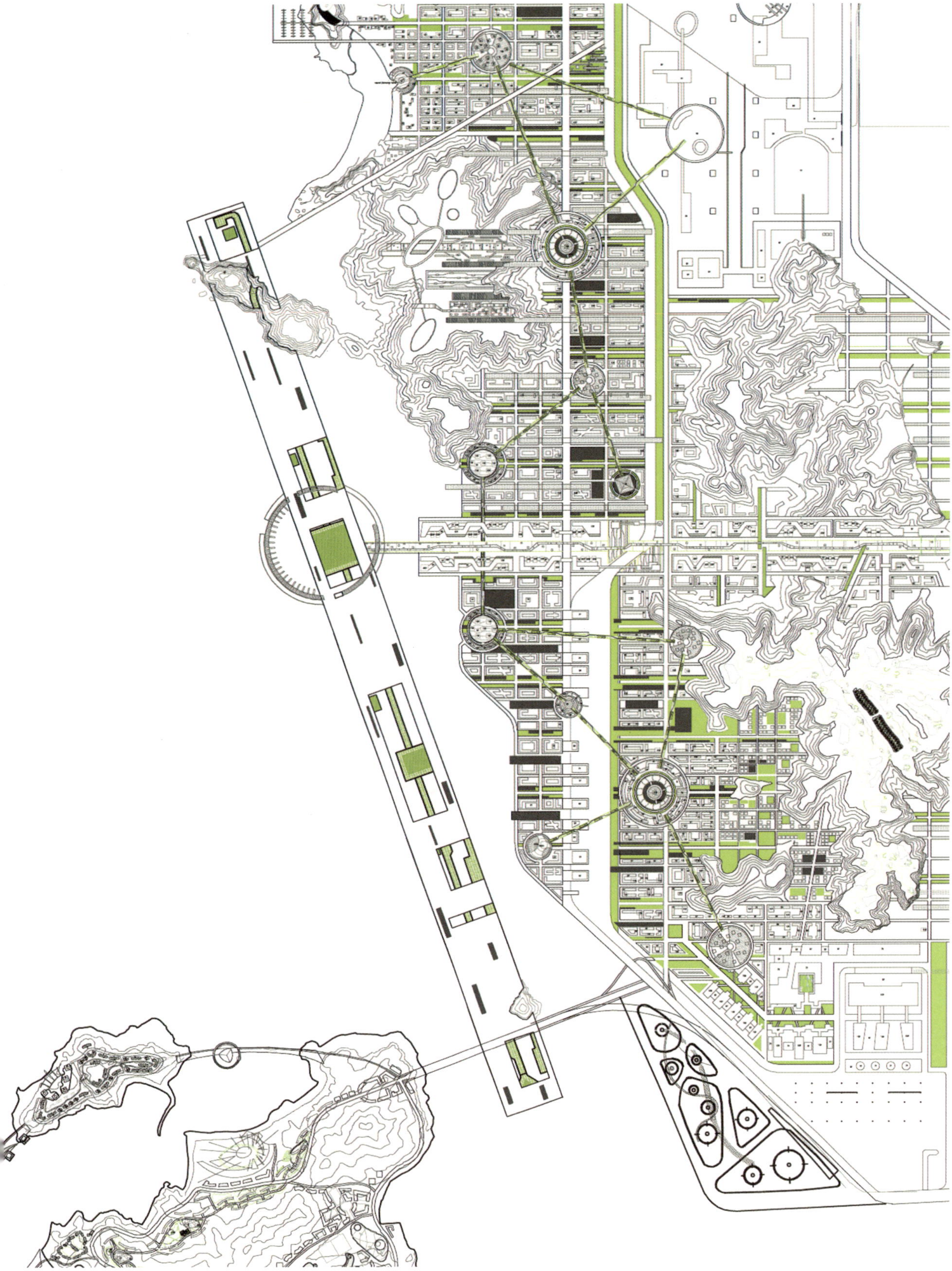

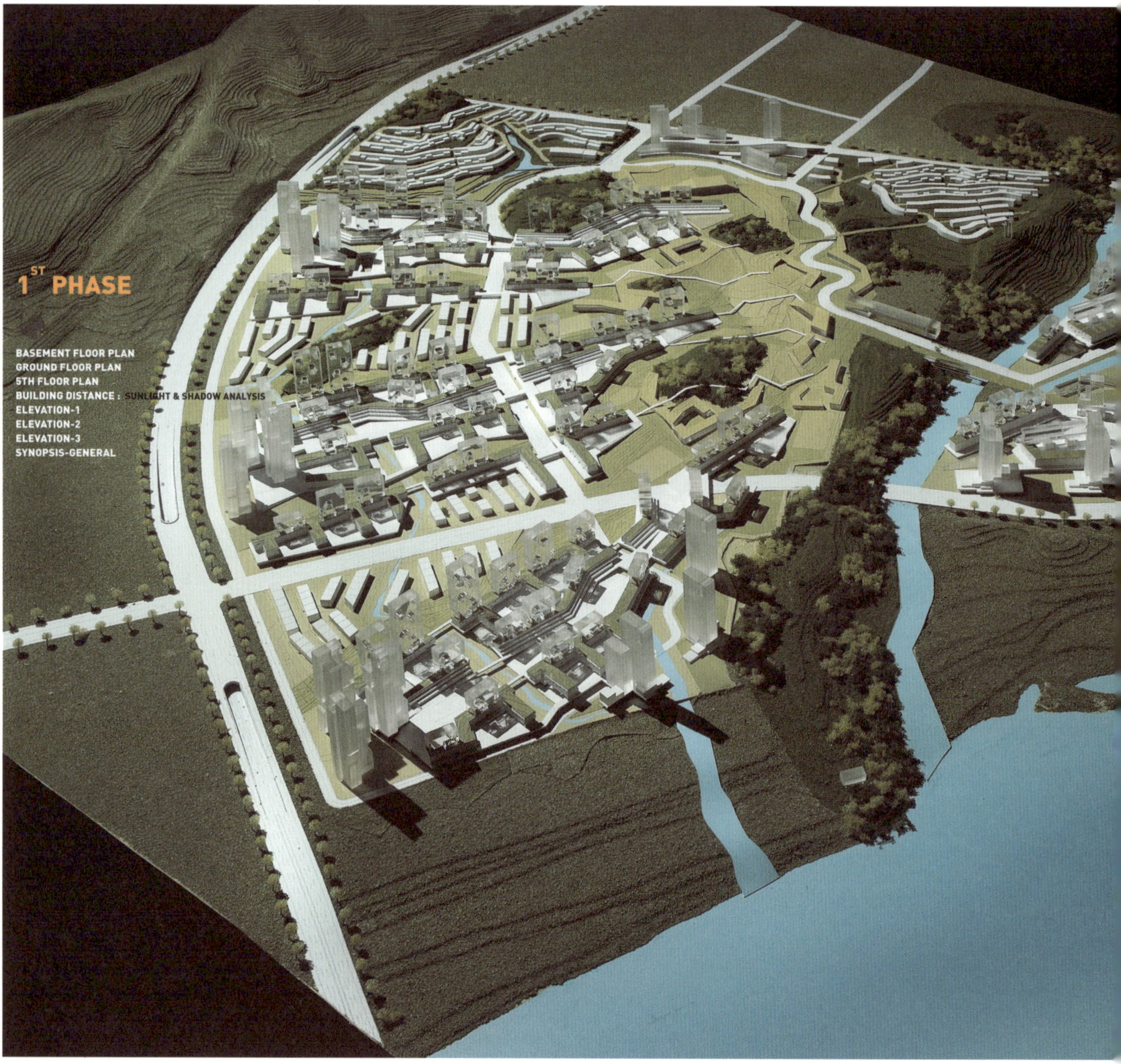

행정중심복합도시 첫마을 마스터 플랜 충남 연기군

Ground Wedge

:: It means ground : 지면, 땅, 토양, 운동장, 강바닥, 해저, 지반, 입장, 기초, 근거, 분야
wedge : 쐐기, 사이를 갈라놓는 것, 웨지, 쐐기모양의 물건
녹지대면률을 의미, 지반이나 녹지공간과 주거가 만나는 방식과 얼마나 만나게 하는가에 관한 것

:: See also root, plant, bed, vernacular, contour, landscape urbanism, topography

바람개비마을

Platform의 외곽선은 전체 도시의 얼개에 조응하는 선과 원지형을 충돌시켜 얻어지며, 이들 사이로 커뮤니티 시설들이 스며듦

LIVING PLATFORM

500m 길이의 인공지반의 Edge는 도시적 Scale의 방향성을 제공

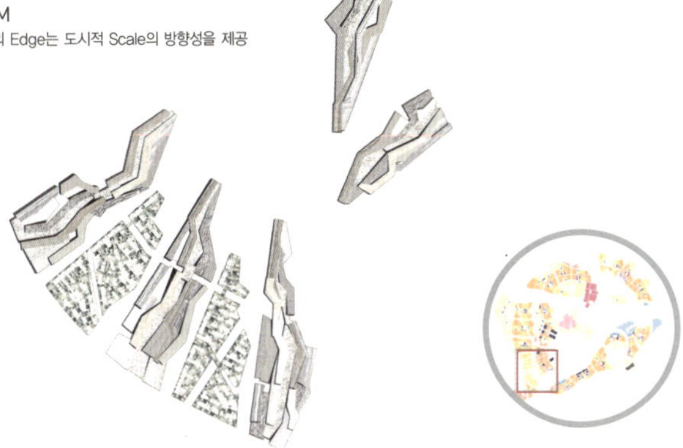

PLAYING PLATFORM

방사형의 녹지체계는 환상형의 행복도시체계와 조응하여 전체 녹지 패턴의 모델이 됨

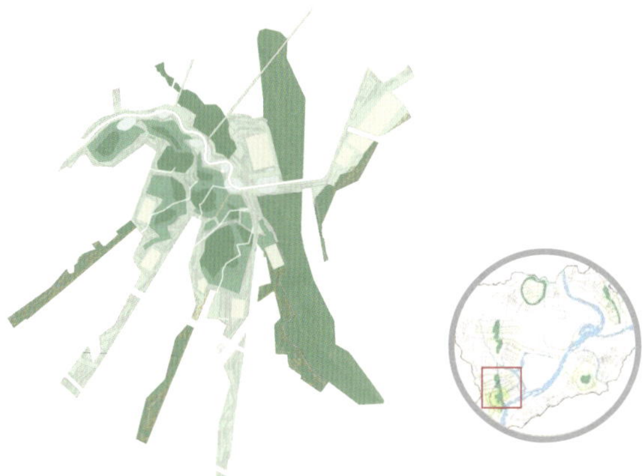

약 5,000세대를 넘는 대형 주거단지 계획에 있어서, 녹지공간 배분방식은 길에 대한 위계와 더불어 가장 초기에 다뤄져야 하는 이슈이다. 공공공간으로서의 녹지공간은 많은 사람들에게 균등하게 배분되어야 한다. 그리고 녹지공간은 위계에 따라 대형 공원, 커뮤니티공원, 포켓공원 또는 소규모 테마정원 등으로 분류될 수 있다. 그 중에서 가장 거주민과 상시적으로 반응하는 커뮤니티공원은 주거단지와 대면하는 공간을 많게 함으로써 많은 사람이 균등하게 즐기는 녹지공간으로 계획되어야 한다. 이는 한 곳에 크게 집중된 공원이 아니라 선형공원으로 계획하여, 주거단지와 녹지대면률ground wedge을 높여 거주민의 조망, 근접성에 기여하는 방식이다.

행정중심복합도시 첫마을은 중앙의 보존된 녹지인 중앙공원로부터 이어지는 커뮤니티 공원을 선형화하여, 주거단지와 단지 사이에 피아노 건반처럼 삽입된 녹지 배분형식을 가지고 있다. 그리고 그 선형 공원은 녹지로 이루어진 자연공원과 시설들이 많은 비율을 차지하는 커뮤니티 공원으로 분류된다. 자연공원은 주로 휴식과 스포츠 위주의 공원으로, 커뮤니티 공원은 어린이, 노인, 주민시설들이 자유롭게 배치된 시설위주의 공원으로 계획되었다. 또한 이 공원들은 보행자 또는 자전거 동선을 통하여 중앙공원내의 학교, 관공서, 도서관, 소매시설과 네트워킹 되는 구조를 가지고 있다. 행정중심복합도시 첫마을은 주거와 공원의 가장 밀착된 형식을 보여주는 성공적인 사례이다.

YUN) 인간답다는 게 뭘까? "인간이 윤리적이어야지". 다른 사람을 존중도 해야 하고 자연도 소중히 해야 하고... 건축을 보는 시각이나 도시를 보는 시각이나 세상에 있는 것들을 보는 시각은 다 인간다움에서 나오는 것이지. 내가 조그만 디자인을 하나 하더라도 생각을 많이 하다보면 더 신중하게 되잖아. 결정도 늦게 하게 되고. 디자인 결정은 늦게 할수록 좋은 거야. (웃음) 사람이 사는 이치나 깨달음이 있으면 어떤 가치가 생기지. 도시에서는 근본적으로 중요한 것이 장소성의 문제인데, 그것을 뛰어넘는 것이 시간성이고, 우리가 어떤 장소가 아름답다고 하는 것은 단순히 물리적인 것이 아닌, 어떤 정신이 있어. 그 장소에서 살던 사람들이 남긴 것 말이지. 그런 것들이 도시에서 중요하게 다뤄져야할 문제이고 더 깊이 깨달으면서 윤리적인 것이 되는 것이지. EHO) 무엇인가를 항상 정립하려 하는 것이 사람인 것 같아요. 물이 흐르거나 잎이 떨어지거나 하는 것이 자연이고, 그런데 사장님이 말하는 윤리적이라는 것은 그 와중에서 계속 고민을 하는 거잖아요. 도시를 만들 때에는 늘 뭔가 이념이나 이슈도 집어넣고 그 레이어(layer)가 자연하고 합쳐지는지 고민하고... 그런데 그걸 어느 쪽으로 밸런스(balance)를 더 가져가느냐 그게 문제인 것 같아요. 그렇다면 물이 흐르는 것처럼 많은 사람들이 따르는 가치, 지향하는 가치에 순응하는 게 옳은 것인지 아니면 그 사람들을 이끌어가면서 가는 것이 좋은 것인지, 그 두 가지의 가치체계에 대한 것으로 보여요. YUN) 결국엔 인간이 만든 게 문화나 문명인데 그런 것들은 어찌 보면 자연에 반하는 것이거든. 인간은 태어나면 어떤 행위를 하고 싶어 하지. 인간이 문명이나 문화를 만드는 것 자체는 어쩔 수 없는 인간의 본성이라고 쳐도 결국 그것을 윤리적인 것으로 대할 필요가 있다는 것이지. EHO) 그래서 그게 좀 헷갈릴 때가 있는데 굉장히 다수의 사람이 원하는 것이 자연스럽잖아요. 커먼센스

관계맺기 | 03 도시와 인간

(common sense)라고 하는 것 말이죠. YUN) 도시도 어떤 도시를 어떻게 의도했느냐, 얼마나 더 세련되고 더 가치 지향적인 문화나 문명을 만들어내느냐는 것이 문제지. 어떤 것이 옳다 그르다 할 순 없어 디자이너가 하는 일이 그런 일이지. 어떤 걸 보여주는데 어떤 세계를 보여주는 것이냐. 근데 아까 얘기한대로 그 출발은 보다 더 윤리적일 필요가 있다는 것이지 본래 우리가 인간적이라고 표현하는 것은 자연에 가까운 것이지. 그래서 요즘 조그마한 프로젝트 현상 하나 배치 컨셉을 잡는데 그것을 할 때에도 처음에 생각이 무엇을 줄 것이냐, 그리고 난 무엇을 하고 싶은가, 그런 질문을 한단 말이야. 디자이너니까. 건물이 아무리 조그마한 거라도 지어지면 누군가가 그것으로부터 영향을 받는다는 말이야. 그러면 그것에 의해서 그 사람의 사고가 달라질 수도 있고... 인간이 도시를 만드는 건 물리적인 구성을 만드는 것이잖아. 그런데 시간성이 추가되고 어느 단계를 지나 보면 물리적인 문제가 보다 이념적인 문제로 바뀌게 되는 것이지. 이런 것들이 인간한테 영향을 미친다는 것이지. 경복궁이 단순히 옛날의 것, 좋은 오픈스페이스, 서울에 이런 문화유산이 남아 있어서 다행이다, 이런 것 외에 우리한테 주는 다른 메시지가 있을 것이라는 생각이 드네. EHO) 그런 면에서 서울은 이제 굉장히 글로벌한 위치를 갖고 있다고 생각돼요. 공간자원을 활용하는 것도 그렇고 시민들이 그 공간을 활용하는 자세도 그렇고... 그런 것들이 사장님이 얘기하신 윤리적인 것과도 많은 연관이 있다고 보는데, 기존의 것들이 있는 상태에서 조금씩만 바꿔주니까 완전히 다른 상황으로 발전하고 사람들이 즐길 수 있는 공간이 된다는 것... 그런걸 보면서 내가 테이블에서만 디자인을 했다는 생각이 들어요. 예전처럼 많이 돌아다니면서 좀 더 따뜻하게 해야겠다는 생각이 듭니다. – 2009.06.03 윤용근 사장(YUN)과 이호 상무(EHO)의 대화 –

Diversity
0 - 100%

COLOR
MADE TO ORDER
DESIGN MARKETING

Components
100 - 300%

SPINE
PLACE
EPISODE

Attractor
300 - 600%

URBAN ALIEN
CULTURAL BEACON
THEME PARK
PUBLIC CONCERN

Completeness
600%

GOOD ADDRESS
URBAN CRUISER

Population
MAX

SATELLITE
SUBURBAN NATURE
THE SECOND LEADER
GATEWAY

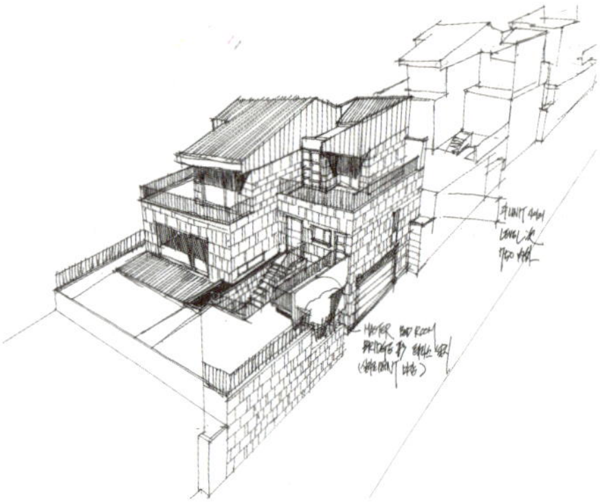

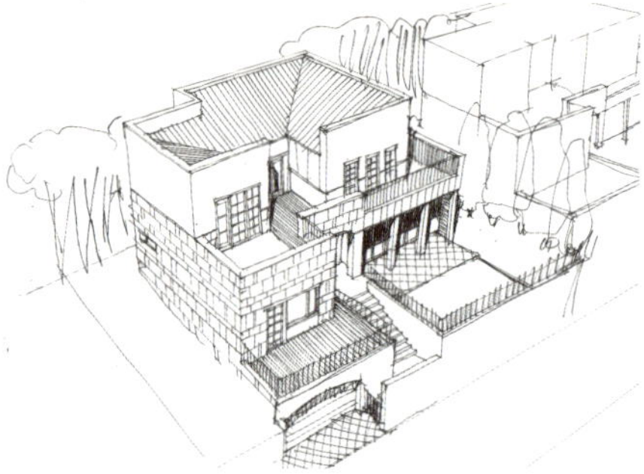

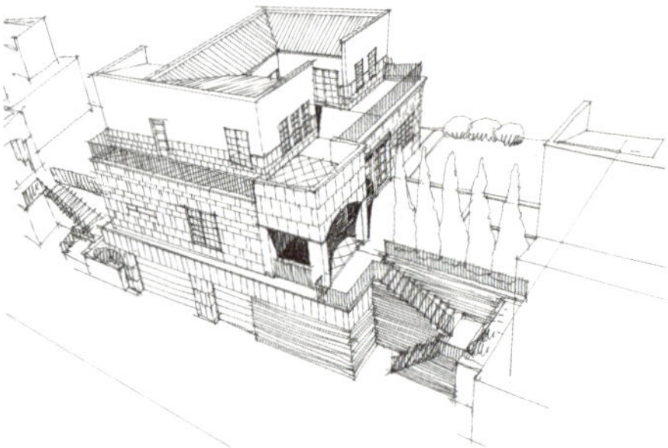

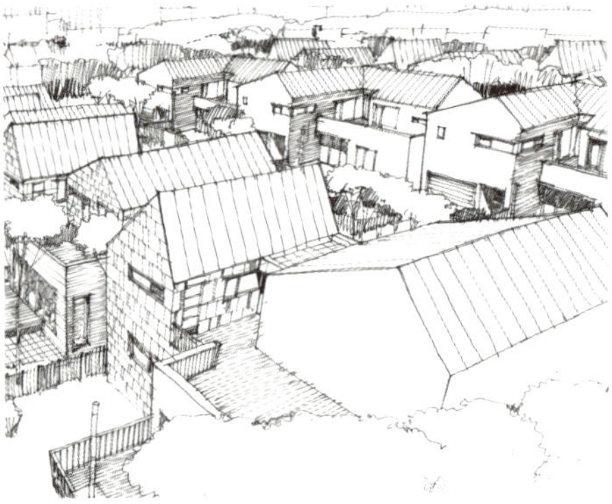

Color

:: **It means** 1 빛깔, 색, 색채 / 2 개성, 특성, 멋, 표현의 변화 / 3 [음악]음색 / 4 [집합적] 유색인종
단지 내 입주자의 개성, 취향, 라이프스타일 등을 고려하여 주거공간디자인을 몇 가지로 카테고리화한 주거공간의 선택성.

:: **See also** nature, characteristic, diversity, individuality, special, universal

단독주택으로 구성된 마을 계획의 핵심은 마을에 대한 영역성과 그와 대비되는 내 집에 대한 차별성, 그리고 아파트와 비교될 수 있는 외부 공간, 이 세 가지에 대한 배려를 이해하는 것에서 출발한다. 그 중에서도 투자가치, 보유가치가 아닌 거주가치를 가장 우선 선택한 입주자의 입장에서 본다면, 단언코 입주자의 개성을 담은 집이 선택 가능해야 한다. 타운하우스 계획에 있어서 진정한 주문 제작 방식made to order을 전 세대에 적용하는 것은 한계가 있으므로, 대중적인 개성에 대하여 취향을 정확히 분석하고 몇 가지로 분류하여, 최종적인 디자인과 아이템을 이끌어 내는 데에 초점을 맞춰야 한다. 그리고 이것은 차량생산에 있어, 시리즈 방식이나 핸드폰의 동시 모델 생산방식과도 유사하다. 파주교하택지지구 내에 위치하는 100세대의 타운하우스계획에 있어서, 디자인의 코드화는 처음부터 가장 중요시 된 부분이다. 단일한 디자인 코드를 유지하면서 변화를 택할 것인가? 아니면 매우 다른 디자인코드들이 대립되며 펼쳐지는 다양성의 조화colorful를 만들 것인가?

첫 번째 아이디어는 도시미학적인 코드는 확보하나, 소비자의 선택 폭이 좁아지는 측면이 있고, 두 번째 아이디어는 그와는 반대로 도시미학적으로 질서유지에 대한 위험성이 존재한다. 일산의 정발산 자락에 위치한 일산 단독 주택지의 경우 도시적인 코드 즉 필지, 가로는 일관되게 구성되며, 주택들은 각각의 다른 코드로 다양하게 구성되어 있다. 이 단지의 사용자 만족도를 분석한 바, 두 번째 아이디어에 손을 들어 주었다. 그리고 합벽 형식보다는 단독주택형 개별필지 방식이 주거만족도 분석에서 우월하였고, 파주교하 택지지구에서도 이 방식을 적용하였다.

파주교하 타운하우스 파주시 교하읍
개별 필지 방식에 따른 대지의 분할 및 입주자의 선택이 가능한 주거 유형의 프로토타입 제시

01 Soho Type
분절을 통한 자연과의 만남

02 Gallery Type
닫힘과 열림이 자유로운 숲 속 갤러리

03 Patio Type
안과 밖이 균형있게 열린 공간

04 Skip Type
다양한 수직적 시퀀스의 만남

05 Annex Type
이벤트와 퍼포먼스의 독립공간

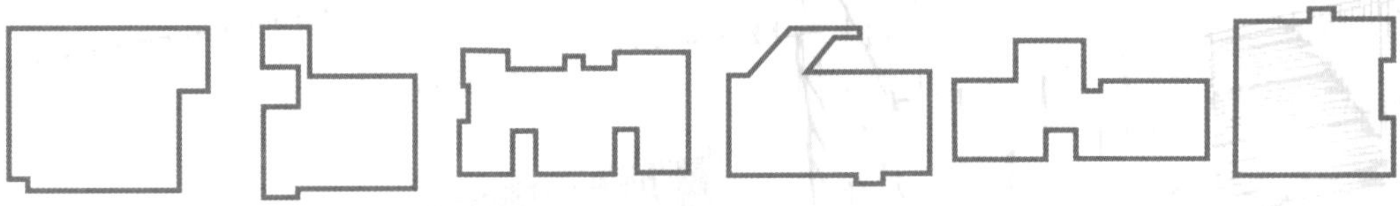

Safety Joyful Peacefully Comfortable Happiness Resting

Made to Order

:: It means 1 주문 받아 만든, 맞춤의 (opp. ready-made) / 2 딱맞는, 일치하는
사용자의 주문에 입각한 개인의 맞춤형 상품과 같이 거주자의 요구하는 사항들과
프라이버시보호를 극대화 한 단독코어의 개별적 맞춤형 고급주거공간 계획.

:: See also customized, tailor, custom-made, ready-made, uniform housing, diversity, individual, single house

패션에 있어 오트쿠튀르haute-couture와 프레타포르테Pret-a-Porter의 방식과 같이, 현재의 고급주거단지는 개개인의 특성화를 고려한 맞춤형 공간계획이 가장 주요한 이슈이다. 이는 사회적 혼합Social Mix에 대한 다양성과는 조금 다른 의미이며, 취향과 문화의 향유방식이 초점이 된다. 즉 대량생산되는 공동주택이지만, 공유하는 무엇보다는 각각의 개별성에 대해 더 집중한다.

헌인도시개발사업은 최대 120평형대의 단위세대가 7층으로 이루어진 최고급 저층형 공동주택이다. 각각의 단위세대는 하나의 층에 하나의 단독코어를 갖는 방식으로 구성되어 극단적인 프라이버시를 지향한다. 지금까지의 공동주택에서 볼 수 없는 공간감을 추구하였고, 이에 따라 기존 공동주택의 압축되고, 단순한 단위세대 조합방식이 아닌, 단독주택과 같은 펼쳐진 단위세대 방식을 제안하였다. 외장과 실내 모두를 화이트의 공간으로 구성하여, 외부적으로는 건축적 조각을 구현하였고, 내부적으로는 가구 또는 소품, 사람들의 캔버스 공간으로 연출되기를 기대하였다. 그 무엇보다도 장식적이지 않은 공간감과 최고급화를 통한 건축적 대응으로, 입주자의 창조성을 자극할 수 있는 주거형식을 제안하였다. 이것이 주문제작made to order에 대한 핵심적인 해석이다.

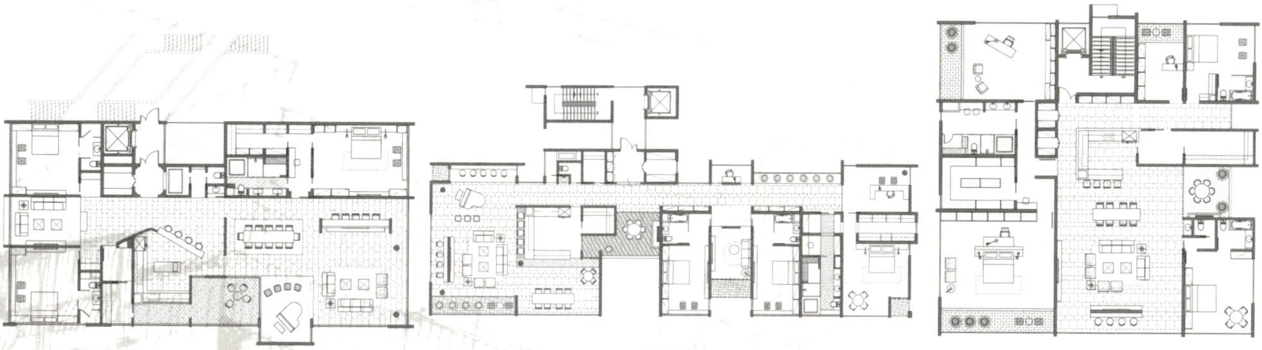

헌인 도시개발사업 국제현상 공모 서울시 서초구

Gate Plaza
단지 남측의 주 출입구

Eco Rambla
주변 녹지와 연계된 녹색 휴게 공간

Blue Rambla
수공간을 중심으로 한 카페테리아

Design Marketing

:: It means 디자인을 마케팅의 핵심으로 활용하는 전략, 또는 마케팅을 돕는 도구로서의 디자인.
디자인 된 건축의 분양성을 높이기 위해 사용자를 고려하여 전략을 디자인하는 것.

:: See also marketing strategy, design management, productivity

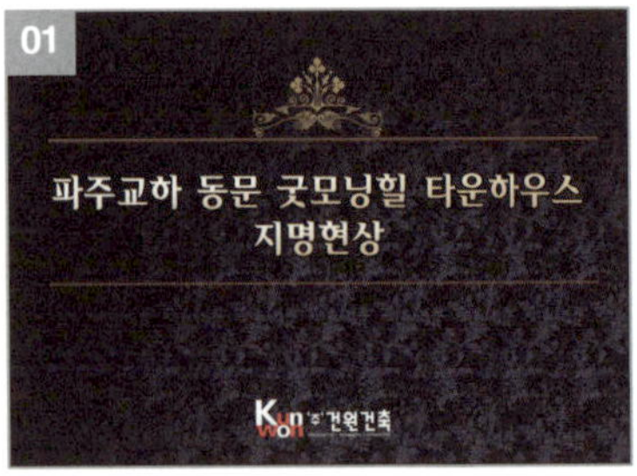

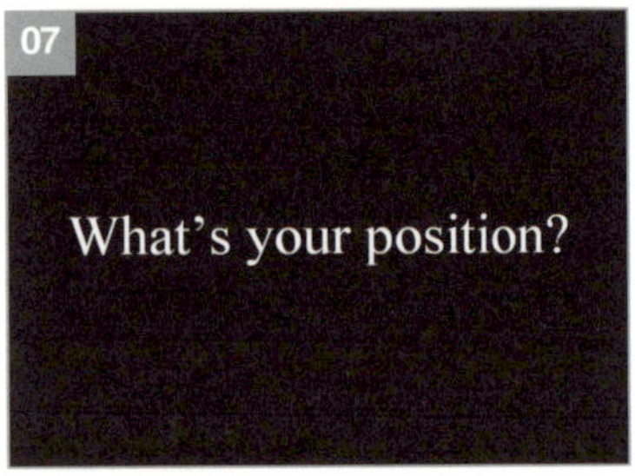

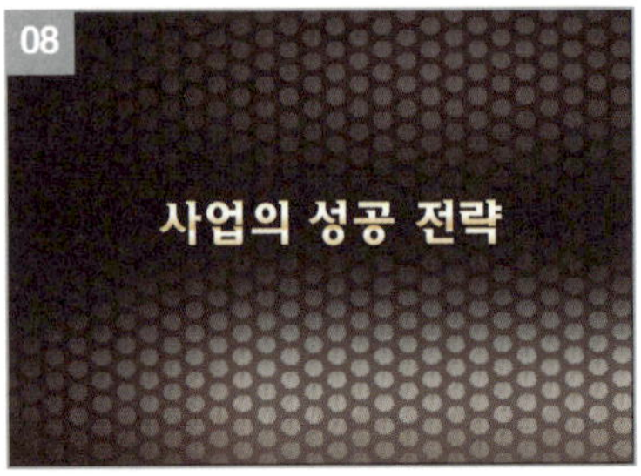

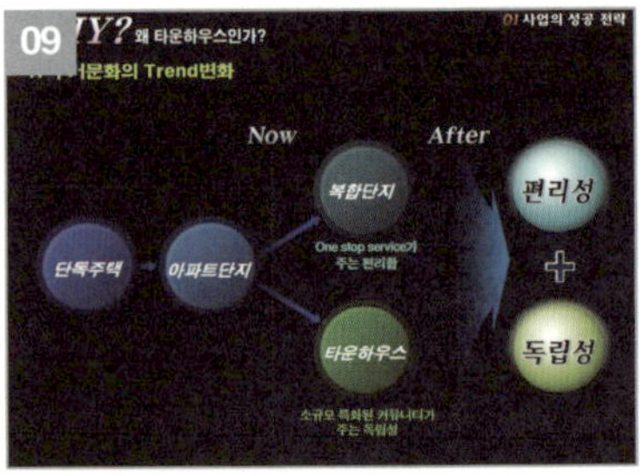

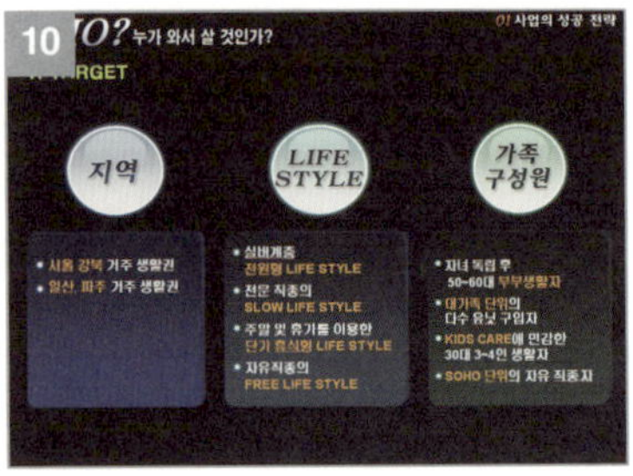

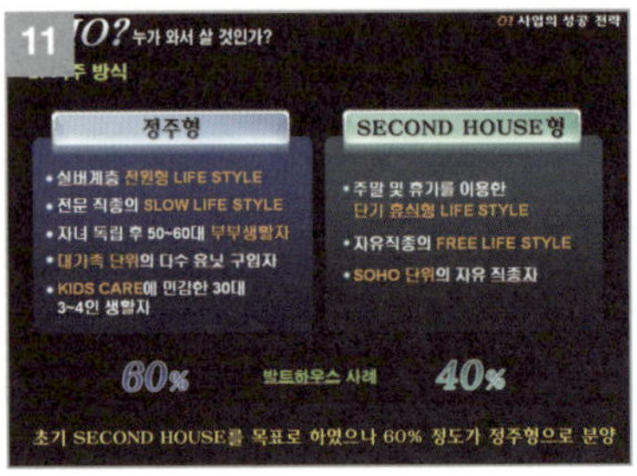

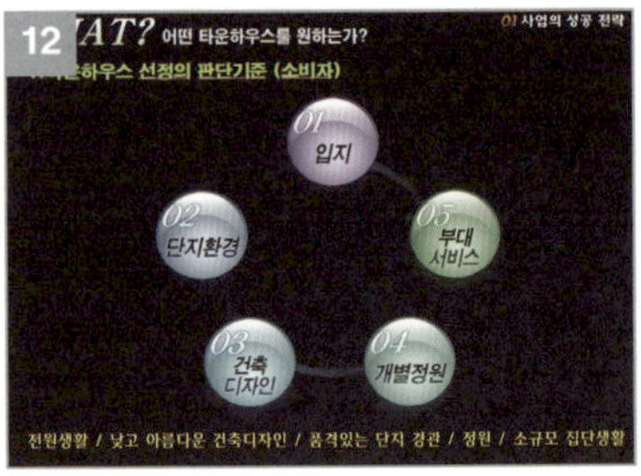

기획을 디자인한다. 디자인을 제안함에 있어 프로젝트 이해관계자의 고민을 공유하는 것은 매우 중요하다. 이것은 디자인하는 모든 분야에서 적용되는 원칙이다. 그런 고민들을 공유하고, 신뢰를 형성하는 것은 좋은 결과를 만들기 위한 필수적인 과정이다. 그렇다면 어떤 기획이 실패하고, 어떤 기획은 성공하는가? 전문가 한 명의 아이디어로 이루어지는 기획은 없다. 한 사람의 좁은 스펙트럼으로는 고도로 복합화된 현대사회를 디자인하기 어렵다. '디자인으로 마케팅을 한다'는 이야기가 '좋은 디자인이 좋은 기획이다'라는 쉬운 결론으로 갈 수 있는 우려에 대한 사실적 증언과 방법론을 제안해야 한다.

2007년 타운하우스 사업은 어느 하나의 요인을 찾기 힘들만큼, 성공한 모델과 실패한 모델의 명확한 원인을 찾기 힘들었다. 가령 디자인적으로는 우수하나 분양은 실패하였거나, 단독형이어서 관리적인 차원에 대한 우려로 실패하였거나, 또는 스타일이 클래식하여 성공하였거나 등등 다양한 변수가 있었다. 수 많은 변수로 판단을 할 수 없는 시장여건에서, 토지의 가치, 입주민의 구성, 주택 상품적 가치 등 타운하우스 계획이 가져올 수 있는 장점들을 고려하여 진행되었다. 특히 현재의 분양시장을 분석하고, 프로젝트의 특질과 차별화 등 각종 조건을 평가, 분석해서 결정하는 포지셔닝positioning이 중요하다. "왜 타운하우스인가?", "누가 사용할 것인가?", 그리고 "그들은 무엇을 원하는가?" 과 같은 질문에 대한 분석을 전제화한다. 그리고, 사업의 성공을 위한 5가지 전략 Position , Premium, Product, People, Process을 제안한다. 건축과 도시를 디자인하는 것을 넘어서 기획을 디자인하는 것이다.

파주교하 타운하우스 파주시 교하읍

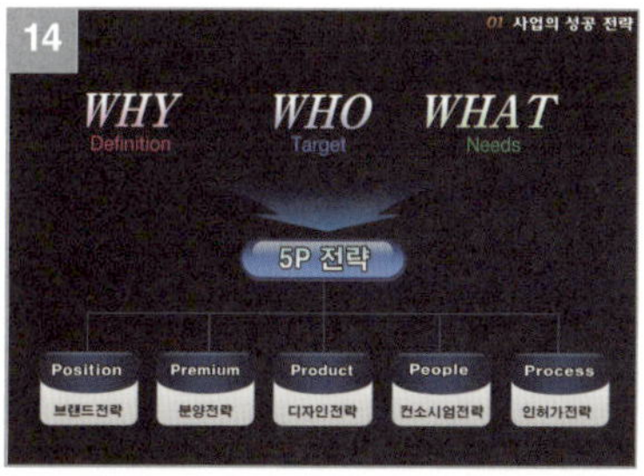

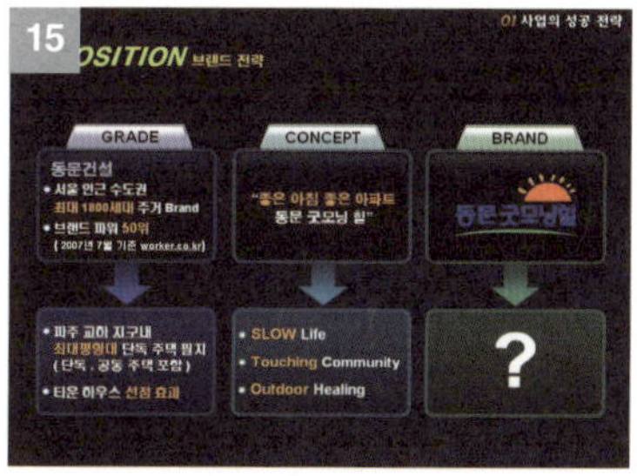

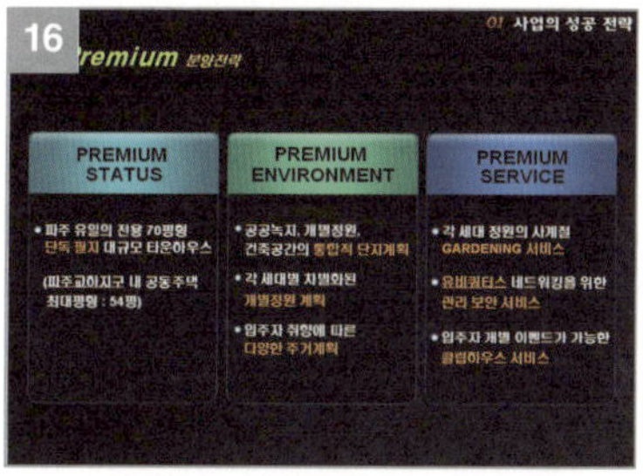

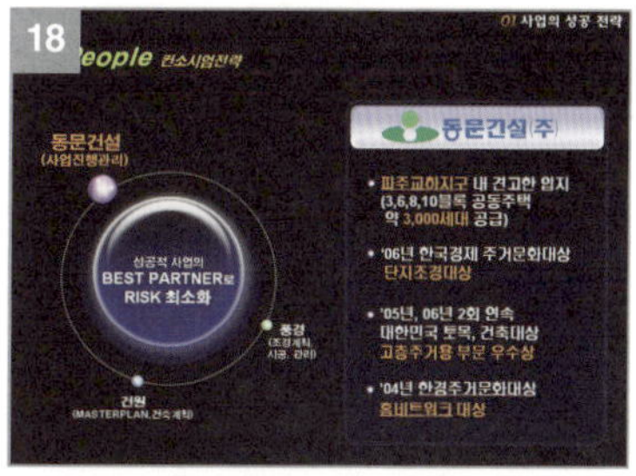

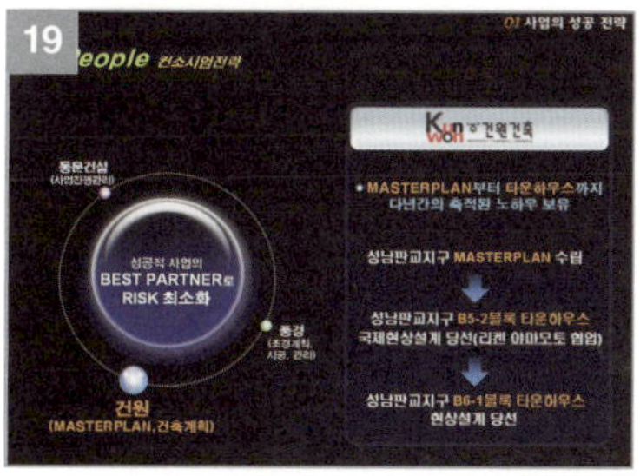

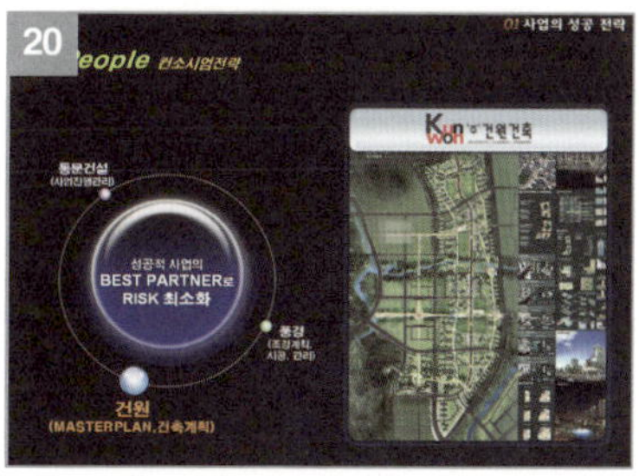

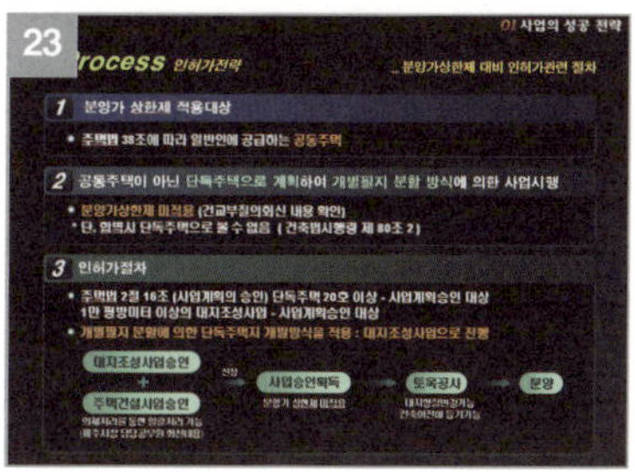

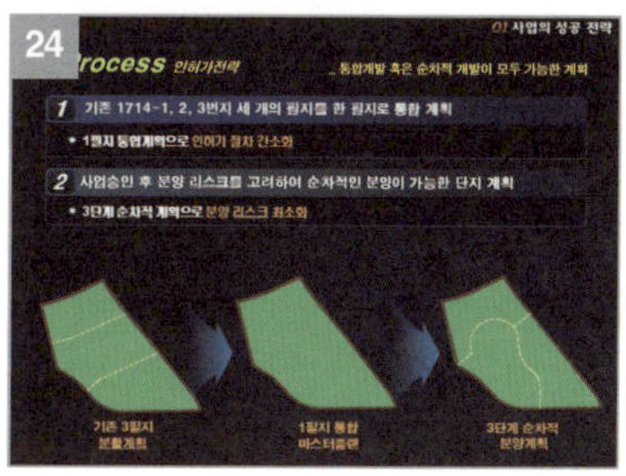

장지지구 아파트 건설공사 서울시 송파구

리듬감, 변화감, 패턴의 상호작용을 고려한 단지 내 중심보행로와 세대전후면의 대응 고려

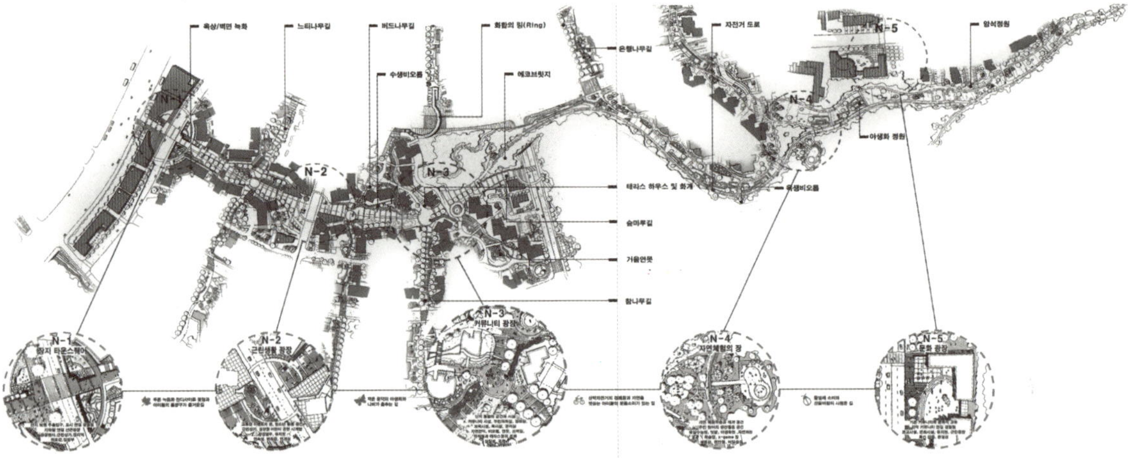

도시와 자연의 경계

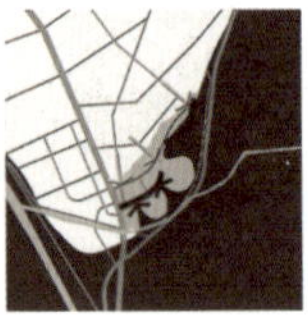

도시와의 조화, 자연 유입

도시, 자연과의 생태네트워크

Spine

:: It means 1 등뼈, 척추, 척추골, 2 바늘, 가시, 가시 모양의 돌기, 3 (땅 · 바위 등의) 돌기, 4 기개, 기골, 근성
단지의 골격을 이루면서 주변과 단지 내의 공간을 연계해주는 생활가로공간으로 공공성을 갖고 주거밀착형 생활공간을 제공함으로써 커뮤니티의 장소가 되는 곳

:: See also axis, sequence, stream, main street, town center, community street, urban core

블록이나 단지별로 구성된 집중형 커뮤니티가 아니라, 가로를 중심으로 한 연속적인 커뮤니티를 구현하는 물리적 방식이 생활가로이다. 생활가로는 단지와 단지를 연결하며 각각의 단지가 갖는 폐쇄성을 상쇄시킨다. 또한 각 단지별 정면성을 확보하면서, 공공성이 있는 마을의 다운타운downtown역할을 수행한다. 이는 차량이 운행되는 공공의 길이며, 상점이 연속된 길이고, 단지의 입구가 있는 길이며, 주민들이 모여서 쉴 수 있는 카페테리아가 있는 길이다. 가로에 면한 저층의 건물로 구성되어, 보행자를 위협하지 않는 길이고, 세대 발코니에서 행인과 이야기할 수 있는 길이다.

은평뉴타운 1지구 계획안은 커뮤니티를 기반으로 한 생활가로 만들기와 그 생활가로에서 단지 내로 분할되는 가로와 연결된 주동들과의 관계 만들기를 본격적으로 시도한 프로젝트이다. 생활가로는 도시 및 자연의 중심선형과 단지를 잇는 축으로서 마치 굵은 뼈대spine와 같이 단지 전체의 중심성 및 통일성을 부여하고, 커뮤니티 인프라로서의 중심역할을 한다. 또한 연도형 주거와 저층부 상가 및 커뮤니티 시설을 연계하여 주거공간과 밀접한 생활형 공간을 창조하고, 이웃과 이웃을 이어주는 생기 있는 도시형 마을의 가능성을 보여주었다.

은평 뉴타운 1구역 설계경기 서울시 은평구
생활가로를 중심으로 한 유기적 보행체계로 지구전체를 연결하는 주생활 네트워크 구축

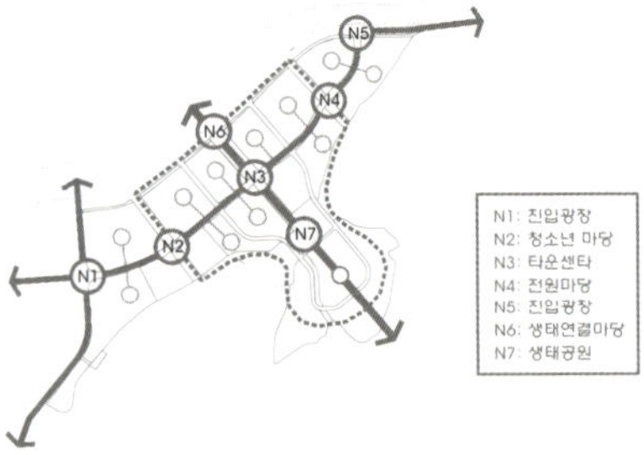

은평뉴타운 1구역 설계경기 서울 은평구
주생활가로(spine)와 부생활가로(Rib)의 교차점 및 영역별 성격에 따른 공간위계 설정

Place

:: It means 1 장소, 곳, 2 지점, 군데, 3 지역, 지방, 마을, 4 공간, 5 (…에) 어울리는 장소, 상황, 기회, 6 (사람 · 물건의) 있어야 할 장소, 7 적당한 장소
그 장소만의 정체성을 가짐으로써 도시민들이 그 장소를 즐겨 찾을 수밖에 없게 만드는, 도시민들의 삶의 모습이 투영된 다시 찾고 싶은 곳, 공간

:: See also point, spot, positioning, anchor, attraction, experience architecture, memorable, community, event

뉴욕, 파리, 로마, 바르셀로나, 홍콩, 런던, 시드니 등의 도시가 보여주는 다채롭고 대중적인 수많은 장소들은 그 도시의 다양성을 물리적으로 표현한다. 그 장소들은 관광객들에게 꼭 다녀가야 할 명소가 된다. 그곳엔 높은 탑도 있고 바닷가의 공연장도 있고 좁은 골목도 있고 커다란 광장도 있고 역사적인 오래된 건물도 있다. 흔히 말하는 장소성을 말하지 않더라도 시민이 사랑하고 시간성이 가미된 공간은 그 자체로서 충분한 가치가 있다. 사람이 걷고 서로 만나고 머물고 뛰노는 그러한 생활의 모습이 투영된 공간이 장소가 되도록 만드는 것, 이것이 플레이스 메이킹 **place-making**이다. 우리의 일상과 만나는 단지계획에서는 플레이스 메이킹에 대하여 보다 구조적이고, 섬세하며 애정 어린 생각으로 다뤄야 한다. 플레이스 메이킹에 대한 여러 가지 형식 중에서 이용방식의 위계에 따른 분류를 제안한다.

용인동천 도시개발구역 계획안의 경우, 전체 단지규모에서부터 각각의 단지, 각각의 주동에 이르는 커뮤니티 필드를 분류하고 그 위계에 따라 프로그램화, 공간화하는 계획을 하였다. 그리고 그 3차에 따른 위계를 다시 자연커뮤니티 요소와 건축커뮤니티 요소로 분화하여, 자연과 건축프로그램의 조화를 유지하는 맵을 완성하였다. 이는 위계 분류를 통해 커뮤니티 필드들을 더욱 실제적이고 유용한 쓰임의 장소로 진화시키는 계획이다.

1. **진입광장** 도시연결의 결절점

2. **단지 중심 광장** 중앙 생태 녹지축

3. **근린 생활 공원** 근린주거형 녹지축

4. **Rib (Square)** 단지별 보행 출입구

용인동천 도시개발구역 설계경기 용인시 수지구
다중적 위계를 가진 커뮤니티 구성을 통한 거주민의 생활 공간 확장

1st Community Field [Town]	2nd Community Field [Village]	3rd Community Field [Hamlet]

Community Program Map

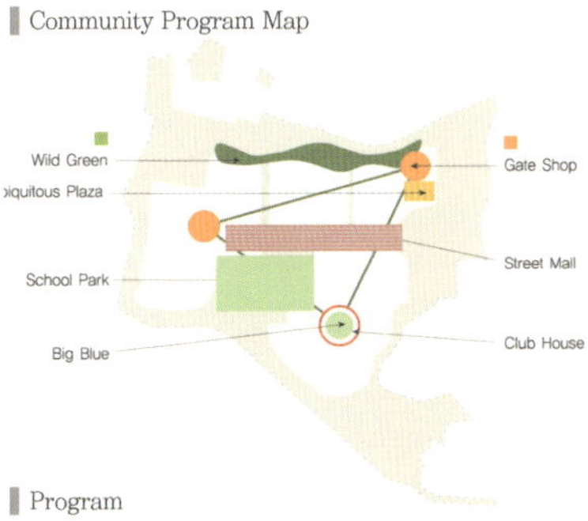

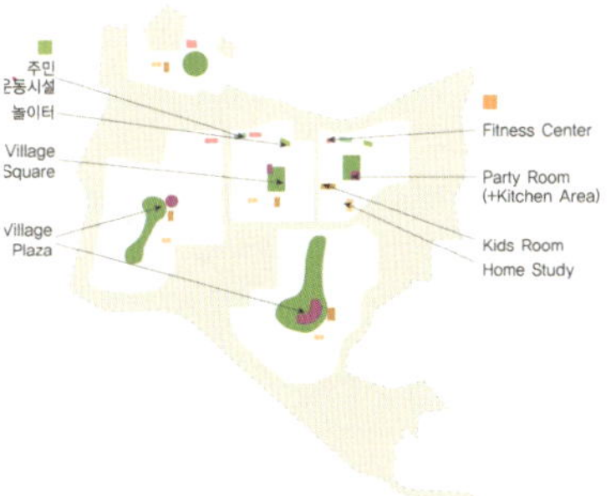

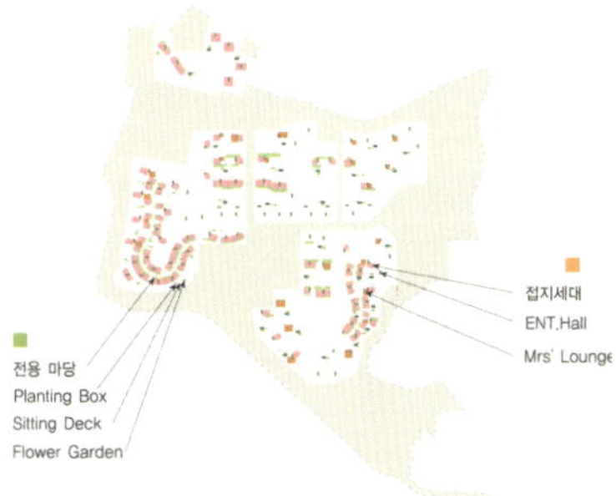

Program

Landscape	Building	Landscape	Building	Landscape	Building
Wild Green Ubiquitous Plaza School Park Big Blue	Gate Shop Club House Street Mall	주민운동시설 놀이터 Village Square Village Plaza	Fitness Center Kids Room Party Room (+Kitchen Area) Home Study	세대 전용 마당 Court sitting Deck Planting Box 자전거보관대 모래마당 Flower Garden	접지 세대 집회실 경비실 ENT. Hall Front Service Mrs' Lounge

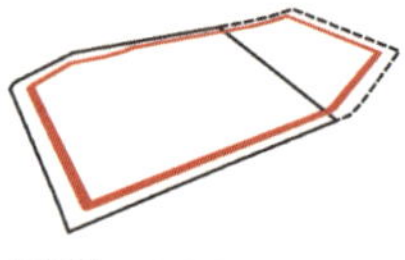

서호천변 코스 2.67km
저녁식사 후 부부의 산책길
아침저녁으로 운동삼아 30분씩 걷기

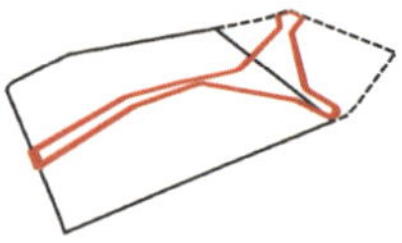

커뮤니티 가로 코스 3.12km
웰빙, 건강을 위한 기본적인 마라톤의 입문 코스 거리

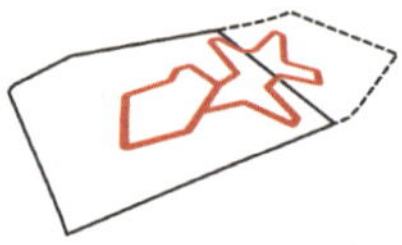

트랙 코스 4.22km(건강마라톤 5km)
단지내에서 만들어가는 성취감과 즐거움
(상위레벨 즐기기)

Episode

:: It means 1 (소설 · 극 등의 중간의) 삽화(揷話), 2 삽화적인 일, 에피소드, 3 (두 개의 합창 사이에 끼워 넣은) 대화(對話), 삽입곡(曲), 4 (연속 방송 프로그램 · 영화의) 1회분의 이야기
단순히 먹고 잠자기 위한 주거단지가 아닌 사람과 사람 사이의 만남, 자연과의 교감, 다양한 이야기가 있는 이벤트적 삶의 공간으로서의 주거단지

:: See also story, narrative, event, experience, happening, community, everyday life, concurrency

현재의 주거단지는 용량의 단지, 기능의 단지, 커뮤니티의 단지라는 단계를 넘어, 스토리story 혹은 이야기narrative가 있는 단지로 변모하고 있다. 이야기가 주는 결속력과 명료함, 정체성은 기술력의 첨단에 있는 현대사회에서 매우 차별화된 고부가가치를 창출하는 전략 중 하나이다. 미디어의 홍수인 일상 생활 속에서도 이야기는 핸드폰을 선택할 때에도, 옷을 선택할 때에도, 혹은 차를 선택할 때에도, 그 선택에 좀 더 쉽게 다가갈 수 있게 해준다.

사람이 살아가는 모든 생활의 편린에는 그것들이 하나의 장면scene으로만 정리될 수 없는, 연속적인 이어짐이 있어서 삶이 더 풍요로워 진다. 그 장면들이 하나의 이야기로 묶일 때, 비로소 더 완결적이고 더 문화적인 만족감을 느끼는 것이다. 가장 일상적인 주거공간이 내일을 위한 창조의 쉼터로 변모하기 위해 우리는 드라마와 같은 이야기가 있는 공간을 원한다. 사는 공간에 이벤트가 있고, 활력이 생기고, 하루하루가 일상적이지만 지루하지 않고, 사람과 사람 사이에 우연한 만남이 겹쳐져, 비가 오거나 눈이 내리거나 낙엽이 질 때 우리 마을에서 늘 찾아가는 나만의 드라마가 있는 공간을 제안한다.

수원 정자동에 위치한 서호천변을 끼고 있는 대규모 아파트 단지에 밀도와 조망을 위한 고층형 주거형식을 계획하고, 내러티브narrative화 된 포디엄podium을 제안한다. 3가지 길에서 여러 장면들이 이야기를 형성하고, 입주민들은 그 이야기가 있는 길을 선택적으로 이용할 수 있다. 그 이야기의 중심에 언제든지 달릴 수 있는 마라톤 트랙이 위치하며, 대형단지가 가질 수 있는 일상적이지만 독특한 스타일을 표현하려 하였다.

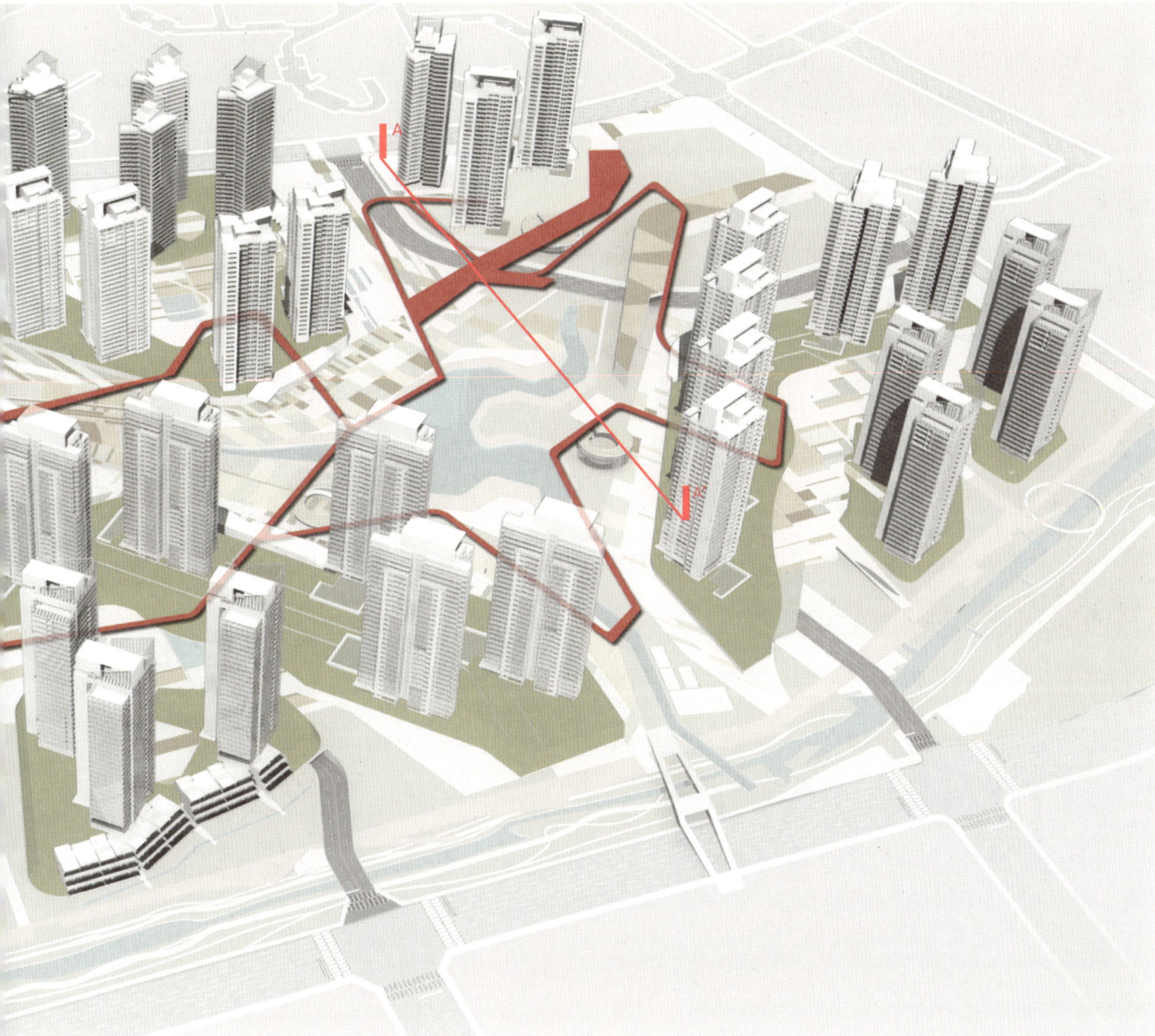

수원 정자동 공동주택 지명현상 수원시 장안구
입체화된 보행로를 통해 단지 전체와 소통하고, 다양한 테마 코스를 통해 체험 가능한 커뮤니티 공간 창출.

SECTION (A-A')

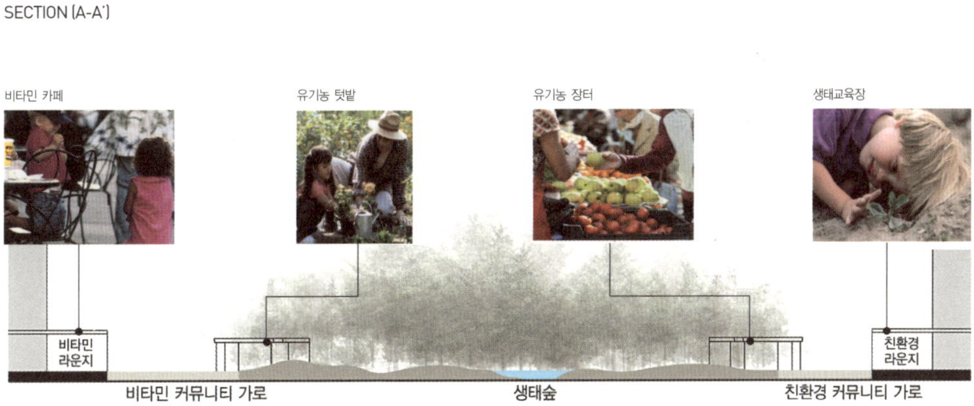

판교중심상업지구 PF 성남시 분당구
복합 콤플렉스의 기능을 하나로 묶는 알파돔으로 지역의 아이콘으로서의 기능 유도

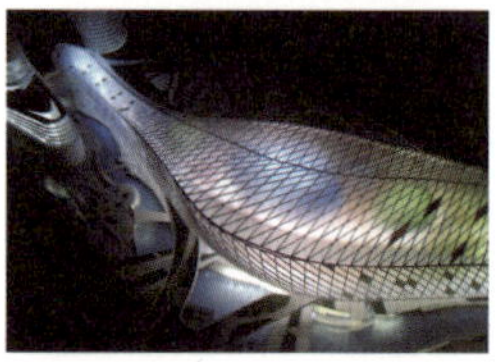

Urban Alien

:: **It means** alien : 외국인(foreigner):거류 외국인; 따돌림 당하는 자, 문외한 (門外漢) ;외계인, 우주인;
urban alien : 독특한 형태와 디자인으로 기존 도시의 문화나 경관적인 흐름을 깨는 건축물이나 조형물.

:: **See also** unique, icon, landmark, object, unusual, characteristic, differential, stranger, anchor, magnet, attraction, context, out of context, blobject (blob+object)

어반에일리언urban alien은 역사적인 도시들에서 기존의 컨텍스트를 따르지 않는 건축물을 일컫는 말로 자주 쓰였다. 예를 들면 피터쿡Peter Cook이 디자인한 쿤스트뮤지엄Kunsthaus museum in Graz, Austria이나 버밍험의 쇼핑몰Birmingham Selfridge Mall, UK, designed by Future Systems같은 것이다. 복합단지의 핵심용도인 상업시설들을 활성화시키기 위해서는 도시 경관적으로 독특하고 상징적인 연출이 필요하다. 수직적인 제한이 없을 때는 랜드마크 타워를 독특하게 할 수 있지만 보행 레벨에서는 사람들의 발걸음을 이끄는 또다른 집객 요소와 보행 경관의 연출이 필요하다. 일반적으로 상업시설을 독특한 건축물로 구성하여 집객 효과를 노리는 개념이다.

판교 알파돔 시티는 20층 이하의 고도 제한으로 수직적인 랜드마크를 통한 상징적인 이미지 연출이 불가능하였다. 여러 개의 블록을 하나로 엮으면서도 독특한 경관을 연출하는 돔dome 형태를 제안하였고, 연결 부위는 공공 공간, 갤러리로 활용하였다. 전체적인 형태는 최근의 흐름인 블로브젝트Blobject, 즉 물방울blob과 물체object의 합성어로서 부드러운 곡선의 디자인으로 경직된 기하학을 거부하였고 판교의 중심지를 반영한 심장heart을 형상화하였다.

광교 파워센터는 수원시의 상징물인 화성 봉수대를 형상화하면서 기존 지형의 흐름을 반영한 부드러운 곡선의 디자인을 제안하였다. 역시 블로브젝트의 개념이면서도 자연친화적이고 유기적인 단지 개념을 반영하였다. 자연에서 나타나는 유연한 곡선 형태를 배치도와 건물 입면에 적용하여 독특한 경관을 연출하였다. 은평 뉴타운의 중심상업용지의 경우도 고도의 제한을 받아 고층의 랜드마크가 불가능하였다. 상당히 긴 대지의 형태를 따라 쇼핑몰과 문화시설이 이어지는데 그것들을 연결하여 자연채광을 받으면서도 쾌적하고, 24시간, 4계절 날씨에 영향을 받지 않는 아트리움 공간인 천궁(天弓)을 제안하였다.

은평 뉴타운 중심상업용지 PF 서울시 은평구
순 우리말로 무지개를 뜻하며 은평 중심상업지 내에서 활의 형상을 상징하는 "천궁"으로 분절된 자연의 흐름과 세대간의 과거/현재를 이어줌

Cultural Beacon

:: **It means** beacon : 1. 봉홧불, 봉화(=~ fire) / 2. 신호소, 등대(lighthouse) :수로 [항공, 교통] 표지;무선 표지 (=radio ~)/3. 지침(指針), 경고/ 4.《영》(봉화를 올리던) 고지;…봉(峰), …산
'문화적 등대'라는 뜻으로서 상징적인 복합단지의 최상층에 문화시설을 도입하여 공공에 기여하는 것을 의미.

:: **See also** Icon, landmark, art museum, cultunomics, culture, observation deck, pent house, symbol, city-view, panorama

롯본기힐즈의 랜드마크 타워인 모리Mori 타워의 최상층 펜트하우스에는 모리 아트뮤지엄이 있어서 문화도시를 지향하는 도쿄의 문화적 등대 역할을 담당하고 있다. 뮤지엄은 전망대가 연결되어 도쿄 시내 전경도 감상할 수 있게 하여 공공에 기여하고 있다. 글로벌 도시들이 문화도시를 지향하면서 비전을 달성하기 위한 다양한 아이템을 도입하고 있는데 그것들 중 하나로서 전망대와 연결한 문화공간을 제시하는 것이다. 서울의 랜드마크인 63빌딩에도 최근 스카이갤러리sky gallery를 도입하여 전망타워와 함께 현대미술을 감상할 수 있도록 리노베이션하였다. 기존의 최상층 펜트하우스는 공공에 개방되던 장소는 아니었으나, 최근 복합단지의 사회적, 도시적 역할에 관심을 갖기 시작하면서 도시경쟁력 차원의 문화도시를 달성하기 위해 복합단지의 핵심시설로서 문화 기능을 도입하는 것이 전 세계적인 이슈가 되고 있다.

광교 파워센터는 여러 개의 건물들에 독특한 아이덴티티를 부여하여 각 동마다 각기 다른 문화 시설들을 유치하여 단지 전체의 공공 기여도를 높였다. 어린이 문화체험관, 화성 역사 박물관 등 집객이 가능한 문화시설들을 각 동의 최상층에 도입하였다.

광교신도시 파워센터 PF 공모사업 수원시 장안구
각 동마다 아이덴티티를 심어줄 수 있는 기능을 담아 단지 내에서 고유역할을 부여

1 금호아시아나문화재단 운영
ART-STONE

2 J.S

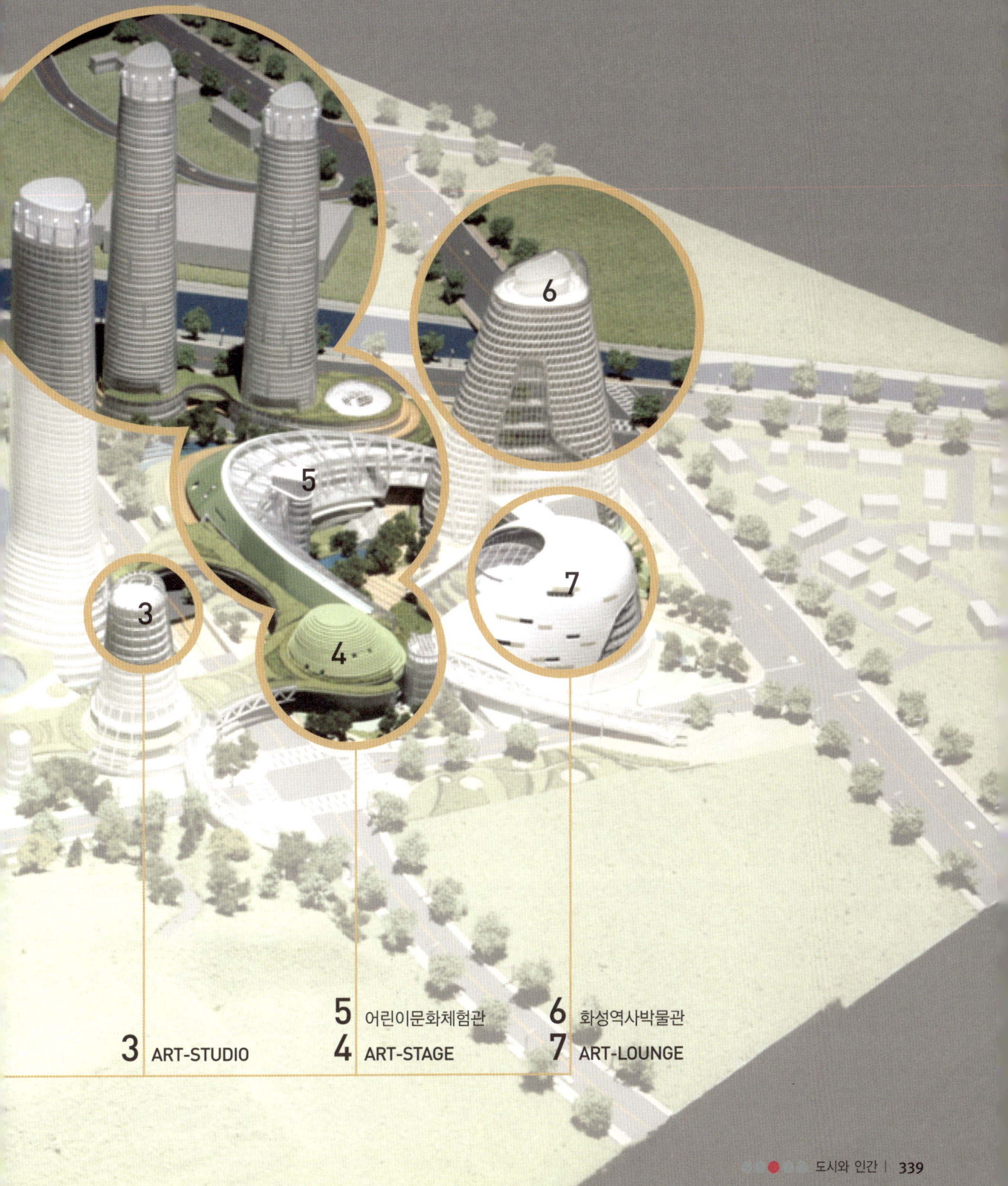
6
5
7
3
4
5 어린이문화체험관
6 화성역사박물관
3 ART-STUDIO
4 ART-STAGE
7 ART-LOUNGE

Theme Park

:: It means 테마파크, 문화, 사회, 경제, 과학 등 다양한 소재를 특정주제(theme)로 하여, 방문객들에게 일상생활을 떠나 문화적 혹은 오락적 체험을 제공하는 오락시설, 건축, 조경 등의 복합시설 또는 공원을 의미.

:: See also Amusement, Attraction, entertainment, ride, shopping, eco-park

Theme Park는 본래 라이드ride 시설이 있는 유원지를 의미하였으나, 최근 복합단지에서는 일반적으로 '조경이 잘 되어있는, 테마가 있는 공원'이라는 의미로 쓰인다. 1955년 월트 디즈니가 만든 미국의 디즈니랜드가 기존의 공원들과 차별화된 주제로, 대규모 시설을 개장하여 테마파크의 시초가 되었다. 외국의 테마파크는 크게 '어뮤즈먼트 파크amusement park'와 '체제형 파크'로 구분되는데, 어뮤즈먼트 파크란 우리가 일반적으로 알고 있는 놀이공원의 형태로, 공원 내 숙박시설이 없는 공원을 말한다. 반면 '체제형 파크'는 다양한 어뮤즈먼트 파크를 여러 개 포함하고 있으며 숙박과 골프 등이 가능해 며칠을 그곳에서 즐길 수 있는 리조트 개념으로, 우리나라에서는 최근 체제형 리조트의 개발이 다양하게 검토되고 있는 중이다. 최근 복합 상업시설의 개발에서는 크고 작은 테마파크를 주요 테넌트tenant로서 중요하게 다루고 있다. 테마파크가 여가와 휴식의 집객 장소라면, 상업시설은 식음, 판매, 서비스 등 소비자의 요구를 제공하여 수익을 얻는 장소다. 상업시설은 테마파크의 특성을 이해하고 함께 활용하여 복합단지의 새로운 기회요인으로 삼고 있다. 주요 테넌트로서, 최근에는 영어마을이나 직업체험 테마파크, 수족관(아쿠아리움) 등이 유치될 수 있고, 교육과 접목한 기능이 주목 받고 있다.

화성 동탄 메타폴리스에서는 상업 몰 중심에 기존의 자연공원을 끌어들여, 도시의 공간과 몰의 구성을 연계하고 있다. 녹지, 자연적인 요소들과 디지털 요소를 통합하는 공원으로 구성하여 상업시설 내의 다양한 활동을 유도하고 있다.

아산 배방 펜타포트의 중심에는 장재천이 지나간다. 그 물길을 도심의 어메니티 공간으로 극대화 하여 수변 테마공원을 제안하였다. 다양한 문화, 상업시설이 수변 테마공원 주변으로 배치되고 축제의 장소로서 수공간이 사람들을 끌어 모으는 역할을 한다.

화성동탄 복합단지 개발계획 화성시 동탄면
상업몰 중심에 기존의 자연을 끌어들여 도시의 공간과 몰을 연계

Step-1

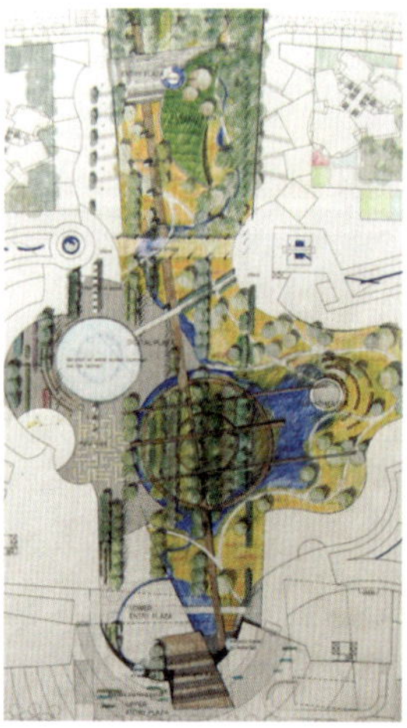
Step-2

Step-3

Step-4

Before

After

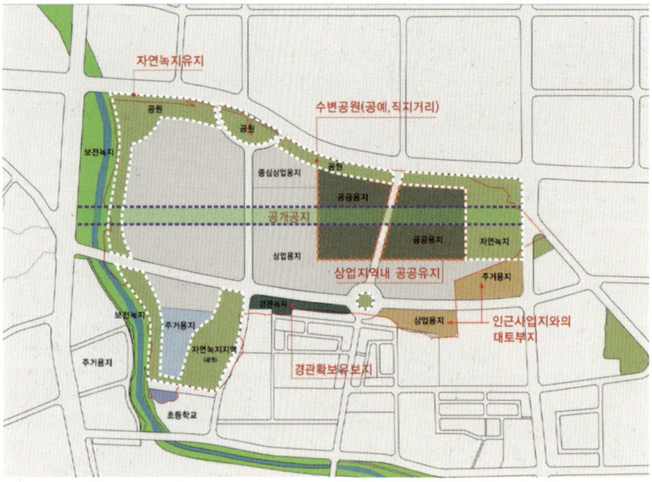

청주대농부지 개발계획 청주시 대농지구
복합상업시설 입지에 적정한 규모의 블럭 계획 / 탄력적 활용이 가능한 공공용지 입지계획 / 버퍼형성으로 인접지 민원 최소화

Public Concern

:: It means 공공에 대한 배려와 관심, 중요성.
복합단지는 주로 민(民)-관(官) 합동의 형태로 도시의 중심부에 랜드마크 단지로 개발되기 때문에 도시민 모두를 위한 공간을 계획하여 공공성을 획득하는 의미.

:: See also park, open space, plaza, court, street, urban axis, 기부채납, 공개공지, 역세권, 역사광장

건축의 공공성이란, 모두에 대한 건축의 태도와 함께함에 대한 건축의 태도라고 정의할 수 있을 것이며, 나만을 생각하고, 따로따로인 닫힌 건축이 아닌, 모두를 생각하고 이웃과 함께하는 열린 건축이 곧 공공성 있는 건축이라 할 수 있다.* 공공성을 확보하기 위해서는 접근성, 쾌적성, 개방성의 특성을 지녀야 하며, 접근성은 동선체계나 주변지역과의 긴밀한 관계, 외부공간의 연계 등의 영향을 받는다. 쾌적성은 보행공간의 쾌적성이나 공간의 연계성, 시설물 설치로 인한 편리성 등을 의미한다. 개방성은 시민의 자유로운 왕래가 있고 상업시설의 활발한 이용을 도모하는 개념이다. 복합단지를 개발할 때 가장 일반적인 방법은 단지 중심 또는 단지 외부의 자연과 연결해주는 테마공원을 만들어주는 것이다. 단지와 인접하여 특별한 자연 환경이 있다면 그것을 극대화 하도록 해준다. 또한 역세권이라면 보행동선을 직접 연결시켜 시민들의 이동 편의성을 증진시킨다.

청주 대농부지 복합단지에서는 기존의 토지이용계획을 변경하여 주변 교통체계를 개선하고 적정 규모의 블록을 계획하여 주변 연계 방안에 대한 로드맵을 제시하였다.

판교 중심상업용지의 경우는 대지 중심으로 십자형의 가로를 계획하여 주변 도시가로와 자연에 연결하며 동시에 입체적으로 상업시설과 연계하는 다층적인 구조를 제안하였다. (*ref. 재인용-대규모 복합용도개발의 계획특성에 관한 연구, 신중진, 김혜영, 2002 / 원문-고층 사무소 건물군의 외부공간 계획에 관한 연구, 이진우, 1996)

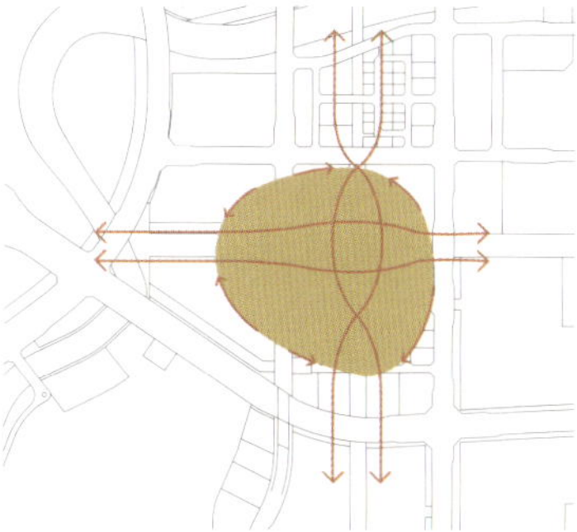

단지 전체를 연계하는 입체보행동선

통합 순환네트워크 교통시스템

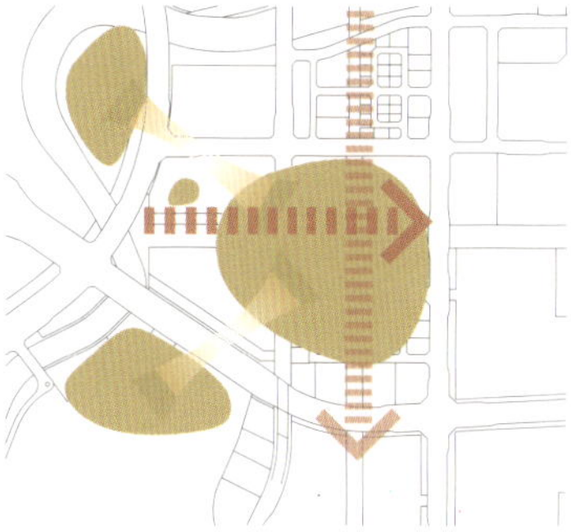

자연을 끌어들인 친환경 외부공간

판교 중심상업용지 PF사업 성남시 분당구

십자형 가로 구성을 통한 주변 자연 및 도시 질서에의 대응과 입체가로 계획을 통한 다층적 연결 구조

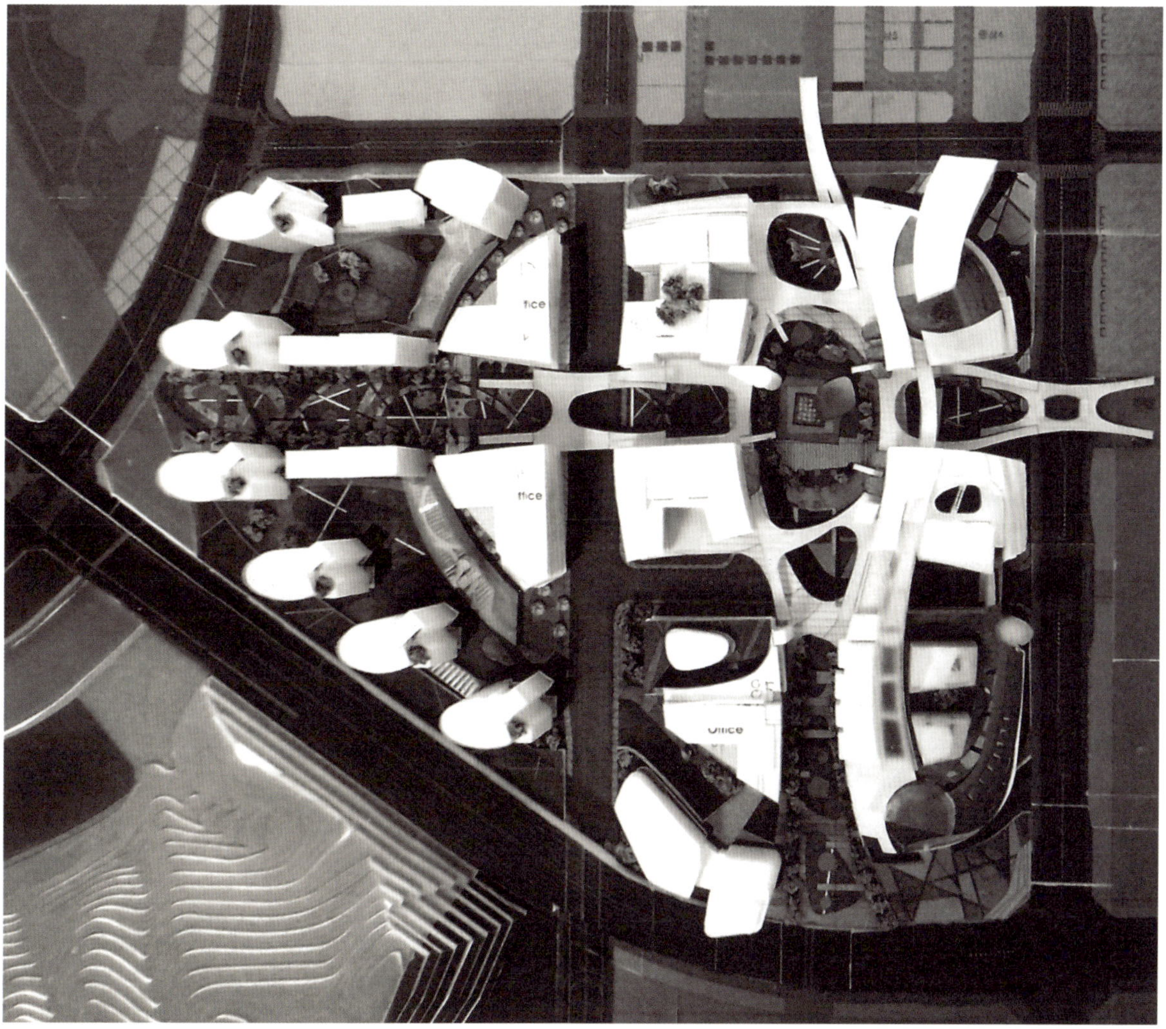

Good Address

:: It means 부(富)의 표현, 재산 증식, 자부심의 표현으로서의 주거.
시대에 따라 부에 대한 사유의 방식이 변화되고 주거에서의 부를 누리는 방식이 달라짐에 따라 이러한 양상에 맞추어 공간계획에서의 주안점을 달리하여 계획하고 이것을 마케팅에 사용함.

:: See also pride, prestige, satisfaction, brand-housing, design-marketing

부촌(富村)을 형성하는 요인과 형식은 시대정신의 변화와 더불어 부를 형성하는 사람과 방식의 이동에 따라 급속히 변모하고 있다. 드러나지 않는 (Non- Address적 성격이 강한) 1세대 부촌과는 달리, 3세대 부촌들은 개인은 드러나지 않더라도 도심의 주요한 위치에 우뚝 솟은 초고층 하이라이즈high-rise로 영역을 표현하는 방식을 선택한다. 도심 인프라에 대한 빠른 접속과 자유롭고 실용적인 라이프를 중시하는 경향과 함께 부의 가치를 숨기지 않는 현재의 시대정신을 반영한 양식의 표현이라 할 수 있다. 계속 변모하는 부촌의 형식에서 공통적으로 요구되는 몇 가지의 사항을 볼 수가 있다. 하나는 '영역화' 또는 '모여살기' 이며, 다른 하나는 '극단적인 프라이버시' 라고 할 수 있다. 특히 프라이버시 측면에서는 극도의 안전성을 요구하며, 이는 기술의 발전에 따라 보안의 양상 또한 첨단기술화 되고 있다. 1세대 부촌의 경우 경사지를 이용한 높은 담장으로 이루어진 테라스형 단독주택을 선호하였다면, 2세대 부촌은 반대편에 도시가 아닌 한강이 있는 위치적 프라이버시를 택했고, 3세대 부촌은 포디엄podium이라는 들어올려진 지면과 첨단의 소프트웨어적 기술을 이용하여 프라이버시를 넘어서 보안개념을 동시에 적용하고 있다. 시장의 흐름과 더불어서 그 세밀한 요구에 대해 전문가적인 시선을 꾸준히 유지하는 것이 중요하고 그 또한 도시행위의 한 단면이라고 본다.

2세대
Riverside View 강변 판상 주거군

대림아파트 용산

현대아파트 압구정

트라지움 아파트 잠실

자이아파트 반포

KEY ISSUE	TYPOLOGY
Green Privacy	초대형 단독형
Riverside View	강변 판상형
Urban Convenience	주상복합

1세대

Green Privacy 초대형 단독주택군

Housing 1 평창동

Housing 2 성북동

Housing 3 한남동

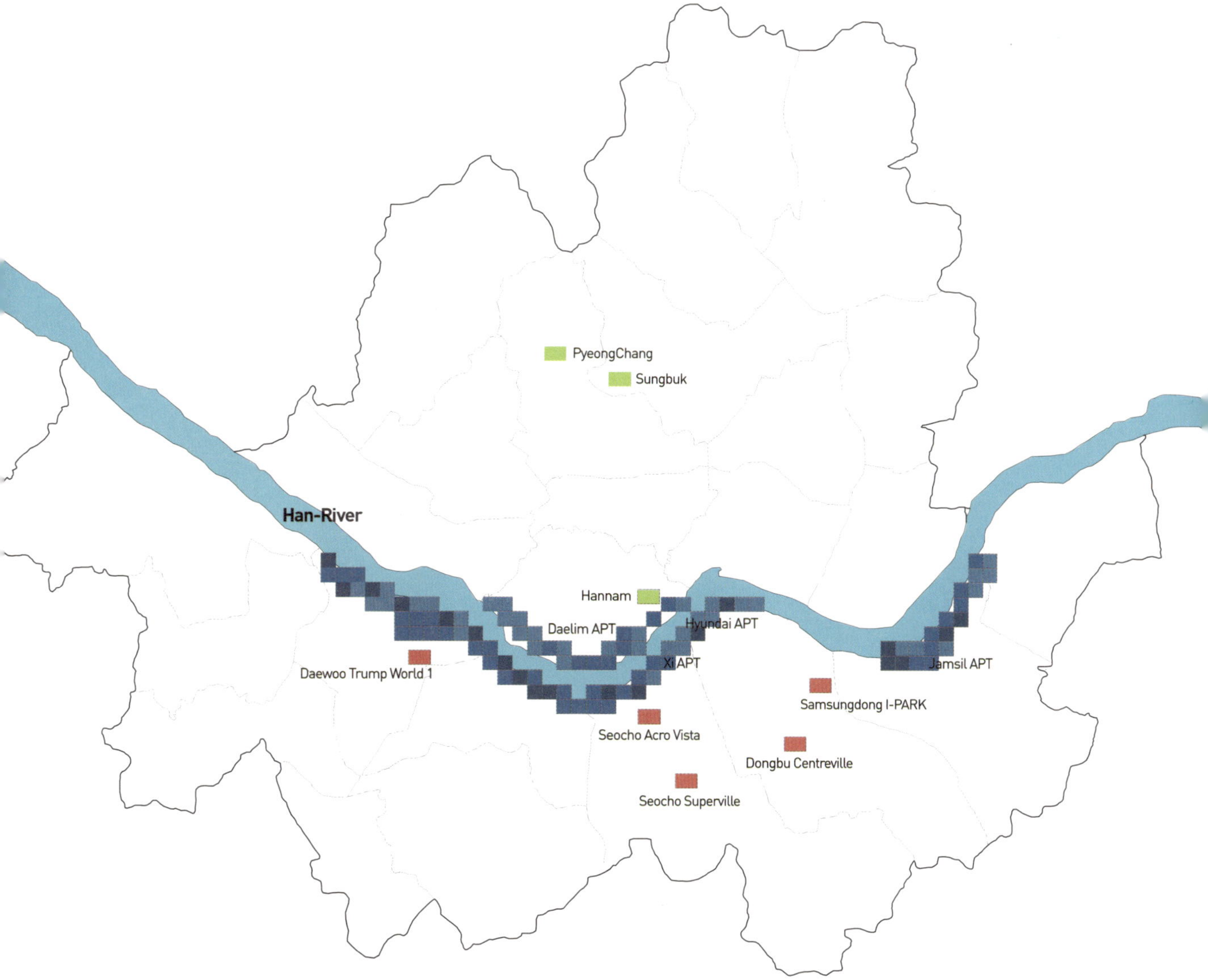

3세대

Urban Convenience 도심형 주상복합 군

대우 트럼프 월드 여의도

아크로 비스타 서초동

슈퍼빌 서초동

동부 센트레빌 대치동

I-Park 삼성동

Urban Cruiser

:: It means cruiser : 유람용 대형 여객선
일정한 대지 위에 복합적인 삶의 행태가 적층되어 망망대해 위의 선박 안에서와 같이 one-stop living을 가능하게 하는 집적화된 주거형태.

:: See also mixed-use complex, compound, multiple, one-stop living.

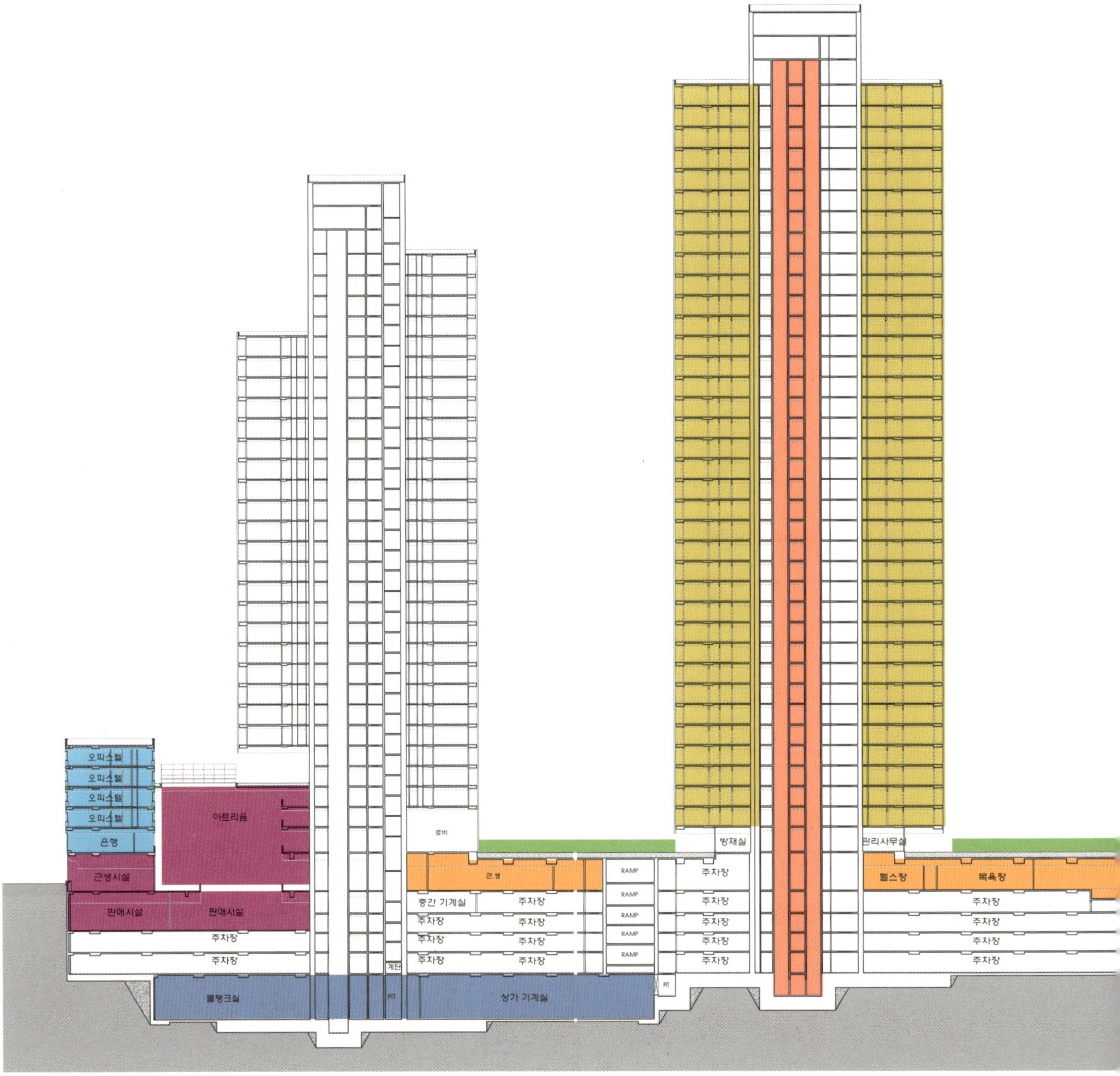

〈Ship cross section from "The radiant city" by Le Corbusier〉에서도 볼 수 있듯 최종적인 도시의 모습은 집적화, 입체화, 고밀화된 하나의 크루저에서도 발견할 수 있다. 더불어서 현대의 사회가 더욱 익명적이고 유동적인 노매드nomad, 유목민화 된다는 측면에서 개념적으로 같은 출발이다. 그러한 집적화를 실현하기 위해서는 기계적인 정밀성 또한 건축 본연의 공간개념과 함께 충분히 보유하여야 하는 조건이다.

서초동 아크로비스타 계획은 757세대의 주거 유니트와 업무시설, 판매시설, 운동시설, 근린생활시설로 이루어진 여러 용도의 주상복합건물이다. 아웃도어체험을 위한 갑판 데크, 식사와 파티, 상행위가 있는 부대시설, 숙박을 위한 객실, 전체를 관리하는 조타실, 선박의 하부 기계실로 이루어진 크루저와 같이, 아크로비스타는 한정된 땅에서 그러한 여러 시설들을 입체화 시키고 집적화, 대형화 한 하나의 판을 대지에 띄운 계획이다. 도시에서 제공되는 인프라를 가까운 거리에서 빠르고 편리하게 이용하는 측면과 함께, 인프라 집적도에 따른 관리성능 또한 같은 단위에 비해 효율적이다. 그리고 바다를 항해하는 크루저의 독립성 만큼이나 외부 도시에 대해 사적인 자유를 제공한다.

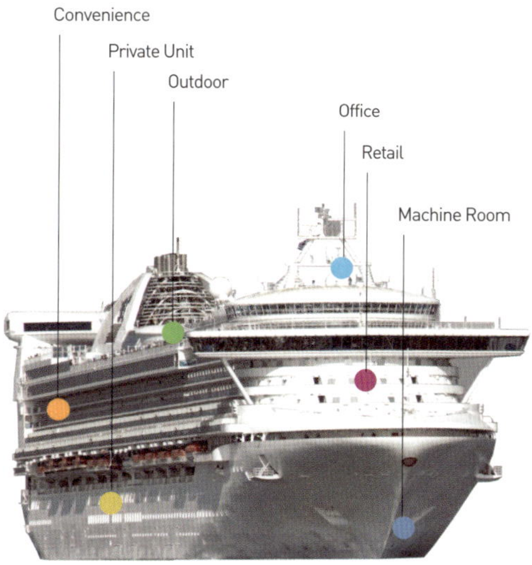

CRUISER
다양한 시설들이 집약된 바다위의 완전체

서초동 아크로비스타 서울시 서초구
옥외 데크와 하부 편의시설을 통한 입체적 휴게공간 제시 및
판매시설의 저층 연도 배치를 통한 거리 활성화

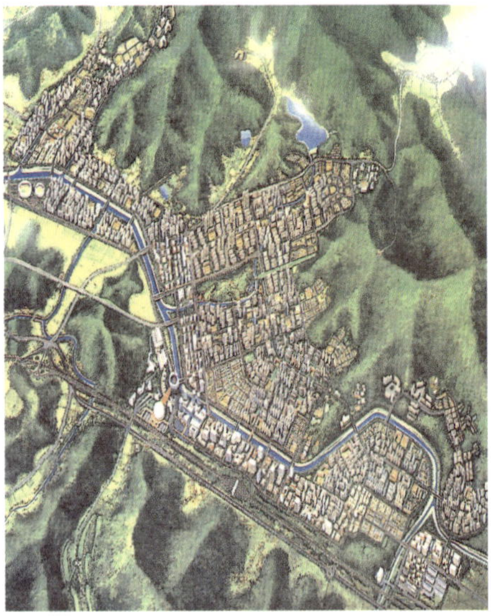

분당신도시 마스터 플랜 성남시 분당구
주택난 해소 및 남부 지역 거점 도시 개발

중동신도시

기존 부천시의 도시패턴을 수용, 재편성하여 활성화시킴

546 165,740 58.5 56.8 381

평촌신도시

다양한 소득계층의 생활편의시설과 녹지공간을 충분히 확보

510.6 168,188 49.3 18.5 80

Satellite

:: It means (천문) 위성: 인공위성(=artificial satellite) 2. 위성국: 위성도시 3. 위성방송(텔레비전) 도심지역의 과밀화를 해소하기 위하여 모(母)도시를 서울로 하는 수도권의 신도시. 실제로는 서울의 행정 등 기능 분산을 위한 위성도시들이 있었으나, 현재에는 자족도시를 지향함.

:: See also metropolis, secondary city, policy, self-sufficiency, urban sprawl, suburban, eco-city, infra, express

서울의 인구집중이 과다해지고 도시개발이 포화상태에 이르자 서울과의 근접성을 강점으로 신도시가 탄생하게 된다. 1기 신도시인 분당, 일산, 평촌, 산본, 중동신도시는 도시기반시설을 포함한 주거, 상업, 업무, 청사, 공원, 녹지 등 자족도시를 지향하고 있다. 이 도시들은 애초에 수도권 인구분산을 목표로 최단기간 200만세대의 주택물량을 담기 위한 공급정책의 일환으로 시작된 도시였기 때문에 주거용지에 기반한 도시패턴을 가진다.

분당신도시는 도시계획적 차원에서 의미가 있었는데 당시 한국적 신도시개발의 모델을 제시하고자 하였다. 독립생활권에 대한 규모를 테스트하는 분당시범단지는 인구 3만명의 7,500세대를 기준하여 마을공동체를 구상하였고 2+1+1의 초, 중, 고등학교 계획이 수립되었다. 주택용지의 블록규모는 고층주거의 인동간격 및 주동의 길이를 산정하여 150~200m 폭이라는 최적화 모델이 제시되었다. 분당을 포함한 동시대 신도시에서는 한국의 대표적 주거패턴인 아파트의 프로토타입prototype이 제시되었다. 공동주택지는 주거시설을 포함한 공공시설과 근린생활시설 및 어린이공원 등을 편재하여 400mx600m로 설정하고 'ㄷ'자형 주동배치가 대다수를 이루게 된다. 한국판 센트럴파크… 대규모 중앙공원과 녹지를 연계하는 개념도 탄생하게 되었는데 이것은 신도시의 골격을 짜는데 큰 영향을 미치는 요소가 된다. 또한, 신도시의 상업용지 역시 복합단지라는 주거패턴의 변화가 나타나고 저층부에 상업시설을 도입하여 생활권내 도시활성화 및 가로환경에 대한 중요성이 인식되었다.

한국판 레치워스, 일산은 풍부한 자연환경을 바탕으로 문화와 예술의 컨텐츠를 담은 전원도시로 입지를 다지게 된다. 이제는 더 이상 신도시라는 명칭이 어울리지 않는 이들 5개의 위성도시들은 현재에 이르러 한국적 도시개발의 노하우를 축적하는 밑거름이 되었다.

일산신도시

문화와 예술이 살아 숨쉬는 인간과 자연이 조화된 전원도시

전체면적(ha)	인구(명)	공공청사(ha)	상업지역(ha)	녹지(ha)
1573.5	276,000	67.5	44.3	371

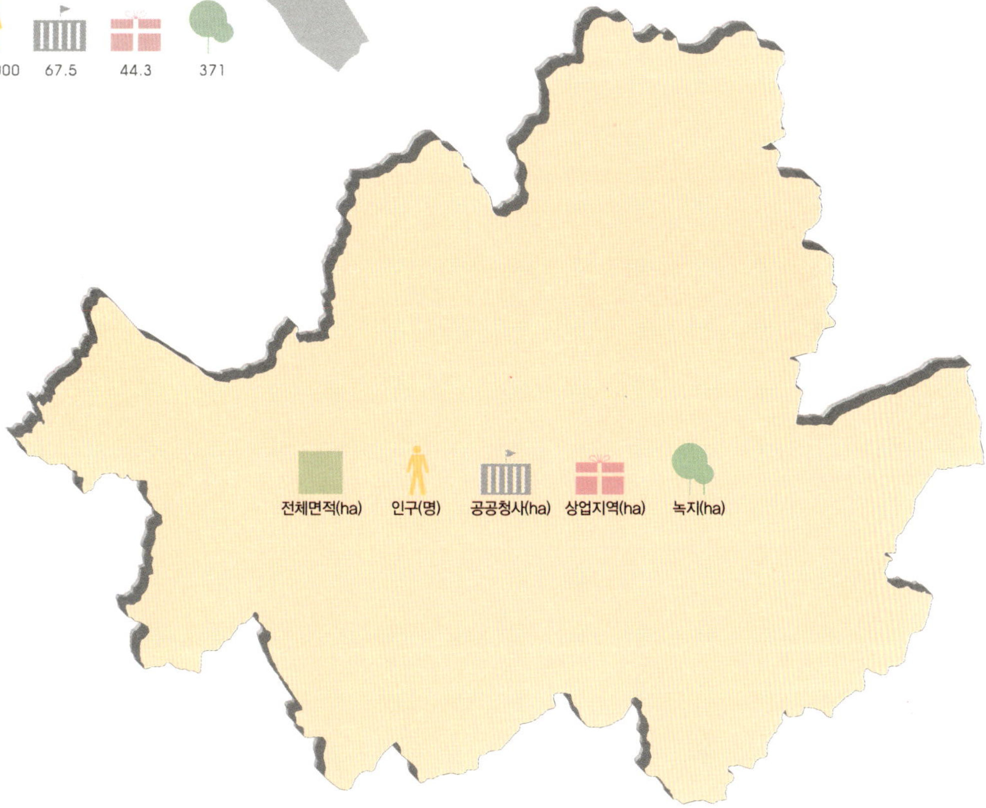

산본신도시

대도시권의 생산과 주거기능을 분담

전체면적(ha)	인구(명)	공공청사(ha)	상업지역(ha)	녹지(ha)
420.3	167,896	42.8	18	94.9

판교신도시

전통적 마을길의 모습을 재현하고 이웃과의 소통을 원활하게 계획

전체면적(ha)	인구(명)	공공청사(ha)	상업지역(ha)	녹지(ha)
929.4	88,000	33	66	278

분당신도시

고용창출효과가 큰 시설의 유치와 고용인구의 도시 내 거주를 통하여 자족적 경제기반을 구축

전체면적(ha)	인구(명)	공공청사(ha)	상업지역(ha)	녹지(ha)
1963.9	390,320	90	91.4	381

Suburban Nature

:: It means 도심 변두리 지역에서 자연의 흐름과 위계를 존중하고 친환경적 개발방식을 추구함으로써 자연과 호흡하는 것

:: See also ecological networking, eco-friendly, sustainable development

위성도시권역 밖에 건설된 신도시는 지역이 가지고 있는 고유한 자연자원의 흐름과 가치를 무시할 수 없게 되었다. 생태 도시와 자연 보존은 사회적 해결 과제로 떠올랐다. 도시 인프라 이상의 역할을 하고 있는 도시 외곽지역의 자연 자원은 도시개발의 영역 내에서 하나의 장소, 또는 흐름으로 존재하기도 한다. 먼저 자리잡은 자연에 도시를 중첩하거나 투사하는 과정에서 조직을 짜는 단서들은 마을과 구릉지, 도로와 언덕길, 둔치와 자연수로 등이 만나는 접점에서 도출되며 그 형상은 유기적인 자세를 취한다. 또한 생태적인 또는 친환경적인 관점에서의 네트워크를 구성한다. 땅이 품고 있는 녹지의 맥과 수체계 그리고 지형적인 코드 topographical code와 반응 등이 도시를 디자인하는데 필요충분조건이 되고 있다. 이런 맥락에서 행정중심복합도시의 첫마을 사업에서는 개발프로세스 자체가 토지의 원형을 보존하는 방식에서 출발하는 등 축적된 장소의 흔적에 대해 가치를 부여하는 작업들이 행해지고 있다.

파주운정지구 마스터플랜계획은 가장 자연스러운 자연과 호흡하는 것이 가장 생태적인 도시를 조성하는 방법일 것이라는 전제로 시작하였다. 또한 기개발된 주거단지를 포함하여 개발하는 독특한 프로세스를 가진 사업이었다. 기존 도시패턴 위에 지역 특성vernacular code을 부여하고 동서방향의 중앙녹지축을 형성, 산재된 녹지체계를 아우르는 생태 방식 ecological code를 투과하여 생태도시로서의 물리적 구조를 완성하였다. 또한 보이지 않는 가상네트워크virtual code를 삽입하여 3개의 미디어 축을 제시하였다. 이것은 유비쿼터스 신도시의 상징적 네트워크로 소프트웨어가 흐르는 구조를 형상화시킨 계획이다.

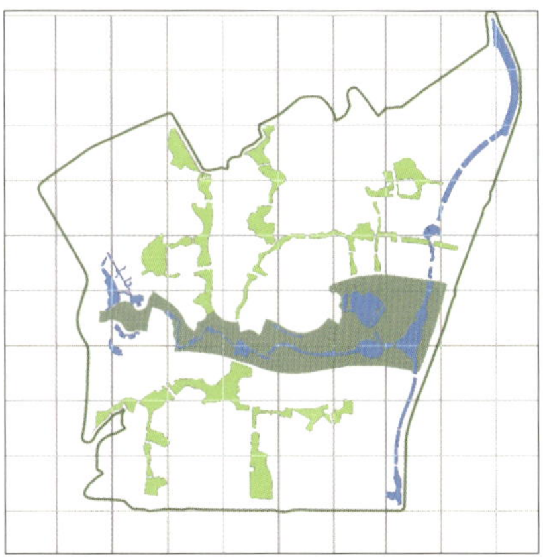

Urban Connector

SPINE
자연, 도시, 인간의 관계성 회복
(생태호수, 식물원, 체육시설)

Central Park, New York

RIB
자연을 이용한 커뮤니티 연계
(커뮤니티 광장, 게임 파크)

Venice, Italy

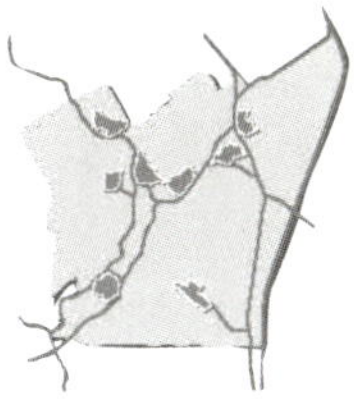

01. Existing Block
기존개발현황

02. Quilting / Eco Band
기존 개발단지와 연계

03. Green / Blue Network
녹지 및 수체계

파주운정 마스터 플랜 파주시 운정읍
기존 자연의 흔적을 보존하고, 녹지의 Spine과 Rib을 통해 각 권역을 통합적으로 연결

The Second Leader

:: **It means** 타 도시와의 경쟁 속에서 도시의 질적 향상과 함께 자체적인 경쟁력을 확보하는 도시

:: **See also** expansion, urban sprawl, rival city, value-up, city branding, cultunomics, real estate market

지방자치가 본격화되면서 두드러진 도시간의 경쟁은 '도시 마케팅' 또는 '도시 브랜딩' 이라는 신조어와 함께 도시 상품화의 시대를 열게 되었다. 1기 신도시는 주거공급을 기본적인 전제로 둔 반면, 2기신도시는 주거환경을 개선하기 위하여 도시적으로는 녹지와 공원 및 보행환경, 주거단지 안에서는 다양하고 고급화된 주거유형에 중점에 두었다. 이러한 과정에서 도시 비전vision을 내포한 캐치프레이즈를 내세우며 차별성을 가지려는 노력은 도시의 아이덴티티identity를 정립하는 계기가 되었고, 신흥도시를 중심으로 도시의 수많은 계획 요소들은 흡사 올림픽경기처럼 수치적인 신기록을 수립하고 있다.

강남의 대체 주거지개발에 맞춰 리딩 브랜드leading brand의 가치를 지닌 고품격 주거단지를 조성하는 것이 성남판교지구 공동주택의 개발방향이고 이에 부합하도록 단지부터 단위세대까지 브랜드 가치를 높이기Brand Value-Up 위한 고급설정을 하였다.

특히 경관 영역별 특성에 맞춰 5개의 단지유형을 제시하였는데, 생활가로변으로는 연도형 블럭을 계획하고 공공보행통로변으로는 개방성을 확보하기 위한 주동배치가 이루어졌다. 운중천에서의 경관을 고려하여 랜드마크 주동을 계획하고 고속도로변으로는 저층의 타운하우스를 계획하였다.

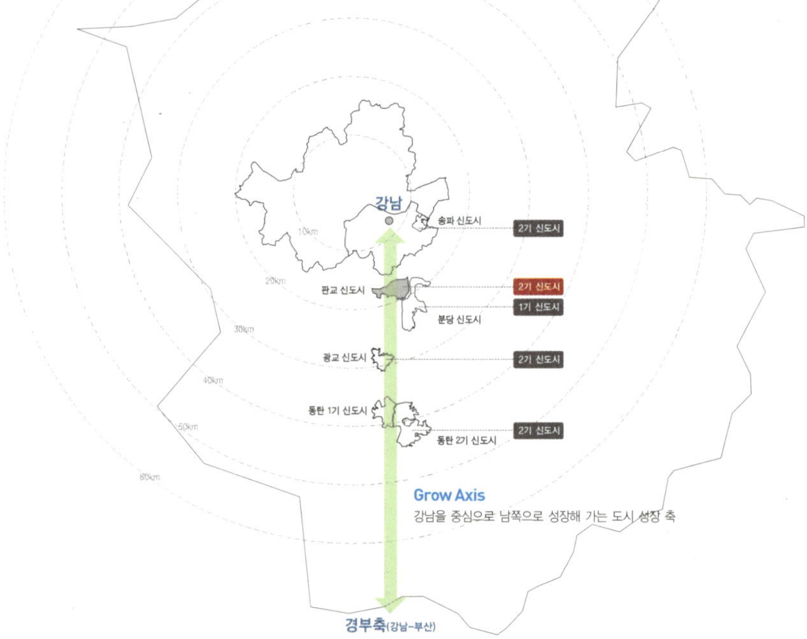

성남 판교지구 공동주택 설계경기 성남시 분당구

도시의 광역적 성장 축에 대응하는 보행 생활가로 계획

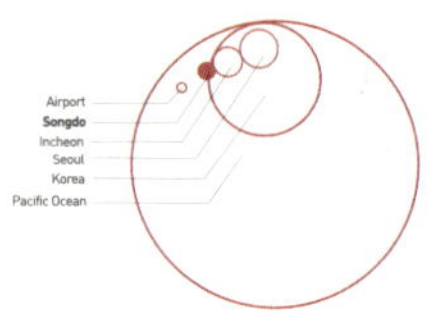

Pacific Realm

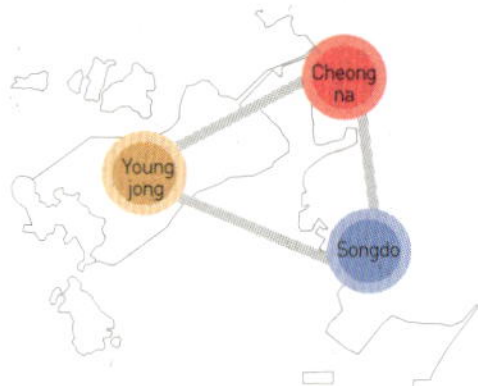

IFEZ Zone

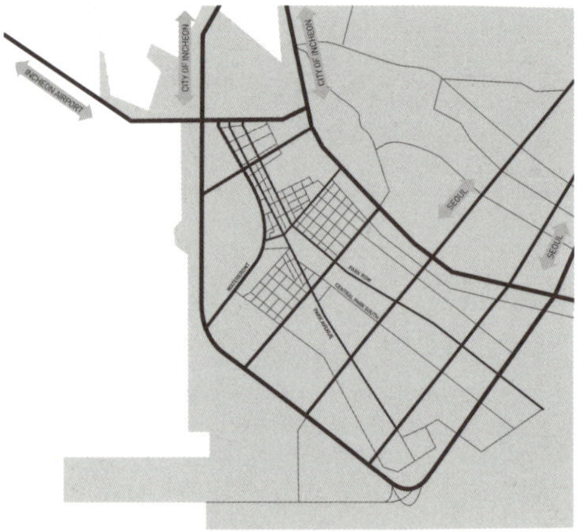

Songdo traffic

BEIJING

16,808 | 15,224,754 | 10,488

SHANGHAI

6,341 | 18,101,725 | 12,000

AREA(㎢) | POPULATION(명) | GDP(달러)

Building

2,092km
3h30m

HONHKONG

1104 | 7,054,867 | 1783

Gateway

:: It means 1. (벽,담,울타리 등에 있는) 대문, 출입구, 통로 2.(어떤 장소로 들어가는)관문, 현관 3. (통신) 서로 다른 컴퓨터 네트워크 등을 상호 접속시키기 위한 장치 관문도시, 일반적으로 교통과 전략의 요충지에 목적지와 목적지를 연결하는 포인트로서 완결된 도시 기능과 복합기능을 충족하는 강력한 도시 컨텐츠

:: See also global hub, completion city, cosmopolitan, metropolitan, potential, interconnection, express, landmark, network

국가가 발달하는 속도는 게이트웨이gateway의 숫자와 우수성에 비례한다고 한다. 특히 아시아의 경계도시들은 과거 포트리스fortress 구조에서 게이트웨이gateway 구조로 변화하고 있다. 과거의 엣지edge는 더 이상 엣지edge가 아니다. 보이지 않은 항공기의 동선체계가 보다 복잡하고 다양해지고 있어 중심과 경계의 구분과 중요도를 흐리게 한다. 각 도시들은 이미 글로벌의 상황으로 뛰어들었다. 나 자신의 상황보다는 각각의 연계와 협력, 경쟁을 통하여 아이덴티티를 갖는다. 국가적 관문이 된 게이트웨이시티gateway city들은 신기원의 도시문명을 보여주듯 현재와 미래가 공존하는 구조를 지향한다. 국제적인 비즈니스의 패턴은 게이트웨이시티(국제공항도시)간의 이동으로 이루어지고 있으며 업무를 비롯한 관광, 레저, 휴양 등의 시설들은 원스탑서비스one-stop service를 기반하여 조성된다. 이렇듯 경계지역에 자리잡은 새로운 캐피탈로서의 위상을 가져야 하고 완결된 도시로서의 복합기능을 충족함은 물론 강력한 인지도를 가진 도시컨텐츠를 갖춰야 한다.

송도신도시는 인천자유경제구역IFEZ의 삼각도시중 하나인 신공항 배후도시이다. 매립지를 기반으로 개발된 송도신도시는 관문도시로서의 필요충분조건을 갖추기 위해 도시체계와 복합기능 그리고 통합된 이미지를 구축하려고 하였다. 중앙의 센트럴파크와 컨벤션센터, 호텔, 국제업무시설 및 주거시설 등 비즈니스포트business port로서의 복합적인 기능이 그리드체계를 기반으로 짜여 있으며 레저, 휴양, 문화시설과 첨단정보시설, 전용부두가 설치되었다.

관계맺기 | 04 건축과 인간

What is Community?

빈 공간을 만들어 놓고 절실한 프로그램을
제시하지 않는 것은 말뿐인 커뮤니티 공간이다.

한국사회의 커뮤니티는?	일본사회의 커뮤니티는?
Family Relationship is still alive, ANTI-주민공동체, 지역공동체	Very Weak Family Relationship Lively Neighborhood Community
↓	↓
Strong Family Community	Weak Family Community
↓	↓
Weak Neighborhood Community	Strong Neighborhood Community

커뮤니티는 앞으로 어떻게 될 것인가?

왜 한국의 지역 커뮤니티나 주민 공동체는 약한가?

1. 한국의 가족 사회

IMF때 한국을 방문했었다. 사람들이 다 망했을 것으로 생각되었으나 여전히 한국 사회는 잘 돌아가고 소비 행위도 잘 일어나고 있었다. 신용불량자가 많이 늘어났지만 최악의 경우 가족들이 도와줄 것을 믿는 경향으로 문제가 해결되는 것 같았다.

2. 노인과 아이, 사회적 약자 계층 케어(care)

- 맞벌이 부부의 경우, 일본에 비해 한국에서는 아직도 최악의 경우 부모가 아이 양육을 맡아줄 것을 기대한다.
- 노인의 경우도 장남이 책임져야 한다는 인식이 있다.
- 그러나 현재 많은 문제들을 안고 있다.

3. 한국은 더욱더 가족이 해체되어야 주민, 지역 커뮤니티가 활성화될 것이다? (Joke)

- Single 증가는 인간적인 외로움과 가족관계의 단절을 심화시켜 주민 커뮤니티, 인터넷 동호회 등, 가족 이외의 또 다른 커뮤니티를 활성화시킨다.

커뮤니티를 위해 무엇이 필요한가?

커뮤니티는 놀고 먹고 마시기 위한 것이 아니라
절실한 요구에 의해 생성되는 것이다.

➡ **공공 부분**
초등학교, 공원, 시청 앞 광장, 병원, 사회복지시설 등

➡ **민간 부분**
보육원, 사설 자원봉사기관, 사설 노인보호시설 등

진보적인 예 : 성미산 공동체
절실한 요구-유해한 먹거리 문화, 학원 폭력으로부터 보호 등

➡ 성산동 주민 몇몇 가족이 모여 어머니들이 서로 돌아가면서 교육하는 대안학교를 만들고 근교 농장에서 유기농 야채를 재배해 먹고 팔기도 한다. 자녀양육 만큼은 공동체 내에서 함께 책임진다.

1. Program Making
2. Building Making
3. Detail Making

Key-Point는 커뮤니티를 위한 프로그램을 만드는 것

- 그 형태는 유럽의 골목길이 될 수도 있고 어반빌리지의 마을길이 될 수도 있다.
- 그 가운데 유비쿼터스가 활용될 수 있다.
- 노인들의 소일거리, 건강을 위한 텃밭
  아버지들의 조기축구회, 테니스 등 스포츠 를 위한 공터 및 테니스장
  맞벌이 부부를 위한 탁아소
  학교, 학원, 직장 통근 차량 운행
  과외 및 학원 교육, 독서실 운영
  화초 관리를 위한 마당 등등

- 2005.03.07 건원건축 양재현 회장, 건축가 Fujimoto Masaya, 이정형 교수의 대담 -

Exclusive
0 - 100%

SECRET
INSPERIENCE

Typology
100 - 300%

POINT
LINE
PLANE
MULTI-LAYER
LOCALIZATION

Complex
300 - 600%

FAST ACCESS
· SLOW MOVEMENT
SOFT CITY

Antigravity
600%

PENTHOUSE
PHOTOSYNTHESIS

Secret

:: **It means** 1 비밀의, 은밀한, 기밀의 ; 살그머니 하는
불특정한 다수를 위한 대규모 공용공간이 아닌, 소수를 위한 세밀하고, 개별적인 커뮤니티 공간

:: **See also** exclusive garden, individual garden, sunken space, yard, privacy, small community

과거 대규모 주거단지에서 이루어져 왔던 불특정 다수를 대상으로 한 대규모 오픈 스페이스와 다목적 커뮤니티 시설은 도시 혹은 단지적 스케일이란 물리적 기준으로 제시되어 왔다. 산업화를 뛰어 넘은 디지털시대는 문화와 감성을 중시하는 소비자들의 성향이 중시되면서 기존의 물리적 방식이 아닌 정서적이고 따뜻한, 새로운 커뮤니티 유형의 출현을 요구하였다. 매스 미디어와 끝없이 확장하는 인터넷의 세상에서 사람들의 문화적, 지적 욕구가 강해졌고 이러한 변화는 전문화, 세분화, 다양화된 커뮤니티 시설과 나만을 위한, 절대적으로 'PRIVY'가 강조된 소규모 커뮤니티를 원하기에 이른다. 이에 외부 지향적 대규모 공용공간에서가 아닌 세분화된 소수의 커뮤니티에서 출발해야 하는 방식은 다양한 성격을 지닌 커뮤니티 군도의 형성과 이를 엮어가는 방식에 초점을 두게 된다.

서울시 내곡동에 자리잡은 헌인도시개발사업 'Le Blanc'은 중경사의 등고 위에 랜드스케이프 포디움을 덮어 인공의 대지를 형성한 후 7개의 단위세대를 가장 작은 커뮤니티 단위로 규정하여 각각의 주동하부에 선큰형 커뮤니티 공간을 제시한다. 7유닛unit의 커뮤니티 공간은 주동의 주출입구 로비와 연계하여 단독주거의 집 앞 마당처럼 이용이 가능하며 거주자 자신이 원하는 순간에 개개인의 안식처로 물러서서 휴식을 취할 수 있는 사적인private 공간이다. 선큰 내부에는 케어룸care room, 피트니스센터 등 공용시설을 인접 배치하여 소수를 의한 맞춤형 커뮤니티 성격을 지님과 동시에 생활의 확장된 공간으로 인지할 수 있는 규모와 시스템을 적용하였다.

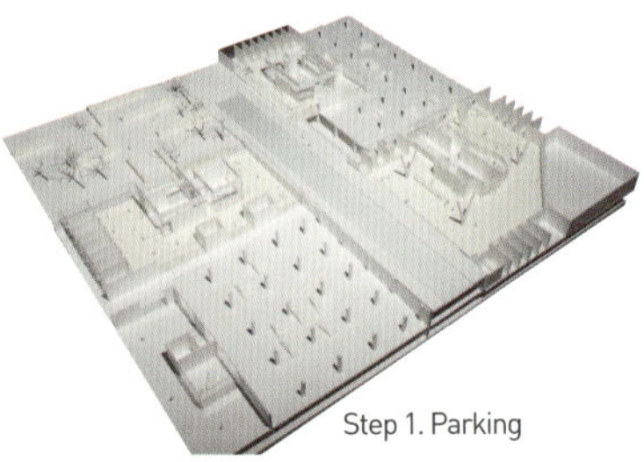

Step 1. Parking

Step 2. Exclusive Garden

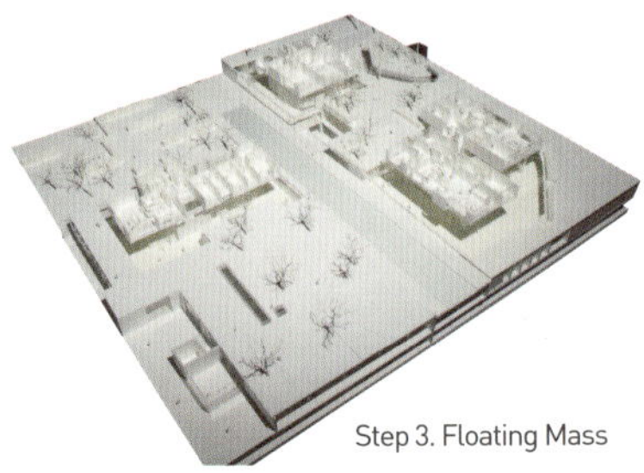

Step 3. Floating Mass

EXCLUSIVE GARDEN

헌인 도시개발사업 국제현상 공모 서울시 서초구
7세대를 기본단위로 한 소규모 선큰형 커뮤니티 공간

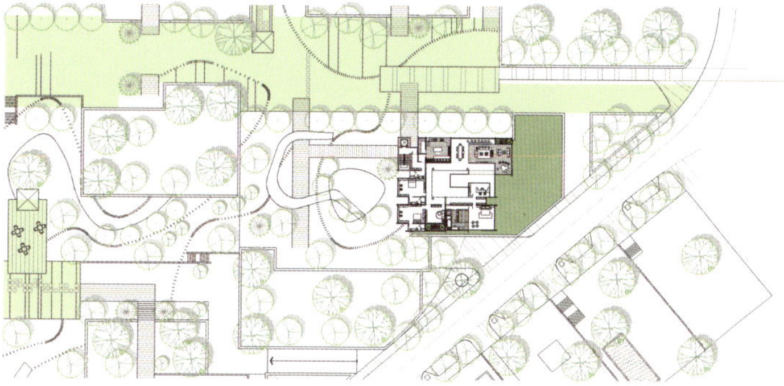

Basement Floor Plan

SYSTEM

1Floor = 1Unit

AND

CHARACTER

Flexible Space

Insperience

:: **It means** Insperience=Indoor+Experience
주거 내부 공간의 다양성 및 유기적 연계를 통해 단순한 거주로서의 의미를 벗어나 다양한 경험과 체험 및 감성을 느낄 수 있는 공간 구성

:: **See also** transition space, indoor promenade, inner garden, patio, gallery corridor

이제 사람들은 '어디에 살까?'를 고민하기 보다 '어떻게 살까?'를 고민한다. 직업의 다양화, 정보통신 및 미디어 매체의 발달에 따라 사람들은 좀 더 여유로운 시간을 자신에게 투자할 수 있는 기회가 주어졌고, 이러한 기회 속에서 주거는 단순한 거주공간이 아닌 삶의 다양한 모습을 체험하고 경험할 수 있는 사유의 장으로 변화하고 있다. 이러한 주거 유형과 인식의 변화는 사는 방법을 주택이란 공간에 포함시키려 하는 것이 아닌, 각각의 '~다움'을 통하여 거주하는 사람이 창조성과 충분한 즐거움을 얻을 수 있는 공간으로의 변화를 의미한다. 이제 주거는 내부지향적이고 단일 기능적인 형태가 아닌 공유하거나 나눌 수 있고, 전이 공간을 통해 다양한 행위를 수용할 수 있는 모습으로 바뀌고 있으며, 유동적 공간에서 경험할 수 있는 다양한 체험은 한층 진화한 주거에 대한 산물이라 할 수 있다.

기존의 거실 중심의 압축된 단위세대가 기능을 위한 최선책이었다면, 헌인도시개발사업 프로젝트에서 제시된 단위세대는 내부에서의 다양한 경험을 중시하는 펼쳐진 방식을 제안하였다. 다양한 평면 양식들은 단순히 대형 평형에 맞춘 확대가 아닌 넓은 공간의 효율적 분화와 유기적 연결을 통하여 리듬감 있게 변하는 건축 내부의 산책로를 구성하는 방식으로, 내부공간에서의 다양한 경험에 초점을 두었다. 또한 외부와의 접촉면을 최대로 하여 다양한 경험을 제공하는 갤러리Gallery 타입, 전이공간을 통한 다양한 라이프 스타일을 수용하는 클레비어Clavier 타입, Inner Garden을 통해 자연을 실내로 유입하는 파티오Patio 타입 등 다양한 실내 환경을 조성함으로써 안과 밖이 균형적으로 알맞게 열린, 감성이 숨쉬는 주거형식을 제안하였다

Villa de Patio
안과 밖이 균형적으로 알맞게 열린 공간

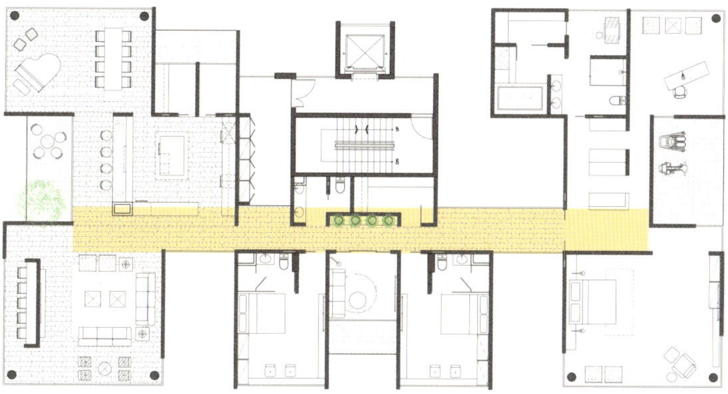

Villa de Clavier
리듬감 있게 변하는 공간에서의 산책

Villa de Gallery
닫힘과 열림이 자유로운 숲 속 갤러리

헌인 도시개발사업 국제현상 공모 서울시 서초구
다양한 테마를 담은 주거 내부의 전이공간

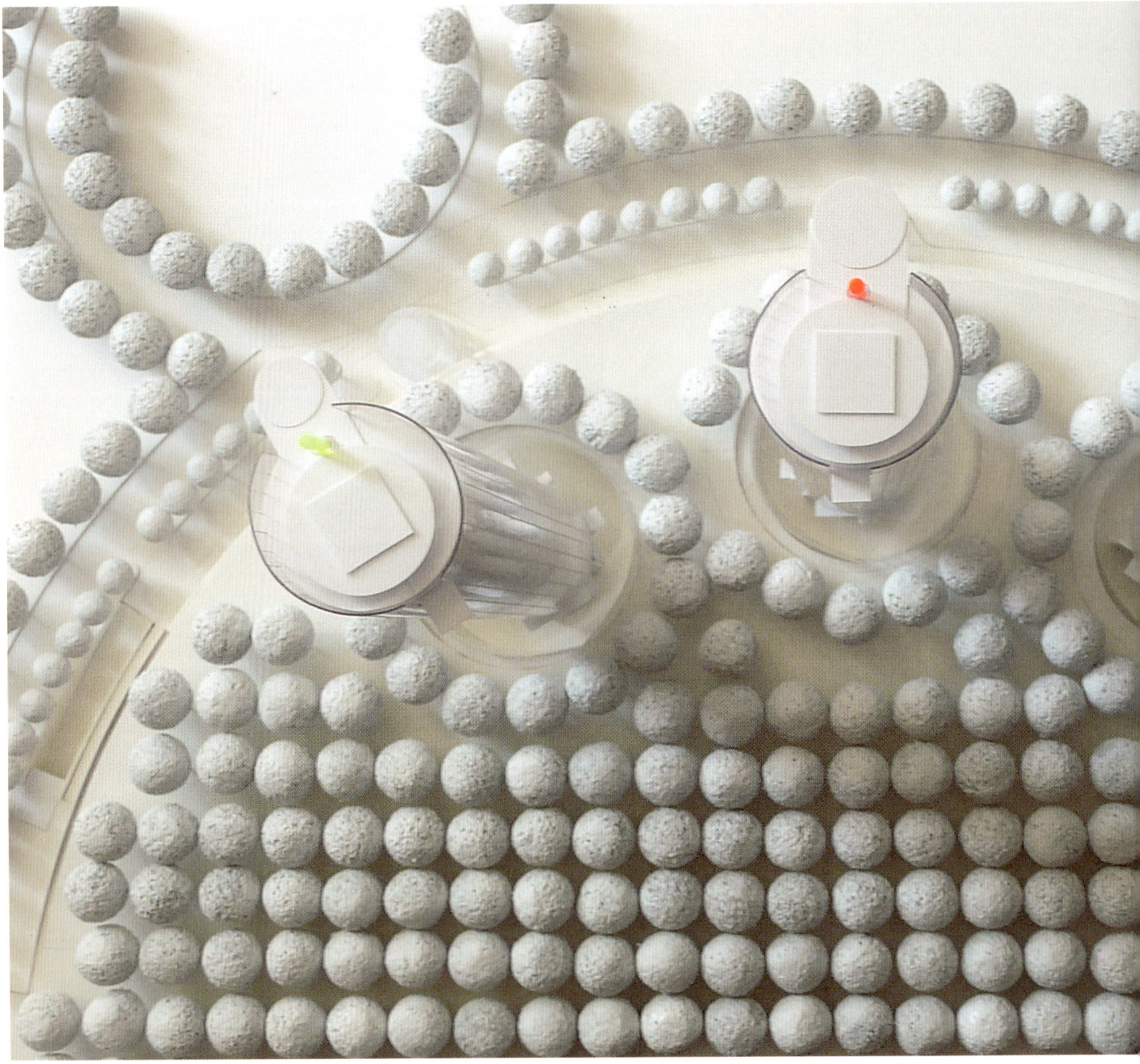

Point

:: It means 1 뾰족한 끝, 2 점(點),종지부, 3 한 점, 지점, 장소, 4 목적, 의향
도시 경관적으로 유리하고 단지 내 오픈 스페이스를 더 확보할 수 있는 컴팩트한
타워형 주동을 점을 찍듯이 배치하는 개념

:: See also component, detail, element, place, position, subject, issue

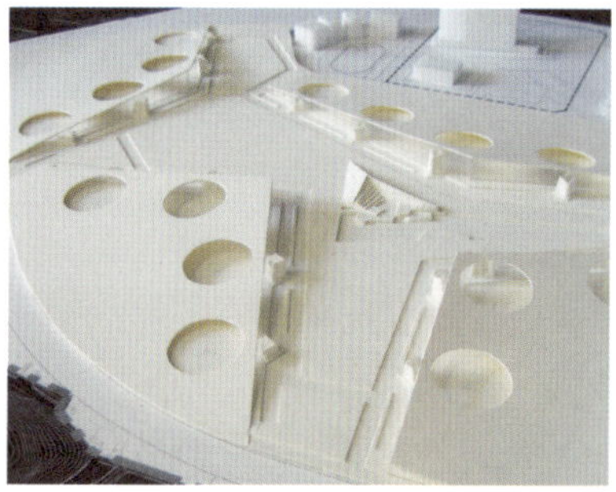

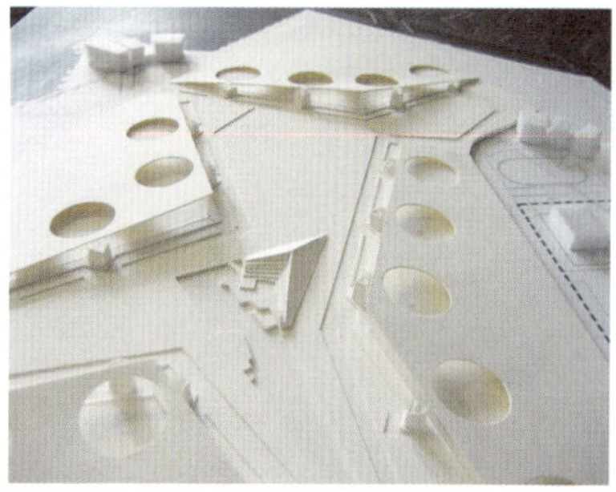

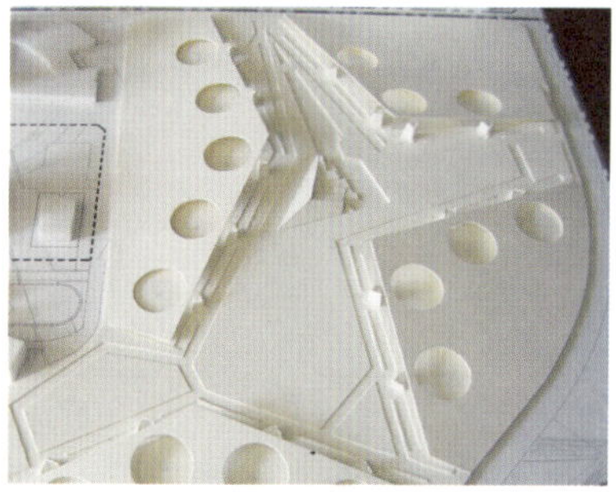

인천 용현 공동주택 프로젝트 인천시 남구
경사진 4개의 포디움에 점형으로 구성된 선큰가든

단지를 구성하는 요소를 크게 분류하면, '길과 네트워크, 오픈 스페이스 체계, 주동의 배치'로 정리할 수 있다. 그 중에서 주동의 배치는 여러 가지의 형식이 있다. '조망을 중시하는가', '가로를 형성하는가' 또는 '저층의 클러스터를 구성하는가' 등 도시를 구성하는 합리적인 사유를 통하여 선택되고 만들어진다. 또한 공동주택에서 단위세대의 기능성에 의하여, 또는 대량공급을 위한 합리적 생산방식에 의하여 그 형식들은 단순화와 반복, 복제를 필요로 한다. 이러한 형식의 한계를 포함하면서도, 도시 경관 및 생활의 다양성을 확보하기 위하여 적절한 어휘들을 더 짜임새 있게 배열하는 수 많은 노력들이 이루어진다. 그 중 외부적으로는 경관의 고려, 내부적으로는 조망권 확보 측면에서 타워형은 빠질 수 없는 주동의 형태이다. 타워형 주동들의 배치에서는 조망과 간섭, 오픈 스페이스 구성 방식을 고려하며, 주동의 차별화된 디자인이 가능하다.

인천 용현동 공동주택은 전세대가 타워 형식으로 이루어진 단지계획이다. 입주자 선호도와 밀도에 대한 해결, 그리고 대형의 오픈 스페이스를 확보하도록 전체를 타워로 계획하였다. 단지 외곽에 대응하는 곡선형 오픈 스페이스는 주변과의 관계를 좀 더 저밀화하였고, 단지 내부로 올라가는 경사형 포디움podium을 계획하고, 입주민들의 사적인 공원을 제공하였다. 단지 외부를 향한 경사진 녹지 포디움을 계획하여 도시 경관을 고려하고, 단지 내부의 경사진 포디움 하부에는 부대시설을 계획, 내부지향적인 생활가로를 구성하였다.

Line

:: It means 1 끈, 노끈, 밧줄 2 전선, 통신선, 전화 3 선, 줄, 라인
배치계획에서 도시의 축이나 가로의 연계와 같은 선적 요소들을 생활 공간화하여
질서를 만들어내는 개념

:: See also order, system, sequence, passage, urban skeleton, urban frame, axis, stream,
living street, eco-corridor

도시디자인에서 물리적인 방향성은 도시의 위계를 표현하는데 있어서 매우 효과적인 방법이다. 축이 갖는 방향성은 인지성을 유도하고, 경관의 지점화를 통해 빠른 접근, 직접적인 연결 또는 상징적 공간을 만들 수 있다. 그러한 축을 만들 수 있는 방식은 길과 녹지, 물의 흐름을 이용하는 방식이 있고, 그러한 길들이 건물과 같이 연계되어 가로street화하는 방식이 있다. 도시의 원근감과 투시도적 효과 측면에서 건물로 축을 만드는 작업은 효과적이다. 또한 그렇게 형성된 가로 벽은 보행자에게 친화적이며, 좀 더 생활에 밀착된 가로를 형성하게 된다.

송도4공구 공동주택단지 계획은 단지 전체를 관통하는 직선형 생활가로를 중심으로 단지의 골격이 만들어졌다. 그 생활가로를 루프loop형으로 감싸는 녹도를 통해 각 단지별로 순환하는 보행가로를 계획하였다. 그리고 주거동이 만들어낸 다양한 축과 함께 각각의 가로가 구성되어, 단지 전체의 경관적 질서를 만들어냈다. 행복도시 첫마을의 경우, 중앙공원에 위치한 학교, 상가, 관공서 등을 향해 도시적 축성을 가짐과 동시에 실생활에 유용한 보행자 전용 가로도 선형의 공원과 함께 그 축을 보완하고 있다. 이는 비단 경관적인 지점화뿐만 아니라 생활동선의 명료한 시스템을 보여주고 있다.

행복도시 첫마을 마스터 플랜 충남 연기군
단지 중앙의 녹지와 커뮤니티 시설을 중심으로 중앙공원에서 발원한 7개의 플랫폼이 이루는 바람개비 형상의 단지

송도 4공구 공동주택 및 부대복리 시설 충남 연기군
순환녹지공간의 연속적 시퀀스를 따라 주동을 배치하고 저층의 선형주동 및 커뮤니티 시설들이 녹지공간의 선형에 따라 조성된다.

Plane

:: It means 1 평면,수평면, 면 / 2 수준(level), (발달 · 달성 등의) 정도, 단계 생활가로와 주동으로 위요된 중정 공간, 오픈스페이스를 갖는 중정형 혹은 블록형 주거배치 개념

:: See also court, courtyard, quad, plaza, block-housing, living street, community, garden, everyday life

한국에서 중정형 주거 혹은 블록형 주거 배치 형식의 시도는 타워형과 판상형 일변의 기존 주거단지의 다양성에 기여하는 바가 크다. 그리고 타워형과 판상형 주거가 가질 수 없는 가로대면형 주거를 제공하여, 완충녹지로만 이루어진 대형가구Super Block의 폐쇄성과 경계로서의 가로의 지루함을 극복할 수 있는 가능성을 보여주었다. 또한 개별적 주거 단위에서 이루어지기 힘든 공유의 마당, 위요된 외부공간 등이 계획될 수 있어, 주민간의 커뮤니티와 만남의 빈도를 더욱 증진시킬 수 있다. 이러한 블록형 주거들은 각각의 반복을 통해서 도시의 질서를 만들어가고,

은평 뉴타운 1구역 설계경기 서울시 은평구
단지 내 중심생활가로와 맞닿아 있는 연도형 주거와 'ㄷ'자형 주거배치로 위요되는 중정

가로의 형식을 완성해가는 측면이 강한 반면, 가로의 인식체계나 각 블록의 아이덴티티 확보가 어려워, 토착화 과정을 거친 개선 또한 요구된다.

은평뉴타운에서의 블록형 주거는 생활가로와 맞닿아있는 주상복합형 가로주거형식과 중정형 주거형식이 혼합되어 있다. 따라서 매우 공공적인 전면의 켜와 보다 사적인 내부의 중정과의 관계설정에 아이디어를 집중하였다. 저층부 상가의 후면에 서비스 야드를 배치하고, 중정의 레벨을 높여 상가와 주거간의 적절한 관계를 정립하였다. 또한 생활가로변의 코너디자인에 아이덴티티를 부여하는 방식으로, 각각의 중정형 주거에서의 차별화된 인지성을 모색하였다. 송도 F블록의 경우 격자도시인 송도신도시의 취약점인 반복된 블록의 지루함을 극복하기 위하여 중정의 배치를 엇갈리게 하여 만들어진 그 사이의 틈에 타워들을 삽입하여 중정형 배치의 특색을 잘 살렸다. 이는 도시적 질서를 유지하고, 각 단지의 아이덴티티를 확보하는 좀 더 개선된 방식의 블록형 주거단지의 가능성을 보여주었다.

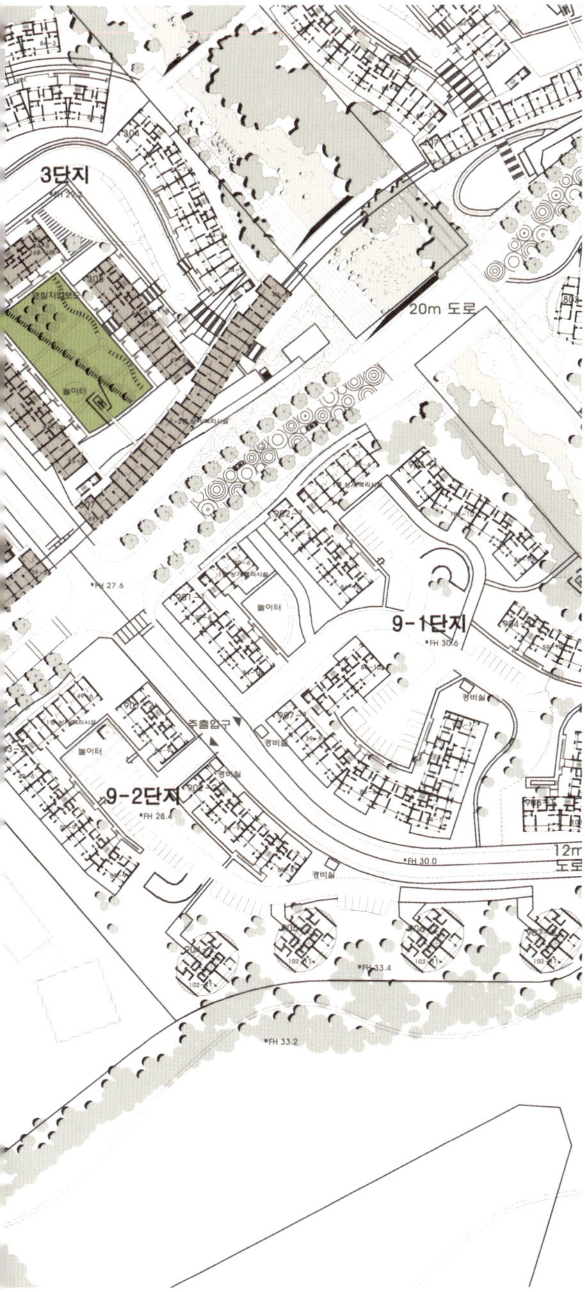

Green – 인공지반 형성

House – 이웃생성

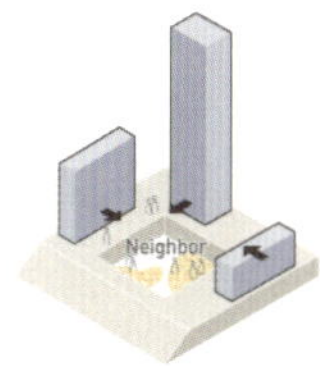

Facility – 커뮤니티 생성

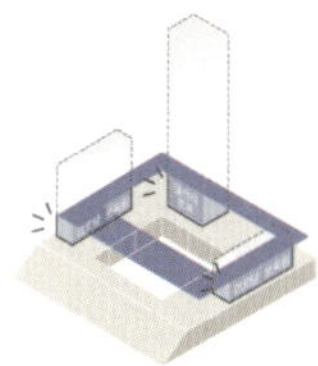

송도 F-21, 22, 23-1블럭 공동주택 건설공사 인천시 연수구
0.9M 높이의 인공지반 상부에 중정형 주동배치로 클러스터 구성

Multi-Layer

:: **It means** multi- : 다색, 다채로운 / multi-layer: 여러겹의 다층, 겹겹이 쌓아올린 켜
가로와 맞닿는 주동의 저층부와 단지의 밀도를 해결해주는 고층부, 각각의 주거양식에 대응하는 공간을 레이어로 분리하여 연결하는 것.

:: **See also** multi-Living plate, floating plate, platform, plaza

타워형과 판상형의 주동형식의 한계는 가로를 형성하기 힘들다는 것이다. 단위세대의 수직 적층은 보행자 레벨의 저층부와 상층부가 장식적으로만 구별될 뿐, 가로를 형성하는 도시 공간적 환경을 만들어 낼 수는 없다. 또한 이 주동형태는 각각의 개별적으로 분산된 배치를 지향하기 때문에, 클러스터링clustering이나 위요된 공간보다는 각각의 건물이 반복적으로 놓이는 배치방식을 취하고 있다. 도시가로경관을 형성하는 저층과 밀도를 해결하는 고층을 장식이 아닌 공간적으로 해결할 수 있는 방법, 그리고 각각의 분산된 건물들을 연결하는 주동형식이 필요하다. 이러한 주동형식이 적용될 때, 고층의 건물과 보행자가 바로 맞닿는 위협적인 도시공간을 친보행 가로경관으로 만들 수 있다.

행정중심복합도시 첫마을 프로젝트에서 20층 규모의 판상형 주동은 지면과 직접 접하지 않고, 저층부 3개층은 테라스 하우스, 도시형 타운하우스를 배치하여 단지 내 가로를 길게 형성하였다. 단지의 밀도를 해결하기 위한 대안으로, 고층 판상형 주동을 3개층의 가로형 주거 위에 조합하여 가로경관과 밀도를 동시에 해결하는 새로운 주동형식을 제안하였다. 고층부와 저층부의 접점에는 루프코리더roof corridor를 계획하여, 고층 거주민과 저층 거주민이 공동으로 이용할 수 있는 조경과 부대시설을 설치하였다. 저층의 가로형 주거들은 단독 중정형식, 연결된 중정형식, 한쪽변이 열린 주거형식 등의 공간을 형성하여, 인간적인 스케일로 위요된 주민들의 마당을 계획하였다. 보행자를 고려한 가로경관과 적절한 단지 밀도 배분을 위하여, 공간적 레이어로 분리하며 연결하는 Multi-Layer 주동형식을 제안한다.

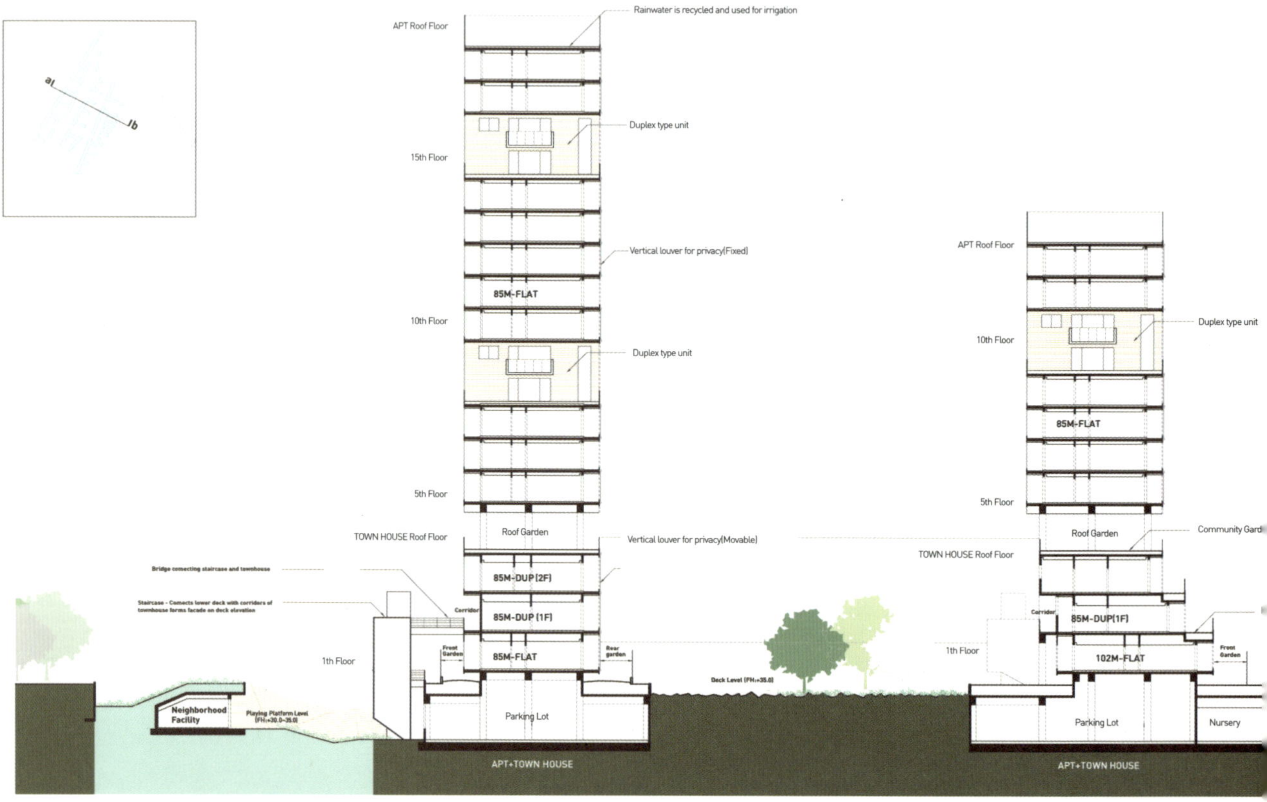

Ladder
Quietly connected and continuous court housing

E Court
Quietly connected and Open to single housing blocks

Box Court
More private inner court

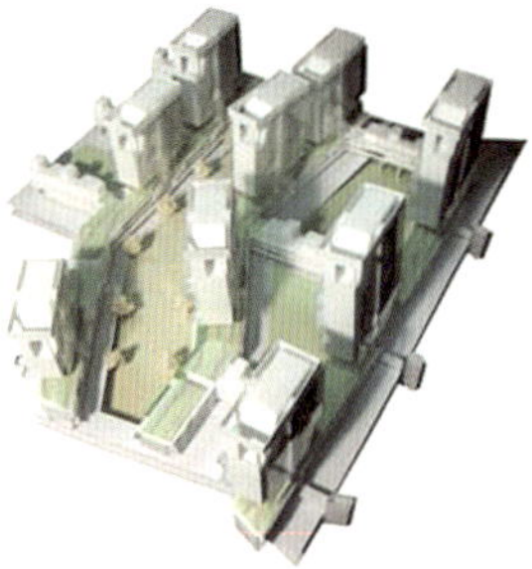

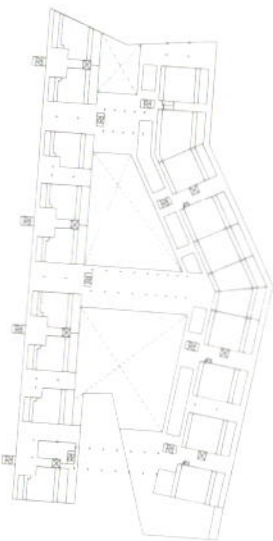

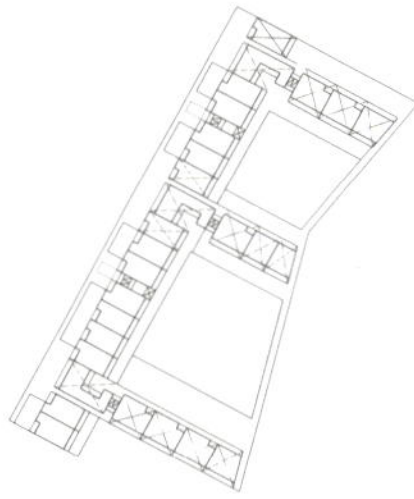

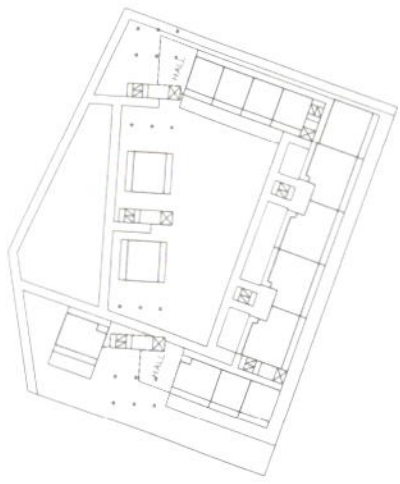

행복도시 첫마을 마스터 플랜 충남 연기군
선형의 저층주거와 상부 타워의 분리로 휴먼스케일을 고려한 보행자 Amenity 확보

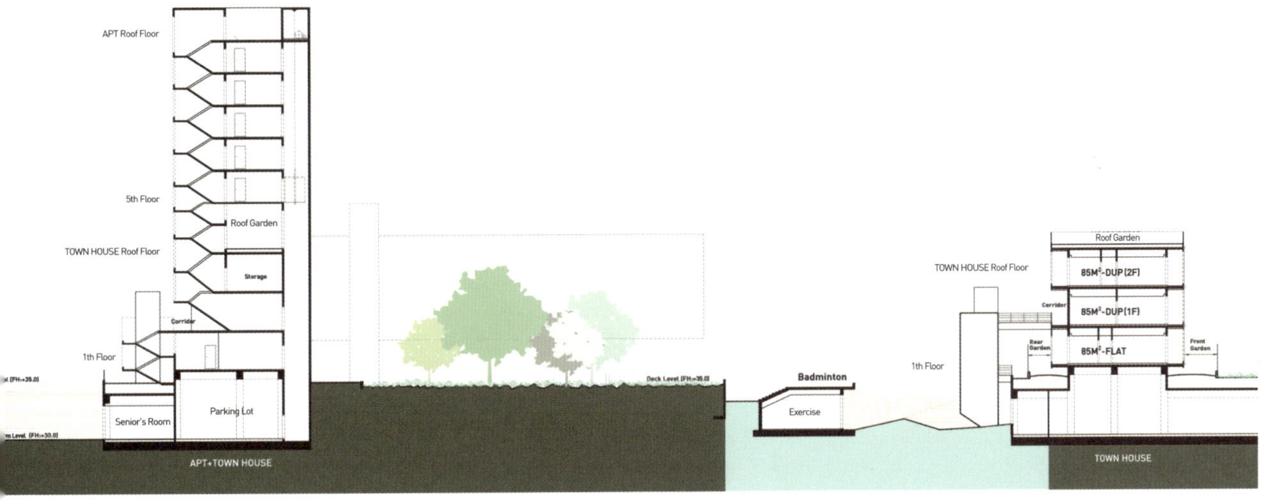

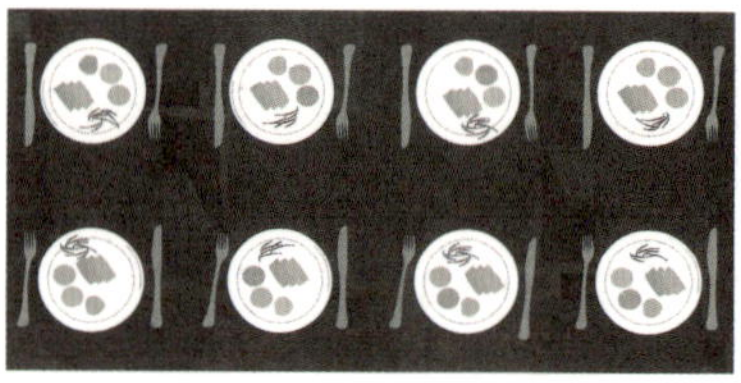

Uniform Housing
표준화된 주거 환경으로 인한 삶의 경직성 · 정주성의 상실

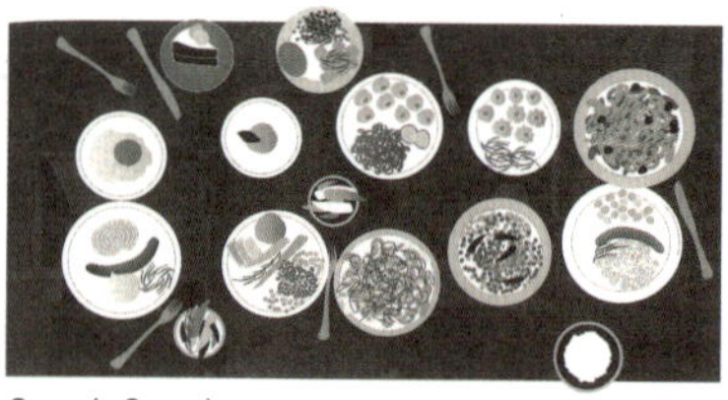

Organic Complex
유기적, 복합적 단지계획 · 다양한 선택 가능성이 있는 주거 · 작은 단위의 도시공간과 삶의 관계성 회복
(Illustrated by KPF in Songdo New City)

Localization

:: It means 1 지방 분권, 지방화, 2 국한(局限), 한정, 3 국지 해결, 4 위치 측정
각 지역이 가지고 있는 기존의 지형적 특성에 순응하여 주변의 요소를 단지계획에 반영함으로써 거주민에게 그 지역만의 색채를 가진 공간을 제공하는 것.

:: See also Regionalize, decentralization, adaptability, vernacular, topography

규모가 1,000세대 또는 대지면적 2만평을 넘는 단지를 계획하는데 하나의 패턴으로 된 공간 계획이나 주동계획은 소비자에게 다양한 선택을 제공하지 못한다. 또한 지형에 대하여 획일화된 접근이라는 측면에서 친환경적이지 못한 개발계획이 될 수 있다. 수도권 개발계획에 있어 평지로만 이루어진 사업지는 대부분 개발이 되었고, 신 사업지들은 산자락이나 천변, 구릉 등과 면하는 등 지형적 특성을 가지고 있다. 따라서 그 주변과 땅의 형상에 대하여 다양하면서 정확한 해결방식을 제안하는 것이 계획적으로도, 사업적으로도 높은 완성도를 가져온다. 일정 규모의 단지에서 유기적 생활의 실현을 위해서는 프로젝트가 기존의 도시가 가지고 있는 다양한 기능이 축소된 모델이라는 사고에서 출발해야 한다. 이는 거대한 도시에서 자연을 접하는 방식, 스카이라인의 형성과 커뮤니티 코어의 형성 등과 같은 개념이 단지에도 적정한 규모로 적용되도록 한다.

용인동천지구 도시개발사업지는 단지 북쪽으로 실개천이 흐르고, 남쪽으로 산자락과 접해있으며, 동쪽으로는 새로 개발된 주거지가 위치하고 있다. 이러한 주변과의 접점에 대한 해석으로, 자연형 주거단지와 도시형 주거단지 두 가지의 형식으로 크게 분류하였다. 2가지 분류에 따라, 주동의 형식과 오픈 스페이스의 형식, 도로의 형식이 사용자, 형태, 이용방식에 따라 다르게 체험되도록 계획되었다. 이러한 형식의 분류에서 출발한 건축적 다양성은 거주민의 일상적이고, 풍부한 체험에도 영향을 미치게 될 것이다.

용인동천 도시 개발구역 설계 경기 용인시 수지구

영역별 주동계획을 위한 디자인 프로세스

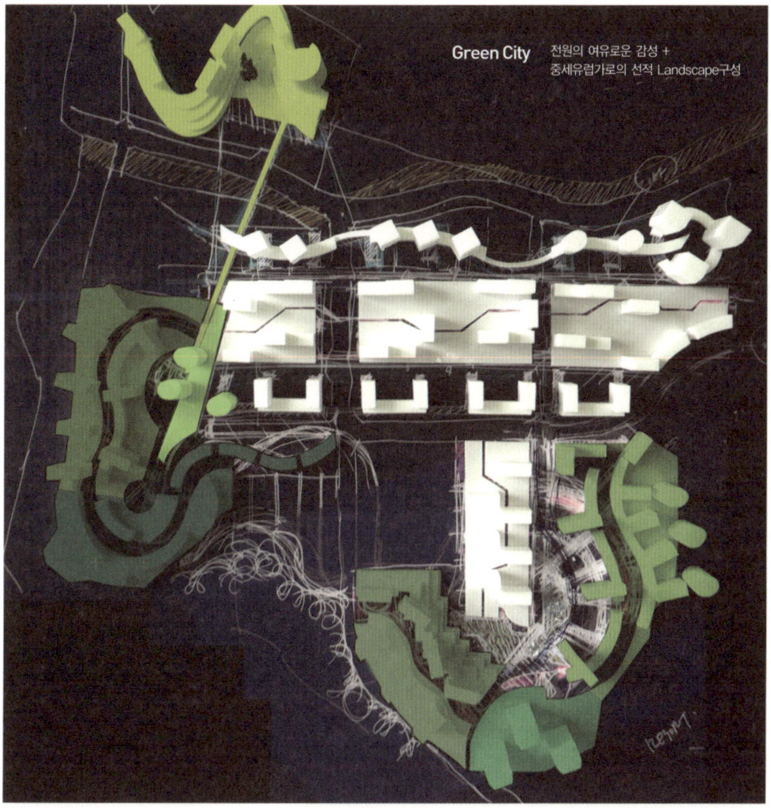

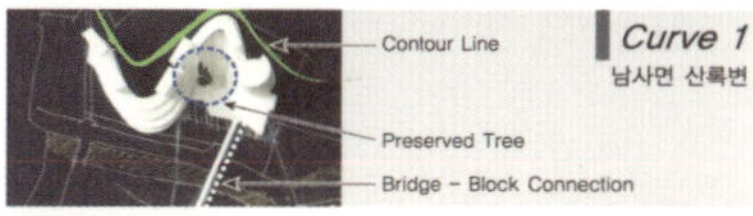

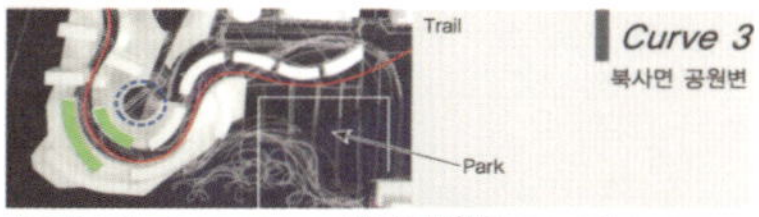

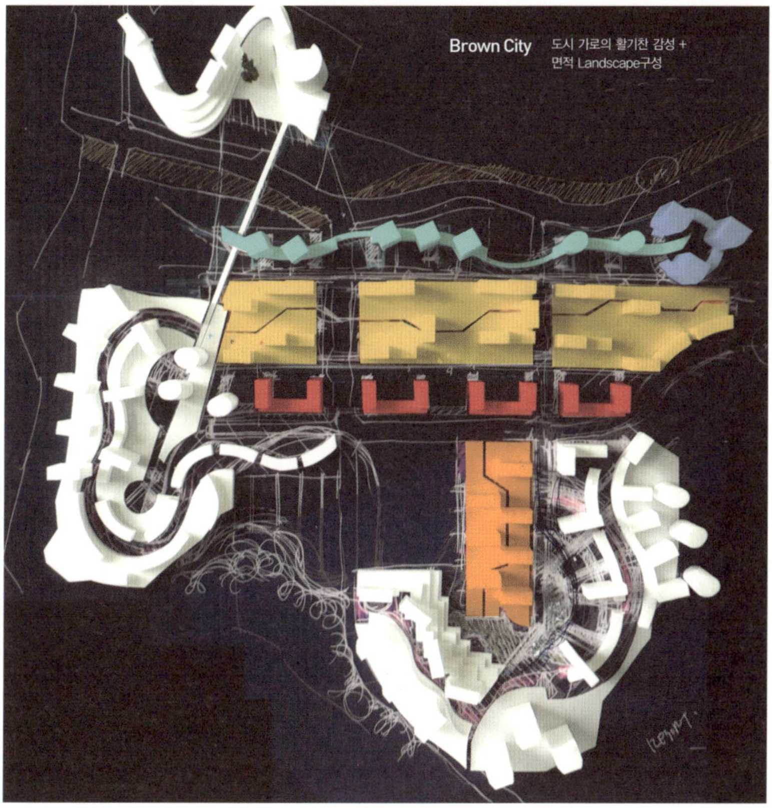

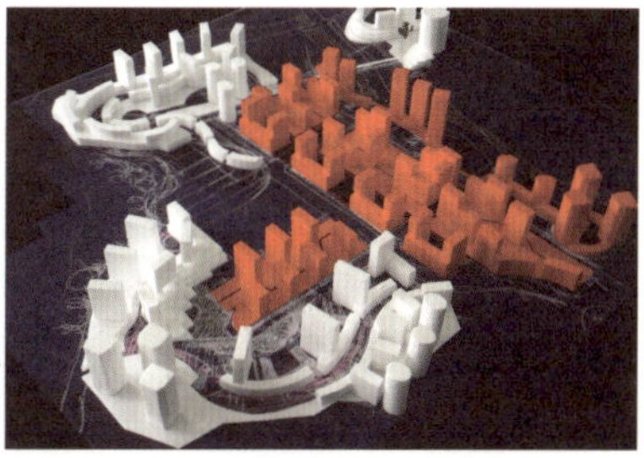

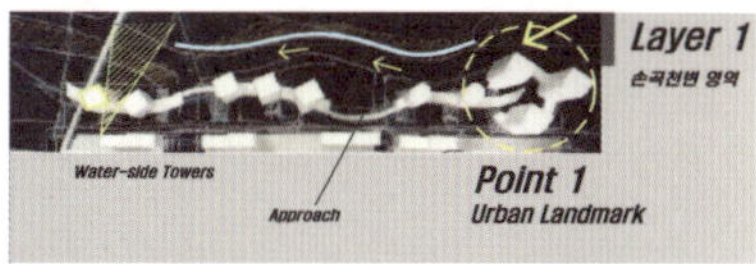

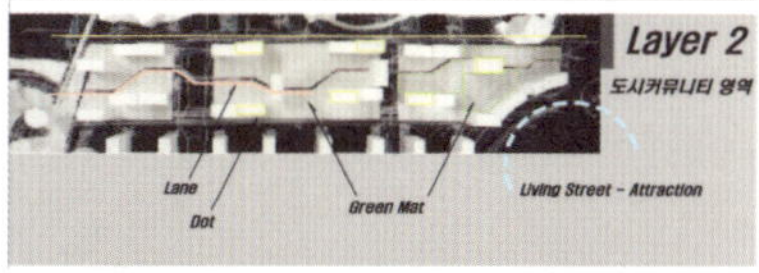

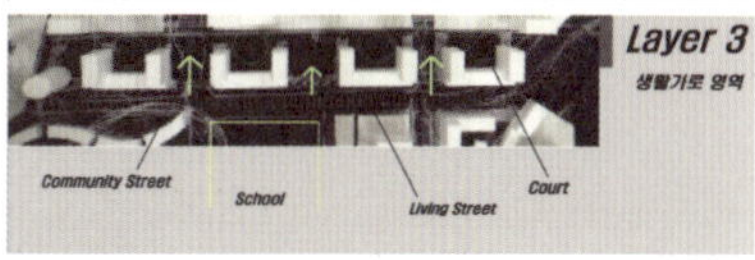

Fast Access · Slow Movement

:: It means Fast Access : 빠른 접근, 무엇이든지 즉각적으로 원하는 것을 얻고, 정보를 얻을 수 있는 시스템적인 의미
Slow Movement : 느리게 살기 운동, 빠른 접근과 느린 삶이라는 두 가지 상반된 명제를 동시에 추구하는 현대인의 라이프스타일을 나타내는 의미

:: See also intelligent system, ubiquitous, convenience, one-stop service, one-stop living, down shift, slow food, simple living

생활하는데 필수적인 부분에 대해서는 빠른 해결과 충족이 필요하고, 이를 통해 얻게 된 더 많은 시간과 여유는 삶의 질을 향상시킨다. 건강한 삶, 가족과의 시간, 커뮤니티 친화적 환경이 단지 내에서 가능하도록 한다. 복합단지나 도심의 주상복합단지에는 일반적으로 초고층의 주거로서 높이만으로도 최첨단의 기술과 시스템이 도입되어야 하고, 최첨단 인프라는 생활의 편의성을 높일 뿐 아니라 방재, 방범시스템도 강화하는 역할을 한다. 거기에 커뮤니티 시설이 강화되고 단지 내 서비스 기능이 도입되어 한 곳에서 삶의 모든 것이 해결되는 원스탑 리빙one-stop living이 실현된다.

복합단지의 건축적 구조를 보면, 일반적으로 단지 내 중심 광장이나 공원을 둘러싼 쇼핑몰이 지하레벨에 위치하고 저층부에는 각종 편의시설들과 앵커시설들이 도입된다. 지하에는 주차장이 있어서 주차를 하면 주거 전용 엘리베이터를 타고 각자의 집으로 가게 된다. 필요한 물건이나 서비스가 있으면 각 세대마다 설치된 컨트롤 패드를 이용해 주문하고 서비스를 받게 된다.

알제리 오랑 프로젝트는 하부에 상업과 공공시설이 상층부의 주거와 일체화되어 편리한 생활을 도모하고 있다. 각 용도들이 분리되어 있고 용도 간의 완충역할을 하는 어메니티 공간이 수직적으로 계획이 되어 있어서 프라이버시를 확보하였다. 단지 중심에는 수공간이 있어서 휴식과 여유를 즐길 수 있다. 화성동탄 메타폴리스는 지하층 전체가 쇼핑몰로 단지의 중심에는 친환경 테마공원이 위치하고 있다. 저층부에는 사무 공간과 각종 편의, 문화시설이 있다. 주거타워는 평면적으로 일정 영역에 분리 배치하면서도 수직적으로는 연계하여 계획하였다.

알제리 오랑 SNASCO 프로젝트 알제리 오랑

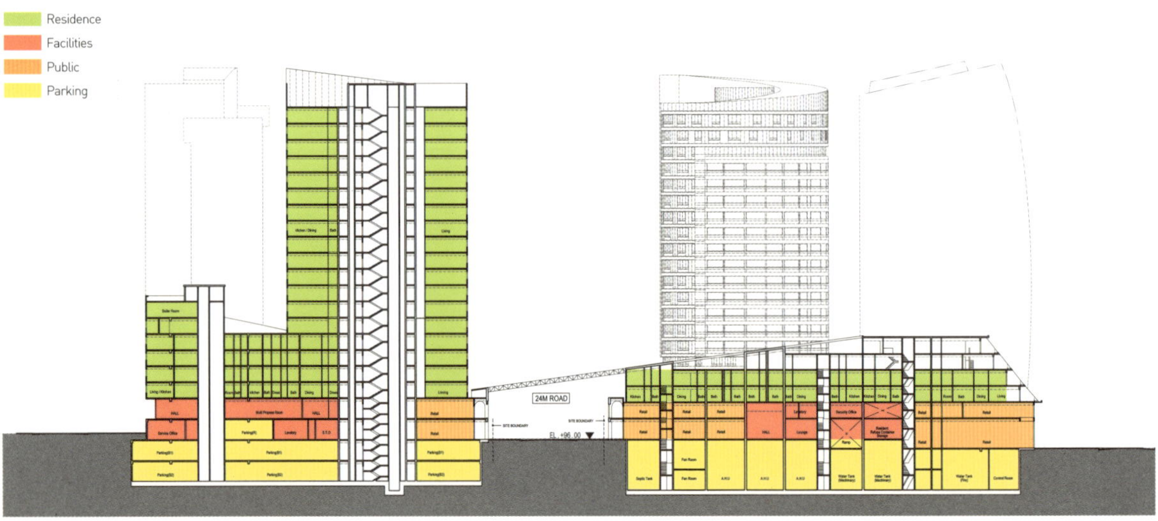

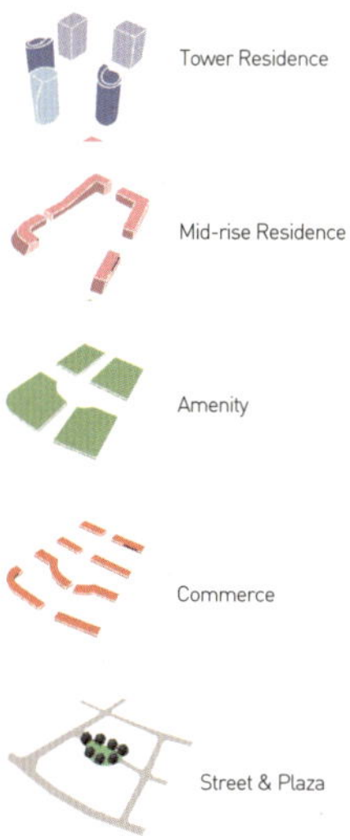

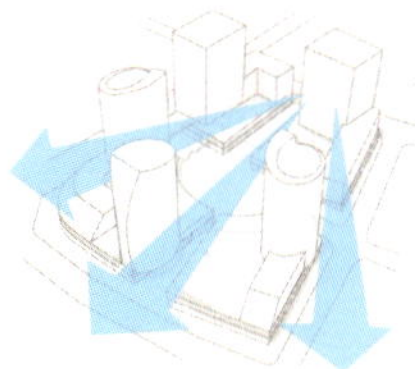

Tower Residence

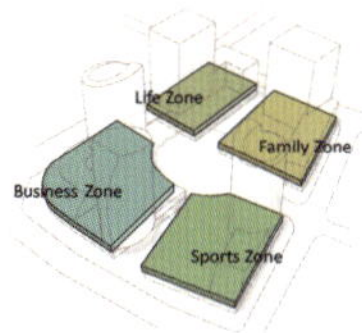

Mid-rise Residence

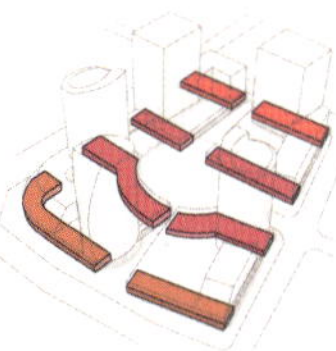

Commerce

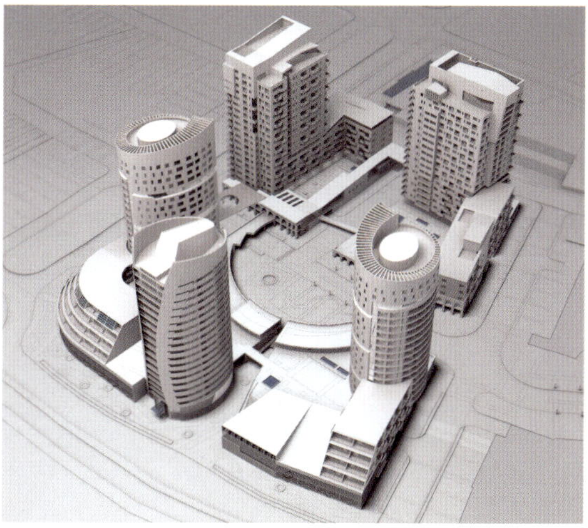

알제리 오랑 SNASCO 프로젝트 알제리 오랑
공공편의시설이 집약배치되어 있는 포디움과 주거동을 일체화시켜 편의성 도모

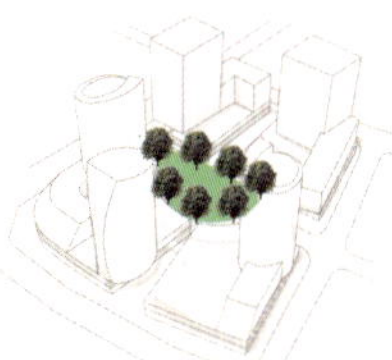

Street & Plaza

Soft City

:: It means 말랑말랑한, 부드러운 도시.
도시는 하드(hard)한 인프라로 인식되기 마련이고 대규모의 메트로폴리탄 도시들은 더욱 그렇다. 사람들의 삶이 있고 따뜻한 기억들로 채워진 세밀한, 정서적인 부분에 대한 배려와 디자인이 도시계획이나 정책에서 강화되어야 한다는 개념

:: See also contents, cultunomics, urban culture, urban design, event city, festival, metropolitan, street, alleys, memory, citizenship

소프트 시티Soft City, The Harvill Press, 1974는 Jonathan Raban에 의해 쓰여진 리포트이자 이론서이고 자전적 소설의 성격으로 도시와 도시 문화에 대한 문학작품의 이름이다. 현대의 메트로폴리스에서 삶의 본질은 어디에 있는가를 설명하면서, 'My city'는 'Yours' 또는 'Everyone else's'와 어떻게 다른지, 사람들이 생각하는 자기만의 소프트 시티에 대해 서술하였다. 도시에 대한 기억은 거리streets, 골목alleyways, 모퉁이corners, 장소places와 관계되어 형성되어 모든 도시는 그들만의 이야기story를 갖는다는 것이 주요 내용이다. 서울시도 2008년 컬처노믹스를 정책으로 내세웠고, '서울시 디자인 비전'에서는 2010년 '세계 디자인도시로 선정된 서울시의 현재와 미래의 모습이 산, 강, 그리고 사람을 주제로 전시되었다. 서울의 변화된 모습을 다양한 영상과 설치물을 통해 체험할 수 있었고 한강 르네상스 프로젝트 등 대형 도시개발 프로젝트도 전시하면서 '소프트시티 서울'이라는 용어를 사용하였다. 이러한 문화도시를 지향하는데 있어 다양한 이벤트 프로그램과 문화, 공공시설들이 제안되고 있고, 건축은 이러한 소프트한 행위들을 담는 그릇이 된다.

은평 뉴타운 중심상업 PF사업(참가작)은 놀이, 여가, 체험의 이벤트가 있는 쇼핑, 문화공간을 제안하였다. 주거와 교육시설, 광장과 문화시설, 레저와 쇼핑시설들이 연계되어 다양한 활동들을 장려하고 즐기는 도시, 향유하는 도시, 축제의 도시를 지향하였다.

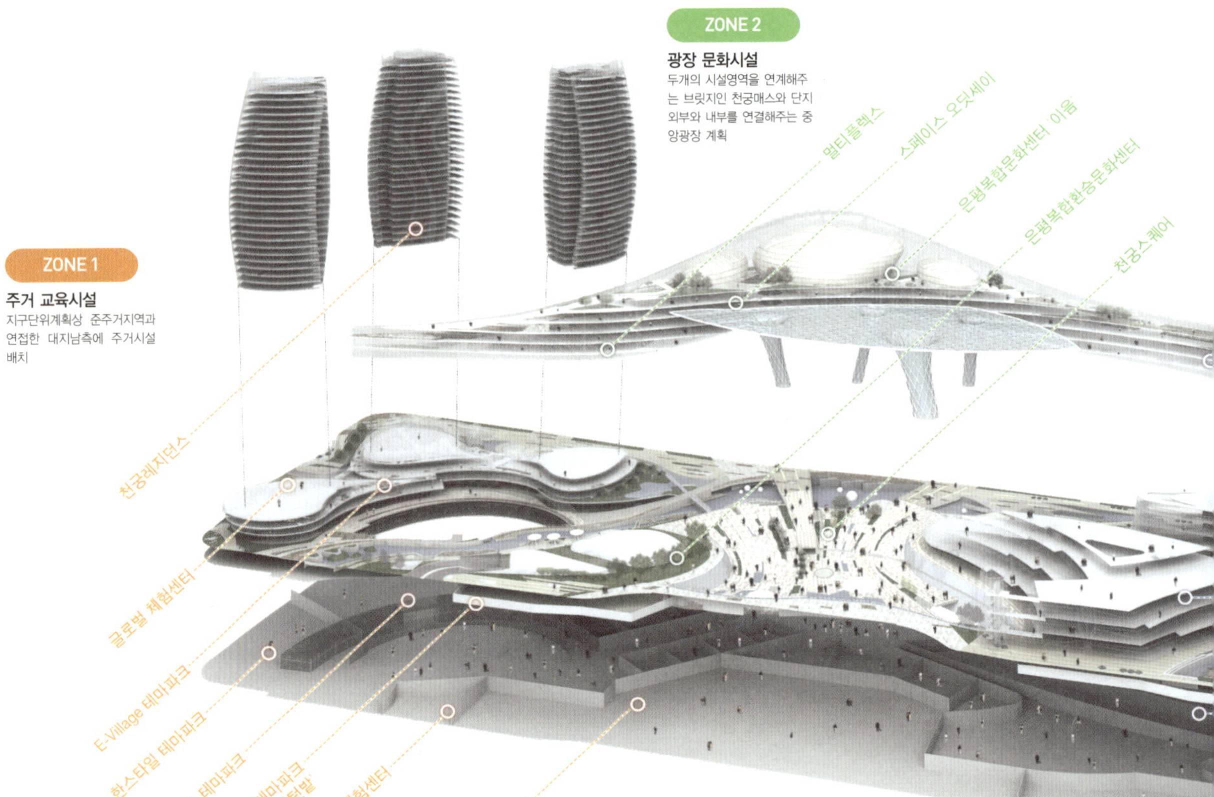

은평 중심상업 용지 PF 서울시 은평구

알제리 오랑 SNASCO 프로젝트 알제리 오랑

Lake park, Event park, Media park, Living Dell, Dynamic Vale 등 5개의 채널이 이어지는 문화의 카페트 구성

Legend

❶ Water Garden
❷ Starlight Garden
❸ Fitness Garden
❹ Greeting Garden
❺ Kid's Garden
❻ Flower Garden
❼ Forest Garden
❽ Fruits Garden
❾ Oasis Garden
❿ Event Deck & Pond
⓫ Event Green & Deck

Oceans Wave Street
바다를 향해 열린 수변산책로.

Culture Street
다양한 이벤트와 커뮤니티가 있는 문화거리.

ZONE 3

레저 쇼핑시설
경기도에 진입하는 서울의 경계에 광역타겟시설인 백화점과 업무시설을 배치하여 관문적 랜드마크로서의 기능.

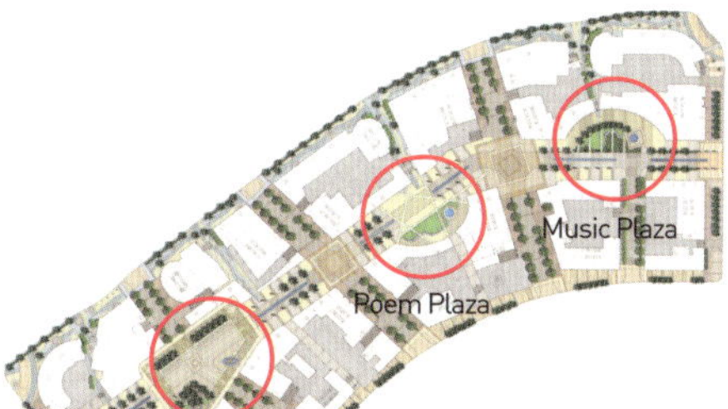

Art Plaza
다양한 이벤트, 문화행사, 퍼포먼스가 벌어지는 도심문화공간

Music Plaza
거주인을 위한 미니콘서트 및 뮤지컬 공연

Poem Plaza
감성을 움직이는 편안하고 아늑한 외부공간

Penthouse

:: **It means** 1 펜트하우스〈빌딩 최상층의 고급 주택〉; 옥상가옥 / 2 (빌딩의)옥탑
초고층 도심 타워의 최상층 고급 주택으로서, 일반적으로 기준층의 외벽에서 셋백(set-back)되어 옥상테라스를 가지는 특화된 단위세대.

:: **See also** pride, prestige, brand-housing, design-marketing, VVIP marketing, sky lounge, panoramic view, outdoor space, terrace, mezzanine

알제리 오랑 SNASCO 프로젝트 알제리 오랑

Duplex
복층구조 계획으로 높은 층고를 확보하여 개방감을 돋보이게 하고, 외부로의 조망 극대화

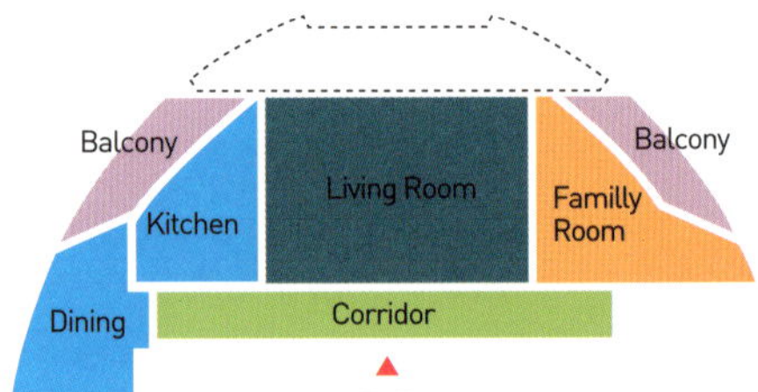

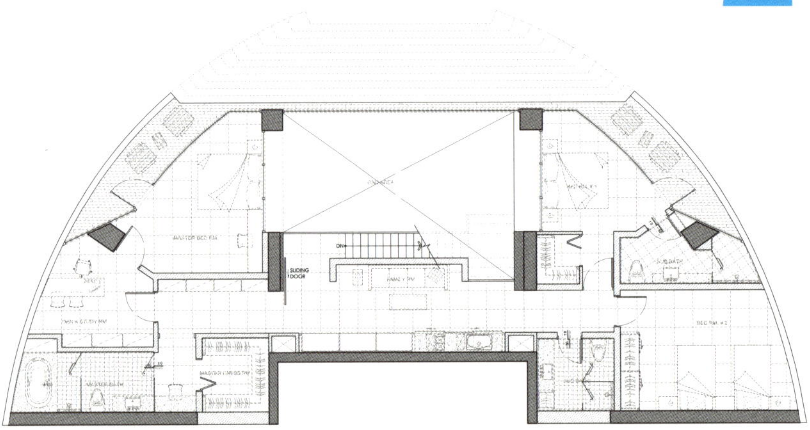

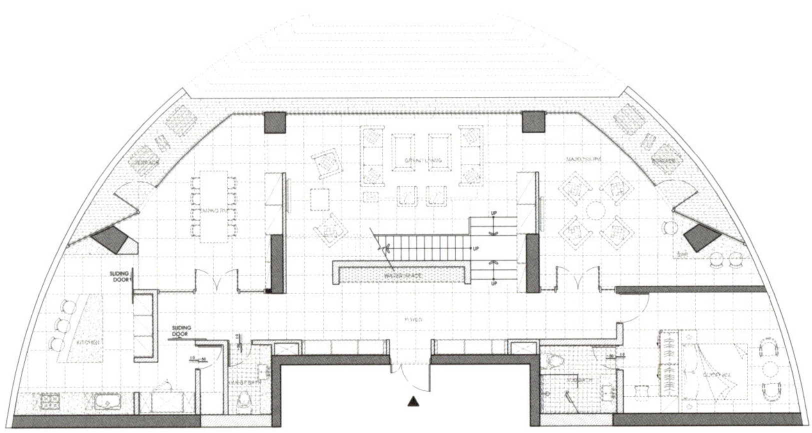

차별화된 공간을 지향하는 상류층을 위한 명품으로서의 펜트하우스는 희소성의 가치, VVIP(최상류층)로서의 자부심, 핵심지역의 점유, 부의 상징, 투자 가치 등 경제, 사회적인 의미를 지니고 있다. 펜트하우스는 보통 40%, 심하면 두 배 가까이 일반 세대보다 높은 평당 분양가에도 불구하고, 대량 미분양 상황에서도 늘 높은 경쟁률을 나타내왔다. 명품 주택은 건설사의 이미지와 관계가 있어서 회사의 브랜드와 관련한 마케팅으로 활용되곤 한다. 최고층으로 하늘과 맞닿아 있고 그래서 최고의 조망권으로 3면, 심지어는 4면, 360도 파노라마까지 제공되는 확 트인 전망을 갖는다. 자연채광은 물론이고 열린 배치에, 넓은 실내외 공간을 갖는다. 실외에는 언제나 쓰임새가 좋은 친환경 테라스가 있고 개인정원, 옥상정원, 또는 자쿠지jacuzzi가 있다. 거실, 홀 부분을 실외로 확장하여 파티용 공간으로 활용할 수 있다. 실내는 높은 층고로, 고급 수입 마감재와 각종 다양한 조명기구들이 사용되고, 대형 건설사가 펜트하우스를 분양할 때에는 대부분 유명 디자이너에게 실내 인테리어 디자인을 의뢰하여 퀄리티도 높이고 분양 마케팅 전략으로도 활용한다. 복층형 또는 단층형이 있고 완벽한 프라이버시가 보장되는 집이다. 또한 도심의 최고(高) 위치에서 전원과 같은 생활을 즐길 수 있다.

알제리 오랑 SNASCO 프로젝트에서는 타워 타입에 따라 단층형과 복층형 두 종류의 펜트하우스를 제안하였다. 복층형은 높은 층고를 확보하여 개방감을 돋보이게 하는 컴팩트compact한 타입이고 단층형은 넉넉한 외부공간을 제공하는 좀더 고급형 주택에 해당된다. 펜트하우스 평면의 일반적인 유형과 같이 외부생활공간을 제공하고 있는데 특징적인 것은 마치 사랑방 또는 알파룸과 같은 가족실을 별도로 둔 것이다. 메인 테라스 영역이 커뮤니티나 손님들과의 파티를 위한 공적인 공간이라면, 가족실을 중심으로 또 다른 외부 테라스 영역에는 자쿠지jacuzzi를 두어 지극히 사적이고 편안한 외부공간을 연출하였다.

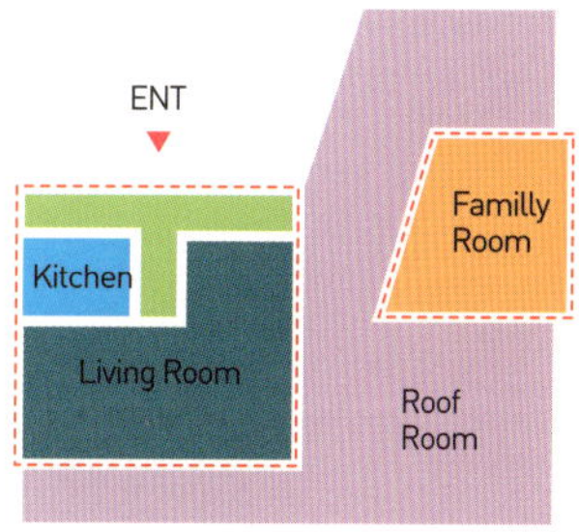

Mega Floor

거실, 주방과 같은 주거내 공용공간과 공중정원을 연계하여 내부에서 외부로의 경계확장

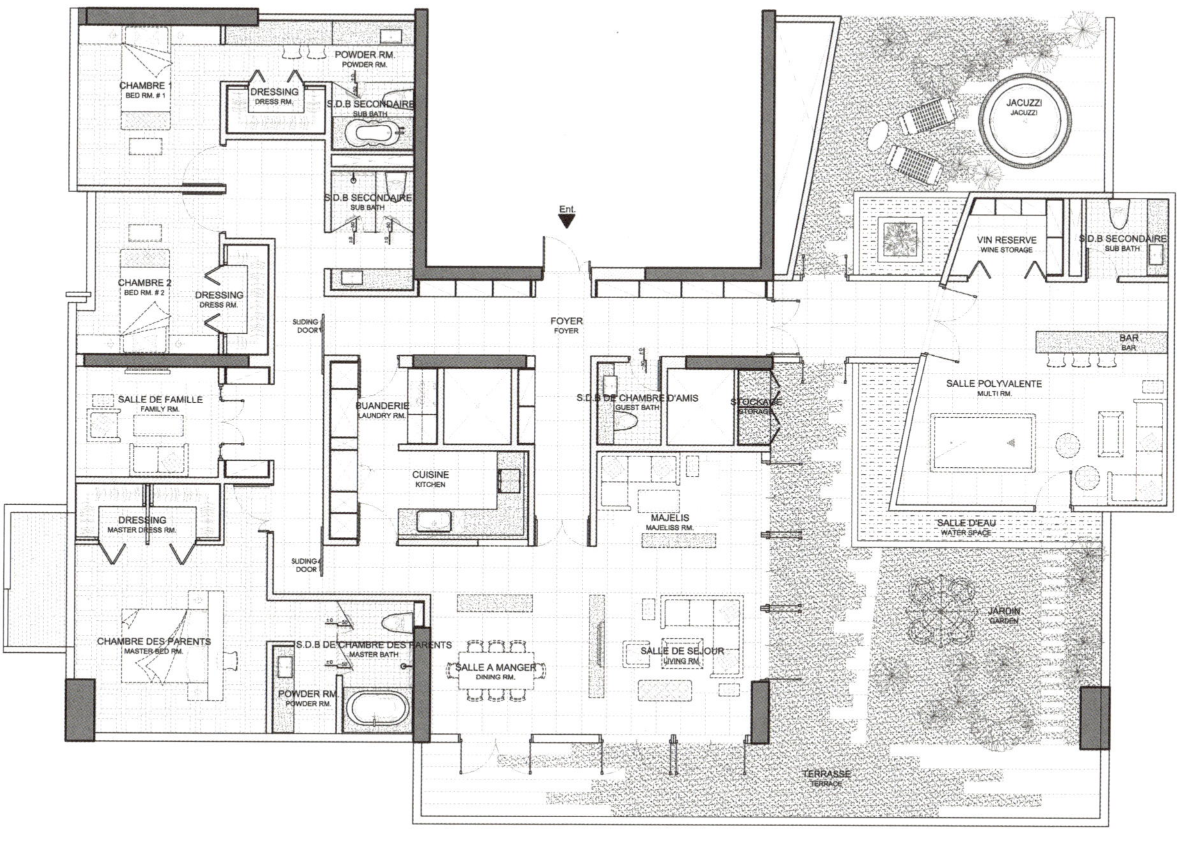

Photosynthesis

:: It means　광합성 : 녹색식물이 빛 에너지를 이용해 이산화탄소와 물로부터 유기물을 합성하는 작용
주거에 있어 남향 배치라는 절대적 요소와 이에 따른 주거 유형의 변화

:: See also　natural lighting, building equipment, curtain wall system, comfortable house, orientation

'북망산' 이라는 단어에서 알 수 있듯이 종교적 관점에서 과거에는 북쪽을 죽은 자들을 위한 방향이라 생각하여 산 사람의 머리와 집의 방향은 남측을 향해야 한다는 원칙을 지녔다. 또한 과학적 관점에서도 집을 남향으로 하였을 경우 겨울에는 햇살이 긴 시간 동안 집에 머물게 하고, 여름에는 짧은 시간 동안 머물게 하여 실내 환경적으로도 효율적인 측면이 있다. 이러한 향에 대한 고려는 단위세대 형태 및 주동 배치에 영향을 미쳤으며 주거의 가격, 분양성에 영향을 미치는 절대적인 요인 중 하나이다. 시대의 변화 속에서 초고층 도시주거의 등장은 이러한 향을 중심으로 한 단위세대 구성에서 벗어나 도시경관적 측면에서의 형태적, 미적 완결성 및 조화를 우선시 하면서, 단위세대의 거주환경에 대한 기능적 측면과 도시주거의 형태적 측면에 대한 타협점을 찾는 데 이른다. 또한 커튼월 방식의 입면 재료 및 구조의 변화는 과거 주동배치 및 남측으로의 대면 면적으로 결정되던 향에 대한 고려를 입면 재질의 변화를 통한 향과 조망을 함께 고려 하는 방식으로 변화함과 동시에 고층주거양식에 맞는 설비 환경의 진화로 향의 중요성이 약화되는 경향을 보인 것이 사실이다.

그러나 마치 식물이 광합성을 하는 본능처럼 더 많은 외기에 보다 많이 면하기 위한 단위세대의 진화는 남향 외에 많은 관건이 담겨있다. 공용공간들의 연계를 통한 확장형 형태의 평면, 커튼월의 사용으로 내부 개방성 및 조망에 대한 고려, 도시경관적 측면에서의 주동 전체의 형태적 완결성 등 고려해야 하는 사항 등과 같이 선택의 폭이 넓어져 가고 있다. 동시에 시대, 지역에 따른 다양한 요구사항이 제시되는 만큼 거주자들의 세밀한 요구에 대한 다각적인 고려, 창문의 폭과 시선에서의 개방감을 꾸준히 유지하는 것이 중요하다.

초고층주거의 시대별 주동 평면도.(1999-2007)

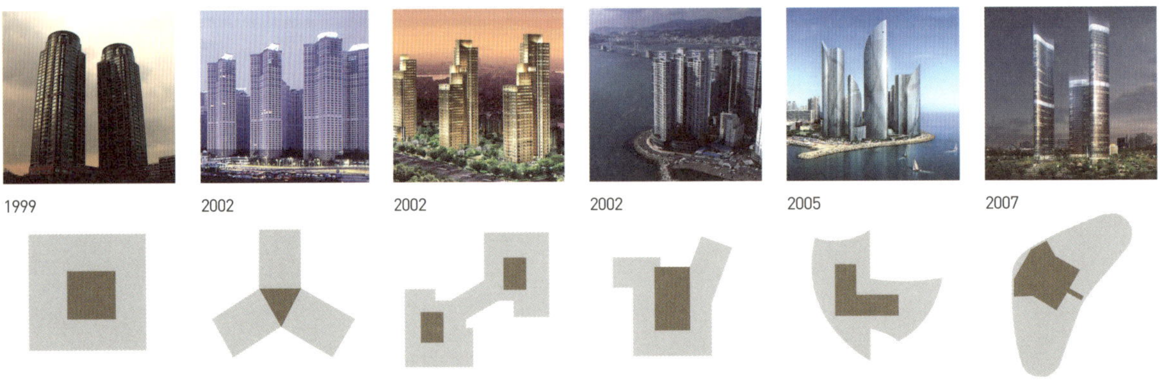

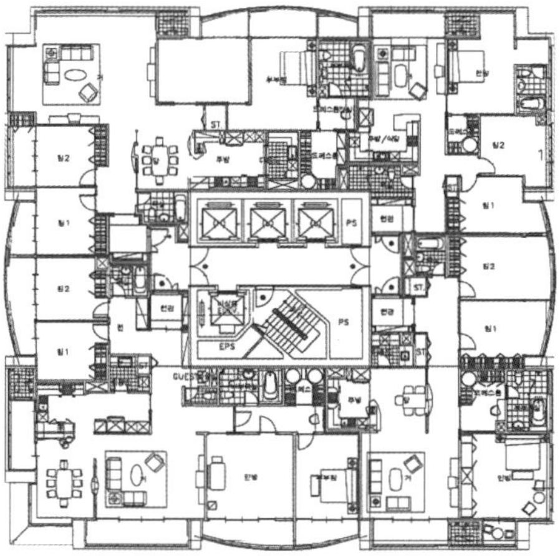

대우 트럼프월드 1 (1999)

부산 센텀시티(2002)

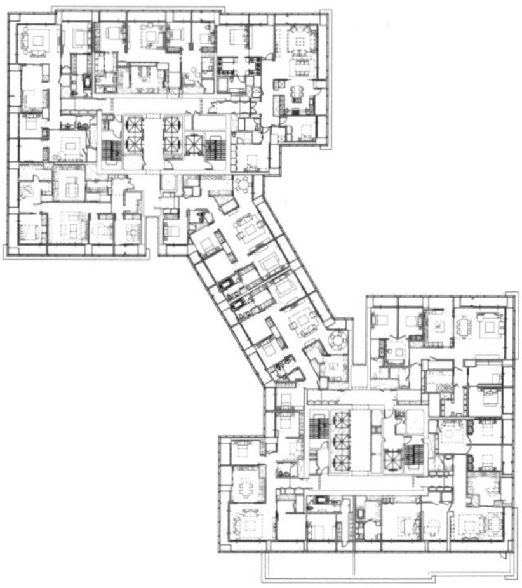

서초동 아크로비스타(2002)

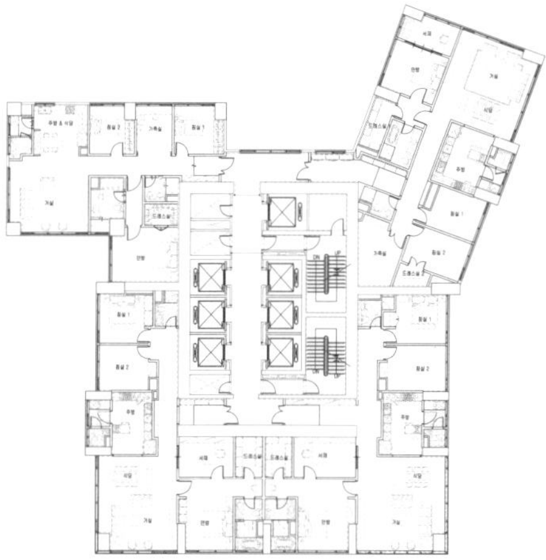

해운대 우동 아델리스(2002)

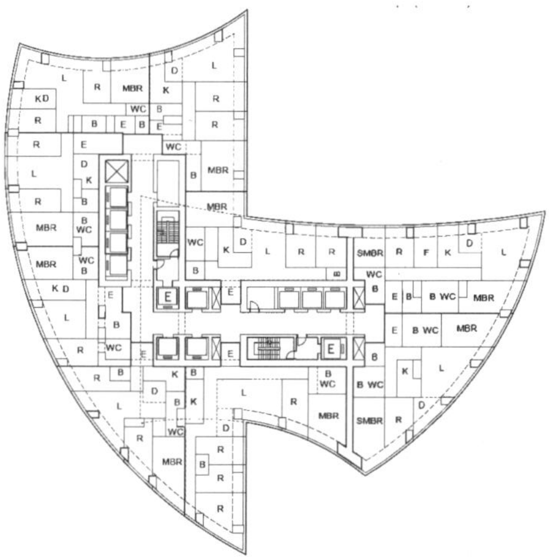

해운대 우동 I-Park(2005)

뚝섬 D-Project 설계제안(2007)

Tangible Communication and Virtual Community Space

"Today's users are fast adopting new lifestyles and bahaviours. Communication technologies, like high speed mobile data, are now playing a large part everyone's life. Some of the underlying needs remain the same: run an efficient household, get to work on time and have nice friends and neighbours." **-Tobi Shneidler, MAO Works** 출근길 만원 지하철 안에서 개인의 사적공간은 존재하지 않는다. 그러나 가상의 사적공간은 이런 최악의 공간 내에서도 존재한다. 손도 자유롭게 움직이기 힘든 만원 지하철안에서 **이어폰을 끼고 아이팟 터치의 플레이버튼을 누르는 순간,** 자신 앞에 펼쳐지는 가상의 무대와 연주자 그리고 내 주위를 감싸는 음악으로 이뤄진 공간감을 느낄 수 있다. 또한, 대부분 직장인들은 일하는 동안 메신저를 한 개 정도는 로그인하고 있다. 이를 통해 새로운 소식도 가장 빠르게 접하고, 개인적으로 필요한 데이터도 공유하고, 아이콘을 통한 심리표현 및 의사표현도 하고 있다. **커뮤니티의 개념에서 물리적 공간의 의미**는 달라지고 있고 가상공간의 커뮤니티는 이미 우리에게 실제적인 생

관계맺기 | 05 인간과 인간

활의 일부가 되어 있는 것이다. 이렇게 **현대에서 사적공간은 점점 가상공간화 되는 경향을 갖고 있고,** 이에 따라 **우리가 익히 알고 있던 커뮤니티의 공간적 개념이 변화하고 있다.** 고전적인 접촉을 강화하는 방식의 커뮤니티보다는 무형의 소속감과 가치추구가 오히려 더 중요하고 실질적인 내용으로 다가오는 경우가 많다. 따라서 **미래의 커뮤니티는 고전적인 방식의 공유공간을 많이 제공하는 것**에서 벗어나, **무형의 가치를 갖는 커뮤니티 프로그램이 선행되어 계획된 공간이 중요시 될 것으로 생각한다.** 물론 이런 상황에서도 앞서 토비 슈나이더의 말처럼 인간과 인간사이의 고전적 가치인 가족관계나 이웃관계는 여전히 중요한 것으로 남을 것이기 때문에, 인간과 인간사이의 소통에 대해서는 좀더 실체적이고 현시적인 방법이 필요하다. **커뮤니티를 정의하는 인터페이스에 대한 연구와 구현 가능한 공간 및 프로그램에 대한 연구** 그리고 이런 모두를 통합하는 통합공간계획이 앞으로의 인간과 인간 사이의 새로운 차원의 커뮤니티를 구현할 수 있으리라 생각한다. 건축에 대해서 정의한 가장 좋아하는 글중에 다음과 같은 말이 있다. "Architecture, Between Poetry and Reality." 인간과 인간, 그리고 건축이 가야하는 길은 이 글처럼 시와 현실 그 사이가 아닐까 한다. – 건원건축 **심재환 상무** –

Next Door
0 - 100%

IDENTITY
WEEKEND LIVING
SMALL COMMUNITY

Concurrent
100 - 300%

IN-BETWEEN
COMMUNITY CORE

Plug & Play
300 - 600%

KISS & RIDE
HYPERLINK
MALLING

Sequential
600%

LIVING PLATE
LOBBY LIFE

Identity

:: **It means** 1. 동일함, 일치, 동일성 / 2. 동일한 사람 [물건]임, 본인임; 정체, 신원 / 3. 독자성, 주체성, 본질
거주자의 개성과 취향을 반영하여 각자마다의 고유한 주거양식을 갖게 함으로써 삶의 방식을 보다 다양화 함.

:: **See also** individuality, character, nature, icon, personality, landmark, brand

단독주택의 다양성을 담으면서도 아파트의 장점을 살린 타운하우스는 독립된 주거공간을 가진 여러 세대가 한 단지 내에 거주하는 형태이다. 공동관리를 하여 거주자의 편의성을 도모하고, 안전한 환경을 제공받으면서도 단독주택이 가진 프라이버시를 확보할 수 있는 장점이 있다. 거주자의 개성과 취향을 반영하여 각각의 집마다 아이덴티티를 부여하는 것이 가능하다. 물론 라이프스타일에 따라 몇 개의 패턴화된 건물을 선택하게 되지만, 기존 아파트에서 평형의 선택이 전부였던 것과는 달리 다양한 삶의 방식을 가능하게 하는 건물 유형을 선택할 수 있다. 똑같은 마당과 발코니가 주어져 있더라도 사는 사람들이 어떻게 가꾸냐에 따라서 공간의 모습과 쓰임은 완전히 달라지게 된다. 주거가 '사는 곳', '생활을 디자인하는 곳'으로서 자연과 인간과 도시의 관계성 회복에 중점을 둔 단지가 된다. 한편 거주민들에게는 나의 집, 나의 마당을 갖게 된다는 의미도 크다.

판교 운중 블록은 다양한 주거의 프로토타입을 제시하여 주택이 각각 아이덴티티를 갖도록 디자인하였다. 각 주택은 개별 마루shikii가 있어서 독립적인 마당으로 사용하면서도 그 마당은 커뮤니티 데크로 연계가 가능하여 다양한 활동의 장이 된다. 각 마루shikii들은 음악실, 홈바home-bar, 아뜰리에atelier, 당구장 등 레저공간으로 쓰일 수도 있고 다양한 소모임의 장소로도 활용된다. 커뮤니티 데크의 쓰임에 따라 건물의 입면 구성에서도 아이덴티티를 가질 수 있다.

판교 운중블록 국제 설계경기 성남시 분당구

Community Deck로 연결된 각 마루(Shikii) 공간의 다양성

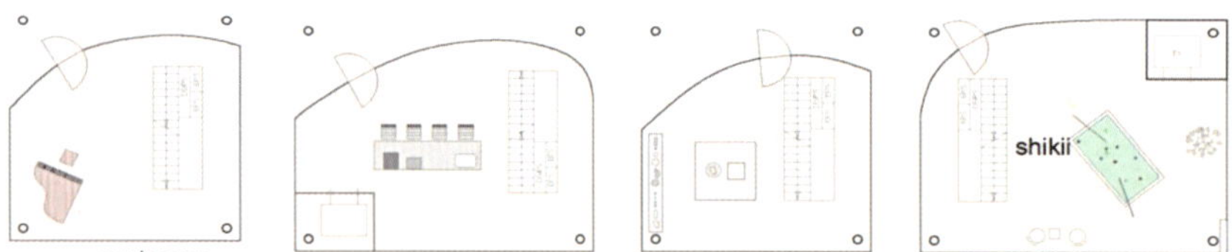

music room · home bar · atelier · billiards

다양한 주거 프로토타입 제시

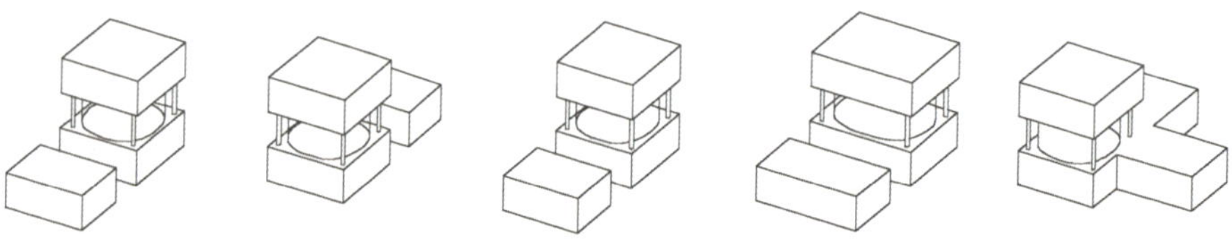

Type A · Type B · Type C · Type D · Type E

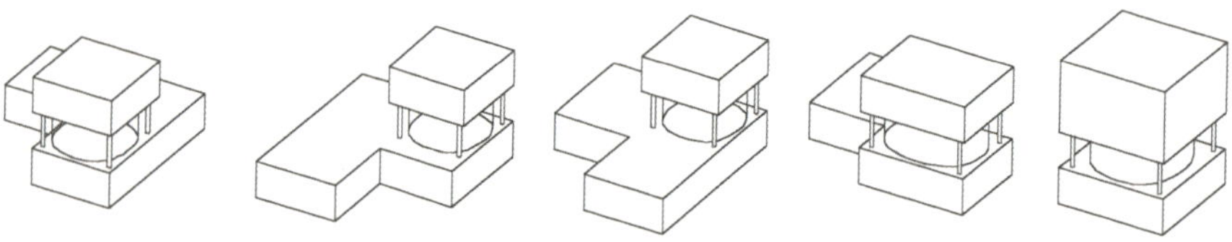

Type F · Type G · Type H · Type I · Type J

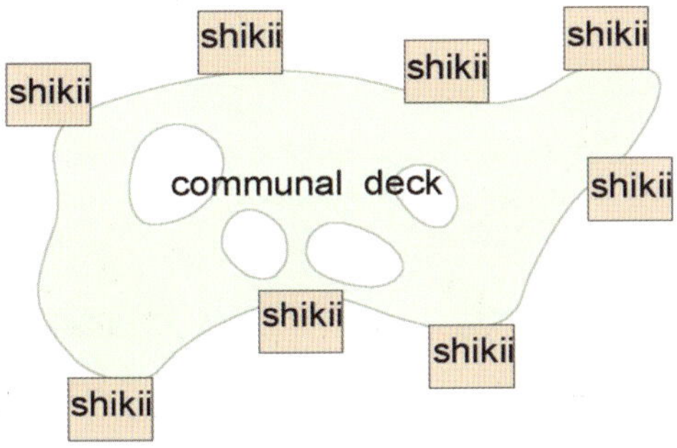

판교 운중블록 국제 설계경기 성남시 분당구
마루(Shikii)는 진입부를 확장한 영역으로서 각 층 및 실들과 소통하는 다목적 공간이며,
세대주의 필요에 따라 사랑채, 홈오피스, 아뜰리에, 취미실 등으로 다양하게 이용된다

Community Core

Toscany Garden

Maison de Patio

Exclusive Garden

Weekend Living

:: **It means** 주5일제가 확산되면서 주중에는 도심에 있는 직장 가까이에서 생활하고 주말에는 도시 외곽으로 나가 자연을 즐기는 이원화된 생활을 의미.

:: **See also** second-house, eco-hub, cocooning, downshift, beyond luxury, work & life balance, active-senior

新감성세대라 불리우는 소비자의 관심사는 Wealth-care(부), Health-care(건강), Mind-care(정서)의 세가지로 정리된다. 부, 건강, 정서의 3대 니즈needs에 대한 적극적인 의지를 가지고 도심환경에 대한 스트레스를 극복하려는 욕구가 있다. 주5일 근무제가 확산되면서 자연을 향유하고 건강과 즐거움에 대한 관심이 사람들의 생활 전반에 확산되었다. 주중에는 도심에서 직주근접한 생활을 하고 주말에는 도시 외곽의 타운하우스에서 재충전하는 시간을 갖는다. 일상의 삶을 떠나 다른 장소에서 만나는 자유는 또다른 나를 발견하게 하는 장치이다. 보다 새롭고 보다 환상적인 체험을 원하는 현대인들에게 잊지 못할 경험과 활력을 만끽할 수 있는 기쁨의 공간이 되어야 한다.

현인 도시개발사업은 숲 속 가득히 펼쳐진 조각 같은 건축으로 30개의 파빌리온을 제안하였다. 독립된 한채 한채가 나만의 플로어floor를 가지고 있다. 실내에서는 360도 조망이 가능하여 끊김이 없는 4계절 자연의 전경을 감상할 수 있다. 완벽한 Weekend Living을 구현하기 위하여 단

Sky Lounge

Green Lounge

Blue Rambla

Boutique Street

지에는 커뮤니티센터가 있고, 스카이 라운지도 있고 물길을 중심으로 한 다채로운 이벤트 공간도 있다. 무엇보다도 나만의, 혹은 우리들만의 커뮤니티를 지원하기 위한 하나의 코어와 하나의 단위세대 개념, 그리고 접지층의 가든garden이 이색적이다.

1	2	3	4
5	6	7	8

파주교하 타운하우스 파주시 교하읍
자연 요소를 끌어들인 전원형 여가생활공간 주거 조성

수원 정자동 지명현상설계 수원시 장안구
Sky Lounge, Green Lounge 등 기존의 주거와는 차별화를 둔 외부 테마공간 확보

헌인 도시개발사업 국제현상 공모 서울시 서초구
이벤트적 공간활용에 초점을 맞춰 취향에 맞는 다양한 여가생활 공간계획

Small Community

:: **It means** 3-4개의 집들이 모여 클러스터를 형성하는 등 작은 단위와 규모의 커뮤니티

:: **See also** society, people, ownership together, college, settlement, village, union, exclusive, club house, banquet, community center

친밀함의 척도는 얼마나 서로를 보여주는가에 있다. 친밀함은 서로의 소소한 비밀을 건강하게 공유하는 것을 말한다. 따라서 이는 아주 작은 단위로 구성되며 그 작은 단위의 구성이 허락되는 환경에서는 좀 더 개방적인 공간개념으로 계획될 때 진정한 의미의 커뮤니티에 기여하게 된다.

판교에 위치하는 2개의 저층 커뮤니티 타운은 공통적으로 단위 클러스터를 최소화하고 개방적인 접지면을 지향하여, 실효성 있고 친밀도가 있는 마을을 구성하고자 하였다. 판교 B6-1블럭의 경우는 접지세대의 툇마루공간과 중앙마당과의 경계를 매우 개방적인 형태로 계획하여, 접지면의 4호의 주거들이 서로 적절한 사생활의 개입을 통해 전통적 의미의 친화력을 기대하고 있다. 판교운중블럭에서는 좀 더 적극적이고 실험적인 방법을 시도하였다. 각 세대의 접지층을 그 세대의 Show Room으로 설정하여, 각각의 차별적 공간을 서로 보여줌으로 그 가정household의 정체성을 나타내고 외부와의 소통을 통해 기존 공동주택이 가질 수 없는 개방적 커뮤니티를 추구하였다. 더불어서 프라이버시가 강조되는 침실과 전용 거실은 빛이 들어오는 지하공간 혹은 2층에 계획하여 접지층과 그 외의 층의 공간적 설정을 명확히 구별하였다.

판교 운중블록 국제 설계경기 성남시 분당구
별채로 계획된 각 세대의 저층부를 개방하여 공동의 마루로 계획

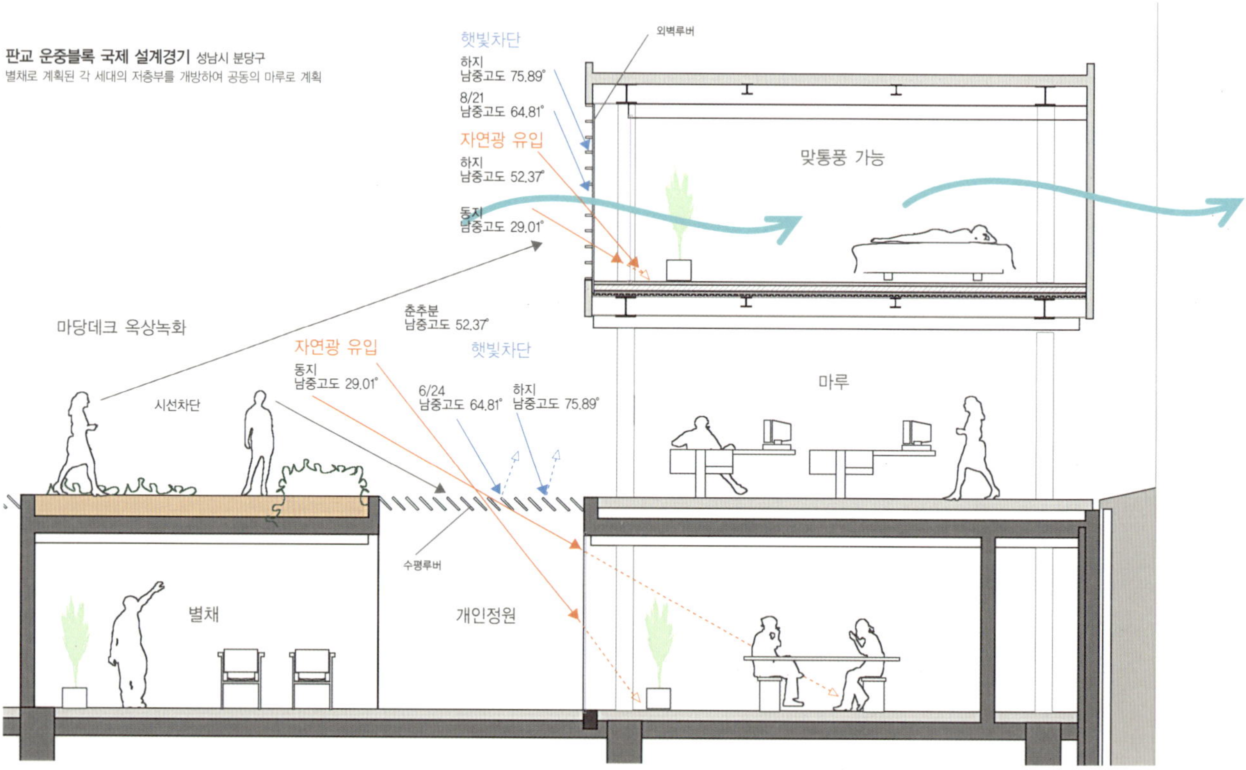

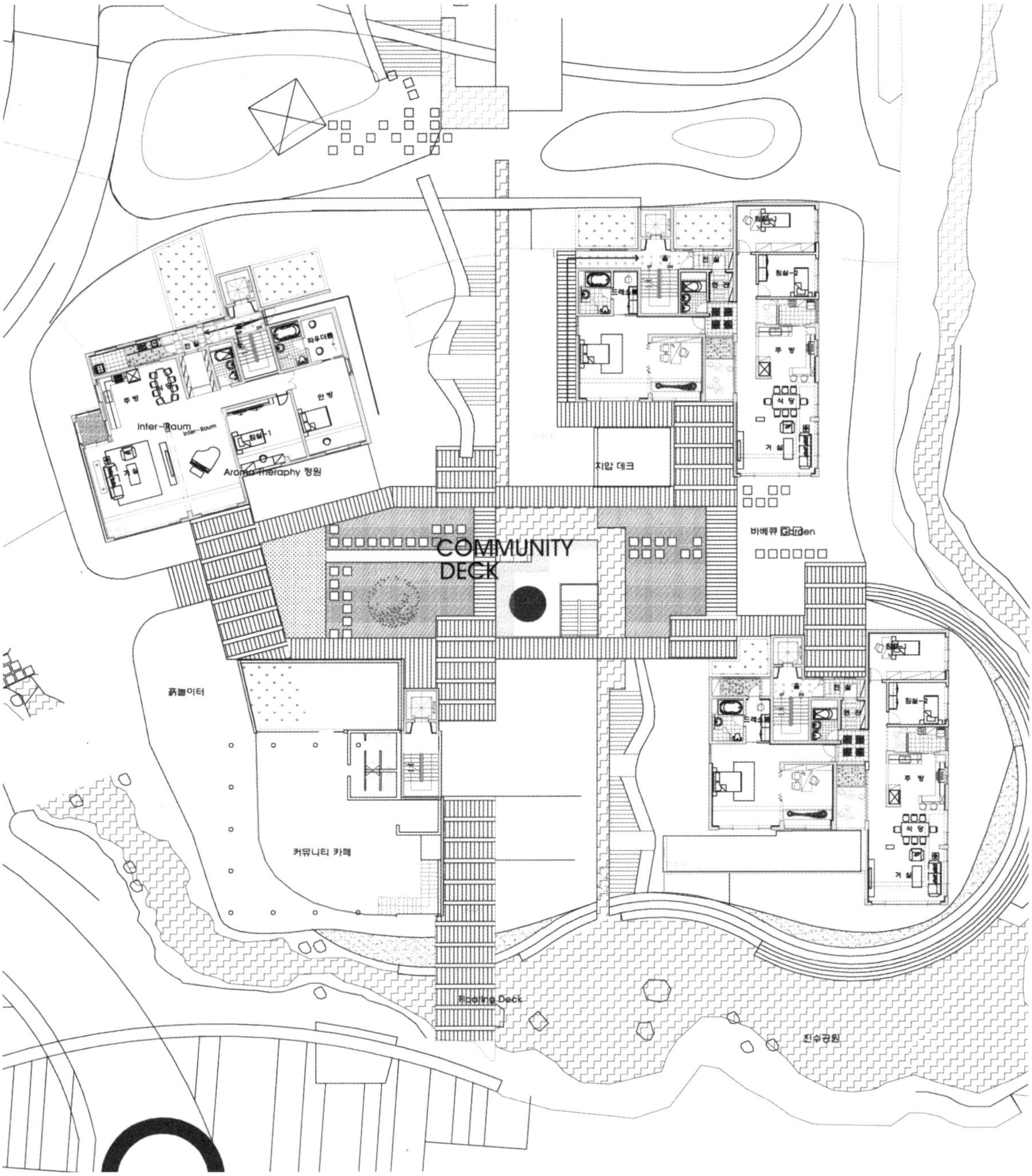

Parking
Parking Under Community Deck

Pedestrian Access
Not from Core, But from Ground

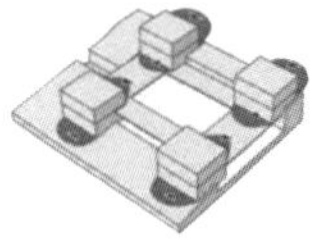

Loggia
My Own Private Terrace

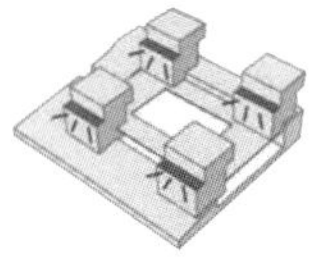

Identity
Loft High on Duplex for Identity

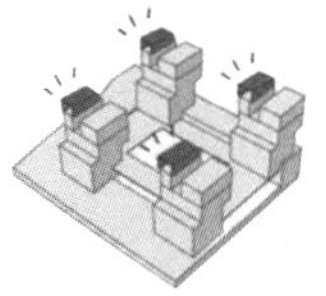

성남판교지구(B6-1 BL) 공동주택 설계경기 성남시 분당구
Community Deck를 중심으로 자연과 일상이 Plug-in 된 클러스터 계획

In-Between

:: It means in between : 중간에, 사이에 끼여[끼인], 틈틈이, 짬짬이 / 중간적인 것[사람], 중개자
단지와 단지 사이, 단지와 주거동 사이, 주거동과 주거동의 사이 등 일상성을 획득하고 삶의 질을 높이는 매개공간에 대한 관심

:: See also cell, group, neighborhood, intermediate, mediate, middle, blur

행정복합도시 첫마을 마스터플랜 국제현상 충남 연기군

단순한 Buffer가 아닌 이벤트가 있는 풍부한 삶의 공간으로의 활동의 장이 되는 공간계획

Playing platform view-1

Playing platform view-2

단지와 단지 사이의 경계는 단순히 영역을 나누는 기준이 되는 장소가 아니라 목적을 가진 공간으로서 주거와 주거 사이의 경계를 흐리며 단지 내로 스며든다. Zipper처럼 맞물린 두 영역은 접면을 극대화하면서 일상과 비일상의 경계를 넘어드는 풍요로운 삶을 제공하게 된다.

집이나 학교와 같은 목적을 가진 기능공간이 있을 때 이러한 공간 간의 이동은 목적 동선이 된다. 그러나 집과 학교 사이의 무수히 많은 공간들은 바로 in between으로 이해할 수 있다. 오가는 길에서 옆집 아주머니를 우연히 만날 수도 있고 강아지와 놀기도 한다. 꽃밭을 지나면서 꽃 향기를 맡고 우연히 친구를 만나 길거리 농구장으로 향하기도 한다. 이러한 모든 과정을 단지와 건축계획에서 놓치지 않고자 하는 것이 In-Between Space에 대한 관심이다. 그 뿐 아니라, 기존의 공동주택 계획 관행에서 단지, 주거동, 단위세대를 각각 분리해서 계획하고 공간들이 절연되도록 하는 경향이 있었는데, 이에 대한 반성에서 단지와 클러스터, 클러스터와 주동, 주동과 단위세대의 관계와 그 사이 공간, 그 경계가 끊어지는 것이 아닌 이어지고 확장되는 개념으로 경계의 접한 면과 접한 점에 대한 공간의 퀄리티를 높이려는 시도이다.

행정복합도시 첫마을 마스터플랜에서는 단순한 기능 공간들의 접면, 또는 완충지역이 아니라 풍부한 삶과 이벤트가 가능한, 주거의 질을 높이는 공간을 상상하였다. 이는 기존의 중심성을 갖는 도시계획에서 진보한 탈중심, 작은 것도 큰 것과 같다는 위계의 소중함을 갖는 정서, 최근의 사회 · 철학적인 배경과도 같은 맥락으로 이해될 수 있다. 이 사이공간에서는 커뮤니티가 활성화되는 다양한 프로그램이 도입된다.

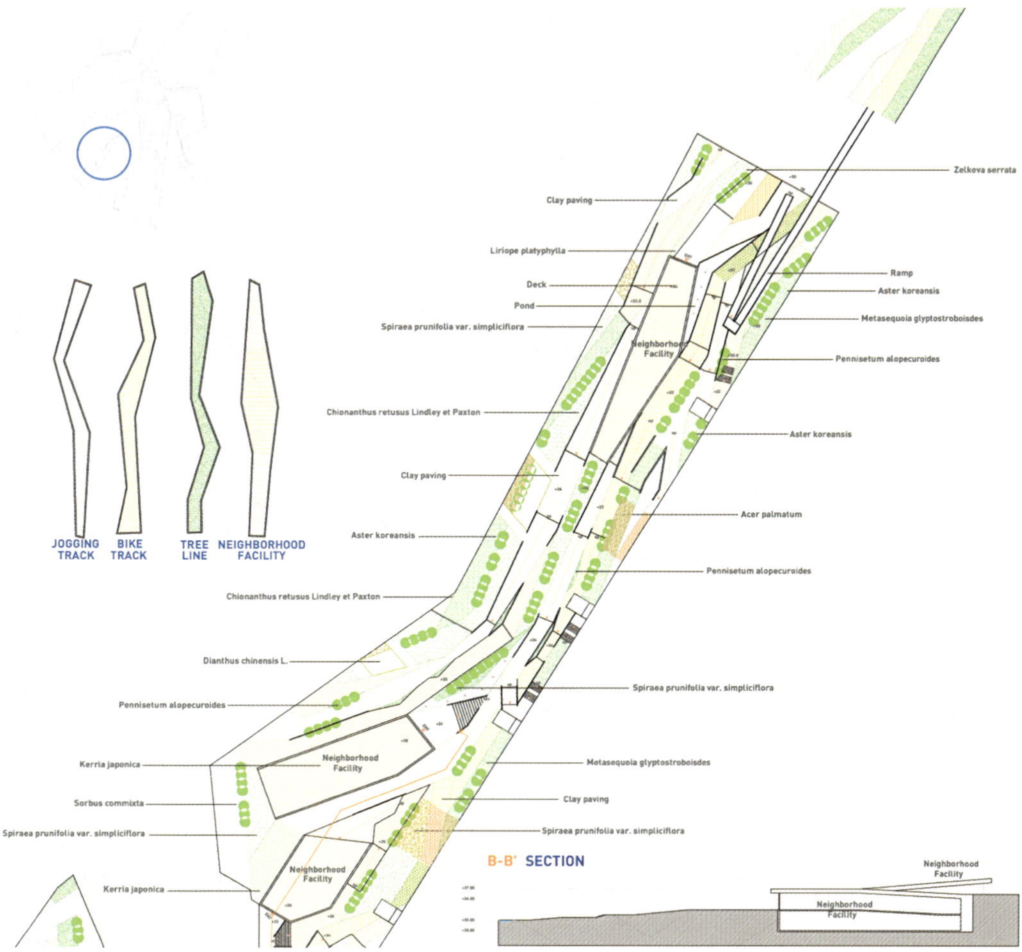

Community Core

:: **It means** core : 1 (배, 사과 등의) 과심, 씨부분 / 2 도시나 지역 내에서 중심부분 / ·2 사물의 핵심, 골자
주변과 연계하여 지역에서의 중심 커뮤니티 공간이 되는 장소

:: **See also** community center, relation node, center, heart, living street, community facilities

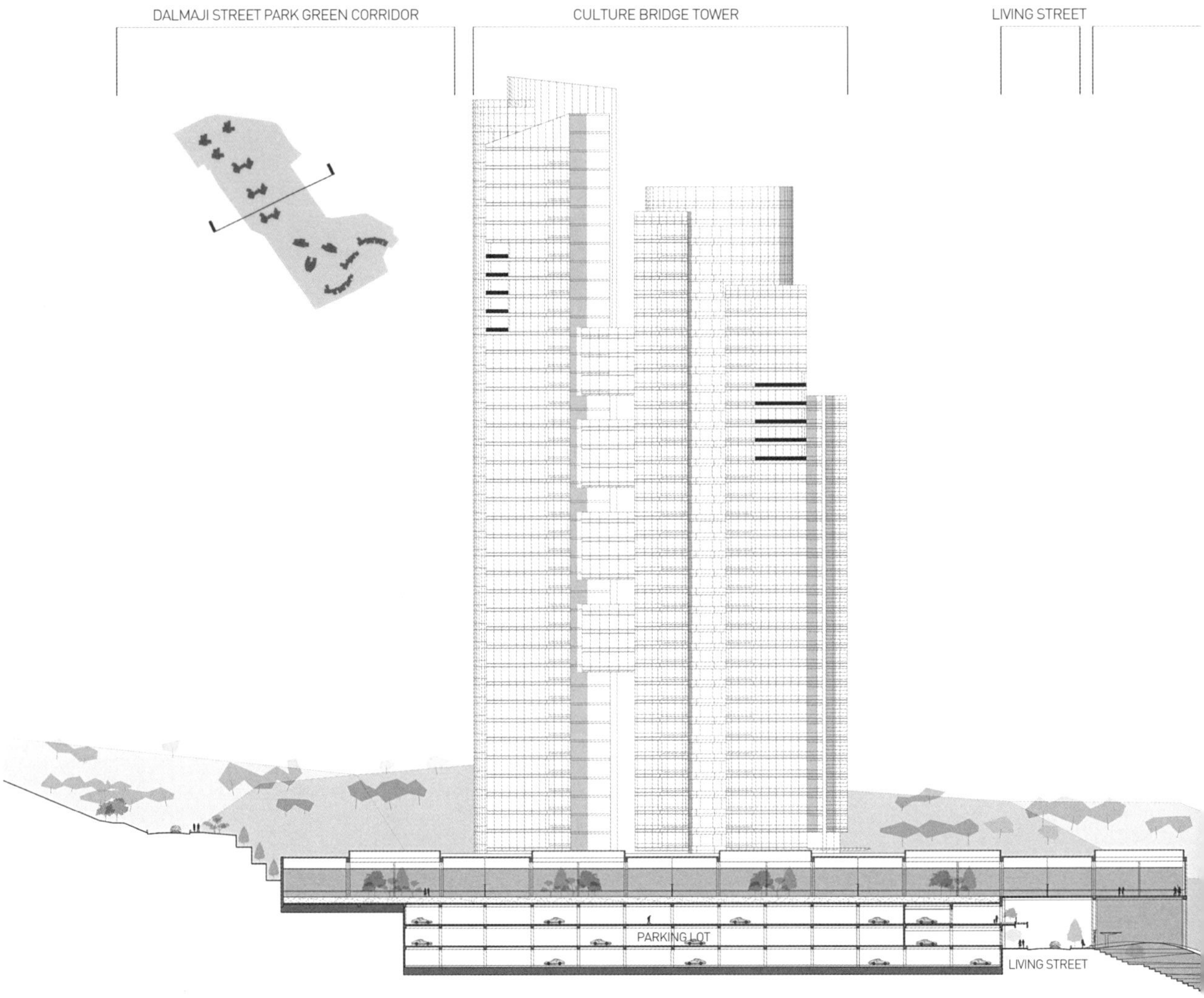

부산 해운대 AID아파트 재건축 부산시 해운대구
도시와 단지를 이어주는 stepping platform과 부유하는 커뮤니티 볼륨을 통해 다양한 레벨의 공간 경험이 가능한 도시 오픈스페이스 형성

도시주거환경의 개발에 있어서 지역 커뮤니티에 대한 공공성은 주변과의 '경계 허물기'로부터 시작된다. 장소가 갖는 상징적 기억과 개발의 대립된 가치에서 공공성에 대한 배려는 개별단지의 사유화가 아닌 지역 커뮤니티의 새로운 장소성을 만들 수 있다.

해운대 AID아파트에서는 달맞이 고개가 가지고 있는 해운대 조망권과 대지의 경사를 활용한 자연녹지 공원을 제공하여 사람들의 축제를 연출함으로써 공공의 가치를 실현하였다. 또한 초고층의 주거유형을 계획하여 전 세대에 조망권을 확보하고 달맞이 고개를 비롯한 사업대상지의 명소적 위상과 새로운 도시의 환경을 완성하는 것이 지역 커뮤니티의 중심으로 가는 제안이다. Stepping Platform은 시민들을 위해 다양한 시설을 적정 영역에 분산 또는 집중 배치하여 효율성을 확보하고 다양한 커뮤니티가 형성되도록 구성하여 지역시민들에게 제공되는 공공의 다목적 공원**Mixed-Use Park** 으로 이용된다. 이는 부산의 지형에서 비롯된 고유의 정체성과 다양한 생활패턴을 반영한 공공의 장치로써 대지의 서측에 인접된 뉴타운의 도시적 맥락과 기능을 적극 수용하고 공원과 학교와 상업시설이 연동되는 복합적 커뮤니티를 제안한다.

STEPPING PLATFORM PARK

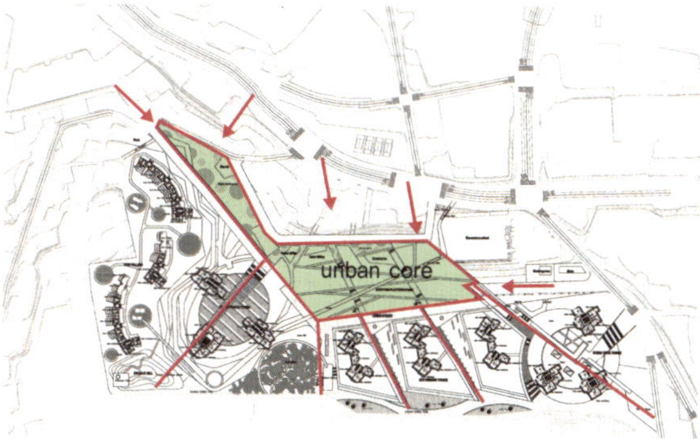

부산 해운대 AID아파트 재건축 부산시 해운대구
Stepping Platform을 구성하여 단지와 도시를 접속하는 Urban Core 형성

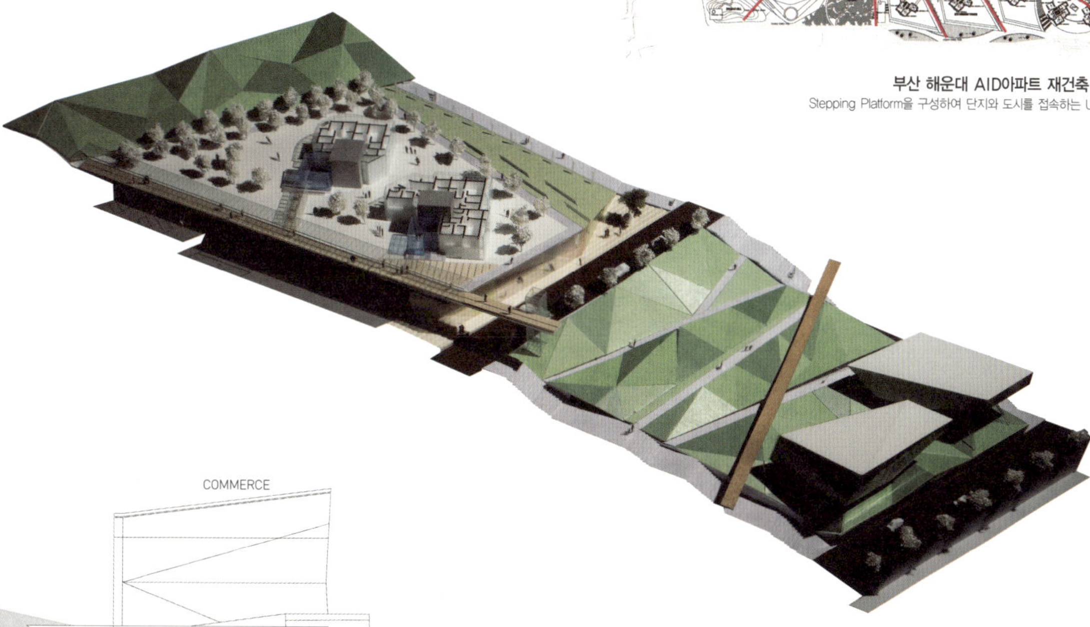

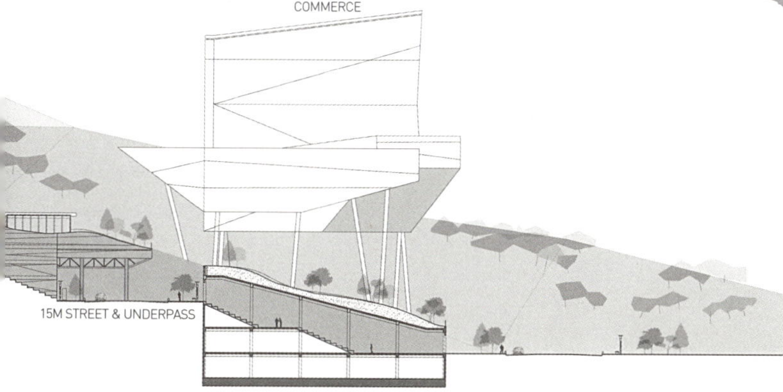

Kiss & Ride

:: **It means** 호텔이나 고급 오피스에는 이면도로로 차량이 진입하여 중심 로비 공간에 이르면 손님을 태우거나 내려주는 Drop-off Zone이 있는데 Kiss & Ride Zone이라고도 부른다. 헤어지거나 만나고 차를 타는 차량대기장소를 의미한다.

:: **See also** drop-off zone, entrance, lobby, car-access, transport system, sunken plaza, hotel-like, deck system, parking, concierge

주상복합이나 복합단지의 주거들은 최고급 서비스를 지향하고 입구를 화려하게 하여 거주민이 마치 호텔에 사는 기분을 느끼도록 특화된 디자인을 하는 것이 트렌드이다. 드롭오프 존drop-off zone은 '차량대기장소'라고도 하는데, 호텔식 출입구의 형태로 입주민이 차에서 타고 내릴 때 편리하도록 주로 지상층에 제공하고 있다. 눈, 비가 오는 등 궂은 날씨에도 편안하게 차량을 이용하도록 캐노피가 있으나 자연광이 비추는 환경을 만든다.

최근 고급 주거 단지들은 지상 주차를 최소화하고 모두 지하 주차를 하도록 하고 있는데 고급스러운 드롭오프 존의 계획이 중요하게 여겨진다. 초기의 주상복합들은 무조건 지하주차를 하고 지하에 작은 로비의 진출입 공간을 두었는데, 최근 사례들은 지상공간을 할애하여 Kiss & Ride zone을 화려하게 두거나, 건물 진출입이 지하층으로 내려갈 경우에는 천창을 뚫어서 쾌적하고 환한 공간을 연출하는 방식을 취한다. 저층부의 진출입 시스템에 관련된 디자인의 주안점은 다음과 같다.

1. 보행자는 지면GL으로 진입해야 한다.
2. Drop-Off Zone은 꼭 해 준다.
3. 획지 내 그들만의 정원이 꼭 있어야 한다.
4. Fence가 있어야 한다. (커뮤니티 시설, 조경 등등)
5. 부대시설은 정원을 향한다. (가로 진입을 피하고 정원에서 진입)
6. 명확한 Gate가 있어야 한다.

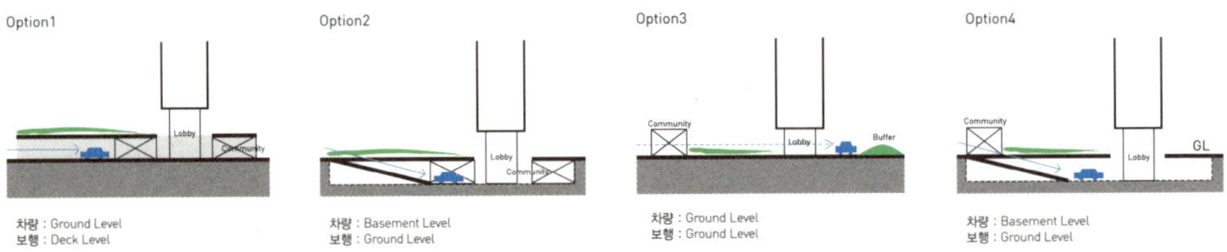

	Option 1	Option 2	Option 3	Option 4
Pedestrian Approach on GL	×	○	○	○
Drop-Off Zone	○	○	△	○
Exclusive Garden	○	○	○	○
Fence(Barrier)	○	×	○	○
Garden-Front Community Facilities	△	△	○	○
Gate	×	×	○	○
Projects	타워팰리스 1, 2 / 용산 파크타워 / (삼성동 I' park)	서초 슈퍼빌 / 타워팰리스 3	갤러리아 팰리스 / 건대 스타시티 서초 아크로비스타 / 삼성동 I' park	뚝섬 D-Project

뚝섬 D-project 서울시 성동구

차량은 Ground Level로 접근하여 로비와 바로 연결되고 보행은 Deck 상부에 두어 명확한 보차분리 및 편리한 주거 접근

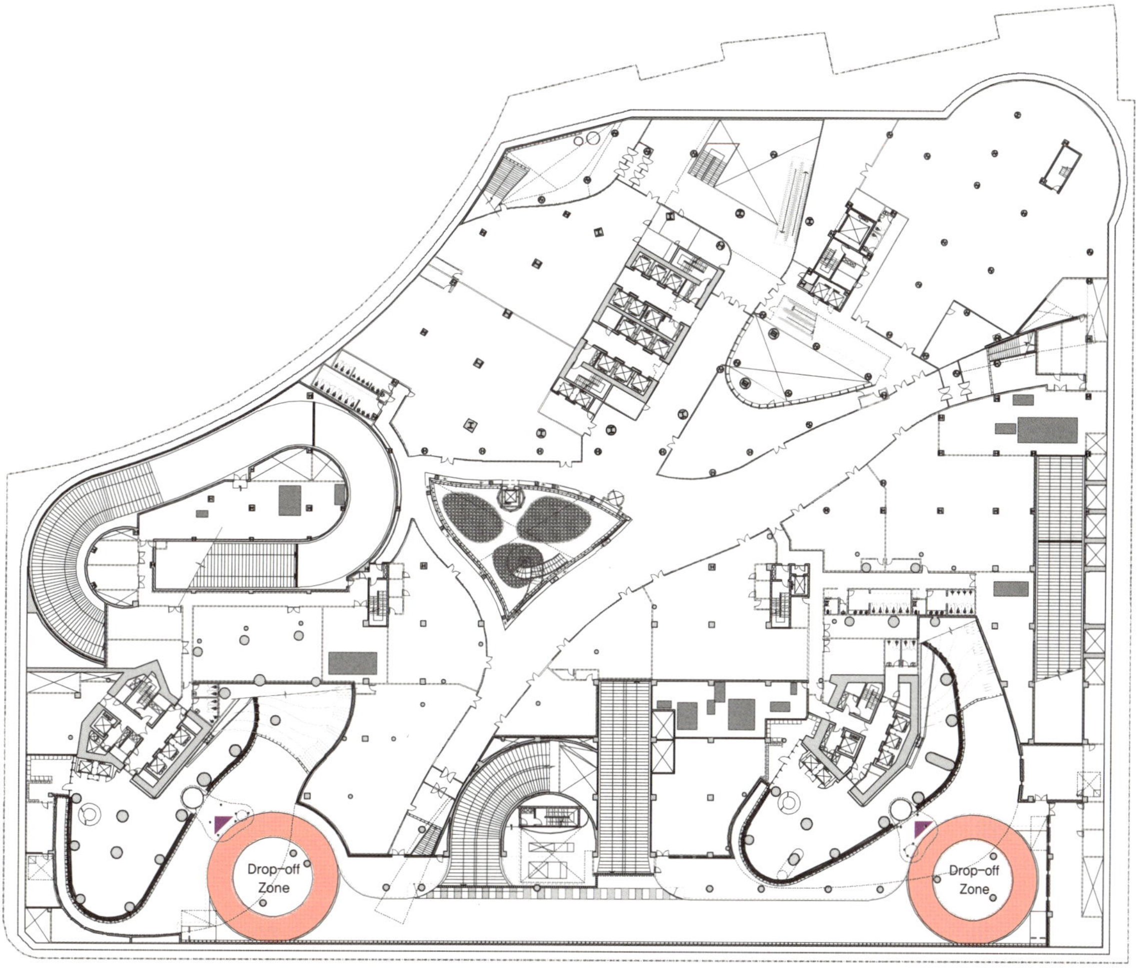

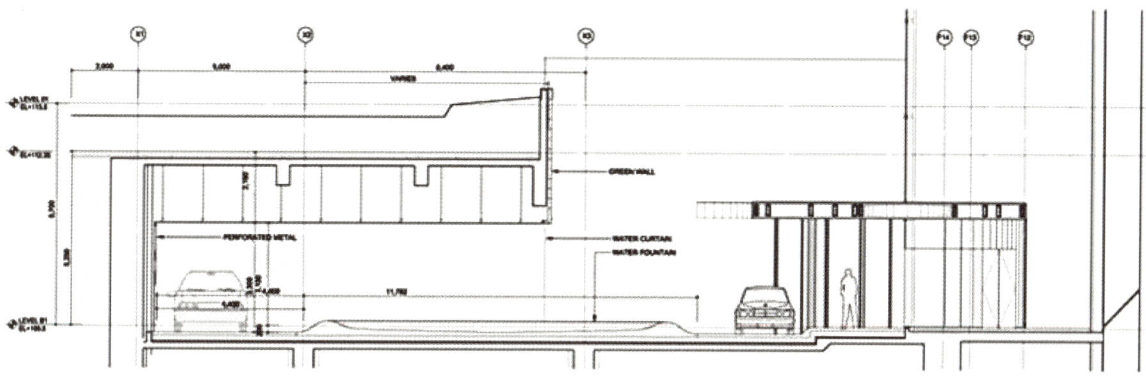

HyperLink

:: **It means** Hyperlink : [컴퓨터] 하이퍼링크 《데이터 파일을 서로 연결시키는 것》 HTML상의 단어(hypertext)나 용어가 직접 웹 브라우저로 연결되어 클릭과 동시에 그 주소로 이동하는 것. 웹 주소, 동영상, 그림, 각종 파일로 연결하는 참조고리를 뜻하는 인터넷 용어. 공간에 이 단어가 사용된다면 단계나 위계를 거치지 않는 빠른 이동과 연결을 의미.

:: **See also** link for short, hypertext [more than just text], direct access, target, anchor

디지털 시대로의 기술적 진보는 사람들의 인식과 가치 체계에도 많은 영향을 주었다. 시·공간을 초월한 네트워크 구성으로 인한 탈 중심과 탈 위계로 현대의 도시 공간을 설명할 수 있다. 정보의 교환이나 이동도 건축에 적용되어 물리적인 건축을 정보information로 저장, 활용할 수 있게 되었다. BIM이나 비정형의 건축을 굳이 얘기하지 않더라도 최근의 도심 주거에서는 우리가 공간을 사용하는 방식이 디지털 식으로 바뀌었음을 알 수 있다. 기존의 주거단지는 도시에서 단지로, 클러스터와 주거동, 그리고 단위세대까지의 단계를 거쳐 도시에서 집까지 이동하게 된다. 그러나 주상복합이나 복합단지의 주거는 도시-주차장-집의 단순한 체계를 갖는다. 원하는 목적지로의 직접적인 이동과 연계성을 향상시키고 이동의 중간에 일어나는 우연은 별로 존재하지 않는다. 커뮤니티 시설의 이용도 단위세대 내의 단말기에서 접속, 예약하고 시간이 되면 바로 그곳으로 이동하는 식이다. 목적을 가진 활동과 커뮤니티만 있고 단계나 위계를 거친 공간 이동은 상대적으로 약하다. 단지 외부에서 내부로의 연계도 직접적으로 이루어지는데 역세권 주거단지라면 역사와 주거동을 직접 연결하는 오버브릿지 방식을 취한다.

스트리트몰

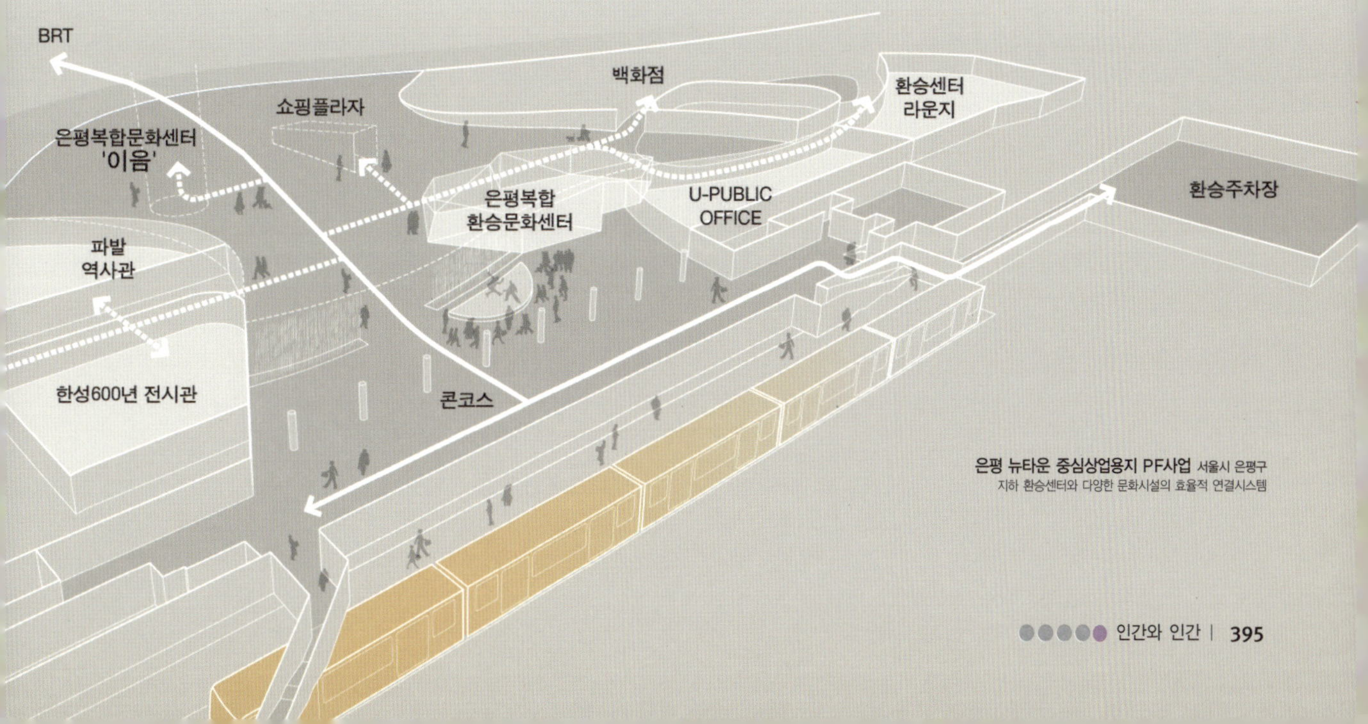

은평 뉴타운 중심상업용지 PF사업 서울시 은평구
지하 환승센터와 다양한 문화시설의 효율적 연결시스템

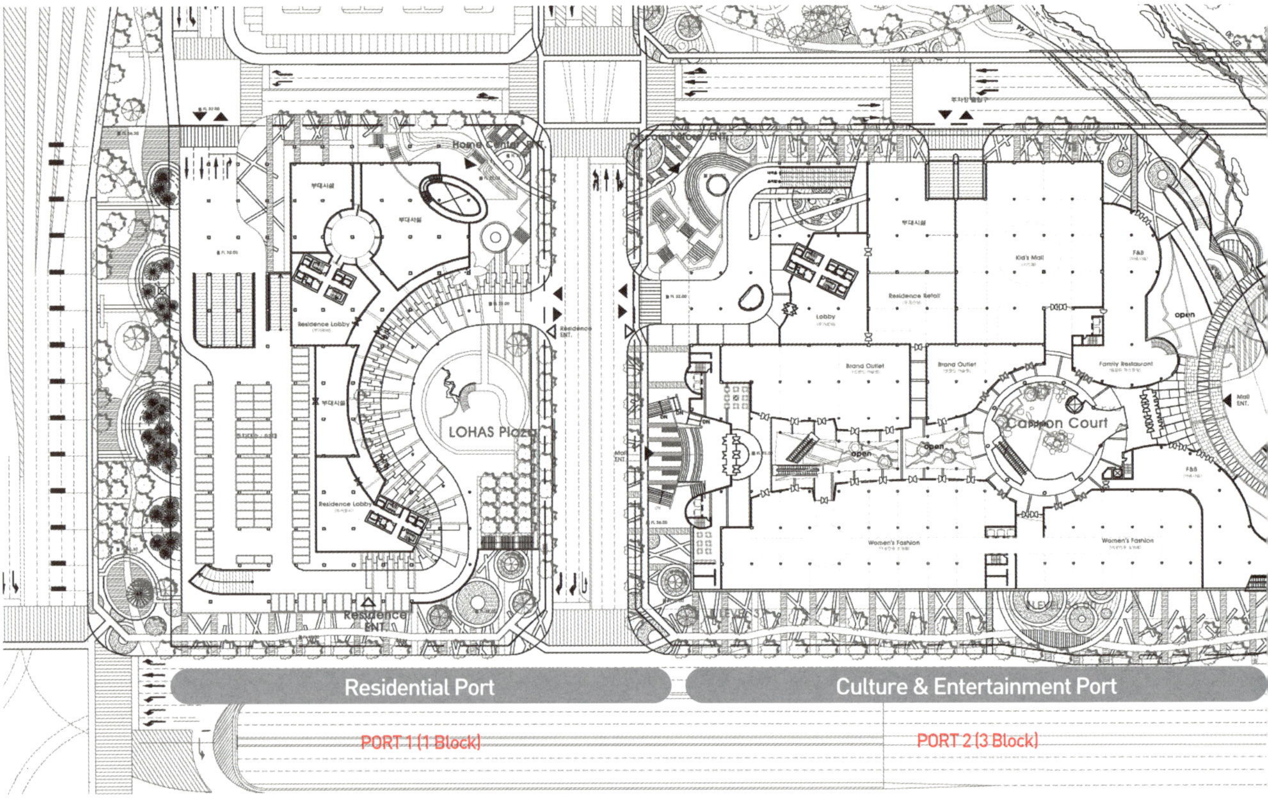

아산배방 복합단지 개발 사업 아산시 배방면
단지의 집객요소인 수변공간을 중심으로 다양한 커뮤니티, 상업시설의 입체적 연결.

Malling

:: **It means** Mall : 쇼핑몰, 유통전문 디벨로퍼(업체)에 의해 계획, 개발, 운영, 관리되는 다(多)소매점포의 집합체로서 일반적으로 점포규모가 크고 상권이 넓어야 한다. (미국 국제쇼핑센터협의회 ICSC)
Malling : 쇼핑과 엔터테인먼트를 즐기며 라이프스타일을 설계해나감 또는 몰에서 즐기는 행위.

:: **See also** mall, mall-goer, shopping, mall-walker, mall rat, mallie, lifestyle center

사람들이 백화점에 들어와 체류하는 시간은 1~2시간 정도면 많은 편이지만 일반적으로 몰에서는 4시간 이상을 체류한다. 최근 경제용어로 몰링, 또는 몰링족mall-goer이 주목을 받기 시작했다. 몰에서는 한 곳에서 모든 물건들을 살 수 있고 여러가지 할 일을 할 수 있다는 편의성뿐 아니라 즐거움과 체험, 오락, 식사, 미팅 등 다양한 행위가 가능해졌기 때문이다. 어떤 사람에게 쇼핑몰은 운동 삼아 걷는 산책의 장소가 되기도 한다.* 최근에는 단순히 할인점, 백화점, 슈퍼마켓, 쇼핑센터가 아니라 라이프 스타일 센터lifestyle center의 개념으로 변화하고 있다. 쇼핑몰의 디자이너로 유명한 Jerde Partnership은 최근 우리나라에서도 몇 개의 쇼핑몰을 완성하였는데 소비자들에게 좋은 공간으로 인식되고 있다. 건대 스타시티 쇼핑몰이나 창원의 시티세븐 몰은 Jerde의 특징적인 쇼핑공간의 형태와 구성이 잘 반영되어 있다. 곡선형 통로를 따라 몰링을 하고, 중앙

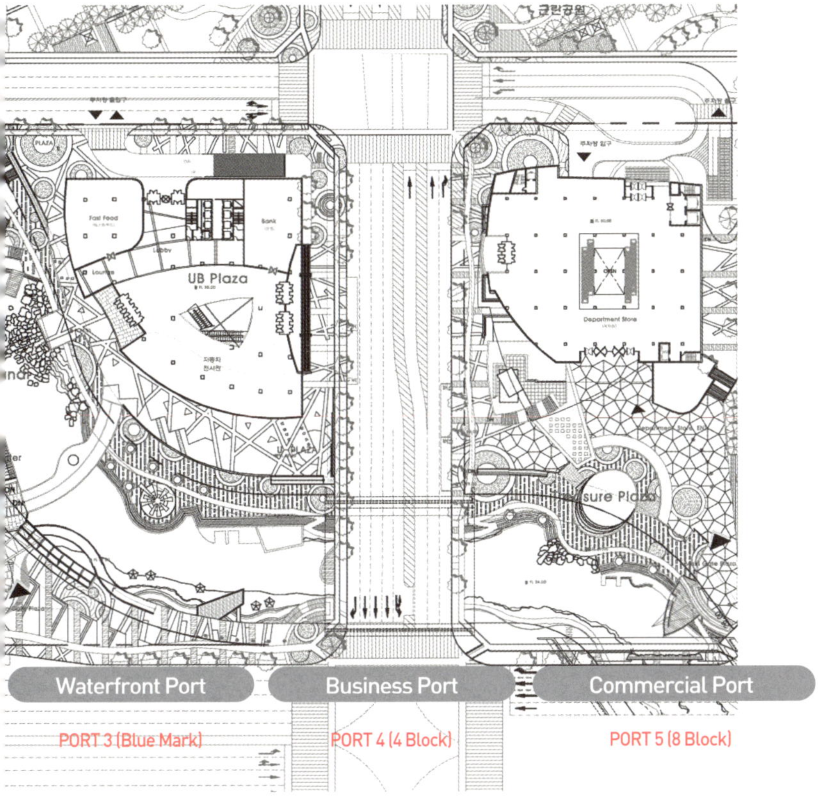

SYSTEM

시간 및 경로에 따른 다양한 접속방식 구축.

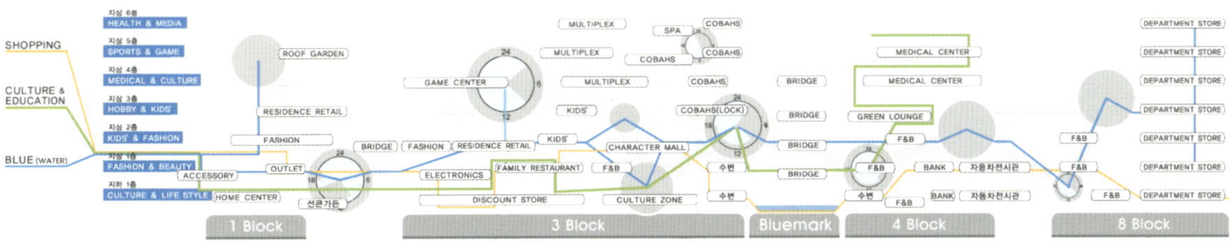

광장과 코트의 이벤트 공간에서 축제를 즐기는 등 색다른 공간에서 다양한 행위들을 할 수 있다. 삼성동 코엑스는 양단에 앵커시설이 있고 그 사이에 다양한 테넌트들tenant이 입점 되어있고 백화점과도 연계한 전형적인 쇼핑몰의 구성을 나타내고 있다. 아산 배방 펜타포트는 수변공간과 연계하여 몰을 구성하였다. 주출입구에는 커다란 수변 플라자, 양단에는 앵커 시설들이 있고, 중간 중간에는 작은 코트court들이 있다. 몰의 통로에는 자연광이 비추는 쾌적한 아트리움 공간을 연출하였다. MD구성을 통해 수변공원과 쇼핑, 레저, 여가활동이 어우러지게 된다. (*ref. 몰링의 유혹, Paco Underhill, 미래의 창, 2008)

Living Platform

:: **It means** 초고층 타워의 거주민들만을 위한 커뮤니티 센터
초고층 타워에서 One-stop living을 실현하기 위해 중간층 한층 전체를 커뮤니티 공간으로 사용하거나 저층부 포디엄의 최상층을 부대시설로 사용하는 것을 의미한다.

:: **See also** community facilities, community program, deck garden, fitness center

도심의 핵심 권역에 위치한 초고층의 주거 타워는 건설사의 브랜드를 고급화, 명품화하기 위해 디자인과 거주성, 안전성, 상품 가치 등 모든 것을 최고의 것으로 무장한다. 도시를 내려다보는 프리미엄을 갖는 초고층 타워의 거주민들은 그들만의 커뮤니티를 원하고, 이러한 소비자들의 니즈needs를 반영하여 각종 커뮤니티 시설과 서비스는 날로 고급화, 다양화되고 있다. 도심 중심 상업용지에 위치한 용적률 600% 이상에 해당되는 주상복합 타워의 대표주자인 T프로젝트는 1차 때 부대시설 면적이 세대당 한 평 정도 제공되었는데, 당시 프로젝트들은 일반적으로 한 평에서 두 평 정도의 세대당 커뮤니티 면적을 갖고 있었다. T프로젝트 3차에 이르러서는 약 세평 이상으로 상대적으로 상당히 늘어났다.

이러한 Living Plate의 배치는 세가지로 분류되는데 첫째는 주거동마다 중층에 부대시설이 배치되는 '동별 분산형'이고, 둘째는 상업시설이 위치한 기단부의 최상층에 배치하고, 그 윗면을 거주민들의 마당으로 사용하는 '집중 배치형', 세번째는 건물의 중층에 배치, 브릿지로 연결하는 '중층 집중배치형'이다. Living Plate의 내부 평면을 보면 가장 큰 면적을 차지하는 것이 피트니스 센터와 골프연습장이고, 특별한 것으로는 게스트룸, 청소년 여가공간, 의료시설, 금융시설, 실내 조깅트랙과 전시시설 등이다. Living Plate의 디자인은 조명이나 가구, 패브릭, 집기 등의 디테일한 요소들이 강화되고 로비에도 카페트나 안락 의자가 있는 등 자신만의 생활공간이 확장되는 의미를 갖는다.

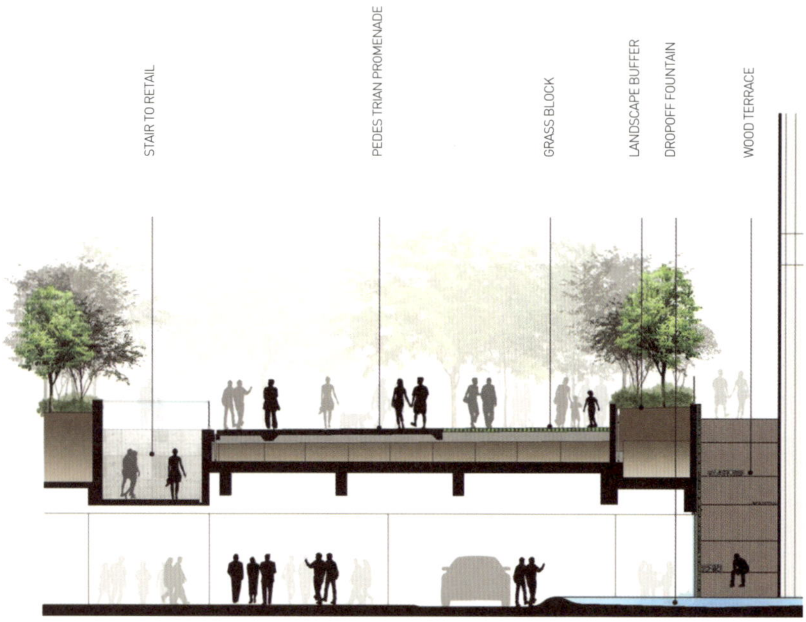

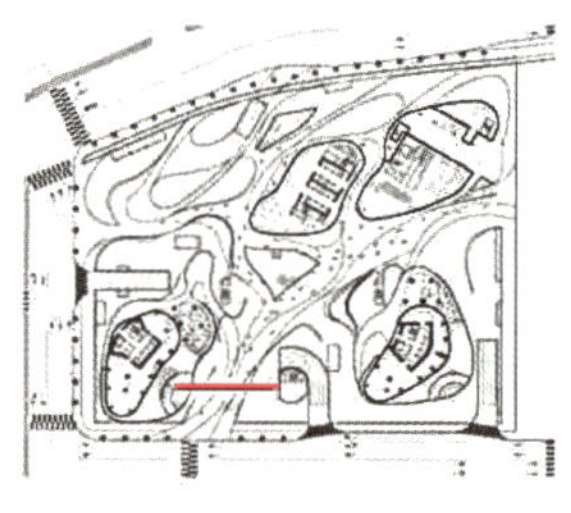

뚝섬 D -프로젝트 서울시 성동구
레벨로 분리시킨 판들이 프로그램을 갖고 주민커뮤니티 공간으로서의 역할을 수행

뚝섬 D-프로젝트 서울시 성동구

서울숲으로 흐르듯 연결됨으로써 공공정원의 역할을 하는 pedestrian promenade

Performing art center 앞의 공공오픈스페이스

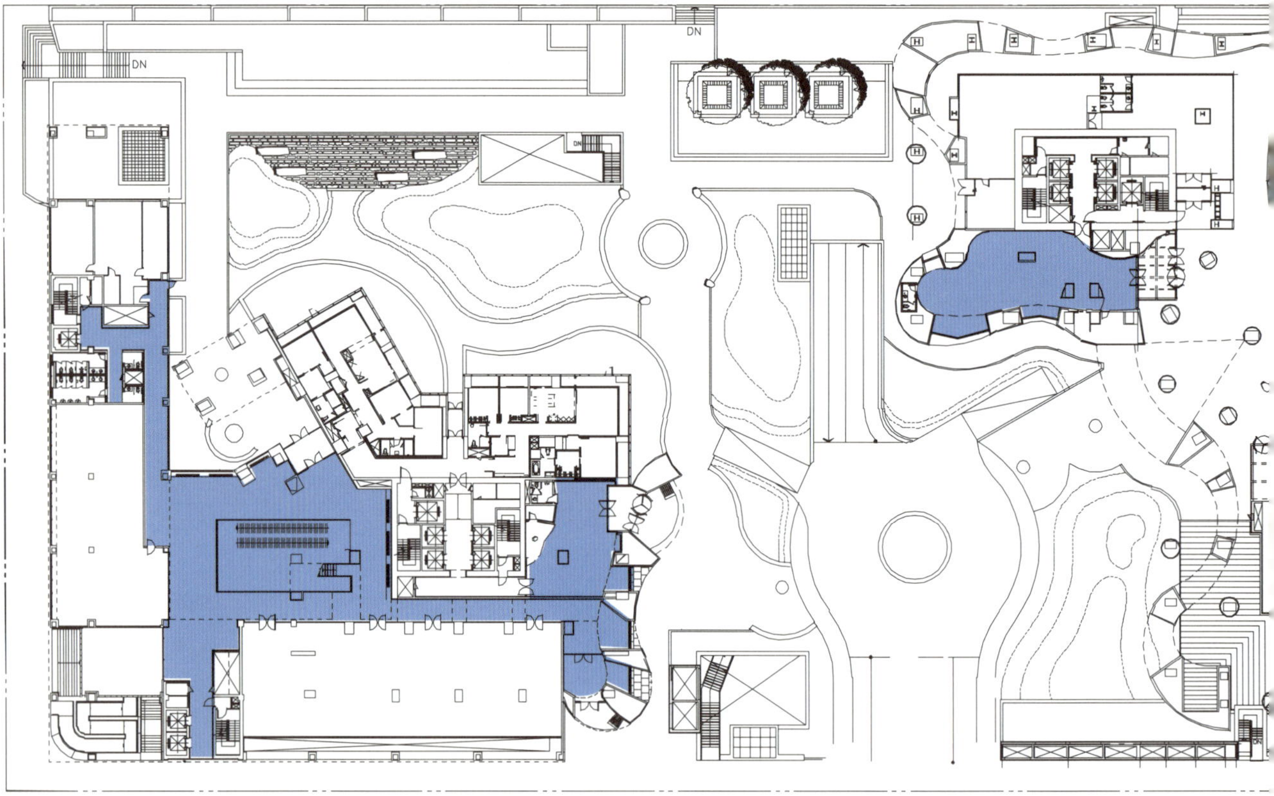

Lobby Life

:: It means 초고층 타워의 저층부 진출입구에는 고급스러운 드롭오프존(drop-off zone)이 있고, 컨시어지(concierge)서비스가 제공되는 호텔식 라운지(lounge)로 구성된, 커뮤니티 공간으로서의 로비를 의미.

:: See also hotel-like, concierge, community, lounge, service, luxury

초고층 주거타워의 출입구에 이르면 마치 호텔에 온 듯한 기분을 들게 한다. 외부인의 차단과 방범은 물론이고 우편물 집배 서비스, 모닝콜, 업무 대행 및 예약과 예매 서비스, 가사 지원의 예약, 원격 검침과 관리까지 1층의 컨시어지에서 모든 접수와 해결이 가능하다. 고급 주상복합들이 기존 아파트와 차별화하기 위해서 가장 먼저 도입한 것은 호텔 같은 공간, 로비lobby의 변화였다. 아파트에서 우편함, 간단한 정보 게시판이 있고 단순한 진출입 기능이 전부였던 것에 비해 초고층 주거타워의 로비에는 호텔식 컨시어지뿐 아니라 다양한 활동들이 가능하다. 외부 손님들의 대기 및 접대, 거주민들의 가벼운 만남, 차량 탑승 전의 가족간의 대화 및 대기, 일간신문 비치, 예술 작품의 전시 등 커뮤니티를 강화하는 행위들이 있다. 예약을 하면, 일찍 이동 시에 차와 빵을 제공Early Bird Service하기도 한다. 주거공간은 호텔과 같은 공간을 지향하고 있고, 반대로 호텔은 집과 같은 안락함과 디테일, 편안함을 제공하기 위해 로비를 거실이나 서재화하는 사례가 늘고 있는 현상도 주목할 만 하다.

서초동 아크로비스타의 기단부 디자인은 독특하고 고급스럽다. 오피스를 연상케 하던 2000년대 초반의 주상복합의 트렌드는 커튼월 외벽의 경직된 디자인이었다. 아크로비스타의 타워들도 이와 같은 흐름을 따랐지만 저층부 매스는 자연스러운 곡선 형태로, 실내외에서 느껴지는 색다른 공간감을 연출하였다.

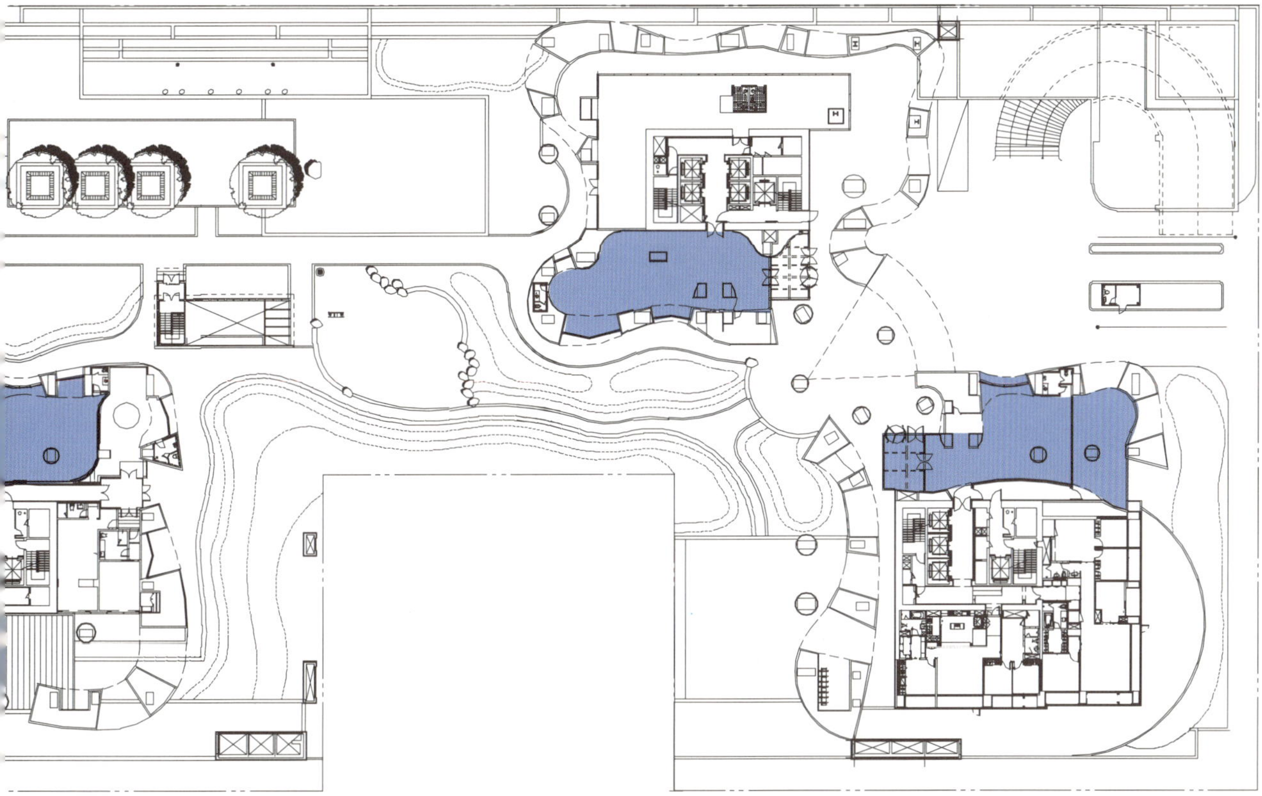

서초동 아크로비스타 서울시 서초구
호텔식로비에 커뮤니티 장소와 휴게시설을 두어 주민들의 유대감 형성

CITY BY CITY

IN KUNWON

APPENDIX
City by City in Kunwon

Kunwon in 25 Years

00
05 연면적 년도 95
90

공공 · 업무 / 복합단지 / 주거 복합
공동주택 / 교육 · 문화 · 연구 · 복지 / 산업 · 물류
공동주택 / 해외프로젝트 / 기타

54,220
2007

01 | 화성 동탄 24-3블럭 업무시설

33,426
2006

02 | 전남대학교 의생명과학 융합센터

46,189
2006

03 | 농협중앙회중앙본부 협동관

44,206
2005

04 | 마포종합행정타운

44,874
1996

05 | KTX 부산 역사

33,430
1993

06 | KTX 천안아산 역사

71,276
1994

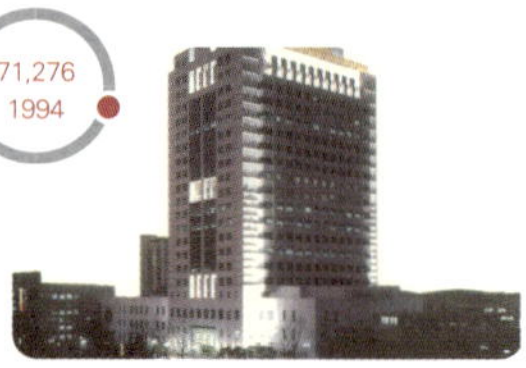

07 | 담배인삼공사 사옥

35,179
1992

08 | 도시개발공사 사옥

47,918
1997

09 | 도심공항타워

70,000
1992

10 | 대한주택공사 사옥

34,899
1997

11 | 컨벤션 부속동

27,290
2002

12 | 한국토지공사 대전충남지역본부 사옥

164,271
2005

13 | 부산 센텀시티 22블럭 오피스텔(계획안)

161,698
2002

14 | 부산 해운대 더샵 아델리스

11,701
2000

15 | 캠브리지 빌딩

51,649
2000

16 | 목동 드림타워 (스포츠 조선 사옥)

12,922
2000

17 | 제일약품 사옥

20,360
2000

18 | 부산 사상구 청사

7,326
1998

19 | 동부여성플라자

7,600
2004

20 | 구로구 의회 의사당 및 문화회관(계획안)

96,532
2005

21 | 한국철도공사 및 한국철도시설공단 청사(계획안)

25,692
2005

22 | 성북구청 신청사(계획안)

37,223
2004

23 | 금천구 청사(계획안)

152,178
2005

24 | 상암 DMC 첨단 IT Complex(계획안)

145,094
2005

25 | 서울 을지로 2가 도시환경정비사업

42,854
1993

26 | 건설센터 청사(계획안)

35,457
2001

27 | 테헤란 신안 제 2사옥

11,300
1991

28 | 아가방 사옥

78,359
2001

29 | 용인시 문화복지 행정타운 청사

54,822
2002

30 | 포항시 신청사

14,107
2004

31 | 옹진군 청사

20,073
2001

32 | 평촌 공간예건 오피스텔

18,816
1997

33 | 대현동 오피스텔

34,706
2001

34 | 순화동 오피스텔

188,457
1991

35 | 제 3정부 종합청사(계획안)

1,004,386
1992

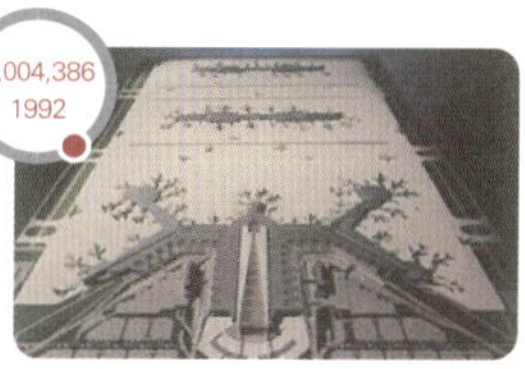

36 | 인천국제공항(계획안)

18,181,9
2003

37 | 부산 디자인 센터(계획안)

4,317,375
1998

38 | 용산역 및 역세권 개발계획

9,246
1994

39 | 삼익건설 사옥

23,534
2004

40 | 평촌 1605번지 오피스텔

64,153
2002

41 | 서울 비지니스 센터(계획안)

70,944
2001

42 | 분당구 수내동 오피스텔(계획안)

80,341
2002

43 | 분당 대림 아크로텔

2,067,073
2007

44 | '에코노모스', 안산 사동 90BL 복합단지

1,216,009
2007

45 | '알파돔시티', 판교 중심상업용지 복합단지

110,425
2008

46 | 청라시티타워

1,607,958
2005

47 | '지웰시티', 청주 대농 복합단지

530,000
2005

48 | '펜타포트' 아산 배방 복합단지

5,779,306
2003

49 | '메타폴리스', 화성 동탄 복합단지

561,843
2005

50 | 일산 두산위브제니스

533,362
2004

51 | 송도 신도시 125블럭 주상복합

689,684
1997

52 | 한국 무역센터

Kunwon in 25 Years

53 | 인천송도 D-Project

54 | 세운상가 4구역 도시환경정비사업(계획안)

55 | 뚝섬 3구역 복합빌딩

56 | 청량리 5구역 도시환경정비사업

57 | 부산 해운대 우동 I-PARK

58 | 서초동 현대 슈퍼빌

59 | 분당 파크뷰

60 | 서초동 아크로비스타

61 | 부산 범일동 두산위브 포세이돈

62 | 용산 시티 파크

63 | 용산 파크 타워

64 | 역삼동 SK 리더스뷰

65 | 을지로 2가 도심재개발

66 | 여의도 트럼프 월드

67 | 용산 한강로 (구)상명여고 남측부지 주상복합

68 | 건대체육시설부지(계획안)

69 | 분당정자 7블럭 아데나팰리스

70 | 분당 제니스 타워

71 | 천안 불당지구

72 | 신설동 주상복합(계획안)

73 | 동대문 주상복합(계획안)

74 | 대구 남산동 주거복합

75 | 서초동 삼성 쉐르빌

76 | 종로 뜨레비앙

77 | 분당 금곡동 두산 We've

78 | 대구 침산동 주거복합

79 | 쌍용 아데나렉스(분당 정자7블럭)

80 | 한남동 리버티하우스

81 | 논노 트럼프 타워

82 | 신대방동 주상복합 아파트

83 | 송도국제업무단지 F-21,22,23-1블럭

84 | 대전서남부 18블럭 공동주택

85 | 의정부민락 2지구 공동주택

86 | 수원 권선지구 도시개발사업

87 | 오산 동양 파라곤

88 | 의정부 민락 C-4BL 공동주택

89 | 파주동문타운하우스

90 | 수원 고등 주거환경개선사업

91 | 행복도시 P8 공동주택

92 | 행복도시 P9 공동주택

93 | 판교 B6-1 블록

94 | 판교 운중 B5-2 블록

95 | 헌인 도시개발사업

96 | 인천 용현지구 도시개발사업

97 | 서울 은평뉴타운 3지구 D공구

98 | 송도 신도시 4공구 4단지

99 | 인천청라지구 A-25BL

100 | 서울 신내2지구

101 | 수원 호매실지구 가군

102 | 서울 신정3지구

103 | 오산 원동 성원 상떼빌

104 | 삼성동 I-PARK

105 | 부산 당감지구 주공아파트

106 | 화성 동탄 5-1블럭

107 | 마산 한일합섬부지

108 | 대구 월배지구

Kunwon in 25 Years

109 | 포스코 더샵 센텀파크

110 | 논현동 동양 파라곤

111 | 양산 물금지구 코오롱 하늘채

112 | 돈암동 동부 센트레빌

113 | 부산 온천동 반도 아파트

114 | 대전시 노은지구 8블럭 호반리젠시빌

115 | 일산 삼익 아파트

116 | 인천 송도신도시 9블럭 I-PARK

117 | 화성 동탄 모아 미래도

118 | 천안불당지구 동일하이빌 아파트

119 | 대덕 테크노 밸리 5블럭

120 | 재송동 동부 센트레빌

121 | 용인 동백지구

122 | 광주 운암 주공2단지 아파트

123 | 화성동탄 반도 & 월드건설 아파트

124 | 고양시 풍동지구 I-Park

125 | 숭인동 동부 센트레빌

126 | 분당 제3-19블럭 아파트

127 | 부산 수영강변 아파트 3단지

128 | 용인 기흥 신갈 주공 아파트

129 | 길음동 동부 센트레빌

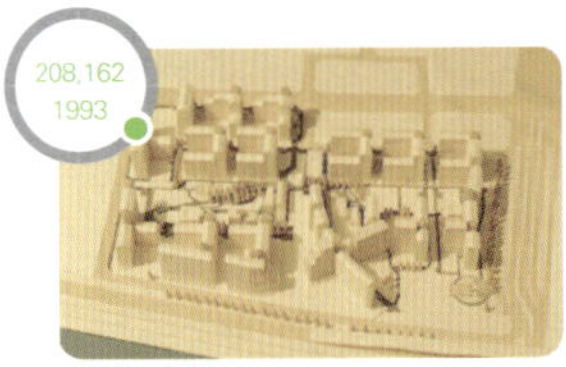

130 | 상계 제 2지구 아파트

131 | 삼성동 레미안 청담 한신 리버 스위트 I

132 | 대구 유니버시아드대회 선수촌 아파트(계획안)

133 | 부산 거제동 월드 메르디앙

134 | 마산 신포 I-Park

135 | 가락동 동부 센트레빌

136 | 대구 화원읍 삼성 래미안

193,954
1998

137 | 동부 이촌동 LG 한강 빌리지

260,792
2001

138 | 부산 화명 2지구 76블럭 대림, 쌍용아파트

180,359
2002

139 | 대전시 문화동 아파트(계획안)

393,684
2003

140 | 파주 서패지구 도시개발사업

556,600
1997

141 | 김포 장기동 현대 청솔마을

18,046
2007

142 | 한국전력연구원 제2연구동(계획안)

26,000
2007

143 | 경북대 KNU 글로벌플라자(계획안)

71,690
1989

144 | 전쟁기념관

1166,632
2002

145 | 한국 국제 전시장

5,099
1995

146 | 사천 문화예술회관

10,364
2003

147 | 시립 동부노인전문요양센터

12,770
2004

148 | 서울시립강진청소년수련관 '시끌'

8,079
2006

149 | 강서구 청소년 수련관 및 주민자치센터

148,353
2005

150 | 국립 아시아 문화전당

116,236
2006

151 | 서울시 오페라하우스

48,437
2001

152 | 일산 문화센터(계획안)

35,042
1997

153 | 대한주택공사 주택연구소 및 연수원

28,453
2000

154 | 숭실대학교 형남공학관

21,516
1999

155 | 금오 공과대학교 제 2대학

50,920
1994

156 | 성남문화회관

3,921
1994

157 | 사천시 실내 체육관

19,264
2005

158 | 제2공무원 수련원(계획안)

32,900
2003

159 | 한국 외국어대학교 용인 캠퍼스 기숙사

102,092
1996

160 | 용인 소프트 웨어 공동연구단지

5,534
2001

161| 서울시 노인복지 센터 리모델링

19,763
2004

162 | 3.15 마산시민회관(계획관)

21,100
2003

163 | 수원 월드 컨벤션센터

71,074
2004

164 | 대불공단 자유무역지역시설공사

Kunwon in 25 Years

57,121
2002

165 | 코오롱 디지털 타워 I - 빌란트

198,738
2001

166 | 부천 테크노파크 2차 사업단지

51,485
2003

167 | 리더스 타워 1차 아파트형 공장

10,442
1997

168 | 부천 테크노파크 1차 사업단지

96,000
1997

169 | 서울 서남권 농산물 도매시장

121,409
1996

170 | 성남시 농산물 도매시장

134,079
1995

171 | 부산 농산물 도매시장

132,407
2005

172 | 염창동 비지니스센터

88,892
2000

173 | 영주 신 제조창

33,049
1999

174 | 마산 농산물 도매시장

13,180
2002

175 | 부산 남포동 피프존 쇼핑몰

789,460
2006

176 | 행정중심복합도시 첫마을

2,730,000
2007

177 | 행정중심복합도시 행정타운

925,624
892,566
2006

178 | 연세대학교 송도 국제화 복합단지

1,220,955
2006

179 | 인천 도화지구 복합단지

1,769,223
2004

180 | 성남 판교지구 공동주택

619,614
2003

181 | 은평지구 기본계획

642,982
2003

182 | 장지지구 기본계획

539,877
2004

183 | 인천 송도 4공구 공동주택

909,753
614,327
2002

184 | 화성 동탄 시범단지(계획안)

530,000
2001

185 | 상암동 뉴밀레니엄 주거단지(계획안)

2,178,000
2005

186 | 파주 운정지구 마스터플랜

1,157,030
2007

187 | 괌 만길라오 월드타운

113,388
2007

188 | 괌 투몬베이 콘도텔

24,134
2007

189 | 카자흐스탄 알마티 로지바키에바 아크아울 오피스

100,776
2007

190 | 카자흐스탄 알마티 마카타예바 술탄전자 오피스

3,239,684
2007

191 | 중국대련 STX조선 주거단지

52,216
2006

192 | 상떼빌 두바이

136,440
2006

193 | 두바이 자다프

53,630
2006

194 | 카자흐스탄 알마티 성원 상떼빌

16,185
2006

195 | 사이판 월드 리조트

162,655
2003

196 | 아제르바이잔 바쿠 하우징 프로젝트

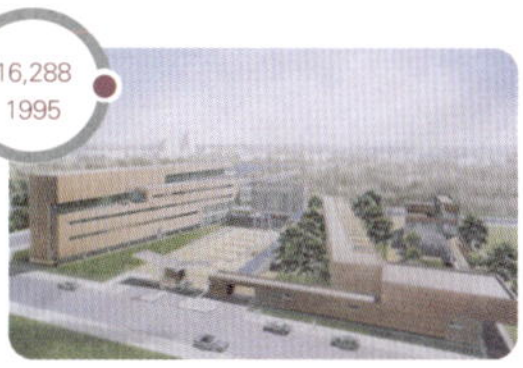

16,288
1995

197 | 주중한국대사관

2,602
2005

198 | 주중대사관저

25,780
1995

199 | 베트남 하노이 Long Ha주상복합(계획안)

4,958
2004

200 | 사이판 리조트 하우징 프로젝트

95,484
2008

201 | 하이원 리조트 콘도

21,656,295
2007

202 | 용유무의 관광레저 복합도시

264,411
2007

203 | 제주 예래 휴양형 주거단지(계획안)

120,301
2005

204 | 알펜시아

79,622
2006

205 | 청라지구 테마파크형 골프장

305,455
2002

206 | 백현 유원지

299,912
2006

207 | 안면도 관광지

9,124
2006

208 | 밀양 표충 컨트리 클럽 하우스

55,394
1997

209 | 호텔 오크우드 프리미어

16,322
1996

210 | 계룡호텔

105,065
1995

211 | 한성리조트(계획안)

7,346
1997

212 | 신안 컨트리 클럽 하우스

6,901,186
2003

213 | 송도 신도시 기본계획 및 지구단위계획 수립

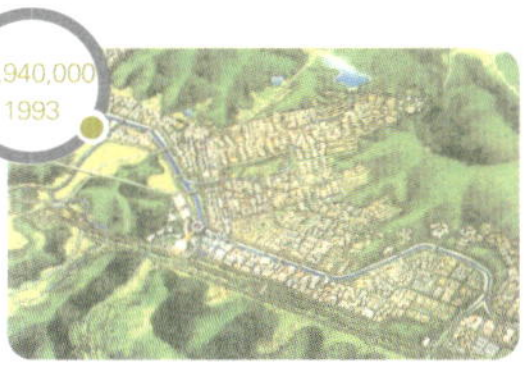

18,940,000
1993

214 | 분당 도시설계

7,582,151
1995

215 | 안산 고잔지구 도시설계

18,816,60
1997

216 | 양산 물금 도시설계

1,782
1996

217 | 주봉 컨트리 클럽 하우스

46,281
1996

218 | 국립 서울병원기본계획(계획안)

991.74
2003

219 | 시립장애인 구강진료 센터

16,577
1996

220 | 현대 성우 레크레이션 센터

숫자로 보는 Kunwon 01

TOTAL

SITE AREA by Kunwon

Residence	13,793,241㎡
MasterPlan	40,670,166㎡
Building	4,162,577㎡
SUM	58,633,984㎡

2000년 이후 건원건축에서 수행했던
프로젝트들의 **대지면적** 총계는
강남구 면적의 148%

GangNam-Gu
39,550,000 / 148%

GangDong-Gu
24,580,000 / 238%

GwangJin-Gu
17,050,000 / 343%

Guro-Gu
20,150,000 / 291%

DongDaemun-Gu
14,200,000 / 413%

DongJak-Gu
16,350,000 / 358%

SungDong-Gu
16,840,000/ 348%

SungBuk-Gu
24,550,000 / 239%

YongSan-Gu
21,870,000 / 268%

EunPyeong-Gu
39,550,000 / 148%

GangBuk-Gu
23,610,000 / 248%
GangSeo-Gu
41,410,000 / 141%
KwanAk-Gu
29,570,000 / 198%
GeumCheon-Gu
13,080,000 / 448%
NoWon-Gu
35,490,000 / 165%
DoBong-Gu
20,860,000 / 281%
MaPo-Gu
23,870,000 / 245%
SeoDaeMun-Gu
17,600,000 / 333%
SeoCho-Gu
47,190,000 / 124%
SongPa-Gu
33,890,000 / 173%
YangCheon-Gu
17,400,000 / 337%
YeongDeungPo-Gu
24,560,000 / 239%
Jung-Gu
9,960,000 / 588%
JongNo-Gu
23,910,000 / 245%
JungNang-Gu
18,520,000 / 316%

숫자로 보는 Kunwon 02

2000년 이후 건원건축에서 수행했던
프로젝트들의 **연면적** 총계는
시어스 타워 141개

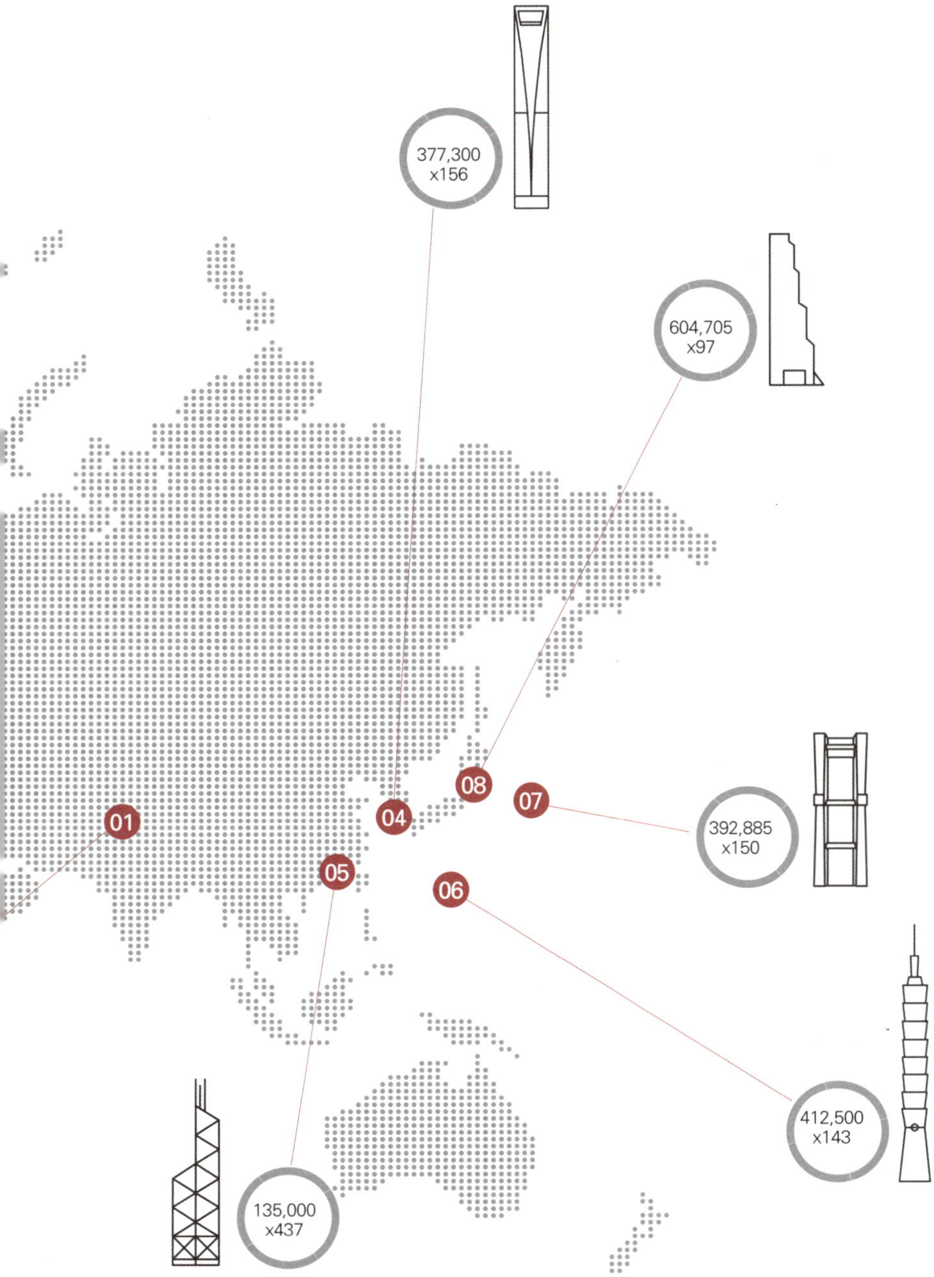

TOTAL

FLOOR AREA by Kunwon

Residence	25,041,674㎡
MasterPlan	28,979,713㎡
Building	5,048,264㎡
SUM	59,069,651㎡

숫자로 보는 Kunwon 03

Korean Households : 15,000,000

세대수

SUM	166,670

인구수

세대수 X 3 =	인구수
SUM	500,010

강남구 **인구**의 90%에 해당하는 인구가
2000년 이후 건원건축이 설계한 집에서 산다.
(세대당 3인 기준)

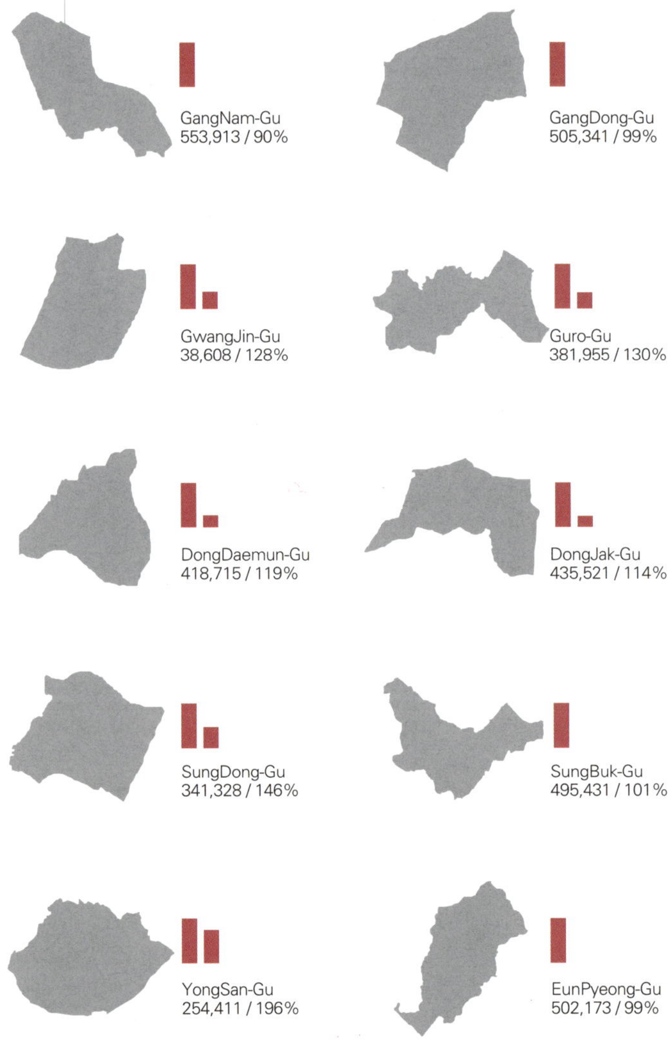

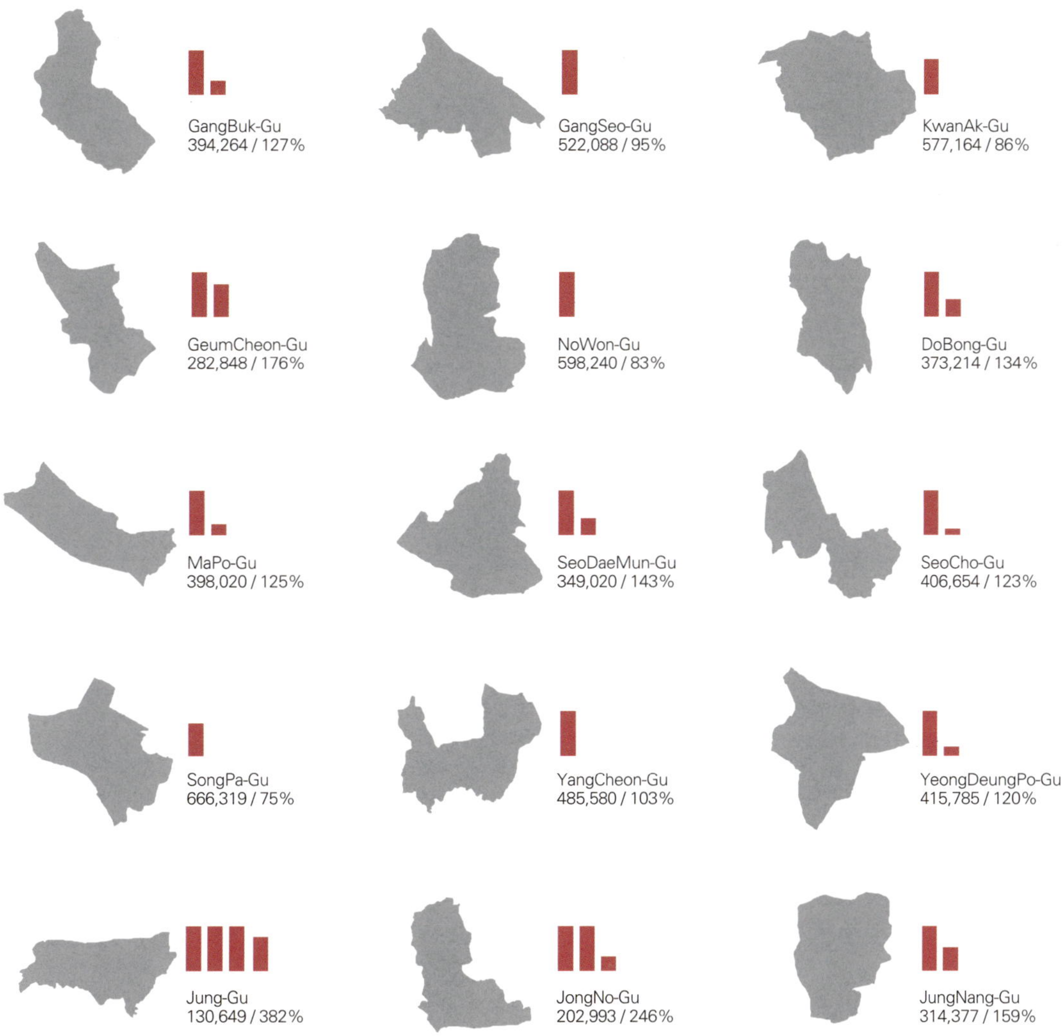
GangBuk-Gu
394,264 / 127%
GangSeo-Gu
522,088 / 95%
KwanAk-Gu
577,164 / 86%
GeumCheon-Gu
282,848 / 176%
NoWon-Gu
598,240 / 83%
DoBong-Gu
373,214 / 134%
MaPo-Gu
398,020 / 125%
SeoDaeMun-Gu
349,020 / 143%
SeoCho-Gu
406,654 / 123%
SongPa-Gu
666,319 / 75%
YangCheon-Gu
485,580 / 103%
YeongDeungPo-Gu
415,785 / 120%
Jung-Gu
130,649 / 382%
JongNo-Gu
202,993 / 246%
JungNang-Gu
314,377 / 159%

Index

FAR

00 Page Number Non-Residential · 00 Page Number Residencial · 00 Page Number - Urban Master Plan

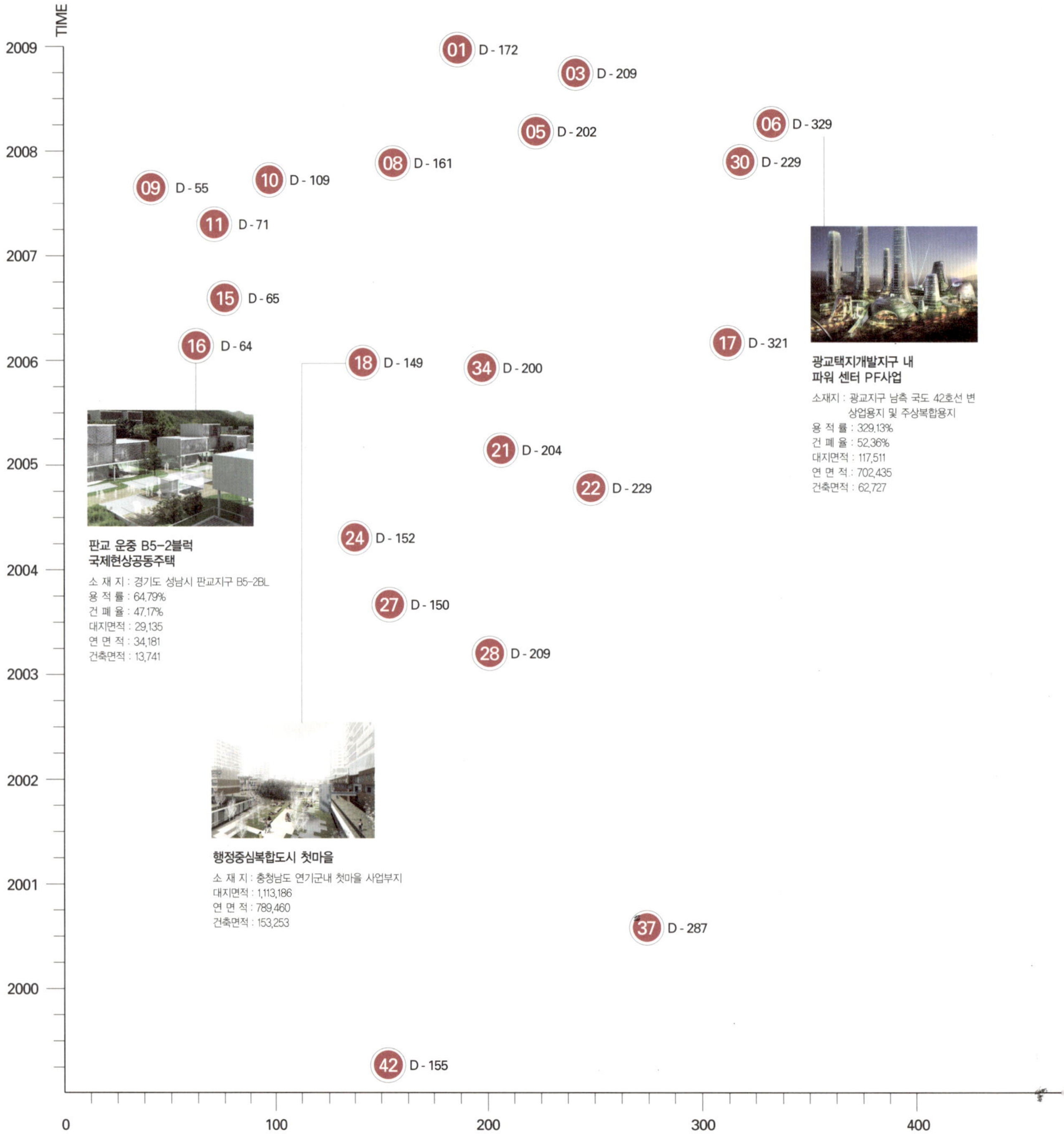

판교 운중 B5-2블럭 국제현상공동주택

소 재 지 : 경기도 성남시 판교지구 B5-2BL
용 적 률 : 64.79%
건 폐 율 : 47.17%
대지면적 : 29,135
연 면 적 : 34,181
건축면적 : 13,741

행정중심복합도시 첫마을

소 재 지 : 충청남도 연기군내 첫마을 사업부지
대지면적 : 1,113,186
연 면 적 : 789,460
건축면적 : 153,253

광교택지개발지구 내 파워 센터 PF사업

소재지 : 광교지구 남측 국도 42호선 변 상업용지 및 주상복합용지
용 적 률 : 329.13%
건 폐 율 : 52.36%
대지면적 : 117,511
연 면 적 : 702,435
건축면적 : 62,727

연세 송도국제화 복합단지 마스터 플랜

소 재 지 : 인천광역시 경제자유구역 송도지구 5-7공구
대지면적 : 1,482,154
연 면 적 : 1,642,598

부산 해운대 우동 주상복합 계획안

소재지 : 부산시 해운대구 우동 1408외 2필지
용 적 률 : 899.77%
건 폐 율 : 39.97%
대지면적 : 46,111
연 면 적 : 568,426
건축면적 : 18,429

Project

Index

Site Area

00 Page Number Non-Residential
00 Page Number Residencial
00 Page Number - Urban Master Plan

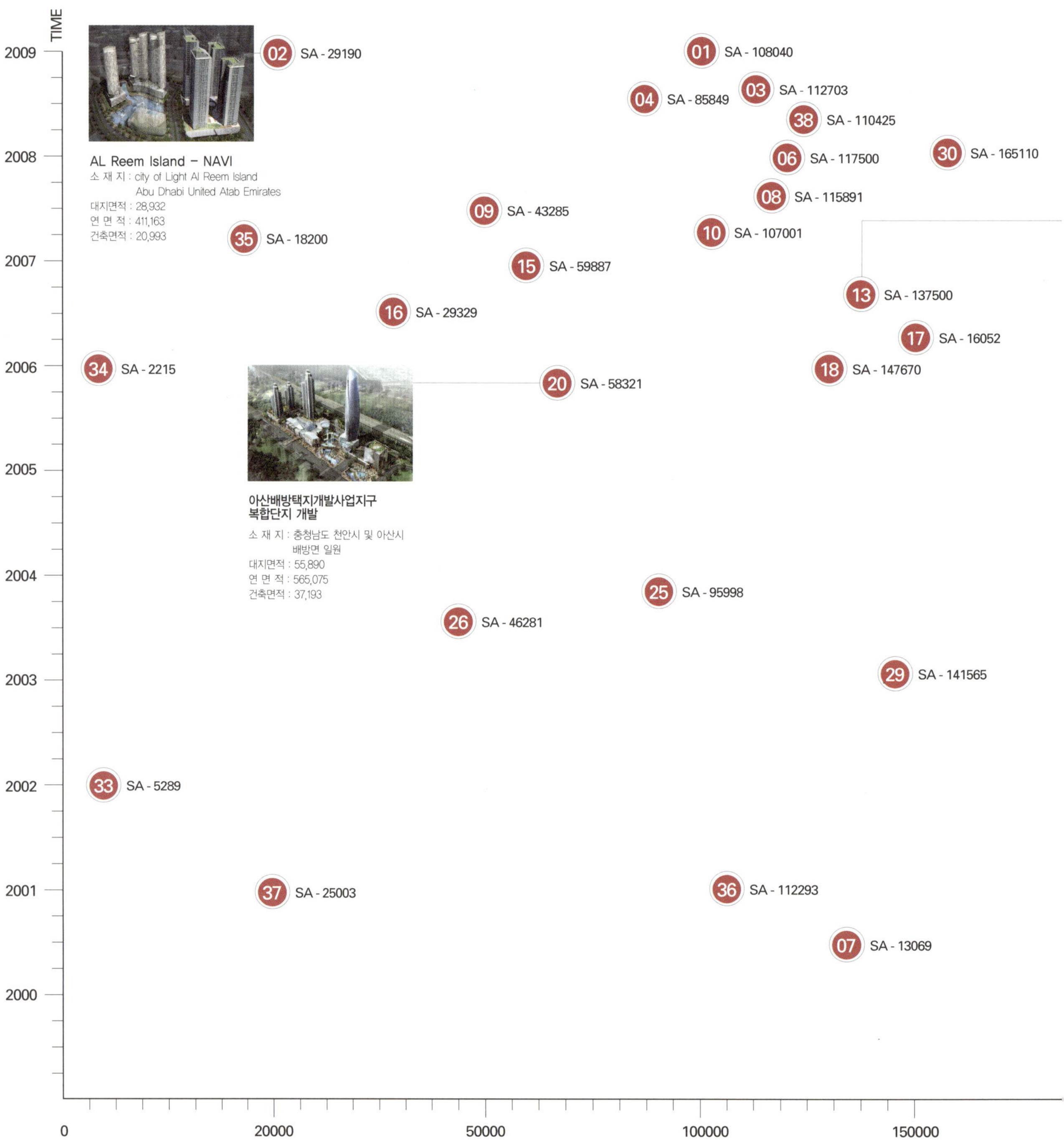

05 SA - 193701

동탄2 신도시 커뮤니티 시범단지 마스터플랜 현상 설계

소 재 지 : 경기도 화성시 동탄면 청계리 일원
용 적 률 : 158.97%
건 폐 율 : 18.23%
대지면적 : 451,316
연 면 적 : 910,820
건축면적 : 82,275

19 SA - 50385

11 SA - 2809930

14 SA - 636961

29 SA - 16529000

판교 중심상업용지 PF사업

소 재 지 : 성남 판교지구 택지개발사업 특별계획구역 중심상업 용지
대지면적 : 137,500
연 면 적 : 1,216,009
건축면적 : 65,666

39 SA - 920807

21 SA - 214253

22 SA - 216085

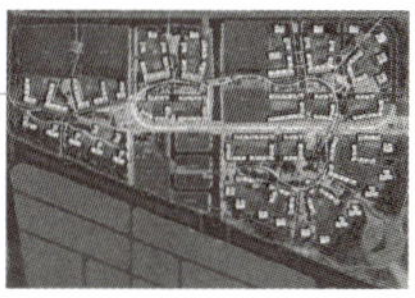

40 SA - 843943

24 SA - 263972

32 SA - 293887

27 SA - 375512

인천 송도 4공구 공동주택 현상설계

소 재 지 : 인천광역시 연수구 송도지식정보산업단지내
용 적 률 : 152.9%
건 폐 율 : 19.75%
대지면적 : 263,972
연 면 적 : 539,877
건축면적 : 52,151

28 SA - 227122

31 SA - 245570

12 SA - 95998

35 SA - 249854

23 SA - 6315730

41 SA - 243690

31 D - MAX

Site Area

200000 500000 900000

Project

Index

Floor Area

00 Page Number Non-Residential
00 Page Number Residencial
00 Page Number Urban Master Plan

TIME

2009 · 2008 · 2007 · 2006 · 2005 · 2004 · 2003 · 2002 · 2001 · 2000

01 FA - 210489
03 FA - 333661
02 FA - 234744
04 FA - 480002
38 FA - 200000
19 FA - 482930
08 FA - 257006
09 FA - 21862
10 FA - 167610
11 FA - 510000
35 FA - 219095
15 FA - 54391
17 FA - 107847
16 FA - 87987
20 FA - 523372
34 FA - 90673

파주 교하 동문 굿모닝힐 타운하우스

소재지 : 파주교하택지 개발사업지구
단독주택용지 7BL
용 적 률 : 55.26%
건 폐 율 : 37.82%
대지면적 : 43,285
연 면 적 : 21,862
건축면적 : 11,490

은평뉴타운 중심상업용지 PF사업

소재지 : 서울시 은평구 진관동
대지면적 : 50,385
연면적 : 482,930
건축면적 : 27,396

24 FA - 539878

33 FA - 7866

뚝섬 특별계획구역 3BL
복합빌딩 설계제안

소 재 지 : 서울특별시 성동구 성수1가
용 적 률 : 600%
건 폐 율 : 25.46%
대지면적 : 18,198
연 면 적 : 219,095
건축면적 : 4,549

0 · 100000 · 200000 · 300000 · 500000

05 FA - 555661

06 FA - 702435

30 FA - 581607

13 FA - 709165

14 FA - 2107192

31 FA - 34600000

18 FA - 473775

39 FA - 1642596

21 FA - 671235

용인동천 도시개발 구역 설계경기
소재지 : 경기도 용인시 D지역 도시개발사업 지구내
용 적 률 : 204.19%
건 폐 율 : 23.83%
대지면적 : 214,253
연 면 적 : 617,235
건축면적 : 51,049

22 FA - 1607954

40 FA- 1769235

32 FA - 8519773

25 FA - 779302

12 FA - 235739

27 FA - 619615

28 FA - 642982

해운대 우동 아델리스
소재지 : 부산광역시 해운대구 우동 1436-1, 3번지 일대
용 적 률 : 938.92%
건 폐 율 : 49.36%
대지면적 : 13,069
연 면 적 : 128,098
건축면적 : 6,450

23 FA - 1390728

07 FA - 161972

36 FA - 654310

41 FA - 556600

31 FA - MAX

Floor Area

600000 800000 2000000

Project

Index

People

Advisory Group

감수 임서환_ 책 총괄 감수 및 자문
Writer [Part1-1] 공동주택 50년

자문 고성호_ 건원의 시기별 프로젝트의 흐름 자문

기획 이 호_ 출간 목적과 방향, 기획, 편집위원 선정 및 총괄
Writer [Part2] 디자인키워드

Editors Group

편 집 장

설 계1본부 신지호_ 컨텐츠 기획, 인터뷰, 전체 진행
Writer [Part1-5] 복합개발, [Part2] 키워드

편집위원

디자인2본부 김은진_ 한국 도시와 주거 연대표
Writer [Part1-3] 도시형 마을 만들기
디자인3본부 김태엽_ Writer [Part1-2] 신도시와 뉴타운
설 계2본부 오승준_ Writer [Part1-4] 타운하우스
디자인3본부 유형기_ [Part2] 건원프로젝트 해석 및 북 디자인
디자인3본부 박정연_ [Part2] 북 디자인 및 비주얼 작업
디자인1본부 오세종_ [Part2] 디자인키워드
디자인2본부 정지영_ [Part2] 북 디자인

고성호 창사25주년 시점에서 건원이 걸어온 길을 정리한다는 측면에서 몇몇 직원들이 열정을 가지고 정리하는 모습을 보면서 선배 된 자로서 지금까지 일만 한다고 했지, 뭔가 정리하여 남기지 못함이 죄스럽기까지 했다. 이번을 기회로 건원 내부의 조그마한 나비의 날개 짓이 태풍을 일으키는 계기가 되었으면 한다. 짧은 기간 책을 만들어 본다고 고생했던 직원들께 너무 고맙다. 그들은 진정 주거건축의 역사를 알았고 그 속에서 진정한 강자가 누구였는가를 알았고 느꼈을 것이다.

이호 수줍음이나 결과에 대한 두려움은 늘 하고자 하는 마음을 앞서지 못하나 봅니다. 머릿속을 맴돌거나, 입가에서 서성이던 생각과 표현들에 대해 세상을 향해 소통하면서 더욱 공고해지거나 더욱 겸손해짐을 다시 느낍니다. 도시를 읽어내는 따뜻한 시선과 지난한 테스트를 통한 열정만이 필요할 뿐이라 생각합니다. 이러한 시도들을 낯설어 하지 않고 탄력 있는 젊음을 유지하는 TH?NK@KUNWON을 계속해서 응원합니다.

신지호 "벼랑 끝에 서는 연습? 정신을 똑바로 차리고 침착하게 살아남기"
"더 정확하게 묻고, 더 빨리, 더 적절하게, 더 아름답게 완성하기"
버팀목 김사장님, 임박사님과 고부사장님, 아이디어뱅크 호상무님, 그리고 우리 든든한 김과장님, 김박사님, 오과장님, 지영이, 그리고 물심양면 이전무님, 고이사님… 정말 고맙습니다. 복합개발 최이사님, 이이사님, 배상무님 조언들, 그리고 일등 건설사 복합개발 담당임원님들의 뼈있는 이야기들, 정말 감사했습니다. 마지막 남은 두 명의 전사, 형기와 정연, 웃으면서 일당백, 정말 감동적이었다. 25년 전 건원을 시작하신 양회장님, 그리고 이 책에 담긴 수많은 이야기들은 모두 건원 여러분들 덕분입니다. 마지막으로 좋은 사진, 카메라, Ride 제공해주신 K자산신탁의 장과장님께도 고마운 마음을 전합니다.
- - - - - 자, 이제 바다가 내려다보이는 따뜻한 풀밭에서 딱 3시간만 노는 거야. 1시간은 낮잠을 자고 1시간은 우리 은석이랑 뛰고 1시간은 그냥 가만히 있거나 - - - - - - - - - — - - - - - - — - - - - - - - - - - - 아니면 City by City?

김은진 25주년 주옥 같은 작품들을 만들어내기까지, 선후배와 동료들의 땀과 노력은 역시 그냥 나온 것이 아님을 다시 한번 되새기는 기회였습니다. 그 작업들과 생각을 글과 책에 담는 것 또한 쉽지 않은 작업이네요. 앞으로 25년, 50년, 그 후로도 계속, 지금까지처럼 열정을 담은, 시대를 앞서가는 도시와 건축의 도전은 끝이 없을 겁니다. 이 책이 그 도전을 위하여 나에게도, 건축을 하는 다른 많은 동료들에게도 좋은 생각거리가 되길 바랍니다.

김태엽 신도시와 뉴타운, 주제를 받아 들고나서 한참을 고민했다. 글을 써 내려가는 내내 그러했다. 서로 맥이 닿는 주제를 뒤지다 '참여'를 찾았는데 막상 자판 위의 손은 놀고 모자란 지식만 탓하니 시간만 죽인다. 뉴타운이야 피부로 고스란히 느낀바 있으니 그래도 쓰겠으나 신도시는 관련서적만 뒤적이니 글을 쓰는 나도 리얼리티가 느껴지지 않는다. 원고를 마감하면서 다행히도 몇몇 공감대를 정리하니 부족하지만 그것으로 위안을 삼는다. 부끄럽지만 '참여'가 생소한 누군가에게 신도시와 뉴타운을 이해하는 나침반이 될 수 있기를 조심스레 기대해본다.

오승준 제가 하는 일과 제가 있는 곳만 존재하는 바쁜 나날 속에 제가 무엇을 하고 있으며, 무엇을 해야 하는지에 대한 가치를 새삼 일깨워준 소중한 시간들이 아니었나 싶습니다. 어떻게 하면 각박한 건축시장에서 살아남을까에 대해 긴장감 넘치는 생존전략만 난무하던 일상에서 많은 사람들과 같이 나눌 수 있는 흥미롭고 아름다운 이야깃거리를 만드는 작업은 너무도 즐거운 작업이었습니다. 모쪼록 많이 부족한 저에게 훌륭한 분들과 같이 즐겁게 일할 수 있도록 기회를 주신 고성호 부사장님, 오승현 전무님, 이호 상무님, 작업 내내 큰 가르침을 주신 임서환 박사님께 너무도 감사드리며, 이 큰 작업을 혼자서 훌륭히 해내신 신지호 과장님께도 감사의 마음과 많이 못 도와드린 죄송스런 마음을 같이 전하며, 말없이 묵묵히 너무도 고생하신 김은진 과장님!! 너무 너무 수고하셨습니다. 형기와 정연이, 은희와 지영이, 이 젊은 친구들이 없었다면 이 책은 절대 세상에 나오지 않았을 것이며, 이렇게 어여쁘게 나오지도 못했을 것을 확신하며 이들의 빛나는 젊음에 무한 감동의 마음 또한 열렬히 전하며 편집작업을 맡아주신 상상디자인 식구들과 저 때문에 많이 고생스러우셨을 본사의 채선길 소장님과 남현, 철기, 소연 팀원들에게도 감사의 마음을 전합니다.

유형기 내가 다섯 살일 때, 이 책의 역사는 시작되고 있었다. 처음 책을 만들기 위한 방대한 자료를 모았을 때 그 거대한 용량 앞에 나의 머리는 복잡해져 갔다. 하지만 다양한 카테고리 속에 도시, 자연, 건축, 인간의 관계가 정리되어 갈 때, 그 동안 혼란하기만 했던 건축의 위계들이 자리를 잡아갔다. 이제는 건원의 역사와 건축이 짧은 시간을 통해 내 마음속에 자리잡은 것 같아 무한한 자랑스러움으로 다가온다.

박정연 건원의 역사를 되새겨보는 작업은 곧 건원과 생년이 같은 내가 태어나서 지금까지 살아온 대한민국과 신도시의 역사를 거슬러 살펴보는 과정이 된 셈이다. 내가 지금까지 자라온 만큼 한국의 도시와 건원도 함께 성장하고 있던 것... 비록 한 손에 잡히는 한 권의 작은 책이지만 그 속에 들어갈 작은 세상을 만드는 데에는 참 많은 노력과 수고가 뒤따르는 것 같다. 단기간에 적은 인원으로 결과물을 만들어내야 했기에 상당한 어려움이 뒤따랐던 것은 사실이지만 나로서는 여러모로 일반 프로젝트에서는 만날 수 없는 색다른 경험의 시간이 되었다. 특히 내 생애 첫 합사(?!)에서의 여러 밤을 함께 하시며 이끌어주신 분들(원고 쓰고 인터뷰 다니시느라 가장 고생하신 신지호 과장님, 키워딩의 달인이 되신 유형기 선배님! 그리고 그 외 김은진 과장님, 오승준 과장님 등)께 정말 감사하다. 초기에 함께 했던 지영씨와 은희도 끝까지 함께 했으면 더욱 좋았을텐데... 또한 다른 본부 합사에 나와서 끼친 민폐 다 받아주신 설계1본부 2소 분들에게 진심으로 감사하다는 말씀을 전하고 싶다. TH?NK@KUNWON

발행인 | 김종남
기 획 | 이 호
편집장 | 신지호
디자인 및 기획 | TH?NK@KUNWON
편집 및 제작 | 상상디자인 02 6052 0111

감 수 | 임서환
자문위원 | 고성호
편집위원 | 디자인2본부 김은진
디자인3본부 김태엽
설 계2본부 오승준
디자인3본부 유형기
디자인3본부 박정연
디자인1본부 오세종
디자인2본부 정지영

출력 | ㈜와이투컴
인쇄 | EAP㈜

펴낸곳 | ㈜종합건축사사무소 건원
주소 | 서울시 강남구 역삼동 678-36
전화 | 02 527 1234
팩스 | 02 527 1272
홈페이지 | www.kunwon.com

등록번호 | 2007년 5월 28일 제2007-49호
발행일 | 2009년 6월 30일 초판 발행
2009년 8월 15일 2쇄 발행
정가 | 70,000원

ISBN 978-89-93747-12-6